金沙江中游梯级电站复杂坝基关键技术研究及应用

主编　王自高　张宗亮

中国水利水电出版社
www.waterpub.com.cn
·北京·

内 容 提 要

本书紧密结合金沙江中游梯级电站建设工程实际，针对复杂坝基，包括河床深厚覆盖层、坝基（肩）岸坡大型堆积体、软硬相间层状岩体、裂面绿泥石化岩体、河床深槽及溶蚀砂化岩体等的关键技术问题，在前期勘察设计、专题研究、施工期动态跟踪研究与应用及运行期监测反馈的基础上，对复杂坝基工程地质评价、建坝适应性分析及工程处理措施等进行了系统总结，并对复杂坝基勘察设计及科研成果进行了评价。

本书可供水利水电工程勘察、设计、施工及监理工程技术人员学习参考，也可供工程地质、水工设计等专业的高校师生借鉴参考。

图书在版编目（CIP）数据

金沙江中游梯级电站复杂坝基关键技术研究及应用 / 王自高，张宗亮主编. -- 北京 : 中国水利水电出版社, 2023.12
ISBN 978-7-5226-1181-5

Ⅰ. ①金… Ⅱ. ①王… ②张… Ⅲ. ①金沙江－中游－梯级水电站－坝基－研究 Ⅳ. ①TV64

中国版本图书馆CIP数据核字(2022)第252074号

书　　名	**金沙江中游梯级电站复杂坝基关键技术研究及应用** JINSHA JIANG ZHONGYOU TIJI DIANZHAN FUZA BAJI GUANJIAN JISHU YANJIU JI YINGYONG
作　　者	主编　王自高　张宗亮
出版发行	中国水利水电出版社 （北京市海淀区玉渊潭南路 1 号 D 座　100038） 网址：www. waterpub. com. cn E - mail：sales@mwr. gov. cn 电话：（010）68545888（营销中心）
经　　售	北京科水图书销售有限公司 电话：（010）68545874、63202643 全国各地新华书店和相关出版物销售网点
排　　版	中国水利水电出版社微机排版中心
印　　刷	北京印匠彩色印刷有限公司
规　　格	184mm×260mm　16 开本　22 印张　535 千字
版　　次	2023 年 12 月第 1 版　2023 年 12 月第 1 次印刷
印　　数	001—600 册
定　　价	**120.00** 元

《金沙江中游梯级电站复杂坝基关键技术研究及应用》编写人员名单

主　编： 王自高　张宗亮

参　编： 何　伟　王文远　王　昆　张　瑞　高　强　李开德

魏植生　李　忠　单治钢　郭家忠　高　健　聂德新

王运生　许　模　洪永文　罗加谦　李立年　杨再宏

于　跃　杨家卫　董绍尧　杨　华　何兆升　刘绍川

向　军　王国良　王　忠　张　进　李天鹏　郑鹏翔

刘西军　熊立刚　陈国良　马福祥　杨传俊　钟延江

全再永　赵　云　王文忠　杜世民　何志攀　孙朝碧

李明生　崔小东　刘　皓　刘云皓　王小锋　杨　建

周新国　马淑君　蒋　璐

前　言

金沙江属于长江干流河段，是我国水能资源最丰富的河段，是国内最大的水电能源基地之一。金沙江中游规划的8个梯级电站总装机容量为20580MW，保证出力为9430MW，年发电量为883亿kW·h。目前，除龙盘水电站及两家人水电站尚在进行前期研究工作外，其余6个梯级电站均已建成发电，投入商业运行，在实施“西电东送”战略任务和资源优化配置中发挥了巨大的作用，同时，也为云南省国民经济和社会发展第十三个五年规划及云南金沙江开放合作经济带发展规划（2016—2020年）的实施提供了强大的能源保障。

金沙江中游河段落差集中，水流量大，立体气候特征明显，地质环境条件复杂，水电工程建设面临诸多关键技术问题，如复杂区域构造背景与抗震设计问题、复杂河谷地质环境与坝址选择问题、复杂河谷结构与斜坡稳定问题、复杂坝基地质条件与建坝适宜性问题、大泄量高水头岸边溢洪道底流消能问题、干热河谷混凝土温控问题、环境容量不足与开发式移民安置问题等。其中，复杂坝基地质条件与建坝适宜性问题尤为突出，除了与西南山区河谷高坝建设面临相似的坝基工程地质问题外，各梯级电站坝址由于所处地质环境条件的差异及建筑物类型的不同，主要工程地质问题既有相似性，又具差异性，尤其是坝基工程地质问题各不相同，且各具特色，包括河床深厚覆盖层坝基工程地质问题（如奔子栏、其宗、龙盘及两家人水电站坝址河段）、坝基（肩）岸坡大型堆积体工程地质问题（如龙盘、两家人及梨园水电站坝址河段）、软硬相间层状岩体坝基工程地质问题（如阿海、鲁地拉及观音岩水电站坝址河段）、裂面绿泥石化岩体坝基工程地质问题（金安桥水电站坝址河段）、河床深槽坝基工程地质问题（如龙开口水电站坝址河段）及溶蚀砂化岩体坝基工程地质问题（如观音岩水电站坝址河段）等。因此，复杂坝基工程地质研究、建坝适应性分析评价及坝基工程处理措施等技术研究是金沙江中游河段水电开发建设中面临的关键技术问题。

本书是在金沙江中游6个梯级电站建设完成之际，针对其中的主要关键技术问题——复杂坝基地质条件与建坝适宜性问题，在大量前期勘察设计及专题研究成果的基础上，结合工程建设实际及施工期动态跟踪研究，分3个方面（包括复杂坝基工程地质评价、建坝适应性分析及工程处理措施等）进行系统总结。

本书共8章：第1章为绪论，主要介绍金沙江中游河流规划与水电开发建设情况、地质环境条件及复杂坝基关键技术问题及研究成果（包括各梯级电站科研及科技成果、相关知识产权获取情况及勘察、设计、科研获奖情况）；第2章至第7章分别选取金沙江中游河段坝基工程地质问题较为突出的6个水电站（坝址）进行技术研究成果总结，其中深厚覆盖层坝基技术以龙头水库比较方案之一其宗坝址为代表（第2章），坝基（肩）岸坡大型堆积体利用技术以梨园水电站为代表（第3章），软硬相间层状岩体坝基技术以阿海水电站为代表（第4章），裂面绿泥石化岩体坝基技术以金安桥水电站为代表（第5章），河床深槽坝基技术以龙开口水电站为代表（第6章），溶蚀砂化岩体坝基技术以观音岩水电站为代表（第7章）；第8章为结论，主要对金沙江中游梯级电站复杂坝基勘察设计成果进行总体评价。

本书由张宗亮策划与指导，王自高主编和统稿，何伟对书稿进行了审核，中国电建集团昆明勘测设计院研究有限公司王文远、王昆、张瑞、高强、李开德、魏植生、李忠、郭家忠、高健、洪永文、罗加谦、李立年、杨再宏、杨家卫、于跃、董绍尧、杨华、何兆升、刘绍川、向军、王国良、王忠、张进、李天鹏、杨传俊、全再永、王文忠、何志攀、孙朝碧、钟延江、赵云、刘云皓、崔小东、刘皓、李明生、王小锋、杨建、周新国、马淑君、蒋璐等参与了相关内容的编写；成都理工大学聂德新、王运生、许模等参与了部分内容的编写，中国电建集团华东勘测设计院研究有限公司单治钢、郑鹏翔、刘西军、熊立刚、陈国良等参与了第6章内容的编写；中国电建集团西北勘测设计院研究有限公司马福祥提供了鲁地拉水电站坝基相关资料。在金沙江中游复杂坝基工程前期勘察、设计及施工期动态跟踪研究过程中，成都理工大学、中国科学院地质与地球物理研究所、河海大学、武汉大学、中国水利水电科学研究院、南京水利科学研究院、天津大学、清华大学、大连理工大学、昆明理工大学等高等院校及科研院所参与了专题研究，取得了具有指导性和实用性的研究成果；中国电建集团昆明勘测设计研究院有限公司科技质量部梁礼绘、陈媛媛、李昕璇等在出版过程中给予了帮助，对他们付出的辛勤劳动，在此一并表示衷心的感谢！

由于编者水平有限，书中难免会有一些错误或疏漏，敬请读者批评指正。

编者

2023年4月

目　录

第1章 绪论

1.1 金沙江中游河流规划与水电开发建设情况

1.1.1 河流规划情况

金沙江位于长江上游，发源于青海省境内唐古拉山北麓，流经青海、西藏、云南、四川4个省（自治区），流域面积47.3万km^2，全长2326km，落差3280m，水量丰沛。金沙江是我国水能资源最丰富的河流，其干流水力资源理论蕴藏量为5536.4万kW，占全国水能资源理论蕴藏量的8.2%。金沙江中游、下游河段总装机容量为5908万kW，年发电量约为2700亿kW·h，建成后将成为我国最大的水电能源基地，在实施“西电东送”战略任务和资源优化配置中发挥巨大的作用。

金沙江干流直门达至宜宾习惯上分为上、中、下3个河段。直门达至奔子栏为上段，奔子栏至雅砻江口为中段，雅砻江口至宜宾为下段。金沙江中游河段（奔子栏至雅砻江口）长763.5km，落差1020.2m，除约40km河道在四川省攀枝花境内外，其余均在云南省境内。

金沙江水能资源丰富，是我国规划建设的最大水电能源基地。金沙江中游水电的开发建设，不仅关系我国能源战略的实施，而且与金沙江及其下游长江干流水资源开发利用关系密切，战略地位显著。为做好金沙江中游的水电开发工作，国家发展和改革委员会曾委托水电水利规划设计总院（以下简称“水电总院”）组织开展了虎跳峡河段开发方案研究及金沙江中游河段的水电开发规划工作。

根据国家有关部门的安排，1992—1999年，中国水电顾问集团中南勘测设计研究院（以下简称“中南院”）和中国水电顾问集团昆明勘测设计研究院（以下简称“昆明院”）历时8年，开展了金沙江中游河段规划研究，于1999年12月提出了《金沙江中游水电规划报告》。该报告在遵循全面规划、统筹兼顾、合理开发、综合利用的原则下，按照总体满足《长江流域综合利用规划报告》提出的综合利用要求，从尽量减少移民搬迁和耕地淹没、减轻对生态环境的不利影响出发，提出了龙盘（虎跳峡）、两家人、梨园、阿海、金安桥、龙开口、鲁地拉、观音岩“一库八级”开发方案。同时，根据各梯级电站在流域开发中的战略地位和紧迫性，以及工程建设条件和技术经济指标等因素，推荐龙盘（虎跳峡）、金安桥和观音岩水电站为近期开发工程。

2002年4月，由国家计划委员会（现国家发展和改革委员会）主持，水利部、国土资源部、国家环境保护总局、国家电力公司等部门和云南、四川两省人民政府参加，并邀请各有关方面的权威专家，共同审查通过了《金沙江中游河段水电规划报告》。在有关部门组织专家审查的基础上，2003年1月国家计委以计办基础〔2003〕37号文印发了《金沙江中游河段水电规划报告》审查意见，基本同意金沙江中游“一库八级”开发方案。该规划的批复，为做好金沙江中游水电开发前期工作提供了基础和依据，对促进金沙江流域开发起到了重要作用。

在开展金沙江中游水电规划的同时，进行了虎跳峡河段梯级开发方式设计研究，并提出了《虎跳峡河段梯级开发方式设计研究报告》。《虎跳峡河段梯级开发方式设计研究报告》是《金沙江中游河段水电规划报告》的一部分。

鉴于虎跳峡河段复杂的地形地质环境及社会环境条件，龙盘水电站工程建设必须妥善处理好工程效益与水库淹没损失、移民安置、景观保护与开发及工程技术难度几者之间的关系。龙头水库电站坝址拟定成为十分重要的问题，因此，在水电规划工作中采取了有别于一般河流规划的工作思路，即以区域地质研究为基础，与坝址工程地质勘察相结合，在上至其宗、下至上虎跳峡峡谷长达150km的河段上，循序渐进，对龙头水库电站坝址选择进行了全面的研究工作。

虎跳峡河段中的宽谷河段远离虎跳峡风景区，对峡谷景观基本无影响，且可不同程度地减少水库淹没损失，因此，规划工作开始就提出了“跳出峡谷，在宽谷寻找可行坝址”的工作思路，主要在宽谷河段上开展了初拟坝址筛选。自上而下开展了勘探的坝址有：其宗（上）、其宗（下）、金龙、红岩、兴文、龙盘、鲁南。

在区域地质研究和初拟坝址筛选工作的基础上，结合河段地形地貌及水资源分布特点，提出了“其宗＋两家人、龙盘＋两家人和龙盘一级混合式开发”共3组梯级开发方式比较方案。通过多专业综合比较，推荐“龙盘＋两家人”两级开发方案为虎跳峡河段的代表方案，第一级龙盘水电站主要体现龙头水库蓄能资源的开发，第二级两家人水电站则是天然落差的利用。两级开发方案有分期建设、优先获得蓄能水库开发之利，还可为虎跳峡峡谷段在水能资源利用与景观资源的开发和保护上留下进一步选择的余地。

金沙江中游梯级电站工程特性见表1.1-1，金沙江中游梯级电站开发方案纵剖面示意图见图1.1-1。

表1.1-1　　金沙江中游梯级电站工程特性表

梯级	项目名称	坝型	最大坝高/m	装机容量/万kW	库容/亿m^3	进展情况
1	龙盘水电站	混凝土双曲拱坝	276	420	386.43	前期（可研）
2	两家人水电站	碾压混凝土重力坝	91	300	0.0074	前期（预可）
3	梨园水电站	混凝土面板堆石坝	155	240	8.05	已建
4	阿海水电站	碾压混凝土重力坝	130	200	8.82	已建
5	金安桥水电站	碾压混凝土重力坝	160	240	9.13	已建
6	龙开口水电站	碾压混凝土重力坝	116	180	5.58	已建
7	鲁地拉水电站	碾压混凝土重力坝	140	216	17.18	已建
8	观音岩水电站	混凝土与心墙混合坝	159	300	20.72	已建

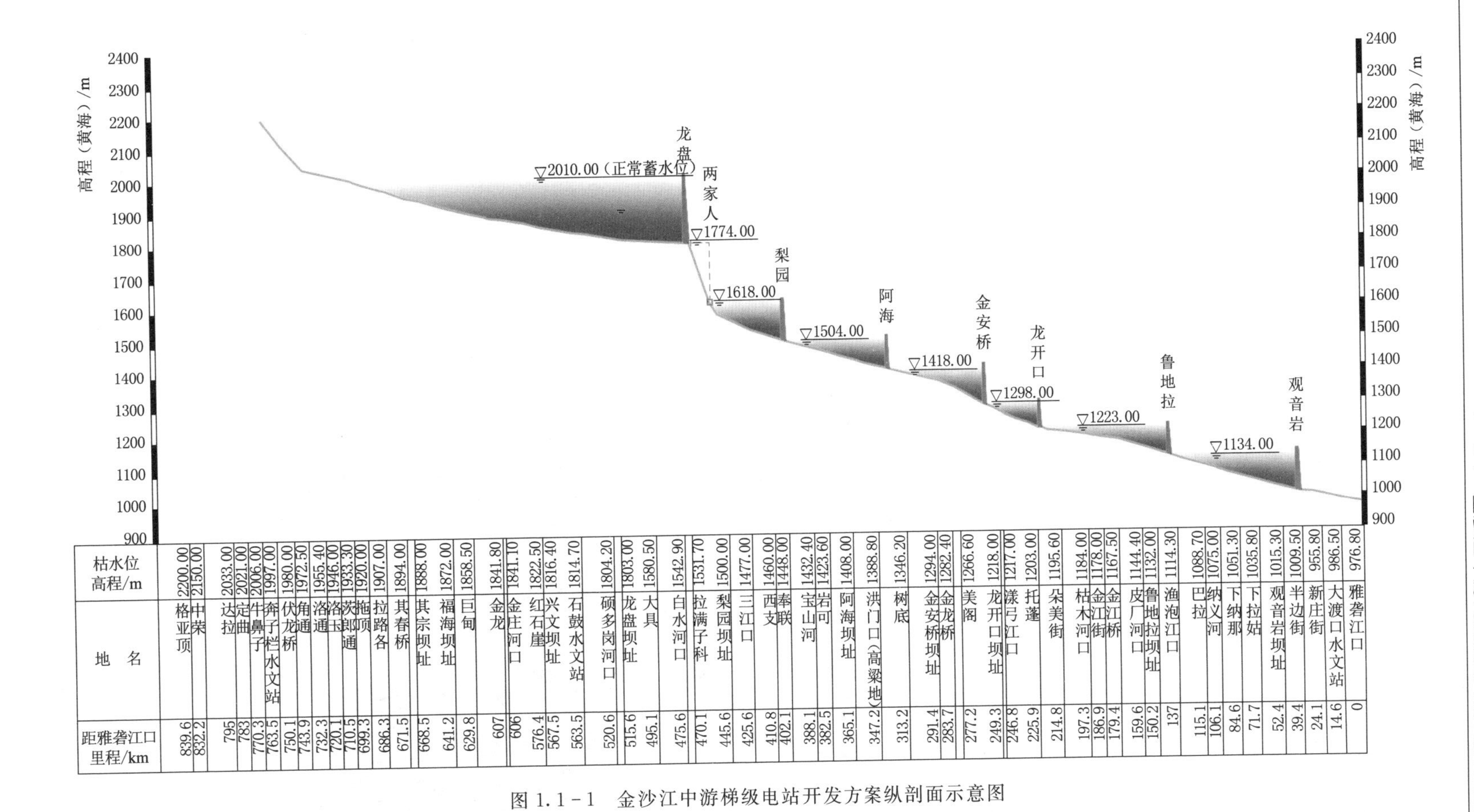

地名	枯水位高程/m	距雅砻江口里程/km
格亚顶	2200.00	839.6
中荣	2150.00	832.2
达拉	2033.00	795
定曲	2021.00	783
牛鼻子	2006.00	770.3
奔子栏水文站	1997.00	763.5
伏龙桥	1980.00	750.1
角通	1972.50	743.9
洛通	1955.40	732.3
洛玉	1946.00	720.1
茨郎通	1933.30	710.5
拖顶	1920.00	699.3
拉路各	1907.00	686.3
其春桥	1894.00	671.5
其宗坝址	1888.00	668.5
福海坝址	1872.00	641.2
巨甸	1858.50	629.8
金龙	1841.80	607
金庄河口	1841.10	606
红石崖	1822.50	576.4
兴文坝址	1816.40	567.5
石鼓水文站	1814.70	563.5
硕多岗河口	1804.20	520.6
龙盘坝址	1803.00	515.6
大具	1580.50	495.1
白水河口	1542.90	475.6
拉满子科	1531.70	470.1
梨园坝址	1500.00	445.6
三江口	1477.00	425.6
西支	1460.00	410.8
奉联	1448.00	402.1
宝山河	1432.40	388.1
岩可	1423.60	382.5
阿海坝址	1408.00	365.1
洪门口（高粱地）	1388.80	347.2
树底	1346.20	313.2
金安桥坝址	1294.00	291.4
金龙桥	1282.40	283.7
美阁	1266.60	277.2
龙开口坝址	1218.00	249.3
漾弓江口	1217.00	246.8
托蓬	1203.00	225.9
朵美街	1195.60	214.8
枯木河口	1184.00	197.3
金江街	1178.00	186.9
金江桥	1167.50	179.4
皮厂河口	1144.40	159.6
鲁地拉坝址	1132.00	150.2
渔泡江口	1114.30	137
巴拉	1088.70	115.1
纳义河	1075.00	106.1
下纳那	1051.30	84.6
下拉姑	1035.80	71.7
观音岩坝址	1015.30	52.4
半边街	1009.50	39.4
新庄街	955.80	24.1
大渡口水文站	986.50	14.6
雅砻江口	976.80	0

图 1.1-1 金沙江中游梯级电站开发方案纵剖面示意图

1.1.2 开发建设情况

金沙江中游河段径流丰沛而稳定、落差大，是我国水能资源最丰富、开发条件最优越、电能质量较优的河段之一，是我国“十三大”水电基地之首金沙江水电能源基地的重要组成部分，是国家“西电东送”“云电外送”的重要能源基地，在我国的能源发展战略中具有重要地位。

为充分发挥金沙江中游水电开发整体效益，理顺金沙江中游水电开发体制，充分调动各投资方的积极性，加快金沙江中游梯级电站开发，国家发展和改革委员会经报请国务院同意，于2005年12月9日以发改能源〔2005〕2609号文批复由中国华电集团公司、中国华能集团公司（2012年股东变更为华能澜沧江水电有限公司）、中国大唐集团公司、汉能控股集团有限公司和云南省投资控股集团有限公司（2012年股东变更为云南省能源投资集团公司，以下简称“云南省能投”），按33%：23%：23%：11%：10%的股比，依照《中华人民共和国公司法》出资成立云南金沙江中游水电开发有限公司。根据国家发展和改革委员会的批复意见，金沙江中游河段梯级水电站按照“一河两制”的方式开发。金沙江中游水电开发有限公司负责全资开发龙盘、两家人、梨园、阿海4个梯级电站；由除云南省能投外的4个股东方各自控股，金沙江中游水电开发有限公司和云南省能投分别参股开发金安桥、龙开口、鲁地拉和观音岩水电站工程；此外金沙江中游水电开发有限公司还全面负责金沙江中游梯级电站开发建设的协调和管理工作，做到统一规划、统一调度和统一运行，充分发挥各梯级电站的发电、防洪、供水等综合利用效益，以确保流域水资源开发利用整体效益的充分发挥。

在有关各方的支持下，虎跳峡河段正在按照国家要求进行龙头水库比选和开发方式研究，其余6个梯级电站均已获得国家核准并已建成发电，投入运行。各梯级电站规划建设情况如下：

图1.1-2 龙盘水电站鸟瞰效果图

（1）龙盘水电站（原名上虎跳峡电站），位于云南省丽江市玉龙县与迪庆藏族自治州香格里拉市交界的金沙江中游河段上，是金沙江中游“一库八级”梯级电站的龙头水电站，距离丽江市80.5km，距大理市210km，距香格里拉市96km。下游紧接两家人水电站，混凝土双曲拱坝最大坝高276m（见图1.1-2），总装机容量4200MW，水库正常蓄水位为2010.00m；总库容386.43亿m^3。水库具有多年调节能力，对下游梯级具有巨大的调节补偿作用。项目已完成可行性研究。

（2）两家人水电站位于云南省金沙江中游河段虎跳峡下游2km处，是金沙江中游河段规划“一库八级”的第二级，与龙盘水电站为一组电源。两家人水电站坝址（见图1.1-3）距丽江约110km。电站坝址控制流域面积21.84万km^2，坝址多年平均流量1400m^3/s，多年平均年径流量440亿m^3，水库总库容74.20万m^3，无调节性能；装机容量

3000MW，保证出力1081MW，年发电量为114.38亿kW·h。项目已完成预可行性研究。

(3) 梨园水电站位于云南省丽江市玉龙县和迪庆藏族自治州香格里拉市交界的金沙江中游河段，为河段“一库八级”规划的第三个梯级电站，电站开发任务以发电为主，兼顾防洪、促进地区经济、社会和环境的协调发展，并可为发展旅游、库区航运等创造条件。

图1.1-3 两家人水电站坝址地貌（面向上游）

梨园水电站是金沙江干流第一座采用当地材料筑坝挡水的枢纽工程。电站由混凝土面板堆石坝、溢洪道、泄洪冲沙隧洞、电站进水口和引水隧洞、地面发电厂房等主要建筑物组成。最大坝高155m，水库正常蓄水位1618.00m，校核洪水位1623.21m，总库容8.05亿m^3，总装机容量4×600MW，电站单独运行保证出力330MW，年发电量94.74亿kW·h。工程概算总投资197.6亿元。梨园水电站于2014年10月下闸蓄水，2015年1月首台机组投产发电，2016年8月4台机组全部投产运营（见图1.1-4）。

(4) 阿海水电站坝址位于云南省丽江市玉龙县（右岸）与宁蒗县（左岸）交界的金沙江中游河段，电站是以发电为主，兼顾防洪、灌溉等综合利用的水利水电枢纽工程。工程枢纽由混凝土重力坝、左岸溢流表孔及消力池、左岸泄洪冲沙底孔、右岸排沙底孔、坝后主副厂房等组成。电站最大坝高130m，正常蓄水位1504.00m，总库容8.82亿m^3；死水位1492.00m，死库容7.0亿m^3，可调库容1.06亿m^3，电站总装机容量2000MW，年发电量88.77亿kW·h，工程静态总投资154.07亿元，为一等大（1）型工程。阿海水电站于2011年12月下闸蓄水，2012年12月首台机组投产发电，2014年6月5台机组全部投产运营（见图1.1-5）。

图1.1-4 梨园水电站

图1.1-5 阿海水电站

(5) 金安桥水电站位于云南省丽江市永胜县与古城区分界的金沙江中游河段上，距丽江市52km，处于丽江到四川攀枝花市的交通要道上，交通便利。工程由碾压混凝土重力坝、右岸溢洪道、左右岸坝身泄洪冲沙孔和坝后厂房等建筑物组成，右岸台地布置5孔开敞式溢洪道，其最大泄洪流量14980m³/s，坝后厂房安装4台单机容量600MW水能发电机组。发电效益显著，是“西电东送”战略目标的骨干电站之一。坝址控制流域面积237357.6km²，正常蓄水位1418.00m，总库容9.13亿m³，最大坝高160m，坝顶长度为640m。电站总装机容量2400MW，保证出力473.7MW，年发电量114.17亿kW·h。工程总投资为146.792亿元。金安桥水电站于2003年开始筹建，2010年11月下闸蓄水，2011年3月首台机组投产发电，2012年8月4台机组全部投产运营（见图1.1-6)。

(6) 龙开口水电站位于云南省大理白族自治州鹤庆县境内，是金沙江中游河段规划“一库八级”开发方案的第六个梯级，工程开发任务以发电为主，兼顾灌溉和供水。拦河坝为碾压混凝土重力坝，坝顶高程1303.00m，最大坝高119m。水库正常蓄水位1298.00m，总库容5.58亿m³，具有日调节能力。电站装机容量1800MW。工程静态总投资为89.29亿元。龙开口水电站于2007年5月筹建，2012年11月下闸蓄水，2013年5月首台机组投产发电，2014年1月4台机组全部投产运营（见图1.1-7)。

图1.1-6 金安桥水电站

图1.1-7 龙开口水电站

(7) 鲁地拉水电站位于云南省丽江市永胜县与大理白族自治州交界的金沙江干流上，工程以发电为主，同时兼有水土保持、库区航运和旅游等综合利用功能。工程枢纽建筑物主要由碾压混凝土重力坝、河床溢流表孔和底孔、引水隧洞、右岸地下厂房和开关站等建筑物组成。碾压混凝土重力坝最大坝高140m，电站正常蓄水位1223.00m，总库容17.18亿m³，装有6台360MW机组，总装机容量2160MW，年发电量102亿kW·h，年利用小时数为4610h，属一等大（1）型工程。工程总投资约216.08亿元。鲁地拉水电站于2006年10月筹建，2013年6月下闸蓄水，2013年7月首台机组投产发电，2014年10月6台机组全部投产运营（见图1.1-8)。

(8) 观音岩水电站位于云南省丽江市华坪县与四川省攀枝花市交界的界河塘坝河口附近，为金沙江中游河段规划的八个梯级电站的最末一个梯级，工程以发电为主，兼顾防洪、供水、库区航运及旅游等综合利用效益。水库正常蓄水位1134.00m，库容约20.72亿m³，电站总装机容量3000MW，安装5台60万kW的水轮发电机组，年发电量122.4亿kW·h。电站枢纽主要由挡水、泄洪排沙、电站引水系统及坝后厂房等建筑物组成。引水发电系统建筑物布置在河中，岸边溢洪道布置在右岸台地里侧，导流明渠溢洪道布置在导流明渠位置。拦河大坝由左岸、河中碾压混凝土重力坝和右岸黏土心墙堆石坝组成，为混合坝，坝顶总长1158m，碾压混凝土重力坝部分最大坝高为159m，心墙堆石坝部分最大坝高71m。电站静态投资约176.72亿元，动态投资约231.96亿元。观音岩水电站于2010年实现大江截流，2014年10月下闸蓄水，2014年12月首台机组投产发电，2016年5台机组全部投产运营（见图1.1-9）。

图1.1-8 鲁地拉水电站

图1.1-9 观音岩水电站

1.2 金沙江中游河段地质环境条件

1.2.1 水文气象条件

金沙江是长江的上游，它发源于唐古拉山中段的各拉丹东雪山和尕恰迪如岗山之间，干流流经青海、西藏、四川、云南，河道平均坡降1.48‰，流域面积47.3万km^2，全流域平均高程3720.00m。河口（宜宾）多年平均流量4920m^3/s。

金沙江流域地跨十余个经度及纬度，地形地貌极为复杂，气候特征差异很大，大气环流和影响天气的系统不一致，影响降雨的天气系统有低槽、切变、低涡及涡切变等。直门达以上地处青藏高原，地势高，气候严寒干燥，雨量稀少，多年平均年降水量为250～470mm，多年平均气温为-5～3℃，径流来源以融雪为主。直门达以下至攀枝花河段，大部分地处横断山脉地带。冬春季节主要受青藏高原南支西风环流的影响，天气晴朗干燥，降雨少；夏秋季节西南暖湿气流加强，沿河谷溯源入侵，形成降雨，故汛期雨量多，强度大。奔子栏以上地区年平均气温在6～10℃，多年平均年降水量为500mm。攀枝花附近以华坪为例：多年平均气温19.8℃，多年平均年降水量为1078.1mm。攀枝花以下河段，大部分地区阴湿多雨，雨日较多。

金沙江流域的暴雨比较小，在青藏高原区，可降水少，因而1日最大降水大部分地区在40mm左右。流域内横断山纵谷区最大1日降水由北向南递增，大部分地区为50～100mm。宁蒗附近为一暴雨中心，实测1日最大暴雨极值227.8mm。流域内云贵高原区最大1日降水变化不大，一般为100～120mm。金沙江中、下游最大1日降水远大于上游，其他时段的暴雨分布情况也基本如此。

金沙江洪水由暴雨形成，洪水主要发生在6—10月的汛期内，集中在7—9月。各地区在7—9月发生年洪水的可能性均在94%以上，而8月发生年最大洪水的机会在石鼓以下为最大，基本在40%以上。金沙江流域由于地域广阔，各地区地形、气候及暴雨差异较大，洪水出现的时空分布不完全相应，大小序位也不尽相同。直门达站以上属高原无暴雨地区，汛期洪水主要由降雨及融雪形成，洪水过程平缓，很少有孤立陡峭的洪峰；直门达站以下，汛期多暴雨，强度大，形成峰高量大起伏连绵的多峰型洪水过程。

1.2.2 地形地貌

金沙江中游河段位于青藏高原与云贵高原接壤的斜坡过渡地带，属滇西纵谷山原区及滇中红层高原区地貌单元，地势西北高东南低。水系发育，沟谷纵横且切割强烈，地形复杂。滇西纵谷山原区地势崎岖，海拔多在3500.00m以上；滇中红层高原区地势相对缓和，一般为中山，其间有山间盆地分布。区内山脉、水系和山间盆地的发育与特征均受地质构造控制，山川走向多呈近SN向。全区地势由西北向东南倾斜，一般高程为2500.00～3500.00m，最高峰玉龙雪山海拔5596.00m；最低为金沙江河谷，高程仅960.00m左右，相对高差约4636m，其中发育有五级剥蚀面。

金沙江中游河段受印度板块与欧亚板块碰撞的影响，经历了上新世末至早更新世时期的一级夷平面作用，第四纪早更新世至晚更新世快速隆升导致的断块差异升降、统一高原面解体，以及中晚期更新世间歇性快速下切三个大的演化阶段。随着“三江”断裂带的强烈走滑复活，金沙江流域发育了一系列断陷盆地或谷地，新构造运动导致一系列古湖被贯穿或外泄，形成现代的金沙江。金沙江蜿蜒曲折，在石鼓、三江口、程海西南、渡口及永仁东南等处几经弯折后流出本区。金沙江除石鼓至其宗、龙开口至金江河段河谷较开阔外，其余多为V形谷。谷底与两岸山顶相对高差多大于1000m，著名的金沙江虎跳峡深达3500余米，构成壮观的高山峡谷地貌。河谷两岸阶地较发育，一般沿河两岸发育有Ⅲ～Ⅴ级阶地。

1.2.3 地层岩性

金沙江中游河段第四系地层广泛分布，按成因可分为坡积、残积、冲积、洪积、冰积、堰塞沉积、滑坡堆积、崩塌堆积、泥石流堆积及混合堆积等。其中其宗至虎跳峡河段在金沙江形成之前，水系特征为湖盆水系，沉积了100～250m厚的深厚覆盖层，其中下部夹有2层湖相堆积的粉质黏土层，单层厚5～15m。

区内三大岩类出露齐全。地层从元古界至新生界均有分布。岩浆活动较强烈，从晋宁期至喜马拉雅期均有活动，尤以华力西期—印支期活动最为强烈；岩浆活动形式多样，有侵入和喷发，并以裂隙式基性岩浆喷出和酸性岩浆侵入为主；岩石类型齐全，有超基性岩、基性岩、中性岩、酸性岩、碱性岩等。变质作用较普遍，从东到西分布有元谋-大红山变质岩带、石鼓变质岩带、中甸变质岩带、维西变质岩带、崇山-大勐龙变质岩带和高黎贡山变质岩带等。总体上，石鼓以上河段分布的地层以寒武系、泥盆系地层为主，岩性主要为变质岩及部分碳酸盐岩；石鼓至三江口河段分布的地层以二叠系及三叠系地层为主，部分泥盆系、石炭系地层岩性主要为变质岩、碳酸盐岩，少量碎屑沉积岩及火山岩；三江口至金江桥河段分布的地层以二叠系地层为主，少量三叠系及泥盆系、石炭系地层，岩性主要为火山岩，部分碳酸盐岩、少量碎屑沉积岩和浅变质岩；金江桥以下河段分布的地层岩性主要为侏罗、白垩系红色陆相碎屑沉积岩。

1.2.4 物理地质作用

金沙江地处青藏高原过渡地带，生态环境脆弱。流域内地形起伏大，相对高差较大，新构造活动强烈，地震频发，岩体破碎。滑坡、崩塌、泥石流等灾害频繁发生，危害巨大，据不完全统计，金沙江流域地质灾害3739处，其中，滑坡2032处，崩塌322处，泥石流932处，不稳定斜坡453处。

金沙江中游河段属高山峡谷地貌，山高谷深，金沙江两岸岸坡陡峻，植被稀少，物理地质作用强烈，主要表现为崩塌、滑坡、泥石流及岩体风化、卸荷等。受地形、岩性及地质构造等多种因素的影响，河段内崩塌、滑坡极为发育，倾倒变形时有发生，各种成因的大、中型堆积体广泛分布，1000万m^3以上的特大型堆积体也不少见，例如，居加滑坡堆积体、树底滑坡堆积体、金安错落堆积体等，规模达3000万～1亿m^3，虎跳峡河段的两家人巨型堆积体，体积约4亿m^3。这些堆积体在自然状态下多数已处于稳定状态，部分滑坡堆积体仍在整体活动或局部活动。总体上，地质灾害的分布具有不同河谷的区段性、支流口（沟口）的成群性及左右岸的差异性等特征。

岩体风化作用以物理风化为主，一般表现为表层均匀风化作用，由地表向深处风化程度逐渐减弱，不同地段的风化层厚度则受岩性、构造、地下水等因素影响而出现较大差异，一般灰岩、玄武岩、砂岩等坚硬岩石抗风化能力较强，岩体风化深度相对较浅，全强风化层厚度一般小于10m；而泥质岩、页岩等软岩抗风化能力相对较弱，岩体风化深度相对较深，全强风化层厚度一般可达十几米至二十几米，部分达50m左右。

岸坡岩体卸荷作用与河谷形态、岸坡结构等有关，在顺向岸坡及峡谷型河谷（V形谷）段，两岸山坡坡度较陡（部分呈陡崖），岩体卸荷作用强烈，卸荷深度一般可达十几米至几十米，甚至达上百米，并常伴有崩塌现象发生；在U形河谷及阶地分布的库段，河谷相对宽缓，岩体卸荷作用则相对较弱。

1.2.5 水文地质条件

本地区气候干湿季节分明，多年平均年降水量为900mm，5—10月为雨季，占全年降水量的80%。地下水埋藏类型根据岩性特征分为松散岩类孔隙水、基岩裂隙水和碳酸盐岩类喀斯特水（裂隙喀斯特水与管道喀斯特水），孔隙水赋存于第四系冲积、洪积、冰碛、坡积及崩塌、滑坡堆积物中。主要分布于河谷漫滩、阶地及支流、冲沟沟口及岸坡平缓地段，具较强的透水含水性能。地下水主要接受大气降雨或地表水补给，动态变化明显受大气降水和地表水的季节性变化控制；区内裂隙水广泛分布，为主要地下水类型。赋存于岩体节理裂隙中，其含水性、透水性主要取决于节理裂隙、断层等破裂结构面的发育程度、张开度和连通性；喀斯特水赋存于碳酸盐岩类的地下溶蚀裂隙、溶蚀洞穴、溶蚀管道中，该类水具有补给来源较远、水量较大的特点，大气降水和地表水的季节性变化对其动态影响较小。由于区内可溶岩分布有限，多呈条带状或小面积分布，且多与不可溶岩呈夹层、互层产出，连续性受到限制，水力联系差，一般难以形成统一的喀斯特网络。地下水化学成分以重碳酸盐型水为主，其次为重碳酸硫酸盐型水、重碳酸氯化物型水及硫酸盐型水。

新鲜完整的碎屑岩、岩浆岩类富水性和透水性均较差，属相对隔水岩组；碳酸盐岩、强风化带、构造破碎带一般属相对透水岩组。地下水的补给来源主要是大气降水及冰雪融化水，区内地层出露齐全，河谷两岸均有透水岩层和隔水岩层分布，地下水分水岭雄厚，金沙江为最低排泄基准面，两岸各类型地下水均向金沙江排泄。

1.2.6 区域构造稳定性

金沙江中游河段位于扬子准地台西部、松潘-甘孜褶皱系南部和唐古拉-昌都-兰坪-思茅褶皱系北部的三大构造单元交界部位，为经向、纬向、青藏滇缅“歹”字形中部（北西向）和北东向四种构造体系的复合地区，处于由鲜水河断裂带、安宁河-则木河-小江断裂带与中甸-龙蟠-乔后断裂带、红河断裂带所围限的川滇菱形断块的中西部。川滇菱形地块内尚可划出多个次级的活动断块，这些断块周边的活动断裂在第四纪晚期活动十分明显，使本区的地壳稳定性受到较大影响。区内断裂构造十分发育，而且规模较大、切割深，晚第四纪至今活动强烈，使得断块间差异运动明显，区内新构造运动强烈，地震活频度高、强度大。总体上，区内地震地质构造背景十分复杂。规模巨大且活动性强烈的德饮-洪门口断裂带、中甸-龙蟠-乔后断裂带、大具-丽江断裂带、小金河-剑川断裂带、程海断裂带从河段地区通过。其中龙蟠-乔后断裂带和程海断裂带为主要发震构造，分别构成了中甸-大理强震发生带和永胜-宾川强震发生带。中甸-大理和永胜-宾川两个强震发生带与本区东部边缘的安宁河强震发生带的地震活动直接影响了中游河段各梯级的区域构造稳定性。从 1467 年至 2022 年，区内共发生 5 级以上地震 76 次，其中不小于 7 级的地震 2 次，不小于 6 级的地震 20 次。历史上发生的最大地震是 1511 年 6 月 1 日在永胜红石崖发生的 7.5 级地震。其次是 1996 年 2 月 3 日在丽江发生的 7 级地震，其震中位于大具-丽江断裂带上。根据历史地震震中分布、震级大小及与各梯级水电站的距离，经烈度衰减后对各梯级水电站的最大影响烈度为：其宗水电站为Ⅵ度，龙盘水电站为Ⅷ度，两家人坝址区为Ⅷ度、厂区为Ⅸ度，梨园水电站为Ⅶ度，阿海水电站为Ⅶ～Ⅷ度，金安桥、龙开口、鲁地拉水电站均为Ⅷ度，观音岩水电站为Ⅶ度。根据 1∶400 万《中国地震动峰值加速度区划图》，金沙江中游河段各梯级水电站的地震水平峰值加速度为（0.1～0.2）g，相应的地震基本烈度为Ⅶ～Ⅷ度，属区域构造基本稳定区。根据各梯级水电站工程场地地震安全性评价结果：龙盘、两家人、阿海、金安桥、龙开口及鲁地拉六座水电站地震基本烈度为Ⅷ度，其宗、梨园、观音岩水电站地震基本烈度为Ⅶ度。

1.2.7 水库诱发地震

水库诱发地震与水库规模、岩性、构造、渗透条件、应力状态和区域地震活动背景等因素有关。

金沙江中游河段各梯级水库除两家人水库为小型外，其他均属大（1）型水库。从水库规模看，这类水库发生水库诱发地震的概率介于 10％～20％之间，即每建成 10 座水库约有 1～2 座诱发地震，但不一定发生强震，发生破坏性地震的概率甚小。

从岩性上看，与库水相接触的碳酸盐岩有利于诱发地震。它们主要分布在龙盘水电站的红岩至石鼓库段、鸿文至仁河库段、其宗至龙洞库段、茨朗通附近库段、奔子栏至伏龙桥库段以及塔城以上的腊普河、支巴洛河与冈曲河等库段；梨园水电站上咱日至白马厂库段；阿海水电站的东沙坝至曲衣库段、树的各库段；金安桥水电站的果世至排卖当库段；鲁地拉水电站的金江桥库段。不能排除在这些地段诱发地震的可能性，其他岩性分布库段一般不会诱发地震。

从构造条件看，南北向断裂或节理平行或小角度穿越金沙江时比较有利于诱发地震。同时在现今近南北向主压应力作用下，岩石呈引张状态，有利于库水的入渗。顺河向陡倾角的张性构造面（包括断层和节理等）有利于库水的渗透，是发震的有利条件。

从渗透条件看，喀斯特管道是最利于透水而发震的条件。如其宗坝址区 D_2 和 C_3 的碳酸盐岩喀斯特管道最为发育，是最可能诱发地震的库段。

从地震活动背景看，地震活动主要发生在丽江-大具地震带以及宁蒗、永胜等地，中甸历史上有多次地震，南部外围的宾川、洱源也有地震发生。因此，除梨园库区的大具一带，鲁地拉库区的金江桥一带地震活动较强外，其余库区（段）地震活动总体较弱。

综合上述因素，认为龙盘水电站的红岩至石鼓库段、鸿文至仁河库段、其宗至龙洞库段、茨朗通附近库段、奔子栏至伏龙桥库段以腊普河、支巴洛河、冈曲河等库段，梨园水电站的上咱日至白马厂库段，阿海水电站的东沙坝至曲衣库段、树的各库段，金安桥水电站的树底、瓦金坪、黄洋沟和果世等库段，以及鲁地拉库区的金江桥附近等存在诱发地震的可能性。上述库段预测发生诱发地震的最高震级为 4～6 级，震中烈度可达Ⅵ～Ⅷ度，对各梯级电站坝址区的影响均低于Ⅶ度，不会对工程产生不利影响。水库蓄水后，梨园水电站、阿海水电站及金安桥水电站均发生不同程度水库诱发地震现象，最大震级为 4.1 级。

1.3　金沙江中游河段各梯级电站复杂坝基技术问题研究成果

1.3.1　科研及科技成果

金沙江中游河段地质环境条件极其复杂，工程地质问题突出，包括区域构造稳定问题、水库岸坡稳定（包括近坝库岸稳定及库岸再造稳定）问题、工程高边坡稳定（包括岩质边坡、土质边坡、变形体边坡、堆积体边坡等）问题、大型地下洞室围岩稳定问题、复杂坝基稳定（包括抗滑稳定、渗透稳定及变形稳定等）与适应性问题等。各梯级电站由于所处地质环境条件的差异及建筑物类型的不同，坝基工程地质问题也各不相同。针对复杂坝基这一关键技术问题，设计单位先后联合高等院校及科研院所，开展了复杂坝基工程地质特性、建坝适宜性及坝基工程处理措施等技术研究，为金沙江中游河段水电开发建设及工程安全运行打下了坚实的基础。

金沙江中游河段水电工程与坝基相关的勘察设计科研成果见表 1.3-1。

表 1.3-1　金沙江中游河段水电工程与坝基相关的勘察设计科研成果一览表

序号	工程名称	课题名称	完成单位	完成时间
1	其宗坝址	河床深厚覆盖层工程地质特性及建坝适宜性研究	成都理工大学、中国水电顾问集团昆明院	2008年10月

续表

序号	工程名称	课题名称	完成单位	完成时间
2	其宗坝址	近坝库段及枢纽区河段复杂岩溶水文地质条件及岩溶渗漏研究	成都理工大学、中国水电顾问集团昆明院	2008年10月
3	其宗坝址	坝体及覆盖层动力反应分析及抗震措施	清华大学、中国水电顾问集团昆明院	2008年10月
4	其宗坝址	心墙堆石坝二维静力有限元应力应变分析	清华大学、中国水电顾问集团昆明院	2008年10月
5	两家人水电站	两家人堆积体稳定性初步分析专题研究	中国水电顾问集团昆明院	2007年4月
6	梨园水电站	枢纽工程区下咱日堆积体稳定性研究	中国科学院地质与地球物理研究所、中国水电顾问集团昆明院	2008年3月
7	梨园水电站	念生垦沟堆积体稳定性及滑坡预警与应急处置措施研究	成都理工大学、中国水电顾问集团昆明院	2009年9月
8	梨园水电站	电站进水口开挖砂卵砾石料级配分析及相关质量指标试验	中国水电顾问集团昆明院	2009年5月
9	梨园水电站	左岸坝基堆积体作为面板堆石坝基础的适应性研究	中国水电顾问集团昆明院	2011年
10	梨园水电站	面板堆石坝设计及堆积体作为坝基、坝料专题研究	中国水电顾问集团昆明院	2011年
11	梨园水电站	施工详图设计阶段面板堆石坝基础处理及坝料选择专题研究	中国水电顾问集团昆明院	2011年4月
12	阿海水电站	复杂层状岩体坝基适应性及物理力学参数选择专题研究	中国水电顾问集团昆明院	2007年4月
13	阿海水电站	复杂层状岩体工程地质特性及坝基适应性研究	中国水电顾问集团昆明院	2007年6月
14	阿海水电站	碾压混凝土重力坝材料力学法体型优化、应力及坝基深浅层抗滑稳定分析	河海大学、中国水电顾问集团昆明院	2007年9月
15	阿海水电站	复杂岩体工程地质特性及修建高混凝土重力坝的适宜性研究	成都理工大学、中国水电顾问集团昆明院	2008年12月
16	阿海水电站	坝体及坝基三维渗流分析及控制研究	南京水利科学研究院、中国水电顾问集团昆明院	2008年12月
17	阿海水电站	阿海水电站两岸开挖坝段岩体质量复核评价	成都理工大学、中国水电顾问集团昆明院	2009年4月
18	阿海水电站	坝基复杂层状结构岩体工程地质评价及建基面优化研究	中国电建集团昆明院	2016年8月
19	金安桥水电站	坝基裂面绿泥石化岩体的成因机制、工程性状、工程适应性及坝基可利用岩体工程地质研究	成都理工大学、国家电力公司昆明院	2004年9月
20	金安桥水电站	坝基裂面绿泥石化岩体的利用及适应性评价专题研究	中国水电顾问集团昆明院	2006年2月

续表

序号	工程名称	课 题 名 称	完 成 单 位	完成时间
21	金安桥水电站	坝体坝基渗流分析及渗控措施研究	中国水电顾问集团昆明院、河海大学	2006年11月
22	金安桥水电站	坝基开挖后裂面绿泥石化岩体作为高混凝土重力坝建基岩体工程地质研究	成都理工大学、中国水电顾问集团昆明院	2010年9月
23	龙开口水电站	岩体结构特性及其对工程影响研究	成都理工大学、中国水电顾问集团华东院	2005年11月
24	龙开口水电站	坝基深槽施工防渗墙可靠性分析	中南大学土木工程学院	2011年9月
25	龙开口水电站	河中深槽处理设计变更专题报告	中国水电顾问集团华东院	2012年3月
26	龙开口水电站	坝基深槽处理专项技术研究与应用科研报告	中国水电顾问集团华东院、中国水利水电科学研究院、河海大学、南京水利科学研究院	2012年6月
27	观音岩水电站	水文地质条件及渗流特性研究	河海大学、国家电力公司昆明院	2005年8月
28	观音岩水电站	钙质砂（砾）岩溶蚀机理、岩溶发育规律及对工程的影响研究	成都理工大学、中国水电顾问集团昆明院	2005年9月
29	观音岩水电站	层状地基工程地质特性及可利用研究	成都理工大学、中国水电顾问集团昆明院	2005年11月
30	观音岩水电站	固结灌浆及帷幕灌浆试验研究	中国水电顾问集团昆明院	2008年3月
31	观音岩水电站	坝体稳定应力变形分析及深层抗滑研究	中国水电顾问集团昆明院	2008年10月
32	观音岩水电站	基础处理方案深化分析与研究	中国水电顾问集团昆明院	2008年12月
33	观音岩水电站	整体三维渗流场分析和渗控措施深化研究	中国水电顾问集团昆明院、南京水利科学研究院、天津大学	2008年12月
34	观音岩水电站	复杂层状及溶蚀岩体坝基条件建坝适应性评价专题研究	中国水电顾问集团昆明院	2009年4月
35	观音岩水电站	复杂层状地基条件下坝基利用原则研究	中国水电顾问集团昆明院	2009年5月
36	观音岩水电站	右岸坝基建基面岩体利用标准及开挖验收标准	中国电建集团昆明院	2011年6月
37	观音岩水电站	坝基浅表部溶蚀区岩体探测	中国电建集团昆明院	2012年8月
38	观音岩水电站	坝基软弱及溶蚀岩体利用动态研究	成都理工大学、中国电建集团昆明院	2014年3月
39	观音岩水电站	坝基渗控分析专题研究	中国电建集团昆明院	2016年6月

注 完成单位中，国家电力公司昆明院、中国水电顾问集团昆明院及中国电建集团昆明院为同一家单位，即现在的“中国电建集团昆明勘测设计研究院有限公司”；中国水电顾问集团华东院即现在的“中国电建集团华东勘测设计研究院有限公司”，下同。

1.3.2 专利技术

相关发明专利见表1.3-2，相关实用新型专利见表1.3-3。

表 1.3-2 发明专利一览表

序号	名称	专利号	取得时间	完成单位	完成人
1	一种重力坝与不良地质岸坡的连接结构及其施工方法	ZL200910098395.2	2013年3月6日	中国电建集团华东院	叶建群等
2	一种坝基变形深度监测方法	ZL201410070587.3	2015年8月5日	中国电建集团昆明院	张礼兵等
3	一种电站消力池管网暗埋式排水系统	ZL201410010580.2	2015年12月2日	中国电建集团昆明院	李立年等
4	一种土石坝内部变形非接触式监测方法	ZL201310453846.6	2016年6月1日	中国电建集团昆明院	张宗亮等
5	基于Andriod的便携式智能设备地质导航与地质测绘方法	ZL201510017847.5	2017年4月2日	中国电建集团昆明院	彭森良等
6	一种混凝土坝与土石坝连接结构动态监测系统及监测方法	ZL201510116546.8	2018年1月16日	中国电建集团昆明院	张宗亮等
7	一种混凝土坝与土石坝连接结构界面变形监测仪器及方法	ZL201510521438.9	2018年6月29日	中国电建集团昆明院	张宗亮等
8	一种多机、多模型与多窗口同步浏览与分析方法	ZL201510464947.2	2019年6月25日	中国电建集团昆明院	王昆等

表 1.3-3 实用新型专利一览表

序号	名称	专利号	取得时间	完成单位	完成人
1	一种深孔地应力测试罗盘定向仪	ZL201020296527.0	2011年3月30日	中国电建集团昆明院	李伟等
2	一种坝基深槽处理结构	ZL201220172902.X	2012年12月19日	中国电建集团华东院	叶建群等
3	一种电站消力池管网暗埋式排水系统	ZL201420013659.6	2014年7月2日	中国电建集团昆明院	李立年等
4	一种坝基变形深度监测仪器	ZL201420088316.6	2014年11月5日	中国电建集团昆明院	张礼兵等
5	一种用于监测坝基应力的装置	ZL201520127716.8	2015年7月29日	中国电建集团昆明院	张宗亮等
6	一种混凝土坝与土石坝的连接结构的动态监测系统	ZL201520151201.1	2015年7月2日	中国电建集团昆明院	张宗亮等
7	构造裂隙充填结构突水突泥试验装置	ZL201520563141.4	2015年12月9日	中国电建集团昆明院	张蕊等
8	一种基于三维与数据库的大坝安全监测无缝集成系统	ZL201620494918.0	2016年11月2日	中国电建集团昆明院	杨硕文等
9	一种用于钻孔原位测试的管口滑轮装置	ZL201820986081.0	2018年12月21日	中国电建集团昆明院	王光明等
10	一种用于绳索取芯钻孔不起钻压水试验装置	ZL201820986082.5	2019年1月29日	中国电建集团昆明院	王光明等
11	用于钻孔成像探头扶正居中的锥形筒	ZL201822124522.9	2019年8月9日	中国电建集团昆明院	王光明等

1.3.3 获奖情况

各梯级电站相关勘察、设计、科研成果获奖情况见表 1.3-4。

表 1.3-4 各梯级电站勘察、设计、科研成果获奖情况

序号	时间	项目名称	级别与等级	批准部门
1	2007 年	两家人水电站两家人堆积体稳定性分析专题研究报告	科技进步三等奖	中国水电工程顾问集团公司
2	2016 年	梨园水电站工程地质勘察	优秀工程勘察一等奖	云南省住房和城乡建设厅
3	2016 年	梨园水电站工程地质勘察	优秀工程勘测一等奖	中国电力建设股份有限公司
4	2016 年	梨园水电站工程地质勘察	水电行业优秀工程勘测一等奖	中国电力规划设计协会
5	2016 年	梨园水电站混凝土面板接缝涂覆型柔软性盖板止水结构研究及应用	科技进步二等奖	中国华电集团公司
6	2017 年	梨园水电站工程地质勘察	全国优秀工程勘察行业奖优秀工程勘察二等奖	中国勘察设计协会
7	2019 年	金沙江梨园水电站工程设计	水电行业优秀工程设计一等奖	中国电力规划设计协会
8	2022—2023 年	金沙江梨园水电站	国家优质工程奖	中国施工企业管理协会
9	2008 年	阿海水电站坝址、坝型及枢纽布置格局选择报告	全国优秀工程咨询成果三等奖	中国工程咨询协会
10	2008 年	阿海水电站复杂层状岩体工程地质特性及坝基适应性研究	科技进步三等奖	中国水电工程顾问集团公司
11	2012 年	阿海水电站可行性研究报告	全国优秀工程咨询成果三等奖	中国工程咨询协会
12	2014 年	阿海水电站工程地质勘察	优秀工程勘测一等奖	中国电力建设股份有限公司
13	2014 年	阿海水电站碾压混凝土大坝设计	优秀工程设计一等奖	云南省住房和城乡建设厅
14	2015 年	阿海水电站工程地质勘察	水电行业优秀工程勘测三等奖	中国电力规划设计协会
15	2015 年	阿海水电站工程地质勘察	优秀工程勘察二等奖	云南省住房和城乡建设厅
16	2015 年	阿海水电站泄洪消能设计	水电行业优秀工程设计三等奖	中国电力规划设计协会
17	2015 年	阿海水电站泄洪消能设计	优秀工程设计二等奖	中国电力规划设计协会
18	2019 年	金沙江阿海水电站工程	全国优秀水利水电工程勘测设计奖金质奖	中国水利水电勘测设计协会
19	2019 年	金沙江阿海水电站	优质工程一等奖	云南省建筑业协会
20	2020—2021 年	金沙江阿海水电站	国家优质工程奖	中国施工企业管理协会
21	2004 年	金安桥水电站可研性阶段坝型选择及枢纽布置格局专题研究报告	优秀咨询三等奖	中国工程咨询协会
22	2006 年	金安桥水电站碾压混凝土重力坝动力分析和抗震安全评价	科技进步三等奖	云南省人民政府
23	2012 年	金安桥水电站截流及围堰工程设计	云南省优秀工程设计一等奖	云南省住房和城乡建设厅

续表

序号	时间	项目名称	级别与等级	批准部门
24	2013 年	裂面绿泥石化岩体作为高混凝土坝坝基适应性研究及工程应用	科技进步三等奖	云南省人民政府
25	2015 年	金安桥水电站碾压混凝土重力坝防裂技术研究与应用	科技进步三等奖	中国水力发电工程学会
26	2014 年	金沙江龙开口水电站工程设计	水电行业优秀工程设计一等奖	中国电力规划设计协会
27	2015 年	金沙江龙开口水电站工程地质勘察	浙江省建设工程钱江杯科技二等奖	浙江省勘测设计行业协会
28	2015 年	金沙江龙开口 5×360MW 水电站工程	中国电力优质工程设计一等奖	中国电力建设企业协会
29	2015 年	龙开口水电站复杂地质缺陷处理研究与应用	科技进步一等奖	中国华能集团公司
30	2016 年	金沙江龙开口 5×360MW 水电站工程	优秀设计成果一等奖	中国施工企业管理协会
31	2016—2017 年	龙开口水电站工程	国家优质工程金质奖	中国施工企业管理协会
32	2018 年	龙开口水电站工程重大地质缺陷处理关键技术	科技进步二等奖	中国大坝工程学会
33	2006 年	观音岩水电站可行性报告研究坝型、坝线及枢纽布置格局选择报告	全国优秀工程咨询成果二等奖	中国工程咨询协会
34	2016 年	观音岩水电站导截流设计	云南省优秀工程设计一等奖	云南省住房和城乡建设厅
35	2016 年	观音岩水电站建设征地工程测量	全国优秀测绘工程奖银奖	中国测绘地理信息学会
36	2017 年	观音岩水电站工程地质勘察	云南省优秀工程勘察一等奖	云南省住房和城乡建设厅
37	2018 年	观音岩水电站工程地质勘察	水电行业优秀工程勘测一等奖	中国电力规划设计协会
38	2018 年	观音岩水电站安全监测设计	优秀工程设计二等奖	中国电力建设股份有限公司
39	2020 年	观音岩水电工程设计施工关键技术与应用	科技进步一等奖	云南省人民政府

第2章

河床深厚覆盖层坝基技术

2.1 概述

金沙江中游河段河床覆盖层分布广泛（见表2.1-1），按成因分为河流冲积、洪积、冰积、堰塞沉积及混合堆积等。其中，多个河段均分布深厚覆盖层，这些河段建坝均存在深厚覆盖层工程地质问题。

表2.1-1　　金沙江中游河段覆盖层厚度一览表

河段名称	奔子栏	其宗	塔城	金庄	红岩	龙蟠	龙盘	两家人	梨园	阿海	金安桥	鲁地拉	龙开口	观音岩
覆盖层厚度/m	42	127	107	202	245	100	40	63	15	17	18	45	43	14

其宗坝址河床及阶地分布较厚的覆盖层，其厚度大（一般60～120m，最厚127m）、成因复杂，对工程建设，尤其是大坝的稳定性、安全性及经济性均有较大影响，是工程的重大工程地质问题之一，也是工程地质勘察研究的重点内容。因此，选择以其宗坝址河床深厚覆盖层坝基关键技术问题为例进行分析和研究。

其宗坝址位于云南省丽江市与迪庆藏族自治州（以下简称“迪庆州”）交界的金沙江干流上，为金沙江中游河段梯级电站龙头水库的比选坝址之一。推荐坝址初拟正常蓄水位高程2105.00m，总库容约100.09亿m^3，具有年调节性能，属高山峡谷型高坝大库。推荐的代表性坝型为心墙堆石坝，最大坝高310m，装机容量3660MW。金沙江总体由北向南流，在坝址部位呈S形转弯，河谷底宽300～350m，枯期河水面宽80～150m，右岸分布有高出河面7～20m的Ⅰ、Ⅱ级河流堆积阶地形成的平缓台地。坝址区出露地层主要为泥盆系下统（D_1）、中统（D_2），岩性为结晶灰岩、条带状灰岩、大理岩、白云岩及千枚岩、千枚状板岩、炭质板岩、片岩等，第四系堆积层分布较广，成因复杂，除冲积外，尚有洪积、崩积、冰积、冰水堆积、泥石流堆积及湖积等。

项目预可行性研究阶段，中国水电顾问集团昆明院与成都理工大学联合开展了《河床深厚覆盖层工程地质特性及建坝适宜性研究》，并提交了《其宗水电站河床覆盖层原位平板静载试验报告》及《其宗水电站河床覆盖层钻孔旁压及十字板剪切试验报告》；同时，联合清华大学进行了《其宗水电站全挖方案及局挖方案心墙堆石坝二维静力有限元计算》及《其宗水电站坝体及覆盖层动力反应分析及抗震措施研究》。

2.2 其宗坝址河床覆盖层工程地质特性研究

2.2.1 研究技术线路及内容

根据工程特点，总体上遵循系统工程地质分析原理，采用以下途径：坝基工程地质

(包括坝段工程地质条件、河谷演化) 研究→钻孔资料系统编录并结合物探资料解译成果,对覆盖层组成、结构进行深入分析→覆盖层详细分层与各层空间展布、建立坝段覆盖层结构三维可视化立体图→覆盖层物性特征研究→覆盖层力学性质研究 (现场试验及室内试验) →覆盖层成因分析→各成因单元形成年代→地质模型概化与定性综合分析→定量计算与稳定性评价 (渗流稳定分析、围堰稳定、坝基应力应变及大坝稳定等)。

地质调查力求全面、详细、准确;覆盖层详细分层既要考虑结构又要考虑成因、工程性状;覆盖层物理力学试验力求有充分的代表性和系统性;对理论分析、计算,拟采用多种方法,力求全面、系统、深入,相互印证。研究技术路线框图见图 2.2-1。

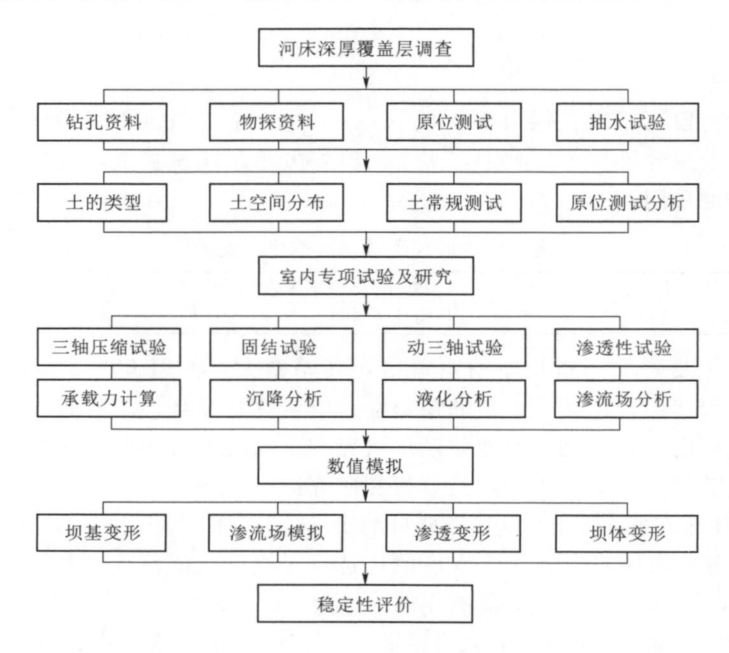

图 2.2-1 研究技术路线框图

根据上述的研究思路,主要研究内容包括以下几个方面:

(1) 河谷谷底基覆界面空间形态的确立。

(2) 河谷覆盖层发育特征、结构及组成特征,进行详细的工程地质分层,建立覆盖层结构空间立体图。

(3) 细砂层、粉砂层、粉质黏土层透镜体、厚度及空间变化规律分析。

(4) 覆盖层各分层的物理力学参数综合测试、覆盖层各分层的渗透性测试。

(5) 分析、评价深厚覆盖层上的围堰稳定、防渗措施等。

(6) 分析、评价深厚覆盖层上建高坝的适宜性 (包括地震震动效应、坝基应力应变及稳定性、渗透稳定性等,对坝型、处理对策及方案等进行分析、计算和研究)。

(7) 覆盖层下伏基岩风化、卸荷松弛带的深度,渗透性。

(8) 下伏基岩岩体的物理力学性质。

先后对其宗坝址区覆盖层进行了系统的现场调查及勘探,对坝区阶地剖面进行了系统测制，对钻孔岩芯进行了系统鉴定，对河床覆盖层各分层进行了系统采样并在现场及室内进行了大量的相关试验，完成的地质勘察工作量见表 2.2-2。

表 2.2-2　　其宗坝址河床覆盖层工程地质勘察工作量表

序号	勘察项目			单位	工作量		
					规划	预可研阶段	合计
1	地质	1∶10000 枢纽区地质测绘		km^2		141.9	141.9
2		1∶5000 坝段地质测绘		km^2	30	62	92
3		1∶2000 坝段地质测绘		km^2		36.4	36.4
4		坝区河谷第四系调查		km^2		6	6
5		实测地层剖面		m（条）	2800（2）	13800（7）	16600（9）
6		1∶2000 地质剖面	上坝址	m（条）		38280（25）	109833.63（62）
			下坝址	m（条）	1878.32（1）	69675.31（36）	
7	勘探	钻孔	上坝址	m（个）		4468.49（18）	9260.23（42）
			下坝址	m（个）	874.21（4）	3917.53（20）	
8		坑槽深		m^3	150	9474.30	9624.30
9	物探	水上地震及电法测试		m（条）		28287（69）	28287（69）
10		厚度电测深法		点		7	7
11		EH4 电磁法		m（条）		10710（33）	10710（33）
12	试验	抽水试验/注水试验	上坝址	段（次）		1（1）	11（26）
			下坝址	段（次）		10（25）	
13		触探试验	动探	段（次）		237	237
			标贯	段（次）		21	21
14		原位平板载荷试验		点		9	9
15		静力触探试验		点		9	9
16		旁压试验		点		62	62
17		十字板剪切试验		点		7	7
18		颗粒分析		组		113	113
19		大型固结试验		组		45	45
20		大型击实试验		组		9	9
21		渗透/渗透变形试验		组		42（33）	42（33）
22		测年（ERS/^{14}C/TL）		组		24/6/8	24/6/8
23		覆盖层剪切试验		组		22	22
24		颗粒电镜扫描/孢粉分析		组		12/1	12/1
25		物理性试验（比重/密度）		组		4/22	4/22
26		大三轴试验（小三轴试验）		组		27（19）	27（19）
27		钻孔孔壁弹模试验		点		35	35
28		剪切波速测试		m（孔）		138.4（5）	138.4（5）
29		室内物理力学试验（原状/扰动）		组	9/	26/66	35/66
30		现场物理性测试（密度/含水量）		组		59/85	59/85

2.2.2 覆盖层组成及空间分布特征

2.2.2.1 覆盖层组成

河床覆盖层按其物质组成、成层结构，从下至上可以分为三大层，如图 2.2-2 所示。

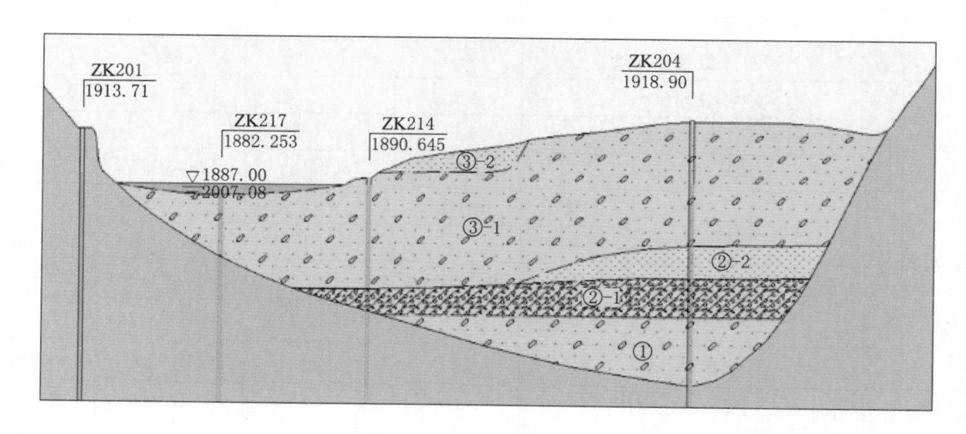

图 2.2-2 金沙江其宗水电站河床覆盖层剖面图（单位：m）

①层：卵（块）砾（碎）石层夹中细砂或粉质黏土（Q_3^{al+fgl}），分布于河床底部，钻孔揭示厚度为 11.1～33m，顶面埋深为 48.91～94m。卵（碎）砾石成分为变质砂岩、花岗岩、玄武岩及少量千枚岩等，卵砾石以圆—次圆为主，碎石成分为灰岩、千枚岩，呈次棱角状，颗粒构成基本骨架，充填砂或黏土，具强透水性。

②层：细砂、粉细砂，粉质黏土层及卵（块）砾（碎）石层（$Q_3^{al+pl+sef}$），该层为加积层，由冲积、泥石流堆积、洪积、堰塞多成因堆积组合而成，钻孔揭示厚度为 10.04～35m，顶面埋深为 38.87～59m。纵向上可以进一步分为两个亚层：

②-1 层：卵（块）砾（碎）石层夹细砂、粉质黏土（$Q_3^{al+pl+sef}$），加积层由冲积泥石流堆积、洪积等多成因堆积组成，覆于第①层之上。钻孔揭示厚度为 9～19m，顶面埋深为 54.5～94m。卵砾石成分以变质砂岩、花岗岩、辉绿岩为主，结晶灰岩少量，圆—次圆状。碎石以灰绿色千板岩（D_2^{3-2}）及结晶灰岩（D_2^{3-1}）为主，棱角状（多以“泥包砾”形式出现），透水性强。

②-2 层：粉细砂层（Q_3^{al+l}），钻孔揭示厚度为 10.04～22.49m，顶面埋深为 38.87～59m。透水性中等。在 204 号孔 59.0～75.20m、69.75～75.10m 段为粉砂，灰黄色，较密实，岩芯呈柱状；65.20～69.75m 为粉土，灰色、灰绿色，可塑状，岩芯呈柱状；69.75～75.10m 段为粉细砂，灰黄色，较密实，岩芯呈柱状；75.10～84.10m 段为碎石、砾石质粉质黏土，黄色、褐黄色（75.10～77.40m）、灰色、黄灰色（77.40～84.10m）；86.30～94.0m 碎石、砾石质粉质黏土，灰色、浅灰色、灰绿色黄色、灰黄色，可塑—硬塑状。该层覆于第②-1 层之上。

③层：漂（块）卵（碎）砾石夹砂层透镜体（Q_{3-4}^{al}），分布于整个下坝址河床中上部，钻孔揭示厚度为 9.5～59m。纵向上可以进一步分为两个亚层：

③-1层：漂（块）卵（碎）砾石，位于河床表层，钻孔揭示厚度为9.5～79m。漂卵砾石由变质石英砂岩及少量的花岗岩、玄武岩、紫红色泥质砂岩、浅褐色杂砂岩及辉绿岩等组成。圆—次圆状，结构松散；以椭球体、肾状居多，承载力较高，强透水性。

右岸Ⅱ级阶地上部的卵砾石层应归入该层，厚度达59m，密实，卵砾石成分以变质砂岩为主，其次为花岗岩、玄武岩、大理岩等，中等透水，承载力高。

③-2层：砂层及粉砂层，钻孔揭示厚度为0.5～29.3m，顶面埋深0～23.2m，松散—稍密，承载力低，具有弱透水性。

砂层分两种：一种为漫滩相，分布于河床相卵砾石层之上，如下坝址右岸Ⅱ级阶地顶面0～3m厚粉细砂层，分布面积较大；另一种为回水沱透镜状砂层，砂层厚度大，平面上呈月牙形，分布面积大小不一，横向尖灭快。下坝址钻孔中砂层较厚的有ZK212号孔深9.6～39.0m的粉细砂层和ZK2号孔深23.2～28.3m的粉细砂层。

各勘探线钻孔及覆盖层分布情况见表2.2-3。覆盖层中砂层分布情况见表2.2-4。

表2.2-3　坝址各勘探线钻孔及覆盖层分布情况一览表

层号	岩　性	代号	孔号 孔口高程/m	孔深 /m	厚度 /m	代表性岩芯
③-2	灰色粉砂、粉土、粉质黏土局部夹少量砾石	Q_4^{al}	ZK213 1895.74	17～46	29	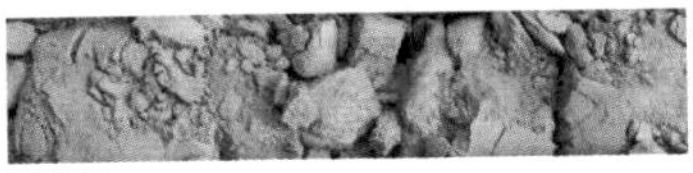
			ZK212 1891.59	9.7～39	29.3	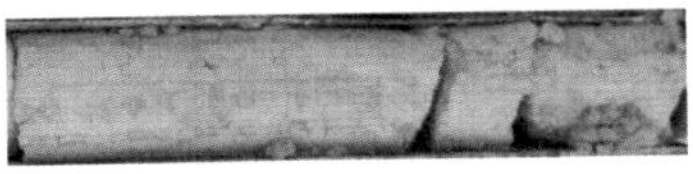
			ZK215 1890.00	28.58～30.63	2.05	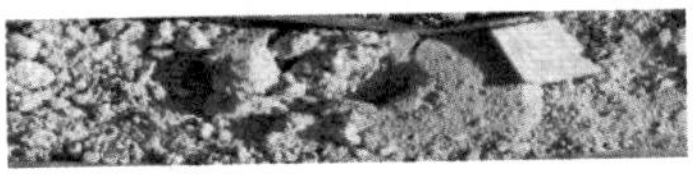
			ZK2 1905.07	0.0～3.5 8.5～10.5 23.2～28.3	3.5 2 5.1	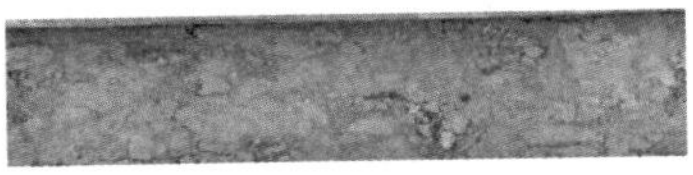
			ZK222 1903.09	0.0～3.9	3.9	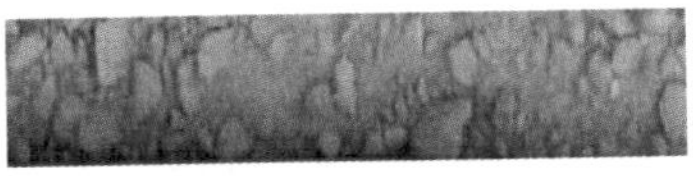
			ZK224 1911.20	14.0～17.1	3.1	

续表

层号	岩　性	代号	孔号 孔口高程/m	孔深 /m	厚度 /m	代表性岩芯
③-1	卵砾石夹漂（块）石及砂	Q_{3-4}^{al}	ZK213 1895.74	0～17	17	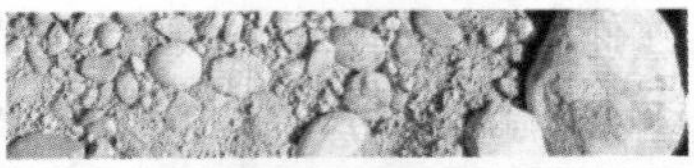
			ZK212 1891.59	0～9.7 39.0～45.4	9.7 6.4	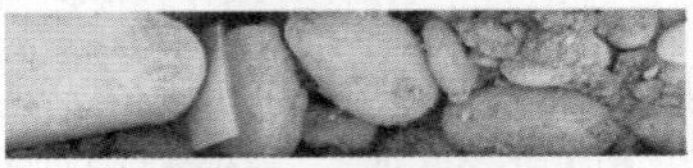
			ZK215 1890.00	0～28.58 30.63～42.66	28.58 12.03	
			ZK2 1905.07	3.5～8.5 10.5～23.2 28.3～38.87	5 12.7 10.57	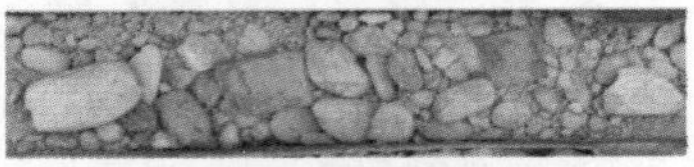
			ZK222 1903.09	3.9～50.8	46.9	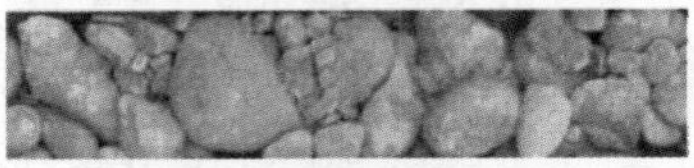
			ZK224 1911.20	0.0～14.0 17.1～44.54	14 27.44	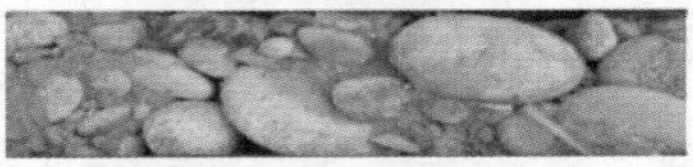
			ZK214 1890.65	0～53.6	53.6	
			ZK204 1918.90	0～59	59	
			ZK217 1882.253	0～30.0	30.0	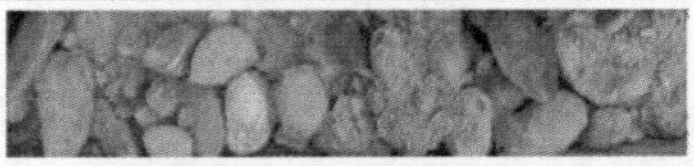
②-2	黄色、灰色细砂、粉砂、粉质黏土夹少量砾石	Q_{3}^{al+l}	ZK212 1819.59	45.4～54.5	9.1	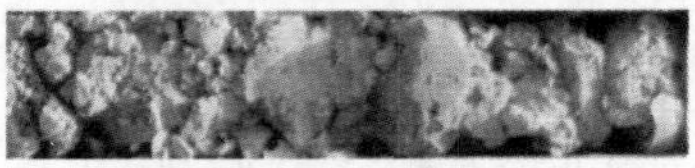
			ZK213 1895.743	46～66	20	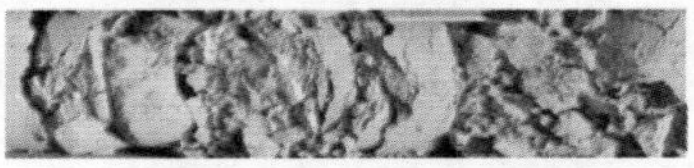
			ZK215 1890.00	42.66～65.15	22.49	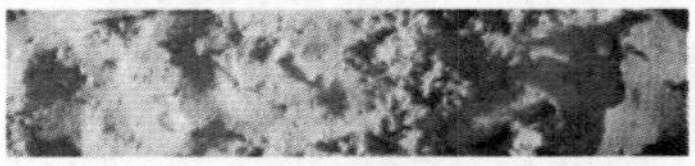
			ZK2 1905.07	38.87～48.9	10.03	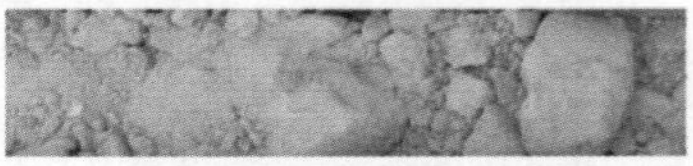
			ZK222 1903.09	50.8～55.0	4.2	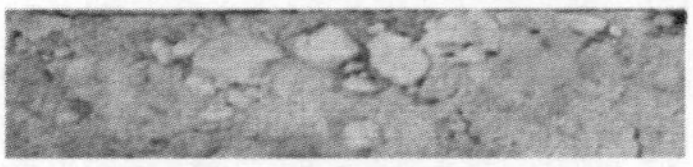
			ZK204 1918.90	59～75	16	

续表

层号	岩性	代号	孔号 孔口高程/m	孔深/m	厚度/m	代表性岩芯
②-1	块石、碎石夹粉土或粉质黏土，含少量卵砾石	$Q_3^{col+sef+al}$	ZK212 1819.59	54.5～76.2	21.7	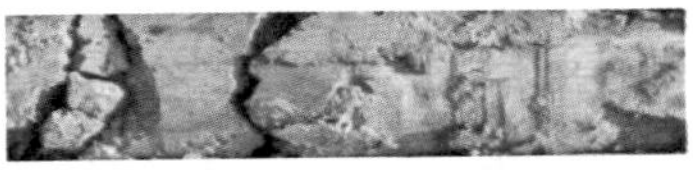
			ZK222 1903.09	55.0～83.0	28	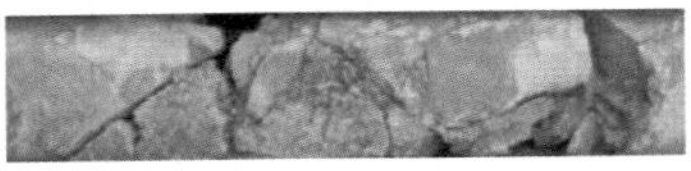
			ZK224 1911.20	44.54～65.3	20.84	
			ZK214 1890.65	53.6～64.1	10.5	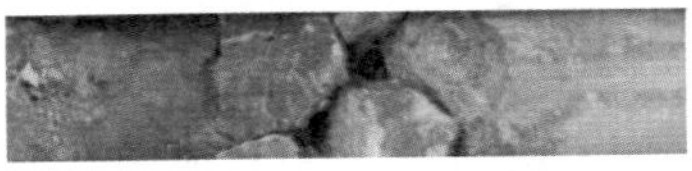
			ZK204 1918.90	75.0～94.0	19	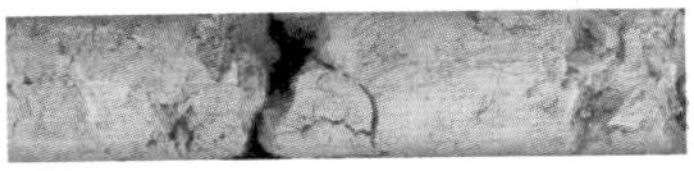
①	卵（块）砾（碎）石夹中细砂	Q_3^{al+gl}	ZK213 1895.74	66～89	23	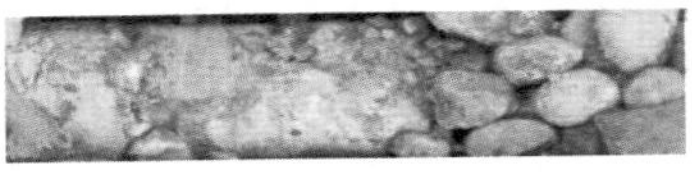
			ZK212 1819.59	76.2～87.3	11.1	
			ZK2 1905.07	48.9～77.43	28.53	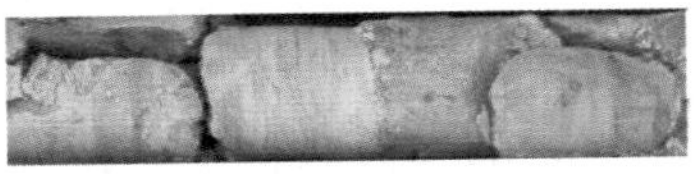
			ZK222 1903.09	83.0～101.7	18.7	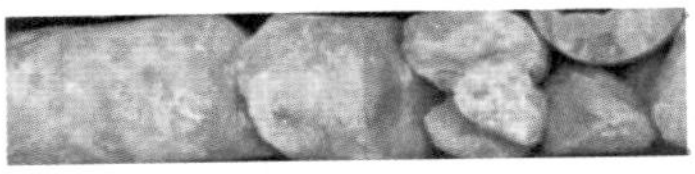
			ZK204 1918.90	94～127	33	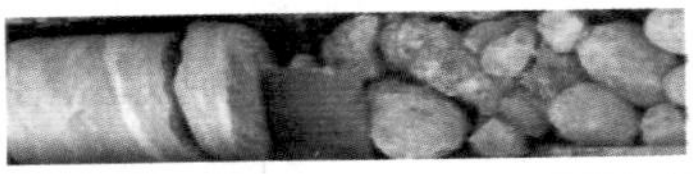

表 2.2-4　覆盖层中砂层分布一览表

层号	孔号	位置	孔深/m	孔口高程/m	砂层顶底板埋深/m	厚度/m	顶、底板高程/m	定名
②-2	ZK212	Ⅰ勘线	179.95	1891.59	45.4～54.5	9.1	1846.19～1837.09	黏土质砂
	ZK215	Ⅱ勘线	226.29	1890.00	42.66～65.15	22.49	1847.34～1824.85	含粗粒细粒类土
	ZK2	Ⅱ勘线	150.32	1905.07	38.87～48.91	10.04	1866.2～1856.61	含细砾土砂
	ZK222	坝轴线	150.64	1903.09	50.8～55.0	4.2	1852.29～1848.09	含细砾土砂
	ZK204	Ⅲ勘线	250.0	1918.90	59.0～75.0	16	1859.9～1843.9	粉土质砂
	ZK213	上围堰	152.46	1895.74	46.0～66.22	20.22	1849.74～1829.52	细粒土

续表

层号	孔号	位置	孔深/m	孔口高程/m	砂层顶底板埋深/m	厚度/m	顶、底板高程/m	定名
③-2	ZK212	Ⅰ勘线	179.95	1891.59	9.7～39.0	29.4	1881.89～1852.59	细粒土
	ZK2	Ⅱ勘线	150.32	1905.07	0～3.5	3.5	1905.07～1901.57	粉砂
					8.5～10.5	2.0	1896.57～1894.57	细砂
					23.2～28.3	5.1	1881.87～1876.77	细砂
	ZK202	Ⅱ勘线	250.35	1906.39	0.9～8.6	7.7	1905.49～1897.79	粉砂
	ZK222	坝轴线	150.64	1903.09	0.0～3.9	3.9	1903.09～1899.19	粉砂
	ZK224	Ⅱ、Ⅲ勘线之间	113.2	1911.20	14～17.1	3.1	1897.20～1894.10	粉细砂
	ZK214	Ⅲ勘线	251.11	1890.65	7.8～8.3	0.5	1882.85～1882.35	黏土质砂
					14.16～16.0	1.84	1876.49～1874.65	粗粒质细粒类土
①砂层透镜体	ZK212	Ⅰ勘线	179.95	1891.59	73.15～74.4	1.25	1818.44～1817.19	中细砂
					80.83～83.1	2.27	1810.76～1808.49	细砂

从表 2.2-4 可以看出，金沙江其宗地区覆盖层中砂层的分布范围较广，埋藏深，最大埋深达到 83.1m；厚度差异较大，最大厚度达到 22.49m，最小厚度仅有 0.5m，但大部分砂层的厚度在 5m 以内。覆盖层中的砂层按成因可分为 3 层，并与它们的埋藏深度一一对应，具体如下：

①层：砂层透镜体，冰期冲积形成。该层埋藏最深，具体可分为两个砂层透镜体。揭露钻孔及深度、厚度分别为：① ZK212 的 73.15～74.4m，厚 1.25m；② ZK212 的 80.83～83.1m，厚 2.27m。各透镜体的延伸较短，分布不连续。

②-2 层：砂层透镜体，河流相对静水相堆积。该层埋深介于①层和③层之间，具体可分为 6 个砂层透镜体。揭露钻孔及深度、厚度分别为：①ZK212 深 45.4～54.5m，厚 9.1m；②ZK215 深 42.66～65.15m，厚 22.49m；③ZK2 深 38.87～48.91m，厚 10.04m；④ZK204 深 59.0～75.0m，厚 16m；⑤ZK213 深 46.0～66.22m，厚 20.22m；⑥ZK222 深 50.8～55.0m，厚 4.2m。其中①、③和⑤、⑥是连续的，延伸长度 1km 以上，为坝址地区最大的砂层透镜体。

③-2 层：砂层透镜体，正常河流冲积形成的漫滩相堆积和回水沱相堆积。该层埋深最浅，具体可分为 9 个透镜体。揭露钻孔及深度、厚度分别为：①ZK212 深 9.7～39.0m，厚 29.4m；②ZK2 深 0～3.5m，厚 3.5m；③ ZK2 深 8.5～10.5m，厚 2m；④ ZK2 深 23.2～28.3m，厚 5.1m；⑤ZK202 深 0.9～8.6m，厚 7.7m；⑥ZK214 深 7.8～8.3m，厚 0.5m；⑦ ZK214 深 14.16～16.0m，厚 1.84m；⑧ ZK222 深 0.0～3.9m，厚 3.9m；⑨ZK224 深 14～17.1m，厚 3.1m。各砂层透镜体的延伸长度较小，透镜体之间是独立不连续的。

2.2.2.2 覆盖层空间展布特征

从已有钻孔资料结合地面调查及河流动力学特征，坝区河床覆盖层各分层在空间展布上有以下特点：

（1）①层及②层沿早期深切V形谷底分布。①层及②层在下坝址分布于谷底靠右岸。①层含碎石卵砾石层，底部宽为20～30m，向上宽度逐渐增大，第一层顶面宽度为60～90m；该层在河槽轴线厚度较大，达30余米，向左右两岸厚度变薄。空间上①层顺河槽连续分布，在大理石厂上游偏左岸分布，大理石厂下游偏右岸分布，顶面宽度在60～90m之间。

②-1层底面宽与第一层顶面宽基本一致，其顶面空间分布与右岸（凸岸）阶地及漫滩范围基本一致，顶面宽达120～150m。

②-2层其顶面空间分布与右岸（凸岸）阶地及漫滩、左岸上游围堰回水沱范围基本一致，呈大透镜状。

（2）③层可以进一步分为2个亚层，③-1层为正常河流相砂卵砾石层，横向分布上几乎占据整个谷底；③-2层为漫滩或回水沱成因的砂层透镜体，分布集中在右岸Ⅰ级及Ⅱ级阶地顶部及大理石厂下游回水沱及上游围堰左岸回水沱。

从坝址河床覆盖层的分布来看，①层和②层分布局限于谷底最深部位，②层的砂层密实，空间上覆于Ⅱ级阶地之下，形成时代在Ⅱ级阶地以前（晚更新世）；③层底部埋深在下坝址均在50m以内，以卵砾石层夹砂为主，砂层厚度大，分布面积为100m×200m～200m×350m，该砂层具有天然密度小，承载力低的特点。无论从钻孔还是现场对回水沱砂层的编录，均未发现在砂层及卵砾石中有砂脉存在，表明地质历史时期砂土液化在本坝段不明显。

2.2.3 覆盖层成因类型及粒度组成特征

2.2.3.1 覆盖层成因类型

从覆盖层各分层的叠置关系来看，纵向上可以分为三大层，从下至上依次为①层、②层及③层。

①层：含碎石卵砾石层，碎石成分近源为主，卵砾石为远源物质，为晚更新世末次冰期第一副冰期冲积及冰水堆积，其中在ZK212孔深73.15～74.4m，80.83～83.1m分别夹厚1.25m粉细砂及厚2.27m黄褐色细砂层，砂层成因应为漫滩相。

②-1层：成因较复杂，为末次冰期第一副冰期向间冰段过渡时期地表径流局部稳定时期的产物，有碎石层夹卵砾石、卵砾石夹碎石及砂层，为洪积、泥石流堆积、重力堆积等近源物质加积较严重的时期，该层在Ⅲ勘线有冰期冰融泥石流堆积，向上游该层变为以河流相砂层为主（ZK215），砂层为下游泥石流淤塞导致上游壅水形成局部回水湾的产物。

②-2层：为粉细砂层，厚度较大，延伸具有一定规模，因此该层形成环境为河流相对静水相砂层透镜体堆积，是河流纵比降小于1‰时在凸岸堆积的产物。

③层：除靠近河流两岸有崩积外，以较纯的卵砾石为主，在回水沱等部位夹有较厚的砂层透镜体，包括Ⅱ级阶地、Ⅰ级阶地、漫滩及现代河床相堆积。

①层和②层伏于Ⅱ级阶地之下，结合区域测年资料，Ⅱ级阶地形成于晚更新世晚期—末期，①层的测年为4.9万年，②层的测年为4.5万～1.5万年，均为晚更新世中晚期的产物，③层的测年为1万年。这表明谷底形成时间较早，在Ⅲ级阶地形成前就已形成，然

后堆积回填再下切，从采自 ZK204 及 ZK2 号的钻孔孢粉分析结果可知，以间冰段偏暖气候的堆积。结合第四纪古气候研究成果，中国西部末次冰期可以区分三个时段，第一亚冰期为距今 7 万～4.5 万年，距今 4.5 万～2.5 万年为末次冰期间冰段，距今 2.5 万～1.5 万年为末次冰期冰盛期。因此，坝区河床覆盖层主体应该是末次冰期间冰段干热河谷的产物。

从坝址钻孔来看，砂层在横向上并不连续。结合 ZK216 及 ZK218 孔资料，在 ZK204 孔钻遇的②-2 砂层向下游并未连续，表明②-2 砂层并非湖相堆积，为相对静水环境的砂层透镜体。

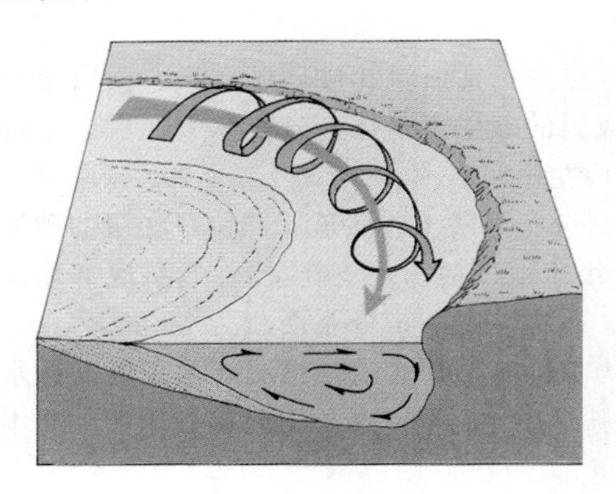

图 2.2-3　曲流单向河流堆积过程示意图

从其宗坝址—上峡谷口河段，现今河流纵比降略大于 1‰，为侵蚀性河谷；根据金庄、红岩、松圆及上峡谷口钻孔资料，加积层形成时期，该河段纵比降小于 1‰，为堆积性河道，表明晚更新世晚期其宗—老村河段由于虎跳峡地方侵蚀基准面抬高转为堆积为主的河谷环境，河流携带的粉细砂在弯道河段在单向环流作用（见图 2.2-3）下堆积在凸岸或水平环流作用下堆积在回水沱部位，这两种局部环境堆积的砂层不同于堰塞湖相堆积：其一，砂层在横向上不稳定，延伸一定距离后尖灭；其二，黏土含量相对较低，大多小于 10%；其三，缺乏湖相堆积的纹层结构。钻孔编录及颗分显示，无论是加积期砂层透镜体还是第三层正常河流相堆积的砂层透镜体均是弯道河段局部水环境差异形成的细砂层或粉细砂层透镜体。而老村—上峡谷口段加积层中砂层横向上稳定，揭示该段顺金沙江存在晚更新世晚期湖泊，老村以上河水注入下游湖泊。因此，晚更新世晚期湖积范围上至老村，老村上游侧为河流。

总之，其宗水电站深厚覆盖层经历了晚更新世晚期冰期回填及冰后期侵蚀堆积作用。①层为河流相卵砾石和近源冰水带来的碎石、块石的混合堆积；②层为近源冰融泥石流、洪积、局部环流堆积和河流相卵砾石层混合组成；③层为正常河流相卵砾石层夹砂层透镜体（漫滩相和回水沱堆积）。

2.2.3.2 覆盖层粒度组成特征

坝址区河床覆盖层主要由粗粒土组成，以漂（块）石、碎石、卵砾石为主，覆盖层不均匀性显著。覆盖层厚度多为 70～80m，薄者为 29.99m（ZK217 孔），最厚可达 127m（ZK204 孔）。

为进行室内土体渗透试验、压缩试验及大剪试验，在右岸Ⅰ级阶地、Ⅱ级阶地、河心滩和河床钻孔中分别采集①、②-1、②-2、③-1、③-2 各层土样，采样过程中去掉粒径大于 200mm 的漂石。颗分试验成果见表 2.2-5、表 2.2-6 和图 2.2-4。

表 2.2-5 各钻孔覆盖层颗粒级配统计表

层号	统计项	颗粒组成/mm								
		卵（碎）石		砾 粒		砂 粒			粉粒	黏粒
		200～60	60～20	20～5	5～2	2～0.5	0.5～0.25	0.25～0.075	0.075～0.005	<0.005
③-2	最大值	0	30	18.6	21.8	25.9	32.6	92.3	36.1	2
	最小值	0	0	0	0	0.5	2.8	15	0.3	0
	平均值	0.0	3.9	3.1	3.4	7.0	14.4	63.0	5.1	0.1
③-1	最大值	19.3	58.9	33.2	7.1	9.9	9	20.9	6.3	0
	最小值	0	22.8	9.1	2.2	3.1	2.2	6.2	0.7	0
	平均值	8.0	41.3	17.6	4.8	6.6	5.9	12.2	3.6	0
②-2	最大值	0	15	33.4	18.2	21.5	33.6	82.9	71.1	28.3
	最小值	0	0	0	0	0	0	0.6	0	0
	平均值	0.0	1.5	4.2	2.4	6.4	10.6	52.6	18.2	4.1
②-1	最大值	60.6	36.9	2.3	1.6	63.7	13.7	13.7	64.6	29.7
	最小值	0	0	0	0	0	0.4	0.4	0.1	0
	平均值	20.2	12.3	0.9	0.6	21.5	5.9	5.8	23.2	9.9
①	最大值	41	66.2	20.5	9.2	7.6	3.7	22.6	16.5	3.1
	最小值	0	16.8	9.5	0.5	0.4	0.2	0.3	0.6	0
	平均值	20.2	43.5	13.2	3.7	2.9	1.4	8.0	5.9	1.2

表 2.2-6 坝址区河床覆盖层颗粒组成特征指标表

层号	界限粒径 d_{60}/mm	平均粒径 d_{50}/mm	中间粒径 d_{30}/mm	等效粒径 d_{20}/mm	有效粒径 d_{10}/mm	小于2mm含量 p_2/%	不均匀系数 C_u	曲率系数 C_c
③-2	0.22	0.18	0.15	0.12	0.09	89.6	2.44	1.14
③-1	27	20	3.2	0.4	0.17	28.3	158.82	2.23
②-2	0.19	0.15	0.1	0.065	0.018	91.9	10.56	2.92
②-1	1.3	0.7	0.18	0.11	0.025	66	52	0.997
①	38	30	10.5	2.5	0.14	19.4	271.43	20.72

根据颗分试验成果，总结各岩组的工程地质特征如下：

③-1漂（块）卵（碎）砾石层：该岩组占统计钻孔河床覆盖层的34%左右，是河床覆盖层的主体。以卵砾石碎石为主，含漂石、局部有大孤石，偶夹砂层、土层等。该岩组又可分为三种情况：①以漂（块）石为主，充填或夹杂少量砂砾，有架空现象；②含少量漂（块）石的砂卵砾石；③无漂（块）石，卵砾粒度较小的砂卵砾石。三种情况无明显而连续的层位。该岩组的天然密度较高，干重度 $\gamma_d=21.0\sim21.8\text{kN/m}^3$，渗透系数较大，一般为 $5\times10^{-2}\sim1\times10^{-1}$cm/s，属于强透水。

③-2砂层及粉砂层：该岩组占统计钻孔河床覆盖层的10%，主要为砂层。该岩组

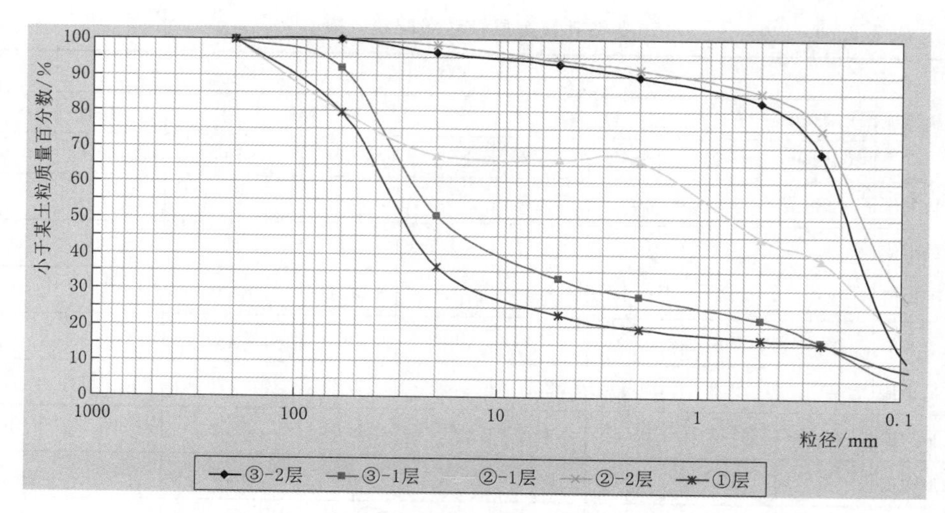

图2.2-4 坝址区河床覆盖层各岩组累计颗分曲线图

可分为两种情况：①漫滩相的砂层，分布于河床相卵砾石层之上；②回水沱透镜状砂层，砂层厚度大，平面上呈月牙形，分布面积大小不一。这两种情况有明显的分界。该岩组的天然密度较低，干重度 $\gamma_d=15.0\sim16.0\text{kN/m}^3$，渗透系数较小，一般为 $6.5\times10^{-3}\text{cm/s}$，属于中等透水。

②-1卵（块）砾（碎）石夹细砂、粉质黏土层：该岩组占统计钻孔河床覆盖层的15%。以卵（块）石、砾（碎）石为主，其中细砂及粉质黏土的含量较高。该岩组又可分为三种情况：①以卵砾石夹砂为主的正常河流相冲积堆积，卵砾粒度较小；②以漂（块）石为主，夹杂少量砂砾的洪水堆积，磨圆差，分选差；③以碎块石夹粉质黏土（泥包砾）形式出现的泥石流堆积体。三种情况没有明显的分界。该岩组的天然密度较高，干重度 $\gamma_d=21.0\sim22.2\text{kN/m}^3$，渗透系数较大，一般为 $6.5\times10^{-2}\sim1.5\times10^{-1}\text{cm/s}$，属于强透水。

②-2粉细砂层：该岩组占统计钻孔河床覆盖层的20%。主要为粉细砂层。由静水堆积或小区域内的横向环流形成，测年资料显示该粉细砂层形成于晚更新世。该岩组的天然密度较低，干重度 $\gamma_d=15.8\sim17.0\text{kN/m}^3$，渗透系数较小，一般为 $5\times10^{-3}\text{cm/s}$，属于中等透水。

①卵（块）砾（碎）石夹中细砂或粉质黏土层：该岩组占统计钻孔河床覆盖层的20%。以卵（块）砾（碎）石为主，局部夹有砂层，可分为两种情况：一种是以卵砾石夹砂层透镜体为主的正常河流相冲积堆积；另一种是以卵（块）砾（碎）石为主，砂质、黏土质充填的冰水堆积，磨圆和分选差，泥质胶结。该岩组的天然密度较高，干重度 $\gamma_d=21.4\sim22.2\text{kN/m}^3$，渗透系数较大，一般为 $2\times10^{-2}\sim8\times10^{-2}\text{cm/s}$，属于强透水。

其宗水电站坝址区河床覆盖层主要由粗粒土组成，以漂（块）石、碎石、卵砾石为主，覆盖层结构上具不均匀性。河床覆盖层一般都包括四大组分，即漂卵石类、砂卵砾石类、碎石类和砂层类，河床覆盖层以漂卵砾石类为主，透水性强。有颗分曲线表明卵砾石类土不均匀系数大，级配差。河床覆盖层干重度 $\gamma_d=15.0\sim22.2\text{kN/m}^3$，均呈中密、密实状态。

2.2.4　覆盖层物理力学特性

坝址覆盖层的物理力学参数是大坝地基稳定性计算与评价以及地基处理设计的基础。由于坝址区覆盖层具有显著的不均匀性，参数选取难度较大。虽然原位测试能获得比较准确的结果，但其试验周期较长且费用较高，不可能大规模开展。而室内试验由于采样技术、制样技术及所采样品代表性的局限，其结果常常与实际状况有较大差别。因此，需要在现场原位试验和室内物理力学试验基础上，结合相关工程经验，对坝址覆盖层的物理力学特性进行深入细致的分析研究，为坝基稳定性评价及地基处理设计提供可靠的依据。

2.2.4.1　试验分析

1. 原位测试

原位测试主要包括重型动力触探试验、标准贯入试验、静力触探试验、平板静载试验、旁压试验、十字板剪切试验、波速试验、抽水试验和注水试验。

（1）重型动力触探试验。现场在 ZK212、ZK214、ZK215、ZK217、ZK222 和 ZK224 钻孔中进行重型动力触探试验，试验成果见表 2.2-7。通过修正后的锤击数，查阅相关表即可得到各土层的承载力及变形模量参数。

表 2.2-7　　重型动力触探试验成果表

孔号	层号	试段深度/m	试段长度/m	实测贯入30cm锤击数 N	探杆长度/m	触探杆长锤击数校正		地下水锤击数校正	综合校正平均值	承载力/MPa	变形模量/MPa
						x	N'	$N_{63.5}$	N_{cp}		
ZK212	③-2	11.64～1.94	0.3	5.5	11.64	0.83	4.6	6.0	5.5	0.20	15.8
	③-1	40.0～40.30	0.3	20.0	40				20.0	0.70	43.1
	②-2	49.70～50.0	0.3	13.0	49.7				13.0	0.30	13.5
	②-1	55.39～55.69	0.3	18.0	55.39				18.0	0.64	39.8
		61.44～61.64	0.2	18.0	61.44				18.0	0.64	39.8
		65.34～65.54	0.2	28.0	65.34				28.0	0.90	55.5
		69.24～69.54	0.3	18.0	69.24				18.0	0.64	39.8
		75.30～75.60	0.3	15.0	75.3				15.0	0.56	34.6
	①	84.03～84.33	0.3	18.0	84.03				18.0	0.64	39.8
ZK215	③-1	2.96～3.26	0.3	7.0	2.96	0.96	6.7	8.4	7.6	0.30	20.6
		6.03	0	>50	6.03				>50	>1	86.0
		9.11～9.15	0.05	>50	9.11				>50	>1	86.0
		11.94	0	>50	11.94				>50	>1	86.0
		11.58～11.68	0.1	>50	11.58				>50	>1	86.0
		18.01～18.21	0.2	>50	18.01				>50	>1	86.0

续表

孔号	层号	试段深度/m	试段长度/m	实测贯入30cm锤击数 N	探杆长度/m	触探杆长锤击数校正		地下水锤击数校正	综合校正平均值	承载力/MPa	变形模量/MPa
						x	N'	$N_{63.5}$	N_{cp}		
ZK215	③-1	22.81～22.91	0.1	>50	22.81				>50	>1	86.0
		26.46～26.76	0.3	14.0	26.46				14.0	0.52	32.9
		30.15～30.45	0.3	23.0	30.15				23.0	0.78	47.9
		32.58～32.88	0.3	20.0	32.58				20.0	0.70	43.1
		34.58～34.78	0.2	>50	34.58				>50	>1	86.0
		38.36～38.66	0.3	30.0	38.36				30.0	0.91	58.5
		42.66～42.96	0.3	10.0	42.66				10.0	0.30	32.8
		45.99～46.29	0.3	14.0	45.99				14.0	0.30	48.0
		55.90～56.20	0.3	14.0	55.9				14.0	0.30	48.0
	②-2	58.65～58.95	0.3	9.0	58.65				9.0	0.27	26.7
		60.58～60.88	0.3	12.0	60.58				12.0	0.30	32.8
		64.78～65.08	0.3	10.0	64.78				10.0	0.30	32.8
ZK217	③-1	6.55～6.65	0.1	2.0	6.55	0.93	1.9	3.0	2.5	0.12	8.8
		10.98～11.28	0.3	14.0	10.98	0.8	11.2	13.3	12.3	0.45	29.8
		13.15～13.17	0.02	>50	13.15				>50	>1	86.0
ZK214	③-1	3.0～3.15	0.15	13.0	3	0.95	12.4	14.6	13.5	0.50	31.9
		6.43～6.73	0.3	13.0	6.43	0.91	11.8	14.0	12.9	0.58	31.0
		9.07～9.37	0.3	25.0	9.07	0.77	19.3	22.2	20.7	0.72	44.2
		11.89～11.99	0.1	25.0	11.89	0.73	18.3	21.1	19.7	0.70	42.5
		15.18～15.48	0.3	8.0	15.18	0.77	6.2	7.8	7.0	0.26	19.4
		18.25～18.55	0.3	>50	18.25				>50	>1	86.0
ZK222	③-1	5.18～5.48	0.3	17	5.18	0.9	15.3	17.8	16.6	0.63	37.3
		7.00～7.02	0.02	>50	7				7.0	0.26	19.5
		9.33～9.63	0.3	15.0	9.33	0.8	12.0	14.2	13.1	0.49	31.3
		13.0～13.38	0.3	25.0	13.08				25	0.83	51.0
		15.6～15.96	0.29	37.0	15.67				37	0.97	68.5
		19.4～19.50	0.1	>56	19.4				56	>1	93.7
		20.8～20.95	0.1	>53	20.85				53	>1	89.9
		23.1～23.42	0.3	30.0	23.12				30	0.91	58.5
		27.7～27.96	0.2	45	27.76				45	>1	79.5
		29.8～30.17	0.3	38	29.87				38	0.98	69.9
		32.1～32.44	0.3	12	32.14				12	0.45	29.3
		46.3～46.66	0.3	21	46.36				21	0.73	44.7

续表

孔号	层号	试段深度/m	试段长度/m	实测贯入30cm锤击数 N	探杆长度/m	触探杆长锤击数校正		地下水锤击数校正	综合校正平均值	承载力/MPa	变形模量/MPa
						x	N'	$N_{63.5}$	N_{cp}		
ZK222	②-1	55.0~55.37	0.29	16	55.08				16	0.58	36.4
		57.2~57.24	0.04	55	57.2				55	>1	92.5
		60.8~60.96	0.13	35	60.83				35	0.95	65.7
		63.9~64.27	0.3	28	63.97				28	0.88	55.5
		68.3~68.64	0.3	35	68.34				35	0.95	65.7
ZK224	③-1	5.02~5.15	0.13	51	5.02				117	>1	163.5
		7.22~7.62	0.4	80	7.22				60	>1	98.7
		12.3~12.48	0.12	50	12.36				125	>1	171.9
		15.26~15.7	0.44	43	15.26				29	0.90	57.0
		16.8~17.55	0.68	33	16.87				14	0.52	32.9
		21.3~21.83	0.45	120	21.38				80	>1	122.7
		24.2~24.73	0.45	110	24.28				73	>1	114.5
		29.9~30.07	0.1	50	29.97				150	>1	197.3
	②-2	34.3~34.79	0.45	19	34.34				12	0.45	29.3
		37.3~37.80	0.45	15	37.35				10	0.38	25.5
		39.7~40.20	0.45	15	39.75				10	0.38	25.5
		43.7~44.19	0.45	25	43.74				16	0.58	36.4
	②-1	50.03~50.5	0.47	58	50.03				37	0.97	68.5
		62.0~62.11	0.08	50	62.03				187	1	233.0

通过重型动力触探试验，可以初步得到其宗坝址河床覆盖层几个大层的地基承载力和变形模量的参数，具体见表2.2-8。

表2.2-8　　通过重型动力触探试验得到的覆盖层力学参数建议值

层　号	平均值（未修正）	平均值（已修正）	承载力特征值 f_{ak}/kPa	变形模量 E_0/MPa
③-2	5.5	5.5	200	15.8
③-1	30.18	29.69	930	58.0
②-2	13	13	300	13.5
②-1	15.09	15.09	580	48.0
①	18	18	640	39.8

（2）标准贯入试验。主要是对ZK212、ZK213、ZK222和ZK224钻孔中的砂层进行标准贯入试验，试验成果见表2.2-9。

表 2.2-9 **标准贯入试验成果表**

孔号	位置	层号	试段深度/m	试段长度/m	实测贯入30cm锤击数N/次	探杆长度/m	触探杆长锤击数校正		自重压力锤击数校正		地下水锤击数校正	综合校正平均值	标准贯入锤击数临界值 N_{cr}										承载力 f_k/kPa	压缩模量 E_s/MPa
													Ⅶ度				Ⅷ度				Ⅸ度			
							x	N'	CN	N'	$N_{63.5}$	N_{cp}	近震 $N_0=6$	液化判别	近震 $N_0=8$	液化判别	近震 $N_0=10$	液化判别	近震 $N_0=12$	液化判别	近震 $N_0=16$	液化判别		
ZK212	横Ⅰ线	③-2	18.0～18.3	0.3	18	18	0.57	10.26	0.67	12.09	16.5	12.95	3.6	否	4.8	否	6	否	7.2	否	9.6	否	234.50	13.45
			19.1～19.4	0.3	5	19.1	0.77	3.85	0.65	3.26	—	3.56	2.94	否	3.92	是	4.9	是	5.88	是	7.84	是	151.91	8.84
			21.8～22.1	0.3	6	21.8	—	—	0.61	3.65	—	3.65	—	—	—	—	—	—	—	—	—	—	153.73	8.89
			26.0～26.3	0.3	6	26	—	—	0.55	3.29	—	3.29	—	—	—	—	—	—	—	—	—	—	146.46	8.71
			31.75～32.05	0.3	6	31.75	—	—	0.48	2.89	—	2.89	—	—	—	—	—	—	—	—	—	—	138.38	8.52
ZK213	上围堰轴线	③-2	16.03～16.33	0.3	10	16.03	0.73	7.3	0.71	7.11	—	7.21	3.52	否	4.69	否	5.86	否	7.032	否	9.375	是	177.10	10.63
			18.20～18.50	0.3	16	18.2	0.63	10.08	0.67	10.69	15.5	12.09	2.56	否	3.41	否	4.264	否	5.117	否	6.823	否	225.90	13.02
			22.0～22.30	0.3	17	22	—	—	0.6	10.28	16	13.14	—	—	—	—	—	—	—	—	—	—	236.40	13.54
			31.15～31.45	0.3	25	31.15	—	—	0.49	12.21	20	16.11	—	—	—	—	—	—	—	—	—	—	266.10	14.99
			35.98～36.28	0.3	10	35.98	—	—	0.44	4.4	—	4.4	—	—	—	—	—	—	—	—	—	—	168.88	12.12
			41.41～41.71	0.3	20	41.41	—	—	0.39	7.87	17.5	12.69	—	—	—	—	—	—	—	—	—	—	231.90	13.32
			45.49～45.79	0.3	21	45.49	—	—	0.36	7.6	18	12.8	—	—	—	—	—	—	—	—	—	—	233.00	13.37
ZK222	横Ⅱ、Ⅲ线	②-2	52.47～52.77	0.3	14	52.47	—	—	0.32	4.5	—	4.5	—	—	—	—	—	—	—	—	—	—	170.90	12.23
ZK224		③-1	39.30～39.75	0.45	45	39.30	—	—	0.41	18.5	15	16.75	—	—	—	—	—	—	—	—	—	—	272.5	15.31

（3）静力触探试验。静力触探试验是利用静力装置将带有触探头的触探杆匀速压入试验土层，通过量测系统测土的贯入阻力，确定土的某些基本物理力学特性，如土的变形模量、土的容许承载力等，具有勘探和测试的双重功能。静力触探的贯入机理的理论分为三大类，即承载力理论、球穴扩张理论及稳定贯入流体理论。这些理论中，球穴扩张理论适用于压缩性的土；稳定流体理论适用于饱和软黏性土（在不排水条件为不可压缩的介质）；承载力理论适用于临界深度以上的贯入情况，对压缩性土不适用。

静力触探试验共在9个点进行了检测（ZK213附近及大理石厂附近③-2表层），试验深度最小2m，最大3.3m，原因是当探头穿过粉细砂层到达卵砾石层时，静力触探已不再适用，因而，无法继续试验。除3号点外，其余测试点的地基承载力特征值 f_{ak} 均在273～336kPa之间，平均值为294.5kPa。对于3号点的异常，很有可能是该试验点的粉细砂层为新近冲洪积形成的松散堆积物。

各试验点静力触探试验成果见表2.2-10，静力触探试验检测结果承载力特征值指标统计见表2.2-11。

表2.2-10　　静力触探试验成果表

点号	土层名称	深度/m	锥头阻力 q_c/MPa	侧摩阻力/kPa	摩阻比/%	承载力特征值 f_{ak}/kPa	内摩擦角 φ/(°)	变形模量 E_0/MPa	压缩模量 E_s/MPa
2-2	粉细砂	0～3.1	10.76	332	3.09	273	36	17.2	24
3	粉细砂	0～2.8	1.75	30	1.7	94	30	4	7.5
4	粉细砂	0～2.1	13.86	309	2.23	336	36	20	29
5	粉细砂	0～2.4	11.45	236	2.06	289	36	18	25
7	粉细砂	0～2.8	11.27	311	2.76	285	36	18	25
8	粉细砂	0～2.3	11.87	270	2.27	297	36	18	25
9	粉细砂	0～2.0	12.54	246	1.96	310	36	19	27
x-1-1	粉细砂	0～3.3	11.34	338	2.98	286	36	18	25
x-1-2	粉细砂	0～3.1	11.03	317	2.88	280	36	18	25

表2.2-11　　静力触探试验检测结果承载力特征值指标统计表

试验方法	岩土名称	统计项目	承载力特征值 f_{ak}
静力触探	粉细砂	统计个数	8
		最大值/kPa	336
		最小值/kPa	273
		平均值/kPa	294.5
		标准差	20.12
		变异系数	0.07
		统计修正系数	0.95
		标准值/kPa	280.91

（4）平板静载试验。平板静载试验是在一定面积的承压板上向地基土逐级施加荷载，测求地基土的压力与变形特性的原位测试方法。它反映承压板下1.5～2.0倍承压板直径或宽度范围内地基土的强度、变形的综合性状。由于试验方法的限制，该试验只能在覆盖层表面进行。其宗下坝址分3个试区（每个试区3个点）进行平板静载试验，其中③-1层有2个试区，③-2层有1个试区。

1）试Ⅰ区成果分析。试Ⅰ区位于右岸覆盖层的③-2层上，地基土为级配不良砂(SP)。试Ⅰ区原位平板静载试验共完成3点，其承载力特征值依次为135.5kPa、122.5kPa和112.9kPa，其平均值为123.6kPa，极差值为22.6kPa，极差值与平均值之比为18.25%，未超过平均值的30%，因此取此3个试点承载力特征值的平均值123.6kPa为试Ⅰ区河床覆盖层承载力特征值。

2）试Ⅱ区成果分析。试Ⅱ区位于左岸覆盖层的③-1层上，地基土为混合土卵石(CbSI)。试Ⅱ区原位平板静载试验共完成3点，其承载力特征值依次为1199.6kPa、934.5kPa和945.9kPa，其平均值为1026.7kPa，极差值为265.1kPa，极差值与平均值之比为25.82%，未超过平均值的30%，因此取此3个试点承载力特征值的平均值1026.7kPa为试Ⅱ区河床覆盖层承载力特征值。

3）试Ⅲ区成果分析。试Ⅲ区位于右岸覆盖层的③-1层上，地基土为卵石混合土(SICb)。试Ⅲ区原位平板静载试验共完成3点，其承载力特征值依次为350.3kPa、431.0kPa和344.0kPa，其平均值为375.1kPa，极差值为87.0kPa，极差值与平均值之比为23.19%，未超过平均值的30%，因此取此3个试点承载力特征值的平均值375.1kPa为试Ⅲ区河床覆盖层承载力特征值。

（5）旁压试验。旁压试验是通过旁压器在预先打好的钻孔中对孔壁施加压力，使土体产生变形，测出压力和变形关系，用弹塑性理论计算地基土的变形模量和地基承载力。该试验主要适用于可塑以上的黏性土、粉土，中密以上的砂土。

旁压试验共在ZK212、ZK213、ZK218、ZK222和ZK224等5个钻孔进行试验62组，由于钻孔孔径过大，其中26组数据部分可用或完全不可用。

旁压试验多在卵砾石层中进行，因而部分数据存在异常，究其原因，可能是在试验中遇到孤石，或者在试验过程中旁压膜或导压管被划破。

各试验点旁压试验结果见表2.2-12，旁压试验检测结果主要物理力学指标统计表见表2.2-13。

表2.2-12　　旁压试验结果表

点号	岩性	深度/m	P_0/kPa	P_f/kPa	P_L/kPa	S_0/mm	S_f/mm	E_m/kPa	E_0/MPa	f_{ak}/kPa
212-1	粉细砂	49	420	728	770	89.4	109.4	5549	27.7	308
212-2	粉细砂	58.5	210	502	730	105.9	150.1	2883	14.4	292
212-3	粉细砂	62.7	252	505	632.5	118.1	164.6	2567.6	12.8	253
213-1	粉细砂	43.2	213	485	680	125.6	173	2829.4	14.1	272
213-2	粉细砂	53	195	544	872.5	125	162	4505.2	22.5	349
213-3	粉细砂	58	192	449	642.5	195.7	258.5	2864.7	14.3	257

续表

点号	岩性	深度/m	P_0/kPa	P_f/kPa	P_L/kPa	S_0/mm	S_f/mm	E_m/kPa	E_0/MPa	f_{ak}/kPa
218-1	砂卵砾石	20.1	434	1365	2327.5	122.1	151.4	14606	73	931
222-1	砂卵砾石	29.2	183	972	1972.5	58.9	79.1	10915.5	54.6	789
222-2	砂卵砾石	40.1	259	1027	1920	69.7	92.7	10415.1	52.1	768
222-3	粉细砂	54.2	235	497	655	143.3	179.2	3830.3	19.2	262
222-4	砂卵砾石	56.7	118	887	1922.5	98.7	127.3	10661.1	53.3	769
222-5	砂卵砾石	61.5	892	1882.6	2476.5	189.9	226.4	17652.3	88.3	991
222-6	砂卵砾石	62.5	912	1923	2527.5	29.6	41.3	16436.7	82.2	1011
222-7	砂卵砾石	79	528	1657.1	2822.5	155.9	192.2	17404.5	87	1129
222-8	砂卵砾石	77.8	436	1377	2352.5	85.4	107.7	14884.8	74.4	941
222-9	砂卵砾石	76.6	585	1443.4	2145	102.2	127.3	13712.8	68.6	858
222-10	砂卵砾石	75.4	632	1724	2730	92.9	116.8	17125.7	85.6	1092
222-11	砂卵砾石	72.9	159	927	1920	118.9	146.9	12327.3	61.6	768
222-12	砂卵砾石	71.7	173	805	1580	152.9	195.3	8332.6	41.7	632
222-13	砂卵砾石	70.5	113	797	1710	147.8	187.9	9251.9	46.3	684
222-14	砂卵砾石	68.1	247	857	1525	138.9	179.8	7752.4	38.8	610
222-15	砂卵砾石	84.2	396	1325	2322.5	147.8	176.8	16902.6	84.5	929
222-16	砂卵砾石	83.2	209	989	1950	118.9	145.9	12945.2	64.7	780
222-17	砂卵砾石	82.2	251	1069	2045	158.7	191.2	14127.2	70.6	818
222-18	砂卵砾石	80.2	230	703	1182.5	125.8	159.9	6601.2	33	473
222-19	砂卵砾石	87	748	2179	3577.5	90.3	116.1	20546	102.7	1431
222-20	砂卵砾石	91	242	838	1490	108	135.6	9067.6	45.3	596
222-21	砂卵砾石	90	54	468	1035	9.2	20.2	5081.7	25.4	414
222-22	砂卵砾石	89	207	744	1342.5	155.9	196.7	7434.8	37.2	537

注　P_0 为初始压力，P_f 为临塑压力，P_L 为极限压力，S_0 为初始压力变形量，S_f 为临塑压力变形量，E_m 为旁压模量，E_0 为变形模量，f_{ak} 为承载力特征值。

表 2.2-13　　旁压试验检测结果主要物理力学指标统计表

岩土名称	统计项目	旁压模量 E_m	变形模量 E_0	承载力特征值 f_{ak}
粉细砂	统计个数	7	7	7
	最大值	5549kPa	27.7MPa	308kPa
	最小值	2567.6kPa	12.8MPa	253kPa
	平均值	3575.60kPa	17.86MPa	284.71kPa
	标准差	1109.15	5.55	34.59
	变异系数	0.31	0.31	0.12
	统计修正系数	0.77	0.77	0.91
	标准值	2755.36kPa	13.76MPa	259.13kPa

续表

岩土名称	统计项目	旁压模量 E_m	变形模量 E_0	承载力特征值 f_{ak}
砂卵砾石	统计个数	29	29	29
	最大值	20546kPa	102.7MPa	1431kPa
	最小值	5081.7kPa	25.4MPa	414kPa
	平均值	11715.17kPa	58.58MPa	773.09kPa
	标准差	4124.20	20.61	230.06
	变异系数	0.35	0.35	0.30
	统计修正系数	0.89	0.89	0.90
	标准值	10387.23kPa	51.94MPa	699.01kPa

(6) 十字板剪切试验。十字板剪切试验是用插入土中的标准十字板探头，以一定的速率扭转，测量土破坏时的抵抗力矩，测定土的不排水抗剪强度。

十字板剪切试验共在两个孔进行了7个点的试验，其中，1号孔共进行试验5点，深度为5.1m；2号孔共进行试验2点，深度为3.0m（ZK213附近及大理石厂附近③-2表层）。由于粉细砂层厚度不大，因而当十字板头穿过粉细砂层到达卵砾石层时，十字板剪切试验已不再适用，无法继续试验。

各试验点具体检测成果见表2.2-14，十字板剪切试验检测结果主要物理力学指标统计见表2.2-15。

表2.2-14　　十字板剪切试验成果表

孔号	点号	土层名称	深度/m	最大微应变值 R_0	残余强度 R_0'/kPa	不排水抗剪强度 C_u/kPa	承载力特征值 f_{ak}/kPa
1	1	粉细砂	0.5	6.75	5.12	78	156
1	2	粉细砂	2	7.14	5.58	83	166
1	3	粉细砂	3.5	6.43	4.96	75	150
1	4	粉细砂	4.5	6.13	4.38	71	142
1	5	粉细砂	5.1	7.2	6.17	83	166
2	1	粉细砂	1.5	10.72	7.35	124	248
2	2	粉细砂	3	11.08	7.66	128	256

表2.2-15　　十字板剪切试验检测结果主要物理力学指标统计表

岩土名称	统计项目	不排水抗剪强度 C_u	承载力特征值 f_{ak}
粉细砂	统计个数	7	7
	最大值/kPa	128	256
	最小值/kPa	71	142
	平均值/kPa	91.71	183.43
	标准差	23.83	47.66
	变异系数	0.26	0.26
	统计修正系数	0.81	0.81
	标准值/kPa	74.09	148.18

(7) 波速试验。现场波速试验的基本原理是利用弹性波在介质中传播速度与介质的动弹性模量、动剪切模量、动泊松比及密度等的理论关系，从测定波的传播速度入手，求取土的动弹性参数。在地基土振动问题中弹性波有体波和面波。体波分纵波（P波）和横波（S波），面波分瑞利波（R波）和勒夫波（Q波）。在岩土工程勘察中主要利用的是直达波的横波速度，方法有单孔法和跨孔法。

波速试验在ZK117、ZK215、ZK222和ZK224这4个钻孔的部分孔段进行，其测试结果见表2.2-16和表2.2-17。

表2.2-16　物探剪切波速测试结果

孔　号	测段孔深/m		剪切波速/(km/s)		
	起点	终点	最小值	最大值	平均值
ZK117	56.2	60.0	1.00	1.18	1.08
	60.0	63.0	1.20	1.36	1.29
ZK215	41.4	42.6	1.02	1.09	1.05
	42.6	45.4	0.71	0.88	0.76
	45.4	53.0	0.76	0.99	0.85
ZK222	18.2	22.0	0.73	0.99	0.85
	25.6	27.6	0.87	1.09	1.00
	39.4	40.4	0.91	0.97	0.93
	67.6	72.2	1.16	1.44	1.34
	72.2	76.0	1.10	1.34	1.21
	76.0	83.8	1.25	1.50	1.36
	83.8	86.6	1.43	1.56	1.54
	86.6	90.2	1.21	1.40	1.29
ZK224	12.2	16.8	0.81	0.94	0.85
	16.8	20.2	0.91	1.22	1.05
	33.6	36.8	0.89	0.96	0.94
	44.0	47.2	0.82	1.32	1.00
	49.2	51.0	1.18	1.25	1.23
	55.2	57.8	1.32	1.58	1.54
	57.8	63.6	1.07	1.45	1.23

表2.2-17　分层剪切波速测试结果

地　质　分　层		剪切波速/(km/s)			测点数量/个	测段长度/m
		最小值	最大值	平均值		
③-1	砂卵砾石	0.73	1.22	0.94	76	15
③-2	粉细砂	0.82	0.94	0.87	14	2.6
②-1	碎块石夹砂	0.82	1.58	1.23	185	36.8
②-2	中细砂	0.71	0.99	0.83	51	10
①	卵砾石夹砂	1.21	1.56	1.40	37	7.2

（8）抽水试验和注水试验。为进一步查明坝址覆盖层的渗透性能，对不同类型的覆盖层进行了3组抽水试验和9组注水试验。由于试验设备，钻进工艺（采用SM胶护壁）等问题，试验数据普遍偏小，通过试验得到的渗透系数 K 值仅做参考，结合西部工程实践以及钻孔漏水漏浆情况分析，其宗坝址河床覆盖层渗透性较强，且有明显的不均一性，各层的渗透性能如下：

③-2砂层：结构紧密，黏粒含量随深度的增加而增大，从注水试验得到的数据也可以看出，试验段越深，K 值越小。

③-1含漂卵砾石层：结构较紧密，细颗粒较少，局部有架空现象，渗透性强，K 值较大。

②-2粉细砂层：结构紧密，渗透系数较小，呈中等透水性。

②-1碎砾石层：结构较松散，但局部黏粒含量较高，总体渗透性强，局部渗透系数 K 值较小。

①卵（块）砾（碎）石层：结构较紧密，埋藏深，渗透系数较小。

2. 室内试验

室内试验主要包括粗粒土三轴剪切试验、直剪试验、颗粒分析试验、石英颗粒电镜扫描试验、渗流试验和砂层动三轴试验。

（1）粗粒土三轴剪切试验。由于取样技术的限制，仅在下坝址河床覆盖层③-1层的表层采集4个样品进行三轴剪切试验（其中4号样用新方法做校核试验），最大粒径为60mm的混合土的三轴剪切试验成果（屈服值）见图2.2-5～图2.2-8和表2.2-18。

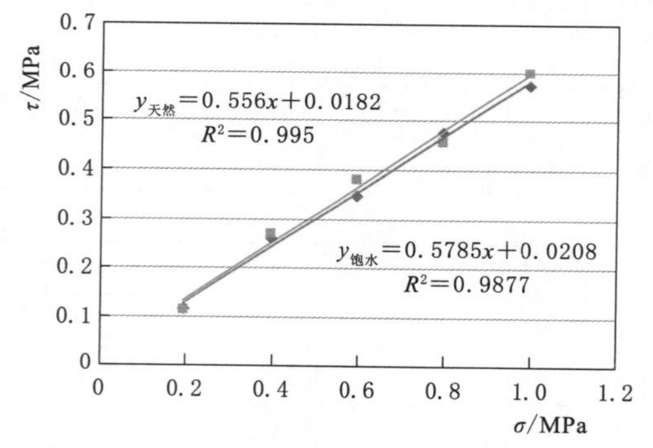

图2.2-5　1号样剪应力与正应力关系图

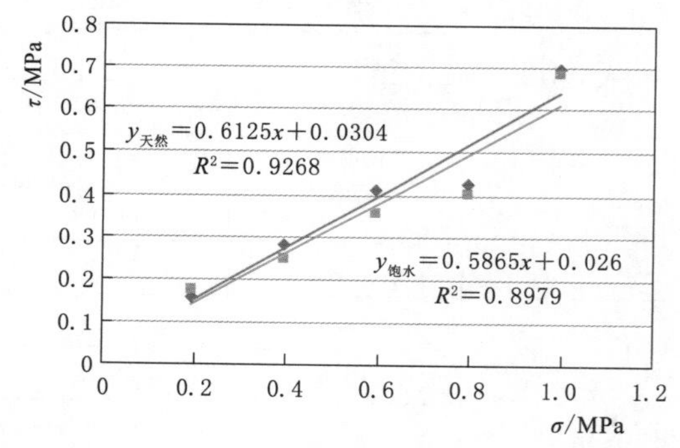

图2.2-6　2号样剪应力与正应力关系图

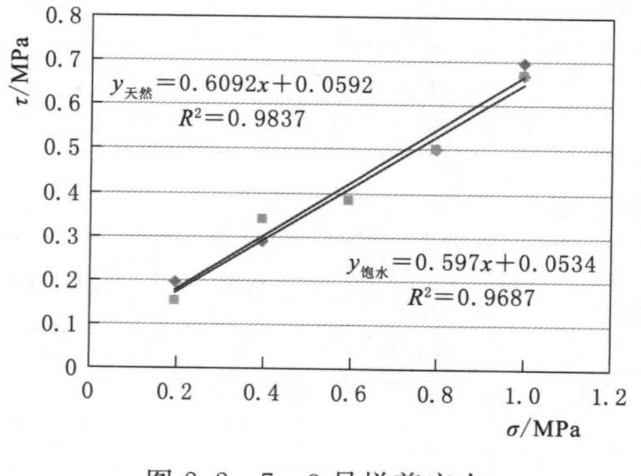

图2.2-7　3号样剪应力与正应力关系图

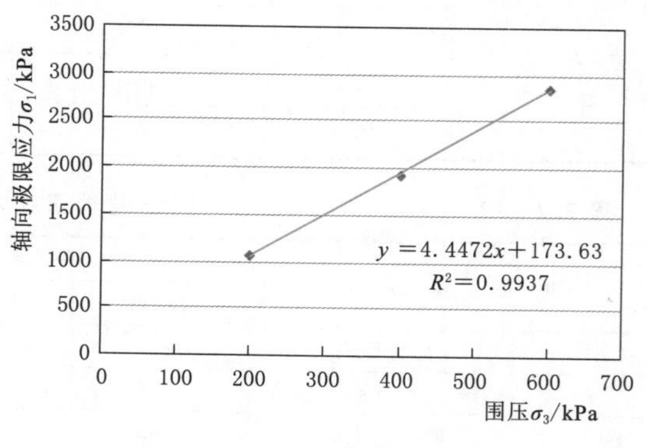

图2.2-8　4号样剪应力与正应力关系图

表 2.2-18　粗粒土室内大剪试验成果（最大粒径为 60mm）

土样编号	取样位置	岩性	正应力 σ/MPa	剪应力 τ/MPa		抗剪强度					
						黏聚力 c /MPa		内摩擦角 φ /(°)		相关系数 R	
				天然	饱水	天然	饱水	天然	饱水	天然	饱水
1-1	河心滩	卵砾石混合土	0.195	0.166	0.144	0.0182	0.0208	29.5	30	0.995	0.9877
1-2			0.395	0.295	0.33						
1-3			0.595	0.486	0.506						
1-4			0.795	0.574	0.628						
1-5			0.995	0.751	0.776						
2-1	Ⅰ级阶地	卵砾石混合土	0.195	0.211	0.226	0.0304	0.026	31.5	30.4	0.9268	0.8979
2-2			0.395	0.324	0.289						
2-3			0.595	0.511	0.466						
2-4			0.795	0.574	0.55						
2-5			0.995	0.844	0.859						
3-1	Ⅱ级阶地	卵砾石混合土	0.195	0.255	0.201	0.0592	0.0534	31.3	30.8	0.9837	0.9687
3-2			0.395	0.378	0.398						
3-3			0.595		0.545						
3-4			0.795	0.653	0.618						
3-5			0.995	0.869	0.815						
4	河心滩	卵砾石混合土						41.33	39.1		

（2）直剪试验。从坝址覆盖层的砂层中采集了 4 个样品进行直剪试验，覆盖层土样的直剪试验成果（屈服值）见表 2.2-19。

表 2.2-19　砂层室内直剪试验成果（最大粒径为 30mm）

层　号	状　态	统计项	黏聚力 c/MPa	内摩擦角 φ/(°)
③-1	天然	最大值	0.159	27.7
		最小值	0.152	25.2
		平均值	0.156	26.5
	饱水	最大值	0.115	22
		最小值	0	21.5
		平均值	0.058	21.8
③-2	天然	试验值	0.073	15.4
	饱水	试验值	0.068	13.2
②-2	天然	试验值	0.094	15.6
	饱水	试验值	0.009	8.25

（3）颗粒分析（以下简称“颗分”）试验。现场和室内做了大量的颗分试验。从试验得到的覆盖层粒度结构特征可以看出，③-2 层以细粒土和黏土质砂为主，原因是河流的横向环流，使细颗粒在相对静水环境下堆积形成透镜体；③-1 层以级配不良砾为主，且粒径在 2～60mm 范围内的颗粒含量大于 70%，该层为正常的河流相冲积堆积，颗粒成分以卵砾石为主，夹少量漂石及中粗砂；②-2 层以细粒土为主，但其粒径小于 0.005mm 颗粒的含量要明显多于③-2 层，该层是晚更新世时代河流冲积形成的砂层透镜体，为级配不良砾和含细粒土砂，该层的特征是粒径 2～0.075mm 之间的细颗粒含量较高；②-1 层是多成因的混合堆积体，主要有泥石流堆积、冲积和洪积，因此该层的黏粒含量较③-1 层、①层的高；①层以级配不良砾为主，但①层粒径在 2～60mm 范围内的颗粒含量大于 95%，是该层与③-1 层的明显区别，①层为冲积和冰水堆积的混合体，因此粗颗粒的含量在各层位中是最高的。以上覆盖层层位的颗分累计曲线见图 2.2-9～图 2.2-13。

（4）石英颗粒电镜扫描试验。从其宗水电站下坝址选择 7 处代表性土样，以确立其堆积层相对活动年代。

各样品的试验结果见表 2.2-20～表 2.2-26。

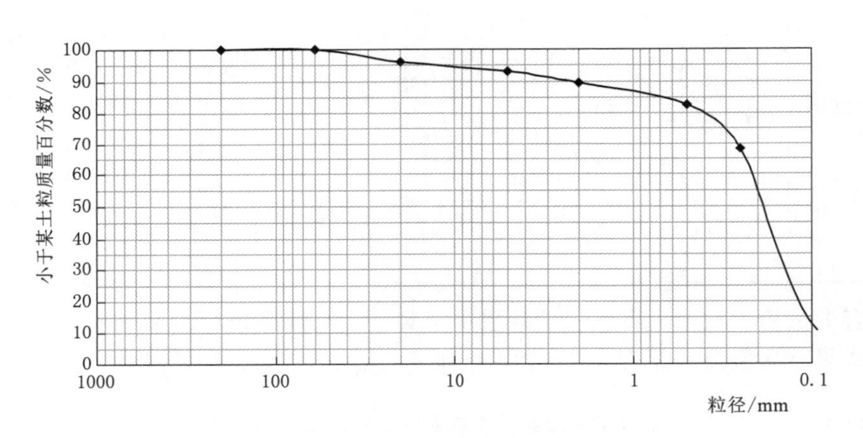

图 2.2-9　覆盖层③-2 层颗分累计曲线

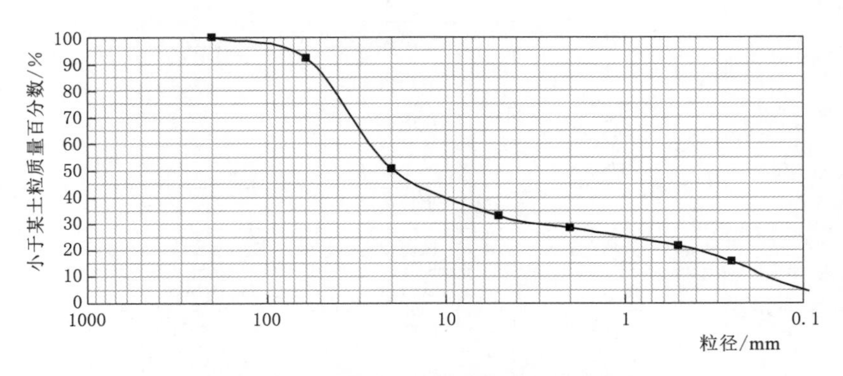

图 2.2-10　覆盖层③-1 层颗分累计曲线

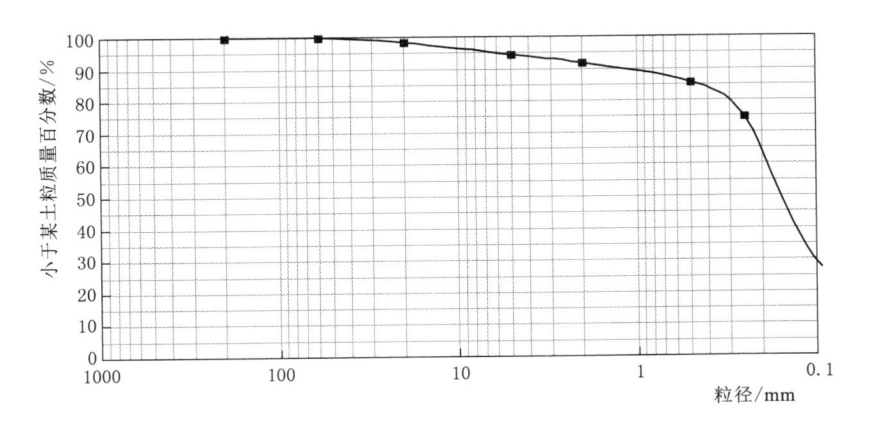

图 2.2-11 覆盖层②-2 层颗分累计曲线

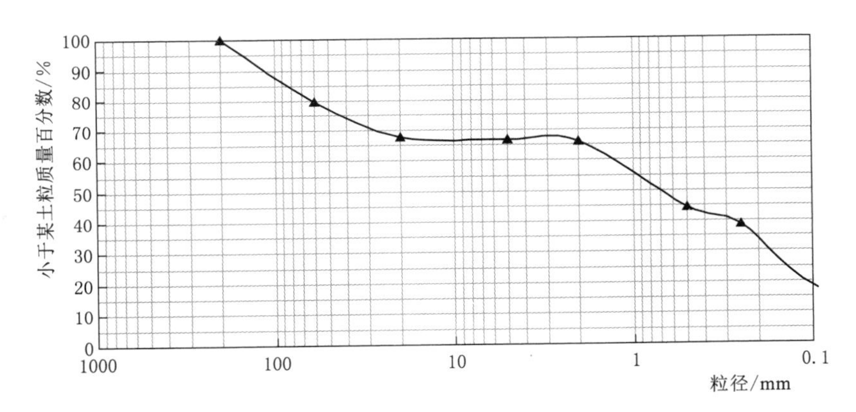

图 2.2-12 覆盖层②-1 层颗分累计曲线

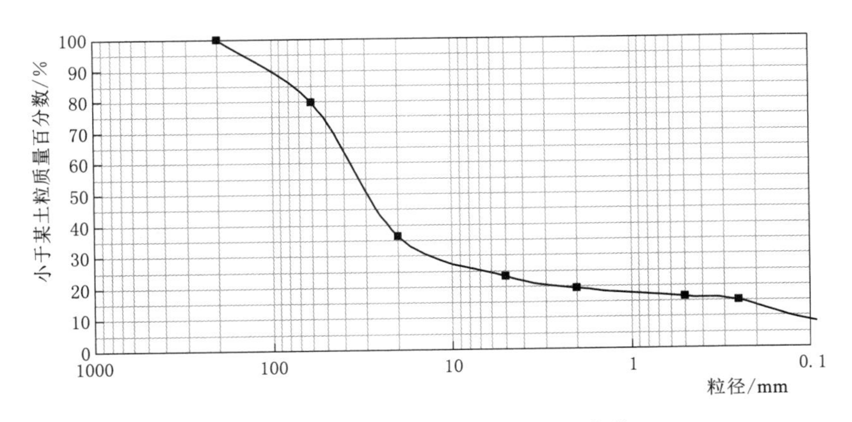

图 2.2-13 覆盖层①层颗分累计曲线

表 2.2-20　　　　**1 号样电镜扫描试验记录**

右岸大理石厂Ⅰ级阶地阶坎				卵石砾石夹砂层			
石英砂表面特征频度统计							
编号	次贝壳状结构	橘皮状结构	鱼鳞状结构	苔藓状结构	虫蛀状结构	钟乳状结构	锅穴状结构	珊瑚状结构
1 号	3	17	3	5	1	0	0	0

石英砂表面特征频度统计柱状图

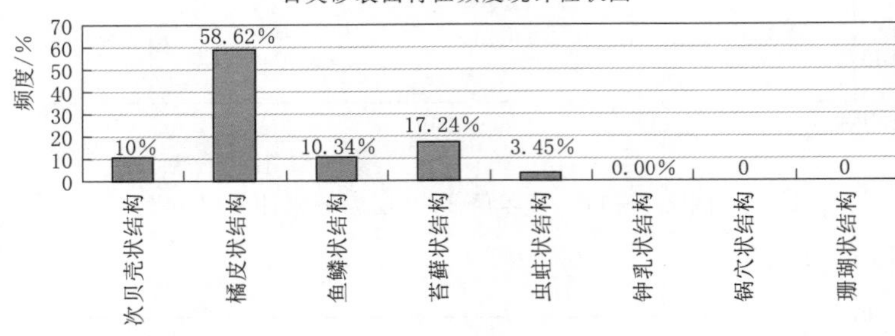

石英砂表面特征代表图

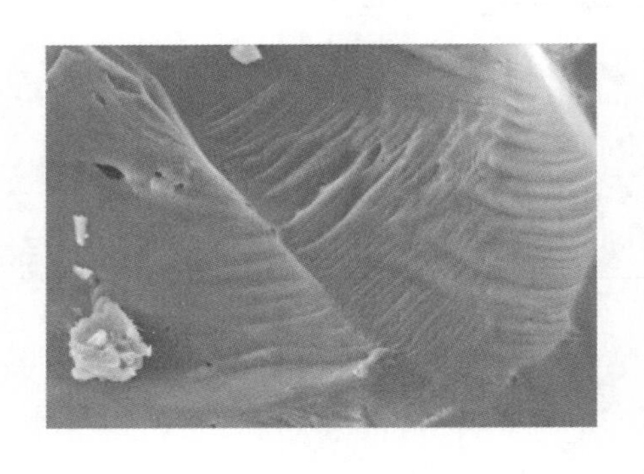

次贝壳状结构

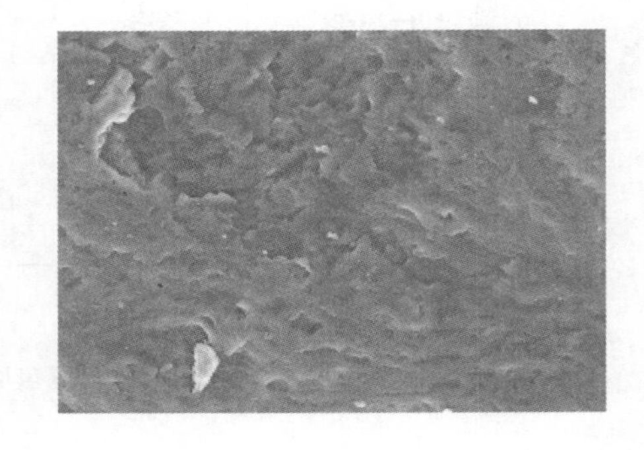

橘皮状结构（一）

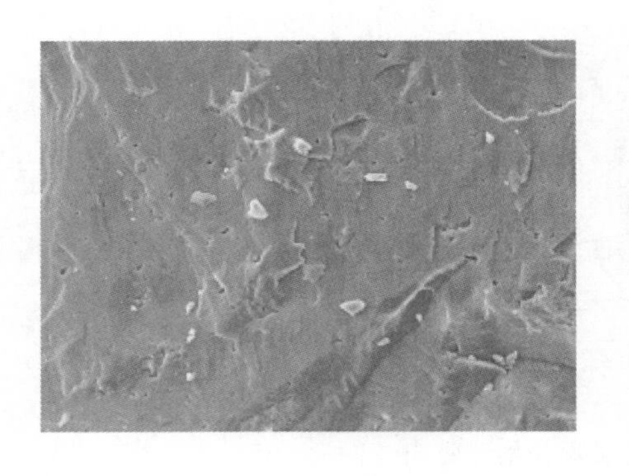

鱼鳞状结构

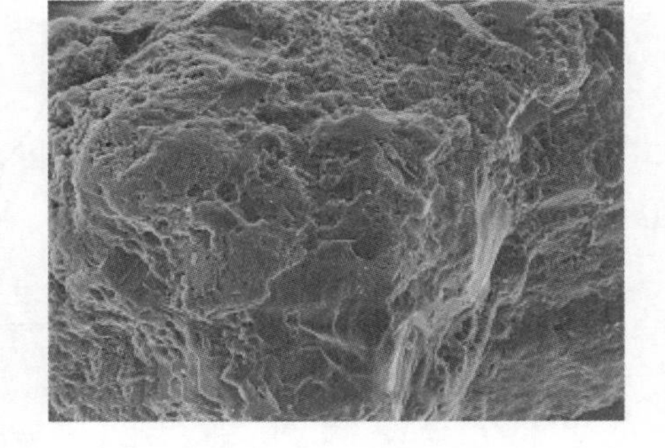

苔藓状结构

续表

石英砂表面特征代表图	
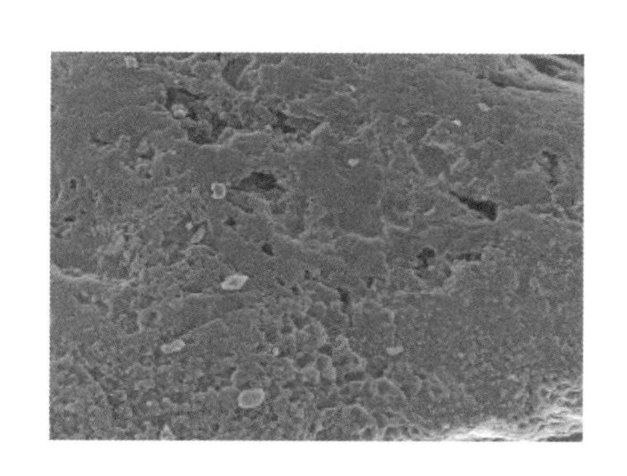	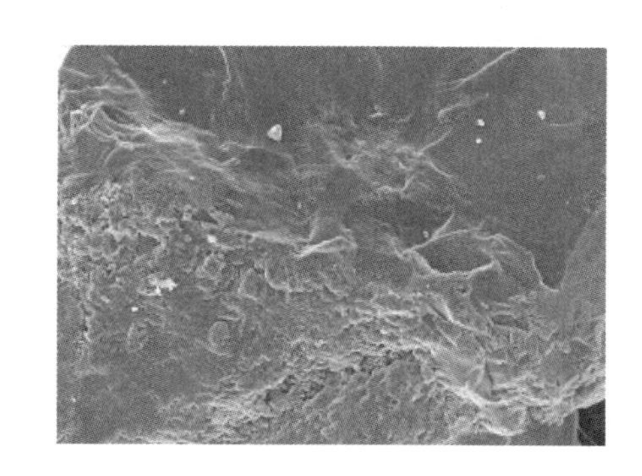
虫蛀状结构	橘皮状结构（二）

表 2.2-21　　2 号样电镜扫描试验记录

篮球场Ⅲ级阶地阶坎最上层				细　砂				
石英砂表面特征频度统计								
编号	次贝壳状结构	橘皮状结构	鱼鳞状结构	苔藓状结构	虫蛀状结构	钟乳状结构	锅穴状结构	珊瑚状结构
2号	0	4	2	8	5	4	0	1

石英砂表面特征频度统计柱状图

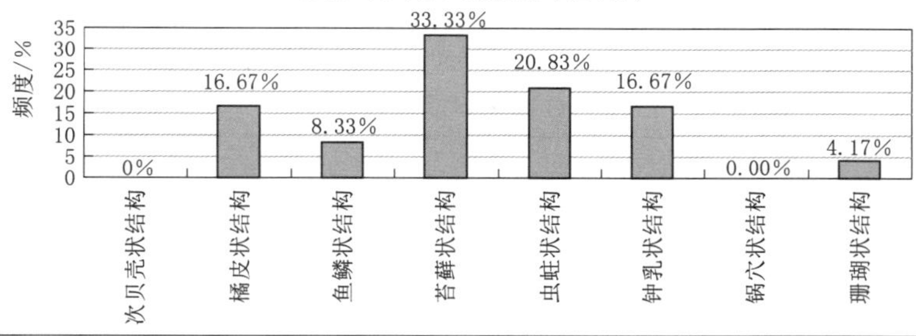

石英砂表面特征代表图	
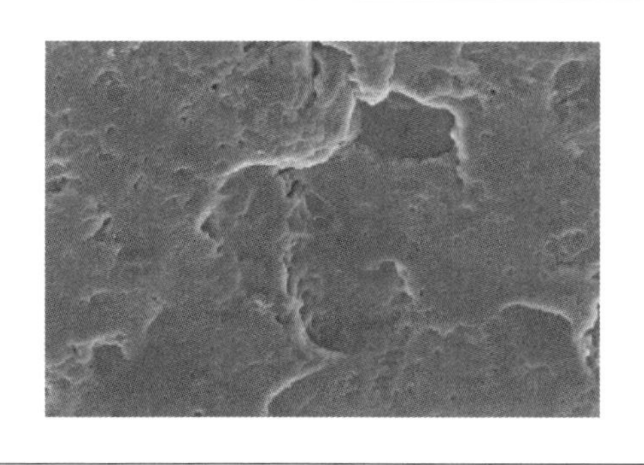	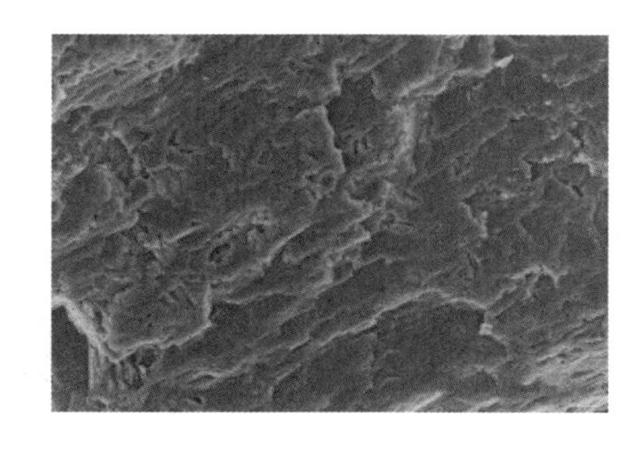
橘皮状结构 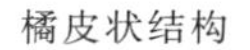	鱼鳞状结构

续表

<table>
<tr><td colspan="2">石英砂表面特征代表图</td></tr>
<tr><td>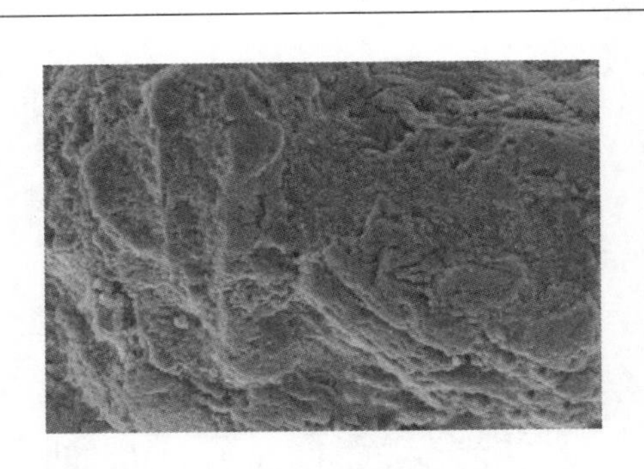</td><td>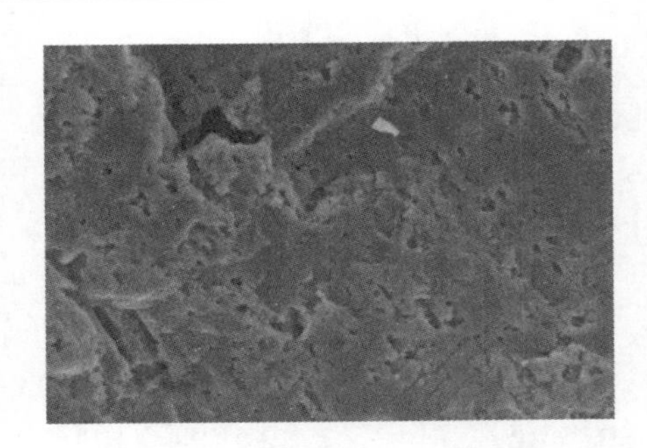</td></tr>
<tr><td>苔藓状结构</td><td>虫蛀状结构</td></tr>
<tr><td>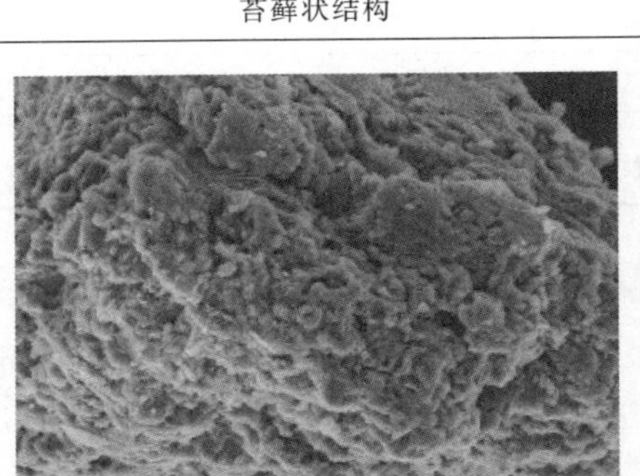</td><td>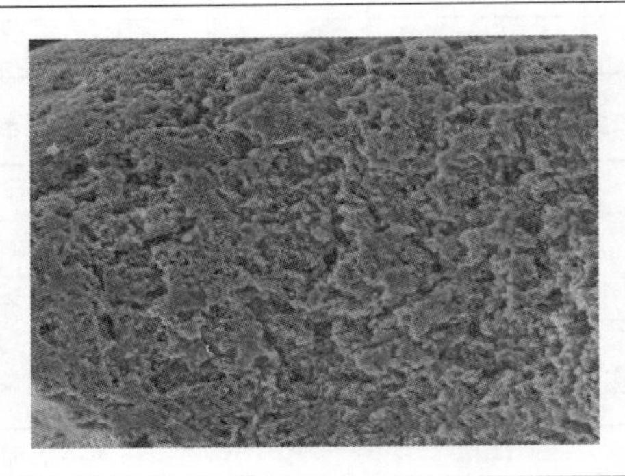</td></tr>
<tr><td>钟乳状结构</td><td>珊瑚状结构</td></tr>
</table>

表 2.2－22　　3 号样电镜扫描试验记录

<table>
<tr><td colspan="5">ZK215 号钻孔 65.17m 处</td><td colspan="4">细　砂</td></tr>
<tr><td colspan="9">石英砂表面特征频度统计</td></tr>
<tr><td>编号</td><td>次贝壳状结构</td><td>橘皮状结构</td><td>鱼鳞状结构</td><td>苔藓状结构</td><td>虫蛀状结构</td><td>钟乳状结构</td><td>锅穴状结构</td><td>珊瑚状结构</td></tr>
<tr><td>3 号</td><td>0</td><td>25</td><td>8</td><td>9</td><td>3</td><td>0</td><td>0</td><td>0</td></tr>
</table>

石英砂表面特征频度统计柱状图

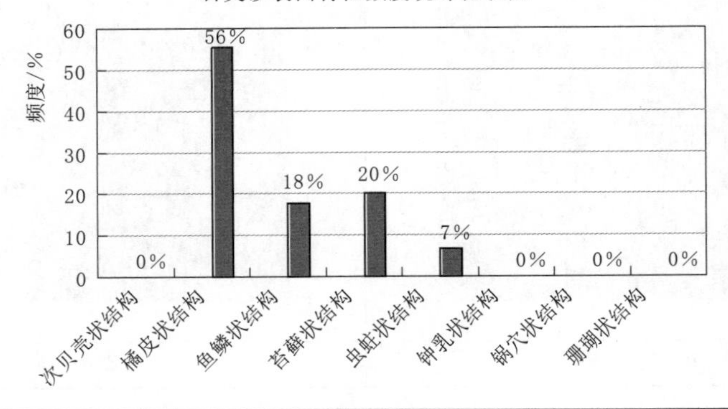

续表

ZK215 号钻孔 65.17m 处	细　　砂
石英砂表面特征代表图	
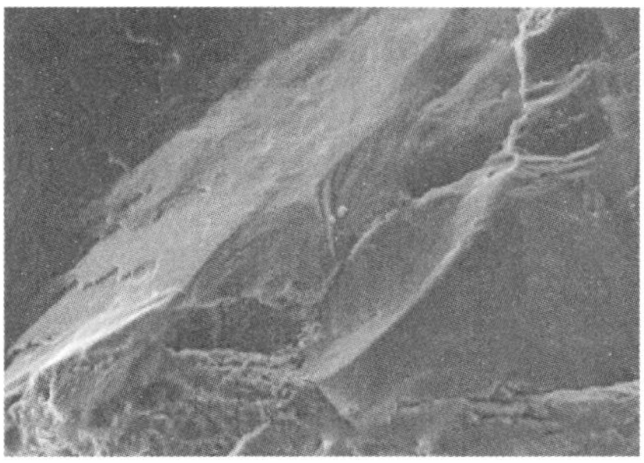	
次贝壳状结构	橘皮状结构
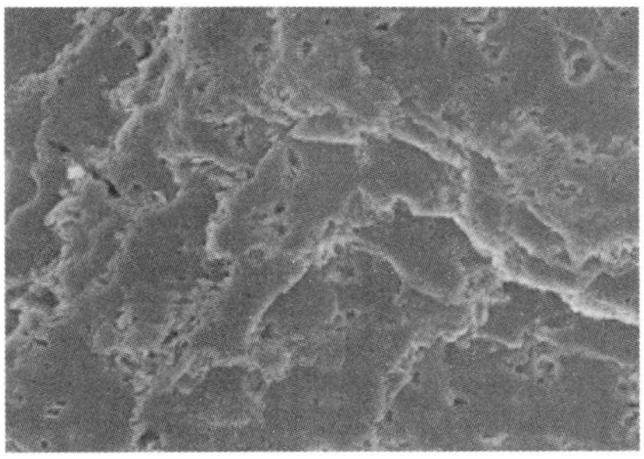	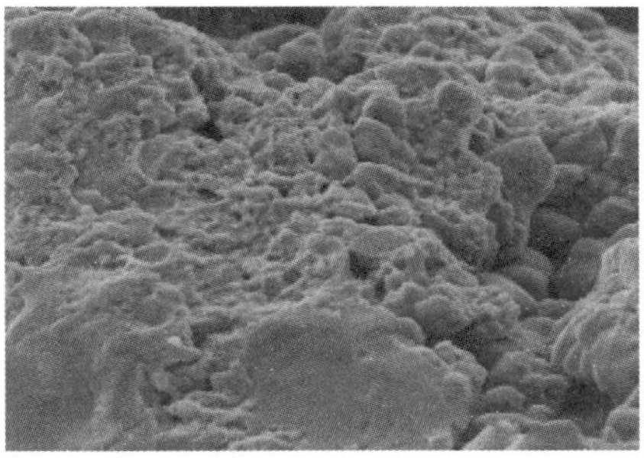
鱼鳞状结构	苔藓状结构
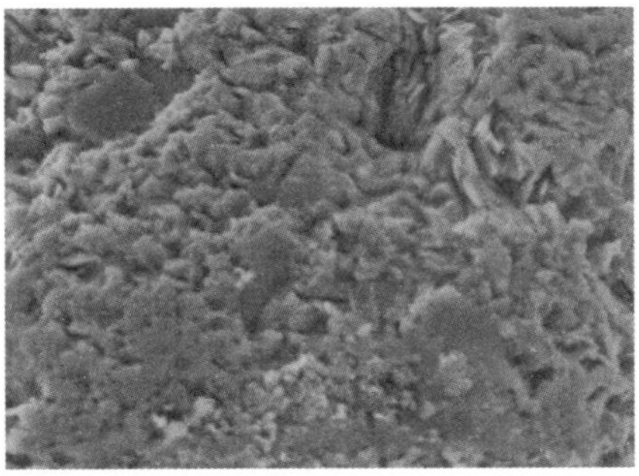	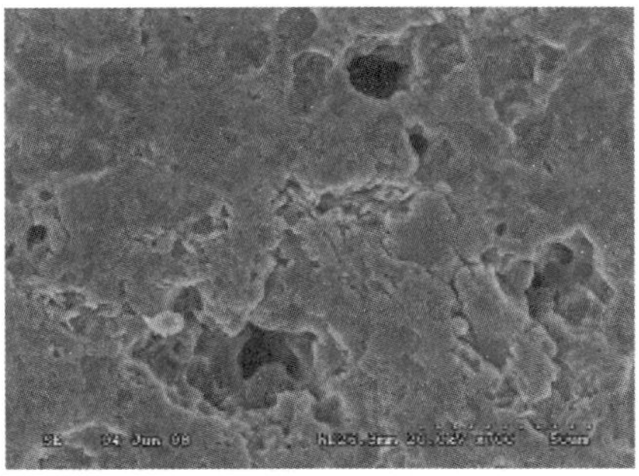
虫蛀状结构（一）	虫蛀状结构（二）

表 2.2-23　　4 号样电镜扫描试验记录

ZK212 号钻孔附近河漫滩					粉　细　砂			
石英砂表面特征频度统计								
编号	次贝壳状结构	橘皮状结构	鱼鳞状结构	苔藓状结构	虫蛀状结构	钟乳状结构	锅穴状结构	珊瑚状结构
4 号	1	25	0	6	0	0	0	0

石英砂表面特征频度统计柱状图

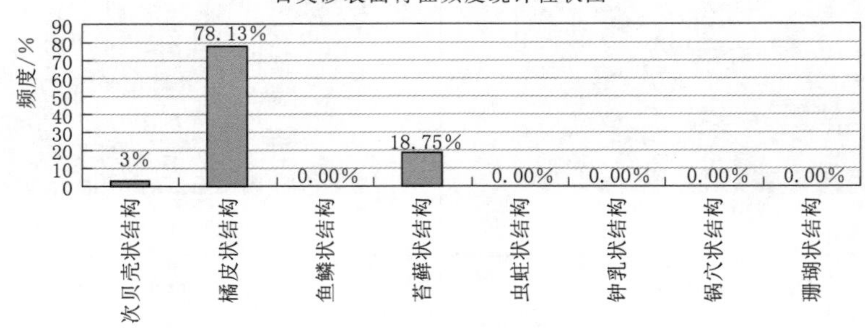

石英砂表面特征代表图

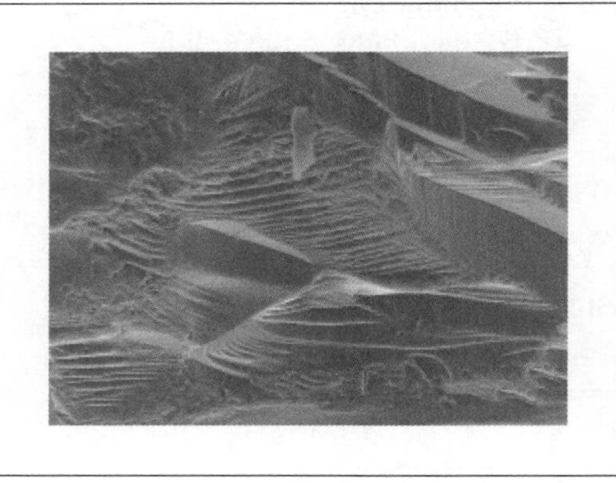

次贝壳状结构

橘皮状结构（一）

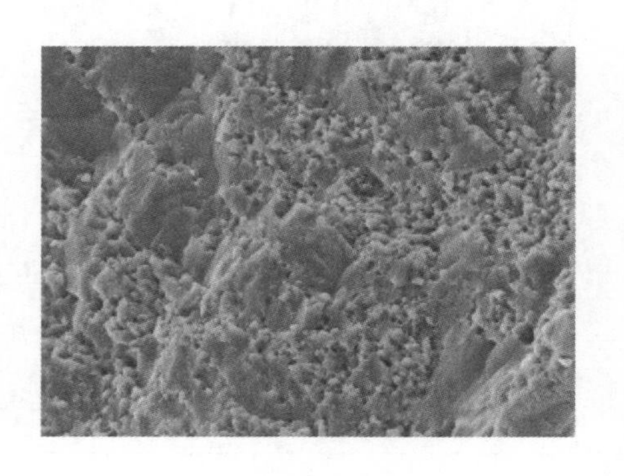

苔藓状结构

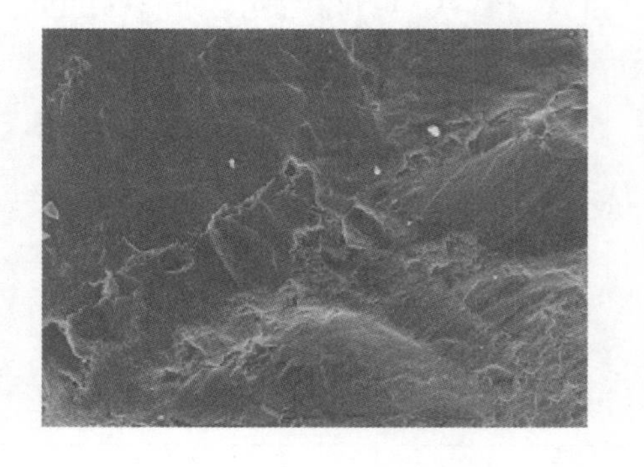

橘皮状结构（二）

表 2.2-24　　5号样电镜扫描试验记录

ZK214号钻孔附近右岸Ⅱ级阶地阶坎				细　砂			
石英砂表面特征频度统计							
编号	次贝壳状结构	橘皮状结构	鱼鳞状结构	苔藓状结构	虫蛀状结构	钟乳状结构	锅穴状结构	珊瑚状结构
5号	2	12	4	13	3	1	0	1

石英砂表面特征频度统计柱状图

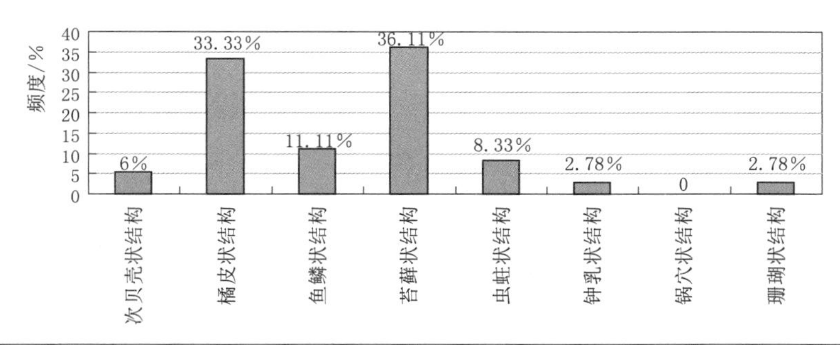

石英砂表面特征代表图

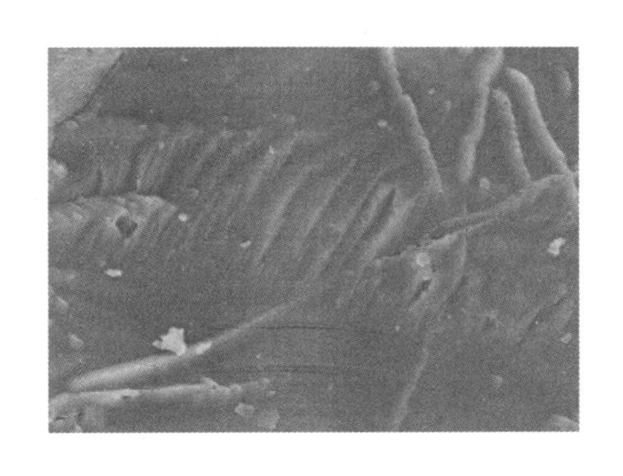

次贝壳状结构

橘皮状结构

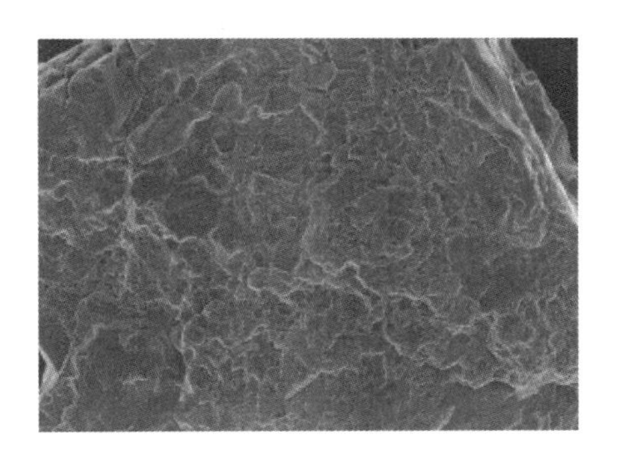

鱼鳞状结构

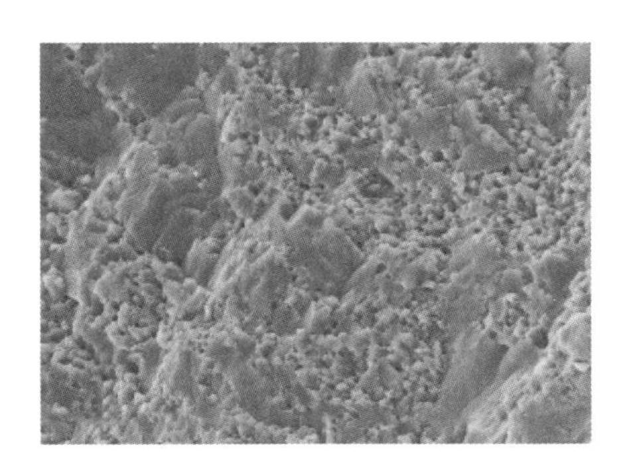

苔藓状结构

续表

<table>
<tr><td colspan="2">石英砂表面特征代表图</td></tr>
<tr><td>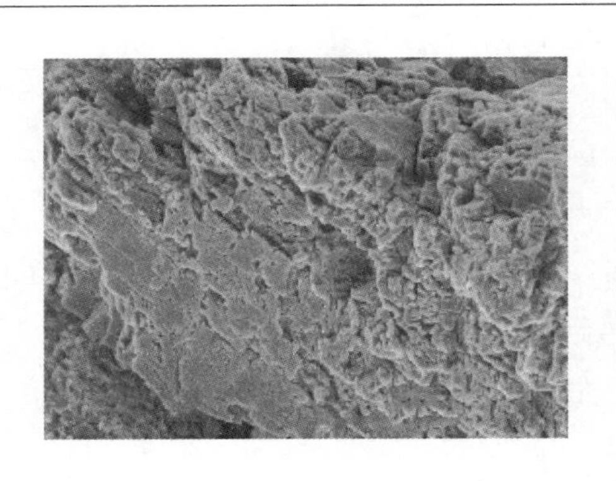</td><td>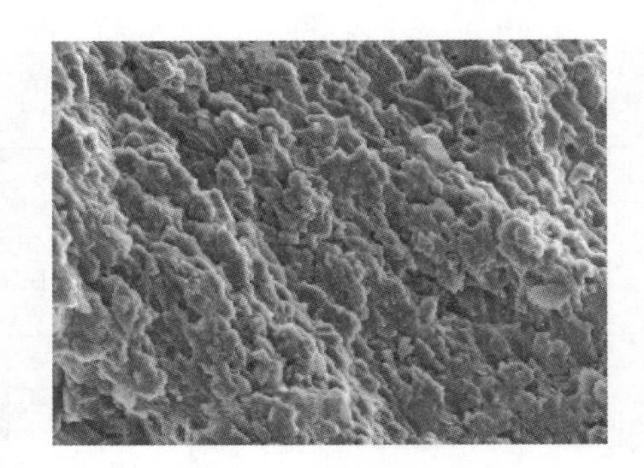</td></tr>
<tr><td>虫蛀状结构（一）</td><td>钟乳状结构</td></tr>
<tr><td>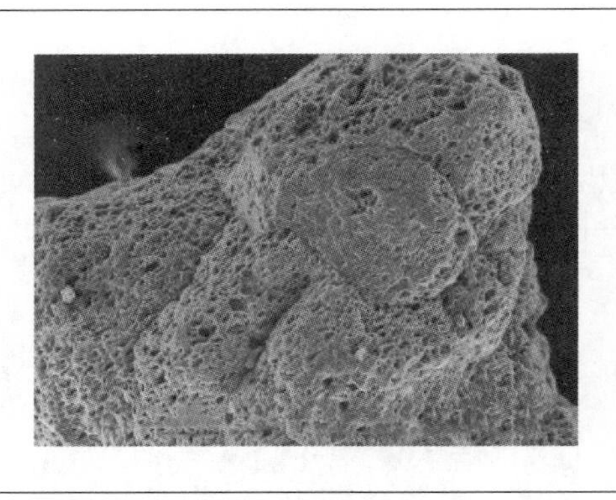</td><td>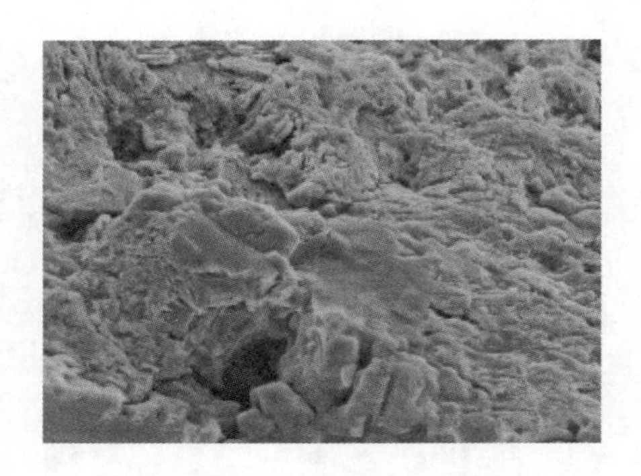</td></tr>
<tr><td>珊瑚状结构</td><td>虫蛀状结构（二）</td></tr>
</table>

表 2.2-25　　6 号样电镜扫描试验记录

<table>
<tr><td colspan="5">下坝址Ⅳ级阶地表面</td><td colspan="5">粉 细 砂 土</td></tr>
<tr><td colspan="10">石英砂表面特征频度统计</td></tr>
<tr><td>编号</td><td>贝壳状结构</td><td>次贝壳状结构</td><td>橘皮状结构</td><td>鱼鳞状结构</td><td>苔藓状结构</td><td>虫蛀状结构</td><td>钟乳状结构</td><td>锅穴状结构</td><td>珊瑚状结构</td></tr>
<tr><td>6 号</td><td>0</td><td>0</td><td>22</td><td>3</td><td>16</td><td>3</td><td>0</td><td>0</td><td>0</td></tr>
</table>

石英砂表面特征频度统计柱状图

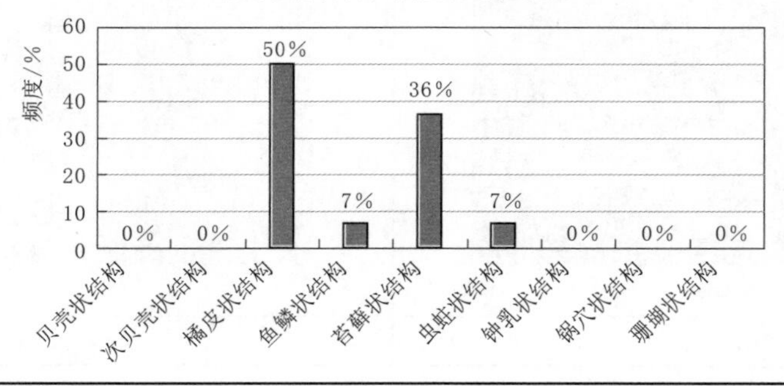

续表

石英砂表面特征代表图

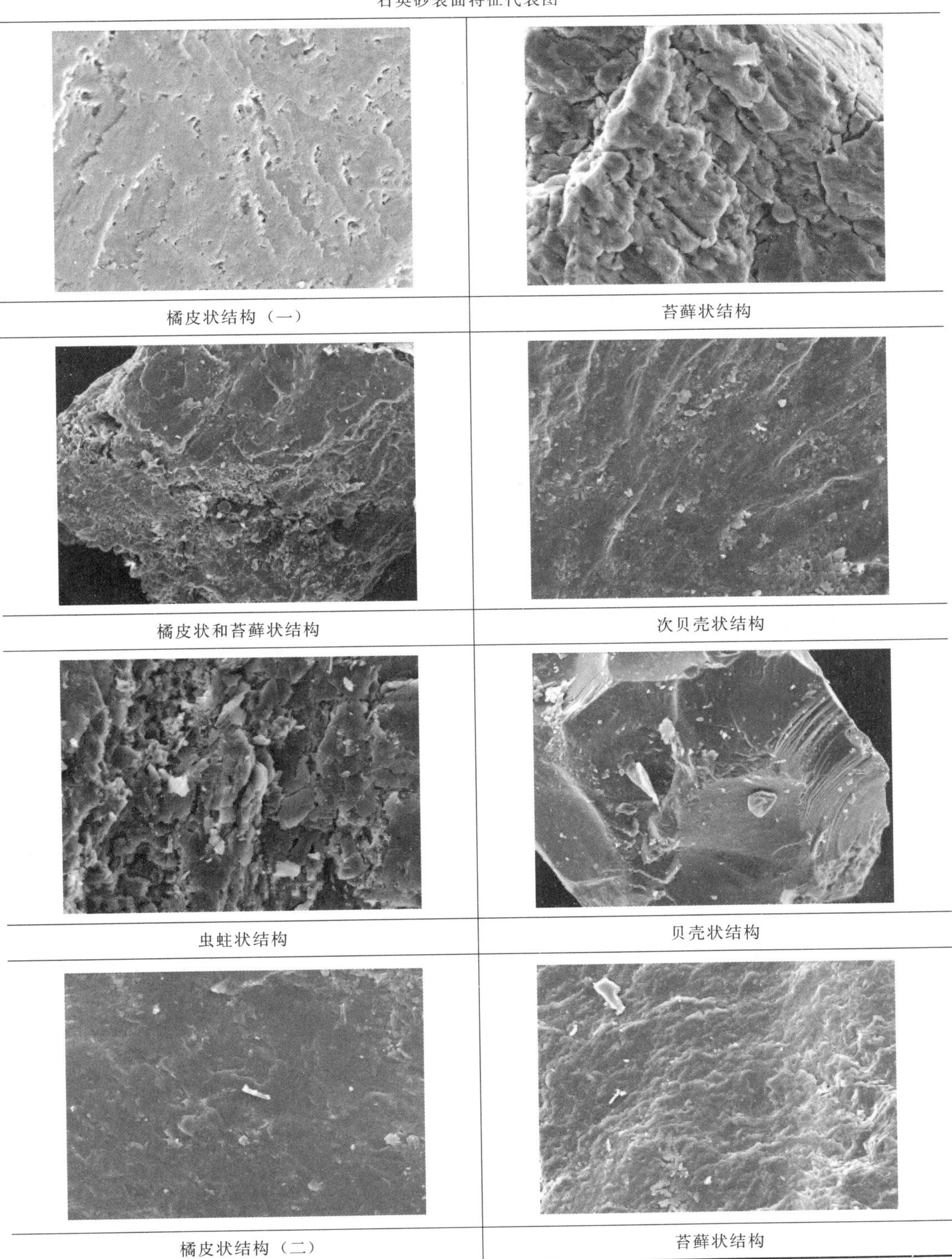

石英砂表面特征代表图	
橘皮状结构（一）	苔藓状结构
橘皮状和苔藓状结构	次贝壳状结构
虫蛀状结构	贝壳状结构
橘皮状结构（二）	苔藓状结构

表 2.2-26　　7号样电镜扫描试验记录

2300.00m高程夷平面					壤　土				
石英砂表面特征频度统计									
编号	贝壳状结构	次贝壳状结构	橘皮状结构	鱼鳞状结构	苔藓状结构	虫蛀状结构	钟乳状结构	锅穴状结构	珊瑚状结构
7号	0	0	17	5	18	2	0	0	0

石英砂表面特征频度统计柱状图

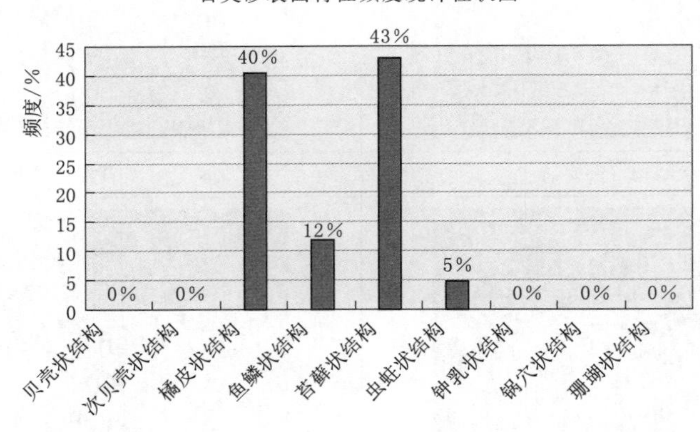

石英砂表面特征代表图

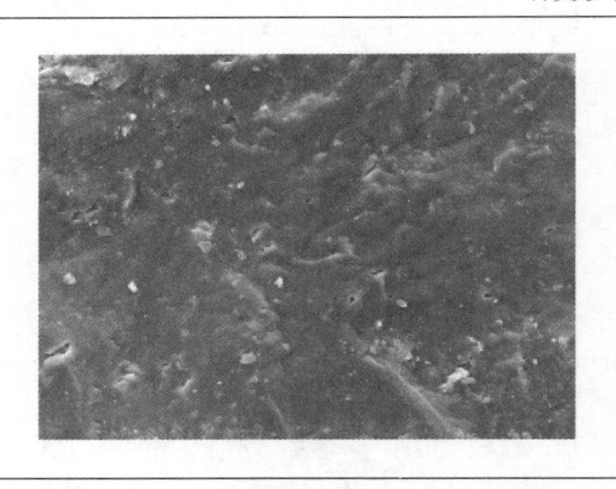

橘皮状结构（一）

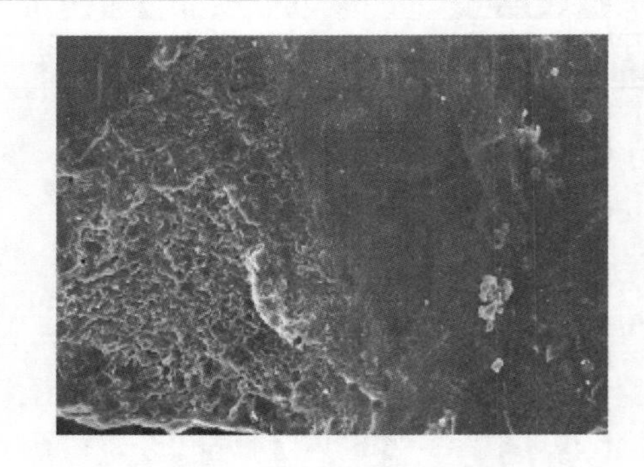

橘皮状和苔藓状结构

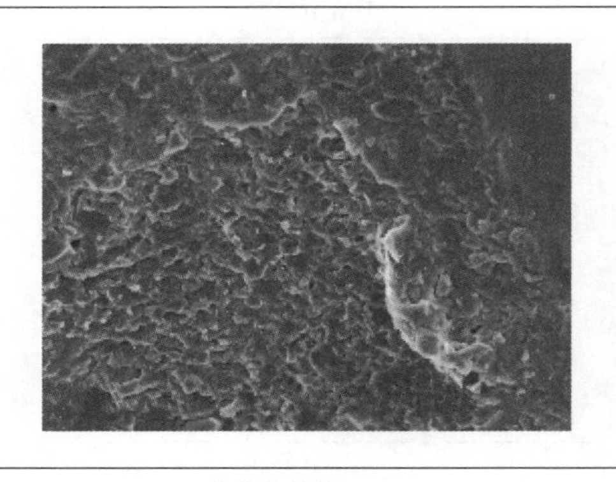

苔藓状结构（一）

橘皮状结构（二）

续表

石英砂表面特征代表图	
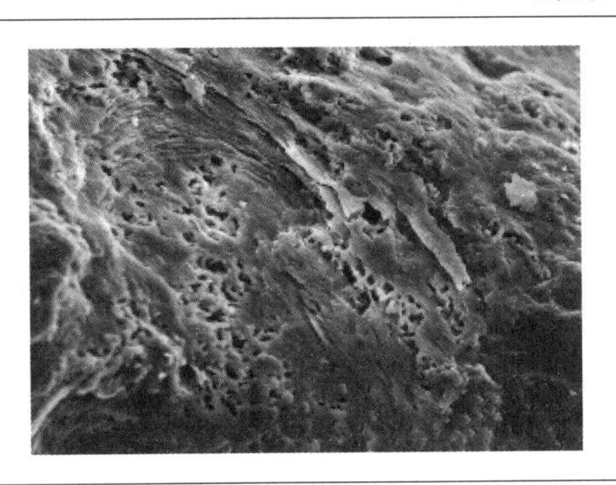	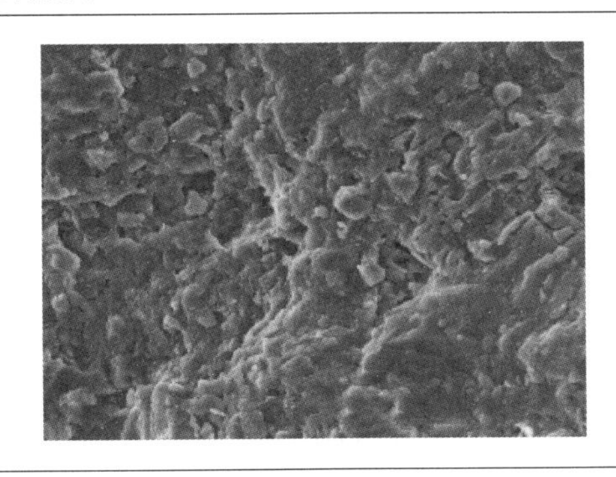
虫蛀状结构	苔藓状结构（二）

通过电镜扫描试验，发现石英颗粒表面溶蚀形态与阶地和夷平面的高程相对应，与实际情况吻合。

（5）渗流试验。测定渗透系数的方法分两类：野外测定法——抽水、注水、压水等试验；室内测定法——达西仪、威姆仪、卡明斯基仪等。试验是在非天然条件下在室内利用达西仪测定岩土的渗透系数。该试验的原理是：水在岩土中由于水头差的作用，沿着岩土的孔隙或裂隙运动。由于孔隙或裂隙的大小不同，水在其中运动的规律也不相同，实践证明，在自然界绝大多数的情况下，地下水在岩土中运动服从直线渗透定律。通过达西仪的试验得出：透过岩土的渗流量 Q 与渗透横断面积 F 及水头差 ΔH 成正比例，而与渗透层的长度 L 成反比例。从其宗水电站下坝址覆盖层中选择了5处代表性土样用来测定各层位的渗透系数，其中1号样渗流试验记录及计算分析见图2.2-14及表2.2-27、表2.2-28。

将1号样渗流试验及其平行试验所得到的数据绘制成渗透系数（K）与水力坡度（I）的 $K-I$ 曲线图，发现该曲线为一条过原点的直线。通过试验数据计算而得的6个点在同一直线上。该成果符合试验的要求，因此1号样的渗透系数可取它们的算术平均值 $K=1.0415\times10^{-2}$cm/s。

五组渗流试验的结果统计见表2.2-29。

表2.2-27　　1号样渗流试验计算表

序号	记　录　项　目		第一次	第二次	第三次
1	试样横断面积 F/cm^2		153.86	153.86	153.86
2	测压管高度	H_1/cm	61.4	62.4	63.3
		H_2/cm	51.2	52.1	52.2
3	水头差 ΔH/cm		10.2	10.3	11.1
4	两测压管中心距离 L=20cm		20	20	20
5	水力坡度 I		0.51	0.515	0.505
6	渗透水量 W/cm^3		129.3	116.5	135.2
7	经过时间 t/s		158	142	166

续表

序号	记录项目	第一次	第二次	第三次
8	渗流量 $Q/(cm^3/s)$	0.8177	0.8256	0.8104
9	渗流速度 $v/(cm/s)$	5.315×10^{-3}	5.332×10^{-3}	5.293×10^{-3}
10	各次的渗流系数 $K/(cm/s)$	1.0421×10^{-2}	1.0419×10^{-2}	1.043×10^{-2}
11	平均的渗流系数 $K/(cm/s)$		1.423×10^{-2}	

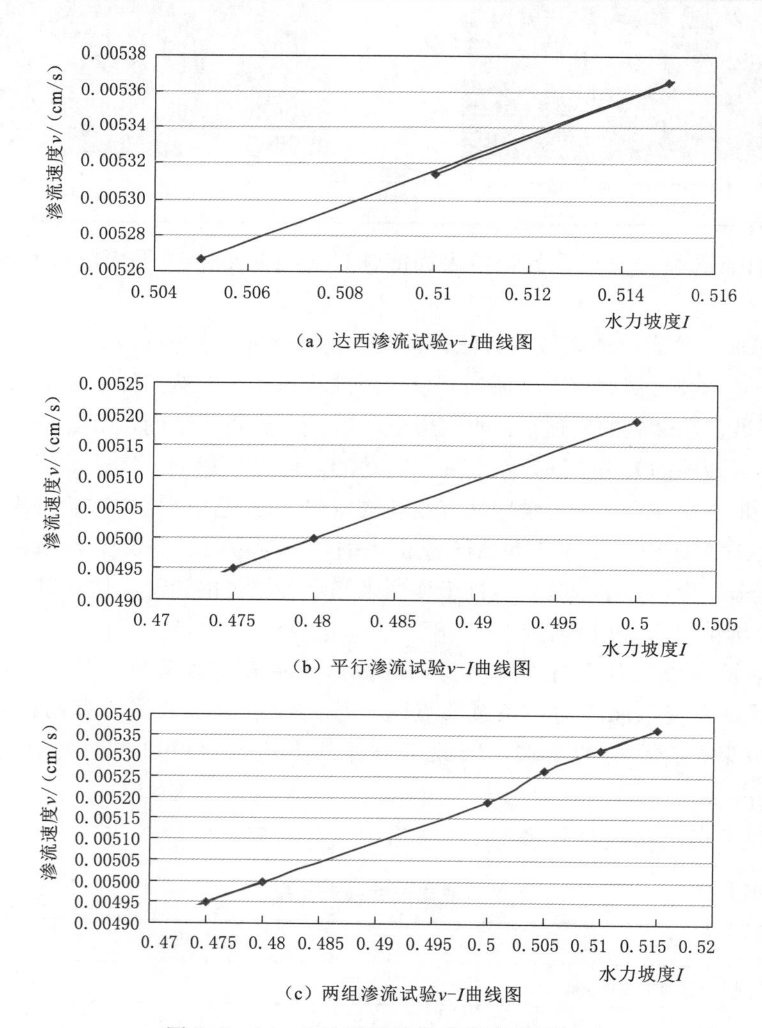

(a) 达西渗流试验v-I曲线图

(b) 平行渗流试验v-I曲线图

(c) 两组渗流试验v-I曲线图

图 2.2-14 1号样天然状态渗流试验记录

表 2.2-28 1号样平行渗流试验计算表

序号	记录项目		第一次	第二次	第三次
1	试样横断面积 F/cm^2		153.86	153.86	153.86
2	测压管高度	H_1/cm	48.8	49.8	48.9
		H_2/cm	38.8	40.3	39.3

续表

序号	记录项目	第一次	第二次	第三次
3	水头差 ΔH/cm	10	9.5	9.6
4	两测压管中心距离 L=20cm	20	20	20
5	水力坡度 I	0.5	0.475	0.48
6	渗透水量 W/cm^3	71.9	49.5	52.5
7	经过时间 t/s	90	65	69
8	渗流量 Q/(cm^3/s)	0.7988	0.7616	0.7693
9	渗流速度 v/(cm/s)	5.192×10^{-3}	4.95×10^{-3}	5×10^{-3}
10	各次的渗流系数 K/(cm/s)	1.038×10^{-2}	1.042×10^{-2}	1.0417×10^{-2}
11	平均的渗流系数 K/(cm/s)	1.04057×10^{-2}		

表 2.2-29　　五组渗流试验结果统计表

层号	取样地点	岩性	渗透系数/(cm/s)			平行试验的渗透系数/(cm/s)			平均渗透系数/(cm/s)
③-1	ZK215 心滩	粗粒土	1.04×10^{-2}	1.04×10^{-2}	1.04×10^{-2}	1.04×10^{-2}	1.04×10^{-2}	1.04×10^{-2}	1.04×10^{-2}
③-1	ZK212 附近	砂夹砾石（<2cm）	1.20×10^{-2}	1.20×10^{-2}	1.20×10^{-2}	1.19×10^{-2}	1.20×10^{-2}	1.20×10^{-2}	1.20×10^{-2}
③-1	Ⅲ勘线古铁桥	粗粒土	6.67×10^{-3}	6.64×10^{-3}	6.68×10^{-3}	6.62×10^{-3}	6.63×10^{-3}	6.63×10^{-3}	6.65×10^{-3}
③-2	ZK215 深 55.8m 处	细砂	5.16×10^{-3}	5.16×10^{-3}	5.16×10^{-3}	5.18×10^{-3}	5.14×10^{-3}	5.13×10^{-3}	5.16×10^{-3}
②-2	ZK213 深 45～50m 处	粉细砂	9.50×10^{-5}	9.50×10^{-5}	9.50×10^{-5}	9.50×10^{-5}	9.50×10^{-5}	9.50×10^{-5}	9.50×10^{-5}

从表 2.2-29 可以看出，1 号、2 号样的渗透系数最大，5 号样的渗透系数最小，这与它们的岩性区别有很大的关系。1 号、2 号、3 号样都取自③-1 层的卵砾石土，该层土样的颗粒较大，空隙比也较大，因此该层土样的渗透系数较大，其中 3 号样为Ⅱ级阶地表层的土样，其堆积时间较 1 号、2 号样（Ⅰ级阶地表层土样）长，土层相对密实，所以它的渗透系数相对较小。5 号样取自覆盖层的②-2 层，该层以泥石流等混合成因的粉细砂、粉土为主，透水性弱，渗透系数小。4 号样的渗透系数为 5.16×10^{-3}，该样取自③-2 层，是河流在相对静水环境下形成的透镜体，岩性以细砂为主，该层渗透系数介于③-1 层和②-2 层之间，与实际情况相符合。

（6）砂层动三轴试验。本次试验的样品为采自 ZK215 号钻孔深 55.8m 处的细砂样和采自 ZK213 号钻孔深 45m 处的粉细砂样。两个样品均进行动模量阻尼和动强度试验。动模量阻尼试验每种土样做 4 组，等压固结（$K_c=\sigma_{1c}/\sigma_{3c}=1.0$；$\sigma_{3c}=100$kPa、200kPa、400kPa）、偏压固结（$K_c=1.0$、1.5、2.0；$\sigma_{3c}=100$kPa）各 2 组。动强度试验每种土样做 3 组（$K_c=1.0$；$\sigma_{3c}=100$kPa、200kPa、300kPa），每组试样个数不小于 5。试验得到的动模量结果见表 2.2-30～表 2.2-33；动强度参数见表 2.2-34 和表 2.2-35。

表 2.2-30 ZK213 号钻孔粉细砂等压固结动力参数表

$E_{d0}=209.5\text{MPa}$ $D_{max}=31.6\%$ $\sigma_{3c}=100\text{kPa}$ $K_c=1.0$ $\rho_d=1.64\text{g/cm}^3$

动应变	10^{-6}	5×10^{-6}	10^{-5}	2×10^{-5}	5×10^{-5}	10^{-4}	2×10^{-4}	5×10^{-4}	10^{-3}	2×10^{-3}	5×10^{-3}	10^{-2}
动模量/MPa	209.5	208.0	199.0	164.0	109.0	74.0	51.0	31.0	20.0	12.0	5.0	3.0
动模量比	1.0	0.99	0.95	0.79	0.52	0.35	0.24	0.15	0.09	0.06	0.03	0.01
阻尼比/%	0.0	0.1	1.6	6.9	15.1	20.4	23.9	27.3	28.6	29.7	30.7	31.2

$G_{d0}=80.6\text{MPa}$ $D_{max}=31.6\%$ $\sigma_{3c}=100\text{kPa}$ $K_c=1.0$ $\rho_d=1.64\text{g/cm}^3$

动剪应变	10^{-6}	5×10^{-6}	10^{-5}	2×10^{-5}	5×10^{-5}	10^{-4}	2×10^{-4}	5×10^{-4}	10^{-3}	2×10^{-3}	5×10^{-3}	10^{-2}
动剪模量/MPa	80.6	80.4	78.5	69.0	48.0	33.0	23.0	13.5	9.0	6.0	2.5	1.0
剪模比	1.0	1.0	0.98	0.85	0.54	0.41	0.28	0.17	0.11	0.07	0.03	0.02
阻尼比/%	0.0	0.0	0.8	4.6	12.9	18.7	22.7	26.1	28.0	29.3	30.7	31.0

$E_{d0}=310.5\text{MPa}$ $D_{max}=31.1\%$ $\sigma_{3c}=200\text{kPa}$ $K_c=1.0$ $\rho_d=1.64\text{g/cm}^3$

动应变	10^{-6}	5×10^{-6}	10^{-5}	2×10^{-5}	5×10^{-5}	10^{-4}	2×10^{-4}	5×10^{-4}	10^{-3}	2×10^{-3}	5×10^{-3}	10^{-2}
动模量/MPa	310.5	306.5	295.0	257.0	182.0	131.0	90.0	56.0	39.0	24.0	12.0	8.0
动模量比	1.0	0.99	0.95	0.83	0.58	0.42	0.29	0.18	0.13	0.08	0.04	0.02
阻尼比/%	0.0	0.2	1.6	5.4	12.7	18.0	22.1	26.1	27.3	28.0	29.8	30.2

$G_{d0}=119.4\text{MPa}$ $D_{max}=31.1\%$ $\sigma_{3c}=200\text{kPa}$ $K_c=1.0$ $\rho_d=1.64\text{g/cm}^3$

动剪应变	10^{-6}	5×10^{-6}	10^{-5}	2×10^{-5}	5×10^{-5}	10^{-4}	2×10^{-4}	5×10^{-4}	10^{-3}	2×10^{-3}	5×10^{-3}	10^{-2}
动剪模量/MPa	119.4	118.0	116.5	106.0	78.0	57.5	40.0	27.0	17.0	11.5	6.0	4.0
剪模比	1.0	0.99	0.98	0.88	0.60	0.48	0.34	0.20	0.14	0.09	0.05	0.03
阻尼比/%	0.0	0.1	0.7	3.6	10.8	16.2	20.6	25.0	27.7	28.1	29.6	30.2

$E_{d0}=426.3\text{MPa}$ $D_{max}=31.0\%$ $\sigma_{3c}=400\text{kPa}$ $K_c=1.0$ $\rho_d=1.64\text{g/cm}^3$

动应变	10^{-6}	5×10^{-6}	10^{-5}	2×10^{-5}	5×10^{-5}	10^{-4}	2×10^{-4}	5×10^{-4}	10^{-3}	2×10^{-3}	5×10^{-3}	10^{-2}
动模量/MPa	426.3	423.1	410.5	370.0	281.0	209.0	143.0	85.0	54.5	34.0	17.5	10.0
动模量比	1.0	0.99	0.96	0.87	0.66	0.49	0.34	0.20	0.13	0.08	0.04	0.02
阻尼比/%	0.0	0.1	1.1	4.0	10.6	15.9	20.6	24.8	27.3	28.6	29.8	30.2

$G_{d0}=164.0\text{MPa}$ $D_{max}=31.0\%$ $\sigma_{3c}=400\text{kPa}$ $K_c=1.0$ $\rho_d=1.64\text{g/cm}^3$

动剪应变	10^{-6}	5×10^{-6}	10^{-5}	2×10^{-5}	5×10^{-5}	10^{-4}	2×10^{-4}	5×10^{-4}	10^{-3}	2×10^{-3}	5×10^{-3}	10^{-2}
动剪模量/MPa	164.0	163.5	161.0	149.5	119.5	90.0	64.5	43.0	25.0	15.5	8.0	5.0
剪模比	1.0	1.0	0.98	0.91	0.68	0.55	0.39	0.23	0.15	0.09	0.05	0.03
阻尼比/%	0.0	0.0	0.6	2.9	8.5	14.0	19.0	23.9	27.3	28.1	29.6	30.0

表 2.2-31 ZK213 号钻孔粉细砂偏压固结动力参数表

$E_{d0}=210.3\text{MPa}$ $D_{max}=31.1\%$ $\sigma_{3c}=100\text{kPa}$ $K_c=1.0$ $\rho_d=1.64\text{g/cm}^3$

动应变	10^{-6}	5×10^{-6}	10^{-5}	2×10^{-5}	5×10^{-5}	10^{-4}	2×10^{-4}	5×10^{-4}	10^{-3}	2×10^{-3}	5×10^{-3}	10^{-2}
动模量/MPa	210.3	206.0	202.0	179.0	120.0	80.0	53.0	28.8	20.0	12.0	8.0	7.0

续表

E_{d0}=210.3MPa　D_{max}=31.1%　σ_{3c}=100kPa　K_c=1.0　ρ_d=1.64g/cm^3

动模量比	1.0	0.98	0.96	0.85	0.57	0.38	0.25	0.14	0.09	0.06	0.04	0.03
阻尼比/%	0.0	0.6	1.3	4.6	13.6	19.1	23.3	26.9	28.2	29.3	30.0	30.1

G_{d0}=80.9MPa　D_{max}=31.1%　σ_{3c}=100kPa　K_c=1.0　ρ_d=1.64g/cm^3

动剪应变	10^{-6}	5×10^{-6}	10^{-5}	2×10^{-5}	5×10^{-5}	10^{-4}	2×10^{-4}	5×10^{-4}	10^{-3}	2×10^{-3}	5×10^{-3}	10^{-2}
动剪模量/MPa	80.9	79.7	78.5	73.7	53.0	36.0	24.0	14.0	8.0	5.0	4.0	3.0
剪模比	1.0	0.98	0.97	0.91	0.66	0.44	0.30	0.16	0.11	0.07	0.04	0.03
阻尼比/%	0.0	0.3	1.0	2.8	10.7	17.1	21.8	26.0	27.7	29.0	29.8	30.1

E_{d0}=291.6MPa　D_{max}=30.5%　σ_{3c}=100kPa　K_c=1.5　ρ_d=1.64g/cm^3

动应变	10^{-6}	5×10^{-6}	10^{-5}	2×10^{-5}	5×10^{-5}	10^{-4}	2×10^{-4}	5×10^{-4}	10^{-3}	2×10^{-3}	5×10^{-3}	10^{-2}
动模量/MPa	291.6	288.0	282.0	258.0	181.0	125.0	83.0	44.5	30.5	20.0	14.0	12.0
动模量比	1.0	0.99	0.97	0.88	0.63	0.43	0.29	0.16	0.10	0.07	0.05	0.04
阻尼比/%	0.0	0.4	1.0	3.6	11.5	17.3	21.7	25.7	27.3	28.3	29.1	29.2

G_{d0}=112.1MPa　D_{max}=30.5%　σ_{3c}=200kPa　K_c=1.5　ρ_d=1.64g/cm^3

动剪应变	10^{-6}	5×10^{-6}	10^{-5}	2×10^{-5}	5×10^{-5}	10^{-4}	2×10^{-4}	5×10^{-4}	10^{-3}	2×10^{-3}	5×10^{-3}	10^{-2}
动剪模量/MPa	112.1	111.0	109.0	103.5	79.5	56.5	38.0	22.0	14.5	8.0	6.0	5.0
剪模比	1.0	0.99	0.98	0.92	0.70	0.50	0.34	0.19	0.12	0.08	0.05	0.04
阻尼比/%	0.0	0.2	0.9	2.2	9.0	15.0	20.1	24.8	27.0	28.0	28.9	29.2

E_{d0}=413.2MPa　D_{max}=29.9%　σ_{3c}=100kPa　K_c=2.0　ρ_d=1.64g/cm^3

动应变	10^{-6}	5×10^{-6}	10^{-5}	2×10^{-5}	5×10^{-5}	10^{-4}	2×10^{-4}	5×10^{-4}	10^{-3}	2×10^{-3}	5×10^{-3}	10^{-2}
动模量/MPa	413.2	408.0	400.0	366.0	273.0	195.0	133.0	67.0	42.0	27.0	20.0	18.0
动模量比	1.0	0.99	0.97	0.88	0.66	0.48	0.32	0.16	0.10	0.07	0.05	0.04
阻尼比/%	0.0	0.4	1.0	3.4	10.2	15.8	20.0	25.0	26.8	27.9	28.4	28.6

G_{d0}=158.9MPa　D_{max}=29.9%　σ_{3c}=100kPa　K_c=2.0　ρ_d=1.64g/cm^3

动剪应变	10^{-6}	5×10^{-6}	10^{-5}	2×10^{-5}	5×10^{-5}	10^{-4}	2×10^{-4}	5×10^{-4}	10^{-3}	2×10^{-3}	5×10^{-3}	10^{-2}
动剪模量/MPa	158.9	157.0	156.0	147.5	116.5	87.0	60.0	32.0	19.5	13.0	8.5	7.0
剪模比	1.0	0.99	0.98	0.92	0.73	0.54	0.38	0.20	0.12	0.08	0.05	0.04
阻尼比/%	0.0	0.2	0.7	2.0	7.9	13.7	18.5	23.9	26.2	27.5	28.3	28.5

表 2.2-32　　ZK215 号钻孔细砂等压固结动力参数表

E_{d0}=208.9MPa　D_{max}=31.4%　σ_{3c}=100kPa　K_c=1.0　ρ_d=1.45g/cm^3

动应变	10^{-6}	5×10^{-6}	10^{-5}	2×10^{-5}	5×10^{-5}	10^{-4}	2×10^{-4}	5×10^{-4}	10^{-3}	2×10^{-3}	5×10^{-3}	10^{-2}
动模量/MPa	208.9	206.5	202	188	135	93	60	31	22	18	11	8
动模量比	1.0	0.99	0.97	0.90	0.65	0.45	0.28	0.15	0.11	0.08	0.06	0.03
阻尼比/%	0.0	0.3	1.0	3.0	11	17.3	22.7	27.3	28.1	28.8	29.7	30.2

续表

$G_{d0}=80.3\text{MPa}$ $D_{max}=31.4\%$ $\sigma_{3c}=100\text{kPa}$ $K_c=1.0$ $\rho_d=1.45\text{g/cm}^3$

动剪应变	10^{-6}	5×10^{-6}	10^{-5}	2×10^{-5}	5×10^{-5}	10^{-4}	2×10^{-4}	5×10^{-4}	10^{-3}	2×10^{-3}	5×10^{-3}	10^{-2}
动剪模量/MPa	80.3	80	79	75	57.5	42	27.5	13.5	9	7.5	5	4
剪模比	1.0	0.99	0.98	0.94	0.72	0.52	0.34	0.17	0.12	0.11	0.06	0.04
阻尼比/%	0.0	0.2	0.7	2.0	8.8	14.9	20.7	26	27.7	28.6	29.7	30

$E_{d0}=311.1\text{MPa}$ $D_{max}=30.9\%$ $\sigma_{3c}=200\text{kPa}$ $K_c=1.0$ $\rho_d=1.45\text{g/cm}^3$

动应变	10^{-6}	5×10^{-6}	10^{-5}	2×10^{-5}	5×10^{-5}	10^{-4}	2×10^{-4}	5×10^{-4}	10^{-3}	2×10^{-3}	5×10^{-3}	10^{-2}
动模量/MPa	311.1	310	307	294	235	175	117	68	44	28	18	10
动模量比	1.0	1.0	0.99	0.95	0.75	0.56	0.38	0.22	0.14	0.09	0.06	0.03
阻尼比/%	0.0	0.0	0.3	1.7	7.8	13.5	19.2	25	26.5	28.2	29.1	29.8

$G_{d0}=119.7\text{MPa}$ $D_{max}=30.9\%$ $\sigma_{3c}=200\text{kPa}$ $K_c=1.0$ $\rho_d=1.45\text{g/cm}^3$

动剪应变	10^{-6}	5×10^{-6}	10^{-5}	2×10^{-5}	5×10^{-5}	10^{-4}	2×10^{-4}	5×10^{-4}	10^{-3}	2×10^{-3}	5×10^{-3}	10^{-2}
动剪模量/MPa	119.7	119.5	119	117	99	75.5	53	30	20	13	7.5	5
剪模比	1.0	1.0	0.99	0.98	0.82	0.63	0.44	0.25	0.16	0.12	0.06	0.04
阻尼比/%	0.0	0.0	0.2	0.9	5.3	11.2	17	23	25.8	27.7	28.9	29.5

$E_{d0}=423.1\text{MPa}$ $D_{max}=30.0\%$ $\sigma_{3c}=400\text{kPa}$ $K_c=1.0$ $\rho_d=1.45\text{g/cm}^3$

动应变	10^{-6}	5×10^{-6}	10^{-5}	2×10^{-5}	5×10^{-5}	10^{-4}	2×10^{-4}	5×10^{-4}	10^{-3}	2×10^{-3}	5×10^{-3}	10^{-2}
动模量/MPa	423.1	422	419	408	360	281	193	105	69	44	23	17
动模量比	1.0	1.0	0.99	0.96	0.84	0.66	0.46	0.25	0.16	0.10	0.06	0.03
阻尼比/%	0.0	0.0	0.3	1.1	4.7	10	16.5	23.3	25	26.9	28.3	29

$G_{d0}=162.7\text{MPa}$ $D_{max}=30.0\%$ $\sigma_{3c}=400\text{kPa}$ $K_c=1.0$ $\rho_d=1.45\text{g/cm}^3$

动剪应变	10^{-6}	5×10^{-6}	10^{-5}	2×10^{-5}	5×10^{-5}	10^{-4}	2×10^{-4}	5×10^{-4}	10^{-3}	2×10^{-3}	5×10^{-3}	10^{-2}
动剪模量/MPa	162.7	162.6	162	158.5	146	121.5	88	47	32	20	11	7
剪模比	1.0	1.0	0.99	0.98	0.90	0.74	0.53	0.29	0.19	0.14	0.06	0.04
阻尼比/%	0.0	0.0	0.2	0.8	3	7.5	13.9	21.2	24.2	26.2	28	28.7

表 2.2-33　　ZK215号钻孔细砂偏压固结动力参数表

$E_{d0}=213.4\text{MPa}$ $D_{max}=28.5\%$ $\sigma_{3c}=100\text{kPa}$ $K_c=1.0$ $\rho_d=1.45\text{g/cm}^3$

动应变	10^{-6}	5×10^{-6}	10^{-5}	2×10^{-5}	5×10^{-5}	10^{-4}	2×10^{-4}	5×10^{-4}	10^{-3}	2×10^{-3}	5×10^{-3}	10^{-2}
动模量/MPa	213.4	211	194	155	101	70	51	32	26	18	12	10
动模量比	1.0	0.99	0.91	0.73	0.48	0.33	0.24	0.16	0.12	0.09	0.06	0.03
阻尼比/%	0.0	0.2	2.7	7.9	15	19	21.8	24.2	25	26	27	27.2

$G_{d0}=82.1\text{MPa}$ $D_{max}=28.5\%$ $\sigma_{3c}=100\text{kPa}$ $K_c=1.0$ $\rho_d=1.45\text{g/cm}^3$

动剪应变	10^{-6}	5×10^{-6}	10^{-5}	2×10^{-5}	5×10^{-5}	10^{-4}	2×10^{-4}	5×10^{-4}	10^{-3}	2×10^{-3}	5×10^{-3}	10^{-2}
动剪模量/MPa	82.1	81	77.5	66	44	31	22.5	15	12	7	5	4
剪模比	1.0	0.99	0.95	0.81	0.54	0.38	0.27	0.18	0.14	0.10	0.06	0.04
阻尼比/%	0.0	0.2	1.6	5.8	13.1	17.8	20.9	23.4	24.7	25.7	26.9	27

续表

$E_{d0}=303.9\text{MPa}$ $D_{max}=28.1\%$ $\sigma_{3c}=100\text{kPa}$ $K_c=1.5$ $\rho_d=1.45\text{g/cm}^3$												
动应变	10^{-6}	5×10^{-6}	10^{-5}	2×10^{-5}	5×10^{-5}	10^{-4}	2×10^{-4}	5×10^{-4}	10^{-3}	2×10^{-3}	5×10^{-3}	10^{-2}
动模量/MPa	303.9	302	285	238	162	117	87	53	42	30	18	15
动模量比	1.0	0.99	0.94	0.78	0.53	0.38	0.28	0.19	0.14	0.10	0.06	0.05
阻尼比/%	0.0	0.2	1.8	6	13.1	17.4	20.2	23.2	24.2	25.3	26.5	26.8
$G_{d0}=116.9\text{MPa}$ $D_{max}=28.1\%$ $\sigma_{3c}=100\text{kPa}$ $K_c=1.5$ $\rho_d=1.45\text{g/cm}^3$												
动剪应变	10^{-6}	5×10^{-6}	10^{-5}	2×10^{-5}	5×10^{-5}	10^{-4}	2×10^{-4}	5×10^{-4}	10^{-3}	2×10^{-3}	5×10^{-3}	10^{-2}
动剪模量/MPa	116.9	116.5	114	100	70	50	37	25	18	13	7.5	6
剪模比	1.0	0.99	0.97	0.86	0.60	0.44	0.32	0.21	0.16	0.11	0.07	0.03
阻尼比/%	0.0	0.2	0.8	4	11.1	16	19.2	22.2	23.8	25	26.2	26.6
$E_{d0}=410.4\text{MPa}$ $D_{max}=27.7\%$ $\sigma_{3c}=100\text{kPa}$ $K_c=2.0$ $\rho_d=1.45\text{g/cm}^3$												
动应变	10^{-6}	5×10^{-6}	10^{-5}	2×10^{-5}	5×10^{-5}	10^{-4}	2×10^{-4}	5×10^{-4}	10^{-3}	2×10^{-3}	5×10^{-3}	10^{-2}
动模量/MPa	410.4	407	399	360	254	180	130	82	65	47	30	23
动模量比	1.0	0.99	0.97	0.88	0.62	0.44	0.32	0.22	0.16	0.11	0.07	0.06
阻尼比/%	0.0	0.2	0.8	3.4	10.6	15.5	18.9	22.1	23.3	24.4	25.6	26
$G_{d0}=157.8\text{MPa}$ $D_{max}=27.7\%$ $\sigma_{3c}=100\text{kPa}$ $K_c=2.0$ $\rho_d=1.45\text{g/cm}^3$												
动剪应变	10^{-6}	5×10^{-6}	10^{-5}	2×10^{-5}	5×10^{-5}	10^{-4}	2×10^{-4}	5×10^{-4}	10^{-3}	2×10^{-3}	5×10^{-3}	10^{-2}
动剪模量/MPa	157.8	156.5	155	146	112	79	56	37	28	21	13	10
剪模比	1.0	1.0	0.98	0.93	0.70	0.51	0.36	0.24	0.18	0.13	0.08	0.03
阻尼比/%	0.0	0.2	0.5	2.1	8	13.9	17.7	21	22.8	24.1	25.6	26

表 2.2-34　　ZK213 号钻孔粉细砂动强度试验成果表

振动周次 N		8	12	20	30
动剪应力比 τ_d/σ_{3c}					
固结围压 σ_{3c}	100kPa	0.266	0.256	0.244	0.234
	200kPa	0.256	0.246	0.235	0.226
	300kPa	0.247	0.237	0.225	0.215

表 2.2-35　　ZK215 号钻孔细砂动强度试验成果表

振动周次 N		8	12	20	30
动剪应力比 τ_d/σ_{3c}					
固结围压 σ_{3c}	100kPa	0.447	0.433	0.418	0.405
	200kPa	0.401	0.390	0.376	0.366
	300kPa	0.364	0.355	0.344	0.336

2.2.4.2 参数取值

上述试验成果有的可以代表坝下各层位，有的只能在表层试验，其指标仅代表表层或第一层的情况。因为河床覆盖层本身的特点，使得有些力学试验，例如，载荷试验、静力触探试验、十字板剪切、大剪试验很难在地下水位以下或覆盖层中下部进行，通过钻探所取得的深部层位的原状样，受尺寸的限制，也难以进行相应的试验。这些问题是众多水电站坝址深厚覆盖层力学试验存在的普遍问题。针对其宗坝址河床覆盖层特点，拟采用现场试验、类比环境条件相似的工程资料，经验公式计算等多种办法确定力学参数，然后结合工程的具体情况给出建议值。

1. 承载力

（1）各土层物理指标的确定。坝址覆盖层已根据现场勘察划分为五个层位（岩组），各土层主要物理指标见表 2.2－36。

表 2.2－36　　坝址覆盖层主要物理指标

层号	岩　性	D_{50} 粒径/mm	干密度/(g/cm³)	孔隙比	$N_{63.5}$ 击数
③－2	砂层、粉砂层	0.18	1.5～1.6	0.45～0.7	6.3
③－1	漂（块）卵（碎）砾石	20	2.10～2.15	0.3～0.45	30.8
②－2	粉细砂层	0.15	2.1～2.20	0.25～0.3	11.7
②－1	卵（块）砾（碎）石夹细砂、粉质黏土	0.7	1.6～1.7	0.7～0.8	30
①	卵（块）砾（碎）石夹中细砂或粉质黏土	30	2.14～2.22	0.25～0.3	19.2

（2）地基土承载力。限于条件各岩组仅有动探及物理指标。各岩组承载力评价采取以下办法：①用干密度、动探击数评价（查表和公式计算）；②结合经验给出建议值。

承载力与卵砾石土孔隙比、$N_{63.5}$ 的相关经验公式（据《工程地质手册》第三版）：

$$f_0 \text{ 或 } [R]=57.23N_{63.5}^{0.8256} \tag{2.2-1}$$

$$r=0.99$$

$$e=1.14N_{63.5}^{-0.514} \tag{2.2-2}$$

$$r=-0.99$$

将式（2.2－1）代入式（2.2－2）可得

$$f_0 \text{ 或 } [R]=70.96e^{0.8256} \tag{2.2-3}$$

式中　f_0 或 $[R]$——地基承载力，kPa；

$N_{63.5}$——重型动探 $N_{63.5}$ 击数；

e——卵石、砾石土孔隙比。

同样可以获得卵石土、砾石土比重 G_s、干重度 γ_d 与承载力的关系式：

$$f_0 \text{ 或 } [R]=60.69\left(\frac{10G_s}{\gamma_d}-1\right)^{-1.6064} \tag{2.2-4}$$

将相关参数代入上式计算获得承载力，并参考西部有关工程根据干重度得到的承载力取值，提出其宗坝址覆盖层承载力建议值，详见表 2.2－37。

表 2.2-37　　坝址覆盖层承载力建议值

层号	$N_{63.5}$ 评价	相关公式计算	查表	西部地区		其宗
	$N_{63.5}$ 击数	承载力/kPa	承载力/kPa	干重度 γ_d/(kN/m³)	承载力建议值/kPa	承载力建议值/kPa
③-2	6.3	262	230	15.0	150	150～200
③-1	30.8	970	930	22.0	700	400～700
②-2	30	949	925	21.5	650	200～250
②-1	11.7	436	450	16.0	200	400～600
①	19.2	656	780	21.0	600	600～900

2. 变形参数

各岩组采用的变形参数主要通过动探击数计算获得，然后再参考室内压缩试验的参数。压缩模量（E_s）与动力触探击数（$N_{63.5}$）的关系如下（据《工程地质手册》第三版）：

$$E_s=4.224N_{63.5}^{0.774} \tag{2.2-5}$$

各岩组的泊松比取经验值。由于所采集样品缺乏漂砾级粗大颗粒，导致压缩模量偏低。根据西部地区经验值，类似的卵砾石层均为低压缩土且具有较高的变形参数。因而类比得到变形参数，见表 2.2-38。

表 2.2-38　　坝址覆盖层变形参数建议值

层号	$N_{63.5}$ 评价相关公式计算			西部地区经验值	建议值
	$N_{63.5}$ 击数	压缩模量/MPa	孔隙比 e	压缩模量/MPa	压缩模量/MPa
③-2	6.3	17.6	0.44	13～15	8～12
③-1	30.8	60.0	0.20	60	30～50
②-2	30	58.8	0.20	50～60	10～15
②-1	11.7	28.3	0.32	15～20	25～40
①	19.2	41.6	0.25	45	50～70

3. 强度参数

考虑到取样过程中，所选粒级范围内的细颗粒较之粗颗粒更容易遗漏，可能导致该粒级范围的试验值偏高，因而，根据试验成果并结合西部地区经验，提出覆盖层抗剪强度参数建议值，见表 2.2-39。

表 2.2-39　　坝址覆盖层抗剪强度参数建议值

层号	抗剪强度试验值（天然）		抗剪强度试验值（饱水）		抗剪强度建议值（天然）		抗剪强度建议值（饱水）	
	φ/(°)	c/MPa	φ/(°)	c/MPa	φ/(°)	c/kPa	φ(°)	c/kPa
③-1	31.3	0.0592	30.8	0.0534	29.5～31.5	20～60	30～35	0
③-1	26.5	0.156	21.8	0.058	26.5	160		
③-2	15.4	0.073	13.2	0.068	15.4	70	18～22	15～20
②-2	15.6	0.094	8.25	0.009	15.6	90	25～30	30～40

4. 渗透系数

从坝址区河床覆盖层的工程地质特征以及与西部其他工程河床覆盖层有关指标的对比，可以看出其宗水电站坝址区河床覆盖层的主要工程地质问题之一是粗大颗粒构成的坝基持力层的强透水性、渗透变形及渗控参数的选择。

由于试验设备、钻进工艺等原因，通过现场抽水试验资料所取得的渗透系数 K 值普遍偏小且离散值大，该数据仅供参考。结合西部其他工程的渗透试验资料，建议渗透系数及允许坡降值见表 2.2-40。

表 2.2-40 坝址覆盖层渗透系数及允许坡降建议值

层号	③-2	③-1	②-2	②-1	①
渗透系数/(cm/s)	$1\times10^{-3}\sim7\times10^{-4}$	$3\times10^{0}\sim2\times10^{-1}$	$1\times10^{-3}\sim2\times10^{-5}$	$3\times10^{-4}\sim1\times10^{-5}$	$1\times10^{-1}\sim1\times10^{-3}$
允许坡降	0.2～0.3	0.1～0.15	0.3～0.4	0.4～0.6	0.15～0.2

5. 物理力学参数建议值

从大量的试验及参数分析中，得到各层的物理力学特性如下：

①层：卵（块）砾（碎）石层夹中细砂或粉质黏土层（Q_3^{al+fgl}），由冰水堆积和冲积形成。分布于河床底部，钻孔揭示厚度为 11.1～33m，顶面埋深为 48.91～94m。其物理力学性质较好，天然密度达到 2.2～2.3g/cm³，孔隙比为 0.25～0.3，地基允许承载力为 0.6～0.9MPa，变形模量为 50～70MPa，黏聚力为 0，内摩擦角为 35°～38°，渗透系数为 $1.0\times10^{-1}\sim1.0\times10^{-3}$cm/s。

②-1层：卵（块）砾（碎）石层夹细砂、粉质黏土层（$Q_3^{al+pl+sef}$），成因复杂，由冲积、洪积、泥石流堆积等形成。钻孔揭示厚度为 9～19m，顶面埋深为 54.5～94m。其天然密度达到 2.15～2.25g/cm³，孔隙比为 0.25～0.3，地基允许承载力为 0.4～0.6MPa，变形模量为 25～40MPa，黏聚力为 30～40kPa，内摩擦角为 25°～30°，渗透系数为 $1.0\times10^{-5}\sim3.0\times10^{-4}$cm/s。

②-2层：粉细砂层（Q_3^{al+l}），由河流相对静水相砂层透镜体堆积形成。钻孔揭示厚度为 10.04～22.49m，顶面埋深为 38.87～59m。其物理力学性质较差，天然密度为 1.8～2.1g/cm³，孔隙比为 0.7～0.8，地基允许承载力为 0.2～0.25MPa，变形模量为 10～15MPa，黏聚力为 20～30kPa，内摩擦角为 20°～25°，渗透系数为 $2.0\times10^{-5}\sim1.0\times10^{-3}$cm/s。

③-1层：漂（块）卵（碎）砾石层（Q_{3-4}^{al}），由冲积形成。位于河床表层，钻孔揭示厚度为 9.5～79m。该层的天然密度为 2.1～2.2g/cm³，孔隙比为 0.3～0.45，地基允许承载力为 0.4～0.7MPa，变形模量为 30～50MPa，黏聚力为 0，内摩擦角为 30°～35°，渗透系数为 $2.0\times10^{-1}\sim3.0\times10^{0}$cm/s。

③-2层：砂层及粉砂层（Q_4^{al}），由冲积形成，分回水沱和漫滩相两种。钻孔揭示厚度为 0.5～29.3m，顶面埋深为 0～23.2m。该层物理力学性质较差，天然密度为 1.8～2.0g/cm³，孔隙比为 0.45～0.7，地基允许承载力为 0.15～0.2MPa，变形模量为 8～12MPa，黏聚力为 15～20kPa，内摩擦角为 18°～22°，渗透系数为 $7.0\times10^{-4}\sim1.0\times10^{-3}$cm/s。

其宗坝址河床覆盖层的物理力学参数建议值见表2.2-41。

表2.2-41 坝址区河床覆盖层物理力学参数建议值表

层号	岩性	代号	天然密度 ρ /(g/cm³)	干密度 ρ_d /(g/cm³)	允许承载力 [R] /MPa	变形模量 E_0 /MPa	抗剪强度（饱水）		渗透系数 K /(cm/s)	允许渗透坡降 J
							φ /(°)	c /kPa		
③-2	粉砂、粉土，局部夹少量砾石	Q_4^{al}	1.8～2.0	1.5～1.6	0.15～0.2	8～12	18～22	15～20	1×10^{-3}～7×10^{-4}	0.2～0.3
③-1	卵砾石夹漂（块）及砂	Q_{3-4}^{al}	2.1～2.2	2.10～2.15	0.4～0.7	30～50	30～35	0	3×10^{0}～2×10^{-1}	0.1～0.15
②-2	细砂、粉砂、粉土，夹少量砾石	Q_3^{al+l}	1.8～2.1	1.6～1.7	0.2～0.25	10～15	20～25	20～30	1×10^{-3}～2×10^{-5}	0.3～0.4
②-1	块石、碎石夹粉土或粉质黏土，含少量卵砾石	$Q_3^{al+pl+sef}$	2.15～2.25	2.1～2.20	0.4～0.6	25～40	25～30	30～40	3×10^{-4}～1×10^{-5}	0.4～0.6
①	卵（块）砾（碎）石夹中细砂或粉质黏土	Q_3^{al+fgl}	2.2～2.3	2.14～2.22	0.6～0.9	50～70	35～38	0	1×10^{-1}～1×10^{-3}	0.15～0.2

2.3 其宗坝址河床深厚覆盖层建坝适宜性评价

其宗坝址推荐正常蓄水位2105.00m方案，心墙堆石坝坝顶高程为2112.00m；心墙底部高程为1802.00m，坝顶宽度为20m；最大坝高为310m（全挖）；填筑总方量为5762.00万m^3；上游坝坡1∶2.1；下游坝坡1∶2.0；心墙上、下游坡度均为1∶0.2，坝顶长度930m。为提高大坝坝坡稳定性和抗震性能，在上下游坝脚设置弃渣压重区。上游压重区顶高程为1940.00m，与上游围堰连为一体，下游压重顶部高程为1960.00m，宽30m，下游坝坡1∶3.0，高程1910.00m以下设置排水体。

深厚覆盖层基础处理进行了两个方案的比较。

方案1为心墙置于岩基（全挖方案）：其宗心墙堆石坝若将心墙置于基岩上，最大坝高为310m，国内外目前坝高超过250m的心墙堆石坝均将心墙部位覆盖层全部挖除，是最可靠的覆盖层处理方案。但同时也带来开挖、回填工程量大，围堰防渗难度大、深基坑支护排水要求高等问题。心墙底部设置高塑性黏土和混凝土垫层与基岩连接。垫层下设置固结灌浆和帷幕灌浆。心墙基坑上、下游侧开挖坡比为1∶2.0，最大开挖边坡约82m。为保证基坑的开挖和施工期基坑边坡的稳定，上、下游围堰应形成封闭的防渗体系，上、下游防渗墙应做到基岩。

方案2为覆盖层局部挖出（局挖方案）：防渗墙厚度比较了1.4m、1.5m和1.6m，参考瀑布沟、长河坝等工程的经验，两道墙分开布置，两墙轴线距离取 14m。第一道防渗墙布置在坝轴线上游，墙底部嵌入基岩 1.5m，墙深 70m，顶部直接插入心墙，插入高度为 18m。墙内预埋一排帷幕灌浆管。第二道防渗墙中心线与坝轴线重合，与心墙及墙下帷幕灌浆组成大坝的主防渗面。防渗墙顶部设置灌浆廊道与心墙连接，墙底嵌入基岩 1.5m，墙深 70m。墙内预埋两排帷幕灌浆管，帷幕灌浆深 64m。

坝基河床深厚覆盖层厚达 60～90m，其成因复杂，包括冲积、洪积、泥石流堆积和崩积等成因。由于覆盖层厚度大，全部挖除无论从技术上还是从经济角度均难以接受或实施。对深厚覆盖层的利用与处理，关系到工程的安全与经济，对坝址坝型选择、枢纽布置方案、工程安全及造价等均有重大影响，对临建工程的围堰稳定、防渗及处理等也存在较大不利影响。无论是心墙置于岩基，还是覆盖层局挖方案，工程面临的主要工程地质问题均为深厚覆盖层建高坝的适宜性问题。针对深厚覆层坝基存在的抗滑稳定、变形稳定、渗透稳定及地震液化等问题，需进行深入的研究。

2.3.1　坝基抗滑稳定性分析

其宗坝址覆盖层深厚，以粗颗粒的卵砾石层为主，组织结构较密实，具有较高的强度，坝基不存在沿略倾下游的基岩面产生滑动破坏的可能性，覆盖层中虽分布有粉细砂层，但由于其在纵横空间上分布不连续，中部的②-2 层在顺河方向上虽有一定的连续性，但未贯穿整个坝基，且埋深较大，其上分布有较厚的③-1 卵砾石层。初步分析，沿其产生深层滑动的可能性较小。②-2 粉细砂层虽未贯穿整个坝基，但亦有一定的连续性及延伸范围，在近 300m 高堆石体的重载下，在坝基范围或坝体上下游有产生折线形剪切破坏的可能。根据②-2 粉砂层在坝址覆盖层中的空间分布特征看，由于②-2 层在坝体上游侧分布厚度相对较大，其埋深相对较浅，且在坝脚上游附近局部与③-2 层直接接触，粉砂层总厚度约 60m，在该部位产生剪破坏的可能性相对较大。另外，在上、下游坝脚处应力差较大，不能忽略在大坝上、下游坝脚部位有产生倾覆及蠕变破坏的可能性。

2.3.1.1　主要影响因素

坝基的抗滑稳定性既受地质条件影响，又受到工程作用力的制约，当地基土抗剪能力不大或当地层中存在软弱夹层时，在荷载或水库等外力作用下，坝基可能产生滑动破坏。

坝基的抗滑稳定性取决于地基中产生剪应力与土的抗剪强度相对大小之比。地基中产生的剪应力大小、分布与工程作用力的大小、分布形式有关，而地基的抗剪强度主要与土的内在因素及上部荷载有关。其宗坝址的坝基抗滑稳定性受以下因素的影响。

（1）作用于坝基上的力。

1）大坝自重。

2）上、下游水压力及泥沙压力。

3）地基扬压力（渗透压力和浮托力）。

浮托力和渗透压力的作用方向是向上的，能抵消一部分坝体重量和土粒间的有效压力。所以设置合理的防渗帷幕和排水设施，以减少渗透压力，增加坝的稳定性，在工程实践中有着重要意义。

（2）地基土的内在因素。

1）c、φ 值。c、φ 值越大越稳定。

2）地基土是否夹有透水性小的软弱夹层。一般来说，单一的砂砾石地基比夹有透水性小的软弱夹层地基土的稳定性好，当夹有不同软、硬地层时，它们的变形特征和强度指标都不尽相同。坝基夹有一定数量的粉细砂层透镜体，特别是回水沱内表层粉细砂层，其 c、φ 值较低，均一性相对较差。

3）地基土的固结程度较差时（特别是细粒较多者），大部分应力由孔隙水承担，剪切面上的有效压力很小，使抗剪强度降低，稳定性变差；反之，对于大部分砂砾石地基，由于透水性好，荷载作用下孔隙水很快排除，在施工期基本固结完毕，因此土的抗剪强度高，稳定性就好。坝址区覆盖层第①层及第②大层密实及固结程度较好，但第③大层密实程度较差，该层的钻孔揭示厚度 9.5～59m。

2.3.1.2 滑动形式分析

地基土的抗滑能力与其成分、结构及其受力（如挡水建筑物不仅有自身对地基土的附加应力，还有库水的水平推力及泥沙压力）方式有关。当建筑物对地基土的附加应力超过地基土的强度时，地基将产生较大沉降或滑动，建筑物也将发生变形破坏。地基土的失稳，就是一部分土体相对另一部分土体发生滑动，即土体发生位移直至剪切破坏。一般来说坝基的滑动破坏主要有两种形式：

（1）大坝沿坝基与地基接触面的浅层滑动：大坝沿坝基与地基接触面的浅层滑动多由于地质条件未查清，接触面抗剪强度取值不准或设计不周，施工质量低劣等原因造成。

（2）深层滑动形式：产生深层滑动的条件大多是地基夹有软弱夹层或存在不利结构面组合。从地质勘察和试验资料显示，下坝址河床覆盖层内可见砂层透镜体，厚度 2.0～22.49m 不等，不能忽略大坝可能产生深层滑动。

拟建大坝为 310m 高的堆石坝，建基面横河宽为 300～400m，顺河长约 1km，由于接触面积大、坝体附加荷载大，无论是浅层滑动破坏还是深层滑动破坏可能性极低。但为了掌握抗滑稳定性的安全储备，以坝址Ⅱ勘线为原型，分别对大坝的浅层和深层抗滑稳定性进行计算。

2.3.1.3 抗滑稳定性计算

（1）浅层抗滑稳定性计算。其宗坝址推荐心墙堆石坝，考虑到这种堆石坝坝体的主要材料为人工堆石料，与作为地基的砂卵砾石覆盖层有着相近的工程性质，在充分碾压的情况下，可与作为坝基的砂卵石覆盖层相互咬合，使坝体与覆盖层的分界面变得模糊，更为重要的是大坝与覆盖层坝基接触面积大，故坝体发生沿坝体和地基接触面活动的可能性极小，但从安全角度考虑，仍对坝体和坝基的接触面抗滑稳定性进行验算。

按校核洪水位最不利状况计算结果为：最小稳定系数远大于 1.20，满足规范要求的最低安全系数。因而可以认为不会产生沿坝基与地基接触面的滑动破坏。

（2）深层抗滑稳定性计算。计算采用加拿大 Geo-Slope 公司设计的滑坡计算软件，由于其具有良好的界面和可靠的稳定性，在工程实践中得到普遍的使用。综合考虑坝址覆盖层分层特性，分别计算沿各分层滑动的稳定性。

1）计算参数。砂砾石地基抗滑稳定分析中的重要参数是 φ、c 值。计算参数从表 2.2-41 中选取，具体见表 2.3-1。

表 2.3-1 坝体与地基土摩擦系数数值计算参数

层号		岩性	干重度 γ_d /(kN/m³)	颗粒比重 G_s	变形模量 E_0 /MPa	抗剪强度（饱水）	
						φ/(°)	c/kPa
③-2	Q_4^{al}	粉砂、粉土，局部夹少量砾石	15.0～16.0	2.7～2.8	8～12	18～22	15～20
③-1	Q_{3-4}^{al}	卵砾石夹漂（块）及砂	21.0～21.5	2.7～2.9	30～50	30～35	0
②-2	Q_3^{al+l}	细砂、粉砂、粉土，夹少量砾石	16.0～17.0	2.6～2.8	10～15	20～25	20～30
②-1	$Q_3^{pl+al+sef}$	块石、碎石夹粉土或粉质黏土，含少量卵砾石	21.0～22.0	2.6～2.8	25～40	25～30	30～40
①	Q_3^{al+fgl}	卵（块）砾（碎）石夹中细砂或粉质黏土	21.4～22.2	2.7～2.9	50～70	35～38	0

2）计算成果。选定不同的圆心和不同的半径组合搜索最危险的滑面，计算出在最不利工况（上游为校核洪水位＋下游为枯水＋Ⅶ度地震）下大坝的最小稳定性系数为 2.39，深层抗滑稳定性满足规范要求。

2.3.1.4 坝坡稳定计算

计算程序为中国水利水电科学研究院陈祖煜院士编制的 STAB2008，采用圆弧滑裂面和非圆弧滑裂面进行计算，并考虑材料的线性和非线性。坝料计算参数见表 2.3-2，线性计算成果见表 2.3-3，非线性计算成果见表 2.3-4。计算成果表明，各计算工况坝坡稳定安全系数均满足规范要求，坝坡稳定是可靠的。

表 2.3-2 坝料计算参数表

项目		湿密度 /(g/cm³)	饱和密度 /(g/cm³)	线性强度指标		非线性强度指标		备注
				φ' /(°)	c' /kPa	φ_0 /(°)	$\Delta\varphi$ /(°)	
心墙料	有效强度（稳定渗流期）	2.31	2.33	33.5	30			
	总强度（竣工期）			30.0	40			
	总强度（水位骤降）			31.0	35			
	有效强度（地震期）			28.5	30			
反滤料Ⅰ	有效强度（稳定渗流期）	1.83	2.11	38.7	30	50.7	8.25	
	总强度（竣工期）			33.0	40			
	总强度（水位骤降）			35.0	32			
	有效强度（地震期）			34.0	30			

续表

项目			湿密度 /(g/cm³)	饱和密度 /(g/cm³)	线性强度指标		非线性强度指标		备注
					φ' /(°)	c' /kPa	φ_0 /(°)	$\Delta\varphi$ /(°)	
反滤料Ⅱ		有效强度（稳定渗流期）	1.91	2.17	39.4	35	51.5	8.10	
		总强度（竣工期）			38.0	40			
		总强度（水位骤降）			36	35			
		有效强度（地震期）			37.0	35			
细堆石料		有效强度	2.18	2.37	42.0	20	52.5	10.0	
		总强度			40.0	25			
堆石料Ⅰ区		有效强度	2.23	2.40	43.0	10	54.5	11.0	
		总强度			42.6	15			
堆石料Ⅱ区		有效强度	2.18	2.35	40.0	15	52.6	10.0	
		总强度			39.5	18			
覆盖层	③-2	粉砂、粉土，局部夹少量砾石	1.95	2.00	22	8	27	4	
	③-1	卵砾石夹漂（块）及砂	2.18	2.20	35	10	38	5	
	②-1	块石、碎石夹粉土或粉质黏土，含少量卵砾石	2.20	2.22	32	10	36	5	
	①	卵（块）、砾（碎）石夹中细砂	2.24	2.25	40	15	43	6	
基岩			2.40	2.45	45	200	55	5	

表 2.3-3　　线性计算成果表

序号	计算工况		计算安全系数		规范允许的安全系数	备注
			沿覆盖层	沿坝坡		
1	竣工期上游		2.093	2.645	1.30	各工况按最危险滑裂面计算
2	竣工期下游		2.601	2.484	1.30	
3	稳定渗流期上游（最不利水位）		1.988	2.418	1.50	
4	稳定渗流期下游（上游水位 2105.00m）		2.161	2.398	1.50	
5	稳定渗流期下游（上游水位 PMF）		2.126	2.393	1.30	
6	水库水位骤降上游正常蓄水位→死水位		1.812	2.212	1.20	
7	遭遇设计地震（水平地震加速度 0.303g）	稳定渗流期上游（最不利水位）	1.362	1.647	1.20	
8		稳定渗流期下游（上游水位 2105.00m）	1.586	1.788	1.20	
9	遭遇校核地震（水平地震加速度 0.363g）	稳定渗流期上游（最不利水位）	1.282	1.365	1.20	
10		稳定渗流期下游（上游水位 2105.00m）	1.312	1.325	1.20	

表 2.3-4 非线性计算成果表

<table>
<tr><th rowspan="2">序号</th><th rowspan="2" colspan="2">计算工况</th><th colspan="2">计算安全系数</th><th rowspan="2">规范允许的安全系数</th><th rowspan="2">备注</th></tr>
<tr><th>沿覆盖层</th><th>沿坝坡</th></tr>
<tr><td>1</td><td colspan="2">竣工期上游</td><td>1.849</td><td>2.338</td><td>1.30</td><td rowspan="10">各工况按最危险滑裂面计算</td></tr>
<tr><td>2</td><td colspan="2">竣工期下游</td><td>2.242</td><td>2.252</td><td>1.30</td></tr>
<tr><td>3</td><td colspan="2">稳定渗流期上游（最不利水位）</td><td>1.814</td><td>2.287</td><td>1.50</td></tr>
<tr><td>4</td><td colspan="2">稳定渗流期下游（上游水位 2105.00m）</td><td>1.850</td><td>2.254</td><td>1.50</td></tr>
<tr><td>5</td><td colspan="2">稳定渗流期下游（上游水位 PMF）</td><td>1.836</td><td>2.213</td><td>1.30</td></tr>
<tr><td>6</td><td colspan="2">水库水位骤降上游正常蓄水位→死水位</td><td>1.748</td><td>2.195</td><td>1.20</td></tr>
<tr><td>7</td><td rowspan="2">遭遇设计地震（水平地震加速度 0.303g）</td><td>稳定渗流期上游（最不利水位）</td><td>1.247</td><td>1.620</td><td>1.20</td></tr>
<tr><td>8</td><td>稳定渗流期下游（上游水位 2105.00m）</td><td>1.349</td><td>1.649</td><td>1.20</td></tr>
<tr><td>9</td><td rowspan="2">遭遇校核地震（水平地震加速度 0.363g）</td><td>稳定渗流期上游（最不利水位）</td><td>1.220</td><td>1.512</td><td>1.20</td></tr>
<tr><td>10</td><td>稳定渗流期下游（上游水位 2105.00m）</td><td>1.315</td><td>1.538</td><td>1.20</td></tr>
</table>

2.3.2 坝基变形稳定性分析

当谷底基岩形态起伏较大、河谷内覆盖层各层次的厚度变化较大或存在黏性土、粉细砂等软弱夹层时，均会引起建筑物的不均匀沉陷。坝址河谷内覆盖层厚度大、成分复杂，根据成因及物质组成分为三大层五小层，各层之间力学指标差异较大，其中①层、②-1层和③-1层以漂（块）、卵（碎）、砾石为主，变形模量及承载力较高，属低压缩层；虽然勘探资料显示没有发现稳定的黏性土夹层，但存在厚度 2～22.49m 不等的②-2、③-2砂层透镜体，以粉细、粉土为主，变形模量及承载力较低，属中等压缩性土层，对坝基沉降变形影响较大。初步分析覆盖层存在不均匀沉降变形问题。另从②-2粉砂层在覆盖层中的空间分布特征看，由于②-2在坝体上游侧分布厚度相对较大，其埋深相对较浅，且在坝脚上游附近局部与③-2层直接接触，粉砂层总厚度约 60m，在高堆石体的重压下产生压缩挤出变形的可能性较大。

（1）坝基土沉降计算。对于局部开挖方案，采用分层总和法计算坝基土的沉降，由于忽略坝基土的侧向变形，通常取基底中心点下的附加应力进行计算，用基底中心的沉降代表坝基的平均沉降。因此，每个剖面的平均沉降量均采用中心沉降量计算结果。

1）计算参数。各剖面计算时所取的参数见表 2.3-5。

表 2.3-5 坝基土沉降计算参数

层号	岩性	变形模量 /MPa	泊松比	天然重度 /(kN/m³)
③-2	粉砂、粉土，局部夹少量砾石	8～12	0.32	18.0～20.0
③-1	卵砾石夹漂（块）及砂	30～50	0.27	21.0～22.0
②-2	细砂、粉砂、粉土，夹少量砾石	10～15	0.31	18.0～21.0
②-1	块石、碎石夹粉土或粉质黏土含少量卵砾石	25～40	0.29	21.5～22.5
①	卵（块）砾（碎）石夹中细砂或粉质黏土	50～70	0.30	22.0～23.0

2）计算成果。为了分析坝体自重力及水库作用下覆盖层地基沉降量及其变化规律，结合黏土心墙堆石坝的工程布置，分别对其宗拟建大坝的上游坝脚、坝轴线、下游坝脚三个断面进行地基土沉降计算，了解纵向地基土变化规律，计算结果见表2.3-6。坝址各剖面的沉降量差异较大，这是不同剖面的基础埋深、附加应力值和作为地基的覆盖层工程地质条件，如覆盖层的厚度、压缩性，特别是砂土层及砂土透镜体的厚度、压缩性等的差异造成的。其中坝轴线的基底附加应力是大坝各位置里最大的，加上底部覆盖层较厚，该处的沉降量最大。

表2.3-6　覆盖层最终沉降量计算结果

部　位	上游坝脚	坝轴线	下游坝脚
荷载 P/kPa	0	5328	2675
最大沉降量/m	0.5	3.54	2.14

（2）坝体沉降计算。对于心墙基础全挖方案，采用《碾压式土石坝设计规范》（SL 274）规定的分层总和法计算坝体沉降和非黏性土沉降公式计算覆盖层的沉降，分别对稳定渗流期和竣工期的坝体沉降进行了计算，两者之差为竣工后的不含覆盖层的坝顶沉降量。计算中，土料的压缩曲线采用多组压缩试验成果的平均值。运行期的孔隙压力根据渗流计算得出的渗流场确定，竣工期的孔隙压力根据工程经验按总应力的确定。沉降计算成果见表2.3-7。

表2.3-7　沉降计算成果

计算方案	土料	坝体			坝高/m	后期沉降占坝高百分比/%
		稳定渗流期沉降/m	竣工期沉降/m	后期沉降/m		
		①	②	③=①-②	H	③/H×100%
全挖	掺砾料	12.990	10.089	2.901	310	0.933

（3）静力有限元应力应变分析。为研究坝体及覆盖层的变形和应力状况、心墙发生水力劈裂的可能性，联合清华大学对全挖方案及局挖方案心墙堆石坝进行了二维静力有限元计算，对全挖方案一进行了坝壳区覆盖层不同开挖深度的计算。计算成果如下：

1）从坝体沉降变形看，正常蓄水位2105.00m心墙区域全挖方案二维计算的最大沉降为3.75m，约占坝高的1.21%；相应三维计算的坝体最大沉降为3.01m，约占坝高的0.97%。正常蓄水位2105.00m ③-2覆盖层全挖方案二维计算的最大沉降为3.92m，约占坝高的1.26%。正常蓄水位2105.00m覆盖层全挖方案二维计算的最大沉降为3.63m，约占坝高的1.17%。同国内正在设计和施工的其他300m级高心墙堆石坝量值基本相当。

2）由于坝体填筑时间较长，坝体填筑完成时，心墙固结已基本完成，心墙区基本不存在超静孔隙水压力。

3）根据坝体应力水平的计算结果，在心墙上游侧坝壳的中上部，尤其是坝壳与心墙上游接触面附近，存在一个范围较大、应力水平较高的区域，少数单元应力水平值可达1.0。在坝体设计中应注意心墙和堆石体间过渡层的设计，以使两者之间的变形能更好地协调。

4）由于覆盖层②层和③层的强度参数较低（其中尤其是②-2 层），下游坝脚下覆盖层内的应力水平相对较高，局部应力水平值可超过 0.9。对于挖除全部覆盖层的计算方案，下游坝脚部位未出现高应力水平区。在坝体的设计中，应注意坝脚尤其是下游坝脚覆盖层的稳定性问题。

2.3.3　坝基渗透稳定性分析

由于坝基下河床覆盖层的结构和密实度均有明显的差异，据钻探漏水漏浆情况及抽水试验成果分析，一般河床覆盖层相对较为密实，但覆盖层的渗透性普遍较强，且不均一，故各层的渗透性能差异较大，需对其渗透稳定进行评价。

（1）覆盖层渗透变形形式。渗透变形是指在渗透水流的作用下，土体失去部分承载力及渗流阻力而发生的变形现象，渗透变形的进一步发展将导致渗透破坏，直接威胁水工建筑的安全。从渗透变形机理出发，通常坝基无黏性土的渗透变形可分为流土、管涌、接触流土及接触冲刷四种。管涌是指土体中的细粒（填料）在渗流作用下沿着粗颗粒（骨架）所形成的空隙管道移动或被渗流带走，而组成骨架的颗粒并未移动的渗透变形现象；流土是指渗流作用下部分土体的全部颗粒同时起动悬浮，乃至一起冲走的渗透变形现象；接触冲刷指的是两种不同介质，或粗颗粒土与细粒土层接触，当接触面上的空隙通道远大于细颗粒粒径时，在顺接触面的渗流作用下，渗流将细粒土沿着双层介质的接触面带走的现象；接触流土指的是当渗流垂直于渗透系数较大的两相邻土层接触面流动时，将渗透系数较小的土层中的细颗粒带入渗透系数较大的另一土层的渗透变形现象。

根据坝基覆盖层物理力学性及颗分试验成果，根据《水力发电工程地质勘察规范》（GB 50287）附录中土体的渗透变形型式判别方法对各坝基土层进行渗透变形型式进行判别（见表 2.3-8）。

（2）临界水力比降 J_{cr} 的确定。对于坝址区河床覆盖层中的③-2、②-2 及②-1 层，它们的渗透破坏形式为流土。用式（2.3-1）确定流土的临界水力比降。

$$J_{cr}=(G_s-1)(1-n) \tag{2.3-1}$$

式中　G_s——土的相对密度；

n——土的孔隙率。

表 2.3-8　坝址覆盖层渗透变形型式

层　号	③-2	③-1	②-2	②-1	①
孔隙率 n/%	30.7	16.4	24.4	16.6	20.0
P_c/%	65	27	45	53	20
渗透变形类型	流土	过渡型	流土	流土	管涌

注　P_c 为土中小于 d_f 细粒含量，以质量百分率计，%。

对于坝址区河床覆盖层的③-1 和①层，它们的渗透破坏形式为管涌。用式（2.3-2）确定管涌的临界水力比降。

$$J_{cr}=\frac{43d_3}{\sqrt{\frac{K}{n^3}}} \tag{2.3-2}$$

式中 J_{cr}——临界水力比降；

d_3——占总土重3%的土粒粒径，mm；

K——渗透系数，cm/s。

各岩组的临界水力比降 J_{cr} 计算成果见表2.3-9。

表2.3-9　各岩组的临界水力比降 J_{cr} 计算成果表

层　号	③-2	③-1	②-2	②-1	①
孔隙率 n	0.307	0.164	0.244	0.166	0.2
G_s	1.5	2.2	1.6	2.15	2.1
d_3/mm	0.07	0.072	0.005	0.005	0.07
渗透系数 K/(cm/s)	0.0065	0.1	0.005	0.15	0.08
临界水力比降 J_{cr}	0.35	0.64	0.46	0.96	0.93

(3) 允许水力比降 J_{kp} 的确定。根据规范，对水工建筑物取2.0的安全系数，用临界水力比降除以安全系数，其值即为允许水力比降，见表2.3-10。

表2.3-10　各岩组的允许水力比降 J_{kp} 计算成果表

层　号	③-2	③-1	②-2	②-1	①
J_{kp}	0.18	0.32	0.23	0.48	0.47

综上，其宗水电站坝基河床覆盖层土中③-1层和①层具备发生管涌的条件，③-2层、②-2层和②-1层具备发生流土的条件，而且各层之间还具备存在接触冲刷和接触流失的可能，渗透变形问题比较严重。

(4) 渗流计算。采用河海大学编制的AutoBank v6.0程序对最大剖面进行平面渗流计算。渗流计算成果见表2.3-11。

表2.3-11　渗流计算成果表

序号	计算工况		坝体坝基单宽渗流量/[m³/(m·s)]	心墙下游出逸点		帷幕渗流梯度	
				高程/m	最大出逸比降	平均	最大
1	稳定渗流	上游设计洪水位2105.00m+下游相应水位1906.002m	5.15×10^{-5}	2092.823	4.65	5.60	7.63
2	稳定渗流	上游校核洪水位2109.35m+下游相应水位1908.249m	5.24×10^{-5}	2097.657	4.72	5.72	7.80

通过二维有限元计算，心墙和坝基的总的最大单宽渗流量为4.53m³/(d·m)。心墙下游侧最大渗透比降为4.72，心墙下游设置了两层反滤保护，心墙的渗透稳定性得到很大的提高，通过试验，掺砾料的抗渗比降为68～88，远大于心墙渗透比降。坝基帷幕最大渗透比降为7.80，小于一般认为帷幕能承担的局部最大渗透比降20。

2.3.4 坝基抗震稳定分析

其宗坝址地震基本烈度为Ⅶ度，水工建筑物按Ⅷ度设防。工程壅水建筑物大坝的工程抗震设防类别为甲类，非壅水建筑物的抗震设防类别为乙类。非壅水建筑物采用基准期50年超越概率5%的地震动峰值加速度为0.183g；壅水建筑物大坝基准期100年内超越概率2%的设计地震动峰值加速度为0.303g，采用基准期100年超越概率1%地震动峰值加速度0.362g为校核地震。

2.3.4.1 液化判别

深厚覆盖层建坝的另一个主要工程地质问题是不同深度存在的粉细砂层或砂层透镜体的饱和砂层液化问题。砂土液化是指饱和砂土在振动荷载的作用下，砂土内的孔隙水压力增加而有效应力降低，当孔隙水压力上升到使砂粒间的有效正应力降为0时，土颗粒处于悬浮状态之中，砂土就会完全丧失抗剪强度和承载能力，变成黏滞液体的现象。饱和砂土液化取决于砂土的密实程度、渗透性、砂土边界排水条件、砂土埋深及动荷载的振动强度和持续时间。对于液化趋势的判别，大多根据对基层内砂层的有效粒径，不均匀系数、渗透系数、砂层厚度、地下水位的深浅以及动剪应变的大小等因素进行综合分析评价，而且主要针对地层年代为第四纪晚更新世以来，特别是沉积物中粒径小于5mm含量大于30%的砂土。

虽然其宗坝址河床覆盖层以卵砾石等粗粒为主，但不同坝线钻孔均揭示砂层或砂层透镜体，为了确保安全，有必要对这些砂层透镜体进行液化评价。

1. 初步判别

(1) 地层年代判别与颗粒含量判别。按照《水力发电工程地质勘察规范》(GB 50287) 附录中土的地震液化判别要求进行。

②-2砂层伏于Ⅱ级阶地以下，形成年代为(2.8±0.3)万年，无论从地层年代相对新老关系还是砂层的绝对测年，均表明②-2砂层形成于晚更新世，为不液化砂层。

(2) 上限剪切波判别。根据《水力发电工程地质勘察规范》(GB 50287) 中相关公式计算出坝基钻孔中砂土的上限剪切波，结合单孔剪切波速资料，即可进行液化初判。计算结果表明，按Ⅶ度、Ⅷ度的地震基本烈度考虑，钻孔中所有层位的平均剪切波速度均大于相应的上限剪切波速度，不会发生砂土液化。

2. 复判

标准贯入锤击数法：根据规范规定，当饱和土标准贯入锤击数实测值($N_{63.5}$)小于液化判别标准贯入锤击数临界值(N_{cr})时可判定砂层要产生液化。

计算发现在Ⅶ度地震基本烈度条件下，仅有ZK212孔的19.1～19.4m段处于液化临界状态，有可能发生液化。Ⅷ度地震设防烈度条件下，也仅有ZK212孔的19.1～19.4m段将产生液化现象。Ⅸ度地震设防烈度下，ZK212孔的19.1～19.4m段和ZK213孔的16.03～16.33m段将产生液化现象。

综上分析，坝基覆盖层中夹有②-2和③-2两大层砂层透镜体，其中②-2层为晚更新世晚期产物，根据规范可判定为不液化砂层；③-2层为全新世现代河流堆积物，埋深在39m以内，发生地震液化的可能较大，经过初判、复判及综合分析认为，埋深在20m以内的砂层在Ⅶ度地震基本烈度条件下有产生液化的可能，在Ⅷ度及以上地震设防烈度条件下将产生液化。

2.3.4.2　动力反应分析

坝体及覆盖层的动力反应分析及抗震措施委托清华大学进行正常蓄水位2105.00m方案二维、三维动力计算，动力计算采用沈珠江提出的考虑振动孔隙水压力增长和变化过程的等价黏弹性有效应力分析方法。动力计算参数主要由计算单位根据静力参数和工程经验拟定。动力计算成果表明：

（1）大坝抗震设计标准和校核标准下的动力反应最大区域均在坝顶部位，场地谱人工波为控制工况。

（2）设计标准下坝体加速度、动位移、永久变形均在可接受的范围，坝体能够承受；心墙、反滤和坝基砂层均不会发生液化，但砂层的安全储备不大。校核标准下坝体的动力反应较大，动位移和永久变形仍在可接受的范围。

（3）在地震波作用下，易液化区一般在上下游坡脚处表层，而在坝体下无液化区，其原因是坡脚外表层受到的正应力较小，而坝体下覆盖层正应力较大。因此，在上下游坡脚处应特别注意防护。

2.3.5　坝基适宜性评价

（1）坝基浅层抗滑稳定性和深层抗滑稳定性系数均满足规范要求的安全系数，可认为坝基整体稳定性较好。

（2）由于坝体产生不均匀沉降的差值较大，具有产生裂缝的可能性，并且有可能造成局部坝体破坏。因此，建议对坝基进行处理，缩小坝基各层物理力学性质的差异，减小沉降差。

（3）坝址覆盖层中③-1层和①层由粗粒土组成，渗透系数较大，具备发生管涌的条件；③-2层、②-2层以砂土及粉砂土为主和②-1层夹细砂，具备发生流土的条件；覆盖层各大层及各分层之间还具备存在接触冲刷和接触流失的可能，渗透变形问题比较突出。

（4）坝址覆盖层中只有③-2层的16m以上和19～20m处的砂层透镜体有产生液化的可能，其他不会发生液化。建议将该③-2层20m以上的部分挖除，其余部分可以不做防液化处理。

总的来说，其宗水电站坝址河床覆盖层的总体性状较好，也存在卵砾石渗透、覆盖层沉降变形量大、存在可液化砂层等一些问题，但这些问题可以通过采取工程处理措施予以解决，经工程处理后的覆盖层坝基具备修建高心墙堆石坝的条件。

2.4　其宗坝址坝基处理措施研究

2.4.1　坝基深厚覆盖层基础处理现状

高堆石坝心墙或趾板修建在基岩上的居多，但对于深厚覆盖层（深度大于50m）的工程处理难度大，开挖回填工程量大，坝高增加较多。近年来，通过采用 1～2 道混凝土防渗墙加帷幕灌浆的防渗处理措施后，一些高堆石坝可修建在覆盖层上，简化了施工，加快了施工进度，降低了工程造价。坝高呈上升趋势，目前国内已建的工程主要有糯扎渡心墙堆石坝，心墙坐落于基岩上，最大坝高 261.5m；长河坝心墙堆石坝，心墙坐落于覆盖层上，最大坝高 240m，心墙基础下覆盖层厚度 53m；水布垭面板堆石坝，趾板坐落于基岩上，最大坝高 233m；瀑布沟心墙堆石坝，心墙坐落于覆盖层上，最大坝高 186m，心墙基础下覆盖层厚度 78m；两河口心墙堆石坝，心墙坐落于基岩上，最大坝高 295m；双江口心墙堆石坝，心墙坐落于基岩上，最大坝高 314m。国内外已成功修建多座覆盖层上的土石坝，国外已建混凝土防渗墙最深 131m，为加拿大马尼克 3 号坝；我国防渗墙最深 138m，为牛栏江红石岩堰塞坝；最厚为碧口土石坝防渗墙 1.3m，在建的长河坝防渗墙厚 1.4m；最大的混凝土墙渗透比降 100，为墨西哥莫尔罗斯坝。这些工程的主要特点如下：

（1）覆盖层深厚且工程特性复杂，大多采用混凝土防渗墙进行防渗处理。

（2）厚度为 1.2～1.4m 且处理深度小于 80m 的防渗墙设计、施工技术成熟。

（3）可能液化砂层可采用挖除、振冲碎石桩、旋喷灌浆等工程措施处理。

（4）承担高水头的防渗墙一般采用刚性混凝土防渗墙，防渗墙与心墙的连接型式采用插入式和与顶部廊道刚性连接的居多。

目前，大渡河长河坝（坝高 240m）为国内心墙建在覆盖层上的最高坝，采用两道厚度分别为 1.4m 和 1.2m，深度为 50m 的混凝土防渗墙。但国内对于厚度大于 1.4m、深度 80m 左右的混凝土防渗墙实践不多。对于防渗墙的应力和变形的计算尚不准确，其应力应变特性还没有取得共识。对防渗墙材料及其抗渗性和耐久性的还需深入研究，为适应在深厚覆盖层上建高土石坝的需要，还需进一步加强应力应变分析，以及高强度低弹模、适应大变形的墙体材料的研究。

2.4.2 坝基覆盖层处理措施建议

通过对其宗坝址覆盖层坝基抗滑、变形、渗透稳定性及砂土液化等多方面分析得出以下认识：

（1）河床覆盖层表层分布的粉细砂层对坝基抗滑稳定不利，需予以清除；地基产生深层抗滑稳定的可能性较小，但应进行验算、复核。

（2）其宗水电站大坝地基土中③-1 层和①层具备发生管涌的条件，③-2 层、②-2 层和②-1 层具备发生流土的条件，而且各层之间还具备存在接触冲刷和接触流失的可能，渗透变形问题比较严重。为保证大坝的安全，防止产生管涌破坏或流土破坏，建议对坝基进行全封闭式防渗处理，采用心墙置于基岩上是最为稳妥的处理方案。

（3）覆盖层中只有③-2 层 16m 以上的砂层透镜体有产生液化的可能，其他不会发生液化。建议采取将坝基内③-2 层 20m 以上的部分挖除等可靠的防液化处理。

（4）坝基覆盖层深厚，成因类型及组织结构复杂，存在砂层透镜体，不同土层物理力学性质差异较大，存在沉降变形特别是不均匀沉降变形问题。建议对地基采取土体加密、固结灌浆、振捣夯实等工程处理措施。

虽然其宗坝址坝基覆盖层较厚，成因类型及物质组成较为复杂，存在不均匀变形、渗透稳定、砂土液化等方面的不利因素，但通过可靠的工程处理，仍具备修建高心墙堆石坝的条件。为此，提出以下具体措施建议。

（1）渗流控制措施。坝基河床覆盖层深厚，渗透性强—中等，存在渗透变形问题。提高抗渗透能力主要从两方面入手：一方面是提高坝基本身抵抗渗透破坏的能力；另一方面是降低渗透破坏力，即降低坝基出逸段坡降。遵循“前堵后排，放排结合，反滤层保护渗流出口”的渗流控制原则。

渗流控制措施按其作用分为截渗措施（截水槽、防渗墙、着底式灌浆帷幕、冻结帷幕）、减渗措施（上游铺盖、悬挂帷幕）、排渗措施（水平排水褥垫、排水暗沟、减压井）、压渗措施（透水盖重层）、反滤措施（反滤层、过渡区）等五种。其中截渗及减渗措施通称为防渗措施，其作用是延长渗径、减少渗流量或截断水流、降低渗流水力梯度和渗流速度，通常按布置形式不同分为水平防渗措施及垂直防渗措施两大类。

在工程实际中，并不是单纯采用一种防渗方案，通常的做法是水平防渗和垂直防渗的联合防渗，水平铺盖在延长渗径的同时防渗墙减少渗流量或截断水流，从而更好地达到降低渗流水力梯度和渗流速度的目的。

（2）地基加固措施。其宗坝址覆盖层中含有③-2层、②-2层数目众多的砂层透镜体，这些砂层透镜体厚度变化较大，埋深不一，强度相对较低，压缩模量低，不但地基不均匀沉降问题较严重，而且地基承载力问题也比较突出。坝址覆盖层砂土液化问题也比较严重。这使得必须对坝基覆盖层进行地基加固措施，改良砂土工程性质，消除砂土液化。目前，针对砂土液化问题，常采用挖除、置换、化学灌浆、桩基础、强夯和振冲加密等处置方法。

对于砂砾石地基的处理方法很多，其中换填法、预压法、强夯法、振冲法、CFG桩法、高压喷射注浆法等，在处理软土地基时均获得过成效，但其方法的选择则宜根据荷载大小、地层结构、地质条件、地下水特征、环境情况和对邻近建筑的影响等因素，经综合分析后选出适宜方法。

根据坝基覆盖层的特点，建议对埋深较浅的砂土体采用置换法处理，对于埋深较深的砂土体采用灌浆方法进行处理。采用灌浆方法处理，一方面增加砂层密实度，提高其抗液化能力；另一方面，提高坝基变形稳定性，防止不均匀沉降威胁堆石坝安全。

（3）抗震措施。采取增加下游压重、设置抗震钢筋、大块石护坡和上游砂层振冲处理等抗震措施。

总体上，通过联合国内在超高土石坝领域研究处于先进水平的高等院校和科研机构，对建设300m级心墙堆石坝的技术可行性进行了较深入的研究，经综合技术经济比较，推荐较为稳妥的心墙置于基岩上的坝体设计方案，其技术难题通过攻关可以解决。

2.5 小结

2.5.1 基本结论

（1）其宗水电站坝址河段河床及阶地分布覆盖层厚达60～120m，结构多样，成因复杂：

1）坝址覆盖层主要以中密的卵砾石为主，在局部夹有砂层透镜体。

2）覆盖层在河谷中呈 V 形分布，最大厚度达 127m，自下而上可将覆盖层划分为三大层五小层，分别是河床底部为河流相卵砾石和近源冰水带来的碎石、块石的混合堆积；中部为近源冰融泥石流、洪积、局部环流堆积和河流相卵砾石层混合组成；中上部为正常河流相卵砾石层夹砂层透镜体。每层的物理力学性质均有所不同。

3）通过对阶地及河床覆盖层系统测年对比研究，其宗河段河床覆盖层形成具有不对称内叠阶地的特点。

4）通过对坝址河床深厚覆盖层的组成及空间分布特征的研究，河床深厚覆盖层的形成，适宜的地质环境是先决条件，复杂的区域构造演变、区域第四纪气候和河谷形成演化历史是根本原因。深厚覆盖层是在地质构造运动和气候变化共同作用下形成的，气候因素占主导地位。覆盖层下部的冲积和冰水堆积并非形成于现代，河床深厚覆盖层的成因复杂，并非由单一的河流冲积物组成，其主体应是末次冰期间冰段河谷的产物，覆盖层之所以深厚，是因为存在非河流成因堆积物的加积作用的结果。

（2）从深厚覆盖层建坝的工程经验分析可知，其宗水电站坝址河床深厚覆盖层的物理力学参数与西部其他水电工程的取值相差不大，其粗粒土具有干密度较大，承载力较高的优势，坝基覆盖层的工程特性符合建高堆石坝的力学条件。通过对坝址河床深厚覆盖层的稳定性计算与分析认为，坝址覆盖层深厚，以粗颗粒的卵砾石层为主，组织结构较密实，具有较高的强度，坝基产生浅层或深层滑动的可能性较小；但是，坝址覆盖层中③-1 层和①层由粗粒土组成，渗透系数较大，具备发生管涌的条件；③-2 层、②-2 层以砂土及粉砂土为主，而②-1 层夹细砂，这些部位具备发生流土的条件，坝基整体渗透变形问题比较突出；另外，坝址覆盖层中③-2 层、②-2 层数目众多的砂层透镜体，其厚度变化较大，埋深不一，强度相对较低，存在坝基不均匀沉降问题。

河床覆盖层原位及室内取样试验表明，砂土、粉砂土透镜体工程性质较差，承载力较小，但中下部砂层不具有液化性，上部细砂层地震工况作用下可能液化。

（3）该河段深厚覆盖层的工程效应可以归结为坝型选择余地小、坝基开挖方量大、坝基处理深度大、防渗难度较高。

1）经过坝基抗滑稳定性分析可知：坝址拟建高堆石坝产生浅层滑动的最小稳定性系数及深层滑动的最小稳定性系数均大于规范要求的安全系数。通过沉降分析，坝体后期沉降量为 2.89m，为坝高的 0.93%。

2）其宗水电站坝址地基土中③-1 层和①层具备发生管涌的条件，③-2 层、②-2 层和②-1 层具备发生流土的条件，而且各层之间还具备存在接触冲刷和接触流失的可能，渗透变形问题比较严重。为保证大坝的安全，防止产生管涌破坏或流土破坏，建议对坝基进行全封闭式防渗处理。

3）根据现有的勘探资料得出：坝址覆盖层中只有③-2 层的 16m 以上和 19～20m 处的砂层透镜体有产生液化的可能性，其余砂层不会产生液化。

（4）通过工程地质条件、抗滑稳定评价、坝基沉降评价和砂土液化评价，可得出其宗水电站坝址河床覆盖层的总体性状较好，虽存在卵砾石渗透、覆盖层沉降变形量大、存在可液化砂层等一些问题，但这些问题可以通过工程处理措施予以解决，经工程处理后的覆盖层坝基具备修建高堆石坝的条件。

（5）其宗水电站坝址河床覆盖层深厚，如果全部挖除冲积层，最大坝高达 310m，如果部分挖除冲积层，最大坝高 240m。在此深覆盖层上筑坝是工程的关键技术问题，但随着近年来筑坝技术的发展，特别是在深覆盖层上建坝的工程越来越多，推荐方案心墙堆石坝为 300m 级，与目前国内外已建或在建的心墙堆石坝基本相当，没有跨越目前的建坝技术水平，技术上是可行的。

2.5.2 技术成果

其宗水电站复杂坝基在综合勘察、试验研究的基础上，开展了“河床深厚覆盖层工程地质特性及建坝适宜性研究”，通过联合国内在超高土石坝领域研究处于先进水平的高等院校和科研机构，对建设 300m 级心墙堆石坝的技术可行性进行了较深入的研究，取得以下技术成果：

（1）其宗水电站河床覆盖层深厚，成因类型多样（包括冲积、冰水堆积、洪积、泥石流堆积、崩坡积等），结构复杂，透水性强，同时覆盖层中砂层具有分布广泛、埋深大、厚度差异大等特点。坝基存在压缩变形、渗漏、渗透稳定及抗震稳定等主要工程地质问题。采用综合勘探手段，相互验证，基本查明了复杂坝基工程地质条件。

（2）采用了取原状及扰动样室内试验，开展了动力触探（粗粒土）、标准贯入（细粒土）、超重型动力触探、抽注水、颗分、原位平板静载、旁压试验、剪切波速及动剪切模量测试、软土的静力触探、软土及粉细砂的十字板剪切、综合测井等综合试验手段，查明了覆盖层物理力学性质，为合理评价覆盖层地基建坝主要工程地质问题奠定基础。

（3）通过坝基抗滑稳定、变形稳定、渗透稳定及抗震稳定评价，并结合西部地区深厚覆盖层建坝的工程经验分析，认为其宗水电站坝址河床深厚覆盖层中粗粒土具有干密度较大、承载力较高的优势，总体性状较好，细粒土存在的问题可以通过工程处理措施予以解决，总体上具备修建 300m 级高堆石坝的条件。

（4）对金沙江其宗河段河床深厚覆盖层特征及其工程效应进行了系统研究，为设计提供了合理的物理力学参数，并提出了适宜的工程处理措施建议。研究成果不仅对金沙江中上游河段水电建设具有重要的指导意义，而且进一步丰富了金沙江中、上游河谷演化的新资料。

（5）通过对深厚覆盖层建高坝关键技术问题的深入研究，从筑坝材料、坝坡稳定、渗流、抗震安全和基础处理等方面综合比较，参考国内外高土石坝的实践和设计经验，推荐的代表性方案具有技术可行性和一定的先进性，为推动 300m 级心墙堆石坝的建设提供借鉴。

第3章

坝基（肩）岸坡大型堆积体利用技术

3.1 概述

金沙江流域是西南山区深切河谷的典型代表，内外动力地质作用强烈，各种类型的浅表生时效变形现象发育，边坡大规模崩塌，滑坡屡屡发生，尤其是金沙江中游河段，各种成因的大型堆积体广泛分布，如虎跳峡及其上游（红岩—上江）河段内共发育19个特大型堆积体。梨园水电站坝址区上下游不到2km范围就分布4个特大型堆积体。金沙江两岸第四纪冰川地貌较普遍，河谷两岸的缓坡台地均分布有大量的冰碛物，且多与冲积物、坡积物等形成混合堆积体。金沙江中游河段各梯级电站的勘测设计及建设中，均涉及大型堆积体问题，对坝址选择、枢纽布置、库岸稳定及移民安置带来重大影响，先后开展了专题研究。不少水电站近坝库岸分布有大型堆积体，均存在堆积体稳定对工程的影响评价及处理等问题，其中两家人水电站左岸坝肩、梨园水电站左岸坝基（肩）涉及大型堆积体问题。

两家人水电站左岸坝肩岸坡分布两家人巨型堆积体，堆积厚度20～192m，总体积约4亿m^3。堆积体组成物质复杂，成因上以冰碛物为主，兼有崩塌、滑坡以及冰水堆积混坡积，沟谷部位混有冲洪积。其稳定状况对两家人水电站开发方式研究、坝址比较及枢纽布置格局选择影响较大。因此，预可行性研究阶段对两家人堆积体开展了大量的地质勘察工作，对堆积体的成因机制及稳定性进行了分析，对工程的影响进行了初步评价，并形成专题勘察报告，为坝址选择及枢纽布置方案设计提供依据。

梨园水电站坝址区分布多个混合成因的特大型堆积体，其中的下咱日堆积体分布于坝址左岸，为坝址区规模最大的一个堆积体，体积约9800万m^3。由于堆积体紧靠上下坝址，其下游部分为选定坝址引水隧洞进口所处部位，并延伸至左岸坝基，与工程关系密切。从预可行性研究到施工详图设计阶段，针对下咱日堆积体及坝址左岸台地堆积物（包括冰水堆积体及冲洪积层）进行了深入、细致的研究，通过大量的勘察、现场试验、室内试验，查明了堆积物的组成物质、结构特征及物理力学性质，并经理论分析计算及工程类比，论证了堆积体稳定性、堆积体作为堆石坝基础及开挖料利用。因此，选择以梨园水电站坝基（肩）岸坡大型堆积体利用技术问题为例进行分析和研究。

金沙江梨园水电站为金沙江中游河段规划建设的唯一一座高面板堆石坝，最大坝高155m，坝顶长525m，总填筑量约为810万m^3；坝址基本烈度为Ⅶ度，堆石坝抗震设防烈度为Ⅷ度。分布于左岸坝前的下咱日堆积体由于规模巨大，枢纽布置难以完全避让，其稳定性对大坝及其他枢纽建筑物影响较大，其开挖料能否利用及坝基部位堆积体能否保留是值得研究的问题。因此针对堆积体进行了重点勘察与试验，中国电建集团昆明院分别联合中国科学院地质与地球物理研究所和河海大学对堆积体的工程地质特性、成因机制和稳定性分析评价进行了专题研究工作，并开展了梨园水电站面板堆石坝设计及堆积体作为坝基、坝料专题研究及梨园水电站施工详图设计阶段面板堆石坝基础处理及坝料选择专题研究。

3.2 梨园水电站坝基（肩）大型堆积体工程地质特性

3.2.1 坝址基本地质条件

3.2.1.1 地形地貌

坝址位于右岸念生垦沟与左岸忠言建益平沟之间，河段长 2.5km。坝址处金沙江流向呈 N5°W，至下游转为 N70°W，枯期水位 1500.00m 时河面宽 60～90m，正常蓄水位 1618.00m 处河谷宽一般为 480～500m。坝址部位两岸岸坡相对完整，地形不对称，右岸地形坡度一般为 30°～35°；左岸高程 1550.00m 以下为缓坡台地地形，横河向宽度为 80～150m，高程 1550～1680m 之间地形坡度 30°～40°，1680.00m 以上地形坡度大于 40°。在坝址上游由左岸的下咱日堆积体和右岸的念生肯沟堆积体形成多级台地或缓坡地形。坝址区原始地貌见图 3.2-1。坝址区两岸冲沟较发育，切割强烈，长度大于 1km 的有左岸忠言建益平沟及姑仙洞沟，右岸念生垦沟、梨园大沟及观音岩沟。除梨园大沟有常年流水且水量较大外，其余仅有季节性流水。右岸念生垦沟总体为一宽缓的冲沟地形，靠河部位相对较宽，往山里逐渐变窄，冲沟上、下游侧自然山坡较陡，地形坡度一般为 30°～60°。沟内由堆积物形成多级缓坡台地且顺沟向小支沟发育，主要有 1 号、2 号支沟，枯期基本无流水。

3.2.1.2 地层岩性

坝址出露的地层主要为二叠系上统东坝组（P_2d）玄武质喷发岩，次为三叠系中统北衙组（T_2b）白云质灰岩，第四系冰碛、崩积、坡积物广泛分布。另外在左岸还有喜马拉雅期侵入岩分布。二叠系上统东坝组（P_2d）为枢纽工程区主要地层，在坝址部位广泛出露，岩性主要为玄武岩、杏仁状玄武岩、火山角砾熔岩、熔结凝灰岩等，夹少量断续分布的凝灰岩条带，杏仁状玄武岩在表部多褐铁矿化、深部多绿泥石化。在工程区范围内与上覆三叠系地层呈断层接触。坝址左岸山顶部位有喜马拉雅期角闪正长岩（ξ_6）分布，正长岩侵入于二叠系上统东坝组玄武岩中，地表呈近南北向的椭圆形分布，长约 1.2km，宽 0.3～0.5km，呈岩枝状产出，与玄武岩呈侵入接触，岩石致密坚硬。

图 3.2-1 坝址区原始地貌（面向下游）

第四系在坝址内分布较广，按成因主要有以下几种地层：

冰碛层（Q^{fgl}）：由冰碛砾岩、孤石、碎块石及少量粉土等组成。堆积物成分大多为灰岩，部分为玄武岩，砾石直径2～100cm不等。表部钙泥质胶结呈“硬壳”状，厚度为0.5～0.8m，以下堆积物较密实。主要分布于河谷两岸地貌低凹处，在坝址左岸及右岸下游形成了下咱日堆积体及观音岩堆积体。

冲积层（Q^{al}）：主要分布于河床、左岸下咱日堆积体前缘及岸边台地部位。左岸下咱日堆积体前缘分布的冲积层主要为卵砾石夹少量粗砂，具成层韵律特征，呈顺河向以20°左右倾角倾向河床，冲积层密实度好，部分具一定程度胶结；岸边台地部位的冲积层多为漂石、孤石，部分为卵砾石，多与冰碛、崩塌等堆积物混杂，有架空现象；河床部位的冲积层主要为砂卵砾石夹漂石、孤石，厚度一般为0.30～15.50m。

崩塌堆积（Q^{col}）：多由块石、碎石等组成，厚度一般为2～5m，在坝址两岸临江岸坡以及冲沟两侧山坡的陡崖脚均有分布，但较为零星，在左岸正长岩与玄武岩接触部位，以及念生垦沟下游侧地形陡缓过渡部位相对集中，且多与其他堆积物混杂。

坡积层（Q^{dl}）：多为褐黄色碎石质粉土，一般在缓坡部位零星分布，厚度不大，一般小于3m。

洪积层（Q^{pl}）：主要为碎块石、砾石、粉细砂及粉土等，局部夹孤石，多分布于冲沟及沟口部位，规模不大，在右岸念生垦沟部位相对集中，且与坡积、冲积及崩塌等堆积物混杂。

坝址左岸从上游至下游高程1520.00～1560.00m由冲积、崩塌等混合堆积物形成缓坡台地，横河向宽度为80～150m，根据该部位的勘探成果，堆积物厚度为9.98～49.30m，平均厚度为22.87m。

3.2.1.3 地质构造

坝址区位于梨园背斜北西翼，地层总体呈单斜构造，流层面产状为N75°～85°E，NW∠44°～65°，倾向下游，总体为横向谷。坝址区内主要构造形迹表现为不同规模的破裂结构面，根据结构面分级并结合地质测绘和勘探成果，坝址区分布属Ⅰ级结构面的区域性断裂1条（老炉房断裂），无Ⅱ级结构面发育，属Ⅲ级结构面的断层共51条，而Ⅳ级及以下结构面较为发育。

3.2.1.4 风化卸荷

根据勘探资料统计，坝址各风化带垂直埋深：全风化左、右岸仅局部地段存在；强风化带左岸一般为15～25m，右岸一般为7～20m，两岸弱风化带一般为25～45m。河床冲积层以下有部分弱风化岩体，仅局部存在强风化岩体。坝址区岩体卸荷主要发育于基岩表部，其特征是原有岩体内发育的节理拉裂张开并充填碎屑、次生泥或粉土等，部分架空，岩体有明显的松弛现象，卸荷带一般分布在强风化底界附近及弱风化上部范围内。根据对平洞成果的统计，坝址岸坡卸荷带水平发育深度一般为30～45m，局部达56m。

3.2.1.5 岩体渗透特性

坝址区岩体的透水性主要决定于节理裂隙的发育程度，特别是裂隙的开度和连通性，一般情况岩体透水性随深度增加逐渐减弱，即因岩体风化程度的减弱而透水性逐渐减小，同一风化带内，岩性、构造对岩体透水性的强弱起控制作用。根据钻孔压水试验成果统计，强风化岩体厚度较小，一般具强透水性；弱风化岩体一般具弱透水性，部分具中等透水性或微透水性，其中 $q=10\sim100$Lu 的中等透水岩体占 20.2%，主要是弱风化上部岩体，$q=1\sim10$Lu 的弱透水岩体占 55%，$q<1$Lu 的微透水岩体占 16.1%；微风化—新鲜岩体一般具弱—微透水性，其中 $q=1\sim10$Lu 的弱透水岩体占 44.6%，$q=1\sim0.1$Lu 的微透水岩体占 50.7%。

3.2.2 下咱日堆积体工程地质特征

下咱日堆积体位于梨园水电站上、下坝址之间左岸，分布高程从河边至高程 1920.00m，面积约 1.5km²，体积约 9800 万 m³。上游部分延伸至上坝址左岸坝肩，下游部分延伸至下坝址电站进水口及左岸坝基，为工程区分布范围最广、规模最大、对坝址和坝型及枢纽布置格局选择有较大影响的堆积体，见图 3.2-2（a）。为查明其空间分布范围、物质组成、结构特征、成因机制、底界面形态、物理力学特性及稳定状态等，开展了大量的勘探、试验及专题研究工作。对堆积体按方格网布置勘探工作，勘探线间距 250m 左右，同时结合选定坝址（下坝址）电站进水口及枢纽建筑物的布置，对进水口边坡及左岸坝基进行了重点勘探工作，共完成钻孔 31 个（总深度约 3254m），平洞 6 个（总深度约 400m），竖井 5 个（总深 109.50m），布置了 3 个水位长期观测孔，并进行了物探及试验等工作。下咱日堆积体先后完成的实验工作内容包括水平推剪 14 组、大尺度直剪 12 组、大型颗分试验 7 组、现场颗分试验 25 组、现场渗透试验 6 组、钻孔内注水试验 40 组、现场载荷试验 3 点、堆积体混合试样室内三轴压缩试验 4 组，同时采用数字图像处理技术对平洞所揭露的堆积体进行了大面积粒度分析试验。

根据其地形地貌特征及与枢纽建筑物的关系分为两个区：Ⅰ区堆积体分布高程较高，对工程影响小；Ⅱ区堆积体在平面形态上类似于扇形，其东部边缘（前缘）顺河长约 1800m，宽约 1200m，后缘高程约 1750.00m，方量约 6100 万 m³，见图 3.2-2（b）。

(a) 堆积体分布位置

(b) 堆积体分区

图 3.2-2 下咱日堆积体地形地貌

Ⅱ区堆积体形成两级缓坡台地，下部台地高程 1540.00～1560.00m，平均地形坡度为 5°～15°；上部台地大致在高程 1610.00m 以上，平均地形坡度 10°～15°。两台地之间以及前缘部分地段地形较陡，地形坡度一般为 35°～45°，多处地段形成数米至十余米的陡坎或负地形。

根据勘探成果，堆积体前缘厚度一般为10余米至50m左右，中部高程1610.00～1650.00m附近较厚，一般达100m以上，最厚达145.13m，后部一般为40～80m，而边缘部位较薄；在纵向上从上游往下游逐渐变厚，横向上河边部位堆积体厚度稍薄，中部厚度较深，至山里渐薄。上游部分底界面与自然山坡地形坡度相当，为12°～16°，倾向河床，下游底界面中间偏河床地段呈略向下凹的形态，近河床底界面平缓，靠山里坡度最大约为31°，总体上堆积体在三维空间中像一个装满东西的“勺子”；堆积体下伏基岩绝大部分为弱风化玄武岩，仅在局部地段为全风化及强风化，在前缘临江部位的部分地段有基岩出露。

堆积体组成物质及成因类型复杂，从宏观成因上大致分两层，即古河床堆积层和以冰碛物为主的堆积层，局部呈混杂堆积。对两层物质在平洞内取样进行了7组现场大型颗分试验，其中砂卵砾石层5组、冰水堆积层2组，成果表明堆积物巨粒（粒径大于60mm）含量在40%～50%，属巨粒混合土，部分大于50%，属混合巨粒土。

（1）具有层理状结构的砂卵砾石层。该层主要分布于堆积体前部（近现代河床部位），组成物质以卵砾石为主，局部夹砂或孤石。定名为卵石混合土（SICb），粒径大于5mm的颗粒平均占89.5%，不均匀系数平均值为20.3，曲率系数为1.45。颗粒组成上具成层性和韵律特征，较密实，磨圆度好，层理结构明显，为顺坡倾向，倾角约为20°，向深部（堆积体内部）逐渐变缓，且胶结程度也越来越差。其间有透镜状的粉土、砂土分布，分布不连续。从其物质组成、磨圆度及韵律特征等分析判断，为远距离河流搬运堆积产物，即为古河床堆积。

（2）冰水堆积层。该层为堆积体的主要组成部分，分布于堆积体后部。物质组成主要为孤石、碎块石，偶夹卵砾石，粒径大于200mm的漂石含量小于50%，巨粒（粒径大于60mm）含量在50%～75%间，定名为混合土卵石（CbSI），组成颗粒具一定磨圆度，多呈次棱角状或次圆状。物质成分相对单一，以灰岩居多，部分为玄武岩，结构密实。根据勘探揭露和充填胶结情况，该层可从水平方向由浅至深进一步细分为两个亚层：①泥质充填冰水堆积层，块石构成的骨架内部空隙被黏土及粉土充填，结构密实，部分具一定胶结程度；②具有架空结构冰水堆积层，主要由砾石、漂石等构成，有架空结构现象，大块体构成的骨架内部有粒径较小的块体填充，且块体内部排列紧密，呈高度压密状态，深部可见局部有少量泥质充填成分。整体上两个亚层没有明显的界线，基本上呈逐渐过渡趋势。

根据地表调查以及勘探成果分析，堆积体表部为钙泥质胶结形成的“硬壳”，呈“砾岩”状，厚度0.3m至数米不等。堆积体内的粉细砂或粉土等不具成层性，连续性差，呈多层透镜状或“鸡窝”状，在平面上粉细砂或粉土主要分布在堆积体下游，属地表、地下水携细粒物质在地形低凹处堆积而成。堆积体与基岩接触面部分地段呈胶结状，近似“底砾岩”，其余与基岩面接触处均为砂卵砾石、碎块石土。堆积体内部及底界面未发现呈连续分布的粉细砂或粉土等软弱层。

堆积体组成物质中含卵砾石的多具钙泥质弱胶结至中等胶结，通过对堆积体部位28个钻孔资料统计，具钙泥质中等胶结呈“砾岩”状的，在钻孔中呈柱状岩芯的统计厚度约

180.05m，占统计总厚度的10.30%；具钙泥质弱胶结呈碎块状的，在钻孔中统计厚度约539.70m，占统计总厚度的30.86%。

28个孔中有17个孔的地下水位高于底界面，一般高出底界面5～10m，最高约17m；有11个孔低于底界面，但多在5m以下，最低约59m，部分钻孔地下水位在底界面附近。3个长观孔地下水位均位于堆积体内靠近底部，枯、丰期地下水位变幅不大，最大变幅小于1m。对堆积物的渗透试验表明：表部崩积、坡积层渗透系数为$2.27\times10^{-3}\sim3.69\times10^{-3}$cm/s，属中等透水；前部具层理状结构的卵砾石层渗透系数为11.02×10^{-3}cm/s，属强透水；后部冰水堆积层中具泥质胶结的冰水堆积物亦属中等透水，渗透系数为$2.50\times10^{-3}\sim4.15\times10^{-3}$cm/s，具架空结构的冰水堆积物从勘探揭露情况判断应属极强透水。

根据下咱日堆积体的工程地质特性（主要考虑组成物质的颗粒组分、密实程度及胶结程度），结合现场及室内试验成果，并借鉴相关工程经验进行工程地质类比，提出下咱日堆积体的各类主要组成物质的物理力学参数建议值，见表3.2-1。

表3.2-1　　下咱日堆积体物理力学参数建议值

岩土类型		密度/(g/cm^3)	变形模量/MPa	泊松比	黏聚力/kPa	内摩擦角/(°)	渗透系数/(10^{-3}cm/s)
冰水堆积层	天然	2.1	50～60	0.3	30～40	35～38	1
	浸水	2.15			10～20	33～36	
层状结构的卵砾石层	天然	2.0	30～50	0.3	20～30	33～35	1～10
	浸水	2.1			10～20	30～33	
粉土、粉砂	天然	1.9	10～20	0.35	5～10	23～25	0.1
	浸水	1.95			0	21～23	

综合分析认为：堆积体基岩界面平缓，组成物质结构紧密，并有不同程度的胶结，内部无连续分布的软弱夹层，各类岩土体物理力学参数均较高。天然状况下堆积体具有良好的稳定性，前缘地形较陡部位亦保持良好的稳定状态。在水库蓄水过程中和水库运行状况下随水位的上升和下降将会造成坡体内部孔隙水压力的变化，进而对堆积体的稳定性产生一定影响，但不会危及堆积体的整体稳定性，仅在堆积体的个别部位产生失稳现象，主要为由外到内的分散式坍塌或小规模的逐级牵引式滑移失稳（缓慢的圆弧型滑移失稳），由于规模有限且为缓慢解体式失稳，因此不会产生大的涌浪问题，不会对建筑物造成影响。

二维及三维极限平衡分析计算结果表明：①下咱日堆积体整体稳定性较好，在各种工况下，堆积体沿下覆基岩面滑动的安全系数均较高，不会产生沿堆积层与下覆岩体接触面整体滑动。局部滑动模式主要为堆积体内部的圆弧型滑动，危险区域位于堆积体前缘。②下咱日堆积体边坡在自然状态下是稳定的，边坡蓄水后，随水位的上升，边坡的安全系数不断减小。地震、暴雨、水位骤降等非正常工况下，安全系数有所降低，但仍能满足规范要求。③敏感性分析表明，内摩擦角敏感性远大于黏聚力对安全系数的影响。

从宏观地质分析和稳定分析计算，均表明堆积体在蓄水前、后均处于整体稳定状态。

3.2.3 左岸坝基工程地质条件

3.2.3.1 基本地质条件

左岸岸坡虽有4条小冲沟发育，但规模小，切割深度小于3m，岸坡地形基本完整，从河边至高程1560.00m左右为一顺河向的缓坡堆积台地，宽度80～150m，台地以上地形坡度约32°。

坝前及趾板线部位触及下咱日堆积体的北端边缘，覆盖层厚大于30m，至坝轴线处厚度一般为15～20m，总体从上游往下游覆盖层逐渐变薄，至下游有基岩出露；岸边堆积台地堆积物厚度为10.33～30.25m，平均厚度为19.90m，堆积物主要由碎块石夹孤石，部分为碎块石夹粉土，总体结构密实，部分大块石、孤石接触部位具架空现象，部分地段（竖井SJ1深18.5m处）存在废弃的淘金坑道。下伏基岩为P_2d^4岩层，岩性为致密玄武岩、杏仁状玄武岩夹火山角砾熔岩等，台地部位基岩顶界面高程在岸边与河床持平，往山里逐渐平缓抬高。

左岸坝体范围分布有F_{10}、F_{11}等属Ⅲ级结构面的断层，F_{10}断层大致沿高程1580.00～1610.00m顺岸坡分布（向下游出露高程增加），F_{11}断层则在坝轴线以下斜交岸坡分布（上游至下游高程逐渐升高），均为陡倾角压扭性断层，破碎带宽度小于0.4m，主要由碎裂岩、糜棱岩组成，局部在上、下裂面有泥质条带分布。除断层外，属挤压面（带）的Ⅳ级结构面及节理裂隙发育，节理裂隙多为胶结较好的硬性结构面。

左岸岩体风化不均一且风化程度较深，台地部位下伏基岩多有数米厚（ZK205、ZK209）的强风化（局部有全风化）分布，台地以上岩体风化相对较深，全风化垂直埋深一般在5～15m之间，强风化带一般在15～25m之间，弱风化下限垂直埋深为40～55m，强风化水平埋深平均达40m左右，卸荷带水平埋深一般为30～50m。

受风化、构造影响，岩体完整性较差，多属散体结构或碎裂结构，相应坝基岩体质量较差，为Ⅳ～Ⅴ类，弱风化以下岩体的抗压强度一般大于60MPa，*RQD*值约38%，属碎裂结构或镶嵌结构岩体，坝基岩体质量为Ⅳ～$Ⅲ_b$类，声波值一般大于3000m/s。根据勘探成果，地下水位靠近河床部位埋藏较浅，向山里埋深逐渐增加，水位线较地形坡度略缓，平均水力坡降约3.8%，正常蓄水位高程在1618.00m附近地下水位埋深为30～55m，岩体透水率$q<3$Lu的相对隔水岩体顶板垂直埋深为63～99m，趾板线部位$q<3$Lu的顶界埋深为30～50m。

3.2.3.2 坝基堆积体物质组成与结构特征

为进一步查明左岸缓坡台地堆积体的物质组成及力学特性，在可行性研究阶段勘察基础上，施工详图设计阶段结合坝基开挖，于左岸坝基台地堆积物范围高程约1540.00m、1530.00m、1520.000m垂直坝轴线布置了3条线、共12个勘察试验孔（见表3.2-2），钻孔皆揭穿堆积物至弱风化玄武岩，从表3.2-2可以看出，堆积体厚度为7～30m，后缘（上游侧）薄，厚度为7～14m，中部及前缘（江边）厚，厚度为17～25m。纵向上从上游到下游逐渐变厚，坡度3°～8°，局部达12°；横向上从后缘处到前缘处，厚度由薄变厚，堆积体底界面坡度16°～22°（平行坝轴线）。堆积体底界面后缘侧高程为1517.00～1521.00m，中部高程为1502.00～1510.00m，前缘侧高程为1489.00～1500.00m，总体起伏不大。

堆积体下伏基岩多为弱风化岩体，镶嵌结构为主，在堆积体中部、后缘上游侧及前缘下游侧分布有部分全风化岩体，全风化层组成物质为黏土质砾，厚度为0.70～3.50m。弱风化岩体顶界面出露高程：后缘侧在高程1513.00～1517.00m之间，中部在高程1501.00～1506.00m之间，前缘侧在高程1484.00～1500.00m之间。

表3.2-2　　左岸坝基钻孔揭露堆积体厚度统计表

钻孔编号	位置	孔口高程/m	孔深/m	覆盖层厚度/m	全风化顶界面高程/m	全风化层厚度/m	强风化顶界面高程/m	强风化层厚度/m	弱风化顶界面高程/m
ZK205	中部	1530.68	100.62	18.20	—	—	1512.48	8.80	1503.68
ZK239	后缘上游侧	1535.24	101.02	18.40	—	—	1516.84	3.03	1513.81
ZK277	前缘江边	1509.82	100.10	9.98	—	—	—	—	1499.84
ZKS1	后缘上游侧	1535.16	19.88	13.80	—	—	1521.33	0.40	1520.96
ZKS2	后缘中部	1527.44	16.58	7.46	—	—	—	—	1519.98
ZKS3	后缘下游侧	1523.71	24.46	8.88	—	—	—	—	1514.83
ZKS4	中部上游侧	1527.30	35.06	24.78	1502.52	0.70	1501.82	0.70	1501.12
ZKS5	中部	1528.70	27.92	16.90	1511.80	3.50	1508.30	1.60	1506.70
ZKS6	中部下游侧	1526.06	30.10	19.35	1506.70	2.65	1504.06	1.70	1502.36
ZKS7	前缘上游侧	1525.65	41.55	29.93	—	—	—	—	1495.72
ZKS8	前缘中部	1526.90	34.56	26.15	—	—	—	—	1500.75
ZKS9	前缘下游侧	1511.16	35.11	23.74	1487.42	2.68	1484.74	0.75	1483.99

左岸缓坡台地为洪积、崩积、冰水堆积、冲积混合成因的堆积体，堆积物主要由碎石土、卵砾石土夹块石组成，见图3.2-3及图3.2-4。根据颗粒分析成果，堆积物为卵石混合土及漂石混合土。碎（卵）石粒径为3～15cm，碎石呈次棱角状，卵石呈次圆状—圆状；

图3.2-3　堆积体物质组成（上游侧）

图3.2-4　堆积体物质组成（下游侧）

砾石砾径 1～5cm，呈棱角状；块石块径 30～50cm，最大达 120cm。成分以灰岩、玄武岩为主，亦可见正长岩、白云岩、花岗岩及砂岩，碎石、卵石、块石基本为弱风化，偶见全风化岩体（呈黏土及粉土状），见图 3.2－5 和图 3.2－6。堆积物呈泥质弱胶结，总体结构密实。

图 3.2－5　厂房上游侧黏土状岩块

图 3.2－6　钻孔揭露粉土状岩块

堆积体钻孔揭示：堆积物无明显的分层性。趾板下游侧边坡处揭露有粉砂层，如图 3.2－7 所示，厚度约 2m，顺趾板线长约 5m，此部分已挖除；厂房上游侧边坡揭露一层有一定胶结的砾石层（细粒土质砾），如图 3.2－8 所示，厚度 4～5m，顺坡延伸长度约 15m，呈 8°～12°倾河床的沉积层理，但 9 个钻孔中未揭露到上述两层。综合分析，该台地的堆积物质与堆积前的地形有关，原始地形低洼处先有河流相的砂卵砾石及粉土沉积，后期覆盖有冰水堆积成因物质，因而砂卵砾石及粉土在该部位呈透镜状分布。

图 3.2－7　透镜状的粉砂层

图 3.2－8　有一定胶结的砾石层

根据前期勘探成果及后期下游厂房、上游大坝趾板开挖揭露情况，堆积台地砂卵石集中部位存在淘金洞，已发现的淘金洞位置如图 3.2－9～图 3.2－11 所示。前期勘探时布置的竖井（SJ1）掘进至井深 18.5m（高程 1515.08m）时，揭穿淘金洞，淘金洞洞向弯曲，略向河床倾斜，洞宽约 1.2m，洞高约 1.5m，洞长 40m，洞壁基本保持稳定；厂房右侧边坡淘金洞高程约 1505.00m，洞径约 1.5m，洞长 5～6m，淘金洞洞向弯曲，洞内充填有淤泥。

图 3.2-9 坝基范围内左岸台地发现的淘金洞分布图

图 3.2-10 竖井（SJ1）揭露的淘金洞

图 3.2-11 厂房右侧揭露的淘金洞

左岸堆积体部位地下水埋深 20～33m。前缘与江水位基本持平，高程约 1497.00m，往后缘方向平缓抬高，水力坡度为 3°～5°。在纵向上，地下水总体上表现为中部高、上下游低的特点。

3.2.3.3 坝基岩土体物理力学性质特征

坝基左岸缓坡台地为下咱日堆积体向下游延伸部分，台地内组成物质、岩（土）体结构与下咱日堆积体中的冰水堆积层相似，结合现场剪切试验对下咱日堆积体研究时，现场对堆积物采用灌砂法获取其相应堆积层的密度参数，结合现场剪切试验，其成果汇总见表 3.2-3，大尺度水平推剪试验 14 组，试验条件包括天然状态及浸水条件，其试验成果见表 3.2-4；野外重塑大尺度直剪试验（快剪）成果见表 3.2-5。试验成果反映出随含石量的增加内摩擦角增加较为明显，黏聚力总体上较低，且黏聚力随含石量增加而降低。通过对冰碛物中的两类物质即泥质胶结的冰碛物和具架空结构冰碛物粒径大于 2cm 的含石量的统计分析，泥质胶结的冰碛物含石量在 50%左右，而具架空结构冰碛物含石量一般在 70%以上，该两类物质的抗剪强度指标可近似地类比野外大尺度重塑样直剪试验成果中相应含石量对应的抗剪成果。

由于左岸缓坡台地下覆基岩岩性与本工程右岸念生垦沟堆积体下覆基岩一致，残积土力学试验成果可作为参考。在念生垦沟堆积体取残积土样（含全风化）3 组，物理力学试验成果见表 3.2-7。

表3.2-3　　下咱日堆积体现场试验成果汇总

试样类型		密度/(g/m³)	黏聚力 c/kPa	内摩擦角 φ/(°)
崩坡积层	天然	2.05	2.89	37.92
	浸水	2.21	0.67	38.99
中等胶结砂砾石层	天然	2.00	7.16	23.99
	浸水	2.12	4.50	24.83
层理状冰水堆积砂砾石层	天然	1.97	4.26	23.42
	浸水	2.09	2.87	25.55
泥质胶结冰水堆积层	天然	2.04	0.21	41.02
架空结构冰水堆积层	天然	2.17	0.09	47.20

表3.2-4　　下咱日堆积体野外水平推剪试验计算成果表

试样编号	最大水平推力/kN	最小水平推力/kN	滑体总重量/kN	滑动面积/m²	黏聚力 c/kPa	内摩擦角 φ/(°)	试验状态
PS1	16.9	10.3	3.45	1.3	5.08	34.28	天然
PS2	9.38	8.25	4.31	1.303	0.87	38.53	浸水
PS3	9.22	8.34	3.8312	1.2697	0.69	39.61	天然
PS4	12.9	9.42	3.477	1.197	2.91	39.61	天然
PS5	9.01	8.42	4.434	1.269	0.47	39.45	浸水
PS6	12.93	6.59	3.255	1.24	5.11	20.75	天然
PS7	12.57	6.09	3.121	1.256	5.16	20.43	天然
PS8	21.5	10.1	3.334	1.245	9.16	27.36	浸水
PS9	12.01	7.2	2.74	1.235	3.89	28.56	浸水
PS10	10.94	5.53	3.566	1.252	4.32	22.13	天然
PS11	11.25	6.05	3.581	1.227	4.24	25.15	浸水
PS12	13.15	8.01	2.357	1.3	3.95	26.233	浸水
PS13	5.1	4.55	2.11	1.27	0.43	25.26	浸水
PS14	11.4	6.5	2.651	1.664	4.20	24.68	天然

注　1. 表中试样PS1～PS5号为表层崩坡积层。
2. 表中试样PS6～PS9号为具有中等胶结的砂砾石层。
3. 表中试样PS10～PS14号为冰水沉积的具有层理状的砂砾石层。

表3.2-5　　下咱日堆积体重塑样直剪试验成果表

含石量/%	黏聚力 c/kPa	内摩擦角 φ/(°)	含石量/%	黏聚力 c/kPa	内摩擦角 φ/(°)
0	3.92	26.57	50	0.209	41.02
30	1.103	34.22	70	0.085	47.20

注　含石量指粒径大于2cm的块石含量。

表 3.2-6 念生垦沟堆积体残积土物理力学试验成果表

土样编号				残积土 02	残积土 03	残积土 04
比重		G_s		2.91	2.95	2.91
含水率		w	%	8.8	6.9	7.0
制样密度		ρ	g/cm^3	2.35	2.40	2.42
干密度		ρ_d	g/cm^3	2.16	2.25	2.26
孔隙比		e		0.347	0.314	0.287
饱和度		S_r	%	73.7	64.8	71.1
饱和	饱和密度	ρ	g/cm^3	2.43	2.46	2.49
	饱和含水率	w	%	11.5	10.6	9.3
	饱和度	S_r	%	99.8	95.8	97.6
天然快剪	峰值	c	kPa	82	112	87
		φ	(°)	32.8	33.1	32.4
	残余	c_r	kPa	16	30	30
		φ_r	(°)	28.3	28.2	29.1
饱水快剪	峰值	c	kPa	56	37	62
		φ	(°)	30.2	27.3	30.6
	残余	c_r	kPa	28	17	9
		φ_r	(°)	29.7	25.3	27.8

根据坝址区的岩（土）体物理力学试验、台地堆积物及下咱日堆积物的现场试验等成果，结合相关工程经验提出左岸坝基土体物理力学参数建议值，见表 3.2-7。

表 3.2-7 左岸坝基岩土体物理力学参数建议值

岩土类型		干密度 ρ_d/(g/cm^3)	黏聚力 c/kPa	内摩擦角 φ/(°)
卵（漂）石混合土、细砾土质砾	天然	1.95~2.00	20~30	33~35
	浸水	2.00~2.10	10~20	30~33
全风化玄武岩	天然	2.10	20~50	20~23
	浸水	2.20	20~30	11~14
强风化玄武岩		2.10~2.20	100~150	25~30
弱风化玄武岩		2.50~2.60	800~900	42~45

3.2.3.4 坝基堆积体现场试验成果分析

（1）坝基载荷试验。可研阶段在坝址区左岸台地堆积体部位进行了 3 点载荷试验，第一个点位于坝轴线上游 82m 的 3 号竖井附近，第二个点位于坝轴线上游约 8m，第三个点位于坝轴线下游 80m 的 1 号竖井附近。试验采用直径 75cm 的圆形承压板，最大荷载 3112kPa。试验成果见表 3.2-8，各点现场试验结果显示：①L_2 试点各级荷载下的变形模量最大，为322.975～202.533MPa，承载力3004.00kPa；②其次为L_1试点，变形模量为251.976～122.043MPa，承载力2773.00kPa；③位于坝轴线下游侧的L_3试点各级荷载作用下的变形模量为47.917～34.789MPa，承载力为902.3kPa。

表3.2-8　坝址左岸堆积体原位载荷试验成果表

试点编号	试验位置	地质条件	级序	稳定时间/min	垂直压力/MPa	累积沉降/mm	级间沉降/mm	变形模量 E_0/MPa	承载力/kPa	泊松比 μ
L_1	左岸坝轴线上游3号竖井附近河床堆积层上	以碎石、块石为主夹大块石及砂土，碎石粒径5～14cm，土已钙化	1	120	0.283	0.58	0.58	251.976	2773.00	0.35
			2	120	0.566	1.41	0.83	207.299		
			3	150	0.849	2.55	1.14	172.274		
			4	150	1.132	3.85	1.30	151.741		
			5	150	1.414	5.11	1.26	143.140		
			6	180	1.697	6.28	1.17	139.741		
			7	150	1.980	7.58	1.30	135.008		
			8	180	2.263	8.60	1.02	135.910		
			9	180	2.546	10.07	1.47	130.650		
			10	180	2.829	11.54	1.47	126.616		
			11	180	3.112	13.17	1.63	122.043		
L_2	左岸坝轴线上游约8m的河床堆积层上	以碎石、块石为主夹大块石及砂土，碎石粒径5～14cm，土已钙化	1	150	0.283	0.45	0.45	322.975	3004.00	
			2	150	0.566	0.91	0.46	321.200		
			3	150	0.849	1.45	0.54	303.417		
			4	150	1.132	1.94	0.49	301.332		
			5	150	1.414	2.43	0.49	301.332		
			6	150	1.697	3.28	0.85	267.544		
			7	150	1.980	3.98	0.70	257.041		
			8	210	2.263	4.76	0.78	245.753		
			9	210	2.546	5.71	0.95	230.454		
			10	240	2.829	6.79	1.08	215.316		
			11	270	3.112	7.94	1.15	202.533		
L_3	左岸坝轴线下游1号竖井附近的河床堆积层上	以碎石为主夹砂土，碎石粒径为5～7cm	1	210	0.283	3.05	3.05	47.917	902.3	0.35
			2	240	0.566	6.29	3.24	46.469		
			3	270	0.849	10.42	4.13	42.097		
			4	360	1.132	14.80	4.38	39.512		
			5	330	1.414	18.71	3.91	39.050		

续表

试点编号	试验位置	地质条件	级序	稳定时间/min	垂直压力/MPa	累积沉降/mm	级间沉降/mm	变形模量 E_0/MPa	承载力/kPa	泊松比 μ
L_3	左岸坝轴线下游1号竖井附近的河床堆积层上	以碎石为主夹砂土，碎石粒径为5～7cm	6	330	1.697	22.83	4.12	38.417	902.3	0.35
			7	540	1.980	27.16	4.33	37.666		
			8	420	2.263	31.38	4.22	37.255		
			9	390	2.546	36.05	4.67	36.488		
			10	270	2.829	40.75	4.70	35.866		
			11	330	3.112	46.21	5.46	34.789		

总体来看，堆积体压缩性较低，变形模量大于或与坝体堆石压缩模量相当。各点变形模量和承载力因堆积物密实程度、胶结情况、石块含量及粒径组成而异，石块含量多、粒径大、石块强度高的试点沉降量就小，相应变形模量及承载力就高。

（2）现场颗粒分析及天然干密度试验。

1）可研阶段试验成果。可研阶段结合载荷试验对左岸台地堆积物进行了三组现场颗粒分析试验，成果表明：堆积物小于5mm的颗粒含量为22.8%～41.4%，小于0.075mm的含量为1.7%～2.3%。试验成果见表3.2-9和图3.2-12。

2）施工阶段试验成果。结合左岸堆积物9个钻孔取样，开展了25组现场颗粒分析试验，其成果可看出：小于5mm的颗粒含量多为12.1%～45.8%，小于0.075mm的含量为1%～5.1%；堆积物天然干密度介于1.91～2.45g/cm³之间。试验成果见表3.2-10和图3.2-13。

因钻孔取样量少且受孔径限制，为满足三轴试验用料量要求，于2号、4号、9号钻孔口附近地表取料进行了颗粒分析试验。成果揭示：试料中小于5mm颗粒含量有所减小，为6.9%～17.3%，小于0.075mm颗粒含量为1.1%～5.5%，基本不变。试验成果详见表3.2-11。

由上述试验成果可以看出，左岸台地堆积体的颗粒级配与堆石料接近；堆积体的天然干密度与坝料压实干密度设计值2.20～2.24g/cm³相当，堆积物天然情况较密实。

（3）现场注水试验。为了查明堆积体的渗透性，在9个钻孔内共进行了40组常水头注水试验，段长3～5m，成果见表3.2-12。试验成果表明，左岸台地堆积体的渗透系数在$6.74\times10^{-2}\sim0.5\times10^{-3}$cm/s之间，40组数据中有9组大于$10^{-3}$cm/s，2组小于$10^{-3}$cm/s；9组大于$10^{-3}$cm/s的试验段有2组位于人工堆积物中，6组孤块石比较集中，1组埋深较浅且处在基覆界面附近；2组小于10^{-3}cm/s的试验段皆位于全、强风化基岩内。

在下咱日冰水堆积体研究时对堆积体中土石混合体、冰水堆积的具有层理的砂层及冰水堆积的具有泥质胶结的土石混合体进行了单环注水试验，成果见表3.2-13，表明其渗透系数在$2.27\times10^{-3}\sim11.02\times10^{-3}$cm/s之间。

表 3.2-9 坝址左岸堆积体现场颗粒分析、干密度试验成果表

试样编号	现场湿密度/(g/cm³)	现场干密度/(g/cm³)	现场含水率/%	颗粒组成/%															不均匀系数	曲率系数	土分类	
				400~200mm	200~100mm	100~80mm	80~60mm	60~40mm	40~20mm	20~10mm	10~5mm	5~2mm	2~1mm	1~0.5mm	0.5~0.25mm	0.25~0.075mm	<0.075mm	<5mm			土名称	土代号
1	2.03	2.00	1.4	4.1	6.1	7.3	4.5	9.7	10.8	14.8	4.9	12.2	5.9	7.2	5.4	5.4	1.7	37.8	60.5	0.9	卵石混合土	SICb
2	2.05	2.00	2.3	9.0	14.4	7.9	10.0	9.9	6.7	15.1	4.2	6.9	2.3	3.0	4.0	4.7	1.9	22.8	143.2	0.4	卵石混合土	SICb
3	2.08	2.05	1.7	11.9	11.0	2.4	2.5	2.7	10.3	11.1	6.7	11.4	6.0	7.8	6.6	7.3	2.3	41.4	84.6	0.7	卵石混合土	SICb

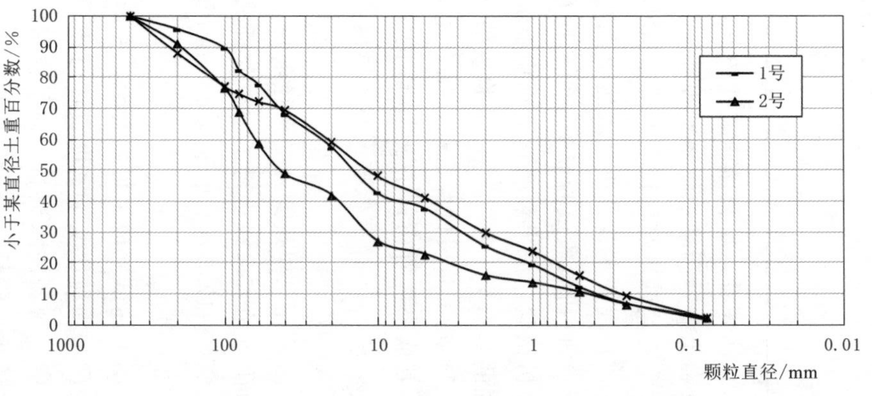

图 3.2-12 坝址左岸堆积体现场颗粒分析级配曲线

表 3.2-10 坝址左岸堆积体现场颗粒分析、干密度试验成果表

试验编号	取样孔号	湿密度/(g/cm³)	干密度/(g/cm³)	相对密度	颗粒组成/%																粒径特征			不均匀系数 C_u	曲率系数 C_c	行标分类	
					800~600mm	600~400mm	400~200mm	200~100mm	100~60mm	60~40mm	40~20mm	20~10mm	10~5mm	5~2mm	2~1mm	1~0.5mm	0.5~0.25mm	0.25~0.075mm	<0.075mm	<5mm	d_{60}/mm	d_{30}/mm	d_{10}/mm			土名称	土代号
1-1	1	2.25	2.21	2.83	—	7.1	6.7	21.3	9.4	8.4	11.4	12.1	7.8	4.1	1.4	3.0	2.6	2.5	2.3	15.8	80.0	16.0	1.00	80.0	3.20	卵石混合土	SICb
1-2		2.28	2.24	2.84	—	3.8	4.2	12.3	10.1	6.8	12.9	12.7	9.8	7.9	2.5	5.1	4.4	3.6	3.7	27.4	35.0	6.3	0.38	92.1	2.98	卵石混合土	SICb
(全料)		—	—	—	—	5.3	5.3	16.3	9.8	7.5	12.2	12.5	8.9	6.1	2.0	4.2	3.6	3.2	3.1	22.2	50.5	9.3	0.50	101.0	3.40	卵石混合土	SICb
2-1	2	2.30	2.18	2.83	—	—	—	6.6	13.2	9.3	13.8	15.9	13.4	8.9	2.5	4.8	4.7	4.1	2.9	27.8	24.0	5.8	0.40	60.0	3.50	卵石混合土	SICb
2-2		2.42	2.33	2.84	—	—	—	5.5	5.8	5.2	12.2	17.0	14.6	12.2	3.4	6.6	6.6	6.4	4.5	39.7	14.0	2.6	0.24	70.0	2.40	级配良好砾	GW
(全料)		—	—	—	—	—	—	6.0	9.0	7.0	12.9	16.5	14.1	10.8	3.0	5.9	5.8	5.3	3.8	34.5	17.0	3.7	0.30	56.7	2.68	级配良好砾	GW
3-1	3	2.26	2.18	2.81	—	—	—	—	—	—	—	—	—	—	—	—	—	—	—	—	—	—	—	—	—	—	—
3-2		2.34	2.26	2.81	—	—	—	—	—	—	—	—	—	—	—	—	—	—	—	—	—	—	—	—	—	—	—
(全料)		—	—	—	—	—	—	—	9.9	10.8	18.0	14.4	18.9	11.0	2.9	5.0	3.7	2.9	2.5	2.6	18.5	5.5	0.58	31.9	2.82	级配良好砾	GW
4-1	4	2.34	2.29	2.80	—	8.4	8.9	5.2	8.3	5.9	6.3	14.8	12.9	9.0	2.7	5.5	4.6	4.0	3.7	29.3	27.0	5.3	0.38	67.5	2.60	漂石混合土	SIB
4-2		2.37	2.30	2.81	—	6.6	12.3	12.6	7.8	5.3	9.4	9.5	8.8	7.2	2.2	4.7	4.5	4.6	4.4	27.7	58.0	6.3	0.30	193.3	2.28	卵石混合土	SICb
(全料)		—	—	—	—	7.2	11.1	9.9	8.0	5.5	8.3	11.4	10.3	8.0	2.4	5.0	4.5	4.3	4.0	28.3	47.0	5.8	0.34	138.2	2.10	漂石混合土	SIB
5-1	5	2.23	2.16	2.85	—	11.0	12.7	4.7	15.4	5.2	10.0	11.3	9.4	4.7	1.6	3.6	4.1	3.7	2.5	20.3	67.0	10.0	0.48	139.6	3.11	漂石混合土	SIB
5-2		1.93	1.91	2.84	—	12.7	12.5	2.9	11.6	6.2	10.1	11.4	8.7	6.7	2.1	4.2	4.2	3.9	2.7	23.9	60.0	8.4	0.45	133.3	2.61	漂石混合土	SIB
(全料)		—	—	—	—	12.0	12.6	3.7	13.3	5.8	10.1	11.4	9.0	5.7	1.9	3.9	4.2	3.8	2.6	22.1	65.0	9.7	0.5	138.3	3.1	漂石混合土	SIB
6-1	6	2.49	2.38	2.93	—	16.6	0	10.3	12.8	5.7	13.3	12.9	5.7	5.1	1.6	4.1	4.7	4.5	2.8	22.7	58.0	13.0	0.40	145.0	7.28	卵石混合土	SICb
6-2		2.43	2.32	2.91	—	12	7.7	16.5	12.1	5.8	7.2	8	7.7	4.3	1.6	3.9	4.6	4.6	3.9	23	87.0	9.5	0.34	255.9	3.05	卵石混合土	SICb
(全料)		—	—	—	—	14.6	3.8	13.3	12.5	5.7	10.3	10.5	6.7	4.7	1.6	4	4.7	4.5	3.4	22.8	71.0	10.5	0.37	191.9	4.20	卵石混合土	SICb
7-1	7	—	—	2.85	—	—	6.5	9.4	16.6	8.8	13.3	14.7	9.8	5.9	1.9	3.8	3.7	3.2	2.2	20.9	44.0	9.5	0.60	75.9	3.54	卵石混合土	SICb
7-2		—	—	2.85	—	7.6	2.5	4.6	7.8	8	14	14.9	10.9	8.2	2.3	5	5.6	5.9	2.8	29.7	26.0	5.0	0.31	83.9	3.10	卵石混合土	SICb
(全料)		—	—	—	—	4.9	3.9	6.4	11	8.3	13.7	14.8	10.5	7.4	2.2	4.7	4.9	4.7	2.6	26.5	30.0	6.6	0.38	78.9	3.82	卵石混合土	SICb
8-1	8	—	—	2.85	—	7.5	3.9	11.7	12.5	11	17.1	14.4	9.8	3.8	1.2	2.2	2.1	1.8	1	12.1	52.0	16.0	3.70	14.1	1.33	卵石混合土	SICb
8-2		—	—	2.87	—	26.2	4.9	6.6	14.5	4.4	8.3	8.3	5.5	6.5	2.1	4.1	3.7	2.9	2	21.3	90.0	15.0	0.66	136.4	3.79	漂石混合土	SIB
(全料)		—	—	—	—	18.8	4.5	8.6	13.7	7	11.8	10.7	7.2	5.4	1.7	3.3	3	2.5	1.6	17.7	74.0	15.0	0.90	82.2	3.38	漂石混合土	SIB
9-1	9	2.50	2.45	2.80	—	—	—	—	2.5	4.1	19.1	21.7	19.7	10.1	2.9	6.1	5.3	6.3	2.3	32.9	14.0	4.3	0.34	41.2	3.88	级配不良砾	GP
9-2		2.25	2.17	2.79	—	—	—	2.7	2.1	5.4	13.2	16.2	14.6	14.6	4	8.3	7.2	6.6	5.1	45.8	9.8	1.8	0.20	49.0	1.65	含细粒土砾	GF
(全料)		—	—	—	—	—	—	1.2	2.3	4.7	16.5	19.3	17.4	12.1	3.4	7	6.2	6.5	3.5	38.6	13.0	2.8	0.26	50.0	2.32	级配良好砾	GW

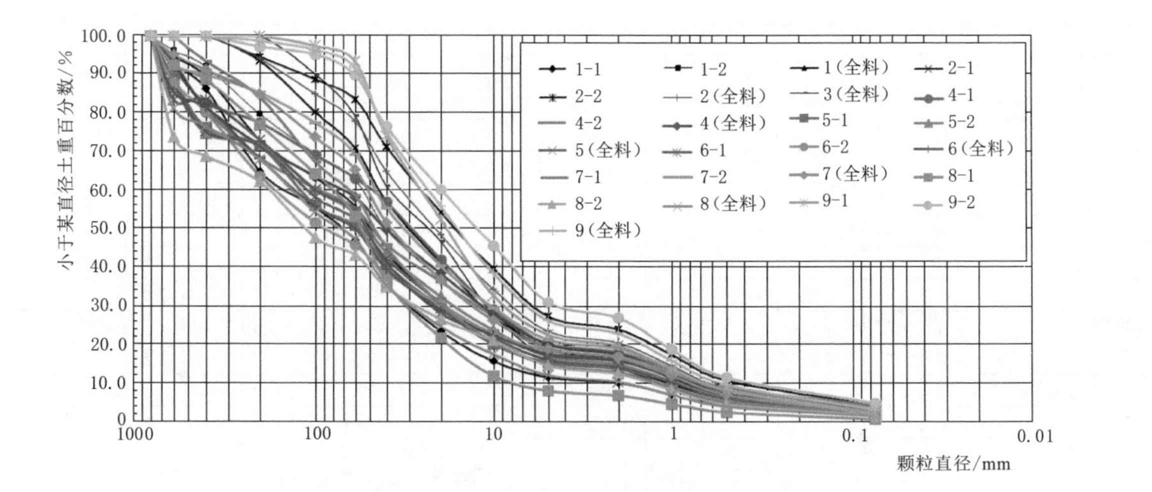

图 3.2-13　坝址左岸堆积体现场颗粒分析级配曲线

表 3.2-11　坝址左岸堆积体现场颗粒分析、干密度试验成果表（地表取料）

试验编号	取样孔号（内/外）	颗粒组成/%																粒径特征			不均匀系数 C_u	曲率系数 C_c	行标分类	
		800～600mm	600～400mm	400～200mm	200～100mm	100～60mm	60～40mm	40～20mm	20～10mm	10～5mm	5～2mm	2～1mm	1～0.5mm	0.5～0.25mm	0.25～0.075mm	<0.075mm	<5mm	d_{60}/mm	d_{30}/mm	d_{10}/mm			土名称	土代号
2号（平1）	2（外）	9.3	3.4	23.4	7.2	9.7	7	10.9	10.4	6.2	3.4	0.8	1.7	1.9	1.4	3.2	12.5	160.0	22.0	2.90	55.2	1.04	漂石混合土	SIB
2号（平2）		7.7	6.2	42.5	4.4	7.7	6.5	8.7	5.6	3.8	1.8	0.4	1	1.1	0.8	1.9	6.9	270.0	54.0	9.00	30.0	1.20	混合土漂石	BSI
（全料）		8.1	4.9	34	5.7	8.6	6.8	9.7	7.8	4.9	2.5	0.6	1.3	1.5	1.1	2.5	9.5	240.0	36.0	5.40	44.4	1.00	漂石混合土	SIB
4号（平1）	4（外）	10.2	14.3	26	13.6	8.3	4.5	5.4	3.7	2.5	2	0.6	1.4	1.9	1.8	3.6	11.5	270.0	70.0	3.00	90.0	6.05	混合土漂石	BSI
4号（平2）		8.5	14.7	22.4	4.6	10.6	6.5	6.7	5.1	3.6	3	0.9	2.1	3	2.8	5.5	17.3	250.0	30.0	0.39	641.0	9.23	漂石混合土	SIB
（全料）		9.5	14.5	24.5	9.8	9.3	5.4	5.9	4.3	3	2.4	0.7	1.7	2.4	2.2	4.4	13.8	270.0	52.0	0.70	385.7	14.31	漂石混合土	SIB
9号（平1）	9（外）	5.9	12.9	32.2	9.7	8.7	5.3	5.9	4.6	3.6	3.1	0.8	1.5	2	2	1.8	11.2	270.0	58.0	3.70	73.0	3.37	混合土漂石	BSI
9号（平2）		17.2	12.7	33.5	6.4	8.4	4	4.6	3.2	2.6	2.2	0.5	1	1.3	1.3	1.1	7.4	330.0	100.0	10.00	33.0	3.03	混合土漂石	BSI
（全料）		11.1	12.8	32.8	8.2	8.6	4.7	5.3	4	3.2	2.7	0.6	1.2	1.7	1.7	1.4	9.3	290.0	75.0	6.00	48.3	3.23	混合土漂石	BSI

表 3.2-12　　钻孔注水试验成果汇总表

钻孔编号	试段深度/m	渗透系数 K/(10^{-3}cm/s)	钻孔编号	试段深度/m	渗透系数 K/(10^{-3}cm/s)
ZKS1	2.82～5.78	7.5	ZKS7	0.00～3.20	67.4
	5.78～10.27	11.6		3.20～8.13	11.2
	10.27～14.20	11.2		8.13～13.08	4.4
ZKS3	0.00～5.00	6.4		13.08～15.35	14.2
ZKS4	0.00～2.79	5.3		15.35～20.30	3.9
	2.79～6.04	3.2		20.30～23.35	7.0
	6.04～10.33	2.4		23.35～28.60	5.3
	10.33～15.25	7.6	ZKS8	2.08～5.52	6.1
	15.25～20.04	4.4		5.52～10.27	5.3
	20.04～24.98	4.0		10.27～15.16	14.3
ZKS5	2.70～5.58	1.3		15.16～20.55	16.2
	5.05～8.93	7.6		20.55～24.75	4.6
	8.93～13.43	4.3	ZKS9	0.00～4.53	5.7
	13.43～18.41	3.8		4.53～9.53	4.4
	18.41～26.96	0.5		9.53～14.53	6.0
ZKS6	0.00～5.00	2.4		14.53～19.53	2.8
	5.00～10.00	8.6		19.53～24.53	2.0
	10.00～12.73	10.6		24.53～27.17	0.9
	12.73～17.73	4.8	ZKS2	2.70～5.54	7.1
	17.73～22.22	2.8		5.54～8.31	18.5

表 3.2-13　　下咱日堆积体渗透系数试验成果表

试样		注入流量/(cm^3/s)	渗透系数/(10^{-3}cm/s)
崩坡积层	1号	5.20	2.95
	2号	6.50	3.69
	3号	4.00	2.27
冰水堆积层（具有层理状砂砾层）		19.40	11.02
冰水堆积层（泥质胶结）	1号	4.40	2.50
	2号	7.30	4.15

上述两组试验成果基本一致，反映了堆积体的渗透性。总体上，左岸堆积体的渗透系数在 $1.1\times10^{-2}\sim4.15\times10^{-3}$cm/s 之间，为强—中等透水体，与坝体过渡料相近。

（4）三轴压缩试验。分别以左岸堆积体中的 2 号、4 号、9 号钻孔孔内和地表取料进行混合制样，加上 9 个钻孔取料的混合制样，得到四组堆积物混合试样进行三轴压缩试验。试验成果见表 3.2-14。

表 3.2-14 左岸坝基堆积体三轴压缩（CD）试验成果

试样	干密度 /(g/cm³)	抗剪强度				计算参数							
		c_d /kPa	φ_d /(°)	φ_0 /(°)	$\Delta\varphi$ /(°)	K	n	R_f	G	F	D	K_b	m
2号孔混合样	2.26	75	35.4	45.02	7.65	334	0.57	0.741	0.319	0.135	5.92	160	0.37
4号孔混合样	2.30	70	37.0	44.33	5.69	991	0.25	0.830	0.336	0.023	4.20	428	0.28
9号孔混合样	2.31	80	38.0	46.65	6.59	799	0.29	0.746	0.321	0.048	6.95	326	0.22
9个孔混合样	2.24	70	36.6	44.13	5.18	516	0.42	0.735	0.320	0.069	5.47	226	0.35

四组试样的黏聚力均较低，内摩擦角 φ_d 为 35.4°～38.0°，堆积体抗剪强度与类似工程的软岩、风化堆石料相当。

3.3 梨园水电站坝址左岸大型堆积体利用

保留坝址左岸台地部位的堆积物作为坝体堆石体基础及利用电站进水口堆积体开挖料作为坝体填筑料，不仅可减少工程开挖量、弃渣量及料场开采量，还可降低工程投资、缩短坝体填筑工期，是值得研究的课题。为此，从可研到施工详图设计阶段，针对坝址左岸台地堆积物及电站进水口冰水堆积体进行了深入、细致的研究，通过大量的勘察、现场试验、室内试验，查明了堆积体的组成物质、物理力学性质，并经理论分析计算，论证了堆积体作为堆石坝基础及坝料的可行性。

3.3.1 左岸坝基保留堆积体

3.3.1.1 坝体应力变形敏感性分析

左岸缓坡台地分布高程从前缘江边至后缘 1560.00m，台地范围坝体断面平均高度约100m，典型剖面如图 3.3-1 所示。如前所述，台地不同部位的载荷试验结果差别较大，2.5MPa 试验荷载下 L_2 试点堆积体变形模量达 230MPa，而 L_3 试点则仅有 36MPa。为研究堆积体变形模量对大坝应力变形的影响，对堆积体变形模量分别为 50MPa、100MPa、150MPa、200MPa 四种情况下的坝体应力变形进行了敏感性分析，成果见表 3.3-1 和表 3.3-2。

左岸台地堆积体变形模量敏感性分析结果表明：

（1）堆积体变形模量的改变，对坝体应力和应力水平的影响较小，对沉降量影响明显，但影响范围局限于堆积体上方及其附近。

（2）坝体沉降量总体上较小，不超过坝高的 1%。堆积体变形模量取 50MPa 时，堆积体上方坝体断面最大沉降为 0.946m，大于坝体河床部位坝体最大断面的沉降值 0.828m。随着堆积体变形模量的提高，台地上部坝体断面沉降值显著减小，并小于河床最大断面的沉降值。

（3）坝体应力水平总体处于较低水平，最大值为 0.551（完建期），说明不同堆积体变模情况时的坝体应力变形均能满足设计要求。

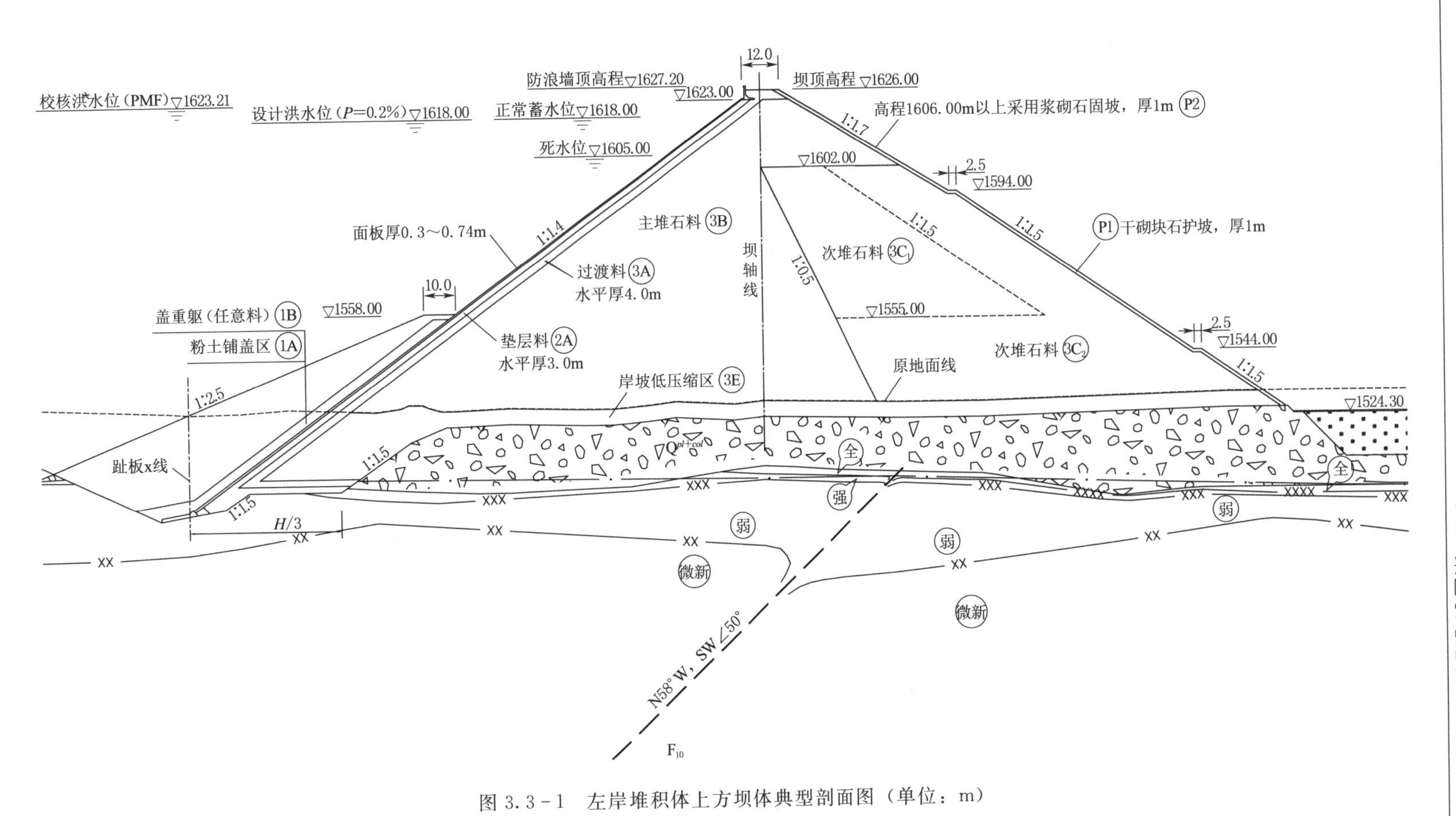

图 3.3-1 左岸堆积体上方坝体典型剖面图（单位：m）

表3.3-1 完建期坝体应力变形

组别	左岸堆积体变形模量/MPa	沉降/m		水平位移/m		应力水平	大主应力/MPa	小主应力/MPa
		最大横断面	堆积体上方	向上游	向下游			
1	50	0.828	0.946	0.376	0.185	0.551	2.62	1.26
2	100	0.786	0.643	0.326	0.177	0.542	2.55	1.22
3	150	0.772	0.534	0.324	0.131	0.541	2.53	1.20
4	200	0.765	0.493	0.323	0.131	0.540	2.52	1.20

表3.3-2 蓄水期坝体变形增量和应力水平

组别	左岸堆积体变形模量/MPa	上游面向下垂直位移增量/m	上游面水平位移增量/m	应力水平
1	50	0.205	0.237	0.403
2	100	0.198	0.226	0.414
3	150	0.195	0.222	0.410
4	200	0.194	0.220	0.404

（4）当堆积体变形模量为50MPa时，蓄水后坝体和面板在左岸的位移相对其他部位大，当堆积体变形模量达到100MPa以上时，坝体变形状态正常。

（5）坝体填筑料在非线性加载中呈现的切线弹性模量一般在90～250MPa之间。根据坝基载荷试验成果报告，左岸台地3个测点的堆积体变形模量虽然变化幅度较大，但是总体上和筑坝材料的变形特征在同一数量级水平。

（6）筑坝材料主要为灰岩和玄武岩，变形模量大，强度高，完建期和蓄水期坝体应力水平总体较低，坝体不会出现大面积的剪切破坏。坝体变形量总体不大。

3.3.1.2 已建工程经验

综观国内外已建工程经验，面板堆石坝坝基覆盖层（包括岸坡堆积体，坡、残积层、河床冲积层等）清除与否、清除范围等需根据覆盖层物质组成及工程特性具体而定，可分以下几种情况。

（1）河床覆盖层中如存在较厚软弱夹层、松散粉细砂层等不良地质情况，可能导致过量变形、失稳、液化等问题，处理困难时宜全部挖除。

（2）对坝轴线上游侧或趾板下游0.5H（H为挡水水头）、B/6（B为坝基宽度）范围内的覆盖层要求全部清除，其余坝基范围覆盖层保留作为堆石体基础。

1）珊溪面板堆石坝，坝高132.5m，清基后河床冲积层最大深度约20m，组成物质主要为全新统Q_4和中更新统Q_2含砂砾石层，后者按其砾石风化程度可分为Q_2^1、Q_2^2两个亚层，各层卵砾石含量平均大于70%，小于2mm砂粒含量12%～36%，孔隙率23%～28%。载荷试验（2点，圆形承压板直径56.4cm）成果表明，荷载1MPa时冲积层变形模量仅为40MPa、50MPa。设计要求按0.5H清除趾板下游60m范围内的冲积层。竣工期实测冲积层压缩模量80MPa，大于坝体堆石的压缩模量。

2）泗南江水电站面板坝，坝高115m，坝顶长344.463m。左岸坝轴线下游无法避开崩塌堆积体，自河床起分布高差约220m，厚度多在20～30m之间，勘探揭露最大垂直埋深33.3m、最大水平埋深42m，总方量为20万～40万m^3。堆积体性状较差，表层3m具较明显的架空现象，并存在不连续分布的不规则小孔洞（孔洞直径多在5～15cm之间，少数达25cm）。堆积体底面存在由地下水冲蚀形成长度0.5～2.5m的块碎石层，并存在多处涌水点，本身存在渗流稳定问题。变形模量最小值不到3MPa，承载力最低值为110kPa。若堆积体全部挖除，开挖量增加约30万m^3，填筑量增加约25万m^3，开挖后边坡高约350m，边坡支护难度及工程量均较大。设计采取放缓坝坡、清除表层架空层、铺设反滤保护层、确保排水等措施进行处理。大坝建成以来一直运行正常：坝体最大沉降量为74cm，不足坝高的0.7%。

3）泰国考兰混凝土面板堆石坝，坝高130m，1984年建成。离河床趾板60m下游为100m宽的覆盖层，主要由1～2m直径的石灰岩及黏土组成，大块石被黏土所包围，平均厚度为30m。为节省造价和缩短工期，设计将其保留作为坝基，只在其表面做防止冲蚀的反滤保护处理。实测竣工期沉降量为1.5m，相应覆盖层压缩模量为30～40MPa，与坝体堆石压缩模量相当。

（3）当覆盖层性质较好、压缩性较低时，可仅将趾板基础及下游侧小范围清至基岩，尽量保留覆盖层作为堆石体基础。

1）白溪面板堆石坝，坝高124m，覆盖层为厚约20m的冲积层。组成物质中粒径大于5mm的颗粒含量78%～82.5%，砾石含量79%～89%，细颗粒主要为中粗砂，粉黏粒含量小，无成层分布的中细砂。表层（0～4m）卵砾石干密度2.016～2.06g/cm^3，孔隙比平均为0.33，不均匀系数C_u约为48，现场载荷试验实测覆盖层变形模量40～60MPa，压缩系数0.03～0.04MPa^{-1}，渗透系数大于1×10^{-3}cm/s。由于压缩性较低，设计仅要求清除趾板下游30m（0.25H）范围内的覆盖层，其余保留作为堆石体基础。蓄水前实测冲积层压缩模量约为120MPa，大于堆石坝体压缩模量，约为现场载荷试验的2～3倍。

2）滩坑面板堆石坝最大坝高162m，河床覆盖层厚度一般为7～24m，最厚达27m。覆盖层上部为松散的砂卵（砾）石层，厚2～16m，表层1.5m以内覆盖层结构松散，以下呈中密状；下部为紧密的壤土卵（砾）石层，厚度5～19m，以中密为主。从动力触探试验和竖井资料分析，河床覆盖层内没有厚度大的连续软弱夹层，物理力学指标较好，均为低压缩性，变形模量约40MPa，强—中等透水。渗透变形基本上以管涌为主，其允许水力坡降，上部为0.25～0.30，下部为0.10～0.15。有限元法计算结果表明，加大覆盖层开挖范围并不能明显改善坝体及面板的工作状态，反而增加基坑的开挖量和堆石填筑量，影响工期，因此设计仅挖除趾板及其下游30m（小于0.2H）的河床覆盖层。

3）普渡河甲岩水电站河床冲洪积（Q^{al+pl}）主要为砂卵砾石夹漂石、粉砂、粉砂质黏土，分布于河床及阶地。河床部位冲积层厚度一般为10～20m；右岸阶地部位冲洪积层厚度一般20～50m，左岸分布有第四系的崩、坡积层。在现场施工过程中，在坝纵0+290～0+340段高趾墙下游侧分布有胶结较好的冲积层，见图3.3-2。经现场试验后，干密度为2.24～2.3g/cm^3，渗透系数为4.17×10^{-4}～8.13×10^{-4}cm/s，均满足作为坝料的标准，级配曲线也基本满足要求，试验结果表明可不开挖，直接作为坝体部分。

（4）对于覆盖层（河床冲积层）较厚、压缩性又小的情况，可将趾板和堆石体均置于

图 3.3-2 普渡河甲岩水电站右岸坝基保留的堆积体

覆盖层上，采用混凝土防渗墙对覆盖层进行防渗处理。国内已建该类坝型中，坝高超过 100m 的有：云南那兰大坝，坝高 109m；新疆察汗乌苏大坝，坝高 110m；甘肃九甸峡大坝，坝高 136.5m。

1）那兰水电站坝基覆盖层厚 5～24m，主要为卵砾石夹中细砂，小于 5mm 颗粒含量为 35%～58%，无连续的细粒土层。在截流清基后进行了两组载荷试验，分别位于坝轴线和趾板部位，试验同样采用直径 0.75m 的圆形荷载板，最大试验压力 2.7MPa，成果表明：各级试验压力下，覆盖层变形模量分别为 57.13～32.96MPa 和 80.56～43.94MPa；坝基承载力为 780～1450kPa。渗透系数均为 1×10^{-2}～1.5×10^{-2} cm/s，破坏比降 2.44～2.86，破坏形式为流土。

2）察汗乌苏坝基覆盖层的上部和下部为含漂石的砂卵石，小于 5mm 颗粒含量 25.8%；中部为 2mm 以下颗粒含量达 93.4%的中粗砂层。现场载荷试验实测覆盖层变形模量为 35.8～58.5MPa。

3.3.1.3 堆积体作为坝基的适宜性综合评价

根据以上的勘探、载荷、颗粒分析、抗剪强度等试验及坝体应力变形敏感性计算分析，并参考已建类似工程经验，对工程左岸堆积台地作为堆石体坝基的适宜性综合评价如下：

（1）左岸缓坡台地为洪积、崩积、冰水堆积、冲积混合成因的堆积体，堆积物主要由碎石土、卵砾石土夹块石组成，堆积物为卵石混合土及漂石混合土，具泥质弱胶结，总体结构密实，干密度大于 2.0g/cm^3。

（2）在左岸缓坡台地上进行的现场载荷试验成果表明：2.5MPa 试验荷载下，坝轴线上游的 L_1、L_2 试点变形模量达 130MPa、230MPa，坝轴线以下的 L_3 试点为 36MPa，大于或与大坝堆石体压缩模量相当，压缩性较低。

（3）左岸缓坡台地堆积物组成物质中小于 5mm 的颗粒含量多在 10%～40%之间，0.075mm 以下颗粒含量小于 5%，渗透系数在 $i\times10^{-2}$～$i\times10^{-3}$cm/s 之间。与类似工程采用的砂卵砾石筑坝材料相近。

（4）根据现场及室内试验分析，左岸缓坡台地堆积物内摩擦角为 35°～38°，抗剪强度与类似工程采用的软岩、风化岩石筑坝料相当。

（5）12 个钻孔揭示左岸台地堆积物，其中有 4 个钻孔中在堆积物底部存在一定深度的全风化残积层，厚 0.70～3.50m，厚度较小且分布范围小，分布高程较低，在 1512.00m 以下。从钻孔揭示的组成物质及类似部位的强度指标分析，不会对大坝的抗滑稳定、坝体应力变形、渗透变形等产生影响。

（6）结合珊溪、白溪等类似已建面板坝工程经验，现场载荷试验所得覆盖层变形模量一般偏小，竣工期坝基覆盖层实测压缩模量可达其值的2～3倍。本工程敏感性分析表明，当堆积体变形模量超过100MPa时，堆积物保留作为坝基对大坝的应力变形影响不明显。

综上所述，梨园水电站左岸台地物质组成与类似工程采用的砂卵砾石筑坝材料相似，试验成果表明具有较低压缩性和足够承载力，抗剪强度较高，并与类似保留堆积物作为堆石体基础的已建面板坝工程对比，工程可以保留左岸堆积物作为堆石体基础，以减小坝基开挖量和坝体填筑量，降低工程造价，并缩短大坝施工工期。

3.3.2 堆积体开挖料利用

电站进水口位于左岸坝前的下咱日堆积体北侧边缘，土石方开挖总量580万m^3，其中近500万m^3开挖料为冰水堆积体。组成物质以卵砾石为主，局部夹砂或孤石，有"鸡窝"状的粉土、粉细砂不连续分布。岩性主要为灰岩、白云质灰岩、玄武岩、砂岩、泥质粉砂岩等。为充分利用堆积体开挖料作为坝体填筑料，开展了专题研究，进行了试验和计算分析。根据冰水堆积体开挖揭露情况，砂卵砾石可明显分为两层：电站进水口中高部位开挖料相对偏细，粒径小于5mm的含量一般为30%～50%，拟用于坝体岸坡低压缩区（下游校核洪水位高程1527.00m以上堆石体与两岸基础之间3E料）；中低部位相对粗一些，粒径小于5mm的含量一般小于30%，拟用于下游次堆石区（$3C_1$料）和左岸堆积体坝基保护区。

3.3.2.1 开挖料试验

为掌握冰水堆积体砂卵砾石料的物理力学性能，工程前期结合下咱日堆积体物质组成研究，施工期结合电站进水口开挖，在堆积体范围内取样，开展了大量现场及室内试验研究工作。

1. 现场颗粒分析、干密度试验

现场颗分及干密度试验成果表明：电站进水口砂卵砾石料颗粒以粗粒为主，粒径大于5mm的卵砾石含量多在82.9%～96.5%之间，粒径小于0.075mm含量介于0.5%～4%之间，不均匀系数C_u为5.7～17.5，曲率系数C_c大部分在1～3之间，属良好级配；砂卵砾石料的干密度和组成物质的胶结程度关系较大，天然干密度介于2.09～2.50g/cm^{3}之间。

2. 组成岩性及物理性质

电站进水口冰水堆积体砂卵砾石料组成岩性为灰岩、白云质灰岩、玄武岩、砂岩、泥质粉砂岩、硅质岩等，以灰岩为主。卵砂砾石岩性比例及矿物成分分析试验成果见表3.3-3。

表3.3-3　卵砂砾石岩性比例及矿物成分分析试验成果汇总表

试验编号及取样位置	玄武岩占比/%	灰岩、白云质灰岩占比/%	砂岩、泥质粉砂岩占比/%	硅质岩占比/%
1	20	65	13	2
2	25	60	8	7
3	10	65	15	10
4	15	50	25	10

续表

试验编号及取样位置	玄武岩占比/%	灰岩、白云质灰岩占比/%	砂岩、泥质粉砂岩占比/%	硅质岩占比/%
5	15	57	20	8
6	20	65	5	10
7	30	45	20	5
8	25	35	25	15
9	65	18	10	7
10	50	35	8	7
11	65	22	5	8
12	60	32	5	3
PD221（深 20m）	5	90	3	2
PD221（深 30m）	6	88	4	2
PD221（深 38～39m）	9	85	3	3
PD223（深 8～13m）	20	72	5	3
PD223（深 40m）	8	86	3	3
PD223（深 55m）	6	88	4	2
主要矿物成分	长石、辉石、铁质、玻璃质	方解石、白云石	长石、石英	石英、玉髓

颗粒密度、块体密度及孔隙率试验表明：弱风化白云质灰岩块体密度较大，在 2.72～2.77 g/cm^3 之间，最大吸水率及孔隙率均较小；强风化白云质灰岩由于存在风化裂隙和孔洞，吸水率和孔隙率均较高，块体密度为 2.59 g/cm^3；玄武岩裂隙较发育，孔隙率较大；砂砾岩胶结松散，孔隙孔洞发育，块体密度较小，平均为 2.54 g/cm^3，最大吸水率及孔隙率均较大；砂岩孔隙率较大，块体密度为 2.64 g/cm^3。

3. 渗透试验

在电站进水口及附近的平洞中取样进行了渗透试验，成果见表 3.3-4。冰水堆积体砂卵砾石料的渗透系数为 $i\times10^{-2}$cm/s，属透水性材料。

表 3.3-4　　电站进水口冰水堆积体渗透试验成果表

试样位置及编号	试验组数	制样标准	渗透系数/（cm/s）	
		干密度/（g/cm^3）	范围值	平均值
PD209-1	2	2.30	5.52×10^{-3}～1.59×10^{-2}	1.07×10^{-2}
PD209-2	2		1.41×10^{-2}～1.22×10^{-2}	1.32×10^{-2}
PD209-3	2		6.17×10^{-2}～8.28×10^{-2}	7.23×10^{-2}
PD233	2		8.35×10^{-3}～1.56×10^{-2}	1.20×10^{-2}
PD235-1	2		1.11×10^{-2}～2.32×10^{-2}	1.72×10^{-2}
PD235-2	2		1.43×10^{-2}～2.13×10^{-2}	1.97×10^{-2}
PD229	2		2.40×10^{-2}～1.12×10^{-2}	1.67×10^{-2}

$3C_1$ 料在电站进水口开挖现场取三组样进行了室内试验，渗透试验成果见表 3.3-5。试验成果表明，$3C_1$ 料的渗透系数在 $i\times10^{-2}\sim i\times10^{-3}$ cm/s 范围，属透水材料。

表 3.3-5　　电站进水口冰水堆积体 $3C_1$ 料渗透试验成果表

试验编号		渗透系数范围/(cm/s)	平均渗透系数/(cm/s)
J1	平 1	$3.58\times10^{-3}\sim4.05\times10^{-3}$	3.75×10^{-3}
	平 2	$3.85\times10^{-3}\sim4.00\times10^{-3}$	3.92×10^{-3}
J2	平 1	$5.41\times10^{-3}\sim6.04\times10^{-3}$	5.74×10^{-3}
	平 2	$1.90\times10^{-2}\sim2.28\times10^{-2}$	2.03×10^{-2}
J3	平 1	$7.94\times10^{-3}\sim1.15\times10^{-2}$	9.63×10^{-3}
	平 2	$6.31\times10^{-3}\sim1.30\times10^{-2}$	9.46×10^{-3}

4. 三轴压缩试验

前期在平洞内取样 7 组进行三轴压缩试验，试验成果见表 3.3-6。7 组料的内摩擦角 φ_d 平均为 40°，具有较高的抗剪强度。

表 3.3-6　　堆积体砂卵砾石料三轴压缩（CD）试验成果

试样位置及编号	干密度/(g/cm³)	抗剪强度				计算参数							
		c_d/kPa	φ_d/(°)	φ_0/(°)	$\Delta\varphi$/(°)	K	n	R_f	G	F	D	K_b	m
PD209-1	2.30	145	41.2	54.3	9.8	1175	0.495	0.71	0.417	0.156	9.97	1035	0.39
PD209-2		92.5	38.4	48.3	7.4	1238	0.195	0.79	0.347	0.072	5.66	733	0.04
PD209-3		325	38.3	54.1	10.8	1563	0.44	0.85	0.41	0.142	13.2	1060	0.25
PD233		125	39.3	51.5	8.5	1355	0.30	0.76	0.368	0.072	7.05	988	0.11
PD235-1		265	40.3	54.9	10.6	1841	0.37	0.73	0.409	0.048	11.5	1405	0.25
PD235-2		330	39.5	55.5	11.45	1692	0.41	0.74	0.359	0.061	10.2	1481	0.36
PD229		258	37.4	52.1	10.73	1082	0.53	0.73	0.426	0.014	8.26	922	0.39

5. 三轴剪切试验

施工期现场 3E 料及 $3C_1$ 料分别取 6 组进行三轴剪切试验。3E 料 6 组试样的三轴试验成果见表 3.3-7。各组砂卵砾石料的模量系数 K、K_b 均较大，K 值在 1750～1810 之间，K_b 在 1210～1350 之间，内摩擦角 φ_d 在 36.5°～42.3°之间，说明 3E 料具有较高的抗剪强度，且碾压前、后试样的强度差异较小。$3C_1$ 料 6 组试样的三轴试验成果见表 3.3-8。各组砂卵砾石料的模量系数 K、K_b 均较大，K 值在 1985～2055 之间，K_b 在 1113～1205 之间，内摩擦角 φ_d 在 36.9°～42.9°之间，说明 $3C_1$ 料具有较高的抗剪强度。

表3.3-7　　3E料三轴剪切（CD）试验成果表

试验编号	干密度/(g/cm³)	CD剪										
		c_d/kPa		φ_d/(°)		φ_0/(°)	$\Delta\varphi$/(°)	R_f	K	n	K_b	m
		0.1～0.6 MPa	0.6～2.0 MPa	0.1～0.6 MPa	0.6～2.0 MPa							
C1-1	2.31	175	170	39.0	38.3	55.5	12.9	0.80	1810	0.38	1211	0.08
C1-2		170	150	38.7	38.3	40.3	11.4	0.83	1750	0.37	1266	0.32
C2-1	2.30	95	265	42.3	37.2	53.2	10.3	0.83	1777	0.37	1346	0.29
C2-2		115	240	41.4	37.2	53.7	11.2	0.83	1757	0.38	1332	0.23
C3-1	2.29	135	225	40.7	36.5	54.4	12.2	0.81	1749	0.38	1301	0.28
C3-2		135	260	40.7	36.5	54.6	12.1	0.82	1765	0.38	1318	0.32

表3.3-8　　$3C_1$料三轴剪切（CD）试验成果表

试验编号	干密度/(g/cm³)	CD剪										
		c_d/kPa		φ_d/(°)		φ_0/(°)	$\Delta\varphi$/(°)	R_f	K	n	K_b	m
		0.1～0.6 MPa	0.6～2.0 MPa	0.1～0.6 MPa	0.6～2.0 MPa							
J1-1	2.30	130	260	42.0	38.0	55.2	11.9	0.83	2001	0.42	1129	0.16
J1-2		140	275	41.7	37.6	55.4	12.1	0.82	1985	0.35	1122	0.18
J2-1	2.31	135	395	44.1	36.9	57.5	12.9	0.68	2048	0.38	1205	0.31
J2-2		155	290	42.9	38.3	57.4	12.9	0.70	2047	0.40	1113	0.31
J3-1	2.32	130	230	40.4	37.2	54.7	12.5	0.87	2016	0.35	1166	0.11
J3-2		140	235	39.7	36.9	54.8	12.8	0.84	2055	0.30	1127	0.15

6. 现场碾压试验

考虑到砂卵砾石开挖料岩性成分复杂、性状不均一，实际施工过程中由于开挖、堆存、回采及碾压，其性状可能发生变化，与室内试验结果可能存在差异。为此，对冰水堆积体砂卵砾石开挖料开展了现场碾压试验，并分别取碾压前、后的堆积体砂卵砾石料开展相关室内物理力学试验研究，进一步论证其作为坝料的可行性。

3E料碾压前的开挖料颗粒以粗粒为主，小于5mm的颗粒含量为30%～60%，小于0.075mm细粒含量均小于5%。碾压后小于5mm颗粒含量为45%～60%，小于0.075mm颗粒含量不超过5%。总体看，碾压前、后3E砂卵砾石料的级配差别较小，均以粗粒为主，大于5mm的粗粒含量为51%～60%，小于0.075mm的细粒含量在1.7%～3.7%之间。不均匀系数在15～32之间，曲率系数在0.8～2.0之间。其级配类似于大坝垫层料。3E料压实干容重随碾压遍数的增加而增大，孔隙率相应减小。碾压10遍后，干容重达到2.3g/cm³，孔隙率小于18%。考虑不同加水方式，分别对碾压8遍和10遍后的坝料进行现场渗透试验，成果表明，场内及场外加水5%压实后，3E料的渗透系数在$i\times10^{-3}$cm/s范围，属半透水材料。3E料碾压前后3组试样的比重均在2.80左右。

$3C_1$料小于5mm的颗粒含量为8%～30%，小于0.075mm的颗粒含量不足2%，颗粒级配类似大坝过渡料，与可研阶段冰水堆积体料试验成果相近。$3C_1$ 料在电站进水口开挖现场取 3 组样进行了室内试验，试验成果表明，$3C_1$ 料的渗透系数在 $i\times10^{-2}\sim i\times10^{-3}$cm/s 范围，属透水材料。$3C_1$ 料碾压前后 3 组试样的比重均在 2.82 左右。

7. 固结试验

3E 料室内试验。按照孔隙率 $n=18\%$及相对密度 $D_r=0.85$ 两者中干密度较大的指标进行制样，试验的最大垂直压力为 3.2MPa，分 7 级施加。总体来看，碾压前后的 3E 砂卵砾石料的压缩模量均较大，均属低压缩性材料；饱和和非饱和状态的压缩系数相比，前者约相当于后者的 2 倍，说明饱和状态下 3E 料的压缩性有所增大。$3C_1$ 料的压缩模量较大，属低压缩性材料；饱和和非饱和状态的压缩系数相比，说明饱和状态下 $3C_1$ 料的压缩性有所增大。

3E 料固结试验成果见表 3.3-9，$3C_1$ 料固结试验成果见表 3.3-10。

表 3.3-9　　3E 料固结试验成果汇总表

编号	制样干密度/(g/cm³)	试验状态	垂直压力 0.1～0.2MPa 时的压缩系数/MPa⁻¹	垂直压力 0.1～0.2MPa 时的压缩模量/MPa	最大压力时的轴向应变/%	各级压力下的平均压缩系数/MPa⁻¹	各级压力下的平均压缩模量/MPa
C1-1	2.31	饱和	0.0042	290.5	1.7	0.0096	204.3
		非饱和	0.0020	615.8	1.3	0.0046	339.5
C1-2		饱和	0.0047	258.6	1.8	0.0094	194.3
		非饱和	0.0020	615.8	1.1	0.0036	401.4
C2-1	2.30	饱和	0.0056	216.7	2.1	0.0093	170.1
		非饱和	0.0028	441.5	1.4	0.0043	315.8
C2-2		饱和	0.0070	172.7	2.7	0.0132	106.7
		非饱和	0.0031	186.8	1.8	0.0074	222.8
C3-1	2.29	饱和	0.0037	331.9	2.4	0.0093	210.2
		非饱和	0.0025	487.5	1.3	0.0042	349.1
C3-2		饱和	0.0088	139.3	2.6	0.0096	132.6
		非饱和	0.0043	281.9	1.4	0.0048	302.0

表 3.3-10　　$3C_1$ 料固结试验成果汇总表

编号	制样干密度/(g/cm³)	试验状态	垂直压力 0.1～0.2MPa 时的压缩系数/MPa⁻¹	垂直压力 0.1～0.2MPa 时的压缩模量/MPa	最大压力时的轴向应变/%	各级压力下的平均压缩系数/MPa⁻¹	各级压力下的平均压缩模量/MPa
J1-1	2.30	饱和	0.0147	83.0	1.8	0.0130	130.5
		非饱和	0.0047	261.9	0.8	0.0055	315.4
J1-2		饱和	0.0051	241.8	1.7	0.0094	186.8
		非饱和	0.0041	294.4	1.2	0.0054	259.8

续表

编号	制样干密度/(g/cm³)	试验状态	垂直压力0.1～0.2MPa时的压缩系数/MPa⁻¹	垂直压力0.1～0.2MPa时的压缩模量/MPa	最大压力时的轴向应变/%	各级压力下的平均压缩系数/MPa⁻¹	各级压力下的平均压缩模量/MPa
J2－1	2.31	饱和	0.0056	216.7	2.1	0.0094	176.6
		非饱和	0.0030	403.4	1.6	0.0056	276.1
J2－2		饱和	0.0033	371.4	1.8	0.0079	247.3
		非饱和	0.0051	241.2	1.3	0.0047	269.3
J3－1	2.32	饱和	0.0073	166.5	2.2	0.0113	172.3
		非饱和	0.0037	331.9	1.7	0.0070	239.3
J3－2		饱和	0.0032	386.8	2.4	0.0101	228.2
		非饱和	0.0042	290.7	1.8	0.0062	247.6

8. 渗透变形试验

3E料室内渗透变形试验成果见表3.3－11，C1的破坏坡降均为3.45，C2的破坏坡降为1.55、1.20，C3的破坏坡降为1.20、1.55，破坏型式均为过渡型。

表3.3－11　渗透变形试验成果表

取样编号	制样标准	颗粒级配			水流方向	破坏坡降	破坏形式
	干密度/(g/cm³)	>5mm	<5mm	<0.1mm			
C1－1	2.28	57.7	42.3	2.7	自下而上	3.45	过渡
C1－2						3.45	
C2－1	2.27	54.4	45.6	4.2		1.55	
C2－2						1.20	
C3－1	2.26	53.2	46.8	3.1		1.20	
C3－2						1.55	

3.3.2.2 堆积体开挖料作为坝料利用综合评价

综合以上试验、研究成果，对电站进水口开挖的冰水堆积体砂卵砾石料用作坝体岸坡低压缩区（3E）、次堆石区（$3C_1$）及左岸堆积体坝基保护区的可行性评价如下。

（1）3E料。

1）3E料为细颗粒含量相对较高的电站进水口砂卵砾石开挖料，颗分试验成果表明，其小于5mm的颗粒含量介于30%～50%之间，小于0.075mm的颗粒含量低于5%，类似于坝体垫层料，碾压前、后颗粒破碎不明显。

2）现场及室内渗透试验表明，3E料压实后渗透系数在$i\times10^{-3}$cm/s范围，具有中等透水性。

3）现场碾压10遍后，干密度达到2.3g/cm³，孔隙率小于18%，即达到垫层料的设计干密度和孔隙率要求。

4）室内固结试验成果表明，非饱和状态下3E料平均压缩系数多数在0.0036～

0.0074MPa^{-1} 之间，各级压力下的平均压缩模量 106.7～401.4MPa，具低压缩性。

5）三轴试验成果表明，3E 砂卵砾石料具有较高的模量系数，抗剪强度值达到垫层料要求。

（2）$3C_1$ 料。

1）$3C_1$ 料为细颗粒含量相对低一些的电站进水口砂卵砾石开挖料，颗分试验成果表明，其小于 5mm 颗粒含量在 30%以下，小于 0.075mm 颗粒含量低于 5%，类似于坝体过渡料。

2）现场及室内渗透试验表明，$3C_1$ 料压实后渗透系数为 $i\times10^{-2}$cm/s，属透水性材料。

3）室内固结试验成果表明，非饱和状态下 $3C_1$ 料平均压缩系数多数在 0.0047～0.0070MPa^{-1} 之间，各级压力下的平均压缩模量 130.5～315.4MPa，具低压缩性。

4）三轴试验成果表明，$3C_1$ 砂卵砾石料具有较高的模量系数，内摩擦角 φ_d 在 36.9°～42.9°之间，抗剪强度值达到过渡料及堆石料要求。

$3C_1$ 区（次堆石区）设计级配为：最大粒径 800mm，小于 5mm 的颗粒含量不大于 30%，小于 0.1mm 的颗粒含量不大于 5%。设计填筑干密度大于 2.24g/cm^3，压实后孔隙率小于 19%，渗透系数大于 10^{-3}cm/s，铺层厚度 0.8m，

（3）电站进水口开挖料中细颗粒含量相对较高的砂卵砾石料的颗粒级配和透水性与坝体垫层料相近，压实后具有较高的压缩模量和抗剪强度，满足作为低压缩区（3E 区）坝料设计指标要求。开挖料中细颗粒含量相对低一些的砂卵砾石料的颗粒级配和透水性与坝体过渡料相近，压实后具有较高的压缩模量和抗剪强度，满足作为坝体次堆石区（$3C_1$ 区）和左岸堆积物保护区的坝料要求。

（4）根据工程坝体基础、坝料分区条件，进行了坝坡稳定及坝体应力、应变计算分析及不同坝料动力应力变形特性试验及动力残余变形特性试验。成果表明：各种运行工况下，坝坡稳定并具有一定的安全储备；左岸堆积体坝基以上坝体完建期最大沉降值与类似工程相比，处于中等水平。堆石体及面板的应力变形分布符合混凝土面板堆石坝的一般规律，并具有良好的抗震性能。

根据施工期料物平衡，优化了坝料分区设计，次堆石 $3C_2$ 区调整为下游主堆石 3B 及 3D 区，电站进水口冰水堆积体砂卵砾石开挖料颗粒级配、渗透性与大坝过渡料相近，压实后具有较低压缩性和较高的抗剪强度，满足作为坝体下游次堆石区的要求。因此，开挖料主要用于大坝下游次堆石 3C 区填筑。填筑高程为 1540.00～1602.00m。施工严格按照碾压试验确定的施工参数进行。经对次堆石 3C 区填筑压实度检测，干密度最大值为 2.38g/cm^3，最小值为 2.26g/cm^3，平均值为 2.31g/cm^3；孔隙率最大值为 16.3%，最小值为 11.8%，平均值为 14.4%，均达到设计要求。计划可利用约 100 万 m^3，实际采用 83 万 m^3，减少渣场治理工程量、料场开采量及边坡支护工程量，综合效益显著。

3.4 梨园水电站坝基处理措施

3.4.1 坝基开挖原则及深度

（1）趾板地基。由于趾板对地基岩体的渗透和变形要求较高，综合考虑坝基地质条

件和岩体工程地质特性，从工程地质条件提出坝基开挖原则及开挖深度如下：

1）河床部位考虑到冲积层厚度不大、物质组成不均一、渗透性大且下伏基岩为弱风化等因素，建议挖除，将趾板地基置于弱风化基岩之上。主河床及其附近冲积层一般厚9.36～13.33m，左侧为混合成因的堆积台地，岸边部位堆积物厚25m左右，右侧至河边逐渐变薄或尖灭，下伏基岩为弱风化玄武岩，故坝基大致开挖深度在10～30m之间，左侧开挖相对较深。

2）左岸台地部位挖除覆盖层和全、强风化带岩体，趾板地基置于弱风化带岩体之上；左岸台地上部斜坡地段，趾板地基可随高程的增加，置于弱风化岩体至强风化岩体上。左岸受下咱日堆积体、岸边堆积台地的影响，基岩各岩体风化带埋深相对较大，强风化岩体底界垂直埋深一般为15～40m，低高程部位趾板地基需置于弱风化基岩上，因而坝基开挖深度较大，垂直开挖深度在25～45m之间。

3）右岸岩体弱风化相对较浅，可将趾板地基置于弱风化带上部或强风化带中下部岩体中。右岸基岩大面积出露，岩体风化程度相对较弱且均一，根据强风化及卸荷松弛岩体埋深情况，建议坝基开挖深度一般为8～15m。

4）对于断层破碎带、深风化槽等，采取加深开挖、回填混凝土等措施；对于部分未挖除的强卸荷松弛岩体、强风化带岩体则对地基进行补强处理。

（2）堆石体地基。鉴于河床部位冲积层厚度不大，物质组成不均一且结构松散，局部呈架空状，渗透性大，因此河床坝基将冲积层全部清除。两岸坝基除左岸台地外，考虑到全风化岩体厚度不大且强度低，压缩变形大，对坝体稳定不利，因此一并予以挖除。

对于左岸台地，由于堆积物厚度较大，若全部开挖将造成坝基开挖工程量较大，应予以充分利用。台地堆积物主要由块石、碎石、卵砾石及少量粉砂土等组成，以大块石为主，密实度较高，局部具弱胶结，总体结构密实，具有一定的承载及抗变形能力，基本满足堆石体建基要求。根据堆积体3点载荷试验及专题研究开展的颗粒分析、干密度、现场注水、三轴压缩等试验成果表明，台地堆积体具有较低的压缩性，承载力满足要求，其物理力学指标基本满足坝体建基设计要求。综合分析，该部位在清除表层松散物质情况下不进行较大的开挖，可保留堆积体作为坝基。

3.4.2 基础处理设计

（1）趾板基础。趾板基础要求置于坚硬、不冲蚀和可灌浆的基岩上。本工程左岸靠近坝肩部位（高程1565.00m以上）由于强风化底界限埋深较大，将趾板置于强风化层上，设计时在该部位趾板底部设置钢筋混凝土防渗齿槽，适当延长渗径以满足水力梯度要求。左岸其他部位、河床及右岸趾板均置于弱风化岩体上。趾板基础设置帷幕灌浆、固结灌浆。

（2）堆石体基础。坝轴线上游、趾板线下游0.3倍水头范围内的堆积体及全、强风化层全部挖除，并进行基础反滤保护，反滤料采用垫层料和过渡料；坝轴线下游堆石体基础，仅清除表层松散坡积层，按左岸5m、右岸3m的原则开挖，部分冲沟地段加深开挖；坝基内河床冲积层组成物质差异较大，均一性差，分布不连续，结构松散，但厚度不大，全部挖除。

(3) 左岸坝基堆积体处理。左岸台地堆积体较厚，根据对堆积物进行的现场载荷试验、室内试验及坝体应力变形计算结果表明，该台地堆积物具有较高的承载力，能满足堆石体基础要求，因此仅清除表层松散物质，不进行较大的开挖。综合考虑趾板基础要求、基础保护、面板应力变形控制等因素，参考已建类似工程经验，对左岸坝基堆积体进行以下处理：

1) 清除趾板基础及其下游侧 $H/3$ 宽度范围内的堆积物，保证该范围大坝基础置于基岩，其余坝基范围仅要求清除表层植被、松散坡积层和堆渣。

2) 对趾板下游 $H/3$ 范围内堆石体基础铺垫层料、过渡料进行反滤保护。

3) 利用电站进水口开挖的砂卵砾石料在左岸台地部位设置岸坡低压缩保护区，以提高接触带的压实密度和变形模量，提高堆石体基础的适应变形能力，确保堆积体自身的稳定。高程 1527.00m 以上岸坡部位设水平宽 20m 的低压缩区，采用电站进水口开挖的类似于垫层料的砂卵砾石料进行填筑；高程 1527.00m 以下左岸堆积体坝基表面设 5m 宽保护区，填筑料采用电站进水口开挖的类似于过渡料的砂卵砾石料。岸坡低压缩区和坝基保护区要求具有较低的压缩性和较高的抗剪强度，以减小坝基与大坝堆石体的沉降差异，并对坝基堆积物形成一定的反滤保护。

4) 结合坝基开挖，借助物探等手段进一步查明左岸堆积台地范围内的淘金洞分布情况，参照勘探平洞采用混凝土进行回填处理。

3.4.3 基础灌浆

为封闭趾板下岩体的天然裂隙和爆破次生裂隙，减少渗透流量，增强基岩抗渗变形能力，对趾板基础进行固结灌浆和帷幕灌浆。

(1) 固结灌浆：全部趾板基础均进行固结灌浆处理，灌浆孔间排距 1.5m，孔深为：A 型 6m，B 型 8m，C 型 10m，灌浆压力为 0.3～0.5MPa。在风化蚀变软弱带采用超细水泥进行灌浆，在强风化坝基部位采用普通水泥灌浆。

(2) 帷幕灌浆：帷幕灌浆孔孔距 1.5m，A、B 型趾板按单排设计，C 型趾板按双排设计。帷幕孔沿趾板线布置，帷幕平均深度为深入岩体透水率 $q=3$Lu 以下 5m，帷幕最大深度约为 50m，局部断层密集区及强透水区采用加强帷幕处理右岸与溢洪道防渗帷幕相接，两岸通过坝顶灌浆洞进行帷幕灌浆，延伸至正常蓄水位与相对隔水层交点，以减小沿坝肩的绕坝渗流。帷幕灌浆压力为 0.1～3.5MPa。

3.4.4 地质缺陷处理

(1) 对于趾板基础部位揭露的断层破碎带（F_{11}、F_{19}、F_{20} 等）、杏仁状玄武岩条带、凝灰岩泥化夹层以及熔渣状岩体等软弱岩带进行槽挖回填混凝土，增设 $\phi 28$ 长 6m 的基础长锚杆，并增加帷幕排数及加深固结灌浆深度相结合的处理措施；堆石基础内的断层破碎带，采取局部挖槽回填垫层料及过渡料的反滤保护处理措施。

(2) 堆石体坝基部位形成的冲刷槽或风化槽，地形上为陡坎部位，进行了削坡，并回填混凝土处理。

（3）左岸堆积台地的掏金洞采用地质雷达等物探手段进行了查找及探测，发现的掏金洞均用水泥砂浆进行了封填。

（4）位于趾板、坝壳区基础范围内的勘探平洞，用 C20 混凝土回填满并做回填灌浆。

（5）趾板、坝壳区基础范围内的勘探孔，开挖后用 M10 水泥砂浆封堵全孔，若孔口已堵塞，尚应以钻机扫孔，再行封堵。

3.4.5 监测成果分析

截至 2021 年 4 月，监测成果表明：

（1）坝前、后表面变形测点自初测以来累计最大上下游位移为 173.2mm，沉降最大值为 342.9mm；上下游位移变化最大为－4.1mm、左右岸位移变化最大为－2.9mm、沉降变化最大为－7.4mm。

（2）大坝电磁沉降环 A′断面测值范围－13.0～1162.0mm，月变化量－2.0～2.0mm；B′断面测值范围 19.0～1803.1mm，月变化量－1.0～2.0mm；B″断面测值范围 559.4～1004.4mm，月变化量－1.0～2.0mm。

（3）坝体内部渗水压力在大坝蓄水后有所增加，2021 年 4 月 12 日坝轴线下游渗水压力 331.8kPa，约 33.18m 水头（高程 1509.48m），渗压水位较低，其变化规律与大坝水位呈一定正相关。

（4）大坝渗流汇集量水堰 2021 年 4 月 19 日测值为 6.32L/s，通过工程类比处于正常偏小水平，且呈逐年下降趋势（见图 3.4－1），绕坝渗流现象不明显。

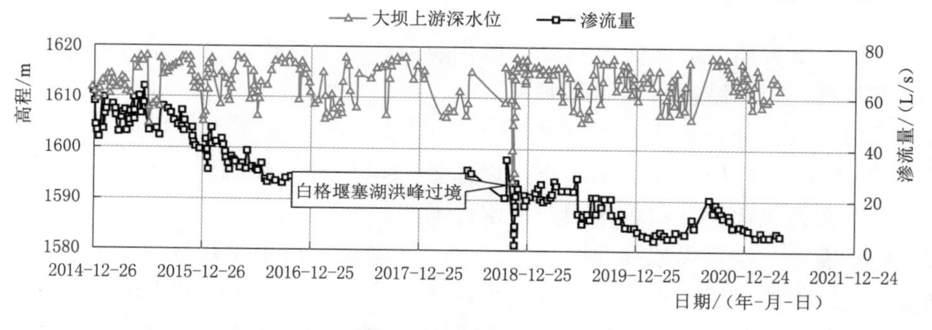

图 3.4－1 坝后梯形量水堰流量与上游水位时间关系曲线图

（5）应力应变、温度、接缝开合度、土压力、面板脱空、挠度等测值正常。

3.5 梨园水电站安全鉴定坝基评价意见

（1）坝基岩性主要为岩质坚硬的正长岩、火山角砾熔岩、玄武岩，未见规模较大的断层出露，发育的断层多以陡倾角为主。趾板地基岩体总体呈弱风化，岩体质量以Ⅲ类为主，对局部岩质相对软弱、风化较强烈岩体及断层影响区域进行了深挖置换处理，经工程处理后趾板地基满足设计要求。堆石体地基除保留满足工程要求的左岸堆积体台地外，均建基于基岩，堆石体坝基满足建基要求。左岸坝肩边坡经支护处理后整体稳定。

（2）坝基两岸及河床部位岩体透水性总体较弱，透水率小于 3Lu 的相对隔水岩体埋藏不深，防渗帷幕已深入相对隔水岩体，防渗范围基本合适。考虑右岸导流洞对围岩及地下水位的影响，建议蓄水期加强绕坝渗流的监测工作。

（3）大坝坝体分区、基础处理和结构设计符合规范要求。各工况坝坡稳定安全系数均满足规范要求。大坝变形和应力分布符合一般规律，坝体永久变形在工程经验范围内。大坝面板和趾板混凝土裂缝已按设计要求处理。

3.6 小结

3.6.1 基本结论

（1）梨园水电站面板堆石坝左岸位于下咱日堆积体的边缘，地质条件复杂。高程 1560.00m 以下至江边高程 1500.00m 为一顺河向展布的缓坡堆积台地，横河向宽度为 80～150m，坝基范围内台地堆积物厚度为 10～30m。物质主要由碎石土、卵砾石土夹块石组成，成分以灰岩、玄武岩为主。堆积物呈泥质弱胶结，总体结构密实。研究将其保留作为堆石坝基础，对减少坝基开挖和坝体填筑工程量、降低工程造价、缩短工期具有重要的意义。

（2）下咱日堆积体位于坝前左岸，紧邻坝体分布，规模大，与工程的关系密切，其稳定性对枢纽区建筑物影响较大。通过地质测绘，平洞、钻孔、探井等勘探及试验研究，查明了堆积体的成因历史、物质组成、结构特征及空间分布。综合分析认为：堆积体基岩界面平缓，组成物质结构紧密，并有不同程度的胶结，内部无连续分布的软弱夹层，各类岩土体物理力学参数均较高。宏观地质分析和稳定性分析计算均表明堆积体在蓄水前、后均处于整体稳定状态。运行期变形监测成果表明，位移不明显，下咱日堆积体总体上处于稳定状态。

（3）围绕该堆积体台地作为大坝堆石体基础的可行性，可行性研究、招标及施工图设计阶段开展了大量的勘探、现场试验、室内试验及计算分析工作，计算分析成果表明：台地组成物质与砂卵砾石料相似，具有较低的压缩性和足够的承载力，抗剪强度较高；保留左岸堆积物，对坝体坝坡稳定、应力、变形没有产生明显影响。多方面论证结果说明，左岸坝基充分利用具有较强的力学性能的堆积体，包括冰水堆积层、混合堆积层及古河床冲积层，满足堆石体坝基要求，是安全、经济、合理的。

（4）电站进水口开挖料中细颗粒含量相对较高的砂卵砾石料的颗粒级配和透水性与坝体垫层料相近，细颗粒含量相对低一些的砂卵砾石料的颗粒级配和透水性与坝体过渡料相近，压实后均具有较高的压缩模量和抗剪强度，满足作为低压缩区（3E 区）及次堆石区（3C 区）和左岸堆积体保护区的坝料设计指标要求。

（5）枢纽的防渗措施主要是沿左岸灌浆洞、趾板线、高趾墙、溢洪道闸门底板、右岸灌浆洞进行帷幕灌浆，灌浆深为 $q<3$Lu 以下 10～30m。沿防渗帷幕线主要为弱风化及以下玄武岩，左岸上部存在少量强风化岩体，断层构造不发育，地下水位线以下沿断层带有浸水。地下水位监测、量水堰渗流量监测分析结果表明，大坝防渗帷幕工作正常，绕坝渗流水位孔水位变化不大，绕坝渗流稳定，量水堰渗流量逐渐减小，总渗流量稳定。

（6）面板堆石坝变形、应力最大测值基本出现在最大坝高处，呈现从最大坝高向两岸逐渐减小的对称分布。坝体应力、变形分布特征与变化过程符合一般规律。坝基、坝体渗流量较小，且呈逐年下降趋势。坝基渗压整体较小，但基础断层位置渗压测值偏大且与库水位有一定相关性。面板堆石坝各监测仪器成果符合运行期一般规律，大坝工作性态正常，运行安全可靠。

3.6.2 技术成果

梨园水电站复杂坝基在综合勘察、试验研究的基础上，开展了“堆积体作为面板堆石坝基础的适应性研究”，取得以下技术成果：

（1）基于数字图像处理技术对坝前特大型堆积体土石混合体粒度特征进行分析，同时对第四纪冰水堆积体物理力学特性和渗流特性进行了系统研究，为堆积体的稳定性分析与工程利用提供了可靠的依据。

（2）通过现场大型剪切试验及载荷试验，论证了低纬度、低海拔地区冰水堆积物块石含量与抗剪强度关系。

（3）基于对工程区特大型堆积体的综合分析研究，选择了较优的坝型、坝线及枢纽布置方案，成功解决了冰水堆积体高边坡稳定及库岸稳定问题，并充分利用冰水堆积体中砂卵砾石作为筑坝材料及堆石坝基础。

（4）经研究，将左岸坝基堆积体保留作为堆石坝基础，不仅减少了坝基开挖和坝体填筑工程量，而且降低了工程造价。监测数据表明：坝体沉降变形符合面板堆石坝的一般规律。研究成果的运用分别减少坝基开挖量和坝体填筑量近 70 万 m^3，降低工程造价约 6000 万元；同时利用电站进水口冰水堆积体开挖料 83 万 m^3，降低造价约 2500 万元，并减少渣场治理工程量、料场开采量及边坡支护工程量，创造了良好的经济效益，缩短了大坝施工工期。

第4章

软硬相间层状岩体坝基技术

4.1 概述

软硬相间层状岩体作为高堆石坝坝基，一般不存在突出的工程地质问题，而作为高混凝土重力坝坝基，则存在坝基的变形稳定与抗滑稳定问题。金沙江中游河段八个梯级电站中，作为重力坝涉及软硬相间层状岩体坝基的有阿海水电站、鲁地拉水电站及观音岩水电站。

鲁地拉水电站坝基岩体主要为浅变质青灰色石英砂岩夹少量浅变质灰黑色泥质粉砂岩，局部有穿插侵入的正长岩脉及云煌岩脉，与围岩呈熔结接触。岩体大多位于弱风化下段，局部为微风化，坝基岩体变形模量为7～15GPa，岩体中结构面（特别是小断层）较发育，岩体呈中厚层状—次块状结构，局部为薄层状及碎裂结构。河床坝基Ⅱ类岩体仅占4%，$Ⅲ_1$类岩体占90%，$Ⅲ_2$类岩体占6%，局部大于20cm的断层带为Ⅳ类岩体。局部坝段存在不均匀变形问题。总体上坝基工程地质问题不突出。结合坝基开挖进行了坝基岩体质量复核评价，调整并抬高了建基面2～5m。对坝基范围内发育并揭露的大于20cm的断层破碎带、软弱岩带等做适当深挖及回填补强等工程处理，并对坝基岩体进行固结及帷幕灌浆处理。

观音岩水电站枢纽区地层主要为侏罗系中统蛇店组砂岩、粉砂岩夹泥质岩，其中砾岩层占坝址区坝基段地层的8.2%左右；砂岩（包括粉砂岩）占坝址区坝基段地层的75.2%，泥质岩层占坝址区坝基段地层的16.6%。由于岩层倾角较陡（45°～70°），泥质岩对坝基稳定影响相对较小，而钙质砾岩及钙质砂岩中溶蚀砂化现象明显，对坝基稳定影响突出。观音岩水电站溶蚀砂化岩体坝基关键技术问题分析和研究将在第7章中专门论述。

阿海水电站以砂岩夹板岩或砂岩与板岩互层岩体作为混凝土坝坝基，坝基工程地质问题较为突出。主要存在以下两个方面的工程地质问题：①岩体存在各向异性特征，主要体现在变形模量上，在平行层面方向和垂直向下（斜交层面）变形模量相对较高，而垂直层面方向变形模量相对较低且离散性较大，由于岩层中陡倾向上游，存在垂直层面方向的压缩变形问题；②存在板岩相对富集（为板岩夹砂岩）的条带，其强度较周围以坚硬岩、较坚硬岩为主的岩体强度偏低，相应岩体的质量也较周围岩体低，致使坝基岩体存在一定程度的不均一性。因此，选择以阿海水电站软硬相间层状岩体坝基关键技术问题为例进行分析和研究。

阿海水电站混凝土重力坝最大坝高 130m，针对软硬相间层状岩体坝基工程地质特性，进行建坝适应性分析及处理措施研究。中国水电顾问集团昆明院与成都理工大学联合，先后开展了《阿海水电站复杂岩体工程地质特性及修建高混凝土重力坝的适宜性研究》及《阿海水电站两岸开挖坝段岩体质量复核评价》研究。同时，联合河海大学进行了《碾压混凝土重力坝材料力学法体型优化、应力及坝基深浅层抗滑稳定分析》，联合南京水利科学研究院进行了《阿海水电站坝体及坝基三维渗流分析及控制研究》。

4.2　阿海水电站坝基软硬相间层状岩体工程地质特性

4.2.1　坝址基本地质条件

4.2.1.1　地形地貌特征

坝址区金沙江河道较顺直，流向大致由北向南。坝址范围金沙江枯期河水位高程 1408.00～1410.00m，水深一般为 8.0～15.0m，最深达 20 余米，相应水面宽度一般为 60～150m，在正常蓄水位高程 1504.00m 处河谷宽一般为 350～400m。坝址区河谷为 V 形，两岸山顶高程大于 2100.00m，谷峰相对高差均在 700m 以上，形成山高谷深的地貌形态，两岸地形坡度一般在 30°～45°之间，右岸青云沟口附近地形相对较缓，地形坡度约 20°。坝址区原始地貌见图 4.2－1。坝址区两岸冲沟较发育，冲沟均呈大角度汇入金沙江。

图 4.2－1　坝址区原始地貌（面向上游）

4.2.1.2　地层及岩性特征

（1）地层分布特征。坝址区两岸基岩大多裸露，从上游至下游依次出露有泥盆系（D）、志留系（S）和奥陶系（O）层状地层、华力西晚期顺层侵入的辉绿岩（$\beta\mu_4^3$）以及零星分布于地表及河床的第四系松散堆积物。按其成因类型分沉积岩、变质岩、侵入岩及第四系堆积物。志留系（S）和奥陶系（O）为沉积岩，主要有灰岩、砂岩、粉砂岩、页岩等；泥盆系（D）地层受辉绿岩侵入影响，均发生不同程度的变质现象，主要有变质砂岩、粉砂岩，板岩及硅化变质岩等；侵入岩为华力西晚期顺层侵入的辉绿岩。坝址区地层岩性特征见图 4.2－2。第四系零星分布于坝址区，按成因主要有冰碛、冲积、洪积、坡积及崩塌等松散堆积物，常由多种成因堆积物形成混合堆积体，其中冰碛物与古河床冲积物在坝址上游左岸构成较大规模的堆积体。坝基主要分布 D_1a^2 岩层，岩性为钙质长石石英砂岩、粉砂岩、粉砂质板岩、钙质板岩、板岩以及含砾砂岩等。

为了查明坝基主要岩体（D_1a^2）层状岩体的岩性组合特征和分布情况等，针对该部位进一步布置了平洞（含支洞）、钻孔、槽探等，并对各勘探点、开挖公路以及地表露头进行了精细剖面测量，还进行了系统的岩石薄片镜下鉴定和 SiO_2 含量测定工作。由于坝址

图 4.2-2 坝址区地层岩性特征

岩层呈横河向的单斜构造，因此除开展常规的平洞、钻孔勘探外，在V勘线至坝后厂房轴线之间，在高程 1430.00m 附近两岸平洞内大致垂直岩层走向布置上、下游支洞，以查明坝基部位 D_1a^2 岩层的岩性组成和分布特征，对坝基部位高程约 1430.00m 以下的勘探点进行了岩性统计分析，见表 4.2-1 和表 4.2-2。

表 4.2-1　坝基部位高程约 1430.00m 以下的勘探点 D_1a^2 岩性统计表

勘探点编号	位置	高程/m	孔深/m	岩性		百分比/%
ZK237	下坝V勘线左岸	1442.39	100.14	全孔	砂岩、粉砂岩	57.5
					板岩类	42.5
ZK243	下坝V勘线河中	1398.11	120.83	全孔	砂岩、粉砂岩	58.7
					板岩类	41.3
ZK240	下坝V勘线右岸	1510.18	100.86	全孔	砂岩、粉砂岩	57.5
					板岩类	42.5
ZK244	厂房轴线河中	1409.96	80.52	全孔	砂岩、粉砂岩	50.1
					板岩类	49.9
ZK247	厂房轴线河中	1415.81	80.20	全孔	砂岩、粉砂岩	52.6
					板岩类	47.4

表 4.2-2　坝基部位高程约 1430.00m 的平洞 D_1a^2 岩性统计表

勘探点编号	位置	洞深/m	岩性		百分比/%
PD234-1（下游支洞）	V勘线右岸	73.5	全洞	砂岩、粉砂岩	49.7
				板岩类	50.3
PD235-1（上游支洞）	V勘线左岸	42	全洞	砂岩、粉砂岩	62.5
				板岩类	37.5
PD235-2（下游支洞）	V勘线左岸	49.5	全洞	砂岩、粉砂岩	52.9
				板岩类	47.1

续表

勘探点编号	位置	洞深/m	岩 性		百分比/%
PD240－1（上游支洞）	Ⅴ勘线右岸	35	全 洞	砂岩、粉砂岩	65
				板岩类	35
PD241－1（上游支洞）	Ⅴ勘线左岸	60.5	全 洞	砂岩、粉砂岩	70.7
				板岩	29.3

（2）岩性精细剖面测量及成果。坝址部位基岩大面积裸露，利用两岸靠近河床部位基岩露头、左岸新开挖公路剖面、左右岸平洞以及河中钻孔岩芯等资料，对坝基岩体 D_1a^2 岩性进行了 5 条岩性精细剖面测量，具体如下：

左岸高程 1430.00m 平洞连线剖面（见图 4.2－3）、左岸高程 1430.00m 公路剖面（见图 4.2－4）、河床部孔连线（ZK243～ZK244）剖面（见图 4.2－5）、右岸边地表（高程约 1430.00m）剖面（图 4.2－6）及右岸高程 1430.00m 平洞连线剖面（见图 4.2－7）。

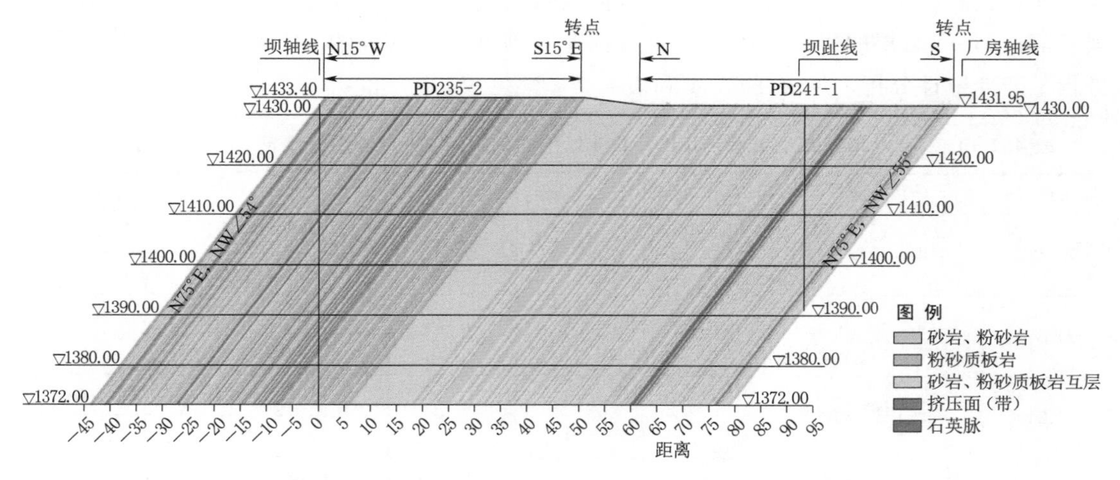

图 4.2－3 左岸高程 1430.00m 平洞（各支洞连线）D_1a^2 岩性精细测量剖面图（单位：m）

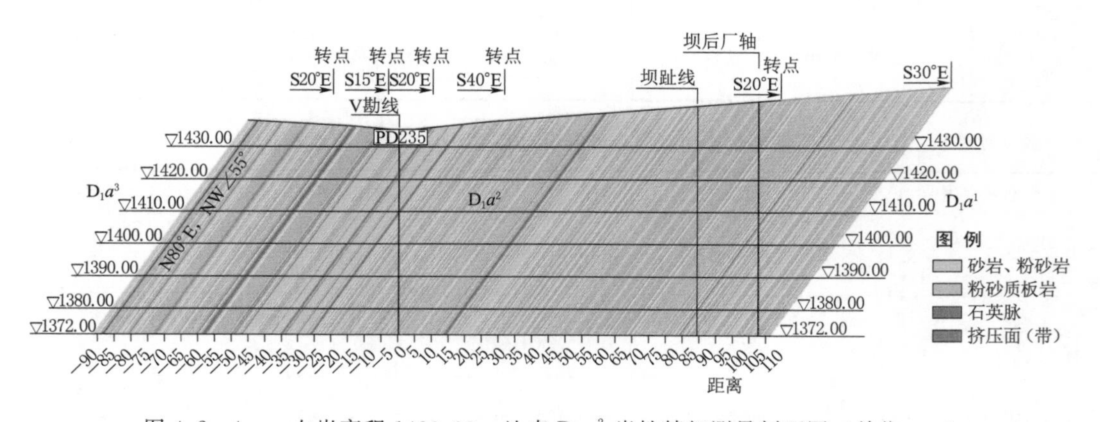

图 4.2－4 左岸高程 1430.00m 地表 D_1a^2 岩性精细测量剖面图（单位：m）

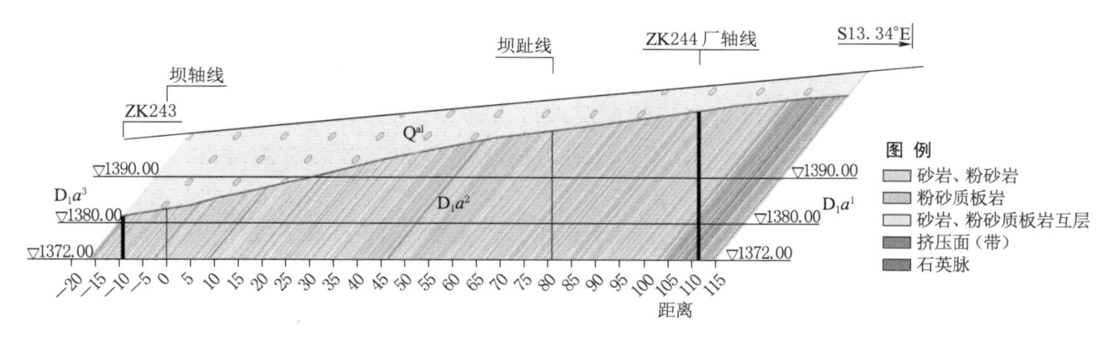

图 4.2-5 河床部位钻孔揭露 D_1a^2 岩性精细测量剖面图（单位：m）

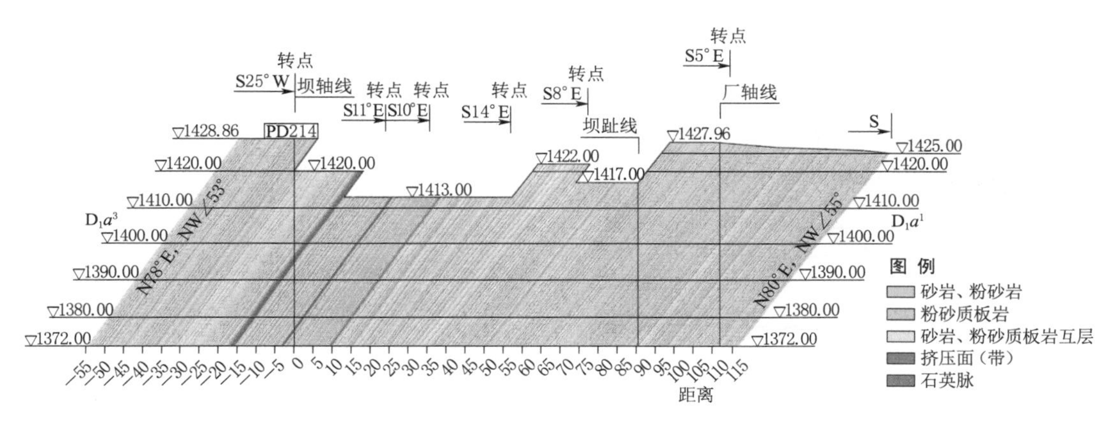

图 4.2-6 右岸地表（高程约 1430.00m）D_1a^2 岩性精细测量剖面图（单位：m）

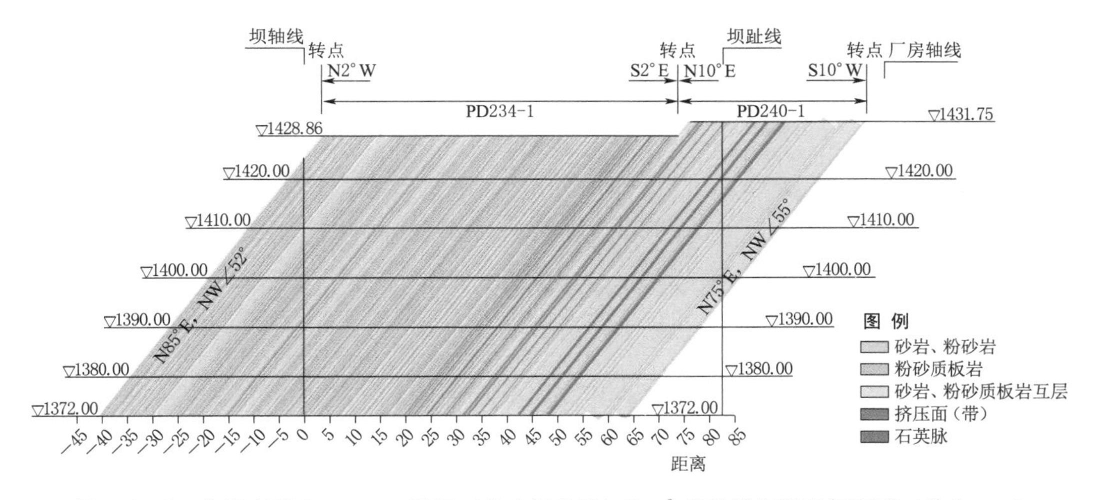

图 4.2-7 右岸高程 1430.00m 平洞（各支洞连线）D_1a^2 岩性精细测量剖面图（单位：m）

（3）坝基岩性分布特征。根据上述 D_1a^2 岩层岩性分布剖面和各勘探点岩性统计成果，D_1a^2 岩层沿河流方向水平出露厚度在 180～200m 之间，通过对岩性分布及组合情况分析，

D_1a^2 岩层的岩性组合大致可划分为以下三类：

1）砂岩夹板岩，即以中厚—厚层的砂岩（包括砂砾岩、粉砂岩）相对集中或砂岩夹板岩，砂岩含量大于 70%，板岩夹层的单层厚度一般小于 2m（见图 4.2-8）。

2）互层状砂板岩，即砂岩与板岩呈较均匀的相间分布，砂岩含量为 30%～70%，板岩单层厚度一般小于 0.5m（见图 4.2-9）。

3）板岩夹砂岩，岩性组合表现为板岩夹砂岩，板岩含量大于 70%，砂岩较均匀地分布于板岩中（见图 4.2-10）。因板岩强度相对较低，若板岩含量达到 90%以上则为板岩集中带，并单独划出。

图 4.2-8　钻孔揭露的砂岩集中带

图 4.2-9　钻孔揭露的互层状砂板岩

图 4.2-10　右岸开挖探槽揭露的板岩集中带

按以上三类岩石组合对 D_1a^2 岩层沿地表露头进行了分带，对各岩带界线进行了实地测量，并结合岩性精细测量剖面岩带划分成果（见图 4.2-11～图 4.2-15），坝基部位 D_1a^2 岩层中各岩带在平面上和初步拟定的河床建基面高程 1372.00m 的分布情况见图 4.2-16。

据地质测绘及精细量测统计成果，D_1a^2 岩层中以互层状砂板岩为主，所占比例约为 50%，相间分布于地层中；其次为板岩夹砂岩，约占 30%，其中板岩集中带有 4 条，每条宽度为 4～6m，总厚度约 20m，占总厚度的 10%；砂岩集中带有 3 条，宽度分别为 14m、8m 和 20～30m，总宽度约 40m，占总厚度的 20%。在建基面上，推测各岩类出露情况是：砂岩夹板岩有 2 条分布在坝轴线上游紧靠坝轴线，另一条较宽的则分布在坝轴线和厂房轴线的中间略偏上游，板岩集中带有 2 条分别在坝轴线上游紧靠坝轴线，另 2 条分布于厂轴线附近及坝、厂轴中间。互层状砂板岩则相间分布在两者之间。

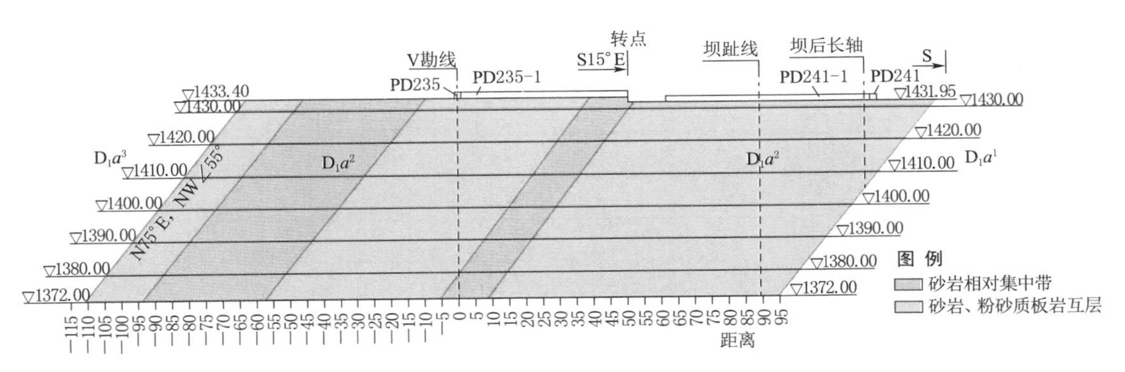

图 4.2-11　左岸高程 1430.00m 平洞（各支洞连线）D_1a^2 岩性分布剖面图（单位：m）

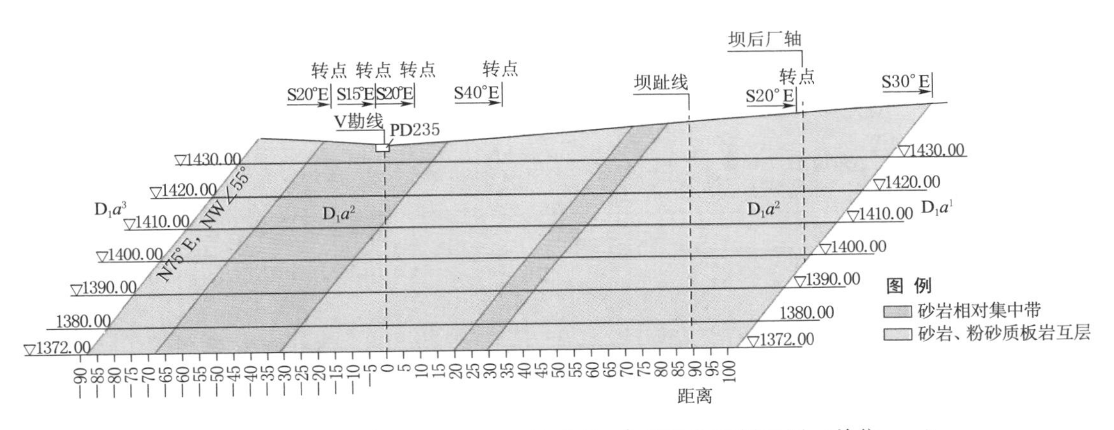

图 4.2-12　左岸高程 1430.00m 地表 D_1a^2 岩性分布剖面图（单位：m）

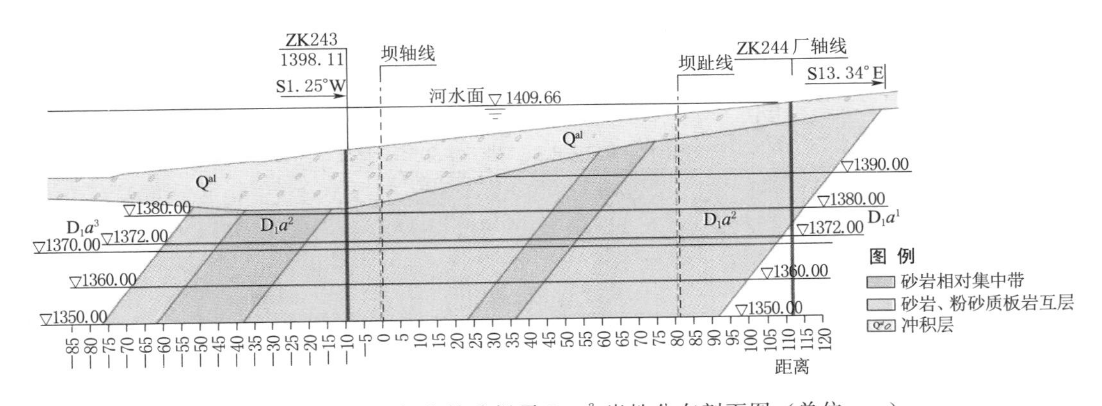

图 4.2-13　河床部位钻孔揭露 D_1a^2 岩性分布剖面图（单位：m）

4.2.1.3　地质构造特征

坝址区为横向谷，地质构造相对简单，地层总体呈中陡倾向上游的单斜构造，岩层产状较为稳定。

坝址区开挖未揭露Ⅲ级及以上破裂结构面，破裂结构面均为Ⅳ级及以下的断层、层间挤压带及挤压面和节理裂隙等。

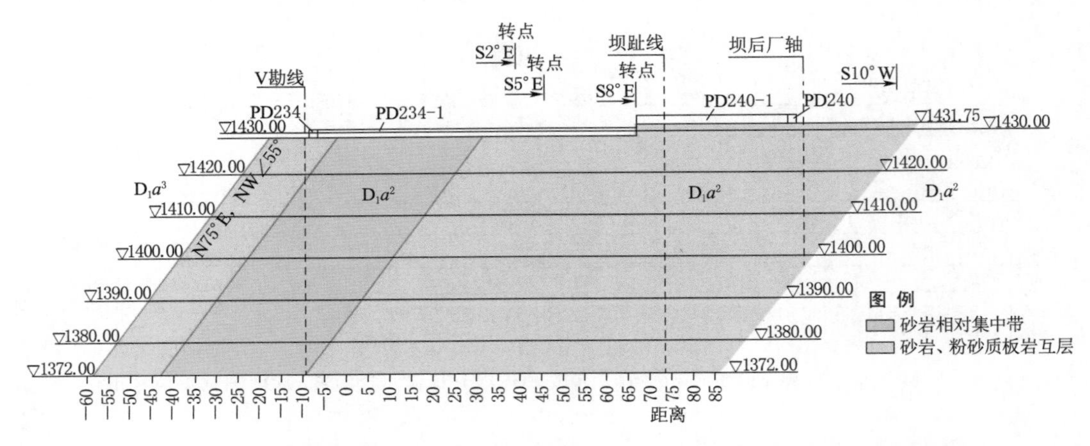

图 4.2-14　右岸高程 1430.00m 平洞（各支洞连线）D_1a^2 岩性分布剖面图（单位：m）

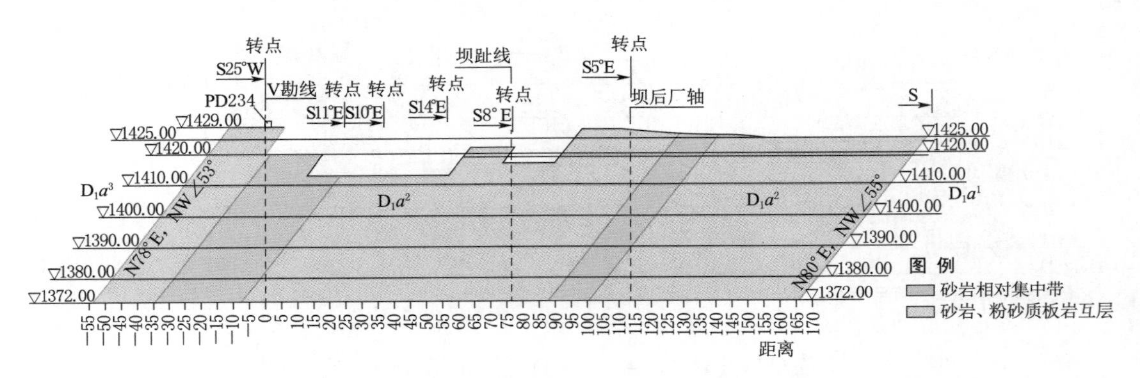

图 4.2-15　右岸地表（高程约 1430.00m）D_1a^2 岩性分布剖面图（单位：m）

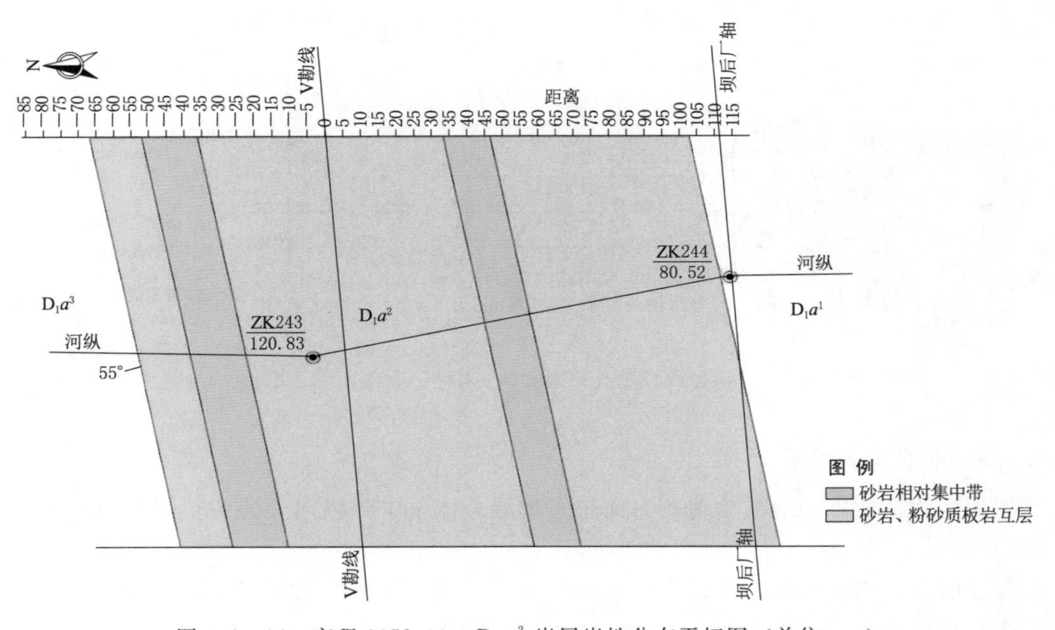

图 4.2-16　高程 1372.00m D_1a^2 岩层岩性分布平切图（单位：m）

从开挖揭露的情况看，坝址区岩层间普遍存在顺层挤压甚至错动现象，顺层挤压带、挤压面发育，多为石英脉充填，挤压紧密、胶结良好，与两侧岩体亦紧密结合，接触面闭合，没有形成显著差异的构造软弱岩带，尤其与板岩类岩体差异甚小，甚至好于板岩，见图 4.2-17，坝址区发育的挤压面（带）不对坝基岩体质量、抗滑稳定等起控制作用，可归为板岩类岩体分类一同对坝基岩体质量进行评价，在局部性状较差部位做适当的工程处理即可满足设计要求。

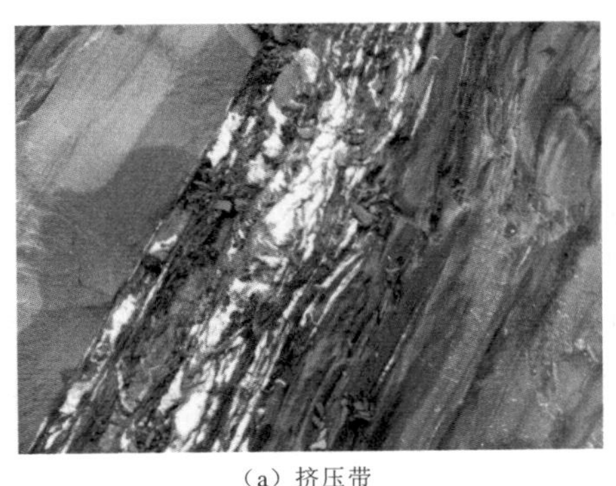
（a）挤压带

（b）挤压面

图 4.2-17 坝基开挖揭露挤压带（面）情况

坝址区除少量辉绿岩外主要为薄—中厚层状岩体，根据开挖揭露情况，层面发育，总体产状为 N75°～90°E，NW∠40°～60°，走向与坝轴线夹角为 5°～10°，倾向上游，绝大部分属硬性结构面，面平直或略起伏，多表现为纹理构造，新鲜岩体多呈似完整层状结构。除层面外，在层间发育有另外两组节理及其他零星节理，这两组节理按其产状分为：①反倾向节理，即走向与层面走向近一致，倾向相反，倾角一般为 50°～80°，沿倾向方向延伸大多受层面限制，长度多小于 1m，沿走向延伸相对较长，一般 0.5～3m 不等，节理面起伏，呈闭合至微张，多见方解石或石英充填；②横节理，较发育，其产状为 N60°～70°W，SW 或 NE∠65°～75°，节理面延伸受层面控制，长度一般为 1～3m，呈闭合至微张状，石英脉充填；缓倾角节理裂隙总体不发育，仅有少量不规则零星分布现象，且断续延伸，统计连通率小于 10%。

辉绿岩体发育的节理主要有两组：①平行于侵入接触面（层面）的节理，面起伏、粗糙，间距一般大于 1m，延伸长度多大于 5m，部分有挤压错动现象；②柱状节理，一般垂直于侵入接触面发育，多呈圆弧形（圆柱状节理），延伸长度多数受①组节理限制，一般为 1～3m，部分则穿过①组节理，长度 3～5m，面较光滑，部分节理面具有绿泥石化现象。此外辉绿岩体内隐微裂隙极为发育。

4.2.1.4 岩体风化卸荷特征

坝址区两岸岩体风化随高程增加风化程度随之变深，除局部缓坡地段和高高程近坡顶部位有零星的全风化岩体分布外，岸坡表部基本上为强风化及弱风化岩体，且弱风化岩体厚度相对较大，靠岸边部位地表基本为弱风化岩体。坝址区两岸风化程度大致相当。根据勘探揭露，岩体风化情况如下：

（1）辉绿岩强风化带在高程1470.00m以下水平埋深一般为0～15m、垂直埋深一般为0～8.5m，以上水平埋深一般为12～22m、垂直埋深一般为2.5～21m；弱风化带在高程在1470.00m以下水平埋深一般为50～73m、垂直埋深一般为19.00～31.00m，以上水平埋深一般为48～52m、垂直埋深一般为21～51m。

（2）Ⅲ勘线及附近的D_1a^5、D_1b^1地层，强风化带在高程1470.00m以下水平埋深一般为0～5m（平洞位置揭露强风化）、垂直埋深一般为0～5m，以上水平埋深一般为0～5m（平洞位置揭露强风化）、垂直埋深一般为0～5m；弱风化带在高程1470.00m以下水平埋深一般为10～24m、垂直埋深一般为15～20m，以上水平埋深一般为13～72m、垂直埋深一般为6～33m。

（3）其他部位的D_1a^1～D_1a^4等地层，强风化带在高程1470.00m以下水平埋深一般为0～12m、垂直埋深一般为0～14m，以上水平埋深一般为0～32m、垂直埋深一般为10～20m；弱风化带在高程1470.00m以下水平埋深一般为6～25m、垂直埋深一般为3～18m，以上水平埋深一般为50～73m、垂直埋深一般为16～35m。

（4）河床基岩基本上为微风化—新鲜岩体。坝址区岩体卸荷表现为两种形式：一种表部强卸荷带，其特征是发育一系列的卸荷裂隙，张开充填碎屑、次生泥或粉土，部分架空，岩体有明显的松弛现象；另一种弱卸荷，即在一定深度偶尔出现一条或几条张开的卸荷裂隙，一般张开宽度数厘米，局部十余厘米，一般出现在高程1700.00m以上岸坡部位。根据对平洞成果统计，坝址强卸荷带底界水平发育深度一般为10～30m，在右岸中部1490.00m高程附近达47m。

4.2.1.5 岩体渗透特性

根据钻孔压水试验成果，坝址77%的钻孔弱透水层（$q<3$Lu）顶板垂直埋深小于50m，个别钻孔大于100m；微透水层（$q<1$Lu）顶板垂直埋深变化较大，多数在100m以上，部分钻孔小于30m。根据钻孔压水试验资料分析，强风化岩体透水率（q）一般大于10Lu，属强透水；弱风化以下岩体的透水率见表4.2-3。成果表明弱风化岩体属中等—弱透水性，微风化—新鲜岩体属弱透水—微透水岩体，且以$q<3$Lu占大多数，达72.41%。

表4.2-3 坝址区弱风化以下岩体压水试验成果统计表

风化程度	试验段长度/m	≥10Lu		10～3Lu		3～1Lu		<1Lu	
		长度/m	比例/%	长度/m	比例/%	长度/m	比例/%	长度/m	比例/%
弱风化	612.58	209.44	34.19	187.92	30.68	102.20	16.68	117.32	19.15
微新风化	4177.17	351.52	8.42	801.08	19.18	1451.93	34.76	1572.84	37.65

4.2.2 岩体地应力特征

（1）测试点布置及测试方法。坝址区进行的地应力测试有：左、右岸水平孔平面（垂直钻孔水平面）地应力测量16点（左岸PD201平洞和右岸PD202平洞各8点），测试方法为孔径法；右岸江边深孔（ZK248）平面应力测量，因岩体破碎，测试方法由孔径法改为水压致裂法；空间地应力测量1组，布置于右岸PD202平洞洞深355m下游壁，采用三孔交会孔径法测试。

（2）测试成果。

1）左、右岸平面地应力测试布置于Ⅰ勘线两岸高程1440.00m附近的PD201、PD202平洞的辉绿岩体中，分别布置了8个共16个测试孔，由于岩体破碎，PD201平洞取得6个孔测试资料，PD202平洞取得7个孔测试资料，测试成果详见表4.2-4。

表4.2-4　平面地应力测试成果汇总表

位置	测点编号	测点位置	σ_1/MPa	σ_2/MPa	α/(°)
左岸PD201	σP201-8	洞深100m上游壁	3.17	0.48	34.39
	σP201-7	洞深90m上游壁	2.88	−0.71	25.43
	σP201-6	洞深80m上游壁	3.79	−0.62	30.19
	σP201-5	洞深60m上游壁	2.03	1.06	40.42
	σP201-4	洞深50m上游壁	2.60	−0.04	38.07
	σP201-3	洞深40m上游壁	1.62	0.59	31.14
右岸PD202	σP202-8	洞深100m上游壁	4.97	3.45	−39.81
	σP202-7	洞深90m上游壁	4.83	2.73	−27.09
	σP202-6	洞深80m上游壁	3.70	2.88	−43.01
	σP202-5	洞深70m上游壁	2.88	1.49	−32.57
	σP202-4	洞深60m上游壁	2.65	0.69	−30.59
	σP202-2	洞深40m上游壁	1.41	0.52	−40.07
	σP202-1	洞深30m上游壁	1.80	0.29	−37.38

注　α角为平面最大主应力σ_1的倾角，以水平向为X轴，垂直向为Y轴，逆时针转为正。

测试结果表明：左岸平面最大主应力σ_1在1.62～3.17MPa之间，方向为顺坡向，倾角在25°～40°之间，与坡角基本一致，平面最小主应力σ_2为−0.04～3.45MPa之间；右岸平面最大主应力σ_1在1.41～4.97MPa之间，方向为顺坡向，倾角在27°～43°，与坡角基本一致，平面最小主应力σ_2为0.29～3.45MPa之间。总体上以山体自重应力为主，最大主应力随测点水平埋深的增加（即洞深增加）而增大，平面最大主应力方向以顺坡向为主，与坡角大体一致，表明地应力分布状态受地形地貌影响较为明显。

2）岸边深孔地应力测试位于PD202平洞口附近，孔口高程1428.90m，孔深为120.18m，岩性为辉绿岩及D_1a^3硅化变质岩。因岩体完整性较差，用孔径法测试3段无法获得测试数据，后改为水压致裂法测试了13段，仅6段获得测试资料，最大主应力方向应模方位测试3段，测试成果详见表4.2-5。

测试成果表明，坝址区最大水平主应力为3.4～5.1MPa，最小水平主应力为2.5～3.7MPa，水平应力随埋深增加而增大，但梯度变化不大；3段应力方位测试显示最大主应力的方向较为一致，为N50°W左右。

3）空间地应力孔布置在右岸PD202平洞洞深355m下游壁，岩性为D_1a^4浅变质层状岩体，采用三孔交会法测试，测试结果见表4.2-6。

表 4.2-5 河床深孔地应力测试成果

测段序号	测段深度 H/m	最大水平主应力 σ_1/MPa	最小水平主应力 σ_2/MPa	最大水平主应力方位角/(°)
1	92.0	3.4	2.7	NW50
2	100.0	4.0	3.0	
3	104.7	3.9	2.5	
4	110.5	4.6	3.3	
5	112.5	4.8	3.6	NW55
6	114.2	5.1	3.7	NW44

表 4.2-6 空间地应力测试成果

参数	σ_1/MPa	α_1	β_1	σ_2/MPa	α_2	β_2	σ_3/MPa	α_3	β_3
数值	7.96	24.40°	S11.2°E	2.21	64.6°	N6.1°E	0.27	−6.7°	N81.8°E

注 1. 大地坐标系：X 为东西向，Z 为南北向，Y 为铅直向。
2. 倾角 α 以在平面上为正，β 为方位角。
3. 弹性模量 $E=2.0\times10^4$MPa。
4. 泊松比 $\mu=0.25$。

从测试成果可以看出，最大主应力 σ_1 为 7.96MPa，方位角为 S11.2°E，与区域主应力场近似一致。最大主应力方向在水平面上的投影与岩层走向近垂直、与河床近平行，在空间上与岩层面近垂直。地应力大小属中等略偏小。

（3）地应力测试成果分析。从测试成果分析，坝址区地应力具如下特点：①总体上地应力量值不高，属中等偏低，最大主应力为 4～10MPa，且地应力值离散性不大；②坝址区河谷地应力明显受地形影响，总体表现为自重应力场特征，在河谷两岸水平埋深不大的范围，地应力倾角有顺坡向规律（左岸倾角为正，右岸倾角为负），水平埋深越深，这种地形上的影响越小；③最大主应力方向在水平面上的投影与岩层走向近垂直、与河床近平行，在空间上与岩层面近垂直，与区域应力场最大主应力 NNW 方向基本一致。

4.2.3 岩体结构特征

4.2.3.1 岩体结构基本特征

阿海水电站坝址区岩体按其结构可分为两大类：一类是具块状结构特征的辉绿岩，另一类为具层状结构特征的浅变质岩和硅化变质岩。

（1）辉绿岩岩体结构特征。坝址区辉绿岩为华力西期顺层侵入，呈横河向的条带状分布，厚度约 80m，因条带规模不大，岩体总体上欠完整。从地表露头看，辉绿岩中平行于层状岩体层面的节理（部分具挤压性质的Ⅳ级结构面）和垂直层面方向的柱状节理发育，此外岩体隐微裂隙十分发育，致使岩体块度小（见图 4.2-18）。平洞内揭露的辉绿岩，弱风化岩体基本上为镶嵌碎裂—碎裂结构，即便是微风化—新鲜岩体亦多为镶嵌碎裂结构，只有少数洞段达到次块状，据平洞测试，*BSD* 一般为 20%～40%，坝基附近的平洞共揭露强风化以下辉绿岩长度约 670m，其中属碎裂结构的约为 133m，约占 20%，属次块状的约为 38m，约占 6%，其余为镶嵌碎裂结构。钻孔揭露的辉绿岩岩芯多呈碎块状、短柱状或部分柱状，岩芯完整程度不高，图 4.2-19 为辉绿岩典型钻孔岩芯，据 *RQD* 统计，一般为 12%～22%。

图 4.2-18　左岸江边辉绿岩结构特征

图 4.2-19　辉绿岩典型钻孔岩芯

坝址区辉绿岩按照块状结构划分标准，绝大部分应为碎裂结构岩体，虽然岩体中裂隙密集，但是被裂隙切割的岩块之间嵌合紧密，反映出平洞内岩体具有较高的整体稳定性、钻孔岩芯呈似完整柱状（裂隙切割的碎块能保持柱状）、岩体透水率低，且声波较高（弱风化下部一般在 4500m/s 以上），因此坝址区辉绿岩体为嵌合紧密、具较高整体强度的碎裂结构岩体。

（2）层状岩体结构特征。坝址区大面积出露的层状岩体以层面为最主要结构面，其余方向裂隙较少，地表测绘或勘探成果均反映出岩体具明显的层理面以及砂岩类和板岩类间次出现，属单一型结构面的层状结构岩体。现场对坝址区野外露头和平洞内揭露的层状岩体的单层岩体真厚度进行了大量测量工作，其中对坝基主要岩体 D_1a^2 岩层的单层厚度比例统计成果见表 4.2-7。从表中可以看出，岩体绝大部分岩层厚度在 30cm 以下，以薄层—互层状岩体为主，约占到 80%。对 D_1a^3 岩层的统计成果亦表明仍然以薄层和互层状结构岩体为主，占到 80%以上。

表 4.2-7　　D_1a^2 岩层单层厚度比例统计表

实测位置	薄层状结构/%	互层状结构/%	中厚层状结构/%	厚层状结构/%
左岸江边	51.33	29.34	9.59	9.75
右岸江边	50.19	32.03	14.67	3.10
PD234-1	41.58	44.41	8.70	5.31
PD235-1	36.53	40.51	8.87	14.09
总计	48.52	31.76	8.42	11.30

以上情况仅只表明了岩体的表观结构特征，事实上从勘探以及声波测试成果均表明了 D_1a^2、D_1a^3 层状岩体具有较高的完整性。

根据平洞口和平洞内岩体层厚调查，同一岩体在洞口（见图 4.2-20）的层数大大高于洞内（见图 4.2-21），由此可见，随着风化程度的减弱，层理之间黏结情况变好，岩体层面大大减少，所谓的层面仅仅表现为一种纹理构造，岩体结构变化明显，岩体完整程度明显增高，在 PD234、PD235 以及支洞内进行的 BSD（类似于钻孔 *RQD*）统计表明，微

风化以下岩体 *BSD* 平均值为 92%，见表 4.2-8。

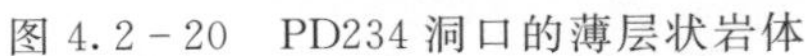

图 4.2-20 PD234 洞口的薄层状岩体

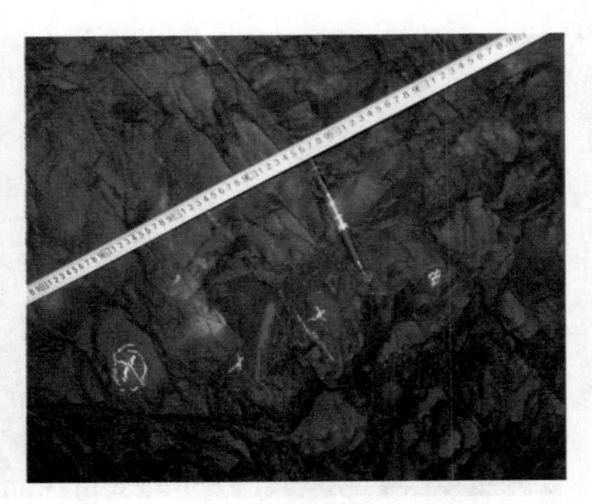

图 4.2-21 PD234 对应洞口处的岩体

表 4.2-8　　D_1a^2 岩层坝基平洞 *BSD* 统计成果表

平洞编号	位　置	高程/m	微风化—新鲜岩体 *BSD*/%	
			$Ⅲ_1$	$Ⅲ_2$
PD234-1	PD234 支洞	1428.86	90.06 (44～61.3m)	
PD235	Ⅴ勘线左岸	1433.40	98.27 (9～46.6m)	
PD235-1	PD235 上游支洞	1433.40	95 (0～79m)	
PD235-2	PD235 下游支洞	1433.40	95.1 (0～28m)	94 (28～49.5m)
PD237	Ⅴ勘线左岸	1495.68	93.4 (60～82.5m)	
PD240	厂轴右岸	1431.75	96.8 (22～46.8m)	
PD240-1	厂轴右岸	1431.75		88.4 (0～35m)
PD241	厂轴左岸	1431.95	95.5 (25～49m)	
PD241-1	厂轴左岸	1431.95	93.88 (0～60.5m)	

通常如此大范围的薄层状岩体，钻孔岩芯应以薄片状为主，*RQD* 应当非常低，而对坝基部位钻孔 *RQD* 统计成果（表 4.2-9）表明，微风化—新鲜岩体 *RQD* 一般为 46%～85%，平均达 70%。从钻取的岩芯来看，见图 4.2-22、图 4.2-23，由于层面之间胶结程度良好，在钻孔钻进扰动下，大多数层理不能分开，岩芯成柱程度高，且许多裂开面是由于钻进过程和取芯时人为的扰动所造成的，在原始情况下岩体的完整程度更高。

表 4.2-9　　D_1a^2 岩层河床及附近钻孔 *RQD* 统计成果表

钻孔编号	位　　置	高程/m	*RQD*/%
ZK237	Ⅴ勘线左岸	1442.39	85.6
ZK243	Ⅴ勘线河中	1398.11	69.6
ZK244	坝后厂房轴线左岸漫滩部位	1409.96	46.2
ZK247	坝后厂房轴线左岸河床	1415.81	85.7
ZK238	Ⅴ勘线右岸	1440.87	71
ZK246	坝后厂房轴线右岸下游	1451.69	76

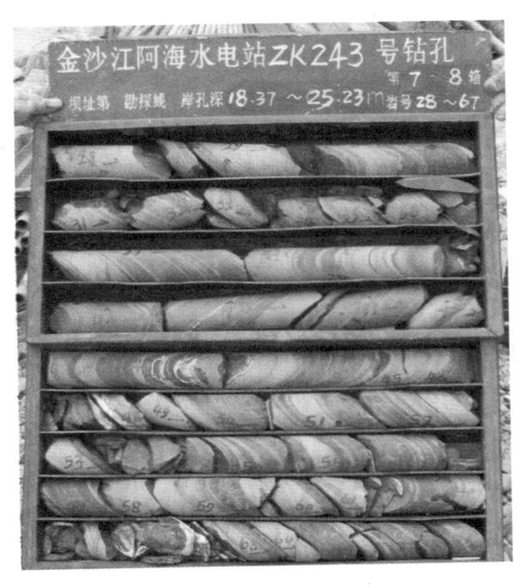

图 4.2-22 ZK243 钻孔 18.37～25.23m 岩芯

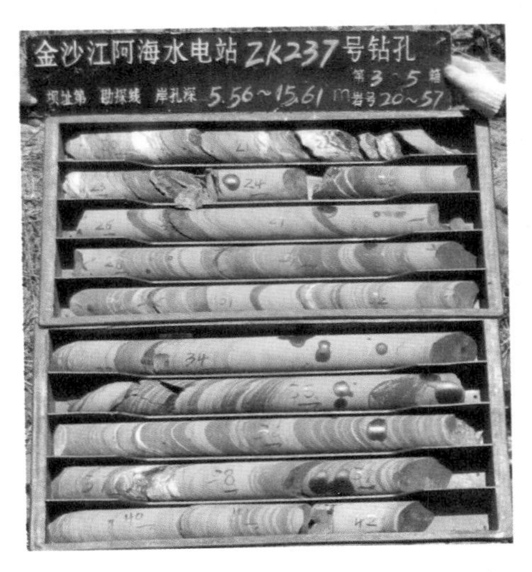

图 4.2-23 ZK237 钻孔 5.56～15.61m 岩芯

从声波测试成果来看，也反映出层状岩体具较高的完整性。布置于河床部位 D_1a^2 岩层上的钻孔 ZK243、ZK244、ZK247 综合测井表明，冲积层以下岩体（微风化—新鲜岩体）除表部约 1m 声波较低外，其余声波均在 4000m/s 以上。两岸据平洞声波测试，微风化以下岩体，洞壁锤击法测试，波速一般在 3000～4000m/s 之间；穿透法测试成果，波速一般为 4200～5500m/s（其中不小于 5000m/s 占 58%）。由声波波速值导出完整性系数与规范相对应的岩级划分和单纯用层厚—结构面间距对其进行结构划分所对应岩级是不对应的。

综上所述，坝基层状岩体具有以下基本特征：

(1) 岩层单层厚度均不大，从实测资料其厚度大都小于 10cm，以薄层—互层状结构为主。

(2) 钻孔岩芯 *RQD* 值和平洞岩体 *BSD* 值较高，岩芯较完整，且岩芯层理面清晰，在受到钻孔钻进扰动后，层理黏结完好，仍能保持长柱状。

(3) 岩层层数随着洞深逐渐减少。由于风化程度的降低，洞内岩体仍能保持其良好的完整性，层理面之间的黏结力能够抵抗住外部风化营力的进入而不致拉开。

(4) 具有较高的完整性。根据统计分析，微风化—新鲜岩体波速在 3500m/s 以上，完整性系数在 0.50 以上，说明层面之间黏结十分紧密。

4.2.3.2 岩体结构分类

阿海水电站坝基层状岩体是一种黏结良好的薄层状岩体，对于此类岩体的岩体结构划分不能简单地套用国标当中层状结构的划分方法，而应当在标准的基础上，充分考虑到岩石质量指标（*RQD* 或平洞 *BSD*）和岩体完整程度来开展分类。同时，对于辉绿岩等块状岩体，在开展其结构分类时也应充分考虑岩块之间的嵌合能力。

充分考虑到本工程岩体的实际情况并结合专题研究的成果，将坝址区岩体结构划分为两大类：层状结构和块状结构。块状结构岩体适用于坝址区的辉绿岩，根据辉绿岩节理裂隙发育程度及岩体完整程度，将其结构进一步划分为次块状结构、镶嵌结构、碎裂结构和散体结构，同时考虑岩块间的嵌合力。层状结构岩体适用于坝址区的变质岩，考虑到岩层的层间结合情况，由此将层状结构划为“层间结合好的似完整层状结构”和“层间结合一般的层状结构”两个亚类，其中层间结合一般进一步按单层厚度划分为厚层状结构、中厚层状结构、中厚层夹薄层状结构及薄层夹中厚层状结构。层状碎裂结构并入块状结构岩体中的碎裂结构，对于全风化和强卸荷带的强风化岩体均划分为散体结构。具体结构分类详见表 4.2－10。

表 4.2－10 坝址区岩体结构分类表

类型	亚类		岩体结构特征
次块状结构			裂隙间距<0.5m，岩芯呈长柱状，岩体完整—较完整，岩体微透水
镶嵌结构	紧密镶嵌	裂隙间距<0.3m，岩芯呈长柱状，岩体较完整，岩体透水性较弱	
	一般镶嵌	裂隙间距<0.3m，裂隙嵌合轻度松弛，岩体较完整—完整性差，岩体透水性弱	
层状结构	层间结合好的似完整层状结构		层间胶结紧密结合好呈厚层状，岩体较完整，单层厚度一般为 100～50cm，局部夹薄层或中厚层岩体，节理轻度发育
	层间结合一般的层状结构	中厚层状结构	岩体较完整，呈中厚层状，单层厚度一般为 50～30cm，局部夹薄层或厚层岩体，节理较发育
		中厚层夹薄层状结构	岩体较完整或完整性较差，中厚层与薄层呈互层状，中厚层单层厚度一般为 30～10cm，薄层单层厚度一般小于 10cm，以中厚层为主，节理较发育或发育，节理间距一般为 30～10cm
		薄层夹中厚层状结构	岩体较完整或完整性较差，薄层与中厚层呈互层状，中厚层单层厚度一般为 30～10cm，薄层单层厚度一般小于 10cm，以薄层为主，节理较发育或发育，节理间距一般为 30～10cm
碎裂结构			辉绿岩裂隙间距<0.1m，岩体松弛，裂隙基本没有嵌合能力，岩体较碎—破碎，岩体透水性较强；层状岩体单层厚度一般小于 10cm，破碎，层间节理或挤压面发育，结构面间距一般小于 10cm
散体结构			强卸荷带或构造破碎带及全风化带，岩体极破碎，结构面很发育，间距一般小于 10cm，岩屑或泥质物夹岩块

4.2.4 复杂层状岩体物理力学特性

4.2.4.1 岩石物理力学特性

坝址区共进行了 28 组新鲜岩石常规物理力学试验，其中辉绿岩 5 组、砂岩类 4 组、互层状的砂板岩 16 组、板岩类 3 组，具体试验成果见表 4.2－11。

根据试验成果，坝址区的辉绿岩受隐微裂隙发育程度的影响，抗压强度差别较大，较完整时单轴饱和压强度在 100MPa 左右，隐微裂隙发育时一般为 30～50MPa，软化系数一般在 0.65 以上；砂岩、砾岩强度高，风化对其影响不大，且各向异性不明显，单轴饱和抗压强度一般为 70～100MPa，软化系数平均约 0.75；其他的层状岩石由于层理发育，各向异性明显，而试验所取试样绝大部分为钻孔岩芯，其加压方向大多斜交于层理面，抗压强度普遍较低，仅仅反映了层理面或层面的结合强度，单轴饱和抗压强度 10～60MPa 不等，

表 4.2-11　　坝址区岩石物理、力学性试验成果汇总表

岩性及试件特征		组数	统计值	相对密度	密度/(g/cm³)	空隙率/%	吸水率/%	抗压强度/MPa		软化系数	抗剪强度		弹性模量/万 MPa		泊松比 μ		纵波速度/(km/s)
								干	湿		φ/(°)	c/MPa	干	湿	干	湿	
辉绿岩	完整	2	最大值	3.07	3.03	1.63	0.04	175.80	95.73	0.62	54.80	13.20	9.89	9.58	0.29	0.31	
			最小值	3.05	3.02	0.66	0.02	140.30	87.60	0.54	48.20	7.00	6.66	6.61	0.19	0.20	
			平均值	3.06	3.03	1.15	0.03	158.05	91.67	0.58	51.50	10.10	8.28	8.10	0.24	0.26	4.70
	较完整	3	最大值	3.02	3.01	2.34	0.10	85.60	59.80	0.83			9.61	5.94	0.18	0.32	5.00
			最小值	2.99	2.92	0.33	0.03	33.90	26.50	0.48			4.12	3.49	0.12	0.18	4.50
			平均值	3.01	2.97	1.22	0.07	62.99	36.47	0.66	41.90	4.00	6.71	4.72	0.16	0.25	4.80
钙质长石石英砂岩		3	最大值	2.73	2.68	0.74	0.48	154.00	124.60	0.94			6.82	6.73	0.23	0.24	4.80
			最小值	2.69	2.62	0.37	0.11	104.40	74.40	0.55			1.51	4.64	0.18	0.19	4.60
			平均值	2.71	2.66	0.56	0.24	133.10	100.70	0.77	46.20	10.70	4.45	5.66	0.21	0.22	4.70
复成分砾岩		1	平均值	2.72	2.66	2.21	0.22	112.83	66.83	0.68			7.07	6.28	0.18	0.21	
砂板岩互层（砂岩占30%～70%）	斜层面（40°～60°）	9	大值平均	2.78	2.73	3.36	0.79	118.70	80.40	0.88	53.70	9.80	5.80	4.62	0.45	0.45	4.70
			小值平均	2.68	2.59	0.75	0.18	15.80	4.30	0.16	45.80	5.80	2.19	0.96	0.12	0.13	3.10
			平均值	2.74	2.68	1.63	0.35	63.47	33.87	0.56	49.02	7.40	4.07	2.99	0.21	0.23	4.20
	⊥	1	平均值	2.74	2.69	1.82	0.99	159.90	117.73	0.74	46.60	8.00					
板岩夹砂岩（砂岩≤30%）	斜层面（45°）	5	大值平均	2.79	2.69	4.13	0.69	22.30	15.75	0.60			4.34	3.68	0.25	0.28	4.10
			小值平均	2.72	2.64	2.08	0.26	17.07	9.74	0.34			3.91	1.26	0.15	0.18	4.10
			平均值	2.75	2.67	2.90	0.43	20.21	12.15	0.54	46.50	8.85	4.13	2.47	0.18	0.21	4.10
	⊥	1	平均值	2.72	2.68	1.47	0.28	137.60	102.95	0.75	45.50	6.30					
板岩	斜层面（40°～60°）	3	最大值	2.71	2.65	2.25	0.63	14.60	7.10	0.52			3.48	3.76	0.16	0.20	4.60
			最小值	2.67	2.61	2.21	0.43	5.90	2.60	0.25			3.35	2.70	0.14	0.16	3.20
			平均值	2.65	2.63	2.23	0.54	10.11	4.20	0.41			3.41	3.23	0.15	0.18	4.10

注　“⊥”表示垂直层面加压；“（45°）”表示加压方向与层面夹角大小。

其中砂岩含量对成果影响较大，砂岩含量高抗压强度也高，软化系数一般为 0.5～0.6，从少量的对比成果看，互层状的砂、板岩在垂直层面加压时，强度高，单轴饱和抗压强度为 100MPa 左右，且砂岩所占比例对成果影响不大。

为了更全面地了解层状岩体的各向异性，在坝基专题研究过程中，在平洞内取了大量的块状样，按岩性及组合分别对垂直层面加压和平行层面加压情况下的饱和抗压强度进行了试验研究，结果见表 4.2－12，同时通过对砂岩类与板岩类互层岩样中的粉砂岩和泥质板岩所占百分比与其饱和抗压强度的相关关系进行分析，见图 4.2－24 和图 4.－25，砂岩含量与其饱和抗压强度大致呈正比关系，与泥质板岩含量大致呈反比关系。

表 4.2－12　坝址各种岩性饱和抗压强度统计表

试样岩性	组数	饱和抗压强度平均值/MPa	加压方向
辉绿岩	2	90.05	
砂岩	2	89.40	与层面 40°交角
	4	77.95	平行层面
	1	87.50	垂直层面
粉砂岩	2	66.25	垂直层面
	2	59.90	平行层面
板岩	2	21.00	平行层面
	1	27.30	垂直层面
砂岩类与板岩类互层	47	20.02	平行层面
	19	39.71	垂直层面

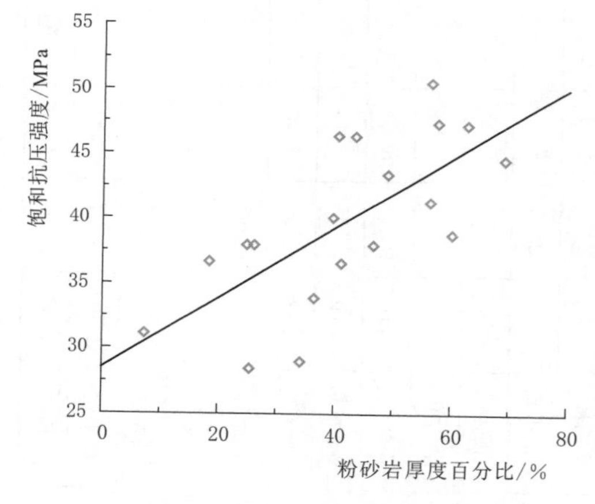

图 4.2－24　组合岩石饱和抗压强度与粉砂岩厚度百分比关系图

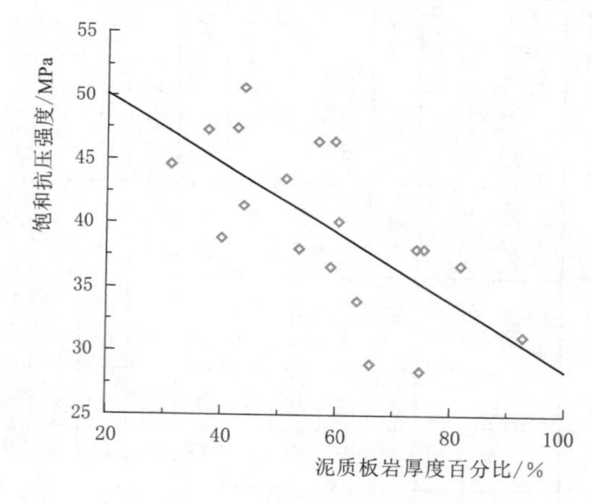

图 4.2－25　组合岩石饱和抗压强度与泥质板岩厚度百分比关系图

试验结果表明，砂岩类和板岩类呈互层状的组合岩石其抗压强度具有明显的各向异性特征：垂直层面加压时，层面等结构面逐渐压密，反映出岩石单轴抗压强度相对高，单轴饱和抗压强度绝大多数在 30～60MPa，为较硬岩；顺层加压时的单轴饱和抗压强度大部分都低于 30MPa，这与岩层在无侧限时沿层面等结构面产生折断有关，属于较软岩或软岩，少部分在 30～45MPa 之间，属于较硬岩，但考虑到坝基岩石都是处于一定围压状态，受侧限的，因此抗压强度也应该比单轴试验值高，与压力垂直层面时的试验值应该相当或者更高，并且跟组合岩石中的坚硬岩（粉砂类）的百分含量也应该呈正比关系。所以坝基粉砂岩和含炭质、泥质板岩互层的组合岩石顺层面的抗压强度应该在30～60MPa之间，属于较硬岩。板岩类单轴饱和抗压强度一般为20～30MPa，属于较软岩。

4.2.4.2 声波测试成果

（1）声波测试成果综述。坝址区进行了大量声波测试工作，主要有平洞内的表面锤击法岩体声波测试、风钻孔单孔发射法和双孔穿透法声波测试和钻孔综合测井，同时对部分平洞亦进行了单孔发射法声波测试，其中对坝基部位主要岩体 D_1a^2 岩层和辉绿岩所进行的各项声波测试成果进行了分析统计，成果见表4.2-13～表4.2-15。

表4.2-13　坝基各岩层平洞声波成果分类统计表

统计方法	地层岩性	统计类别	测试方法及平均波速/(km/s)			
			锤击法	单孔发射法1	双孔穿透法	单孔发射法2
按风化程度	辉绿岩	弱风化	2.80	3.67	4.5	4.69
		微风化—新鲜	4.40	5.34	5.59	5.09
	D_1a^2	弱风化	3.50	5.2	5.18	3.51
		微风化—新鲜	3.70	5.15	5.20	4.48
按岩体结构	辉绿岩	碎裂结构	2.7	—	—	3.92
		镶嵌碎裂结构	3.82	4.66	5.09	4.90
		次块状结构	4.64	5.59	5.68	5.30
	D_1a^2	碎裂结构	—	—	—	—
		互层状结构	3.93	5.08	5.22	4.47
		似完整层状结构	3.64	5.24	5.18	4.38

注　单孔发射法1使用的测试仪型号为RS-ST01C，单孔发射法2使用的测试仪型号为RSM-SY5。

表4.2-14　D_1a^2 地层各岩体声波平均值（锤击法声波及钻孔测井）

勘探类型	编号	洞深/m	段长/m	风化	岩体结构	平均 v_P /(km/s)	完整性系数 K_v
平洞	PD234	3～6.5	3.5	弱风化	碎裂结构	2.24	0.16
		6.5～48	41.5	微新	似完整层状结构	4.14	0.49
	PD234-1	0～44	44	微新	似完整层状结构	3.96	0.48
	PD235	3～12	9	弱风化	互层状结构	4.22	0.45
		12～46	34	微新	似完整层状结构	4.53	0.61
	PD235-1	0～49	49	弱风化	互层状结构	3.33	0.34
钻孔	ZK243	18.4～120.8	102.4	微新	似完整层状结构	4.88	
	ZK244	13.8～42.5	28.7	微新	似完整层状结构	5.0	
	ZK247	10～11.4	1.4	弱风化	碎裂结构	4.6	
		11.4～49.46	38.06	微新	似完整层状结构	5.0	

表 4.2-15　D_1a^2 岩层微风化—新鲜岩体分段波速统计表

波速分段/(km/s)		$v_P<2$	$2\leq v_P<3$	$3\leq v_P<4$	$4\leq v_P<5$	$v_P\geq5$	合计
PD234	段长/m	0	1	11	22	8	42
	所占比例/%	0	2.4	26.2	52.4	19.0	
PD234-1	段长/m	0	1	17	24	0	42
	所占比例/%	0	2.4	40.5	57.1	0	
PD235	段长/m	0	0	4	16	14	34
	所占比例/%	0	0	11.8	47.0	41.2	
ZK243	段长/m	0	0.2	2.6	58.4	41.2	102.4
	所占比例/%	0	0.2	2.5	57.0	40.3	
ZK244	段长/m	0	0	1	14.7	13	28.7
	所占比例/%	0	0	3.5	51.2	45.3	
ZK247	段长/m	0	0	0.8	18.4	18.4	37.6
	所占比例/%	0	0	21.2	48.9	48.9	
平均所占比例/%		0	0.8	17.6	52.3	32.3	

根据表面锤击法声波测试成果，辉绿岩体纵波速度 v_P 值：强风化岩体一般为 1.00～1.50km/s，平均为 1.20km/s；弱风化岩体一般为 2.10～3.60km/s，平均为 2.80km/s；微风化—新鲜岩体一般为 3.80～4.80km/s，平均为 4.40km/s。D_1a^2 层状岩体纵波速度 v_P 值：弱风化岩体一般为 2.80～4.20km/s，平均为 3.50km/s；微风化—新鲜岩体一般为 3.20～4.30m/s，平均为 3.70km/s。从成果反映出相同类型风化岩体辉绿岩纵波速度 v_P 值较 D_1a^2 层状岩体高。

根据单孔发射法声波测试成果，按风化程度，弱风化辉绿岩体 v_P 值一般为 2.5～4.0km/s，平均为 3.67km/s，微风化—新鲜岩体 v_P 值一般为 4.0～5.9km/s，平均为 5.34km/s；弱风化的 D_1a^2 层状岩体 v_P 值一般为 4.6～5.5km/s，平均为 5.2km/s，微风化—新鲜岩体一般为 5.0～5.5km/s，平均为 5.15km/s。按岩体结构，具镶嵌碎裂结构和次块状结构的辉绿岩平均 v_P 值分别为 4.66km/s 和 5.59km/s；具互层状结构和似完整层状结构的 D_1a^2 岩体平均 v_P 值分别为 5.08km/s 和 5.24km/s，两者结果较为接近。

双孔穿透法声波测试成果与单孔发射法测试成果对于同类岩体声波值相差不大或基本接近。从综合测井声波成果看，各岩体声波值与双孔穿透法和单孔发射法声波测试成果亦基本相当。

（2）各声波成果分析。通过对风钻孔单孔发射和双孔穿透与表面锤击法测试成果的对比分析，坝基岩体声波具以下特点：

1）从锤击法声波成果看，坝基岩体总体声波波速不高，属中等；而根据风钻孔（单孔发射和双孔穿透，以下同）声波成果，岩体声波普遍较高，这反映了岩体在原始状态下具有较高的整体强度和结构紧密程度，一定程度上也体现了岩体具有较高的完整性，且相对应同等风化程度和类似结构的辉绿岩体和 D_1a^2 层状岩体，各岩体之间声波值差别不大。

2）无论是辉绿岩或是 D_1a^2 层状岩体，对应同等风化程度和类似结构岩体，风钻孔声波波速普遍高于锤击法声波波速：辉绿岩一般高 0.87～0.94km/s，浅变质岩中一般高 1.45～1.70km/s。这与平洞开挖爆破造成洞壁岩体产生松弛（即松动圈）以及松弛程度（松动圈厚度）有关。

3）根据对 D_1a^2 岩层分段声波统计结果（表 4.2-15），微风化—新鲜岩体声波值绝大多数大于 4.0km/s，且相当部分在 5.0km/s 以上。大于 4.0km/s 一般占到 70%～97%，平均 85%。

根据 7 个平洞风钻孔单孔声波测试成果，按不同的结构类型和风化度对洞壁岩体松动圈厚度进行统计，结果见表 4.2-16。从表中可看出，平洞内岩体松动圈厚度一般为 0.45～0.75m。

表 4.2-16　　坝基部位岩体松动圈厚度分布统计表

统计方法	岩性	统计类型	平均厚度/m	测点数/个
按岩体结构	辉绿岩	次块状结构	0.45	25
		镶嵌碎裂结构	0.74	58
		碎裂结构	0.57	10
	D_1a^2	似完整层状结构	0.59	47
		互层状结构	0.6	37
按风化	辉绿岩	弱风化	0.65	59
		微风化	0.75	36
	D_1a^2	弱风化	0.34	78
		微风化	0.61	5

（3）各向异性声波测试成果。为了解坝址区层状岩体声波的各向异性特征，即不同角度（与层面交角）穿透岩体的声波变化情况，本阶段在平洞内共布置了 15 个“米字格”声波穿透试验断面（断面面积 2m×6m），其中对坝基主要岩体 D_1a^2 地层布置了 5 个。

“米字格”声波穿透试验布置如图 4.2-26 所示。每一个测试区一般布置 6 个风钻孔，形如“米”字，上、下平行的两排孔相邻孔孔距一般在 1.2～1.4m 之间。第一排三个孔从左至右标号为 1 号孔、2 号孔、3 号孔，第二排孔从左至右依次标号为 4 号孔、5 号孔、6 号孔，1 号孔和 4 号孔均在洞壁的左侧，测线 1-3 和测线 4-6 方向与洞径方向平行。当测线 1-6 和测线 3-4 间声波不能穿透时，在两测线交点处布置 7 号孔进行加密测试。

根据测试成果，将“米字格”波速数据点与夹角（与岩层夹角）进行统计分析，得到夹角与波速关系图，详见 4.2-27。

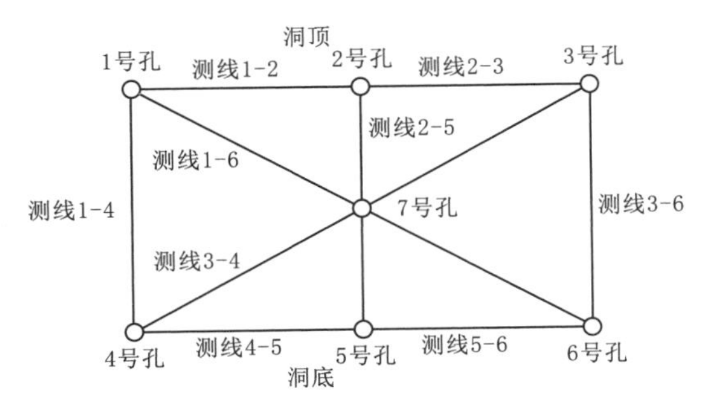

图 4.2-26　坝基平洞“米字格”风钻孔测线布置示意图

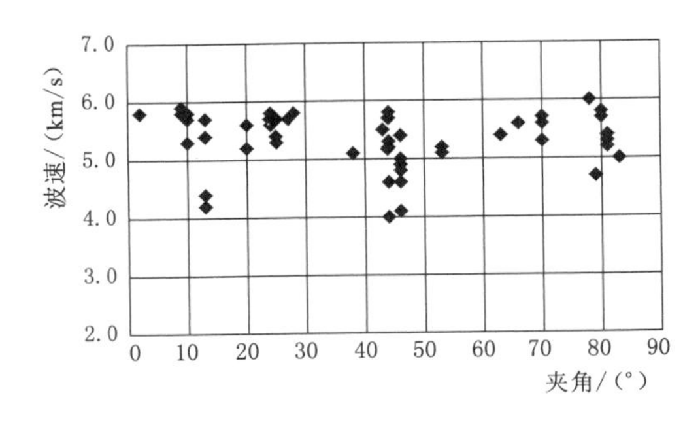

图 4.2-27　波速与夹角关系图

从图 4.2-27 中可以看出，总体上声波以大于 5.0km/s 居多数，小于 5.0km/s 的声波主要集中在与岩层呈 45°左右夹角，而夹角小于 30°或大于 70°高波速值分布较多。

为了能更直观反映声波的各向异性，弱化数据点的离散度，按夹角区间即 0°～10°、

11°～20°、21°～30°、31°～40°、41°～50°、51°～60°、61°～70°、71°～80°、81°～90°对相应区间内的波速求平均值（见表 4.2-17），并绘制成夹角与平均波速关系见图 4.2-28。

表 4.2-17 地层 D_1a^2 中 5 个"米字格"夹角与平均波速表

夹角/(°)	5	15	25	35	45	55	65	75	85
平均波速/(km/s)	5.83	5.28	5.58	5.1	5.08	5.15	5.5	5.46	5.41

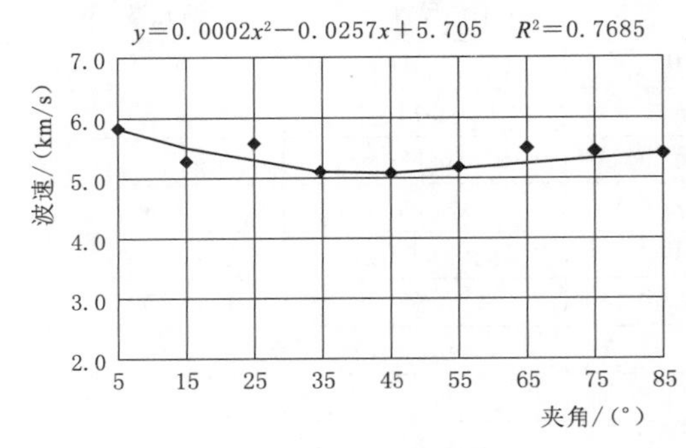

图 4.2-28 夹角与平均波速关系图

从图 4.2-28 可以看出，通过二次多项式拟合出来的拟合系数达到 0.7685，说明拟合的变化规律公式较合理，通过拟合公式可以得到 5°～85°之间任何夹角的波速值。从曲线的形态呈平缓凹形可以看出，大致以 45°为界，随夹角的减小和增大波速逐渐增大，即夹角趋于 0°或趋于 90°时，声波值趋于最大。总体上看，各夹角情况下声波值相差不大或较接近，这表明对于层状岩体而言，声波各向异性不明显，且声波值总体较高也反映了 D_1a^2 层状岩体层间结合的紧密程度和岩体的完整性，这与前面其他声波测试成果的结论是一致的。

4.2.4.3 复杂层状岩体力学试验及成果分析

阿海水电站坝址区进行了大量的现场岩体力学试验工作，其中对坝基主要岩体 D_1a^2 岩层布置了 2 组岩体/岩体抗剪、2 组岩体/混凝土抗剪、24 点变形试验和 4 点载荷试验，详见表 4.2-18。

表 4.2-18 坝基 D_1a^2 岩层现场岩体力学试验点汇总表

工程部位	平洞编号	位置/(桩号 m)	试验内容		数量
坝址右岸	PD234	14～16	变形	P⊥层面	1 点
		20～22	变形	P⊥层面	1 点
				P⊥洞底	1 点
				P//层面	1 点
	PD234-1	29～32	变形	P⊥层面	1 点
				P⊥洞底	1 点
		47～49	变形	P⊥层面	1 点
				P⊥洞底	1 点
				P//层面	1 点
		42～54	变形	P⊥洞底	1 点
			抗剪	岩体/混凝土	1 组
		54～67	变形	P⊥洞底	1 点
			抗剪	岩体/岩体	1 组
	PD240-1	12.2	载荷	P⊥洞底	1 点
		34.7			1 点

续表

工程部位	平洞编号	位置/(桩号 m)	试验内容		数量
坝址左岸	PD235	11～13	变形	P//层面	1点
		15～17	变形	$P\perp$洞底	1点
		19～21	变形	P//层面	1点
	PD235-1	1.5～3.5	变形	P//层面	1点
	PD235-2	13～27	变形	$P\perp$洞底	1点
			抗剪	岩体/混凝土	1组
		30～44	变形	$P\perp$洞底	1点
			抗剪	岩体/岩体	1组
		47.5～49	变形	$P\perp$层面	1点
				$P\perp$洞底	1点
				P//层面	1点
	PD241-1	8.5	载荷	$P\perp$洞底	1点
		23.1			1点

同时，在开展专题研究过程中，对坝址区各地层岩体进行了部分的现场变形试验和针对 D_1a^2 地层中粉砂质板岩相对集中部位进行了专门的变形试验和荷载试验。

(1) 岩体变形试验及成果分析。

1) 岩体变形试验成果综述。坝址区平洞内进行了大量的变形试验工作，并进行相应单孔声波测试，试验方法以刚性承压板法为主，承压板直径 52cm，最大压力 5MPa。在 PD204 对与 D_1a^2 岩性相类似的 D_1a^4 地层进行了一组狭缝法（扁千斤顶）对比试验。坝基部位各岩层变形试验成果见表 4.2-19～表 4.2-21。

根据表 4.2-19 试验成果，舍弃部分歧异点成果，分类统计成果见表 4.2-22。

此外，在专题研究过程中在地表针对 D_1a^2 地层中粉砂质板岩相对集中带和以板岩为主的互层状岩体进行了专门的变形试验，成果见表 4.2-23。试验方法采用承压板法，承压板直径为 40cm。

表 4.2-19　坝基 D_1a^2 层状岩体变形试验成果汇总表

试验点编号	岩体特征	加压方向	弹性模量/GPa		变形模量/GPa		单孔声波波速平均值/(m/s)
			试验值	均值	试验值	均值	
E_{234-3}	砂岩为主，含量>70%，微风化—新鲜，似完整层状结构	P//层面	60.041	—	35.641	—	5054
E_{234-5}			73.079*		48.872*		5550
E_{234-6}		$P\perp$层面	44.939	—	30.545	—	5042
E_{234-7}		$P\perp$洞底	72.47*	66.3	49.370*	39.5	5498
E_{234-9}			64.221*		51.969*		5517
E_{234-11}			66.267		39.492		5315

续表

试验点编号	岩体特征	加压方向	弹性模量/GPa		变形模量/GPa		单孔声波波速平均值/(m/s)
			试验值	均值	试验值	均值	
E_{234-10}	互层状岩体，砂岩含量30%～70%，微风化—新鲜，似完整层状结构	P//层面	33.851	32.1	22.028	20.4	4964
E_{235-4}			30.49		18.854		4644
E_{234-2}		P⊥层面	52.13*	18.9	25.388*	11.9	3796
E_{235-1}			13.255		9.132		3899
E_{235-3}			25.935		13.358		4579
E_{234-4}			20.274		14.322		4413
E_{234-8}			16.393		11.091		4417
E_{234-1}		P⊥洞底	26.92	28.38	12.776	16.96	4423
E_{235-2}			42.191*		28.696*		4875
E_{235-5}			34.93		25.848		4943
E_{235-6}			23.286		12.27		4559
E_{235-9}	板岩集中带，板岩含量>70%，微风化—新鲜，似完整层状结构	P//层面	7.543		14.603		4167
E_{235-8}		P⊥层面	6.838		4.54		3733
E_{235-7}		P⊥洞底	8.484		6.106		3980

注　表中带“*”者未参与均值统计。

表 4.2-20　弱风化辉绿岩岩体变形试验成果汇总表

试验点编号	岩体特征	弹性模量/GPa		变形模量/GPa		单孔声波波速平均值/m/s
		试验值	平均值	试验值	平均值	
E_{201-1}	辉绿岩，弱风化，镶嵌碎裂结构	2.87*	12.3	1.626*	7.6	—
E_{201-2}		17.16		10.69		—
E_{201-3}		7.109		3.735		3228
E_{201-4}		12.029		8.479		3800
E_{202-1}		26.77*		21.99*		—
E_{202-2}		13.619		9.692		4252
E_{203-1}		13.011		7.426		—
E_{203-4}		10.923		5.874		3553

注　加压方向均垂直洞底板，带“*”者未参与均值统计。

表 4.2-21　D_1a^3、D_1a^4 层状岩体变形试验成果汇总表

岩性或岩组	试验点编号	岩体特征	弹性模量/GPa		变形模量/GPa		单孔声波波速平均值/(m/s)	加压方向
			点数	试验值	点数	试验值		
D_1a^4	E_{202-3}	砂岩类与板岩类互层，微风化—新鲜，薄层为主的层状结构	1	3.591	1	2.164	3349	P⊥洞底
	E_{202-5}		2	1.314	2	1.046	2671	P⊥层面
	E_{204-1}			2.572		1.865	—	
	E_{202-4}		2	10.692	2	7.364	4110	P//层面
	E_{204-2}			31.236		24.598	—	
	E_{204-3}		1	33.46	1	27.88	—	P//层面
	E_{204-4}		1	13.58	1	9.12	—	P⊥层面

续表

岩性或岩组	试验点编号	岩体特征	弹性模量/GPa		变形模量/GPa		单孔声波波速平均值/(m/s)	加压方向
			点数	试验值	点数	试验值		
D_1a^3	E_{203-2}	砂岩居多的硅化变质岩，微风化—新鲜	1	95.99	1	53.91	—	P//层面
	E_{203-3}		1	104.07	1	59.13	—	$P\perp$层面

表 4.2-22　坝基岩体变形试验成果统计表

地层岩性	风化程度	弹性模量均值/GPa	变形模量/GPa		单孔声波波速均值/(m/s)	加压方向
			均值	小值均值		
辉绿岩	弱	12.31	7.65	4.8	3700	
D_1a^2	微新	41.5	25.5	20.4	4887	P//层面
		18.9	12.0	10.1	4237	$P\perp$层面
		38.7	23.8	12.5	4823	$P\perp$洞底
D_1a^3	微新	100.3	56.5			

表 4.2-23　地表两岸岸边岩体变形试验结果表

位置	试验点编号	岩　　性	加压方向	岩体纵波速度/(m/s)	变形模量均值/GPa
右岸	YB1	板岩	垂直水平面	3846	9.4
	YB2	板岩	垂直水平面	3544	7.0
	YB3	板岩	垂直水平面	3431	6.7
	YB4	板岩	垂直水平面	3247	5.1
	YB5	板岩	垂直水平面	3291	5.3
	YB6	板岩	垂直水平面	2819	4.1
左岸	ZT1B1	板岩	垂直水平面	3209	5.1
	ZT1B2	板岩	垂直水平面	3408	5.4
	ZT1B3	板岩 18%，砂岩 82%	垂直水平面	3471	6.6
	ZT1B4	板岩 55%，砂岩 45%	垂直水平面	3397	6.2
	ZT1B5	板岩 55%，砂岩 45%	垂直水平面	3219	5.2
	ZT1B6	板岩 28%，砂岩 72%	垂直水平面	2961	4.6
	ZT2B1	板岩 65%，砂岩 35%	垂直水平面	3509	6.5
	ZT2B2	板岩 65%，砂岩 35%	垂直水平面	3473	7.3
	ZT2B3	板岩 35%，砂岩 65%	平行岩层面	4146	12.3
	ZT2B4	板岩 65%，砂岩 35%	平行岩层面	3904	10.6

根据变形试验成果，坝基各类岩体变形模量综述如下：

a. 右岸坝基的辉绿岩为均质岩体，弱风化下部岩体属紧密镶嵌碎裂结构岩体，其变形模量一般为 7～10GPa，最高达 21.99GPa，相应单孔声波波速为 3500～4500m/s，而弱风化上部一般镶嵌碎裂结构岩体变形模量为 4GPa 左右，相应单孔声波波速为 3000～3500m/s。

b. 对于 D_1a^3 地层因发生了中等程度的硅化变质，各方向的变形模量差异不大，各向异性不明显，且微风化—新鲜岩体变形模量高达50GPa以上，该层相当于高强度的均质岩体。

c. D_1a^2 地层为砂岩类与板岩类互层的层状岩体，也是坝基最主要的持力岩体，总体上变形模量较高。在平行层面和垂直洞底板加压情况下，变形模量相对高，多数大于20GPa，平均值分别达26.6GPa和31.5GPa，相应单孔声波波速为4500～5000m/s；在垂直层面加压情况下，变形模量较前两者相对低，一般在9～30GPa之间，平均值17.3GPa，相应单孔声波波速为4500m/s左右。从上述成果反映出 D_1a^2 层状岩体在抗变形性方面具一定的各向异性特征。从变形模量大小与岩性组合关系上看，以砂岩为主（相当于$Ⅲ_1$类岩体）的试验点变形模量最高，为35～39GPa；互层状砂岩板岩（相当于$Ⅲ_2$类岩体）次之，为9～25GPa；以板岩类为主的岩体相对最低，为4.5～14GPa。

d. 对于 D_1a^2 地层中的板岩类集中带（相当于$Ⅳ_1$类岩体）据试验成果，垂直水平面加压情况下变形模量一般为4.5～7GPa，平均值6GPa，相应单孔声波波速3000～3500m/s。

e. 前期试验中部分试验点（两点）由于试验面开挖浅，未完全清除松动卸荷圈岩体，变形模量成果偏低，为1.778GPa和4.336GPa，后深挖并进行了复核，试验值分别为23.39GPa和9.132GPa。原成果仅代表了岩体开挖爆破后表部松弛岩体的变形模量，这在一定程度上也可反映将来坝基开挖过程中表部岩体的变形参数。

f. 从 D_1a^2 岩层各试验点的变形曲线看，垂直洞底板方向、压力与层面斜交（35°～45°），压力与变形关系曲线特征主要为下凹形，表明随压力增大，变形模量有减小的趋势；垂直层面加压情况下，其应力-变形关系曲线特征多表现为上凹形，应力随压力增大，层间结构面逐渐被压密，变形模量有逐渐增大的趋势；平行层面加压情况下，其压力-变形关系曲线特征以折线形、直线形为主。

综上所述，对于坝基主要持力岩体的 D_1a^2 地层，砂岩类为主的层状岩体变形模量高，板岩类相对集中的层状岩体变形模量成果相对偏低，考虑到试验在江边进行，开挖深度有限，深部岩体的变形模量应较试验结果高。

2）变形模量各向异性特征分析研究。根据坝址区所完成的变形试验结果，层状岩体在抗变形性方面存在各向异性特征，主要表现为垂直层面方向变形模量较平行层面和垂直水平面方向小，平行层面方向变形模量高。为研究各方向变形模量和岩层夹角的关系，从弹性力学出发，推导出了软硬相间层状岩体综合变形模量的理论解。

根据研究成果，软硬相间层状岩体在任意倾角（90°−α）下综合变形模量的理论解表达式为

$$\overline{E}_{\bar{y}}=\frac{E_y}{\cos^4\alpha+\frac{E_y}{E_z}\sin^4\alpha+\left(\frac{E_y}{G_{yz}}-2\mu_{yz}\right)\sin^2\alpha\cos^2\alpha} \tag{4.2-1}$$

式中 $\overline{E}_{\bar{y}}$——任意倾角下层状岩体的综合变形模量，GPa；

E_y——层状岩体在平行层面方向的变形模量，GPa；

E_z——层状岩体在垂直层面方向的变形模量，GPa；

G_{yz}——层状岩体在垂直层面方向的剪切模量，GPa；

μ_{yz}——层状岩体在垂直层面方向的泊松比；

α——应力与岩层面的夹角，(°)。

3）变形模量和声波相关关系分析研究。从坝址区两岸不同勘探平洞中选择各类具有代表性的岩体，进行了岩体原位变形参数和岩体纵波速度同步实验，对岩体纵波速度和对应的变形模量值进行相关关系分析，得到二者的相关关系（图4.2-29）。二者的相关方程表达式为

$$E_0=0.013v_P^{4.5746} \quad (4.2-2)$$

$$R^2=0.9304$$

式中 E_0——岩体变形模量，GPa；

v_P——岩体纵波速度，km/s；

R——相关系数。

从图4.2-29可以看出，岩体纵波速度在3500m/s以下的岩体变形模量较低，而岩体纵波速度在3500m/s以上，相应变形模量增幅较大，纵波速度在4000m/s左右时，对应变形模量为6～7GPa。

对于坝基主要持力岩体的 D_1a^2 岩层，结合两岸江边综合试验成果（表4.2-23），对岩体纵波速度和对应的变形模量值也进行了相关关系分析，建立了二者的相关关系曲线（图4.2-30）以及二者的相关方程，表达式为

$$E=0.3495e^{0.8331v_P} \quad (4.2-3)$$

$$R^2=0.8893$$

式中 E——岩体变形模量，GPa；

v_P——岩体纵波速度，km/s；

R——相关系数。

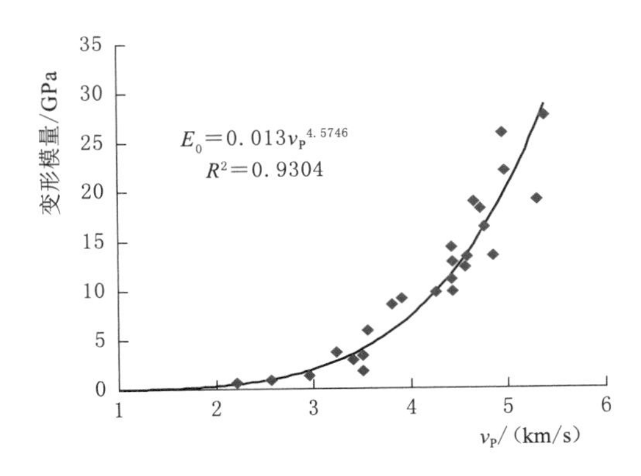

图4.2-29 坝址区岩体变形模量与纵波速度相关关系图

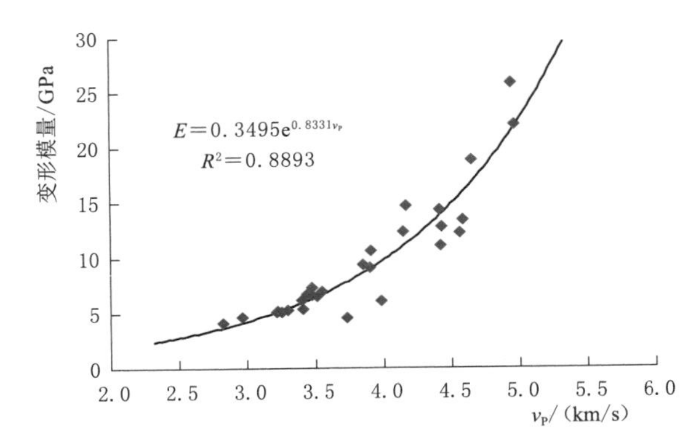

图4.2-30 坝基 D_1a^2 岩层岩体变形模量与纵波速度相关关系图

从图4.2-30和公式计算表明，岩体纵波速度为3500m/s时，对应变形模量为7～8GPa。而根据坝址区 D_1a^2 层状岩体声波测试成果表明，微风化—新鲜岩体纵波速度一般在4000m/s以上，相应变形模量应在10GPa以上。

（2）载荷试验及成果分析。为了解作为坝基主要持力岩体——D_1a^2 层状岩体的地基承载力，在Ⅴ勘线下游左、右岸的平洞中各布置了2点载荷试验。在地表两岸江边对 D_1a^2 岩层中的板岩相对集中部位亦开展了4点载荷试验，成果见表4.2-24，载荷（P）

与沉降（S）关系曲线见图 4.2－31 及图 4.2－32。

表 4.2－24　D_1a^2 板岩相对集中带载荷试验成果表

试验部位	编号	位　置	岩体风化	板上压力/MPa	承压板直径/cm	最大试验压力下沉降量/mm	承载力/MPa
平洞内	R_{240-1}	PD240－1，12.2m	微新	9.99	60	0.233	8.991
	R_{240-2}	PD240－2，34.7m	弱风化	9.956		0.316	4.978
	R_{241-1}	PD241－1，8.5m	微新	9.99		0.329	6.085
	R_{241-1}	PD241－2，23.1m	微新	9.626		0.216	6.629
地表	YTC1	右岸江边	弱风化	4.27	40	0.204	3.8
	YTC2	右岸江边	弱风化	4.27		0.265	4.0
	YTC3	右岸江边	弱风化	4.27		0.313	3.8
	ZT1C1	左岸江边	弱风化	4.27		0.252	3.7

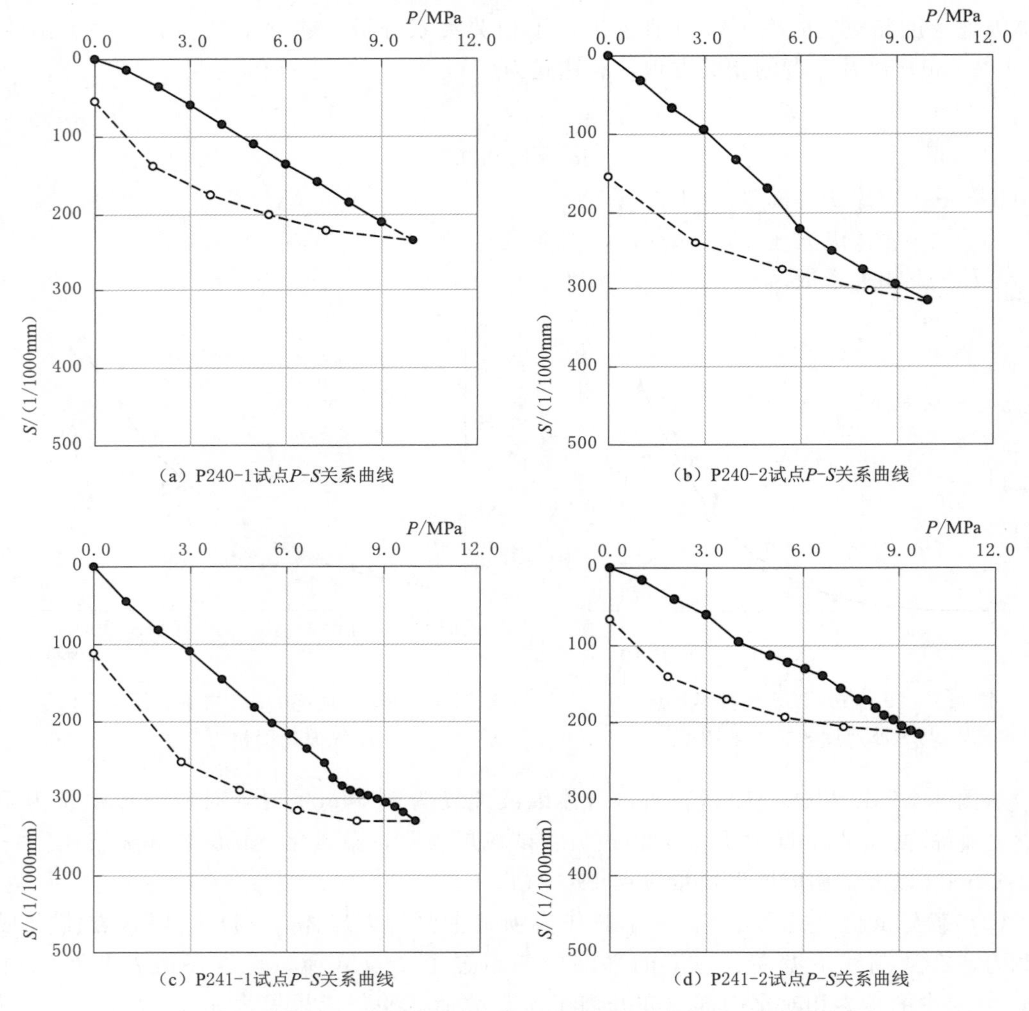

图 4.2－31　左、右岸平洞板岩集中带承载力试验载荷-沉降曲线图

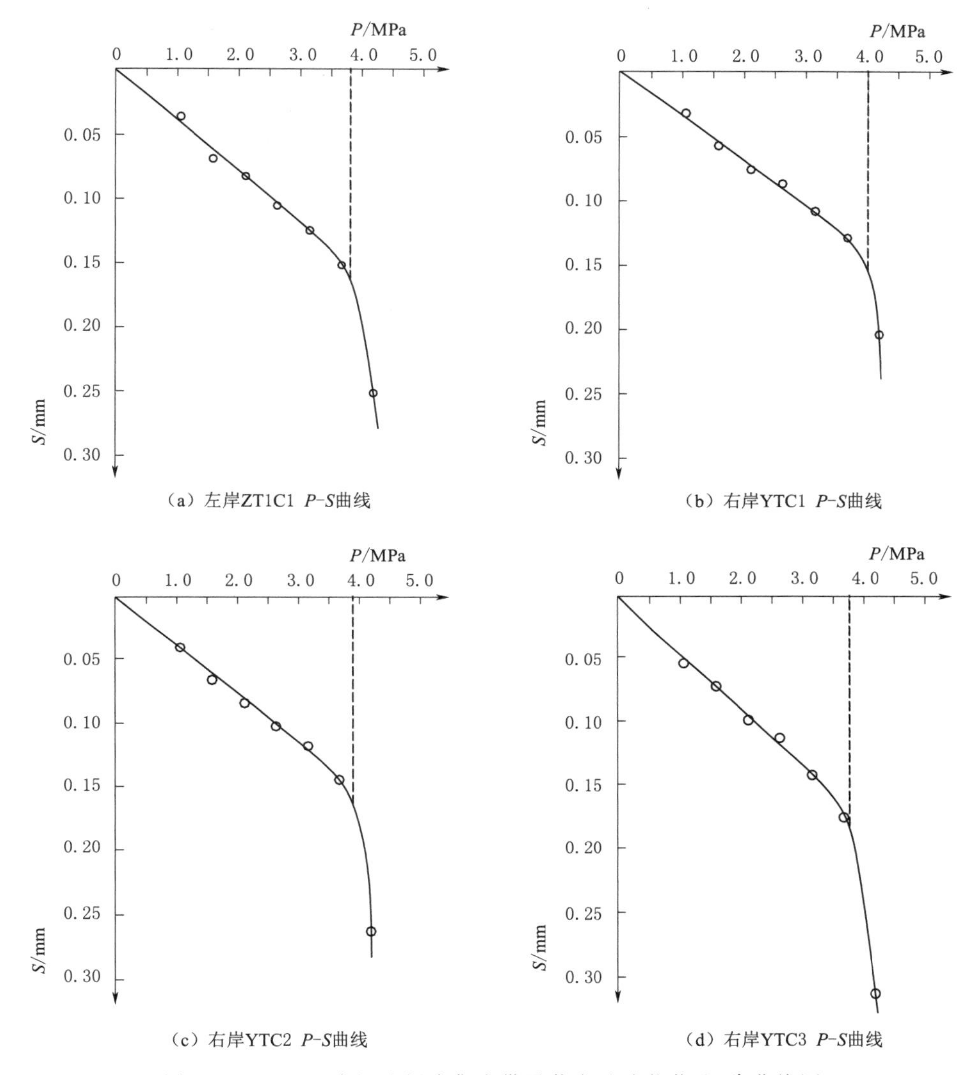

图 4.2-32 两岸江边板岩集中带承载力试验载荷-沉降曲线图

由于平洞内 4 个试验点均未达到破坏极限，且考虑承载力特征值取值原则，优先考虑比例极限值为承载力特征值。根据上述成果，地表岩体承载力试验值小于平洞内试验值，因为地表试验平台受开挖深度限制，岩体为弱风化下部且承压板直径偏小，而平洞内为微新岩体（R_{240-2} 点除外，该点也为弱风化下部岩体）且承压板直径较大。地表载荷试验结果及洞内 R_{240-2} 点成果代表弱风化岩体的屈服承载力，大小在 3.7～4.0MPa 之间，平均值为 3.8MPa；洞内其他 3 点的试验成果真正代表了微新岩体的承载力，大小在 6.08～8.99MPa 之间，平均值为 7.53MPa。

从试验结果分析，板岩类的承载力相对较低，但承载力亦可满足 140m 级重力坝坝基要求，而且坝基是由强度较高的砂岩类夹板岩组成的，部分尚为承载力较高的辉绿岩、硅化变质岩组成，板岩较均匀地分布于砂岩之中，板岩类集中分布的厚度有限，坚硬岩将是大坝受力的主要承担者，起“骨架”支撑作用，地基的整体承载力能满足设计要求。

（3）岩体抗剪试验及成果分析。坝址区在平洞共布置了 6 组岩体/岩体剪力试验，其中坝基各岩体试验布置为：辉绿岩 1 组，D_1a^2 岩层 2 组，D_1a^4 岩层 2 组，具体试验成果见表 4.2-25。

表 4.2-25　　坝基岩体抗剪试验成果表

地层岩性	编号	位　置	岩 体 特 征	峰值强度		残余强度	
				f'	c'/MPa	f	c/MPa
辉绿岩	τ_{R203-1}	PD203 洞深 25～37m	弱风化，碎裂结构	1.61	1.78	1.16	0.34
D_1a^4	τ_{R202-1}	PD202 洞深 250～270m	中厚层砂岩与薄层板岩互层，微风化—新鲜	1.55	1.082	1.381	0.827
	τ_{R204-1}	PD204 洞深 34～45m	板岩为主局部夹中厚层砂岩，互层状，层间结合紧密，弱风化	2.01	0.68	1.34	0.33
D_1a^2	τ_{R234-1}	PD234 下游支洞 58.0～67.0m	砂岩夹薄层状板岩，间夹少量挤压面，微风化，似完整层状结构	1.745	1.582	0.977	1.202
	τ_{R235-1}	PD23 下游支洞 30.0～42.0m	砂岩夹薄层状板岩，间夹少量挤压面，微风化，似完整层状结构	1.702	1.566	1.041	0.737

从表 4.2-25 中可以看出，层状岩体抗剪试验成果较为相近。各组试验在达到峰值点后，应力下降幅度不大，部分出现多次小量级的跌落，但总的趋势表现出逐渐下降的变化规律，呈现出一定的脆性破坏特征。大多数试件在达到极限抗剪强度时，都要经过一段位移后，试件才彻底被剪断。大部分试件在剪切过程中呈现出明显的弹塑性特征。

D_1a^2 岩层抗剪试验点的岩体条件相当于Ⅲ$_2$ 类岩体，将其成果采用点群中心法和优定斜率法进行分析，得到 τ'-σ'关系曲线，分别见图 4.2-33 和图 4.2-34。根据 τ'-σ'关系曲线，得到相应岩体的抗剪强度参数。

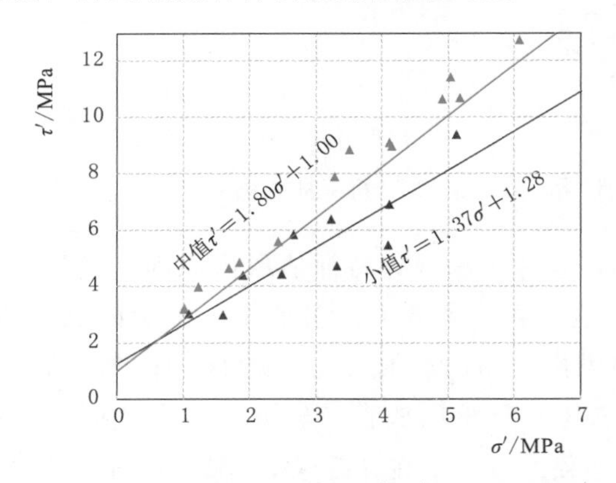

图 4.2-33　点群中心法 τ'-σ'关系曲线图

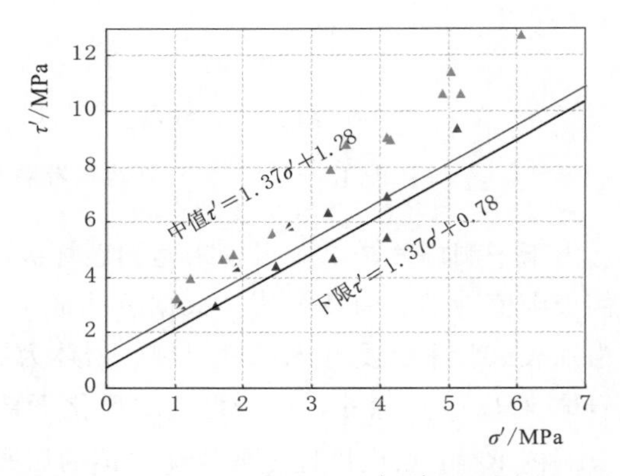

图 4.2-34　优定斜率法 τ'-σ'关系曲线图

点群中心法得到的岩体抗剪强度为：中值 f'为 1.80，c'为 1.00MPa；小值 f'为 1.37，c'为 1.28MPa。

优定斜率法得到的岩体抗剪强度下限值为：f'为 1.37，c'为 0.78MPa。

（4）岩体与混凝土接触面抗剪试验及成果分析。在原有 7 组试验基础上，枢纽布置格局咨询后，在下坝址V勘线上的PD23-1（右岸PD234主洞的下游支洞）和PD235-1（左岸PD235主洞的下游支洞）内D_1a^2地层中各布置了1组混凝土/岩体抗剪试验。试验成果见表4.2-26。

表4.2-26　坝基岩体混凝土/基岩抗剪试验成果表

地层岩性	编号	位置及洞深/m	岩体特征	峰值强度		残余强度	
				f'	c'/MPa	f	c/MPa
辉绿岩	τ_{c201-1}	PD201洞深56～67	弱风化，镶嵌碎裂结构	1.62	2.82	1.05	0.28
	τ_{c201-2}	PD201洞深42～54		1.287	1.208	1.059	0.316
	τ_{c202-1}	PD202洞深34～47		1.64	2.2	1. 03	0.27
	τ_{c203-2}	PD203洞深25～37		1.718	2.255	1.064	0.233
	τ_{c202-2}	PD202洞深20～32		1.628	2.187	1.12	0.287
D_1a^4	τ_{c203-1}	PD203上游支洞深184	砂岩、板岩互层状，微风化—新鲜	1.55	2.78	1.21	0.15
	τ_{c204-1}	PD204洞深21～34		1.73	2.39	1.02	0.46
D_1a^2	τ_{c235-1}	PD235下游支洞深14～26	砂岩夹板岩，微风化—新鲜	1.565	1.760	0.94	0.254
	T_{c234-1}	PD234下游支洞深42～54		1.728	2.011	0.876	0.254

从表4.2-26中可以看出，属镶嵌碎裂结构的弱风化辉绿岩，其混凝土与基岩抗剪断强度f'一般为1.29～1.72，c'值一般为1.2～2.8MPa，残余强度f为1.0左右，c一般为0.23～0.31MPa，剪切破坏面较起伏，部分沿岩块间的裂隙剪切破坏。对于D_1a^4层状岩体（属Ⅲ$_2$类岩体），抗剪断强度f'=1.56～1.73，c'=2.39～2.78MPa，残余强度f=1.02～1. 21，c=0.15～0.46MPa，据试验报告剪切破坏面基本上沿接触面破坏，剪断时试件的平均剪切位移较小，部分试件剪断时还伴有清脆声响，表现出岩体有脆性特征，同样对该类岩体将其成果采用点群中心法和优定斜率法进行分析，得到的τ'-σ'关系曲线，分别见图4.2-35和图4.2-36。根据τ'-σ'关系曲线，得到层状岩体混凝土与岩体的抗剪强度指标。

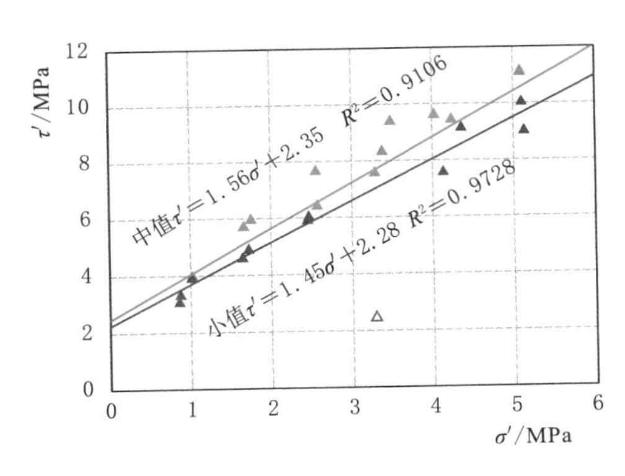

图4.2-35　点群中心法τ'-σ'关系曲线图

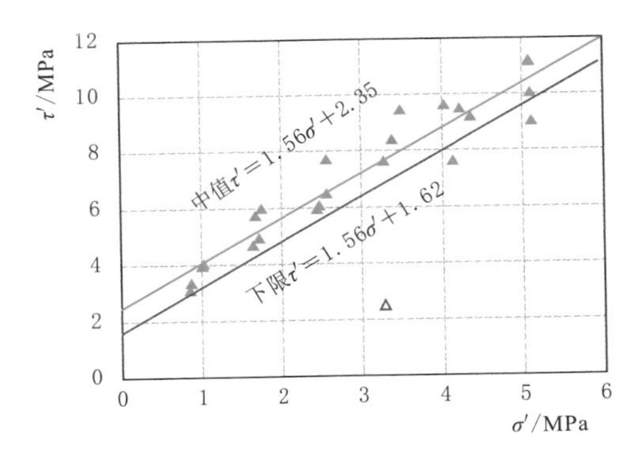

图4.2-36　优定斜率法τ'-σ'关系曲线图

点群中心法得到的混凝土/岩体抗剪强度为：中值f'为1.56，c'为2.35MPa；小值f'为1.45，c'为2.28MPa。

优定斜率法得到的混凝土/岩体抗剪强度下限值为：f'为 1.56，c'为 1.62MPa。

4.2.5 复杂层状岩体质量分类及物理力学参数建议

4.2.5.1 坝基岩体质量分类方案

岩体质量分类以国标《水力发电工程地质勘察规范》（GB 50287）要求的分类方法为原则，结合阿海水电站坝基岩体自身的工程地质特性，以定性及定量评价相结合的方法提出具体岩体质量分级方案。

阿海水电站坝基岩体主要为单一型结构面的层状岩体（D_1a^2、D_1a^3），以层面或其他层间结构面（挤压面、带）为岩体最主要的结构面，右岸中高高程以上分布的辉绿岩亦以平行层状岩体层面的结构面为主要结构面，即坝基主要为层状结构特征的岩体，主要结构面的间距、性状在很大程度上控制着岩体的结构，从而影响到岩体质量。此外，坝基岩体以浅变质岩为主，除辉绿岩、砂岩及砂砾岩等属坚硬岩外，尚有相当部分为板岩类，属中等偏软的岩石，岩性及其组合分布特征对岩体质量起控制性作用。因此从坝基部位出露的地层岩性以及勘探揭露的岩体情况，就 D_1a^2 地层而言，由于风化浅、卸荷不明显，岩体质量分级主要考虑岩性及岩体结构因素，而辉绿岩由于风化较深（弱风化层厚度大），在质量分级时尚需考虑风化影响。总体上，阿海水电站坝基岩体质量分级以 D_1a^2 地层为主线，以岩性、岩体结构和主要结构面性状为主要影响因子。

（1）岩性及岩石强度。坝基主要分布的 D_1a^2 地层岩性分为两大类，即砂岩类和板岩类。砂岩类包括含砾砂岩、砂岩、粉砂岩，岩石强度较高；板岩类包括粉砂质板岩和含炭质、泥质板岩，强度中等偏低。两类岩石间次分布即呈互层状，强度不均一，就岩性而言，岩体质量总体不高，以Ⅲ类为主。根据具体岩性及组合分布特征，进一步细分为亚类，即$Ⅲ_1$类为砂岩相对集中带或砂岩夹板岩，砂岩类含量在 70%以上，$Ⅲ_2$类为砂岩、板岩互层或板岩夹砂岩，砂岩类含量 30%～70%，对于板岩类相对集中的地段（板岩含量大于 70%）则划为$Ⅳ_1$类。

（2）岩体结构。坝基岩体主要为层状结构岩体，且岩体单层厚度小，以薄层—互层状岩体为主。但从钻孔岩芯 *RQD* 值、平洞岩体 *BSD* 值以及岩体波速反映出岩体具有较高的完整性，层面之间黏结十分紧密，结合工程区岩体结构类型划分，对于相对完整的似完整层状、中厚层状或部分互层状（中厚层夹薄层）结构岩体总体上划分为Ⅲ类，对于以薄层为主的层状结构岩体按Ⅳ类考虑。

（3）主要结构面性状。坝基岩体最主要结构面为层面或其他层间挤压面、带。层面虽发育，间距小，但多表现为纹理构造，结构面效应已大为减弱。挤压面总体上不发育或发育间距大，但层间挤压破碎带较发育，绝大多数破碎带挤压紧密且基本为石英呈脉状或透镜状胶结，工程性状好，但考虑到部分破碎带完整性相对周围岩体差，且局部有软化现象，因此将宽度不小于 0.5m 挤压带定为Ⅲ级结构面，其中挤压紧密且胶结较好的相应岩体质量划分为$Ⅳ_1$类。

另外，在分级过程中还要考虑以下因素：

（1）坝基岩体主要为 D_1a^2 岩体，在岩体质量分类时主要考虑 D_1a^2 层状结构和岩性组合特征，对于 D_1a^3 和辉绿岩结合风化考虑其相应质量类别。

（2）现场测定了大量的声波波速，结合岩体完整性系数，以及钻孔中取得的 *RQD* 和岩体透水性指标等，以多因素指标来对坝基岩体质量分级，并将岩体力学参数归入到分级量化指标当中。

（3）由于辉绿岩和硅质岩均为坚硬岩，满足坝基岩体承载力的要求，在分级方案中便不予考虑，所列岩石饱和抗压强度指标是针对浅变质岩而言。

（4）在定量指标范围值的选取上，依照定性描述和各岩级对应岩体结构类型，在对坝址各项定量指标资料的整理和评判基础上，参考类似水电工程岩体质量分级方案，综合给定岩级划分指标界限值。

（5）胶结较差且结构松散的断层破碎带和层间挤压带划分为Ⅴ级岩体。

4.2.5.2　坝基岩体物理力学参数选择原则

通过对各类岩体力学试验初步分析、整理的成果，物理力学参数的选择主要考虑原则如下：

（1）对于变形模量，辉绿岩由于强度高，均一性好，以算术平均值作为标准；D_1a^2 层状岩体由于存在各向异性，按 3 个方向选择相应变形模量，考虑到岩性、强度的不均一性以及板岩类普遍含炭质、泥质等，以小值平均值为标准值并进行适当折减。

（2）抗剪强度参数以点群中心法小值回归值或优定斜率法下限值为标准，同样考虑到层状岩体的工程地质特性，进行适当调整。

（3）地基承载力特征值根据岩石单轴抗压试验成果并参考载荷试验成果确定。

（4）在以上基础上，结合工程类比和宏观经验判断，确定各类岩体物理力学参数建议值。

4.2.5.3　坝基岩体质量分级及力学参数建议

根据规程规范要求，结合坝基分布的地层岩性，以岩性及岩石强度、岩体结构及主要结构面性状等为主要影响因子，同时考虑风化程度等，将阿海水电站坝基岩体质量划分为Ⅱ、Ⅲ、Ⅳ、Ⅴ四大类，将Ⅲ、Ⅳ类进一步划分为$Ⅲ_1$、$Ⅲ_2$、$Ⅳ_1$、$Ⅳ_2$四个亚类，并根据岩石（体）物理力学试验成果和坝基岩体物理力学参数选择原则，提出相应岩类的物理力学指标建议值（表 4.2-27）。结构面力学参数建议值见表 4.2-28。

4.2.6　开挖坝基工程地质条件

（1）河床坝基工程地质条件（9～13 号坝段）。河床部位冲积层以下即为微风化—新鲜的 D_1a^2 岩层，近岸边部位弱风化厚度较小，坝基能置于微新岩体之上。岩性为砂岩、粉砂岩（约占总厚度的 70%）夹粉砂质板岩、板岩或呈互层状，总体以坚硬岩、较坚硬岩为主，互层状的粉砂岩板岩单轴饱和抗压强度在垂直层面情况下平均为 40MPa，平行层面无侧限情况下平均为 20MPa，在围压情况下即原位情况下应大于 20MPa，属较坚硬岩。勘探表明，坝基岩体层间结合紧密，岩体完整性较好，钻孔（ZK237、ZK238、ZK243）*RQD* 为 50%～70%，属胶结较好的似完整层状岩体，坝基岩体质量多为$Ⅲ_1$类（砂岩类居多）或$Ⅲ_2$类（砂岩类与板岩互层）。

表 4.2-27

阿海水电站坝基岩体质量分级表

岩体质量分级		岩体地质特征	岩体工程地质评价	代表岩组	岩体质量指标		岩石饱和单轴抗压强度	岩体纵波速度	建议岩体力学参数							
									变形模量		混凝土/岩体抗剪断强度		岩体抗剪断强度		泊松比	允许承载力
大类	亚类				*RQD* /%	*BSD* /%	R_b /MPa	v_P /(m/s)	E_0 /GPa		f'	c' /MPa	f'	c' /MPa	μ	[*R*] /MPa
Ⅱ		为微风化—新鲜的厚层状砂岩、含砾砂岩、砾岩或集中的中厚层砂岩、层间胶结良好的硅化变质岩以及完整的辉绿岩。结构面轻度发育发育，分布极少量的挤压面。节理2组，多闭合或被石英脉或铁硅质充填胶结，表现为硬性结构面，岩体结构为厚层块状状结构或嵌合紧密的次块状、块状结构	岩体完整，强度高，均一性好，抗滑和抗变形性能高，属良好高混凝土坝地基	D_1a^5 D_1a^3 D_1a^2 $\beta\mu_4^3$	>80	>80	>60	>4500	12～15		1.1～1.2	1.1～1.2	1.2～1.3	1.3～1.5	0.23	8～10
Ⅲ	Ⅲ$_1$	主要为微风化—新鲜砂岩相对集中带（板岩类含量小于30%）、硅化变质岩或较完整的辉绿岩。结构面轻度发育—中等发育，分布极少量的挤压面。节理2～3组，多闭合或被石英脉或铁硅质充填胶结，表现为硬性结构面，少数大裂隙有铁质浸染现象。岩体结构为层间结合紧密的似完整层状结构或次块状结构	岩体完整，强度高，软弱结构面不控制岩体稳定，抗滑抗变形性能较高，属较好高混凝土坝地基	D_1a^2 D_1a^3 D_1a^5 $\beta\mu_4^3$	60～80	60～80	砂岩类：>60 砂岩类与板岩类组合岩石：30～60 板岩类：20～30	4000～4500	垂直底板	8～10	1.0～1.1	0.9～1.0	1.1～1.2	1.1～1.3	0.25	6～8
									平行层面	10～12						
									垂直层面	6～8						
	Ⅲ$_2$	微风化—新鲜的层状岩体，砂岩与板岩相间分布，部分为砂岩夹板岩或板岩夹砂岩，板岩类含量大于30%，局部地段达70%左右，岩层呈似完整层状或互层状结构，层面结合好，为硅质或钙质胶结，有部分挤压紧密且胶结较好的层间挤压破碎带发育，宽度一般小于0.5m；弱风化下部的辉绿岩和硅化变质岩，辉绿岩以嵌合紧密的镶嵌碎裂结构为主和部分嵌合紧密的碎裂结构，节理裂隙基本闭合，大部分属硬性结构面	岩体完整或较完整，以硬岩居多或软、硬相间，整体强度仍较高，抗滑、抗变形性能一定程度上受岩石强度控制，岩层产状对变形稳定有一定影响，作适当处理后可作为高混凝土坝坝基	$D_1a^{1\sim5}$ $\beta\mu_4^3$	40～60	40～60	砂岩类：>60 砂岩类与板岩类组合岩石：30～60 板岩类：20～30	3000～4000	垂直底板	6～8	0.9～1.0	0.8～1.0	1.0～1.1	0.9～1.1	0.27	5～6
									平行层面	8～10						
									垂直层面	4～6						

续表

岩体质量分级		岩体地质特征	岩体工程地质评价	代表岩组	岩体质量指标		岩石饱和单轴抗压强度	岩体纵波速度	建议岩体力学参数							
									变形模量		混凝土/岩体抗剪断强度		岩体/岩体抗剪断强度		泊松比	承载力
大类	亚类				RQD /%	BSD /%	R_b /MPa	v_P /(m/s)	E_0 /GPa		f'	c' /MPa	f'	c' /MPa	μ	[R] /MPa
Ⅳ	$Ⅳ_1$	弱风化辉绿岩和层状岩体，宽度大于0.5m、挤压紧密且胶结较好的层间挤压破碎带。辉绿岩为以碎裂结构为主，节理及隐微裂隙发育，面闭合—微张，部分具铁质侵染或少量有泥膜；层状岩体软、硬相间或有集中的较软岩带分布，板岩类含量大于70%，岩体结构为中厚层与薄层呈互层状，层间结合一般，少量层面具泥质薄膜，层间挤压面发育间距5～10m，局部有层间挤压带发育	岩体完整性较差，强度较低，抗滑、抗变形性能受岩石强度、结构面性状以及岩体嵌合程度等控制，不宜作为高混凝土坝坝基，局部存在需作专门性处理	$D_1a^{1\sim5}$ $\beta\mu_4^3$	20～30	20～40	15～30	2000～3000	垂直底板	4～5	0.6～0.7	0.5～0.7	0.65～0.8	0.5～0.7	0.3	3～4
									平行层面	5～6						
									垂直层面	3～4						
	$Ⅳ_2$	强风化岩体和少量弱风化层状岩体。辉绿岩为碎裂结构，节理及隐微裂隙极为发育，节理面多为铁质侵染或有碎屑、泥质充填；层状岩体为互层状或层状碎裂结构，层面和层间挤压面发育，部分为层间挤压带，胶结较差。岩层、岩块间嵌合力弱	岩体破碎，强度较低，抗滑、抗变形性能差，不能作为高混凝土坝坝基，当局部存在该类岩体，需作专门性处理	$D_1a^{1\sim5}$ $\beta\mu_4^3$	<20	<20	<15	<2000	2～3		0.5～0.6	0.3～0.5	0.55～0.65	0.3～0.5	0.35	<2
Ⅴ		全、强风化及构造破碎带岩体，岩体呈散体状结构，由岩块夹泥或泥包岩块组成，具松散连续介质特征	岩体破碎，不能作为高混凝土坝坝基，当坝基局部地段分布该类岩体，需作专门性处理	$D_1a^{1\sim5}$ $\beta\mu_4^3$	<10											

注　表中所列的变形模量考虑层状岩体各向异性，因此按垂直底板（垂直向下）、垂直层面、平行层面分别提出，对于辉绿岩、硅化变质岩各岩级变形模量则按垂直底板取值。

表 4.2-28　坝址区结构面力学参数建议值

结构面类型		结构面分级	抗剪强度	
			f'	c'/MPa
断层、一般性状挤压带		Ⅲ、Ⅳ	0.30～0.50	0.03～0.05
层间挤压面	泥型	Ⅳ	0.20～0.25	0.002～0.005
	泥夹碎屑型		0.25～0.30	0.02～0.03
	碎屑夹泥型		0.35～0.45	0.03～0.05
一般层面及节理		Ⅴ	0.45～0.55	0.05～0.1

根据坝基岩体质量预测，河床坝基建基面 0－027～0－017 段（以坝轴线为 0＋000，向上游为负，向下游为正，下同）为Ⅲ$_1$ 类岩体，0－017～0＋076 段为Ⅲ$_2$ 类岩体，0＋076～0＋094 段为Ⅲ$_1$ 类岩体。坝趾距坝轴线约 80m，除右岸有少部分为Ⅲ$_2$ 类岩体，大部分为Ⅲ$_1$ 类岩体。河床坝基主要为Ⅲ$_2$ 类岩体且坝趾为Ⅲ$_1$ 类岩体，岩体质量能满足建坝要求。

从抗滑稳定分析，河床部位没有发现较大规模的顺河断层，坝基分布的主要结构面为横河向的层面，这些结构面虽倾向上游，但倾角较陡（45°～60°），且多为胶结较好的硬性结构面；其他反层面节理和顺河向节理零星发育且延伸短、性状好。上述结构面从产状、性状都不足以控制大坝的抗滑稳定，不存在深层抗滑稳定问题，因此坝基抗滑稳定取决于坝基岩体与混凝土接触面的抗剪强度和岩体本身的抗剪强度。根据抗剪试验成果及参数建议值，混凝土与基岩和岩体与岩体抗剪断峰值强度值较高，不至于产生沿接触面和岩体浅表层的抗滑稳定问题。

岩层横河向分布，层间结合紧密，岩体完整性较好，弱风化以下岩体属弱透水—极微透水，透水性较差，利于坝基防渗。

（2）左岸坝基工程地质条件（1～8 号坝段）。左岸坝基岩体均为微新 D_1a^2 岩层，其工程地质条件与河床坝基类似。紧靠坝趾上游侧及坝轴线两侧为Ⅲ$_1$ 类岩体，其余为Ⅲ$_2$ 类岩体。左岸坝基主要为Ⅲ$_2$ 类岩体且有Ⅲ$_1$ 类岩体分布，岩体质量能满足坝基要求。

（3）右岸坝基工程地质条件（14～19 号坝段）。右岸坝基 14～17 号坝段为微新 D_1a^2 岩层，18 号坝段为弱风化 D_1a^3 层硅化变质岩，19 号坝段为辉绿岩。因 D_1a^3 层硅化变质岩强度相对较高，均一性好，弱风化 D_1a^3 层岩体质量可达到Ⅲ$_2$ 类；弱风化的辉绿岩因节理发育属Ⅳ$_1$ 类岩体，因位于最高高程坝段，经专门处理后能满足要求；虽然 D_1a^3 层及辉绿岩与 D_1a^2 层的力学特性存在一定差异，但 D_1a^3 层及辉绿岩岩体中只有 2 个坝段，且为最高高程坝段，故力学特性的差异对坝基受力基本无影响。右岸坝基主要为Ⅲ$_2$ 类岩体且有Ⅲ$_1$ 类岩体分布，岩体质量能满足坝基要求。

（4）坝后厂房工程地质条件。坝后厂房基础顺河流向宽度约 75m，横河流向宽度约 170m。厂房基础的基岩大部分为微风化—新鲜的 D_1a^2 岩层，靠下游有少量 D_1a^1 层浅变质岩；D_1a^1 岩层的工程地质性状与 D_1a^2 相近，整体强度也较高，完整性较好，层间结合较紧密，岩体质量以Ⅲ$_2$ 类为主，坝后厂房基础置于卸荷带下的基岩上，强度能满足地基承载力要求。

4.3 阿海水电站坝基软硬相间层状岩体建坝适宜性分析

4.3.1 复杂层状岩体坝基工程地质问题分析

阿海水电站混凝土坝坝基在左岸、河床以及右岸高程 1460.00m 以下均置于 D_1a^2 岩层上，右岸 1460.00m 高程以上为 D_1a^3 岩层的硅化变质岩和辉绿岩。对于硅化变质岩和辉绿岩，岩体强度高、均一性好，完全能满足坝基要求，坝基岩体的利用主要考虑岩体风化程度。D_1a^2 岩层由于岩性组成和力学特性的复杂性，存在各向异性及不均一性特征，需对其存在的工程地质问题及建坝的适宜性进行分析。

（1）坝基变形稳定分析。河床坝段以及两岸低高程坝段，坝基岩石以砂岩、粉砂岩为主夹粉砂质板岩、板岩或呈相间分布的互层状，总体以坚硬岩、较坚硬岩为主，强度偏低的板岩类均匀分散于砂岩中，集中发育厚度不大，硬岩是力的主要承担者，坝基岩体质量大部分为Ⅲ类，局部为$Ⅳ_1$类，岩体声波波速一般在 4500m /s 以上，变形模量为 4.5～ 8GPa，虽存在少量的不明显的各向异性，但坝基的整体均一性较好，总体满足高坝对地基的变形要求，局部存在的$Ⅳ_1$类岩体需进行专门处理。两岸高高程坝段坝基岩石与河床坝段类似，右岸部分为弱风化硅化变质岩和辉绿岩，岩体强度相对较高，多为$Ⅲ_1$类及$Ⅲ_2$类岩体，变形参数满足要求。分布于坝基的层间挤压带以片状岩为主，软弱物质少见，挤压紧密，且有石英脉穿插胶结，性状与周围岩体差别不大，适当处理可满足要求。

（2）坝基抗滑稳定分析。坝基岩体主要表现为层面和层间挤压带的影响，层面虽发育且延伸长，但多为纹理构造，胶结紧密，挤压带均为石英脉充填、胶结，力学性质大为提高，它们虽倾向上游，但倾角较陡。缓倾角节理裂隙仅在局部零星发育，延伸短、连续性差且属硬性裂面，统计表明倾角小于 30°的缓倾角节理连通率小于 10%。以上坝基发育的层面裂隙面的产状、性状对坝基深层抗滑稳定影响较小。坝基绝大部分为Ⅲ类岩体，经计算分析，混凝土与基岩接触面和岩体的参数满足抗滑稳定要求。

（3）坝基渗漏及渗透稳定分析。坝址为横向谷，发育的主要结构面呈中陡倾角的横河向分布，其中的层间挤压带挤压紧密且多为石英脉充填、胶结，层面多闭合，胶结较好，坝基不存在渗透稳定问题。坝基为层状岩体，岩层相对完整，其间含炭质、泥质、粉砂质板岩等相对隔水，压水试验结果表明，建基岩体基本为弱—微透水岩层，无大的坝基渗漏和绕坝渗漏问题，且对坝基防渗有利。

（4）建坝适应性分析。地质勘察和专题研究成果表明，岩层以砂岩类或砂板岩互层的坚硬岩或较坚硬岩为主，约占总厚度的 70%，板岩均匀分布于砂岩中，单层厚度小，坝基具一定的整体均一性，且两岸风化弱，坝基可以置于微新风化岩体之上。岩体单层厚度虽小，但层间胶结十分紧密，层面效应基本消失，完整性大大提高，声波波速普遍大于 4000m/s，大量岩石及岩体力学试验成果表明，岩石强度、岩体变形模量、承载力等满足修建 140m 级混凝土重力坝的坝基要求，岩体各向异性特征不明显。

4.3.2 复杂层状岩体坝基利用标准及建基面选择

4.3.2.1 坝基岩体利用标准

坝基岩体大部分为D_1a^2岩层，仅右岸中部高程（约1470.00m）以上为辉绿岩和D_1a^3硅化变质岩。D_1a^2总体以薄—中厚层状长石石英砂岩、粉砂岩为主夹粉砂质板岩、板岩，部分为互层状，局部夹砂砾岩或含砾砂岩，据统计，砂岩类厚度百分比在72%～84%，粉砂质板岩、板岩在30%以下，总体以硬岩类为主，粉砂质板岩、板岩弱风化时为较软岩，微风化时为较坚硬岩，板岩较均匀地夹于砂岩中。根据勘探成果，坝基部位在高程1600.00m以下，弱风化底界水平埋深6.5～50m、垂直埋深3.0～32.5m，辉绿岩弱风化层厚度大，层状岩体风化浅，且随高程降低风化变浅，靠河边部位的层状岩体弱风化厚度薄，河床部位冲积层以下即为微风化—新鲜岩体。卸荷水平深度6～18.5m。

根据坝体规模和坝基岩体工程地质特性，坝基岩体利用标准及建基面选择按岩体质量分级及岩体风化程度控制，并结合坝高。对于强风化以及强卸荷属Ⅴ～$Ⅳ_2$类岩体原则上挖除，高程1460.00m以下坝基置于部分弱风化下部（辉绿岩）和微风化以下属$Ⅲ_1$、$Ⅲ_2$类岩体之上，1460.00m以上可置于弱风化下部属$Ⅳ_1$类偏好的岩体中，但需做专门处理。

根据坝基岩体质量分级（表4.2-27），结合坝基工程地质条件及勘察成果，提出坝基开挖和岩体利用标准如下：

（1）坝基中$Ⅲ_1$（局部有Ⅱ类）岩体是良好的混凝土重力坝坝基，可直接利用。

（2）低高程部位$Ⅲ_2$类岩体经适当工程处理后，应充分利用，高高程部位可以直接利用。

（3）对坝基中分布$Ⅳ_1$类岩体（均分布在高高程上），全部挖出困难，且极不经济，考虑到坝高不大，应进行专门工程处理后予以利用。

（4）对于坝基部位分布的板岩带、挤压带等相对软弱岩体，应根据其规模、分布位置以及工程性状采取专门的工程处理措施。

4.3.2.2 建基面岩体质量与建基面选择

（1）建基面岩体质量。结合坝基岩体的工程地质条件，岩体质量划分为Ⅱ、Ⅲ、Ⅳ、Ⅴ四大类，并将Ⅲ、Ⅳ类进一步划分为$Ⅲ_1$、$Ⅲ_2$、$Ⅳ_1$、$Ⅳ_2$四个亚类。坝基中Ⅱ类岩体为微风化新鲜的中厚层状砂岩、砂砾岩或硅化变质岩以及完整的辉绿岩，分布在右岸坝段，岩体强度高，属良好的坝基岩体；$Ⅲ_1$类岩体为微风化一新鲜的砂岩相对集中带（板岩类含量小于30%）或部分硅化变质岩、辉绿岩，岩体变形模量6～12GPa，岩体完整，属较好的坝基岩体，可满足不同坝高的建基要求；$Ⅲ_2$类岩体主要为微风化—新鲜的互层状砂板岩，板岩类含量30%～70%，以硬岩居多或软、硬相间，整体强度仍较高，岩体变形模量4～10GPa，岩体完整或较完整，做适当处理后可作为高坝段坝基。根据地质勘察，坝基岩体以$Ⅲ_1$类为主，其次为$Ⅲ_2$类。坝基主要地质缺陷为顺层发育的挤压带以及厚度不大的板岩集中带，需视其性状、规模进行专门处理。

（2）建基面选择。根据前述坝基岩体利用标准，结合坝基部位勘探成果，建基面选择如下：

1）河床坝基，根据钻孔资料，基岩顶板最低分布高程在1381.00m左右，各钻孔反映在基岩顶面以下3～6m范围岩芯较为破碎，属碎裂结构，岩体完整性差，因此基于以上考虑，河床坝基初拟建基面高程为1372.00m。

2）对于两岸坝基，由于无特殊的不良地质问题，岩体风化均一，因此在高程1460.00m以下原则上以弱风化底界以里2～3m为作为建基面，右岸辉绿岩因弱风化层厚度大，为减少工程开挖并考虑到其分布高程以及弱风化下部岩体的条件（紧密镶嵌碎裂结构岩体），建基面可置于弱风化下部岩体上；高程1460.00m以上以弱风化下部或部分较好的弱风化上部岩体作为建基面控制标准。

4.3.3 大坝抗滑稳定分析

4.3.3.1 大坝稳定、应力和变形分析结论

（1）从材料力学的成果看，各典型坝段在推荐体型下所计算出的抗滑稳定反算结构系数均大于规范要求，且有一定的富裕度。在承载能力极限状态下，坝趾的正应力小于混凝土的承载能力值，也小于坝基岩体的允许承载能力。在正常使用极限状态下，坝踵未出现拉应力。因此无论是承载能力极限或是正常使用极限状态，材料力学计算的成果均满足规范要求。在施工工况中，部分坝段的坝趾出现了拉应力，但均小于0.1MPa，满足规范的相关要求。

（2）平面有限元的计算结果表明，坝体的顺河向水平变位和竖直向沉降变位均处于同一级别工程的水平。部分坝段在坝踵部位出现了竖向拉应力，但拉应力值均较小，小于0.07倍坝基面宽且不超过帷幕线，符合混凝土重力坝设计规范中关于有限元计算成果的要求。

4.3.3.2 滑动边界条件及滑动模式分析

（1）深浅层滑动边界条件。坝址区岩体卸荷表现为两种形式：一种为卸荷带，即表层均匀卸荷，其特征是发育一系列的卸荷裂隙，张开充填碎屑、次生泥或粉土，部分架空，岩体有明显的松弛现象；另一种为不均匀卸荷，即在一定深度偶尔出现一条或几条张开的卸荷裂隙，一般张开宽度数厘米，局部十余厘米，不均匀卸荷现象一般出现在高程1700.00m以上岸坡部位。

河床基岩基本上为微风化—新鲜岩体。两岸岩体卸荷带水平发育深度一般为10～30m，卸荷随高程增加逐渐加深。坝基建基面基本挖除卸荷裂隙，故在深浅层抗滑稳定计算中，不考虑卸荷缓倾节理的影响。

在坝基的结构面组成中，层面倾向上游，而反倾节理倾向下游且基本与层面垂直，而横节理又侧向切割了层面和反倾节理面，这就形成了反倾节理为主滑面，层面为剪出面，横节理作为侧向切割面的深层滑动模式。

受构造的影响，阿海坝址处层间挤压带较为发育。因此在深层稳定计算中，后部的剪出面考虑为挤压带而不是刚性结构层面。

（2）滑动模式分析。

1）主要滑动模式计算模型。坝基深层滑移破坏边界具有明确的主滑面及滑移剪出面

的特性，经研究确定采用《混凝土重力坝设计规范》(DL 5108) 所列的双滑面滑移模式作为刚体极限平衡法分析的计算模式，示意图见图 4.3-1。

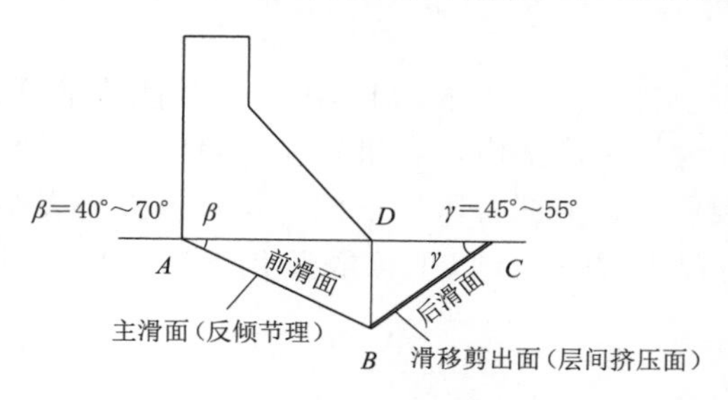

图 4.3-1　双滑面滑移模式示意

2）主要滑动面的计算假定及参数取值。

a. 主滑面的特征与性状：据坝址 PD240-1（右岸）、PD241-1（左岸）勘探平洞揭露，反倾节理较发育，产状为 N60°～90°E，SE∠40°～70°，面起伏粗糙，断续延伸，延伸长度 0.5～3m，裂隙局部张开，宽度一般为 0.2～1cm，最宽 2～4cm，平均间距为 5～10m。该组节理局部集中发育，间距 1～2m。该组节理是局部张开，宽度小于 0.2cm 的均为石英脉充填，大于 0.2cm 的均为空隙，空隙两壁生长有石英晶粒，不均匀地分布于坝基。经统计，1m 范围内该组裂隙连通率为 12%～25%。力学参数建议值：$f'=0.25$～0.35，$c'=0.03$～0.05MPa。

反倾结构面的抗剪断参数取值：用反倾节理的抗剪断参数（$f'=0.3$，$c'=0.04$ MPa）与基岩的抗剪断参数，按 18.5%的连通率采用面积加权平均得出：$f'=0.3\times18.5\%+1.05\times81.5\%=0.91$；$c'=0.04\times18.5\%+1.0\times81.5\%=0.82$（MPa）

b. 剪出面的特征和性状：剪出面主要为层间挤压带，产状与岩层产状基本相同，其产状为 N80°E，NW∠45°～55°。在层状岩体中，层间挤压错动现象较为普遍，常形成挤压带（宽度一般不小于 0.2m）、挤压面（宽度小于 0.2m）。大部分层间挤压发育在岩层中岩性软硬变化部位，挤压带一般由原岩挤压片岩、碎裂岩组成，仅在中间或两侧夹泥，并且部分有泥化现象，沿走向宽度变化较大。挤压面则多有数毫米的泥质充填，两侧为片状岩，属Ⅳ级结构面。按统计加权，确定其参数取值为：$f'=0.3$～0.5，$c'=0.03$～0.05MPa，连通率按 100%来考虑。各类型结构面的抗剪断参数见表 4.2-28。

c. 侧向切割面：横节理发育很少，但按规范计算时，没有考虑侧向力的影响，因此为偏于安全考虑，假定有横节理作为横向切割面时，其连通率按 100%来考虑。

4.3.3.3　计算工况及荷载组合

计算荷载包括：坝体混凝土自重、滑动面以上基岩重量、上下游静水压力、滑动面上的扬压力、泥沙压力、浪压力、动水压力、土压力和地震作用。计算工况作用组合见表 4.3-1。

表 4.3-1　计算工况作用组合

设计状况	作用组合	工　况	作用类别								备注
			自重	静水压力	扬压力	泥沙压力	浪压力	土压力	动水压力	地震作用	
持久状况	基本组合	正常蓄水位	√	√	√	√	√	√			
偶然状况	偶然组合一	校核洪水位	√	√	√	√	√	√			
	偶然组合二	地震情况	√	√	√	√	√	√	√	√	

4.3.3.4 刚体极限平衡法深层抗滑稳定分析

根据坝基条件和坝高，选取3号左岸非溢流坝段、4号溢流坝段、10号厂房坝段、15号右岸非溢流坝段共4个分析计算作为典型坝段进行分析。

先进行优势产状下（$\beta=55°$，$\gamma=45°$）典型坝段的深层抗滑稳定进行分析，抗滑稳定计算成果见表4.3-2。从表中可以看出，在优势产状下，各典型坝段在各工况下的深层抗滑稳定均能满足规范要求。但主滑面倾角β在40°～70°之间，变化范围较大，因此有必要对其进行敏感性分析。由于剪出面的倾角γ在45°～55°之间，变化范围较小，因此以3号坝段为例，进行敏感性分析，取最不利角度（$\gamma=45°$）进行分析，敏感性分析成果见表4.3-3，曲线见图4.3-2。从曲线图中可看出：当$\beta>46°$时，坝段的深层抗滑能满足要求。

表4.3-2　各典型坝段深层抗滑稳定计算成果表

坝段号	计算工况	抗滑稳定分析				抗滑稳定判断
		效应值/kN		结构系数 γ_d		
		作用效应 $\gamma_0\psi S(\cdot)$	抗力效应 $R(\cdot)/\gamma_d$	计算值	允许值	
3号左岸非溢流坝段	正常蓄水位	41833	73283	2.10	1.2	√
	校核洪水位	36942	91293	2.96	1.2	√
	正常+地震	83690	101489	0.79	0.65	√
4号溢流坝段	正常蓄水位	41833	63367	1.82	1.2	√
	校核洪水位	43461	67929	1.88	1.2	√
	正常+地震	94917	119828	0.82	0.65	√
10号厂房坝段	正常蓄水位	116438	198976	2.05	1.2	√
	校核洪水位	89139	259168	3.48	1.2	√
	正常+地震	226980	376445	1.08	0.65	√
15号右岸非溢流坝段	正常蓄水位	47751	81244	2.04	1.2	√
	校核洪水位	41327	91119	2.65	1.2	√
	正常+地震	97100	152485	1.02	0.65	√

注　表中γ_0为重要性系数，ψ为状况系数；$S(\cdot)$为作用效应函数，$R(\cdot)$为抗力函数。

表4.3-3　3号坝段反倾结构面倾角敏感性分析成果（后滑面为最缓视倾角45°）

主滑面视倾角/(°)	作用效应/kN	抗力效应/kN	计算值	允许值	判断
40	41833	34492	0.99	1.2	×
45	41833	41386	1.19	1.2	×
50	41833	53248	1.53	1.2	√
55	41833	73283	2.1	1.2	√

规范中的深层抗滑稳定计算公式推导是假定坝基滑动面从坝趾正垂线下方开始滑动，但许多模型试验证明，这种假设与事实不符，因而计算结果有一定的误差。而且在计算中BD面上的抗力方向角ϕ也不能准确确定。一般有三种假定：ϕ等于岩体内摩擦角，则Q

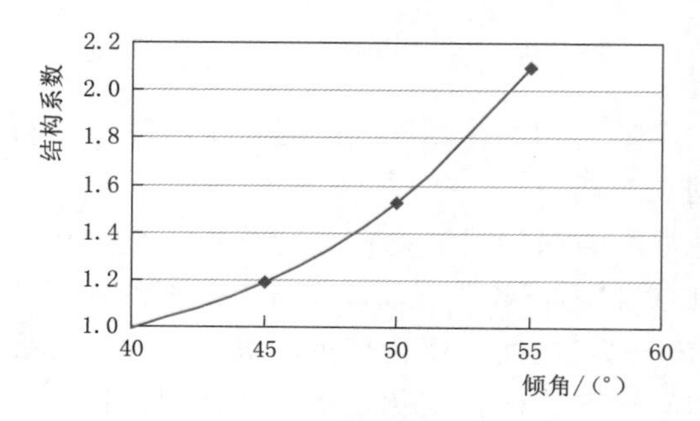

图 4.3-2　3 号坝段反倾结构面敏感性分析曲线

趋近于Q_{max}，则K趋近于K_{max}，为极限状态；$\phi=0$，则Q趋近于Q_{min}，K趋近于K_{min}，偏安全；$\phi=\beta$，即抗力体力与主滑面方向平行。规范给的公式假定$\phi=0$，计算结果偏于保守。以 3 号坝段为例，分析过程中取主滑面为最缓倾角（即$\beta=40°$），对ϕ取 0～21.8°（岩体内摩擦角）之间的不同值时，深层抗滑稳定计算成果见表 4.3-4，抗力方向角ϕ的敏感性分析曲线见图 4.3-3。从敏感性曲线图中可看出，当抗力方向角$\phi>5°$后，即使主滑面取最缓倾角，深层抗滑稳定均能满足规范要求。再考虑到岩体的侧向切割面也能提供一定的抗力，因此，从刚体极限平衡法可判断阿海水电站建基面深层抗滑稳定能满足规范要求。

表 4.3-4　抗力方向角 ϕ 敏感性分析成果

视倾角 /(°)	作用效应 /kN	抗力效应 /kN	计算值	允许值	判 断
0	41450	33330	0.96	1.2	×
2.5	41450	37090	1.07	1.2	×
5	41450	41530	1.2	1.2	√
7.5	41450	46890	1.36	1.2	√
10.0	41450	53500	1.55	1.2	√
12.5	41450	61920	1.79	1.2	√

4.3.3.5　平面弹塑性有限元深浅层抗滑稳定分析

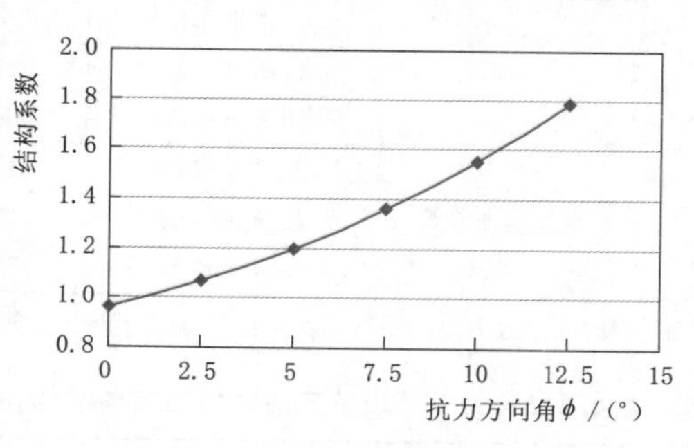

图 4.3-3　3 号坝段抗力方向角 ϕ 敏感性分析曲线

（1）有限元模型。重力坝模型模拟的内容为：重力坝及地基及接触单元的软弱夹层。本构模型：混凝土材料采用线弹性模型，坝基岩体采用各向异性 Drucker-Prager 模型，采用有限单元对实体模型进行离散。由于厂房坝段后有厂房压重，不会产生深层滑动，因此仅选取 3 号左岸非溢流坝段和 8 号左冲沙底孔坝段进行分析。

（2）计算方法及假定。

1）超载法。超载系数K_p：设想将设计荷载增大K_{pi}倍后坝体深层抗滑稳定即达临界状况，此时对应的K_p为超载系数。

超载安全系数法计算的基本方法是假定岩体强度参数不变，通过逐级超载上游水荷载，分析坝基变形破坏演变发展过程与超载倍数的关系，寻求坝基出现整体滑移时相应的超载倍数，即作为坝基整体抗滑稳定超载安全系数。超载系数是一个表达抗滑稳定的主要指标，并不表示实际出现这样的情况。超载法分为超水容重 K_γ（三角形超载）和超水位 K_h（矩形超载）两种方法。用增大超载系数的方法可以研究重力坝的渐进破坏过程，但不甚符合实际，仅当作为衡量安全程度的相对指标。

2）强度储备系数法。强度储备系数 K_s：深层失稳的发生是由于对软弱面上的抗剪能力估计不足。若将材料的抗剪强度指标 f、c 等值减小至 $1/K_s$ 后，结构及地基将进入临界失稳状态，则称此时对应的 K_s 为强度储备系数。强度储备安全系数法计算的基本方法是假定荷载不变，通过逐级下浮岩体强度参数，分析坝基变形破坏演变发展过程与强度参数下浮倍数的关系，寻求坝基出现整体滑移时相应的强度参数下浮倍数，即作为坝基整体抗滑稳定强度储备安全系数。

（3）计算材料及参数。坝体及地基材料参数见表 4.3－5，坝段模型见图 4.3－4 和图 4.3－5。

表 4.3－5　坝体及地基材料参数指标

材料			弹性模量 E/GPa	泊松比 μ	重度/(kN/m³)	f'	c'/MPa
坝体混凝土	C15		22	0.167	24.50	—	—
	C20		25.5	0.167	24.50	—	—
	C25		28	0.167	24.50	—	—
	C30		30	0.167	24.50	—	—
	C50		34.5	0.167	24.50	—	—
地基岩体	$Ⅲ_1$	垂直底板	9	0.25	—	1.15	1.2
		平行层面	11				
		垂直层面	6				
	$Ⅲ_2$	垂直底板	6.5	0.27	—	1.05	1.0
		平行层面	9				
		垂直层面	4				
	反倾节理	垂直底板	6.5	0.27	—	0.86	0.76
		平行层面	9				
		垂直层面	4				

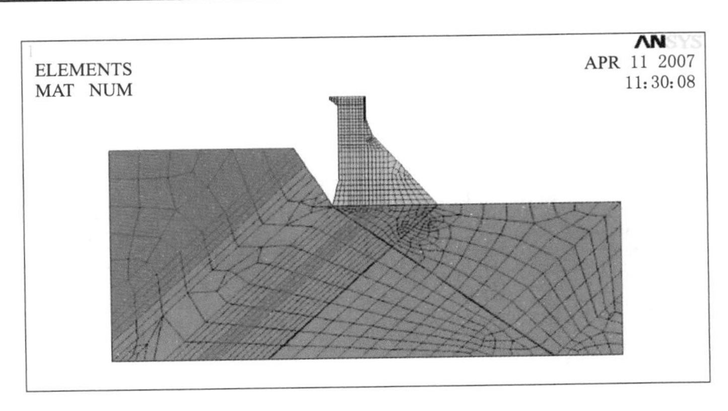

图 4.3－4　3 号左岸非溢流坝段模型

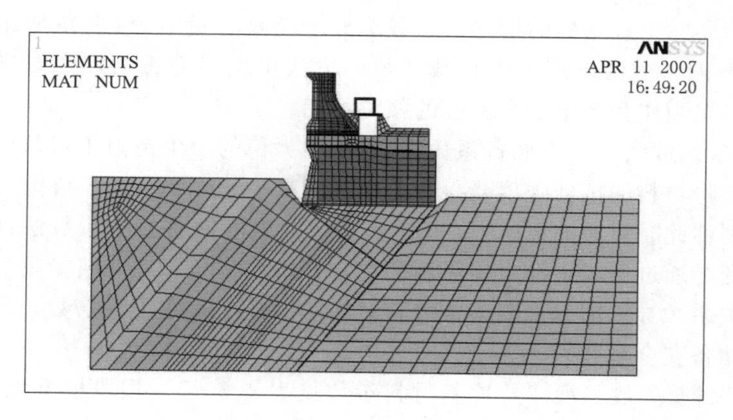

图 4.3-5 8 号左岸冲沙底孔坝段模型

（4）计算成果及结论。

1）超载系数法（以 3 号左岸非溢流坝段为例）。3 号坝段不同的超载系数下屈服区分布见表 4.3-6，3 号坝段应力、位移与超载系数曲线见表 4.3-7。经综合分析确定，3 号左岸非溢流坝段的超载系数为 1.8。

表 4.3-6　3 号坝段不同的超载系数下屈服区分布

$K_p=1.1$	$K_p=1.2$
	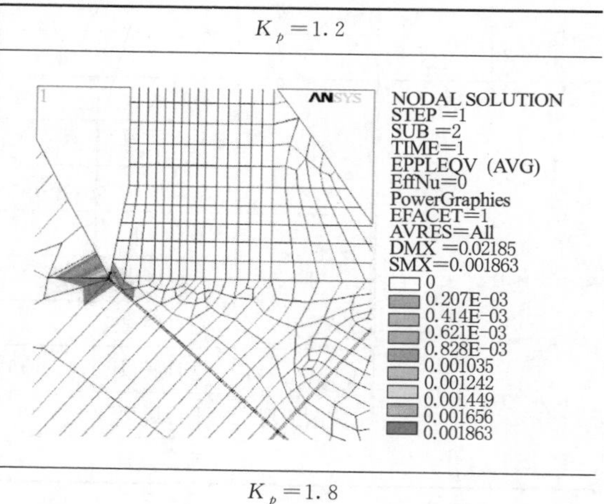
$K_p=1.5$	$K_p=1.8$
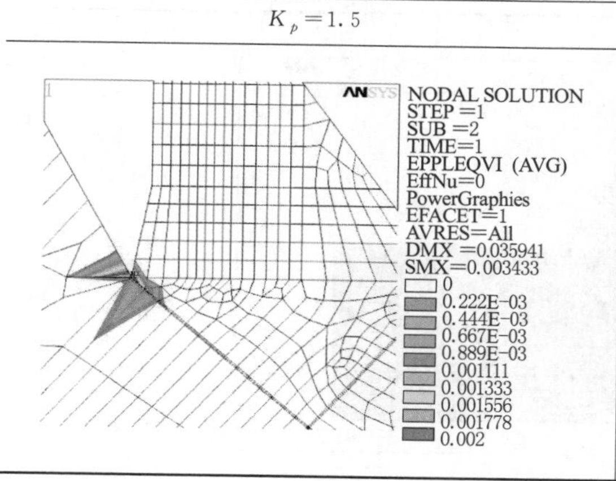	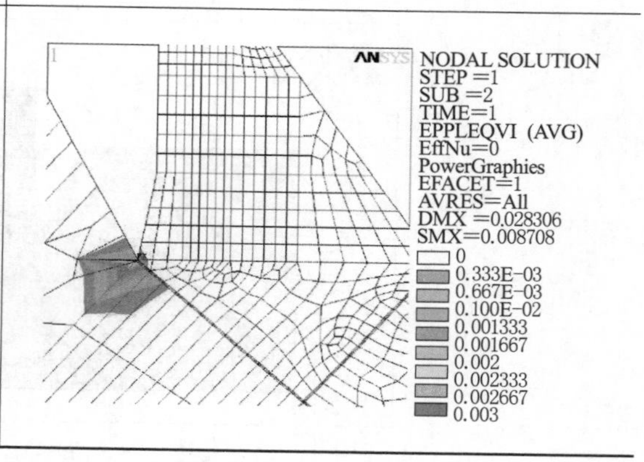

续表

$K_p=2.0$
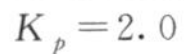 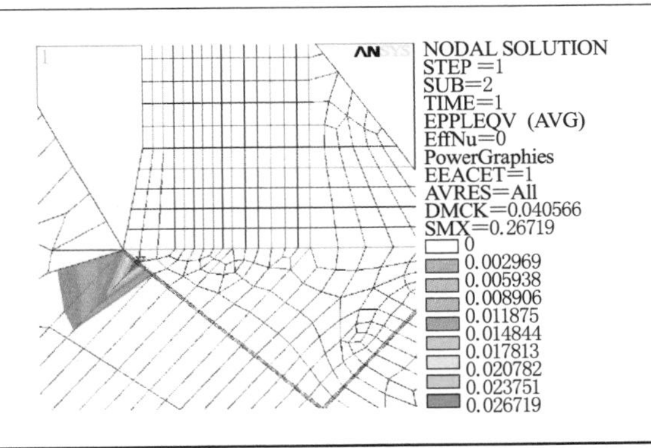

表 4.3-7　　3 号坝段应力、位移与超载系数曲线

坝踵第一主应力与超载系数关系	坝踵竖直向主应力与超载系数关系
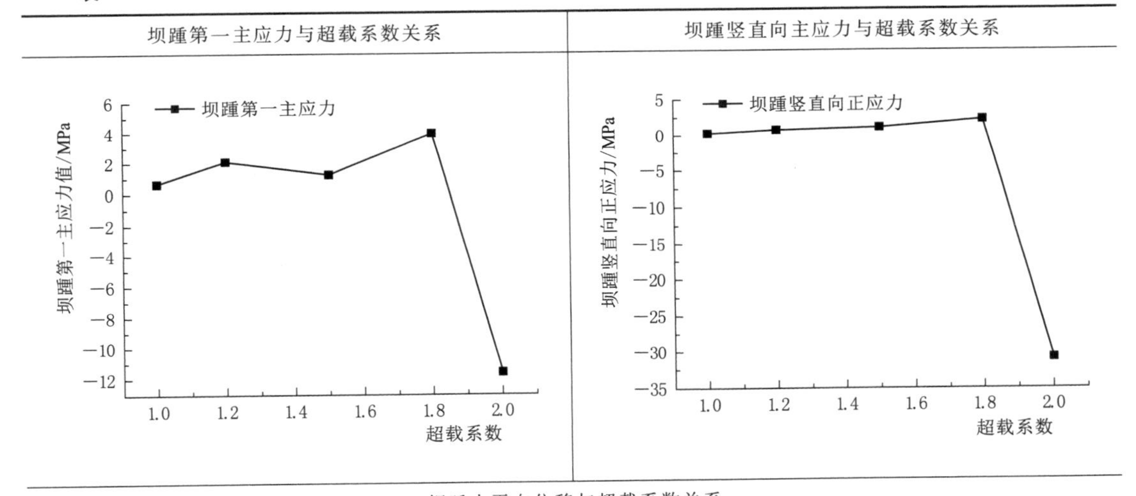	
坝踵水平向位移与超载系数关系	
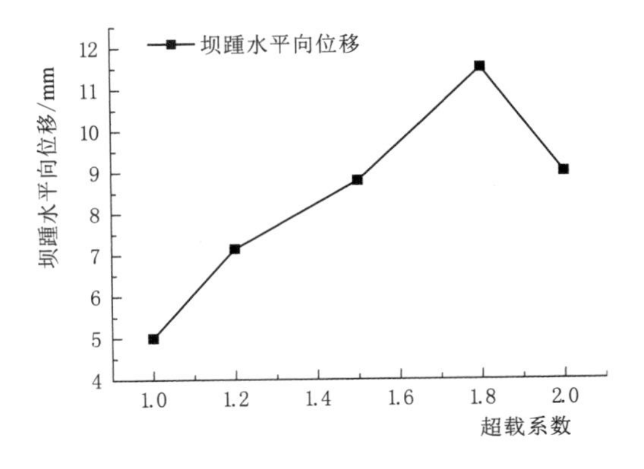	

2）强度储备系数法（以 3 号左岸非溢流坝段为例）。3 号坝段不同的强度储备系数下屈服区分布图见表 4.3-8，3 号坝段应力、位移与强度储备系数曲线见表 4.3-9。经综合

分析确定，3 号左岸非溢流坝段强度储备系数为 2.5。

表 4.3-8　　　　3 号坝段不同的强度储备系数下屈服区分布图

$K_s=1.0$	$K_s=2.0$
$K_s=2.2$	$K_s=2.5$
$K_s=2.8$	

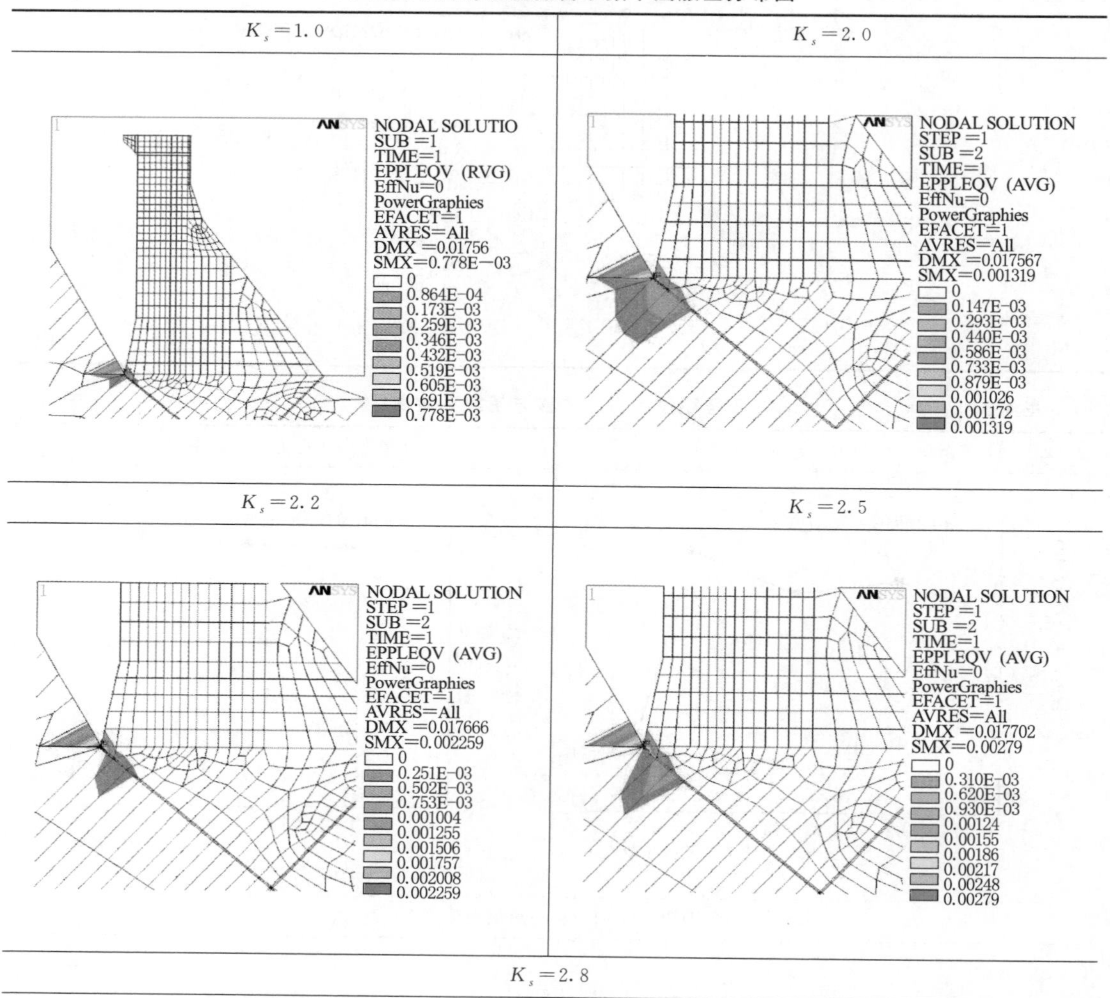

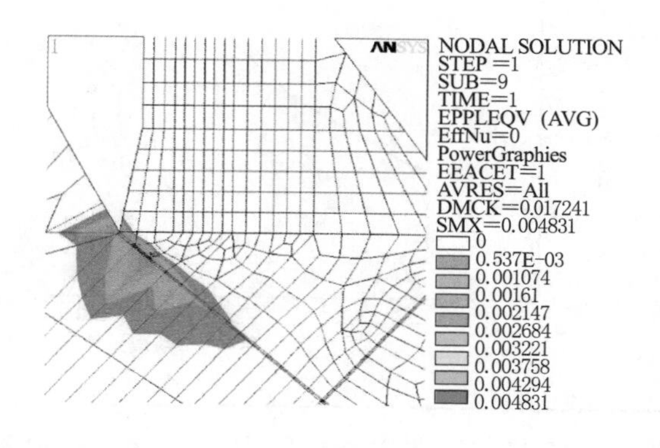

表 4.3-9　　**3 号坝段应力、位移与强度储备系数曲线**

坝踵第一主应力与强度储备系数关系	坝踵竖直向正应力与强度储备系数关系

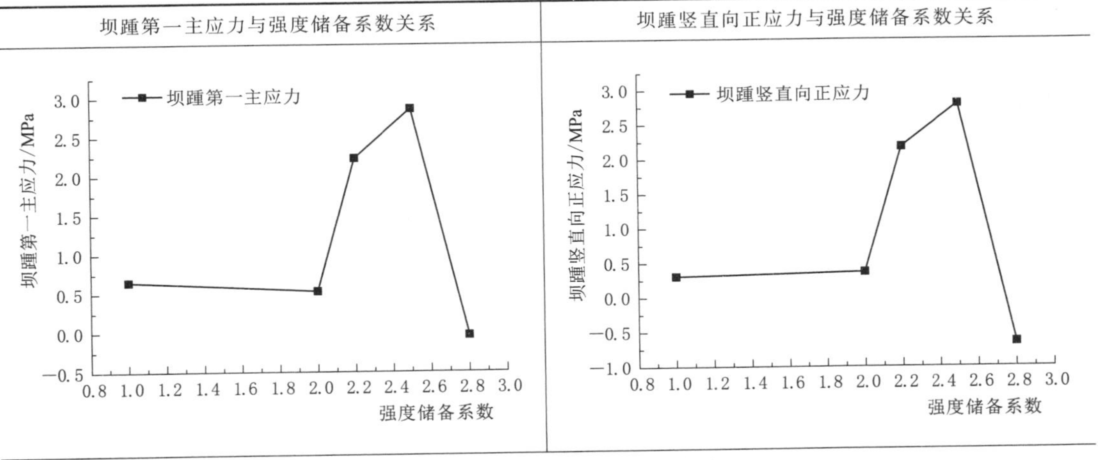

坝顶水平向位移与强度储备系数关系

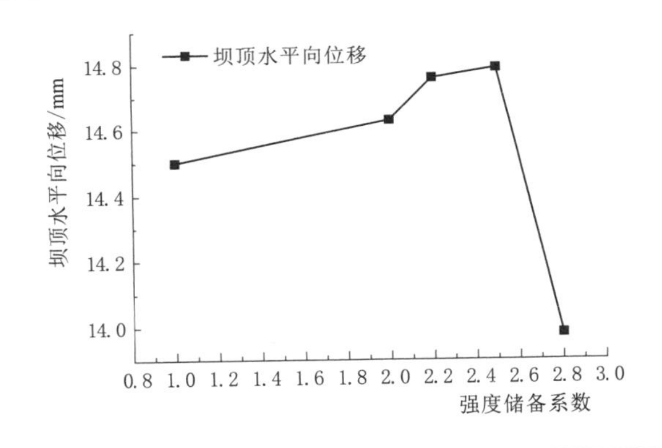

4.3.3.6　深浅层抗滑稳定分析结论

（1）从刚体极限平衡法的计算成果可知：结构面在优势产状下，各典型坝段的抗滑稳定均能满足要求；主滑面取最缓倾角时，当抗力方向角 $\phi>5°$后，深层抗滑稳定均能满足规范要求。从刚体极限平衡法可判断阿海水电站建基面深层抗滑稳定能满足规范要求。

（2）从有限元计算来看，强度储备系数法、超载法计算得出的安全系数是不同的，由于计算的前提条件和计算假定的不同，因此其计算的结果不具备可比性。对于重力坝的抗滑稳定安全度以刚体极限平衡法计算的安全系数为安全度的主要判据，同时将有限元计算的坝体、地基的应力、位移值、超载系数 K_p、强度储备系数 K_s 等作为辅助判据，综合衡量坝的稳定安全度。从有限元计算的结果来看，当主滑面取最小倾角时，重力坝深层抗滑稳定的强度储备系数偏小。

4.3.3.7　坝基抗滑稳定性复核

施工详图阶段，根据坝基开挖面揭露的岩性、风化、岩体结构等岩体特征并结合岩体质量分类，提出坝基各坝段物理力学指标，见表 4.3-10。从表中可以看出，与前期工程

表 4.3-10　阿海水电站坝基开挖前后岩体质量分类及力学参数汇总表

坝段编号	分缝桩号（坝纵）	可研阶段建议岩体力学参数				开挖后建基面岩体力学参数							
		质量类别比例	混凝土/岩体抗剪断强度		允许承载力 $[R]$/MPa	岩体结构	质量类别比例	混凝土/岩体抗剪断强度		岩体抗剪断强度		变形模量 E_0/GPa	允许承载力 $[R]$/MPa
			f'	c'/MPa				f'	c'/MPa	f'	c'/MPa		
1	0+000.000～0+020.000	Ⅲ$_1$（52%） Ⅲ$_2$（48%）	1	0.93	5～6	薄层夹中厚层状，局部中厚层夹薄层状结构	Ⅲ$_1$（32%） Ⅲ$_2$（68%）	0.98	0.92	1.08	1.08	7.31	6.31
2	0+020.000～0+040.000	Ⅲ$_1$（19%） Ⅲ$_2$（81%）	0.97	0.91	5～6	薄层夹中厚层状，局部中厚层夹薄层状结构	Ⅲ$_1$（52%） Ⅲ$_2$（48%）	1.00	0.95	1.08	1.08	7.51	6.51
3	0+040.000～0+060.000	Ⅲ$_1$（15%） Ⅲ$_2$（85%）	0.97	0.91	5～6	中厚层夹薄层状结构 局部似完整层状结构	Ⅲ$_1$（55%） Ⅲ$_2$（45%）	1.00	0.95	1.08	1.08	7.55	6.54
4	0+060.000～0+088.500	Ⅲ$_1$（20%） Ⅲ$_2$（80%）	0.97	0.91	5～6	中厚层夹薄层状结构 局部似完整层状结构	Ⅲ$_1$（43%） Ⅲ$_2$（57%）	1.00	0.95	1.08	1.08	7.34	6.34
5	0+088.500～0+106.500	Ⅲ$_1$（22%） Ⅲ$_2$（78%）	0.97	0.91	5～6	中厚层夹薄层状结构 局部似完整层状结构	Ⅲ$_1$（35%） Ⅲ$_2$（65%）	0.98	0.95	1.08	1.08	7.38	6.38
6	0+0106.500～0+124.500	Ⅲ$_1$（22%） Ⅲ$_2$（78%）	0.97	0.91	5～6	中厚层夹薄层状结构 局部似完整层状结构	Ⅲ$_1$（38%） Ⅲ$_2$（62%）	0.99	0.95	1.08	1.08	7.38	6.38
7	0+124.500～0+153.000	Ⅲ$_1$（17%） Ⅲ$_2$（83%）	0.97	0.91	5～6	中厚层夹薄层状结构 局部似完整层状结构	Ⅲ$_1$（46%） Ⅲ$_2$（54%）	1.00	0.95	1.09	1.09	7.49	6.48
8	0+153.000～0+180.000	Ⅲ$_1$（16%） Ⅲ$_2$（84%）	0.97	0.91	5～6	中厚层夹薄层状结构 局部似完整层状结构	Ⅲ$_1$（49%） Ⅲ$_2$（51%）	1.00	0.95	1.10	1.10	7.49	6.48
9	0+180.000～0+214.000	Ⅲ$_1$（17%） Ⅲ$_2$（83%）	0.97	0.91	5～6	中厚层夹薄层状结构 局部似完整层状结构	Ⅲ$_1$（59%） Ⅲ$_2$（41%）	1.00	0.95	1.10	1.10	7.85	6.58

续表

坝段编号	分缝桩号（坝纵）	可研阶段建议岩体力学参数				开挖后建基面岩体力学参数							
		质量类别比例	混凝土/岩体抗剪断强度		允许承载力[R]/MPa	岩体结构	质量类别比例	混凝土/岩体抗剪断强度		岩体抗剪断强度		变形模量E_0/GPa	允许承载力[R]/MPa
			f'	c'/MPa				f'	c'/MPa	f'	c'/MPa		
10	0+214.000～0+248.000	Ⅲ$_1$（17%）Ⅲ$_2$（83%）	0.97	0.91	5～6	薄层夹中厚层状，局部中厚层夹薄层状结构	Ⅲ$_1$（61%）Ⅲ$_2$（39%）	1.02	0.96	1.11	1.11	7.60	6.60
11	0+248.000～0+282.000	Ⅲ$_1$（16%）Ⅲ$_2$（84%）	0.97	0.91	5～6	薄层夹中厚层状，局部中厚层夹薄层状结构	Ⅲ$_1$（60%）Ⅲ$_2$（40%）	1.02	0.96	1.11	1.11	7.60	6.60
12	0+282.000～0+316.000	Ⅲ$_1$（14%）Ⅲ$_2$（86%）	0.96	0.91	5～6	中厚层夹薄层状结构局部似完整层状结构	Ⅲ$_1$（58%）Ⅲ$_2$（42%）	1.00	0.95	1.10	1.10	7.57	6.57
13	0+316.000～0+350.000	Ⅲ$_1$（16%）Ⅲ$_2$（84%）	0.97	0.91	5～6	中厚层夹薄层状结构局部似完整层状结构	Ⅲ$_1$（55%）Ⅲ$_2$（45%）	1.00	0.95	1.10	1.10	7.55	6.55
14	0+350.000～0+377.000	Ⅲ$_1$（15%）Ⅲ$_2$（85%）	0.97	0.91	5～6	薄层夹中厚层状，局部中厚层夹薄层状结构	Ⅲ$_1$（63%）Ⅲ$_2$（37%）	1.01	0.95	1.10	1.10	7.63	6.63
15	0+377.000～0+398.000	Ⅲ$_1$（13%）Ⅲ$_2$（87%）	0.96	0.91	5～6	薄层夹中厚层状，局部中厚层夹薄层状结构	Ⅲ$_1$（64%）Ⅲ$_2$（36%）	1.01	0.95	1.11	1.11	7.64	6.64
16	0+398.000～0+419.000	Ⅲ$_1$（23%）Ⅲ$_2$（77%）	0.97	0.91	5～6	中厚层夹薄层状结构局部似完整层状结构	Ⅲ$_1$（65%）Ⅲ$_2$（35%）	1.02	0.95	1.12	1.13	7.77	6.65
17	0+419.000～0+440.000	Ⅲ$_1$（41%）Ⅲ$_2$（59%）	0.99	0.92	5～6	中厚层夹薄层状结构局部似完整层状结构	Ⅲ$_1$（74%）Ⅲ$_2$（26%）	1.03	0.96	1.13	1.16	8.0	6.74
18	0+440.000～0+461.000	Ⅲ$_1$（17%）Ⅲ$_2$（83%）	0.97	0.91	5～6	中厚层夹薄层状结构局部似完整层状结构	Ⅲ$_1$（55%）Ⅲ$_2$（45%）	1.01	0.95	1.11	1.15	8.0	6.56
19	0+461.000～0+482.000	Ⅲ$_1$（23%）Ⅲ$_2$（77%）	0.97	0.91	5～6	镶嵌碎裂结构局部为似完整层状结构	Ⅲ$_1$（10%）Ⅲ$_2$（90%）	0.96	0.90	1.03	1.07	7.19	6.09

地质勘察成果对比，坝基岩体的工程地质条件有所改善，主要是砂岩、砂砾岩及粉砂岩等硬岩类比例有所提高，各坝段岩体物理力学指标有所提高，f'和c'值提高了2%～5%，承载能力提高了5%～10%。考虑到本工程为复杂层状地基、岩层易受开挖清基扰动的特点，为安全考虑，将力学参数适当降低使用。对于基岩承载力，开挖揭示后的实际值在6.09～6.74MPa之间，控制标准取6.0MPa。

通过采用刚体极限平衡法和安全系数法进行计算分析。各坝段在正常蓄水位工况、校核工况及设计地震工况下，抗滑稳定反算结构系数均大于规范要求，且有一定的富裕度，各坝段沿建基面的抗滑稳定均能满足规范要求。校核地震工况的反算结构系数比设计地震工况仅低10%～15%，说明大坝具有较高的抗震能力。

4.3.4 坝基渗流稳定分析

(1) 渗流场特征及基础渗量。根据三维渗控计算成果：库区正常蓄水位高程为1504.00m、下游水位高程为1439.80m工况下，坝区渗流具有明显的三维渗流特征，坝肩绕渗、坝基绕渗为渗流量的主要渗漏形式。在平面方向，水流渗过坝肩后，在坝后有限距离内转向河床渗流，向厂房以及消力池的侧面渗漏。坝基帷幕、排水起到了显著的防渗排水作用。岸坡段帷幕挡水作用，降低了坝后岩体的水力坡降，防渗帷幕对坝肩岩体稳定有利。

因下游水位较高，厂房部位存在上、下游两个方向都向厂房区渗流的现象。厂房帷幕和排水孔幕起到了较好的渗控作用。在控制厂房底部无积水的条件下，厂房渗流量30.68m^3/d。上述计算水位工况下从上游往下游的总渗流量为2845.38m^3/d，其中左、右坝肩，以及坝基渗流量分别见表4.3-11。

表4.3-11　计算水位工况下总渗流量

部　位	上游向下游渗流量			厂房抽排流量	消力池抽排流量
	右岸	河床坝段	左岸		
流量/(m^3/d)	180.92	2348.28	316.18	103.13	156.87

(2) 渗流坡降分析。表4.3-12列出了各部位帷幕渗透坡降的最大值$J_{最大}$、最小值$J_{最小}$、平均值$J_{平均}$。可见，主帷幕承受坡降最大值达到10.870，其他部位帷幕渗透坡降都不大。阿海水电站帷幕承受坡降小于类似工程。

表4.3-12　计算工况下帷幕各部位的渗透坡降

项　目	主帷幕	厂房帷幕			消力池帷幕			
		左侧	右侧	下游侧	左侧	右侧	上游侧	下游侧
$J_{最大}$	10.870	1.081	2.203	2.437	2.430	1.331	0.819	1.122
$J_{平均}$	8.33	—	—	—	—	—	—	—
$J_{最小}$	0.527	0.165	0.213	0.203	0.047	0.113	0.211	0.107

注　$J_{最大}$为帷幕单元坡降最大值；$J_{平均}$为帷幕厚度方向坡降平均值；$J_{最小}$为帷幕各部位坡降最小值。

右岸帷幕渗透大坡降部位靠近坝基，在深度上逐渐降低；左岸帷幕渗透大坡降范围较大，直到底部坡降都大于9，主要是因为左岸风化带较浅，而右岸相对深一些。厂房帷幕在右侧和下游侧高，左侧略小。厂房右侧和下游侧为绕渗水位或下游水位。左侧受到消力池帷幕的影响，地下水位较低。上游侧有坝幕和坝基排水作用，坡降不大。消力池帷幕的渗透坡降分布特征与厂房类似，最大坡降出现在消力池左侧帷幕与上游帷幕的接头部位，该部位在垂直于河流方向上厚度变化导致渗透阻力变大，在厂房右侧和消力池左侧防渗帷幕部位的浸润面高程都在帷幕顶部以上。

(3) 坝基扬压力分布。坝基扬压力分布受控于坝基帷幕挡水作用和排水孔的排水降压作用。高扬压力水头都在坝基帷幕上游侧，局部（河床最低点）最高达到130m水头，在帷幕后排水减压作用明显，坝基扬压力水头基本在40m以下。扬压力折减系数在厂房及消力池部位大部分区域小于0.2，在最高坝段中部扬压力折减系数在0.3左右；向上游方向更高一些，达到0.4～0.5，可在该部位加密排水孔降压，以满足降低扬压力的要求。

4.4 阿海水电站坝基处理及优化设计

经过大量的地质测绘、勘探、室内及现场试验和计算分析，并联合高等院校和科研单位开展了阿海水电站坝复杂层状岩体工程特性及修建高混凝土重力坝适宜性的专门研究，获得了丰富而翔实的资料，对坝基岩体从岩性及组合分布特征、岩体的工程特性、岩体风化和卸荷、岩体结构、岩体力学参数、岩体质量分级等方面做出了详细的评价。

阿海水电站坝基以复杂的层状结构岩体为主，左岸、河床以及右岸低高程部位坝基均置于D_1a^2岩层，该岩层以砂岩类、板岩类间次出现呈互层状分布，且以属坚硬岩、较坚硬岩的砂岩类（约占总厚度的70%）为主，虽单层厚度小，但从勘探、声波等反映出岩体层间结合紧密，岩体相对完整，从宏观上看，坝基具一定的整体均一性，近岸边部位弱风化厚度较小，坝基能置于微风化—新鲜岩体之上，坝基岩体质量以Ⅲ类为主，根据大量的岩石及岩体力学试验结果，从岩石强度、岩体变形模量、承载力等分析均能满足重力坝的要求。

从抗滑稳定分析，河床部位没有发现较大规模的顺河断层，坝基分布的主要结构面为横河向的层面，这些结构面虽倾向上游，但倾角较陡（45°～60°），且多为胶结较好的硬性结构面；其他反层面节理和顺河向节理零星发育且延伸短、性状好。上述结构面从产状、性状都不足以控制大坝的抗滑稳定，因此坝基抗滑稳定取决于坝基岩体与混凝土接触面的抗剪强度和岩体本身的抗剪强度。根据抗剪试验成果及参数建议值，混凝土与基岩和岩体与岩体抗剪断峰值强度值均较高，沿接触面和岩体浅表层的抗滑稳定问题不突出。岩层横河向分布，层间结合紧密，完整性较好，利于坝基防渗。

综上所述，阿海水电站坝基虽主要为岩性复杂、强度不均的层状岩体，但从岩体整体强度、抗变形能力以及抗滑稳定等方面均满足修建140m级混凝土重力坝的要求。根据坝基工程地质条件，采取有针对性的工程处理措施。

4.4.1 建基面处理

(1) 预留保护层开挖。由于坝基岩体岩性复杂、岩层单层厚度偏薄，即便是较均值且强度高的辉绿岩节理裂隙亦十分发育，虽在天然状态下岩层或岩块嵌合紧密，但总体上岩体欠完整，坝基岩体条件不理想。因此，对该类岩体进行坝基开挖，须采取合理的爆破开挖方式，以免因爆破开挖方式不当引起岩体质量的恶化。在坝基开挖之前，进行了爆破试验，为坝基开挖确定合理的爆破参数，并在开挖至建基面时预留2～3m的开挖保护层。此外，由于坝基相当部分为板岩类，普遍含炭质、泥质，长期暴露地表易风化及软化、泥化，因此对坝肩等部位因长时间暴露地表的坝基岩体应采取相应的保护措施，及时覆盖开挖面。

（2）表部松弛岩体的处理。根据以往工程经验，在坝基开挖过程中或开挖后，均不同程度地产生表部岩体松弛问题。就阿海水电站坝基而言，根据地应力测试成果，坝址区总体应力水平不高，不至于产生由地应力而造成的大规模岩体松弛问题。但由于岩体层厚或块度小，处于压密状态下的岩体极易在围压解除后产生松弛现象，从前期勘探过程中平洞开挖造成洞壁岩体松弛以及声波测试成果也验证了这一点，由于松弛将造成岩体质量和物理力学参数的降低，进而影响到大坝的变形和抗滑稳定以及坝基防渗，因此对坝基开挖造成的表部松弛岩体进行固结灌浆等工程加固处理。

（3）断层及挤压带处理。由于枢纽区建基面没有Ⅲ级及Ⅲ级以上断层结构面通过，原则上不进行系统的断层基础处理，根据开挖揭露的实际情况对部分断层进行随机加固处理。

建基面挤压带较发育，特别是右岸建基面挤压带分布较密集。鉴于挤压带岩石较紧密，且较大部分挤压带的宽度小于1m，故对挤压带的加固处理措施分两类进行。第一类为宽度大于1m的挤压带，采用挖槽并回填混凝土塞处理，混凝土塞配置钢筋及锚杆。第二类为宽度小于1m的挤压带，一般不做挖槽处理，仅在基础面上铺设一层钢筋网。另外，在部分挤压带分布较密集区，根据实际情况，即使挤压带的宽度小于1m，仍要进行挖槽及回填混凝土塞处理。所有的挤压带范围内均应加深加密固结灌浆，部分设置随机锚筋桩。

据统计，D_1a^2地层中发育有宽度不小于50cm的层间挤压带10条，最宽1.8m，总宽度为12.30m。大多数挤压带挤压紧密且为石英脉充填或胶结，工程性状较周围岩体质量相差不大。但部分挤压带较破碎，工程性状较周围岩体差，对该类破碎带需视其规模、性状采取槽挖及置换混凝土等专门工程处理措施。

（4）板岩相对集中带处理。D_1a^2地层中相当部分为板岩，但大部分板岩均匀地分布于砂岩之中，仅局部地段板岩相对集中，当其分布并达到一定规模时，将造成地基岩体的不均一性，对于宽度不大（小于2m）进行槽挖及置换混凝土，而对于规模较大的板岩集中带，则采取专门的处理措施。板岩相对集中带一共有四条，其中有两条从建基面中部通过，另外两条通过左岸建基面，涉及长度约30m，由于它位于坝踵，位置较重要，故所有建基面的板岩相对集中带均要进行加固处理。主要采用挖槽并回填混凝土塞处理，混凝土塞配置钢筋及锚杆，部分采用随机锚筋桩加固。板岩相对集中带范围内均进行加深加密固结灌浆处理。

4.4.2 建基面优化设计

工程建设期，通过对复杂层状岩体结构特征、力学特性等进行跟踪分析研究，对建基面岩体质量进行实时评价，调整并优化了工程处理设计。

（1）开挖坝基未发现规模较大的板岩集中带及其他构造软弱岩带，坝基未进行混凝土置换及铺设底筋等工程处理，仅局部岩体较破碎地段加强了清基处理，全面进行了固结灌浆。浅表层爆破松弛岩体，进行加深清基及加强固结灌浆等工程处理。

（2）在大坝建基面开挖中，根据勘探揭露的地质情况及两岸坝肩的开挖结果，在没有水平预裂孔情况下，垂直爆破造成的松弛带达 3～5m。开挖采用控制爆破，坝基开挖至高程 1378.00～1380.00m 时，79.3%测点声波值已大于 4000m/s 设计值。其余测点均在 3000m/s 以上。岩体质量可满足要求。经分析研究后，将 9～12 号厂房坝段的建基面由原设计的 1372.00m 高程上抬至 1378.00～1380.00m 高程（图 4.4-1），河床段建基面抬高 7～8m。抬高后的建基面岩体见图 4.4-2。

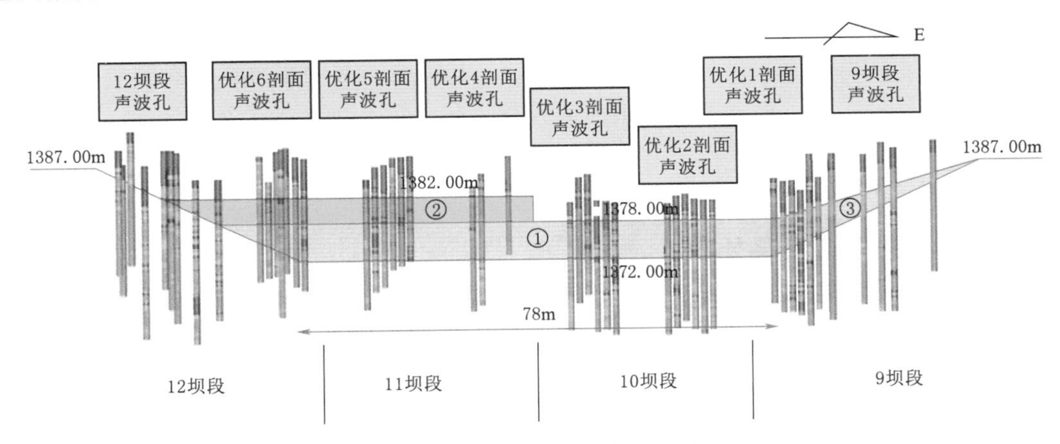

图 4.4-1　河床建基面优选方案

（3）上抬后，不影响大坝及坝后厂房的上部结构布置。经复核，优化后的大坝坝基建基面岩体均一性、完整性较好，不存在明显的地质缺陷，大坝抗滑稳定及坝基应力均满足规范要求，且可减少基岩开挖 6.1 万 m^3，减少坝体混凝土 6.1 万 m^3，节省工程投资，并缩短了工期。

图 4.4-2　抬高后的建基面岩体照片（11 号坝段）

4.4.3　防渗处理

坝址区岩体主要为砂岩夹板岩或砂岩与板岩互层的层状岩体，板岩一般均匀分布于砂岩中，坝址为横向谷，未揭露顺河向贯穿岩层的Ⅳ级及以上结构面，顺河向的节理不发育，多闭合，且受层面控制，多短小、连通性差，加之板岩的相对隔水作用，对坝基防渗及渗透稳定较为有利，因此坝基岩体不存在坝基渗漏和绕坝渗漏的条件，也无产生渗透破坏的可能。

根据前期坝轴线上钻孔压水试验成果，坝基右岸及河床部位相对隔水层（$q<1$Lu）顶板埋深较大，左岸埋深较小。左岸 1490.00m 高程以上相对隔水层顶板埋深 5～15m，

1490.00～1423.00m 高程段坝基为相对隔水岩体，1423.00～1387.00m 高程段相对隔水层顶板在建基面以下埋深 30m 左右；河床部位埋深 30～50m；右岸 1387.00～1435.00m 高程段坝基为相对隔水岩体，1435.00～1456.00m 高程段相对隔水层顶板在建基面以下埋深 12～24m，1456.00～1510.00m 高程段埋深 50～60m。

阿海水电站坝前水头高达 132m。根据混凝土重力坝设计规范要求，需设置防渗帷幕。坝基和厂房防渗帷幕标准为 1Lu≤q≤3Lu。坝基主帷幕采用嵌入式帷幕。

大坝防渗帷幕线平行于坝轴线，位于坝基上游侧，帷幕底高程基本上按照坝基岩体透水率 1Lu 线和 0.3～0.7 倍水头控制，主帷幕设 2 排，最大深度位于右岸坝基中、高高程段，深度约 85m；副帷幕设 1 排，布置于左岸 1437.00m 高程以下至右岸 1435.00m 高程以下坝基，深度按相应段 2/3 主帷幕深度控制，最大深度约 40m，位于河床部位；左右岸坝顶高程各设一条灌浆平洞，分别深入山体 33.5m 和 41.0m，两岸帷幕延伸至水库正常蓄水位与地下水位线相交处。坝后厂房帷幕为绕厂房四周的封闭帷幕，在右坝肩与坝后主帷幕相连，左端与消力池帷幕相连。消力池帷幕为四周封闭的嵌入式垂直帷幕，右侧与厂房帷幕相连，左侧向上游延伸与大坝下游帷幕相连，形成总体上的封闭帷幕系统。大坝下游帷幕及厂房、消力池帷幕按透水率 1～3Lu 控制。

4.4.4 排水及固结灌浆处理

根据渗控分析及坝体稳定计算要求，大坝与厂房基础采用抽排方案，布置 5 排纵向排水廊道：第一排为主排水幕，布置在坝基帷幕灌浆廊道内，孔深为防渗主帷幕的 0.5 倍，孔距 3m；第二排至第四排排水幕布置在大坝或厂房基础排水廊道内，排距约 30m，孔距 3m，孔深 8m；第五排为厂房下游侧排水，布置在尾水平台下方，与下游副帷幕共用一条廊道。

坝基纵向排水廊道间共设 9 条横向排水廊道，将纵向排水廊道连通。坝基渗水及厂房基础渗水分别集中排至大坝渗漏集水井及厂房渗漏集水井，另外厂房还设有检修集水井。所有渗水汇集后一律经抽排至下游。

坝基分 A、B、C 三区进行固结灌浆：A 区为防渗帷幕上游侧渗流水力梯度最大的部位，范围包括坝踵至帷幕下游 2m。固结灌浆孔孔深 15m、排距 1.5m、孔距 3m；B 区为坝趾及厂房下游侧，固结灌浆孔孔深 8～12m、排距 2m、孔距 3m；C 区为坝基中部、消力池中后部及厂房基础，固结灌浆孔孔深 8m、排距 3m、孔距 3m。

挤压破碎带及板岩相对集中的部位，采用混凝土塞置换处理，并采用固结灌浆 A 区的灌浆参数进行基础处理。

4.4.5 监测成果分析

截至 2019 年 12 月，监测成果表明：

(1) 大坝水平位移。库水位较为稳定，坝顶上下游方向水平位移与库水位相关性不明显，主要呈现“高温季节向上游变形，低温季节向下游变形”的规律，最大向上游位移 7.5mm；最大向下游位移 6.3mm，年均变幅在 2.7～7.9mm 之间；坝顶左右岸方向水平位移年均变幅在 1.8～3.6mm 之间，总体小于上下游方向变幅；各坝段坝顶水平位移相邻测点测值同步性好，峰谷值出现时间吻合，各坝段间没有明显相对错动；坝顶上下游方向水平位移总体呈“河床坝段大，岸坡坝段小”的分布规律，符合混凝土重力坝一般分布规律。

(2) 大坝垂直位移。坝顶垂直位移主要受气温影响，呈明显的年周期性变化规律，表现为“高温季节上抬，低温季节下沉”，符合混凝土坝的一般变形规律，大坝变形滞后气温变化约1～2个月；坝顶最大沉降为2.49mm（9号坝段），最大上抬为3.35mm（11号坝段），最大年变幅在1.31～4.20mm之间；坝顶垂直位移最大年变幅空间分布为河床坝段位移大于岸坡坝段。总体来看，各坝段沉降变形较为接近，同步性较好，不存在明显不均匀沉降变形。

(3) 大坝坝基变形。蓄水前，随坝体浇筑高程的不断提高，坝踵及坝趾基岩受坝体自重荷载的增加而持续压缩。蓄水后，坝踵及坝趾基岩变形总体仍处于压缩状态，且蓄水过程中测值变化与库水位相关性不明显。近年来坝基多点位移计、基岩变位计测值变化平稳，量值不大，10号坝段坝踵部位最大压缩量为5.69mm，8号坝段坝趾处最大压缩量为4.58mm。

(4) 大坝接缝及裂缝变形。大坝典型坝段横缝在埋设初期有1～2mm的张开；水库蓄水初期，横缝开合度有略微张开。库水位稳定后，大部分横缝测点未见明显持续张开现象，横缝最大张开量为6.39mm，最大年变幅在0.46～2.94mm之间，横缝变形基本已稳定；坝体与基岩接缝变形主要发生在施工期，蓄水初期，部分测点测值略有增大，量值基本在2mm以内；水位稳定后，横缝变形总体稳定。总体来看，坝体与基岩接缝变形基本处于压缩或者微量张开状态，顺岸坡及顺河向的界面位移不大，坝体与基岩接触良好；厂坝接缝变形主要发生在施工期，之后接缝开合度变化稳定，蓄水期间，开合度无明显变化；蓄水后，个别测点裂缝变形略有增大，裂缝张开量在2mm以内；库水位稳定后，裂缝计开合度总体保持平稳，未见有明显张开趋势。

(5) 坝基扬压力。坝基扬压力在水库蓄水过程中变化不大，运行期，基本处于稳定状态。总体呈现“河床部位扬压水位较低，岸坡部位扬压水位较高”的分布规律，扬压水头最大值为34.75m，坝基各测点扬压水位最大年变幅为21.45m。除个别点外，实测最高扬压水位均低于设计值，抗滑稳定满足设计要求。

(6) 坝体渗透压力。各坝段坝体混凝土防渗效果总体较好，层间渗透压力较小，与上游水位相关性不明显，对坝体层间抗滑稳定安全影响不大，仅个别坝体排水孔前的测点渗透压力较高（属局部现象）。

(7) 大坝渗流量。大坝各部位渗流量在观测初期量值较大，经过2013年和2014年的灌浆处理后，各部位渗流量总体处于稳定状态，略有逐年降低的趋势。1418.00m高程以上坝体渗流量最大值为2.60L/s；大坝总渗流量最大值为25.41L/s；厂房渗流量最大值为4.64L/s；消力池基础渗流量最大值为3.23L/s。

(8) 绕坝渗流。左右岸绕坝渗流监测孔地下水位在蓄水过程中变化不明显，左右岸山体渗流量在蓄水初期测值较大，左岸最大值为7.24L/s，右岸最大值为1.23L/s，运行期基本处于稳定状态，与上游水位之间不存在明显的相关性，表明两岸不存在明显的绕坝渗流现象。

4.5 阿海水电站安全鉴定坝基评价意见

（1）坝基岩性主要为砂岩夹板岩或砂岩板岩互层。砂岩、板岩均匀分布，总体以坚硬岩为主。坝基无断层分布，主要结构面为层面及层间挤压带、挤压面等。建基面主要为微风化—新鲜岩体，岩体较完整，属Ⅲ类岩体，变形模量及承载力较高。施工中对爆破松弛深度较大的岩体进行了清挖，坝基全部进行了固结灌浆，处理后岩体质量满足大坝建基要求。坝址岩体中的层面和层间挤压带、挤压面倾向上游，倾角较陡，对坝基抗滑稳定影响较小。

（2）施工期间，根据开挖揭露的岩体质量，将河床部位建基面高程由 1372.00m 整体提高至 1380.00m 是合适的，满足大坝建基要求。

（3）消力池建基岩体为微风化—新鲜的互层状砂岩与板岩，岩体较完整，岩体质量以$Ⅲ_2$类为主。施工中进行了系统固结灌浆，处理后满足建基要求。

（4）坝址岩体相对隔水层埋藏深度不大，两岸地下水位较高，主帷幕底高程按透水率小于 1Lu 控制，两岸端头接地下水位的防渗处理方案是合适的。

（5）厂房建基岩体为微风化—新鲜的互层状砂岩、板岩，层面及层间挤压面（带）较发育，挤压结合紧密，岩体质量以$Ⅲ_2$类为主，对厂房建基岩体进行了系统固结灌浆，处理后满足厂房建基要求。尾水渠建基岩体为微风化—新鲜的互层状砂岩与板岩，岩体质量为$Ⅲ_2$类，满足尾水渠建基要求。

4.6 小结

4.6.1 基本结论

（1）阿海水电站可研阶段经过详细的勘探、研究，选择有较多板岩分布的“V 勘线”作为重力坝轴线，不仅避开了完整性较差的辉绿岩带，优化了水工布置，而且避开了高边坡的开挖及相关的稳定性问题，但选定坝线为复杂的层状岩体，坝基$Ⅲ_2$级岩体的比例达到 70%左右，成为坝址修建混凝土重力坝需要特别关注的重大工程地质问题。深入、细致、科学、精确地查明坝址复杂层状岩体的空间分布、岩性组合特征、结构类型、力学特征建立可利用岩体标准，研究坝基岩体真实的质量类型，是论证可否作为高混凝土重力坝的基础。

（2）阿海水电站坝基岩层总体以薄—中厚层状长石石英砂岩、粉砂岩为主夹粉砂质板岩、钙质板岩、泥质板岩等，部分为互层状，属厚薄不均、软硬相间的复杂层状岩体，岩体的建坝条件是制约坝型和枢纽布置能否很好适应坝址地形条件的关键技术问题，因此针对该岩层开展了大量的勘探、试验 、统计分析等勘察和专题研究工作，主要包括以下几个方面：

1）针对岩层的空间分布和岩性、岩相特征控制性布置了大量的钻孔、平洞及支洞。

2）利用地表、平洞及钻孔开展了系统的精细化岩性剖面量测和岩石薄片镜下鉴定及SiO_2含量测定，对岩层中各类岩石的比例及组合特征进行了定量化评述。

3）进行了系统的声波测试、室内岩石及现场岩体物理力学试验，并建立了岩性比例与岩石强度、岩体声波和变形模量等相关关系。

4）层状岩体各向异性的勘察与研究，尤其是变形特性的专门研究。

5）基于钻孔 *RQD* 和平洞 *BSD* 统计分析的岩体结构特征和完整性研究。

6）坝基岩体的质量分级及相应岩体力学参数研究。

通过以上工作，查明了坝基（含坝后厂房基础）复杂层状岩体的分布特征、工程地质特性及物理力学性质等，为坝基工程地质评价及大坝工程优化设计提供了较为翔实的基础资料。

（3）通过开展复杂层状坝基岩体参数试验研究、参数敏感性分析、坝体稳定及强度研究，系统研究了阿海水电站复杂层状坝基的建坝适应性，主要的认识如下：

1）经过薄片鉴定、崩解试验、坝址区详细的地质剖面测量和统计，查明了阿冷初组第二层 D_1a^2 砂岩类和板岩类的厚度及其分布特征，并将坝基岩层划分为砂岩集中带、砂板岩互层带和板岩集中带三种岩体，有针对性地进行了不同岩性的岩石物理力学试验、不同岩性或岩性组合的岩体现场抗剪试验，以及板岩集中带的载荷试验等工作。根据坝区地质勘察、试验以及岩体波速测试成果，提出了坝基岩体质量分类及其相应的岩体物理力学参数建议值，特别是分别提出了平行层面、垂直层面和铅直方向的岩体变形模量参数建议值，基本符合坝址区层状岩体各向异性的特点。

2）针对层状岩体坝基平行层面与垂直层面的变形模量差异较明显的各向特征，开展了坝基变形模量对大坝变形影响的敏感性分析，成果表明：坝基岩体各向异性对坝体的变形及应力虽有影响，但大坝坝基的不均匀沉降值小于1mm，不会引起坝体结构的应力状态恶化，不会威胁大坝的安全。

3）采用层状岩体坝基物理力学参数的地质建议中值进行坝体的应力、变形与稳定分析的研究，成果表明：各典型坝段在各工况下的稳定及坝体结构强度均满足现行规范的要求，大坝位移和变形符合一般规律，坝体的应力和变形无明显的突变。

4）坝体抗滑稳定、应力变形及渗控措施分析成果表明：各典型坝段沿坝基面的抗滑稳定及坝基应力均满足现行规范的要求，坝基渗漏量不大，在基础防渗及处理措施无须加强的前提下，复杂层状坝基岩体对阿海大坝的整体适应性较好，满足140m级重力坝的建基要求。

（4）工程建设期，通过对复杂层状岩体结构特征、力学特性等进行跟踪分析研究，对建基面岩体质量进行实时评价，调整并优化了工程处理措施，河床段建基面抬高7～8m。经复核，优化后的大坝坝基建基面不存在明显的地质缺陷，满足混凝土重力坝建基面岩体及坝基稳定的要求。

（5）运行期监测成果表明：坝基变形总体较小，变化平稳，变形和坝前水位的相关性不明显。帷幕灌浆后渗流量满足渗控要求。大坝工作性态正常，运行安全可靠。

4.6.2 技术成果

阿海水电站复杂坝基在综合勘察、试验研究的基础上，开展了“坝基复杂层状结构岩体工程地质评价及建基面优化研究”和“复杂层状岩体工程地质特性及坝基适应性研究”，取得以下关键技术成果。

(1) 全面、深入地研究了坝址基础地质、工程地质条件及环境条件：开展了大量的岩石强度试验，较为科学地获得了坝址不同岩石、不同岩性组合岩石的强度类型，并通过1000余层坝址岩性层的统计资料，对岩层中各类岩石的比例及组合特征进行了精细化描述和定量化评价。

(2) 全面、精细地开展了坝址薄层—互层状岩体结构特征的研究：通过坝址岩芯、开挖后岩样及现场资料，证实了坝址轻变质薄层—互层状砂岩、板岩的黏结层状结构特征，成为黏结的"互层—中层—厚层状结构类型"，建立了坝基新的岩体结构分类方案，为坝基"薄—互层"岩性层的岩体结构及作为高混凝土坝地层奠定了基本的理论依据。同时，采用三维建模技术，构建了坝基岩体岩性及层状组合结构模型。众多资料表明坝基岩体层状结构组合较均匀，各坝段彼此无大的差异，为可利用性评价带来较大的方便。

(3) 开展了针对层状岩体特性的变形试验：为获得组合层状结构岩体的综合变形模量，在左、右岸坝基开展了特大型板（面积50cm×200cm）变形试验，推导了相应的理论计算公式；在现场开展了标准板的岩体变形试验，结合前期变形试验成果建立起岩体变形模量与波速的关系曲线，为评价各部位岩体变形模量奠定了基础。

(4) 全面、精细地开展了坝基岩体质量评价：以新获得的技术资料，结合坝基岩体的特征，制定了新的岩级划分方案。以新的方案，用现场获得的资料，分别对各个坝段开展岩体质量评价，分别确定了左岸、河床、右岸坝段岩级及参数。新评定的岩级，不但在划级标准上有一定的提高，而且划分后坝基岩体普遍为$Ⅲ_1$级，深部为Ⅱ级，表浅部爆破松弛带厚度1～3m的岩体为Ⅳ级。

(5) 研究全面分析了河床地带的岩体结构、岩体质量，提出了优化建基面方案：将原建基面高程由1372.00m提高到高程1378.00～1382.00m，河床段建基面抬高7～8m，达到了优选建基面及建基岩体的目的，减少了坝基岩体开挖量及混凝土填筑量约6.1万m^3，节约了工程投资，缩短了工期。

(6) 研究成果表明：坝基紧密黏结层状岩体为较为良好的高混凝土重力坝地基，修建140m左右的高坝可行、安全，全面地解决了阿海水电站坝基需要关注的重大问题，在复杂层状岩体的可利用性和修建高混凝土坝的适宜性方面取得了大的进展，基本形成了一套评价复杂层状岩体工程地质性质研究的技术体系，在层状岩体工程地质研究方面不仅在理论上有大的进展，而且在工程应用上取得大的突破，推广应用前景广阔，社会经济效益明显。

第5章

裂面绿泥石化岩体坝基技术

5.1 概述

岩体蚀变是指岩体在蚀变作用（泛指岩石、矿物受到热液、地表水、海水以及其他作用的影响，产生新的物理化学条件，使原岩的结构、构造以及成分相应地发生改变生成新的矿物或矿物组合）下使得岩体的化学成分以及结构、构造等均遭受到不同程度的改变过程。岩体蚀变的范围变化很大，有的在节理的两侧只有几厘米宽，有的形成数十米宽的晕圈。许多蚀变晕圈呈现出矿物集合体的分带现象，这是由于热液在通过岩体时性质发生改变引起的。决定蚀变岩体的类型和蚀变作用强度的因素有：①岩体的性质，包括岩体的化学成分、矿物成分、粒度、物理状态（如是否受力破碎）、渗透性等；②热液的性质，包括热液的化学成分、浓度、pH、E_h（氧化-还原电位）、温度和压力条件，以及它们在热液作用过程中的变化。岩体蚀变种类较多，常见的有矽卡岩化、钾长石化、钠长石化、云英岩化、绢云母化、绿泥石化、碳酸盐化、硅化，还有黄铁矿化、磁铁矿化、高岭石化、白云母化等。蚀变岩的发育受结构面、（气）热液性质及其与围岩物理化学性质差异性等的控制，常形成由不同类型蚀变岩组合成的、具有较为明显分带性的蚀变岩带。由于蚀变作用对岩石物理力学性质常起到劣化作用，蚀变岩带常成为主要工程地质缺陷。

岩体蚀变问题在水电工程中较为常见，不少水电站坝基存在蚀变岩体工程地质问题。如澜沧江小湾水电站坝基岩体蚀变以高岭石化蚀变为主伴随黄铁矿化蚀变，主要发生在黑云花岗片麻岩中，对岩体强度降低有明显影响。据开挖揭露，坝基部位分布有相对较大的蚀变带6条，根据岩体蚀变程度将其划分为强烈蚀变、中等蚀变和轻微蚀变。蚀变岩多呈浅灰白色，几乎不含暗色矿物，伴随黄铁矿化蚀变的呈褐黄色。强烈蚀变岩体结构疏松多孔，较原岩强度有显著降低。强烈蚀变岩体开挖后易松弛。蚀变岩体的空间延伸方向与主要断裂构造线的方向一致，边界不明显，局部可见到明显的蚕食状蚀变晕圈。各条具体的蚀变带形态可呈透镜状、树枝状或鸡窝状，同一个蚀变带中不同部位的蚀变程度也不完全相同，蚀变带中除蚀变岩体外，尚包含有部分挤压带、节理密集带和未蚀变的透镜状岩体，存在较大的不均一性。澜沧江糯扎渡水电站右岸坝肩分布花岗岩蚀变岩体，成因较为复杂，按照矿物及矿物组合的理论及实测形成温度分为四类，共19种：①中-高温型：磁铁矿、铁碧玉、白云母、（磁）黄铁矿、钾长石、阳起石、石英；②中-低温型：钠长石、黝帘石、绿帘石、绢云母、绿泥石、萤石、石英；③低温型：方解石、高岭石；④表生型：孔雀石、褐铁矿。根据蚀变作用的方式和蚀变强度，以及参与蚀变的物质数量的多少和作用时间的长短，蚀变的分布和分带从空间形态上可分为三种类型：体蚀变型、面蚀变型和点蚀变型。总体上以体蚀变型为主，面蚀变型也有较为广泛的分布，而点蚀变型分布局限；在蚀变发育的期次及类型上，面蚀变型具有多期次、多类型的特点。在蚀变、构造、风化的综合作用下造成了岩体的弱化。

金沙江中游河段梯级水电站坝基岩体除观音岩水电站为沉积岩外，其余基本上都分布有不同程度的变质岩和火成岩，蚀变问题较为普遍。其中龙盘水电站坝基存在片岩绢云母化及玄武岩和千枚岩绿泥石化、梨园水电站坝基杏仁状玄武岩存在表部褐铁矿化及深部绿泥石化、阿海水电站坝基存在辉绿岩与砂板岩接触带硅化、龙开口水电站及鲁地拉水电站坝基正长岩脉和煌斑岩脉穿插侵入存在熔接接触带蚀变等问题，由于蚀变岩体分布范围有限，蚀变程度较轻，对坝基岩体质量影响不大。金安桥水电站在前期勘察中揭示河床地带存在大范围的裂面绿泥石化岩体，岩体裂隙十分发育，裂面普遍绿泥石化，钻孔岩芯 *RQD* 为 15%～25%，裂隙间距大多小于 20cm，岩体具有明显的碎裂结构特征，但在原位状态下裂面嵌合紧密，岩体透水性微弱，纵波速度多在 4500～5800m/s，是一类特殊的碎裂结构岩体。按现行规范对坝基岩体结构的要求，是不宜作为高混凝土重力坝建基的岩体，而从波速量值、透水性特征来分析，又显示出岩体有较高的抗变形能力，是值得深入研究的问题。因此，选择以金安桥水电站裂面绿泥石化岩体坝基关键技术问题为例进行分析和研究。

金安桥水电站是金沙江干流上最早兴建的大型水电站。以发电为主，枢纽主要由拦河坝、河床坝后式厂房、右岸坝身溢流表孔及其消力池、右岸泄洪（冲沙）底孔、左冲沙底孔及左岸进厂交通洞等组成。拦河坝为碾压混凝土重力坝，最大坝高 160m。可行性研究工作中，针对坝基主要工程地质问题，尤其是河床部位广泛分布的裂面绿泥石化岩体，开展了大量的勘测、设计和试验工作。为深入研究和论证坝基尤其是裂面绿泥石化岩体作为高混凝土重力坝坝基的可行性，中国水电顾问集团昆明勘测设计研究院与成都理工大学、中国水利水电科学研究院、大连理工大学、武汉大学及河海大学等单位共同合作，开展了针对这一问题的专门研究。先后完成了《金安桥水电站坝基裂面绿泥石化岩体的成因机制、工程性状、工程适应性及坝基可利用岩体工程地质研究报告》《金安桥水电站坝基裂面绿泥石化岩体及 EP 固结灌浆试验报告》《金安桥水电站坝基物探专题报告》及《金安桥水电站岩体原位变形及抗剪试验专题报告》等多项专题研究成果，联合河海大学进行了《金安桥水电站坝体坝基渗流分析及渗控措施研究》。施工期，提出了《金安桥水电站坝基建基面岩体利用标准及开挖验收标准》及《金安桥水电站坝（厂）地基的裂面绿泥石化岩体开挖技术要求》；在坝基开挖过程中同时进行了物探声波检测、孔壁成像、钻孔弹模试验，对坝基岩体特别是裂面绿泥石化岩体进行跟踪研究；6～7 号坝段坝基开展了生产性固结灌浆试验；针对裂面绿泥石化岩体开展了补充论证及试验研究工作，包括固结灌浆试验、岩体与混凝土抗剪试验、岩体变形试验等。

5.2 金安桥水电站坝基裂面绿泥石化岩体工程地质特性

5.2.1 坝基基本地质条件

大坝坝基划分为 0～20 号，共计 21 个坝段，根据各坝段坝基分布位置及与坝后厂房的关系，将坝基分为左岸坝基、右岸坝基及河床坝基三部分。其中河床坝基（厂房坝段）包括7～11号五个坝段；左岸坝基包括0～6号七个坝段；右岸坝基包括12～20号九个坝段。

5.2.1.1 地形地貌

左岸坝基高程1390.00m以上原始地形坡度20°～25°，坝基分台阶开挖，平台宽10m，平台间斜坡坡高10m，坡比1∶2～1∶2.85，坝基综合坡度17°；高程1292.00～1390.00m之间，原始地形坡度40°～45°，坝基平台宽8～15m，平台间斜坡坡高15～20m，坡比1∶1～1∶0.75，坝基综合坡度33°。右岸坝基高程1345.00m以上原始地形坡度35°～40°，坝基分台阶开挖，平台宽10m，平台间斜坡坡高12～30m，坡比1∶0.7～1∶0.9，坝基综合坡度47°；高程1345.00～1316.00m之间，原始地形坡度35°～45°，坝基平台宽10～16m，平台间斜坡坡高13～16m，坡比1∶1，坝基综合坡度32°；高程1316.00～1292.00m之间，原始地形为平缓台地，坝基平台宽17～43m，平台间斜坡坡高5～12m，坡比1∶0.58～1∶0.8，坝基综合坡度10°。河床坝基原始基岩面较为平坦，左侧岸坡地形较陡，坡度达50°，右侧30°～40°。最低建基高程1266.00m处为一宽63m的平台；高程1266.00～1292.00m之间，左右两侧各设一个平台，左侧平台高程1268.00m，平台宽14m，上、下斜坡坡比1∶1，右侧平台高程1280.00m，平台宽23m，上、下斜坡坡比1∶1。坝址区原始地貌见图5.2-1。

图5.2-1 坝址区原始地貌（面向上游）

5.2.1.2 地层岩性

坝基开挖揭露地层为二叠系上统玄武岩组上段（$P_2\beta^3$），岩性为玄武岩、杏仁状玄武岩、火山角砾熔岩夹t_{1c}、t_2两层凝灰岩。

玄武岩：灰、深灰、灰绿色。主要矿物成分为斜长石、辉石、绿泥石、磁铁矿等。斑状结构、基质具间粒、拉玄结构，块状构造。局部有网络状石英细脉分布及褐红色斑点状铁锰质渲染。岩石坚硬。

杏仁状玄武岩：灰、深灰色。主要矿物成分为斜长石、辉石、磁铁矿及绿泥石等。玻璃质、斑状结构，基质为间隐（间粒）结构。杏仁状构造，杏仁体呈次圆状及不规则状，直径一般为0.2～1.0cm，成分为方解石、绿泥石、玉髓等。岩石坚硬。

火山角砾熔岩：紫红、灰绿色。角砾熔岩结构。角砾成分为玄武岩及凝灰岩，角砾呈次棱角状，直径一般为2～5cm。由钙质、硅质及熔浆胶结。主要为块状构造，局部具杏仁状构造、斑杂状构造。岩石较坚硬。

凝灰岩：紫红、暗红色，局部灰绿色。由火山碎屑物质组成，碎屑成分为玻基玄武岩屑、晶屑（石英、长石晶屑）、玻璃质、硅质岩屑和少量凝灰质岩屑及铁质等。凝灰结构或凝灰角砾结构。一般较致密、中等坚硬。

凝灰岩呈层状产出，其中，t_{1c} 厚 0.3～0.4m，层间挤压、错动现象明显，岩石呈片状、碎块状，局部夹石英、方解石脉；t_2 厚 0.3～0.5m。局部层间挤压、错动及泥化现象明显，层节理较发育，岩石多呈片状、碎裂状。泥化夹层（RCH）厚 3～5cm，成分为岩屑、岩块夹红色断层泥，呈不连续状分布。

5.2.1.3 地质构造

坝基岩层为一单斜构造，玄武岩流层及凝灰岩夹层产状近 SN，W∠10°～30°。坝基范围内无Ⅱ级以上结构面，共揭露Ⅲ结构面断层（F）4 条，Ⅳ结构面小断层（f）、挤压面（g）、绿帘石石英错动面（EP）及Ⅴ结构面节理、裂隙极为发育。

（1）Ⅲ级结构面（断层）。F_{50} 断层：分布在右岸高程 1297.00～1332.00m，自 13 号坝段下游至 16 号坝段上游，斜跨 13 号、14 号、15 号、16 号四个坝段。产状 N50°～70°W，SW(NE)∠75°～90°，破碎带宽 10～30cm，组成物质为灰褐色，黄褐色，片状岩、碎裂岩、糜棱岩，充填方解石、石英脉及次生泥，次生泥分布连续，厚 1～2cm，局部厚 3～4cm，呈硬塑状。面起伏扭曲，胶结差，错断 t_{1c} 凝灰岩。

F_{63} 断层：出露于右岸 16 号坝段高程 1316.00～1332.00m 斜坡坝基，贯通上下游。产状为 N5°E，NW∠85°～90°，破碎带宽度一般为 15～20cm，局部为 30～40cm，组成物质为紫红色片状凝灰岩及碎裂岩、糜棱岩及黄褐色次生泥，次生泥厚 1～3cm，呈硬塑状，胶结差。

F_{64} 断层：从左岸 4 号坝段高程 1335.00m 平台穿过，延伸至上游侧坝横 0＋038 以后在高程 1335.00～1355.00m 边坡坡脚附近尖灭。产状为 SN～N20°E，E（SE）∠65°～70°，破碎带宽一般为 5～20cm，组成物质主要为碎裂岩、片状岩、糜棱岩及构造透镜体，间夹硬塑状次生泥，面起伏，胶结差。

F_{65} 断层：分布在左岸 4 号坝段高程 1335.00～1355.00m 斜坡中下部。产状为 N5°～10°E，SE∠80°，破碎带宽 5～20cm，组成物质为碎裂岩、片状岩及构造透镜体，间夹 0.5～3mm 厚的硬塑状次生泥，面起伏、扭曲，胶结差。

（2）Ⅳ级结构面（小断层、挤压面及绿帘石石英错动面）。坝基范围内Ⅳ结构面发育，共发育小断层（f）10 条、挤压面（g）88 条、绿帘石石英错动面（EP）44 条。其中，左岸坝基揭露小断层 f_{zbj1} 一条，挤压面 g_{zbj6}、g_{zbj7} 等 16 条，绿帘石石英错动面主要分布在 4 号、5 号、6 号坝段，共有 EP_{12}、EP_{13}、EP_{zbj6}、EP_{zbj7} 等 19 条；右岸坝基揭露小断层 f_{PD-1}、f_{PD6-2}、f_{ybj1}、f_{ybj2} 等 8 条，挤压面 g_{ybj6}、g_{ybj7} 等 50 条，绿帘石石英错动面 EP_{ybj1}、EP_{ybj2} 等 12 条；河床坝基揭露小断层 f_{hbj1} 等 3 条，挤压面 g_{hbj1}、g_{ybj2} 等 22 条，绿帘石石英错动面 EP_{hbj1}、EP_{hbj2} 等 15 条。坝基内小断层（f）和挤压面（g）以陡倾角为主，按产状可划分为以下三组：①N60°～90°W，NE(SW)∠70°～90°；②N0°～20°E，SE(NW)∠80°～90°；③N30°～50°W，NE∠70°～85°。延伸长度一般 10～30m，个别延伸较长者可达 70m，组成物质以片状岩、碎裂岩及糜棱岩为主，部分充填岩屑及次生泥，面多起伏，胶结较差。

坝基分布的绿帘石石英错动面主要为以下三组：①N60°～90°E，SE(NW)∠20°～40°；②N60°～90°W，SW(NE)∠20°～35°；③N20°～50°E，NW∠10°～25°。绿帘石石英脉属

后期热液形成，质坚硬，沿脉体多有顺层错动，多为中、缓倾角。面波状起伏，面上多有明显擦痕，以顺倾向为主，少数顺走向或斜冲擦痕。多数无充填物，属硬性结构面，部分或局部充填有岩屑及少量次生泥。延伸长一般大于10m，其中延伸长最长、影响最大的为EP_{12}，产状N85°E，SE∠26°及N60°～70°E，SE∠40°～45°，左岸上起5号坝段坝基上游侧边坡，斜穿5号、6号坝段及厂房左侧边坡，沿厂房与尾水渠分界线横跨河床后斜切厂房右侧边坡，向上游止于13号坝段坝趾，长达250余m。其次为EP_{13}，产状N75°～90°E，SE∠26°，分布于左岸4号、5号、6号坝段，与EP_{12}平行展布，上游与4号坝段中部F_{64}断层相交，下游穿过厂房左侧边坡延伸至尾水渠。

(3) Ⅴ级结构面（节理）。坝基岩体节理发育，根据对建基面岩体节理统计分析，坝基主要发育近EW和近SN两组陡倾角节理，其次为流层理；裂面绿泥石化岩体中玄武岩原生柱状节理发育。根据左、右岸及河床坝基节理统计资料，左岸坝基主要发育以下三组节理：①N5°E～N10°W，NW(SW)∠75°～90°，延伸长一般2～5m，部分5～8m，间距15～40cm，张开宽度一般为0.5～1mm，节理面平直、粗糙，充填铁钙膜或绿泥石膜；②N80°～90°W，NE(SW)∠80°～90°，延伸长一般为2～5m，部分延伸长为5～10m，间距20～30cm，张开宽度一般0.5～1mm，节理面平直、粗糙，充填铁钙膜或绿泥石膜；③N5°W～N5°E，NW(SW)∠15°～25°延伸长一般1～5m，间距20～40cm，张开宽度一般0.5～2mm，节理面平直、粗糙，充填铁钙膜或绿泥石膜，部分充填少量次生泥。右岸坝基主要发育以下四组节理：①N0°～10°W，NE(SW)∠70°～80°；②N60°～80°W，SW(NE)∠80°～90°，产状及性状与左岸①、②两组节理相同；③N0°～20°E，NW∠10°～20°（流层），延伸长一般1～5m，部分延伸长为5～10m，间距为10～40cm，张开宽度一般为0.5～2mm，个别达5mm，节理面平直、粗糙，充填铁钙膜，部分充填岩屑及次生泥；④N60°～80°E，SE∠10°～15°（卸荷裂隙），延伸长一般1～3m，间距为5～30cm，张开宽度一般为1～2mm，个别达5mm，节理面平直、粗糙，充填岩屑及次生泥，主要分布在13～15号坝段。河床坝基除发育有与两岸相同的①、②、③三组节理外，特点是原生柱状节理发育，玄武岩多呈棱柱状，节理特征是延伸短（0.5～1m）、间距小（5～20cm）、面起伏、充填绿泥石膜。

5.2.1.4 岩体风化

枢纽区岩体风化不强烈，风化作用以物理风化为主，岸坡一般无全风化层，河床部位无强风化层且一般无弱风化上带。两岸强风化带厚度一般小于15m，局部可达20～25m；弱风化带厚度一般30～50m，其中，上带一般厚10～25m，下带一般厚20～40m，但河床部位一般小于20m。总体上，河床部位风化最浅，其次是右岸陡坡地段，右岸滩地及左岸风化相对较深。

开挖坝基岩体以弱风化下带为主，河床坝段为弱风化底部及微—新岩体。受凝灰岩夹层、断层、挤压面影响，部分坝段局部残留有弱风化上带岩体，断层破碎带、凝灰岩夹层及熔渣状岩体一般呈强风化。弱风化上带岩体主要分布在以下部位：①左岸4号坝段高程1335.00～1345.00m之间，F_{64}和F_{65}两条断层及影响带范围内；②右岸1号坝段高程1316.00m平台，F_{50}断层上游侧，t_{1c}凝灰岩上部岩体；③右岸18～19号坝段高程

1350.00～1392.00m 之间，f_{PD6-1}、f_{PD6-2} 断层上游侧，t_2 凝灰岩上部岩体。

5.2.1.5 卸荷特征

坝基开挖后在建基面上出现两种卸荷裂隙，一种为岸坡原生卸荷裂隙，另一种为开挖后新生卸荷回弹裂隙。

（1）原生卸荷裂隙。两岸坝基开挖后未发现明显的新生卸荷张开裂隙，但局部坝基内仍残存有部分原生卸荷裂隙，主要分布于原河床岸边及右岸平缓台地部位，即开挖后的左岸 7 号坝段，右岸 11 号、13 号、14 号、15 号及 17 号坝段坝基。根据建基面地质编录资料，卸荷裂隙以缓倾角为主，并多数追踪流层理发育，一般延伸长 3～10m，最长者达 80 余 m，张开宽度一般为 0.5～2cm，个别宽达 5～10cm，充填岩屑及次生泥。其中影响较大的为发育在左岸 7 号坝段坝基上的 LX_{7-1}，该卸荷裂隙在 7 号坝段斜坡坝基上出露，张开宽度一般为 2～5cm，充填岩屑、次生黄泥及前期灌浆水泥结石，贯通坝基上、下游，走向与边坡近平行，缓倾坡外，倾角 30°左右，向内已延伸至高程 1292.00m 平台下部。坝基主要原生卸荷裂隙发育特征详见表 5.2-1。

表 5.2-1　坝基主要原生卸荷裂隙统计表

序号	编号	坝段位置	产　状	裂隙宽度/cm	延伸长度/m	特征描述
1	LX_{17-1}	17 号	N5°E，NW∠23°	0.5～2 局部 3～4	>30	卸荷裂隙，充填岩屑、硬塑状次生泥，次生泥分布连续性一般，厚度 0.3～1cm，面扭曲起伏
2	LX_{17-2}	17 号	N30°E，SE∠5°～15°	0.3～1 局部 2	27	卸荷裂隙，充填岩屑、少量硬塑状次生泥，次生泥连续分布，厚度 0.1～0.5cm，此裂隙延伸较长，面扭曲起伏
3	LX_{15-3}	15 号	N10°～20°E，SE∠15°～25°、N10°～20°E，NW∠5°～10°	0.5～1	20	卸荷裂隙，充填岩屑、次生泥，延伸长，追踪缓倾角节理发育
4	LX_{14-6}	14 号	N5°～10°E，SE∠18°	2～3	>35	卸荷裂隙，充填岩屑、次生泥，延伸长
5	LX_{13-2}	13 号	SN，W∠3°	0.5～2	14	卸荷裂隙，充填岩屑、次生泥，裂隙面上为熔渣状火山角砾岩，面较平直，延伸较长，胶结差
6	LX_{11-1}	11 号	N40°E，SE∠25°	0.2～0.6	>15	卸荷裂隙，夹绿泥石、岩屑及少量次生泥，面平直起伏
7	LX_{11-2}	11 号	N40°E，SE∠13°	0.2～0.5	10	卸荷裂隙，夹岩屑、次生泥，面平直起伏
8	LX_{11-3}	11 号	N25°W，NE∠80°～85° N10°W，NE∠75°～80°	0.5～2 局部 3	>30	卸荷裂隙，出露贯通整个坝段坝基斜坡，近坡顶部位夹少量玄武岩岩屑及次生泥，近坡角部位夹玄武岩岩屑、前期灌浆试验的水泥浆结石、结晶的方解石及次生泥，面上可见铁锈及钙膜。该裂隙将斜坡切割成薄片状。面起伏扭曲

续表

序号	编号	坝段位置	产　状	裂隙宽度/cm	延伸长度/m	特征描述
9	LX_{11-4}	11号	N40°E，SE∠20°～25°	0.5～2	>30	卸荷裂隙，夹次生泥及少量玄武岩岩屑、绿帘石、绿泥石。f_{ybj6} 上游侧部分面上可见顺倾向擦痕，下游侧不明显。次生泥呈硬塑状，面平直起伏
10	LX_{11-5}	11号、10号	N30°W，SW∠5°～10° N75°～90°W， NE(N)∠25°～38°	0.2～0.4	>30	卸荷裂隙，夹次生泥及玄武岩岩屑、绿泥石，钙膜。面起伏扭曲
11	LX_{7-1}	7号	N30°W，SW∠28° SN，W∠20°～28° N15°～30°E，NW∠35°～40°	2～5 局部达10	>80	卸荷裂隙，主要充填次生泥、岩屑及前期灌浆试验留下的水泥浆结石，次生泥厚度1～3mm，分布较连续，水泥浆结石厚度2～8mm，局部有10mm，面局部起伏，胶结差

（2）新生卸荷回弹裂隙。河岸坝基开挖至高程1267.00m后，原生卸荷夹泥裂隙已全部挖除，但岩体出现新生卸荷回弹裂隙，裂隙产状近水平，延伸长度10～40m不等，张开宽度一般1～2cm，宽者达10～15cm，裂隙架空，无充填。此种裂隙发育深度较浅，多在开挖面以下0.5～2m范围内，岩体相对完整的部位，应属开挖后的卸荷回弹裂隙。根据开挖面揭露情况，卸荷回弹裂隙主要有三条，其特征详见表5.2-2。

表5.2-2　　坝基主要新生卸荷回弹裂隙统计表

序号	裂隙编号	位置坝段	产　状	张开宽度/cm	延伸长度/m	特征描述
1	LX_{9-1}	9号	N5°E，NW∠15°～25°	2～3，局部5	10～15	裂隙面不规则，张开架空
2	LX_{8-1}	8号、9号	N75°～80°E，NW∠27°	5～10，局部20	15～20	裂隙面不规则，张开架空
3	LX_{8-2}	8号、9号	N75°E，NW∠33°	5～15，局部20～25	30～40	裂隙面不规则，张开架空

5.2.1.6 岩体渗透特性

根据枢纽区钻孔压水试验成果分析：强风化岩体一般具中等透水性，$q=10\sim100$Lu的岩体占84.8%；弱风化上部岩体一般具中等渗透性，部分具弱透水性，其中$q=10\sim100$Lu的中等透水岩体占64.9%，$q=1\sim10$Lu的弱透水岩体占30.6%；弱风化下部岩体透水性不均一，一般具弱—中等透水性，少数具微—极微透水性，其中$q=10\sim100$Lu的中等透水岩体占36.51%，$q=1\sim10$Lu的弱透水岩体占40.2%，$q<1$Lu的微—极微透水岩体占20.8%；微风化—新鲜岩体一般具微—极微透水性，部分具弱透水性，其中$q=1\sim0.1$Lu的微透水岩体占50.2%，$q<0.1$Lu的极微透水岩体占21.8%，$q=1\sim10$Lu的弱透水岩体占20.9%。枢纽区微透水岩体（$q<1$Lu）顶板埋深一般小于100m。

坝基开挖后，两岸坝基岩面总体干燥，局部潮湿，河床基坑除上、下游有少量江水渗入外，两侧及坑底无明显渗水，岩体阻水性较好，岩体的透水性主要受控于凝灰岩夹层、EP结构面及卸荷裂隙。根据前期勘探资料，坝基开挖后，建基面以下相对隔水层（$q<$

1Lu）顶面埋深：左岸坝基为 15～50m；右岸坝基一般为 10～30m，局部 50m；河床坝基为 5～12m。

5.2.2 坝基建基面岩体质量

5.2.2.1 岩体质量分类

根据《水力发电工程地质勘察规范》（GB 50287），考虑岩性、岩石强度、风化程度、工程地质特征、岩体结构类型、裂面绿泥石化岩体的工程地质特性等因素，将金安桥水电站坝基岩体质量划分为五大类，三个亚类，并根据岩石（体）物理力学试验成果，结合工程类比和经验判断，提出了相应岩类的物理力学指标建议值。详见表 5.2-3。坝基岩体质量分类表中，原位碎裂裂面绿泥石化岩体划分为Ⅲ_c类岩体，此类岩体的特点是“硬、脆、碎”，岩块湿抗压强度较高，平均值达 87.28MPa，不存在流变特性。Ⅲ_c类岩体的力学参数建议值的取值（尤其是c'值），考虑了其易受施工扰动、卸荷松弛等因素影响，进行了较大幅度的折减。总体上，原位碎裂裂面绿泥石化岩体（Ⅲ_c）的抗剪等力学指标是比较高的，地质参数建议值仍留有较大余地。分类表中变形模量及承载力的建议值，建基面以下 2m 受开挖松弛影响取低值，2m 以下取高值。

5.2.2.2 坝基工程地质分区

根据开挖后坝基岩性、岩体结构、构造发育情况、风化、卸荷、主要地质缺陷及坝基岩体质量等情况，将坝基划分 5 个工程地质分区。各区的主要工程地质特征分述如下。

（1）A 区。A 区位于坝基左岸 0～4 号坝段范围。区内出露地层岩性以火山角砾熔岩为主，局部玄武岩。区内构造不发育，节理以横河及顺河向两组陡倾角为主。坝基岩体为弱风化下带，岩体完整性好。岩体结构类型以块状、次块状为主，部分镶嵌碎裂结构，少量碎裂结构。坝基岩体质量类别以Ⅱ类为主、部分Ⅲ类、极少量Ⅴ类岩体。坝基中无较大的不利结构面及组合，坝基抗滑稳定主要受控于混凝土与基岩接触面强度。0 号键槽坝段已将 t_{1c} 凝灰岩挖除，对坝基抗滑稳定无影响。该区工程地质条件较好，岩体质量类别较高，无大的不利结构面组合。

（2）B 区。B 区位于坝基左岸 4～6 号坝段范围，坝基出露地层岩性以玄武岩为主，局部有火山角砾熔岩；区内发育有 F_{64}、F_{65} 两条Ⅲ级结构面断层，绿帘石石英错动面（EP）及小断层、挤压面较发育。坝基岩体属弱风化下带，其中 F_{64}、F_{65} 两条断层间岩体为弱风化上带岩体，其余断层、EP 结构面的旁侧及其影响带岩体风化较深；坝基建基面局部残留有卸荷裂隙，主要追踪顺河向陡倾角节理发育，沿断层、挤压面及 EP 结构面局部地段有卸荷夹泥现象。坝基抗滑稳定除受控于混凝土与基岩接触面外，还受绿帘石石英错动面的影响，其中 EP_{12}、EP_{13} 面缓倾下游，内侧被 F_{64}、F_{65} 断层切割，下游厂房及安装间的开挖，具临空条件，存在局部的深层抗滑稳定问题。

（3）C 区。C 区位于河床坝段部位，主要为 6～11 号坝段，该区为裂面绿泥石化分布区。坝基岩体为玄武岩，区内小断层尤其是绿帘石石英错动面较发育，裂面绿泥石化岩体中隐节理发育，充填绿泥石膜，岩体具“硬、脆、碎”的特点，开挖易受扰动。坝基位于弱风化底部—微新岩体内，岩体结构类型以原位碎裂为主，部分原位镶嵌碎裂结构，坝基

表 5.2-3　金安桥水电站坝基岩体质量分类

岩体质量类别		坝基建基面利用标准	岩石名称	岩石湿抗压强度 R_c /MPa	岩体结构：岩体结构	岩体结构：岩体特征	岩体结构：风化程度	岩石质量指标：*RQD* /%	岩石质量指标：*BSD* /%	岩体纵波速度 /(m/s)	物理力学性指标（建议值）：重度 /(kN/m³)	弹性模量 *E* /GPa	变形模量 E_0 /GPa	泊桑比 μ	岩体抗剪断强度（混凝土/岩体）：f'	岩体抗剪断强度（混凝土/岩体）：c' /MPa	允许承载力 [*R*] /MPa
Ⅰ		可直接利用	致密玄武岩、杏仁状玄武岩、火山角砾熔岩	>80	整体结构	岩体呈整体状，节理不发育，闭合，贯穿性结构面少，无影响稳定的控制性结构面，岩体强度高	微风化至新鲜	>95	>90	>5000	28.0	>25	>22	<0.25	1.75 (1.50)	2.00 (1.50)	10.0
Ⅱ			致密玄武岩、杏仁状玄武岩、火山角砾熔岩、熔结凝灰岩	>60	块状结构	岩体呈块状，少部分为次块状，完整性较好，一般发育1～2组节理、闭合，岩体强度高	弱风化下带至新鲜	85～95	70～90	4500～5500	28.0～27.0	18	15	0.25	1.40 (1.25)	1.80 (1.20)	8.0～9.0
Ⅲ	Ⅲ$_a$	经适当工程处理后，应充分利用	致密玄武岩、杏仁状玄武岩、火山角砾熔岩、熔结凝灰岩	>60	次块及镶嵌碎裂结构	岩体呈次块状及镶嵌碎裂结构，一般发育2～3组节理，多闭合，少部分微张，一般没有夹泥，完整性中等，岩体仍具较高强度	弱风化下带至新鲜	55～85	50～70	4000～5000	26.0～28.0	12	10	0.26	1.25 (1.15)	1.30 (1.00)	7.0～8.0
	Ⅲ$_b$		玄武岩、致密玄武岩		原位镶嵌碎裂结构			35～55	30～50	3500～4500	25.0～27.0	10	8～10	0.27	1.15 (1.10)	1.00 (0.90)	6.0～8.0
	Ⅲ$_c$	经妥善的工程处理后可利用	玄武岩、致密玄武岩	>60	原位碎裂裂面绿泥石化岩体	岩体呈原位碎裂结构，节理及隐微裂隙发育，岩块镶嵌紧密	弱风化下带至新鲜	<35	<30	3000～4000	24.0～26.0	8～10	4～6	0.28	0.95 (0.95)	0.7 (0.7)	5.0～6.5
Ⅳ		须进行专门性研究	强卸荷带、节理密集带、构造影响带、挤压带	>30	碎裂结构	岩体节理、裂隙极为发育，岩体完整性差	弱风化上带至新鲜			<3000	22.0～24.0	5～8	2～3	0.30	0.75 (0.75)	0.30 (0.30)	1.0～2.0
Ⅴ		不宜利用，应挖除或进行专门性工程处理	断层带、全风化及强风化岩体		散体结构	结构松散，强度低	全风化、强风化至新鲜			<2000		0.8～3	0.2～2	0.30	0.40～0.55 (0.45～0.55)	0.05～0.30 (0.05～0.30)	0.3～0.8

岩体质量以Ⅲ$_b$、Ⅲ$_c$类为主。坝基抗滑稳定主受控于混凝土与基岩接触面，局部坝段受缓倾角的EP面及卸荷裂隙影响（如7号坝段的LX_{7-1}）。

（4）D区。D区分为两个亚区，D_1区位于13～16号坝段，为缓倾角结构面及t_{1c}凝灰岩分布发育区。该区岩体缓倾角节理发育，且部分地段追踪缓倾角结构面形成卸荷裂隙，t_{1c}凝灰岩夹层受F_{63}、F_{50}切割，对坝基抗滑稳定不利。同时，区内在t_{1c}凝灰岩夹层以上，F_{63}、F_{50}等断层旁侧，分布有弱风化上带岩体，局部有熔渣状、蜂巢状岩体。D_2区位于18号、19号坝段，区内发育t_2凝灰岩，受f_{PD6-1}、f_{PD6-2}断层影响，岩体较破碎，分布有弱风化上带岩体，对坝基变形及抗滑稳定不利，同时t_2凝灰岩受上述两条小断层的切割，存在深层抗滑稳定问题。

D区总体岩体质量偏差，分布的弱风化上带、熔渣状岩体等需进行挖除或清撬处理，对凝灰岩及缓倾角流层面、卸荷裂隙面，需进行稳定性复核、验算，并采取可靠的工程措施。

（5）E区。E区划分为3个亚区，E_1区位于11～12号坝段，E_2区位于16～18号坝段，E_3区位于19～20号坝段。该区岩性为玄武岩、杏仁状玄武岩夹火山角砾熔岩，岩石较为完整，构造相对不发育，主要为小断层及挤压面，部分地段EP面也较发育。建基岩体为弱风化下带，局部地段有少量弱风化上带岩体分布。坝基岩体质量类别以Ⅱ类、Ⅲ类为主，坝基抗滑稳定主要受控于混凝土和基岩接触面。局部坝段受EP面及缓倾角卸荷裂隙影响，对坝基抗滑稳定不利。

5.2.2.3　建基面岩体质量评价

通过坝基各坝段建基面岩体的工程地质测绘、编录，并与前期工程地质勘察成果对比，大坝坝基工程地质条件与前期吻合。坝基地层为坚硬致密的玄武岩、杏仁状玄武岩夹火山角砾熔岩及t_{1c}、t_2两层凝灰岩。坝址河谷为顺向谷，流层面缓倾右岸，除右岸13号、14号坝段外，一般流层节理不发育。开挖揭露Ⅲ级结构面断层4条（F_{50}、F_{63}、F_{64}及F_{65}），均为陡倾角，走向近南北；属Ⅳ级结构面的小断层、绿帘石石英错动面（EP）较为发育，小断层以陡倾角为主，EP面一般为中缓倾角，多倾向下游，对4号、5号、6号及11号坝基岩体的抗滑稳定不利；属Ⅴ级结构面的节理、裂隙，主要发育顺河向、横河向两组，其次NE、NW向节理也较发育，一般以陡倾角为主。坝基建基面岩体以弱风化下带岩体为主，其中两岸高部及断层、凝灰岩旁侧局部残留有弱风化上带岩体；坝基残留的卸荷裂隙，在7号、13～15号、17号坝段一般追踪缓倾角流层节理发育，对坝基抗滑稳定有不利影响，左岸3～5号坝段残留的卸荷裂隙以陡倾角为主，追踪顺河向陡倾节理及EP面发育。坝基地下水类型属裂隙潜水，两岸开挖岩面干燥，河床部位因围堰局部有渗水，岩面潮湿，局部被水浸泡；坝基弱风化下带岩体一般属微弱透水性，弱风化上带岩体透水性较好，卸荷裂隙、EP面及断层面一般连通性好、透水性强。

坝基开挖揭露岩体以镶嵌碎裂、次块状结构为主，部分为块状结构及碎裂结构，河床及近河床的5～11号坝段分布的裂面绿泥石化岩体属原位镶嵌碎裂结构及原位碎裂结构。根据开挖揭露后的统计，坝基岩体以Ⅲ类岩为主（两岸坝段以Ⅲ$_a$类为主，河床及近河坝段以Ⅲ$_b$、Ⅲ$_c$类为主），部分Ⅱ类岩体，少量Ⅳ、Ⅴ类岩体，与前期预测吻合。根据编录资料统计，整个坝基各类岩体占坝基投影面积的百分比分别为：Ⅰ类 1.05%；Ⅱ类 11.07%；Ⅲ类 81.03%（Ⅲ$_a$类 21.99%，Ⅲ$_b$类 41.10%，Ⅲ$_c$类 17.94%），Ⅳ类 6.02%，Ⅴ类 0.83%。裂面绿泥石化岩体占坝基投影面积的百分比为 48.36%，其中块裂岩体（Ⅲ$_b$）和碎裂岩体（Ⅲ$_c$）分别占 65%和 35%，总体质量与前期预测相比有所提高。各坝段坝基岩性、构造、风化、岩体结构及岩体质量情况见表 5.2-4。

表 5.2-4　　　各坝段坝基地质情况一览表

坝段编号	岩　性	构造	风化	质量类别比例/%						
				Ⅰ	Ⅱ	Ⅲ$_a$	Ⅲ$_b$	Ⅲ$_c$	Ⅳ	Ⅴ
0	火山角砾熔岩		弱下	100						
1	火山角砾熔岩		弱下		100					
2	火山角砾熔岩	1 条 f	弱下		55.5	45.5				
3	火山角砾熔岩、玄武岩	2 条 g	弱下		66.72	31.29				1.99
4	火山角砾熔岩、玄武岩	2 条 F、6 条 g、5 条 EP	弱下及弱上		32.35	22.73	8.15		33.24	3.53
5	玄武岩	6 条 g、2 条 EP	弱下局部弱上			14.4	58.3	11.49	15.81	
6	玄武岩	4 条 g、10 条 EP	弱下				66.98	25.62	7.84	
7	玄武岩	3 条 g、3 条 EP	弱下—微、新				66.71	26.73	6.56	
8	玄武岩	5 条 g、5 条 EP	微、新				63.18	36.36	0.46	
9	玄武岩	2 条 EP	微、新				39.53	60.47		
10	玄武岩	2 条 f、15 条 g、9 条 EP	弱下—微、新			8.57	40.92	50.51		
11	玄武岩、火山角砾熔岩	2 条 f、9 条 g、2 条 EP	弱下局部弱上		4.79	17.94	55.24	22.03		
12	玄武岩、火山角砾熔岩	2 条 f、6 条 g、2 条 EP	弱下			67.33	32.67			
13	火山角砾熔岩、玄武岩	3 条 f、4 条 g	弱下		41.82	24.43	22.59	4.27	0.73	6.16
14	火山角砾熔岩、玄武岩	1 条 F、2 条 f、14 条 g	弱下部分弱上		9.96	48.26	9.21	2.9	27.35	2.32
15	玄武岩、火山角砾熔岩、t_{1c}凝灰岩	1 条 F、1 条 f、7 条 g、6 条 EP	弱下部分弱上		4.03	67.41	2.65		22.74	3.17
16	火山角砾熔岩、玄武岩、t_{1c}凝灰岩	2 条 F、5 条 g、3 条 EP	弱下			80.79	11.24		1.33	6.64
17	火山角砾熔岩	11 条 g	弱下		71.6	26.65			1.75	
18	火山角砾熔岩、t_2凝灰岩	2 条 f、11 条 g	弱下局部弱上		47.87	30.36	21.77			
19	火山角砾熔岩、玄武岩	2 条 f、4 条 g、1 条 EP	弱下部分弱上		17.2	25.8	26.9		24.1	6
20	火山角砾熔岩	1 条 f、3 条 g	弱下部分弱上			74.7	13.6		8.4	3.3

综上，坝基开挖揭露的地质情况与前期预测总体吻合，坝基具备修建高混凝土重力坝良好的地质条件，坝基经工程处理后可满足设计要求。

5.2.2.4 声波测试成果

坝基岩体声波测试共完成爆前深孔（30m）、中深孔（20m）162 个，爆后完成深孔（30m）、中深孔（20m）168 个，浅孔 329 个。

根据坝基岩体的单孔及跨孔声波测试成果，坝高低于30m的0号、1号、20号坝段建基面下2～5m孔段岩体纵波速度大于3000m/s的测点所占比例为100%；坝高30～70m的2号、3号及19号坝段建基面下2～5m孔段岩体纵波速度大于3500m/s的测点所占比例为68.5%～92.6%；坝高大于70m的4～18号坝段建基面下2～5m孔段岩体纵波速度大于4000m/s的测点所占比例一般为51.7%～99.4%，其中5号、15号坝段较低，岩体纵波速度大于4000m/s的测点所占比例仅为18.6%～43.1%。

对各坝段坝基声波测试成果按孔深进行统计、分析，得出各坝段不同深度岩体的纵波速度平均值，见表5.2-5。由表5.2-5中可见，一般除表层0～2m深度受爆破影响、波速值偏低外，坝基岩体纵波速度可满足建基要求，但5号、15号坝段低波速带深度达4～6m，除爆破、开挖卸荷影响外，与坝基构造发岩，局部地段岩体较破碎有关。

表5.2-5　坝基爆后各孔段单孔声波速度分布统计表

坝段编号	爆后深孔各孔段单孔声波平均速度 v_{p_m}/(m/s)									
	0～1m	1～2m	2～3m	3～4m	4～5m	5～6m	6～7m	7～8m	8～9m	9～10m
1	4655	5380	5532	5411	5518	5318	5139	5409	5229	5275
2	3996	4495	4676	4858	5029	5412	5593	4846	5355	5258
3	3898	4338	4387	4359	4426	4605	4444	4449	4737	5073
4	3322	3870	4492	4705	4887	4852	4760	4545	4736	5102
5	2332	2635	3173	3062	3023	3377	4504	4969	4570	4894
6	2670	3133	3830	3993	4496	4443	4308	4472	4782	5044
7	3518	3644	3987	4217	4841	5695	5727	5468	6137	5892
8	3407	3894	4199	4291	4538	4156	4373	4618	4973	5380
9	3614	4636	4933	5205	5362	5302	4975	5072	4915	5097
10	4064	4774	4871	4965	5217	4895	4971	4976	4435	4710
11	4132	5008	5451	5614	5676	5464	5479	5542	5564	5424
12	4275	5074	5056	4931	5303	5521	5646	5648	5756	5685
13	3101	3778	4320	4656	4833	4757	5389	5231	5378	5519
14	2606	3299	4196	4411	4864	5045	5201	5107	5141	5322
15	2705	2901	3631	3685	4022	4850	5025	5127	5181	5204
16	3523	4259	4486	4767	4805	5263	4988	5040	5022	4911
17	4612	5056	5511	5666	5441	5389	5582	5598	5698	5685
18	3921	4206	4529	4565	4954	5353	5428	5513	5575	5368
19	3026	3965	4373	4357	4873	5038	5177	5282	5406	5063
平均值	3546	4124	4507	4617	4848	4986	5090	5101	5189	5258

对坝段岩体爆后声波速度测试成果按孔深（建基面下）0～2m、2～3m、3～4m、4～5m和5m以下共5个孔段统计绘制成的坝基岩体平面波速等值线及剖面深度等值线图，见图5.2-2～图5.2-7。从图5.2-2～图5.2-7中可见，0～2m深度内低波波速带分布有一定范围；2～3m深度内声波速较低的部位主要在左岸4～6号坝段及7～8号坝段中部、右岸13～16号及19～20号坝段后部；3～4m深度内声波速较低的部位主要在左岸5～6号坝段及7～8号坝段中部、右岸13～14号中后部、15～16号中前部及19～20号坝段前部；4～5m深度内声波速较低的部位主要在左岸5～6号坝段中后部、15号中前部；5m以下5～6号坝段中后部仍有低波速带分布。

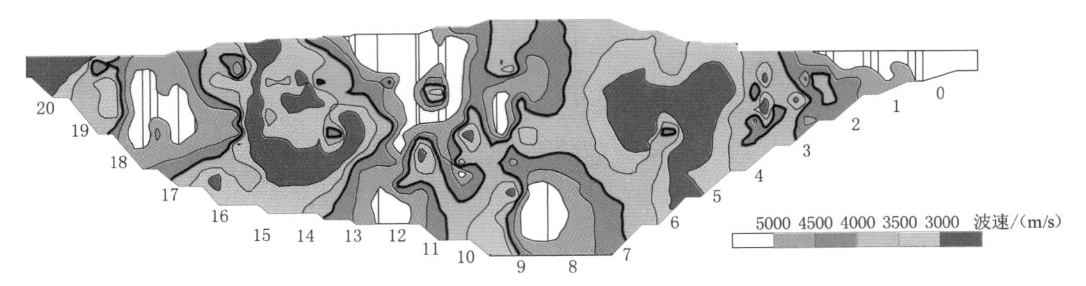

图5.2-2 坝基孔深0～2m岩体声波波速等值线图

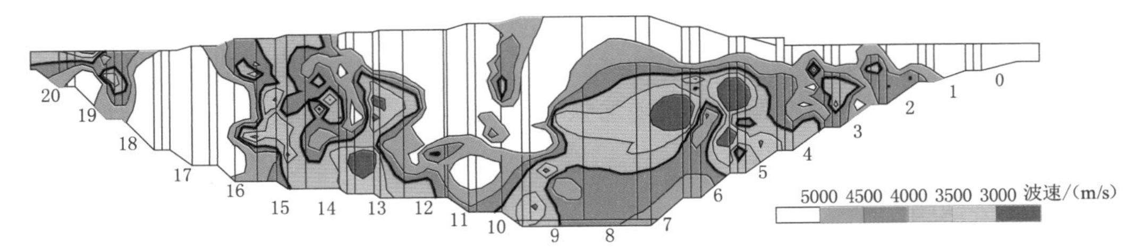

图5.2-3 坝基孔深2～3m岩体声波波速等值线图

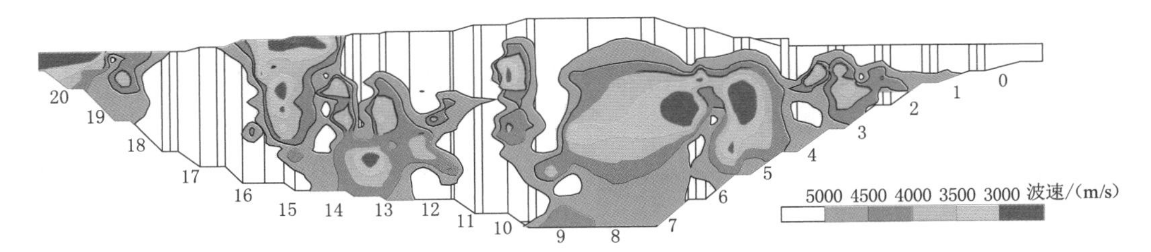

图5.2-4 坝基孔深3～4m岩体声波波速等值线图

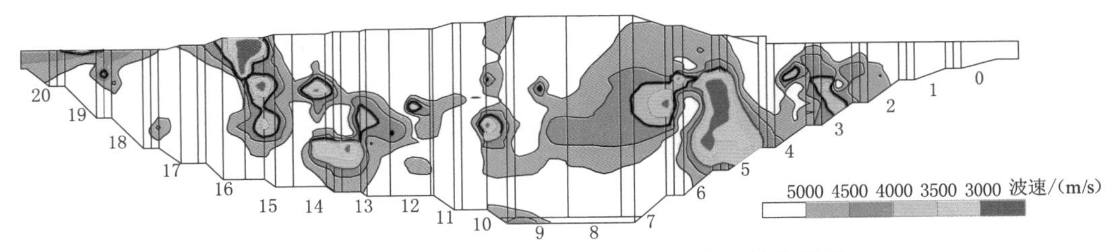

图5.2-5 坝基孔深4～5m岩体声波波速等值线图

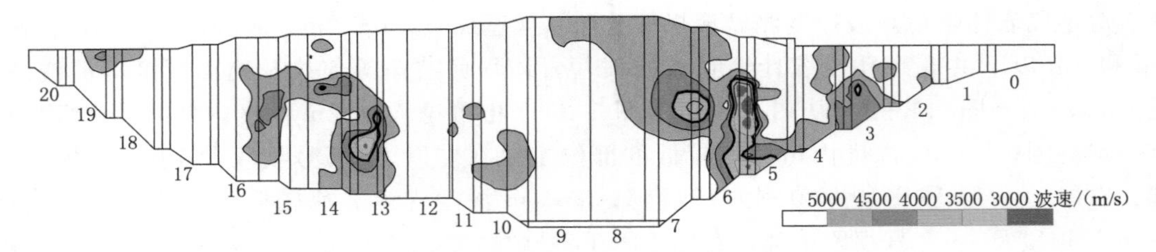

图 5.2-6 坝基孔深 5m 以下岩体声波波速等值线图

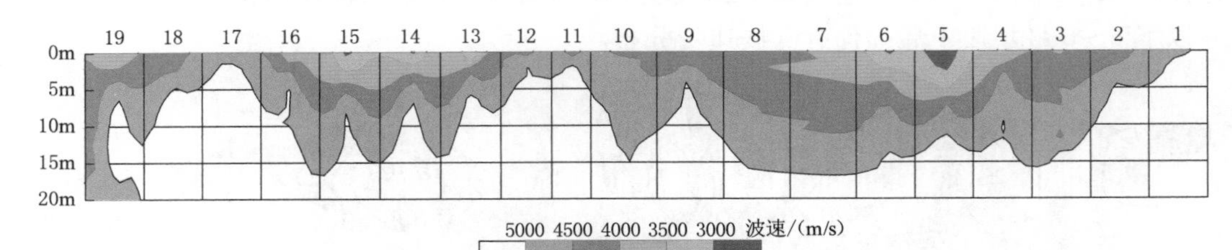

图 5.2-7 坝基岩体深度方向声波波速等值线图

波速偏低的4～6号坝段分布缓倾角的EP_{12}、EP_{13}及F_{64}、F_{65}断层，且断层间及旁侧岩体较破碎，沿EP面有卸荷及夹次生泥；13～16号坝段缓倾角卸荷裂隙发育，并发育有t_{1c}凝灰岩及F_{50}断层及多条小断层、挤压面，且有熔渣状玄武岩分布；19～20号坝段发育$f_{1(PD6)}$、$f_{2(PD2)}$小断层t_2凝灰岩软弱夹层，并分布弱风化上带岩体。对上述低波速区段，需加强固结灌浆等工程处理措施，对4～6号坝段部位建议加深固结灌浆深度。

综上，坝基中除部分波速偏低地段需加强固结灌浆等工程处理措施外，各坝段坝基建基面岩体波速总体可满足建基要求。

5.2.2.5 主要地质缺陷

金安桥水电站坝基出露二叠系坚硬的块状裂隙玄武岩体，总体上岩石坚硬、构造不发育、凝灰岩夹层少且厚度小，坝基具备修建高混凝土重力坝的地形地质条件。由于地质体的天然性、复杂性和不均一性，坝基中存在一些对大坝变形、抗滑稳定不利的地质因素。依据大坝各段坝基开挖面地质编录资料，坝基建基面开挖揭露的主要地质缺陷为：河床坝基广泛分布的裂面绿泥石化岩体；t_{1c}、t_2凝灰岩软弱夹层；Ⅲ级结构面断层F_{50}、F_{63}、F_{64}、F_{65}；Ⅳ级结构面小断层$f_{1(PD6)}$、$f_{2(PD6)}$等；Ⅳ级结构面的绿帘石、石英脉错动面EP_{12}、EP_{13}等；缓倾角卸荷裂隙；具熔渣状或蜂巢状的火山角砾熔岩；局部结构面组合成的不利块体等。

图 5.2-8 PD7平洞192.5m处裂面绿泥石化岩体

（1）裂面绿泥石化岩体。裂面绿石化岩体主要分布在河床部位的6～10号坝段，在5号、10号及11号坝段上游部位也有局部分布。裂面绿泥石是玄武岩后期热液作用的产物，见图5.2-8。坝基岩体受裂面绿泥石化影响，岩体破碎，强度较低，存在抗滑稳定、变形稳定及渗透稳定问题。

前期各勘察阶段及施工期开挖后均对坝基的裂面绿泥石化岩体做了大量的地质勘察、设计分析计算、科研试验研究及各类专题研究工作，对坝基裂面绿泥石化岩体有了充分、准确、客观及科学的认识。河床坝基下部的裂面绿泥石化岩体具有块度小（钻孔 *RQD*＜20%）、纵波速度高（3700～5500m/s）、渗透性微弱（一般 q＜10Lu，弱风化下部以下岩体透水率值多小于 1Lu）的特性，岩块间镶嵌紧密呈似完整状，在原位状态下有较高的力学强度。绿泥石化岩体结构类型在原位状态下咬合紧密，具一定抗变形及抗剪能力，根据其岩体中岩石块度大小，划分为块裂裂面绿泥石化岩体及碎裂裂面绿泥石化岩体两类，岩体质量类别分布属$Ⅲ_b$类及$Ⅲ_c$类。河床坝基部分坝段分布的绿泥石化岩体对坝基抗滑及变形稳定不利，若将其全部挖出，工作量较大，极不经济。通过对裂面绿泥石化岩体的成因机制、工程地质性状、工程适应性及裂面绿泥石化岩体影响较大的 5 号、8 号坝段的坝基抗滑稳定、坝基承载力等方面的专题分析、计算研究认为，经适当的工程处理，可作为高混凝土重力坝坝基。

（2）凝灰岩夹层。凝灰岩夹层是坝基中分布的相对软弱岩层，在后期构造变动过程中常发生顺层挤压错动，并出现软化泥化现象，对坝基深层抗滑稳定有极为不利的影响。坝基开挖范围内共揭露有 t_{1c} 和 t_2 两层凝灰岩。

1）t_{1c} 凝灰岩。分布于左岸 0 号键槽坝段及右岸 15 号、16 号坝段。

左岸 0 号键槽坝段坝肩边坡（高程 1413.00～1424.00m 边坡）揭露的 t_{1c} 凝灰岩夹层，产状为 N10°～20°W，SW∠25°～35°，厚度 0.3～0.4m，具层间挤压及泥化现象，泥化层厚 5～10 cm。坝基中已全部挖除，对坝基无影响，仅对坝基外坝肩边坡存在一些不利影响。

分布在右岸 15 号、16 号坝段的 t_{1c} 凝灰岩夹层，出露在高程 1304.00～1316.00m、坝横 0+054 上游侧边坡，被断层 F_{50} 错断后在 15 号、16 号坝段的标高 1316.00m 平台及高程 1304.00～1316.00m、坝横 0+070 下游侧边坡出露，产状为 N35°～55°W，SW∠30°～43°，厚度一般为 0.10～0.20m，局部 0.30～0.40m，具层间挤压、错动及泥化现象，组成物质为片状凝灰岩及石英、方解石脉、糜棱岩。泥化层厚度 0.5～1.0cm，呈硬塑状，具摩擦镜面，有斜冲擦痕。由于 t_{1c} 凝灰岩在高程 1316.00m 平台坝基上游侧埋深较浅，且其上覆岩体风化较强（弱上），对该部位坝基抗滑及变形稳定不利。

2）t_2 凝灰岩。左岸 t_2 凝灰岩分布于坝肩高程 1440.00～1460.00m 边坡，对坝基无影响，但对坝肩及左岸缆机平台边坡稳定不利。

右岸 18 号坝段高程 1345.00～1363.00m 坝基边坡出露的 t_2 凝灰岩软弱夹层，产状为 SN～N5°E，W(NW)∠18°～20°，厚度一般为 0.30～0.40m，局部 0.5m。具层间挤压及泥化现象，凝灰岩呈片状、碎裂状，泥化夹层一般厚 3～5cm，沿凝灰岩层面有地下水渗出。由于凝灰岩的阻水性，其上覆岩体为弱风化上带玄武岩，岩石破碎，完整性差。受 $f_{2(PD6)}$ 断层切割，对坝基抗滑稳定极为不利，见图 5.2-9。

（3）断层。坝基无Ⅰ、Ⅱ结构面分布，开挖共揭露有Ⅲ级结构面断层 4 条，Ⅳ级结构面小断层 10 条，挤压面 88 条。

1）Ⅲ级结构面。坝基开挖揭露有 F_{50}、F_{63}、F_{64}、F_{65} 等 4 条Ⅲ级结构面断层，各条断

图 5.2-9 右岸 18 号坝基出露的 t_2 凝灰岩软弱夹层

层的分布、产状、性状及对工程影响的简要评价分述如下：

a. F_{50} 断层：出露于右岸 13～16 号坝段建基面。产状变化大，在 15 号、16 号坝段为 N30°～55°W，NE∠72°～90°，在 13 号、14 号坝段为 N40°～60°W，SW∠75°～90°，破碎带宽 10～30cm，局部 40～50cm，组成物质为碎裂岩、糜棱岩、构造透镜体、石英方解石脉及硬塑状次生泥，胶结差。断层面起伏、扭曲，延伸较长，并将 t_{1c} 凝灰岩错断。F_{50} 断层为陡倾角断层，其对大坝抗滑及变形稳定影响不大，也不存在渗透稳定问题。由于断层及其侧旁岩石较为破碎（见图 5.2-10），需进行槽挖及置换混凝土处理。

b. F_{63} 断层：F_{63} 断层开挖揭露位置与前期预测完全吻合，出露于右岸 16 号坝段高程 1316.00～1332.00m 坝基边坡及坡脚（见图 5.2-11）。断层产状为 N5°E，NW∠85°～90°，破碎带宽度一般 15～20cm，局部 30～40cm，组成物质为紫红色片状凝灰岩及碎裂岩、糜棱岩及黄褐色次生泥，次生泥厚度 1～3cm，呈硬塑状，胶结差。F_{63} 断层走向与边坡走向近平行，与坡面走向交角仅约 5°，对坝基及边坡稳定不利，其与缓倾角的 t_{1c} 凝灰岩软弱夹层或缓倾角节理、裂隙组合，形成侧缘切割面，对坝基深层抗滑稳定有不利影响。因断层下盘岩石较破碎，强度较低，建议对 F_{63} 断层下盘部分岩体予以挖除，进行槽挖及混凝土置换，后期加强固结灌浆处理。

图 5.2-10 右岸 15 号坝段高程 1316.00m 平台揭露的 F_{50} 断层

图 5.2-11 右岸 16 号坝段后边坡揭露的 F_{63} 断层

c. F_{64} 及 F_{65} 断层。F_{64} 及 F_{65} 断层出露于左岸 4 号坝段斜坡下部及坡脚，顺坝基斜坡平行展布（见图 5.2-12）。F_{64} 断层从 4 号坝段高程 1335.00m 平台穿过，延伸至上游侧坝横 0+038 以后在坝基斜坡高程 1335.00～1355.00m 坡脚附近尖灭。断层产状为 SN～N20°E，E(SE)∠65°～70°，破碎带宽一般 5～20cm，组成物质主要为碎裂岩、片状岩、糜棱岩及构造透镜体，间夹硬塑状次生泥，面起伏，胶结差。F_{65} 断层分布在 4 号坝段高程 1335.00～1355.00m 斜坡中下部，产状为 N5°～10°E，SE∠80°，破碎带宽 5～20cm，组成物质为碎裂岩、片状岩及构造透镜体，间夹 0.5～3mm 厚的硬塑状次生泥，面起伏、扭曲，胶结差。F_{65} 与 F_{64} 近于平行，向下游均延伸到厂房安装间及进厂交通洞洞口，与坝基边坡走向近于平行，其与下伏的 EP_{12}、EP_{13} 等缓倾角结构面组合，形成侧缘切割面，对坝基深层抗滑稳定极为不利。F_{64} 及 F_{65} 断层间相距 2～5m，断层之间为影响带，岩体呈强—弱风化上带，岩石较为破碎、完整性差、强度低，对坝基稳定有不利影响，应结合 EP_{12}、EP_{13} 等缓倾角结构面组合，进行坝基深层抗滑稳定复核、验算，采取槽挖并回填混凝土等工程处理措施，并加强固结灌浆。

2）Ⅳ级结构面断层。坝基分布有Ⅳ级结构面小断层 10 条，挤压面 88 条，其中对坝基变形、抗滑有较大影响的主要有分布于右岸坝基的 $f_{1(PD6)}$ 及 $f_{2(PD6)}$（图 5.2-13）。

图 5.2-12　左岸 4 号坝段边脚揭露的 F_{64} 及 F_{65} 断层

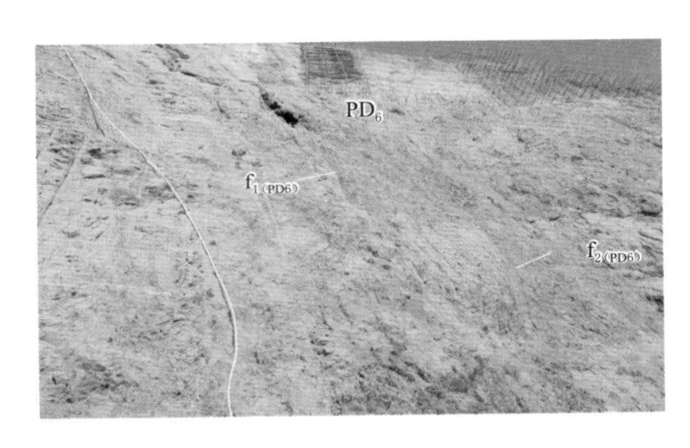

图 5.2-13　右岸 18 号坝段边坡揭露的小断层 $f_{1(PD6)}$ 及 $f_{2(PD6)}$

$f_{1(PD6)}$、$f_{2(PD6)}$ 断层出露于右岸 17～20 号坝段，与坝基边坡走向斜交。小断层 $f_{1(PD6)}$ 自 20 号坝段穿过，延至 17 号段高程 1332.00m 平台尖灭。断层产状为 N60°～75°W，NE∠75°～85°，破碎带宽一般 5～20cm，组成物质主要为片状岩、碎裂岩、糜棱岩及角砾岩，间夹硬塑状次生泥，面起伏，胶结差；小断层 $f_{2(PD6)}$ 分布在 18 号、19 号坝段，产状为 N15°～40°W，SW∠65°～85°，破碎带宽一般 5～15cm，局部 20～30cm，在 18 号坝段高程 1345.00m 平台断层影响带宽度达 1.2m，呈全风化土状。断层带组成物质主要为片状岩、碎裂岩、糜棱岩，间夹硬塑状次生泥（泥厚 1～5mm），面起伏、扭曲，胶结差。$f_{1(PD6)}$、$f_{2(PD6)}$ 小断层与缓倾角的 t_2 凝灰岩组合，形成极为不利的块体，对坝基抗滑稳定不利。由于两条断层间及小断层 $f_{2(PD6)}$ 上盘岩体风化较强，岩石破碎，完整性差，需对 $f_{1(PD6)}$、$f_{2(PD6)}$ 与 t_2 凝灰岩夹层间的尖棱块体进行“倒角”开挖，建议对小断层部位的破碎、风化岩体进行槽挖，浇混凝土前在底部铺设钢筋，并加强固结灌浆处理。

3）绿帘石石英错动面。绿帘石石英错动面（EP）在坝基建基面中分布较广，特别是在坝基左岸及河床坝段中。坝基开挖共揭露有绿帘石石英错动面（EP）44 条。其中 EP_{12}、EP_{13} 对坝基深层抗滑稳定极为不利（图 5.2-14）。

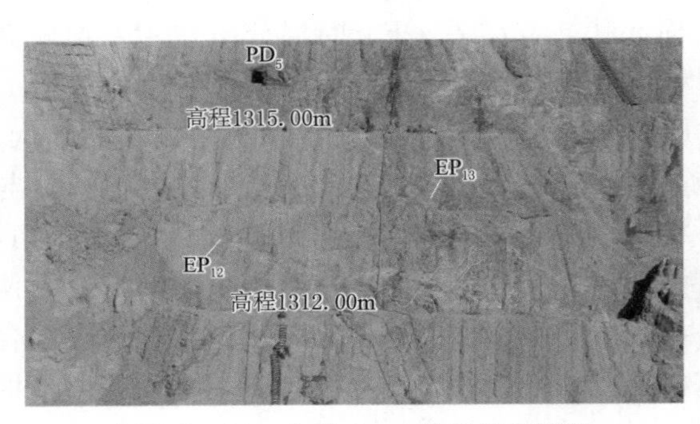

图5.2-14 左岸4～6号坝段揭露的 EP_{12}、EP_{13} 展布情况

a. EP_{12}：出露于左岸5号、6号坝段，向下游延伸至厂房基坑及左岸厂房边坡。产状变化大，一般为N85°E，SE∠26°，部分面为N60°～70°E，SE∠40°～45°，宽度为5～30cm，局部50cm，组成物质主要为石英、绿帘石，局部夹硬塑状次生黄泥（泥厚一般1～5mm，局部达2cm），面上见顺倾向擦痕。由于 EP_{12} 延伸较长，总体中—缓倾下游，侧缘被 F_{64}、F_{65} 断层切割，存在坝基深层抗滑稳定问题，需进一步进行坝基稳定性复核计算，并采取可靠的工程处理措施。另外，EP_{12} 与其他结构面切割组合形成对坝基稳定不利的块体，在高程1312.00m基面与 EP_{zbj19} 切割组合形成的楔形体，但其规模小，对大坝抗滑稳定影响有限（稳定性地质分析评价见坝基工程地质评价专题报告）。

b. EP_{13}：分布在左岸4号、5号、6号坝段，上游侧在4号坝段被 F_{64}、F_{65} 断层截断，下游侧从6号坝段延至厂房左侧边坡逐渐尖灭。产状为N75°～90°E，SE(S)∠26°，宽度为10～20cm，局部40cm，组成物质主要为石英、绿帘石，局部夹硬塑状次生黄泥（泥厚一般1～5mm，局部达1cm），表面见顺倾向擦痕。由于 EP_{13} 缓倾上游，侧缘被 F_{64}、F_{65} 断层切割，下游为厂房安装间开挖形成的临空面，坝基与安装间岩体厚度不大，为强—弱风化岩体，较为破碎，多为Ⅳ类岩体。因下游抗力体性状差，对4号、5号坝段大坝抗滑稳定不利，需进行稳定性复核、验算，并采取可靠的工程处理措施，建议加强固结灌浆处理，并结合安装间边坡进行加固。

c. EP_{hbj1}：出露于河床坝基右侧的11号坝段高程1280.00m平台坝基尾部及高程1280.00～1292.00m斜坡坝基后部，下游在高程1264.00m平台出露，上游逐渐尖灭（图5.2-15）。产状为N60°～65°W，SW∠30°～35°，宽度为5～20cm，组成物质主要为石英、绿帘石。张开1～2cm，充填岩屑及次生泥（泥厚一般2～5mm），面上见斜冲擦痕（倾向SE，倾角21°）。EP_{hbj1} 缓倾下游偏山里，局部受小断层 f_{hbj5} 的切割，对大坝的抗滑稳定有不利影响。

d. EP_{hbj3}：出露于河床坝基10号坝段（图5.2-16），产状为N75°～90°E，SE(S)∠26°，宽度为10～20cm，局部40cm，组成物质主要为石英、绿帘石夹岩石碎屑及次生黄泥（泥厚一般1～5mm，局部达1cm），面上见顺倾向擦痕。EP_{hbj3} 缓倾下游，并受小断层 f_{hbj1} 的切割，对大坝抗滑稳定有一定不利影响。

（4）缓倾角卸荷裂隙。从坝基开挖揭露情况看，缓倾角卸荷裂隙主要分布于左岸的7号坝段及右岸的13～17号坝段，一般追踪中—缓倾角的EP及缓倾角的流层节理发育。卸荷裂隙一般张开1～5mm，局部达20mm，一般为岩屑夹泥型物质充填，局部夹硬塑状次生黄泥，次生泥厚0.5～3mm，局部5mm。裂隙面多波状起伏、扭曲，其对坝基抗滑稳定影响较大。

图 5.2-15 11 号坝段标高 1280.00m 平台尾部揭露的 EP_{hbj1} 情况

图 5.2-16 10 号坝段高程 1280.00m 平台揭露的 EP_{hbj3} 展布情况

1）7 号坝段缓倾卸荷裂隙：7 号坝段缓倾卸荷裂隙（LX_{7-1}）分布在 6～7 号坝段高程 1268.00～1292.00m 边坡中部。该卸荷裂隙上游侧延伸至高程 1292.00m 平台，下游侧分为两支，上支延至高程 1289.00m 逐渐尖灭，下支从高程 1292m 平台以下延伸至坡内，见图 5.2-17。

图 5.2-17 7 号坝段缓倾角卸荷裂隙展布情况

LX_{7-1} 产状变化较大，边坡上游侧为 SN～N30°W，W(SW)∠20°～28°，边坡下游侧分为两支，产状为 N15°～30°E，NW∠30°～40°，夹软塑状次生泥、岩屑及前期灌浆试验的水泥结石，面起伏，胶结差。在 7 号坝段高程 1292.00m 平台开展裂面绿泥石化岩体的固结灌浆试验造孔过程中的施工用水，沿坡面的 LX_{7-1} 渗出，说明裂隙连通性好、具透水性。由于 LX_{7-1} 缓倾坡外，走向与坡面走向平行，工程地质性状差，对 6～7 号坝段坝基抗滑稳定极为不利，必须进行可靠的工程处理。

2）13～15 号坝段缓倾卸荷裂隙：13～15 号边坡及平台分布多条缓倾角卸荷裂隙，多追踪流层面发育，倾角较缓。裂隙面多夹岩屑及次生泥，延伸长、连能性好，物理力学性质较差，对坝段坝基的抗滑稳定影响较大。其中规模相对较大、延伸较长的主要有以下几条：LX_{13-1}，分布在 13 号坝段高程 1292.00～1297.00m、坝横 0+050～坝横 0+075 边坡，产状为 SN，W∠3°～5°，裂隙张开宽 1～5mm，夹硬塑状次生泥及岩屑、铁锈膜，沿卸荷裂隙有熔渣状构造岩体呈团块状分布，面起伏，胶结差。LX_{14-6}，分布在 14 号坝段高程 1297.00～1304.00m、坝横 0+025～坝横 0-008.5 边坡，产状为 N5°～10°E，SE∠18°。LX_{14-7}：分布在 14 号坝段高程 1297.00～1304.00m、坝横 0+040～坝横 0+070 边坡，产状为 N55°～65°E，SE∠18°。$LX1_{5-1}$、LX_{15-2}：分布在 15 号坝段高程 1304.00～1316.00m、坝横 0+038～坝横 0+053 边坡，产状为 N5°～10°W，SW∠65°～75°。LX_{15-3}，分布在 15 号坝段高程 1304.00～1316.00m、坝横 0+014～坝横 0+007.80 边坡，N10°～20°E，SE

∠5°～25°。上述几条卸荷裂隙一般张开1～3mm，夹硬塑状次生泥（泥厚0.5～2mm）及岩屑、铁锈膜。面起伏，胶结差。

3）17号坝段缓倾卸荷裂隙：17号坝段高程1332.00～1345.00m边坡中发育两条缓倾角卸荷裂隙，追踪流层节理发育，走向与坡面走向近平行，性状差，对大坝抗滑稳定不利，两条卸荷裂隙的特征分述如下：LX_{17-1}，分布在17号坝段高程1332.00～1345.00m、坝横0+030～坝横0+069边坡，产状为N5°E，NW∠23°，裂隙张开0.5～2mm，夹少量次生泥（泥厚0.5～1mm）及岩屑、铁锈膜。面起伏，胶结差。LX_{17-2}，分布在17号坝段高程1332.00～1345.00m、坝横0+023～坝横0+052边坡，产状为N30°E，SE∠5°～15°，裂隙张开0.5～2mm，夹少量次生泥（泥厚0.5～1mm）及岩屑、铁锈膜。面起伏，胶结差。

4）河床坝段缓倾卸荷回弹裂隙：河床坝段（高程1266.00～1268.00m）开挖后岩体出现新生卸荷回弹裂隙，裂隙产状近水平，延伸长度3～10m不等，裂隙张开宽度一般1～2cm，宽者达10～15cm，裂隙架空，无充填，对坝基抗滑、变形及渗透稳定极为不利，见图5.2-18。由于此种裂隙属开挖过程中上覆岩体卸载后应力释放回弹形成，发育深度较浅，多在开挖面以下0.5～2m范围内，建议在浇筑混凝土前再将其挖除以避免下部产生新的张开裂隙。

（5）弱风化上带及溶渣状岩体。建基面坝基岩体以弱风化下带为主，河床部位岩体以弱风化底部—微风化为主。但坝基建基面局部地段受断层、凝灰岩夹层影响，残留有部分弱风化上带岩体。弱风化上带岩体岩石表面或裂隙面大部分变色，风化裂隙发育，裂隙壁风化剧烈，沿裂隙铁镁矿物氧化锈蚀，长石变得浑浊、模糊不清，且岩体卸荷作用强烈，裂隙多张开并充填次生泥及岩屑，岩石较破碎，岩体完整性差。岩体结构类型为碎裂结构，岩体质量类别属Ⅳ类。坝基中残留的弱风化上带岩体见图5.2-19。

图5.2-18 河床坝段缓倾角卸荷回弹裂隙

图5.2-19 15号坝段t_{1c}凝灰岩及小断层旁侧的弱风化上带岩体

熔渣状、蜂巢状构造岩体主要分布于火山角砾熔岩中，属火山喷发过程中气体溢出或后期钙质充填被溶蚀后在岩体中形成孔洞、孔隙，岩体外观似蜂巢或煤渣。此类岩体容重小、抗风化能力弱，岩体工程地质性状较差，岩体质量类别属Ⅳ～Ⅴ类。其在坝基岩体中的分布范围小，多呈团块状、不规则状分布，一般单块面积小于3m²，其中右岸14号坝段高程 1304.00m 揭露的熔渣状岩体出露面积最大可达 $12m^2$ 左右。熔渣状岩体情况见图 5.2-20。

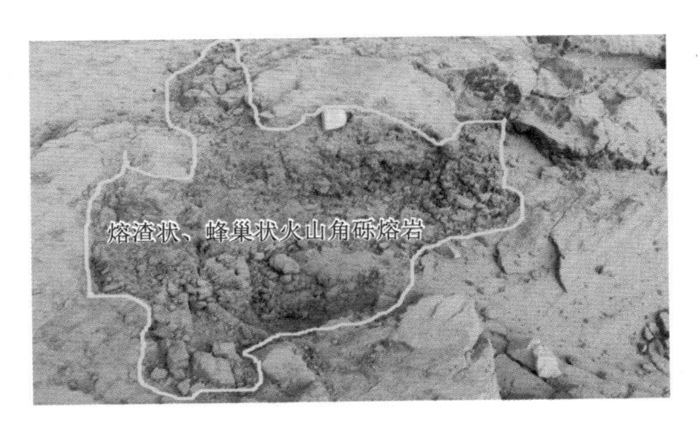

图 5.2-20　13 号坝段揭露的熔渣状岩体情况

弱风化上带岩体主要分布在 4 号、14～15 号、18～20 号坝段；熔渣状岩体分布在 3～4 号、13～15 号坝段。建基面各坝段坝基开挖揭露的弱风化上带及熔渣状岩体分布情况见表 5.2-6。

由于弱风化上带岩体及熔渣状岩体工程性状差，岩体质量类别为Ⅳ～Ⅴ类，对坝基变形及浅层抗滑稳定不利，因其一般范围不大，对坝基影响有限。但需将其清除或采用槽挖，范围较大地段可辅以小炮开挖，浇混凝土前铺设底筋，并加强固结灌浆处理。

表 5.2-6　坝基开挖揭露的弱风化上带及熔渣状岩体分布情况表

坝段编号	弱风化上带岩体占坝段平面投影面积/%	熔渣状岩体占坝段平面投影面积/%	弱风化上带岩体处理情况
3		2.0	
4	31.4	2.8	分布于 F_{64}、F_{65} 断层间，槽挖并清撬处理
13		1.5	
14	8.9	1.1	清撬处理
15	20.0	3.2	挖除处理
18	20.9		大部分挖出处理
19	29.6		大部分挖除处理
20	8.4		槽挖、清撬处理

5.2.3　坝基裂面绿泥石化岩体的地质特征

（1）坝基裂面绿泥石化岩体的分布特征。裂面绿泥石化岩体主要分布于二叠系上统玄武岩组上段坝区第Ⅰ大层 t_{1c} 凝灰岩与 t_{1b} 凝灰岩之间靠近 t_{1b} 凝灰岩的致密玄武岩中。河床部位厚度 30～40m，向两岸山里逐渐变薄。对枢纽建筑而言，裂面绿泥石化岩体主要分布于河床坝基（5～10 号坝段）、厂房地基及消力池地基部位。

（2）坝基裂面绿泥石化岩体的形态特征。由于风化和裂隙发育程度不同，裂面绿泥石化岩体具有以下特征：

1）在强风化及弱风化上带岩体中，绿泥石矿物多被铁锈膜所掩盖，肉眼难以确认，多呈散体及碎裂结构，其性状与非裂隙面绿泥石化强风化及弱风化上带岩体无本质上的差别。

2）在弱风化下带及微、新岩体中，绿泥石矿物特征明显，呈墨绿—黑绿色，手感光滑，岩体较破碎，其性状与非裂隙面绿泥石化岩体有较明显差别，肉眼易于辨认（坝基裂面绿泥石化岩体主要指该部分岩体）。

（3）坝基裂面绿泥石化岩体的裂隙特征。

1）柱状节理面是绿泥石富集的主要裂面之一。

2）裂面绿泥石化的裂隙有较明显的优势方位——陡倾角（50°～80°）。

3）裂面绿泥石化裂隙的长度很短，绝大部分裂隙的长度小于 1m，有近 50%的裂隙长度长小于 50cm。

（4）坝基裂面绿泥石化岩体的结构特征。根据裂面充填绿泥石情况及岩体中节理及隐微裂隙发育程度将裂面绿泥石化岩体分为两种类型：a 型，碎裂裂面绿泥石化岩体（图 5.2-21），岩体中节理发育，多隐微裂隙，岩石破碎，块度一般小于 10cm，裂面全部充填绿泥石，岩块间咬合紧密，岩体呈原位碎裂结构；b 型，块裂裂面绿泥石化岩体。岩体中节理发育但隐微裂隙不发育，岩石块度一般 10 ～30cm，节理面普遍充填绿泥石膜，岩块间咬合紧密，岩体呈原位镶嵌碎裂结构（或似完整结构）见图 5.2-22。

图 5.2-21　碎裂状的裂面绿泥石化岩体

图 5.2-22　块裂裂面绿泥石化岩体

5.2.4　坝基裂面绿泥石化岩体成因机制

绿泥石化是一种重要的中、低温交代蚀变作用。与绿泥石化有关的原岩主要是中性—基性的火成岩，部分酸性火成岩和泥质岩石也可产生绿泥石化。在围岩蚀变过程中，绿泥石主要由富含铁、镁的硅酸盐矿物经热液交代蚀变而成，也可由热液带来铁、镁组分与一般的铝硅酸盐矿物交代反应而形成。与成矿作用有关的绿泥石化，多与其他热液蚀变作用（如电气石化、绢云母化、硅化、碳酸盐化等）共生，很少单独出现。绿泥石是铁、镁、铝的含水铝硅酸盐矿物。根据岩石薄片鉴定成果（图 5.2-23），考虑有关玄武岩中绿泥石的形成条件和成因方式，可以对金安桥水电站坝基玄武岩裂面绿泥石（图 5.2-24）的形成做出以下分析：

（1）大部分岩石薄片鉴定资料表明，裂面绿泥石是玄武岩后期热液作用的产物。

（2）坝址裂面绿泥石化玄武岩为致密块状玄武岩，热液的流动必须有一定的通道，该带玄武岩柱状节理发育，为玄武岩后期热液的流动提供了主要通道，分布于其间的诸多裂隙，细微裂隙构成的网络成为热液流动的次级通道；这也限定了裂面绿泥石化岩体集中分布在 t_{1b} 以上柱状节理发育的岩带中。

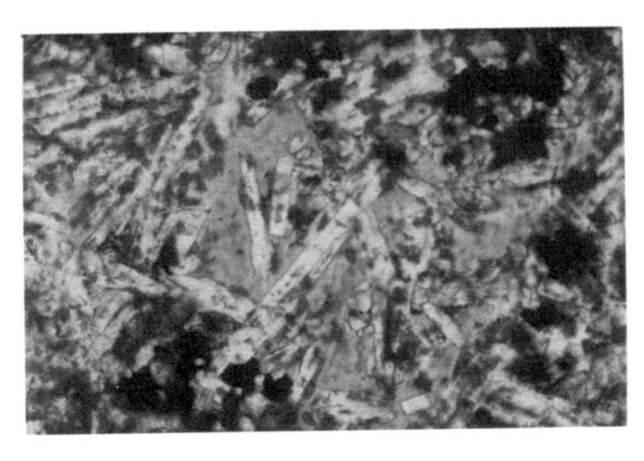

图 5.2-23 岩石薄片鉴定镜下显示

图 5.2-24 202 号斜井 140m 处裂面绿泥石化岩体

（3）较多的薄片鉴定表明，绿泥石形成至少有两期：早期热液进入玄武岩裂隙中，沿裂面蚀变形成绿泥石占有重要的地位；晚期进入致密玄武岩中的溶液介质，因其温度有一定的降低，沿裂隙绿泥石沉淀结晶是其主要的方式。

（4）沿“较大”的裂隙，绿泥石、石英的分期沉淀是坝址裂面绿泥石化的另一种成因方式。

（5）由于坝址裂面绿泥石形成于玄武岩后期热液的蚀变作用，因而在时代上基本与玄武岩同期。坝址玄武岩中的柱状节理和有绿泥石分布其壁上的裂隙应属于成岩作用期的节理，与后期构造作用形成的裂隙有明显的差异，裂面绿泥石化裂隙是一种原位镶嵌碎裂节理。

5.2.5 坝基裂面绿泥石化岩体的工程特性

弱风化下带、微风化以及新鲜状态下的坝基裂面绿泥石化岩体具有以下工程地质特性：

（1）岩块湿抗压强度高。根据岩块的岩石室内试验成果，玄武岩、杏仁状玄武岩的平均湿抗压强度达 87.28MPa，最高达 145MPa，属坚硬岩类。

（2）原位条件下具有似完整性特征。由于裂面系成岩期形成且保存下来，在未发生错位情况下，岩石就像“有裂纹的玻璃杯”“有裂纹的瓷碗”一样，尽管裂纹存在，但杯、碗仍呈“似完好状”，装水不漏，因而岩体结构呈现一种“似完整”状况。

（3）原位条件下具有高波速及高完整性系数。根据表面锤击法声波测试成果，裂面绿泥石化岩体纵波速度为 3000～5000m/s；根据 20 个钻孔声波测试成果，裂面绿泥石化岩体纵波速度除个别孔在 3000～5000m/s 外，一般都达 4000～6000m/s。按完整性系数划分应属Ⅱ、Ⅲ类岩体。

（4）微弱透水性。根据枢纽区 41 个钻孔，共计 1582m 段长的裂面绿泥石化岩体压水试验资料统计结果，透水率 $q<1$Lu 的微—极微透水岩体占 58%，$q=1\sim10$Lu 的弱透水岩体占 32%。

（5）岩体具一定抗剪强度及抗变形能力。坝基分布的原位碎裂裂面绿泥石化岩体属

$Ⅲ_c$类岩体，岩体波速达4700～5500m/s；该类岩体具有较高的抗剪强度，其峰值强度$f'=1.74$～2.25，$c'=1.58$～1.80MPa；室内岩块的超高压试验结果表明，当密度压缩达到2.56g/cm^3以上时，试样的变形模量已经上升到8GPa以上，达到2.7g/cm^3密度时变形模量已经上升到10GPa以上。如果取具有初始原位状态的裂面绿泥石化岩体的重度28kN/m^3，则变形模量应在10GPa以上。

（6）岩体结构与岩体质量类别和现行规范矛盾，出现不对应。现行水电规范将碎裂结构岩体划为Ⅳ类，力学指标较低，这对一般岩体是普遍适用的，但用于裂面绿泥石化岩体时就出现了偏差，原因在于属碎裂结构裂面绿泥石化岩体在原位状态下具有了Ⅲ类岩体的力学强度。

（7）开挖易受扰动并导致强度降低。裂面绿泥石化岩体特别是碎裂裂面绿泥石化岩体，由于岩体块度小，在埋藏条件下具有似完整性特征，一旦被揭露并且受到振动，这些黏结弱的裂面重新开启，引起岩体碎裂、结构松弛、变形模量和强度参数降低。前期简易爆破试验表明，将波速达4700～5000m/s的岩体表部爆破挖除2m后，新的地表部位的波速降低为2705m/s，施工开挖过程中同样反映了这一现象，爆前声波波速达4500m/s以上的岩体，在爆除上覆10～30m后，波速降到2000～3000m/s。这说明裂面绿泥石化岩体易受开挖扰动影响，未受影响的岩体仍具有较高的波速。

5.2.6 坝基裂面绿泥石化岩体质量类别的划分

坝基裂面绿泥石化岩体是一种新的、以前少有见到的特殊岩体，用现行规范中的指标评价金安桥坝基裂面绿泥石化岩体的结构类型、岩体质量等级时出现相互矛盾和不对应性的现象。主要表现为呈碎裂结构和镶嵌碎裂结构的裂面绿泥石化岩体，在原位状态下具有较高完整性系数和力学强度及抗变形能力，本工程将其定名为“原位碎裂结构、原位镶嵌碎裂结构岩体”。根据岩体力学指标，坝基裂面绿泥石化岩体总体属于Ⅲ类岩体，并将块裂裂面绿泥石化岩体划为$Ⅲ_b$类，并将碎裂裂面绿泥石化岩体划为$Ⅲ_c$类，详见表5.2-7。

表5.2-7 坝基裂面绿泥石化岩体质量类别划分表

岩体质量类别	结构类型	岩体特征
$Ⅲ_b$类	原位镶嵌碎裂结构	弱风化下带及微、新岩体，岩石坚硬、裂面绿泥石化裂隙发育，间距0.1～0.3m，延伸短，一般小于1.0m，呈镶嵌碎裂状，原位条件下裂面多为绿泥石、石英脉黏结，岩体纵波速度在4000m/s以上
$Ⅲ_c$类	原位碎裂结构	弱风化下带及微、新岩体，岩石坚硬，裂面绿泥石化裂隙发育，间距小于0.1m，长度大多小于1m，碎裂状，保持较紧密的结构，岩体纵波速度在3000m/s以上

5.2.7 建基面开挖及利用标准

根据规范要求，结合工程的工程地质条件及试验成果，坝基岩体利用的基本原则是：坝基中Ⅰ类、Ⅱ类岩体是优良的高混凝土重力坝坝基，可直接利用；Ⅲ类岩体，经一定工程处理后，应充分利用；对河床分布范围较广的裂面绿泥石化岩体（$Ⅲ_c$类），经适当工程措施处理后予以利用。

根据上述建基面岩体利用原则，拟定大坝建基面开挖部位原则为：左岸 0～5 号坝段利用弱风化中部岩体，6～15 号坝段利用弱风化下带及以下岩体，右岸 16～20 号坝段利用弱风化中上部岩体。在此基础上，结合坝体抗滑稳定、坝基应力、基础变形计算和分析，以及技术经济等综合因素，最终确定建基面利用标准及参数见表 5.2-8。

表 5.2-8　建基面利用标准及参数表

坝段编号	岩石及岩体特征	风化程度	变形模量/GPa	声波纵波速度 v_P/(m/s)	坝高/m	地质参数（最低要求）		
						混凝土/岩体抗剪断强度		允许承载力 R/MPa
						f'	c'/MPa	
0	火山角砾熔岩、玄武岩	弱风化下带顶部	>5	>3000	24	0.5	0.5	3
1	火山角砾熔岩、玄武岩	弱风化下带顶部	>5	>3000	34	0.8	0.6	4
2	火山角砾熔岩、玄武岩	弱风化下带上部	>8	>3500	54	0.9	0.75	4.5
3	火山角砾熔岩、玄武岩	弱风化下带上部	>8	>3500	74	1.0	0.8	5
4	玄武岩夹火山角砾熔岩及凝灰岩	弱风化下带中下部	>8	>4000	94	1.0	0.80	5.5
5	裂面绿泥石化玄武岩	弱风化下带底部—新鲜	>8	>4000	114	1.0	0.85	6
6	裂面绿泥石化玄武岩	弱风化下带底部—新鲜	>8	>4000	134	1.00	0.85	6
7	裂面绿泥石化玄武岩	弱风化下带底部—新鲜	>8	>4000	160	1.00	0.85	6
8	裂面绿泥石化玄武岩	弱风化下带底部—新鲜	>8	>4000	160	0.95	0.75	5
9	裂面绿泥石化玄武岩	弱风化下带底部—新鲜	>8	>4000	160	0.95	0.75	5
10	裂面绿泥石化玄武岩	弱风化下带底部—新鲜	>8	>4000	160	0.95	0.75	5
11	玄武岩夹火山角砾熔岩及凝灰岩	弱风化下带中下部	>5	>4000	147	0.95	0.75	4.5
12	玄武岩夹火山角砾熔岩及凝灰岩	弱风化下带中下部	>8	>4000	134	1.00	0.8	4.5
13	玄武岩夹火山角砾熔岩及凝灰岩	弱风化下带中下部	>5	>4000	134	1.00	0.8	6
14	玄武岩夹火山角砾熔岩及凝灰岩	弱风化下带中下部	>5	>4000	130	1.00	0.8	6
15	玄武岩夹火山角砾熔岩及凝灰岩	弱风化下带中下部	>5	>4000	125	1.00	0.8	6
16	玄武岩夹火山角砾熔岩及凝灰岩	弱风化下带中下部	>5	>4000	118	1.00	0.85	6
17	玄武岩夹火山角砾熔岩及凝灰岩	弱风化下带中下部	>5	>4000	103	1.00	0.80	5.5
18	玄武岩夹火山角砾熔岩及凝灰岩	弱风化下带中下部	>5	>4000	89	1.00	0.80	5.5
19	火山角砾熔岩、玄武岩	弱风化下带上部	>8	>3500	61	1.00	0.8	5
20	火山角砾熔岩、玄武岩	弱风化下带顶部	>3	>3000	32	0.75	0.75	5

上述拟定的建基面在开挖实施过程中，可根据揭露的实际地质情况进行调整。本工程坝基岩体特点，声波值易受开挖爆破影响而降低。建议在坝基建基面以下 0～2m 范围可

适当按降低 20%的声波值控制，2m 深度以下按表中要求控制。凡达不到要求的应加强固结灌浆等加固措施。

5.2.8 建基面裂面绿泥石化岩体开挖复核

为复核、论证前期勘察结论，施工开挖中，对坝基开挖揭露的裂面绿泥石化岩体(图 5.2-25）除进行岩体声波检测、孔壁弹模测试，尚结合生产开展了岩体固结灌浆试验，并进行岩体的原位变形及基岩/混凝土的原位抗剪试验。

图 5.2-25 左岸 6 号、7 号坝基高程 1292.00m 平台裂面绿泥石化岩体

根据开挖揭露的实际情况，对坝基开挖揭露的裂面绿石化岩体按平面出露面积进行统计，结果见表 5.2-9。

表 5.2-9 坝基开挖揭露裂面绿泥石化岩体情况一览表

坝段编号	坝基块裂裂面绿泥石化岩体（$Ⅲ_b$）平面出露面积比例/%	坝基碎裂裂面绿泥石化岩体（$Ⅲ_c$）平面出露面积比例/%
5	58.3	11.49
6	66.98	25.62
7	66.71	26.73
8	63.18	36.36
9	39.53	60.47
10	40.92	50.51
11	55.24	4.27
13	22.59	22.03
岩体力学参数	岩体抗剪峰值：$f'=1.15$，$c'=1.00$MPa；混凝土/岩体抗剪峰值：$f'=1.10$，$c'=0.90$MPa；变形模量 $E_0=8\sim10$GPa。承载力为 6.0～8.0MPa	岩体抗剪峰值：$f'=0.95$，$c'=0.70$MPa；混凝土/岩体抗剪峰值：$f'=0.95$，$c'=0.70$MPa；变形模量 $E_0=4\sim6$GPa。承载力为 5.0～6.5MPa

5.3 金安桥水电站坝基抗滑稳定分析

坝基主要分布坚硬块状的裂隙玄武岩体，岩体质量主要为Ⅲ类以上岩体，此类岩体的抗剪强度高于同类别岩体与混凝土接触面的抗剪强度。因此，坝基抗滑稳定条件总体上受控于混凝土与基岩接触面的强度。但坝基中分布有 t_{1c}、t_2 两层软弱、泥化的凝灰岩夹层，缓倾角绿帘石石英错动面及近水平起伏的卸荷裂隙，断层、挤压面及节理裂隙的不利组合等，因此，部分坝段坝基存在深层滑移模式，对坝基抗滑稳定极为不利。

建基面开挖揭露后，根据现场揭露的地质情况，按照现行的《混凝土重力坝设计规范》（DL 5108）和《水工建筑物抗震设计规范》（DL 5073），对各坝段进行了大坝建基面应力及坝基抗滑稳定复核，地震工况采用抗震规范规定的动力法（反应谱法）分析。

5.3.1 基本资料

（1）水位资料。

正常蓄水位高程：1418.00m；下游水位高程：1299.40m（正常尾水位）；上下游水位差：118.60m。

设计洪水位高程：1418.00m；下游水位高程：1318.218m；上下游水位差：99.782m。

校核洪水位高程：1421.07m；下游水位高程：1321.744m；上下游水位差：99.326m。

（2）水文泥沙资料。

坝址区最大风速：18.3m/s；水库吹程：3km；水库淤沙高程：1335.00m。

（3）地震加速度。

工程的大坝为1级建筑物，地震烈度为Ⅸ度，取基准期100年内超越概率 P_{100} 为0.02的基岩峰值水平加速度进行计算。水平加速度 $\alpha_{h(P_{100}=0.02)}=0.399g$；垂直加速度 $\alpha_{r(P_{100}=0.02)}=0.266g$（取为水平加速度的2/3）。

（4）地质参数取值（表5.3-1～表5.3-3）。

表5.3-1　坝基岩体物理力学指标地质建议值

岩体质量类别		重度 /(kN/m³)	弹性模量 E /GPa	变形模量 E_0 /GPa	泊桑比 μ	岩体抗剪断强度（混凝土/岩体）		允许承载力 [R] /MPa
						f'	c'/MPa	
Ⅰ		28.0	>25	>22	<0.25	1.75 (1.50)	2.00 (1.50)	10.0
Ⅱ		28.0～27.0	18	15	0.25	1.40 (1.25)	1.80 (1.20)	8.0～9.0
Ⅲ	$Ⅲ_a$	26.0～28.0	12	10	0.26	1.25 (1.15)	1.30 (1.00)	7.0～8.0
	$Ⅲ_b$	25.0～27.0	10	8～10	0.27	1.15 (1.10)	1.00 (0.90)	6.0～8.0
	$Ⅲ_c$	24.0～26.0	8～10	4～6	0.28	0.95 (0.95)	0.7 (0.7)	5.0～6.5
Ⅳ		22.0～24.0	5～8	2～3	0.30	0.75 (0.75)	0.30 (0.30)	1.0～2.0
Ⅴ			0.8～3	0.2～2	0.30	0.40～0.55 (0.45～0.55)	0.05～0.30 (0.05～0.30)	0.30～0.8

表 5.3-2　坝基岩体承载力及物理力学指标采用值

岩体质量类别		重度 /(kN/m³)	弹性模量 E /GPa	变形模量 E_0 /GPa	泊桑比 μ	岩体抗剪断强度（混凝土/岩体）		允许承载力 [R] /MPa
						f'	c'/MPa	
Ⅱ		27.5	18	15	0.25	1.40 (1.25)	1.80 (1.20)	8.5
Ⅲ	$Ⅲ_a$	27.0	12	10	0.26	1.25 (1.15)	1.30 (1.00)	7.5
	$Ⅲ_b$	26.0	10	9	0.27	1.15 (1.10)	1.00 (0.90)	7.0
	$Ⅲ_c$	25.0	9	5	0.28	0.95 (0.95)	0.7 (0.7)	5.75
Ⅳ		23.0	6.5	2.5	0.30	0.75 (0.75)	0.30 (0.30)	1.5

表 5.3-3　凝灰岩夹层及结构面抗剪指标建议值

结构面及编号		特　征	f'	c'/MPa	备　注
凝灰岩夹层	t_{1a}	玄武质凝灰岩，厚3～6m	0.7～0.75	0.3～0.5	
	t_{1b}	玄武质凝灰岩，局部相变为火山角砾熔岩，厚3～6m	0.7～0.75	0.3～0.5	
	t_{1c}	玄武质凝灰岩，层间挤压错动明显，有连续泥化夹层，厚0.5～2m	0.3～0.35	0.01～0.03	Ⅱ勘线上游100m至B20，高程1520.00m陡崖以外及右岸滩地
			0.35～0.45	0.03～0.05	Ⅱ勘线上游100m至3号冲沟，高程1520.00m陡崖以外及右岸滩地以里
			0.7～0.75	0.3～0.5	3号冲沟上游及下游高程1520.00m陡崖以内
	t_2	玄武质凝灰岩，有连续泥化夹层，有崩解，厚0.3～3m	0.2～0.35	0.01～0.03	右岸泥化带
			0.45～0.55	0.03～0.15	左岸综合值
	t_3	玄武质凝灰岩，局部泥化，厚0.5～3m	0.4～0.6	0.05～0.2	
断层		角砾岩、糜棱岩、断层泥	0.3～0.35	0.015～0.03	
EP	弱上	绿帘石石英错动带，夹次生泥及岩屑	0.35～0.45	0.02～0.03	岩屑夹泥型
	弱下至微新	绿帘石石英错动带，为硬性结构面，面有擦痕	0.35～0.45	0.02～0.03	硬性结构面，顺倾向
			0.7～0.75	0.15～0.2	硬性结构面，顺走向
水平卸荷裂隙		追踪流层面及缓倾节理面，夹次生泥及岩屑	0.35～0.45	0.015	岩屑夹泥型
一般节理		平直、粗糙，钙膜充填	0.70～0.8	0.1～0.3	

注　凝灰岩夹层小值为顺倾向，大值为顺走向。

5.3.2　计算工况

工程设计洪水位与正常蓄水位相同，正常蓄水工况的坝体上下游水位差比设计洪水位工况大，而规范对正常蓄水工况下大坝的抗滑稳定要求高于设计洪水位工况，故不再计算设计洪水位工况。计算选取以下三种工况进行抗滑稳定分析：①基本组合，正常蓄水位工况；②偶然组合一，校核洪水位工况；③偶然组合二，正常蓄水位遭遇地震工况。

5.3.3　沿坝体建基面及浅层抗滑稳定复核

根据坝基开挖揭露的地质情况，对各坝段沿坝体建基面及其附近不利结构面的抗滑稳定进行了复核。计算取地质提供的各坝段建基面综合抗剪参数，取各坝段下平台分缝的位置作为计算剖面，其中0+180剖面（6～7号坝段）、0+393剖面（13～14号坝段）、0+424（14～15号坝段）剖面考虑了坝基浅表部发育的节理裂隙和卸荷裂隙对大坝抗滑稳定的影响，具体如下：

（1）6～7号坝段的建基面附近存在缓倾角卸荷裂隙 LX_1，如图5.3-1所示，最不利的滑移面由三段组成，第一段及第三段分别是建基面的上、下游两段，为混凝土与基岩接触面，属Ⅲ$_c$类岩体；第二段是卸荷裂隙 LX_1，其抗剪指标：$f'=0.35$，$c'=0.015$MPa。计算中用三段的抗剪参数按长度进行加权后得到滑面的综合抗剪参数：$f'=0.66$，$c'=0.37$MPa。

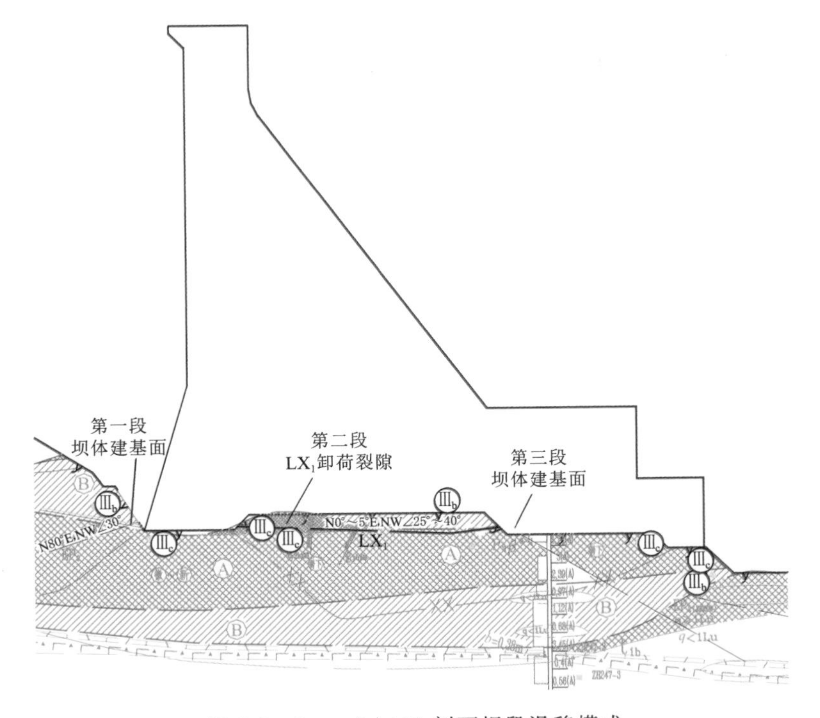

图5.3-1　0+180剖面坝段滑移模式

(2) 13 号、14 号坝段的建基面下浅表层分布有大量缓倾节理裂隙，对坝体的抗滑稳定不利，大坝沿建基面附近缓倾节理发育的岩体内滑移是控制情况，滑面的抗剪参数是根据缓倾节理裂隙的抗剪参数与岩体的抗剪参数按连通率进行加权获得。分段节理裂隙的连通率分别如下：

1) 13 号坝段：坝横 0－011.400～0＋040.000 桩号：裂隙连通率 60%，$f'=0.55$，$c'=0.1$MPa，岩体为Ⅲ$_b$类。

坝横 0＋040.000～0＋123.000 桩号：裂隙连通率 85%，$f'=0.45$，$c'=0.03$MPa，岩体为Ⅲ$_a$类。

2) 14 号坝段：坝横 0－007.800～0＋040.000 桩号及 0＋080.000～0＋123.000 桩号：裂隙连通率 40%，$f'=0.55$，$c'=0.1$MPa，岩体为Ⅲ$_a$类。

坝横 0＋040.000～0＋080.000 桩号：裂隙连通率 80%，$f'=0.45$，$c'=0.03$MPa，岩体为Ⅲ$_b$类。

各坝体剖面沿坝体建基面或浅表层的抗滑稳定复核成果见表 5.3－4。

表 5.3－4　　坝体建基面抗滑稳定复核成果表

剖面桩号	参数取值	计算工况	抗滑稳定分析				抗滑稳定判断
			效应值/kN		结构系数 γ_d		
			作用效应	抗力效应	反算	允许	
0＋030	$f'=1.25$ $c'=1.2$MPa	正常蓄水位	4365.2	21591.8	4.95	1.2	√
		校核洪水位	4558.3	21390.4	4.69	1.2	√
		正常＋地震	15042.6	18069.5	1.20	0.65	√
0＋060	$f'=1.35$ $c'=1.59$MPa	正常蓄水位	12725.5	39428.6	3.10	1.2	√
		校核洪水位	12238.5	39167.2	3.20	1.2	√
		正常＋地震	31935.4	31869.4	1.00	0.65	√
0＋090	$f'=1.34$ $c'=1.61$MPa	正常蓄水位	21883.0	56958.6	2.60	1.2	√
		校核洪水位	20453.0	56653.7	2.77	1.2	√
		正常＋地震	47173.3	45273.3	0.96	0.65	√
0＋120	$f'=1.10$ $c'=1.07$MPa	正常蓄水位	37943.1	74410.7	1.96	1.2	√
		校核洪水位	34678.2	74264.8	2.14	1.2	√
		正常＋地震	71515.5	60029.2	0.84	0.65	√
0＋150	$f'=1.08$ $c'=0.90$MPa	正常蓄水位	63170.6	118617.5	1.88	1.2	√
		校核洪水位	56424.3	115614.7	2.05	1.2	√
		正常＋地震	106609.6	98919.1	0.93	0.65	√
0＋180	$f'=0.66$ $c'=0.37$MPa	正常蓄水位	98339.2	123322.2	1.25	1.2	√
		校核洪水位	82203.9	112737.4	1.37	1.2	√
		正常＋地震	165825.6	104367.0	0.63	0.65	×
0＋214	$f'=1.02$ $c'=0.81$MPa	正常蓄水位	129626.2	236744.3	1.83	1.2	√
		校核洪水位	105638.0	225232.1	2.13	1.2	√
		正常＋地震	205522.6	202965.6	0.99	0.65	√

续表

剖面桩号	参数取值	计算工况	抗滑稳定分析				抗滑稳定判断
			效应值/kN		结构系数 γ_d		
			作用效应	抗力效应	反算	允许	
0+248	f'=1.02 c'=0.81MPa	正常蓄水位	132916.8	244320.5	1.84	1.2	√
		校核洪水位	108074.6	232638.5	2.15	1.2	√
		正常+地震	209423.1	210018.8	1.00	0.65	√
0+282 （9号坝段）	f'=1.05 c'=0.84MPa	正常蓄水位	132916.8	249957.4	1.88	1.2	√
		校核洪水位	108074.6	238041.7	2.20	1.2	√
		正常+地震	209423.1	214969.6	1.03	0.65	√
0+282 （10号坝段）	f'=1.10 c'=0.94MPa	正常蓄水位	132916.8	260717.0	1.96	1.2	√
		校核洪水位	108074.6	248334.1	2.30	1.2	√
		正常+地震	209423.1	224357.3	1.07	0.65	√
0+316	f'=1.14 c'=1.03MPa	正常蓄水位	110303.6	235482.1	2.13	1.2	√
		校核洪水位	91376.3	222681.8	2.44	1.2	√
		正常+地震	181187.5	202254.8	1.12	0.65	√
0+336	f'=1.22 c'=1.20MPa	正常蓄水位	91702.4	209040.1	2.28	1.2	√
		校核洪水位	77727.9	197733.4	2.54	1.2	√
		正常+地震	153250.7	179182.7	1.17	0.65	√
0+362	f'=1.23 c'=1.35MPa	正常蓄水位	91702.4	200348.9	2.18	1.2	√
		校核洪水位	77727.9	189109.7	2.43	1.2	√
		正常+地震	151957.1	171589.9	1.13	0.65	√
0+393	f'=0.650 c'=0.284	正常蓄水位	84166.3	96197.3	1.14	1.2	×
		校核洪水位	72222.0	89888.5	1.24	1.2	√
		正常+地震	141584.2	80669.5	0.57	0.65	×
0+424	f'=0.79 c'=0.48	正常蓄水位	73939.0	110099.2	1.49	1.2	√
		校核洪水位	64692.6	103629.6	1.60	1.2	√
		正常+地震	130551.1	92118.2	0.71	0.65	√
0+455	f'=1.19 c'=1.19MPa	正常蓄水位	58180.0	121534.7	2.09	1.2	√
		校核洪水位	52270.7	119335.2	2.28	1.2	√
		正常+地震	100113.6	101280.5	1.01	0.65	√
0+485	f'=1.35 c'=1.64MPa	正常蓄水位	40754.2	97714.8	2.40	1.2	√
		校核洪水位	37153.7	97541.6	2.63	1.2	√
		正常+地震	75575.0	79949.0	1.06	0.65	√
0+515	f'=1.30 c'=1.47MPa	正常蓄水位	29363.1	69421.6	2.36	1.2	√
		校核洪水位	27098.1	69087.5	2.55	1.2	√
		正常+地震	58776.8	54894.8	0.93	0.65	√

续表

剖面桩号	参数取值	计算工况	抗滑稳定分析				抗滑稳定判断
			效应值/kN		结构系数 γ_d		
			作用效应	抗力效应	反算	允许	
0+545剖面	$f'=1.08$ $c'=0.99MPa$	正常蓄水位	16691.0	37301.8	2.23	1.2	√
		校核洪水位	15810.2	37064.2	2.34	1.2	√
		正常+地震	38716.3	29405.5	0.76	0.65	√
0+575剖面	$f'=1.17$ $c'=1.13MPa$	正常蓄水位	3771.2	16179.5	4.29	1.2	√
		校核洪水位	3995.9	16009.7	4.01	1.2	√
		正常+地震	13398.0	13384.2	1.00	0.65	√

以上复核成果表明：

(1) 6号坝段（0+180剖面）由于受到LX_1缓倾卸荷裂隙的影响，坝体抗滑稳定在正常和校核工况下可以满足规范的要求，地震工况未满足要求，拟将LX_1缓倾卸荷裂隙的下游段再挖除10m，以满足该坝段的抗滑稳定要求。

(2) 13号（0+393剖面）、14号（0+424剖面）坝段由于受坝基下部的缓倾节理裂隙影响，大坝抗滑稳定不满足规范要求或安全裕度较小，拟挖除部分缓倾卸荷裂隙发育的岩体，深度为2.5m。

(3) 除以上坝段外各坝段在正常工况、校核洪水位、地震工况下沿坝体建基面的抗滑稳定均满足规范要求，且有一定的安全裕度。

5.3.4 大坝深层抗滑稳定分析

坝基岩体内分布有t_{1a}、t_{1b}、t_{1c}和t_2等多层凝灰岩，t_{1a}夹层的埋深较大，距坝基面在80m以上，对坝体的深层抗滑稳定影响有限；t_{1b}凝灰岩夹层距坝基最近处20余米，经可研阶段的分析表明由于t_{1b}凝灰岩夹层有一定的埋深，对坝体的深层抗滑稳定性不起控制作用；右岸t_{1c}夹层对15～16号坝段的深层抗滑稳定有影响；右岸t_2凝灰岩夹层主要影响右岸18～19号坝段的深层抗滑稳定。

左岸坝段坝基发育有绿帘石石英错动面EP，这些错动面顺河向延伸短，属刚性Ⅳ级结构面，主要影响的是4～5号坝段的深层抗滑稳定。此外左右岸发育的缓倾卸荷裂隙对左岸6～7号坝段、右岸17～18号坝段的深层抗滑稳定存在影响。下面就这些坝段进行分析。

(1) 坝基0+120剖面（4～5号坝段）。通过对剖面地质情况的分析，坝基0+120剖面坝体可能的失稳模式如下（图5.3-2）：

滑移模式一：坝基沿EP_{12}滑动，EP_{12}为主滑体的滑面，阻滑体从Ⅲ$_c$类岩体内剪出。

滑移模式二：坝基沿EP_{12}和g_{zbj24}组成的滑动面滑移，EP_{12}为主动滑面，阻滑体从EP_{zbj9}剪出。

滑移模式三：大坝滑移型式由建基面上游段、EP_{12}和g_2组成的折线形滑面滑移。

滑移模式四：大坝滑移型式由建基面上游段、EP_{13}和g_{zbj2}组成的折线形滑面滑移。

以上各滑移模式中主要结构面抗剪指标取值见表5.3-5。

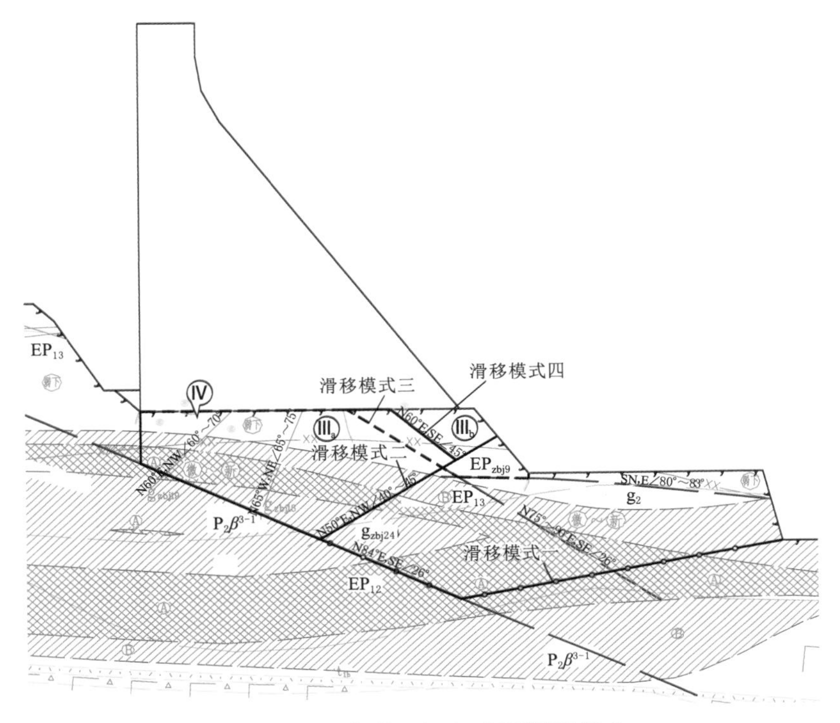

图 5.3-2 坝基 0+120 剖面滑移模式

表 5.3-5　　0+120 剖面坝基各主要结构面抗剪指标取用值

结构面及编号	抗剪指标		结构面及编号	抗剪指标	
	f'	c'/MPa		f'	c'/MPa
EP_{12}	0.4	0.025	g_{zbj9}	0.45	0.03
EP_{13}	0.4	0.025	g_{zbj24}	0.45	0.03
g_2	0.45	0.03			

采用平面有限元法对 0+120 剖面进行计算分析，计算成果见表 5.3-6，坝基各滑移模式的抗滑稳定性均可满足规范要求。

表 5.3-6　　坝基 0+120 剖面深层抗滑稳定计算成果表

失稳模式	计算工况	反算结构系数 γ_d	抗滑稳定判断	失稳模式	计算工况	反算结构系数 γ_d	抗滑稳定判断
滑移模式一	设计工况	1.59	√	滑移模式三	设计工况	2.42	√
	校核工况	1.66	√		校核工况	2.63	√
滑移模式二	设计工况	1.56	√	滑移模式四	设计工况	4.10	√
	校核工况	1.91	√		校核工况	4.43	√

(2) 坝基 0+150 剖面（5～6 号坝段）。通过对该剖面的地质情况分析，坝基可能的失稳模式主要有下列两种（图 5.3-3）：

滑移模式一：坝基滑面由水平剪断一部分坝体和Ⅲ$_b$ 类岩体，与 g_{zbj31}、EP_{12} 连通形成

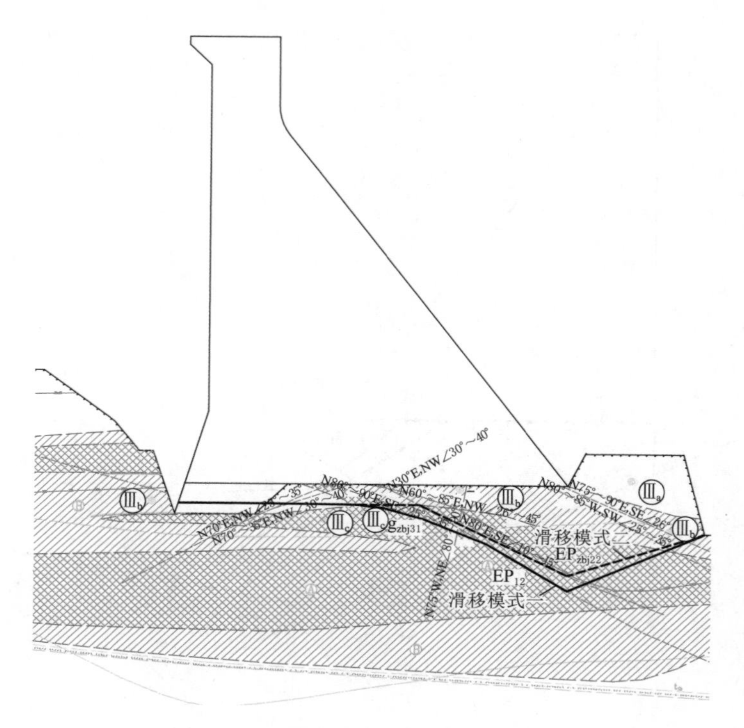

图 5.3-3 坝基 0+150 剖面滑移模式

主滑体的滑面，阻滑体从Ⅲ$_b$ 和Ⅲ$_c$ 岩体内剪出。

表 5.3-7 坝基 0+150 剖面各主要结构面抗剪指标采用值

结构面及编号	抗剪指标	
	f'	c'/MPa
g_{zbj22}	0.45	0.03
g_{zbj31}	0.45	0.03

滑移模式二：坝基滑面由水平剪断一部分坝体和Ⅲ$_b$ 类岩体（其中穿过一部分 g_{zbj31}），与 g_{zbj22} 连通形成主滑体的滑面，阻滑体从Ⅲ$_b$ 和Ⅲ$_c$ 岩体内剪出。

卸荷裂隙 g_{zbj22} 和 g_{zbj31} 计算采用的抗剪指标见表 5.3-7。

采用平面有限元法对坝基 0+150 剖面进行了计算分析，计算成果见表 5.3-8，坝基各滑移模式的抗滑稳定性均可满足现行规范要求，并有一定安全裕度。

表 5.3-8 坝基 0+150 剖面深层抗滑稳定成果表

失稳模式	计算工况	反算结构系数 γ_d	抗滑稳定判断	失稳模式	计算工况	反算结构系数 γ_d	抗滑稳定判断
滑移模式一	设计工况	3.03	√	滑移模式二	设计工况	2.64	√
	校核工况	3.03	√		校核工况	2.64	√

（3）坝基 0+455 剖面（15～16 号坝段）。右岸受 t_{1c} 凝灰岩夹层影响的坝段为 15～16 号非溢流坝段，通过对剖面地质情况的分析，坝基可能的失稳模式如下：以坝基部分岩体和 t_{1c} 组成主滑体的滑面，该滑面由上、下游侧的 t_{1c} 凝灰岩夹层和中间岩体组成，t_{1c} 凝灰岩夹层抗剪指标采用值为：$f'=0.325$，$c'=0.02$MPa；阻滑体从Ⅲ$_a$ 岩体内剪出，见图 5.3-4。

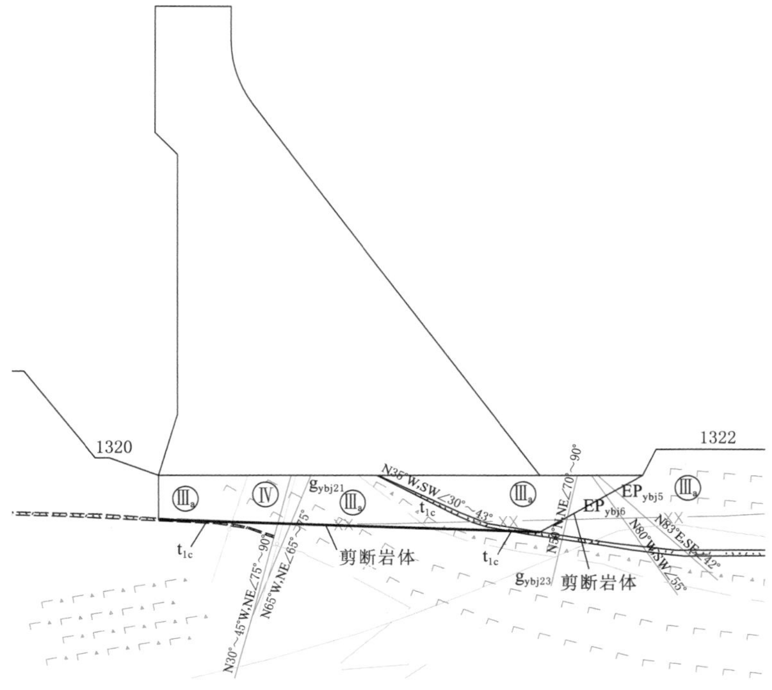

图 5.3-4 坝基 0+455 剖面滑移模式

采用刚体极限平衡法对 0+455 剖面进行了复核计算，计算结果见表 5.3-9。该剖面坝基沿 t_{1c} 凝灰岩夹层的深层抗滑稳定在各工况下均满足规范要求。

表 5.3-9 坝基 0+455 剖面深层抗滑稳定分析成果

坝段号	计算工况	抗滑稳定分析				抗滑稳定判断
		效应值/kN		结构系数 γ_d		
		作用效应	抗力效应	反算	允许	
15～16 号坝段（0+455 剖面）	正常蓄水位	58180.0	111089.5	1.91	1.2	√
	校核洪水位	52270.7	114255.1	2.19	1.2	√
	正常+地震	102884.9	98096.2	0.95	0.65	√

（4）坝基 0+515 剖面（17～18 号坝段）。0+515 剖面受 LX_{17-2} 缓倾角卸荷裂隙的影响，通过对该剖面地质情况的分析，坝基可能的失稳模式如下：以坝基部分岩体和 LX_{17-2} 组成主滑体的滑面，该滑面由 LX_{17-2} 和其上游侧岩体组成，阻滑体剪断下游Ⅱ类基岩滑出，见图 5.3-5。计算中抗剪指标采用值见表 5.3-10。

表 5.3-10 LX_{17-2} 缓倾角结构面及岩体抗剪指标采用值

结构面及岩体编号	抗剪指标		结构面及岩体编号	抗剪指标	
	f'	c'/MPa		f'	c'/MPa
LX_{17-2}	0.45	0.015	Ⅱ类岩体	1.4	1.8
$Ⅲ_a$ 类岩体	1.25	1.3			

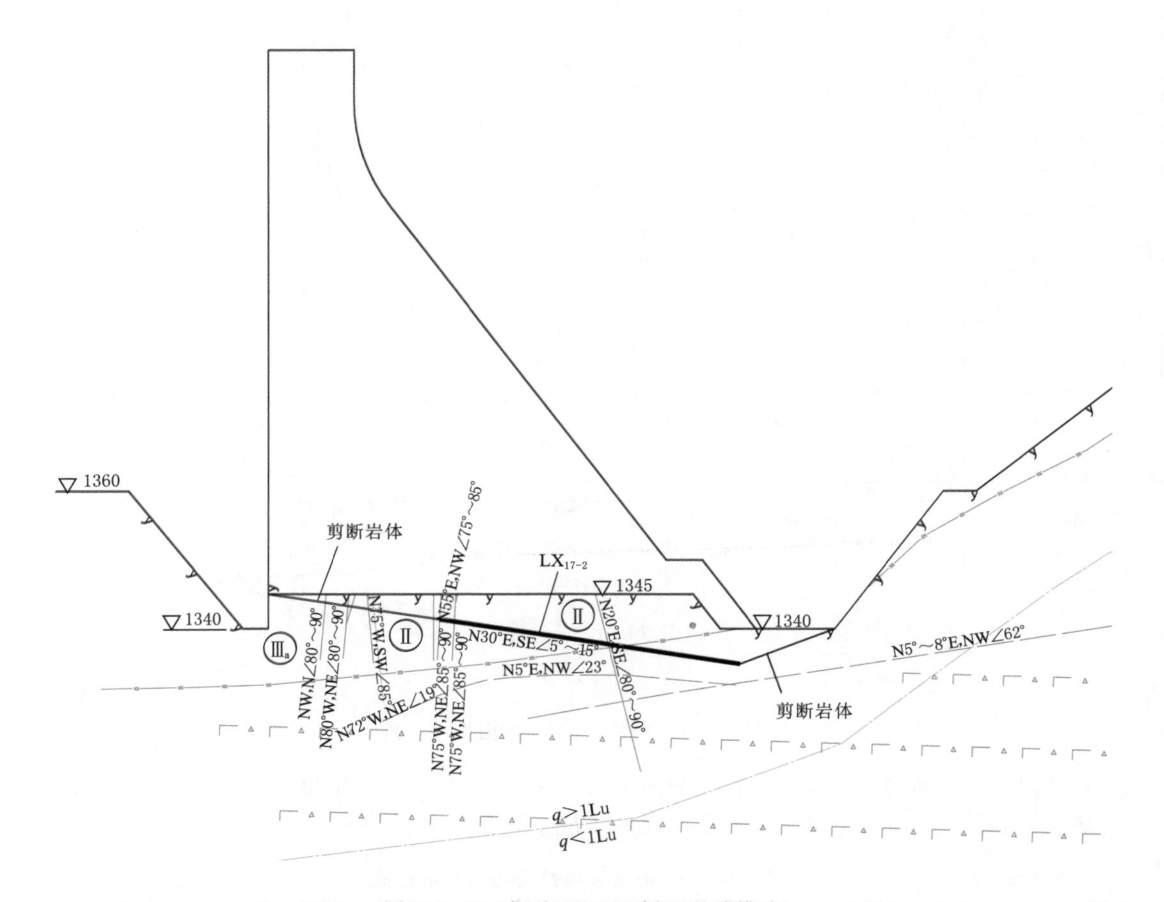

图5.3-5 坝基0+515剖面滑移模式

采用刚体极限平衡法对0+515剖面进行了复核计算，计算成果见表5.3-11，该剖面坝基沿LX_{17-2}的深层抗滑稳定在各工况下满足规范要求。

表5.3-11 坝基0+515剖面深层抗滑稳定校核成果表

坝段号	计算工况	抗滑稳定分析				抗滑稳定判断
		效应值/kN		结构系数 γ_d		
		作用效应	抗力效应	反算	允许	
17～18号坝段(0+515剖面)	正常蓄水位	29363.1	45326.6	1.54	1.2	√
	校核洪水位	27098.1	45112.0	1.66	1.2	√
	正常+地震	59608.6	39972.0	0.67	0.65	√

(5) 坝基0+543剖面（19号坝段）。右岸受t_2凝灰岩夹层影响的坝段为19号非溢流坝段，通过对该剖面地质情况的分析，坝体可能的失稳模式如下：坝基岩体以t_2为底滑面，剪断下游Ⅱ类基岩滑出，见图5.3-6。计算中t_2凝灰岩夹层抗剪指标采用值为：$f'=0.325$，$c'=0.02\text{MPa}$。

经刚体极限平衡法计算，该剖面坝基沿t_2凝灰岩夹层的深层抗滑稳定在各工况下均满

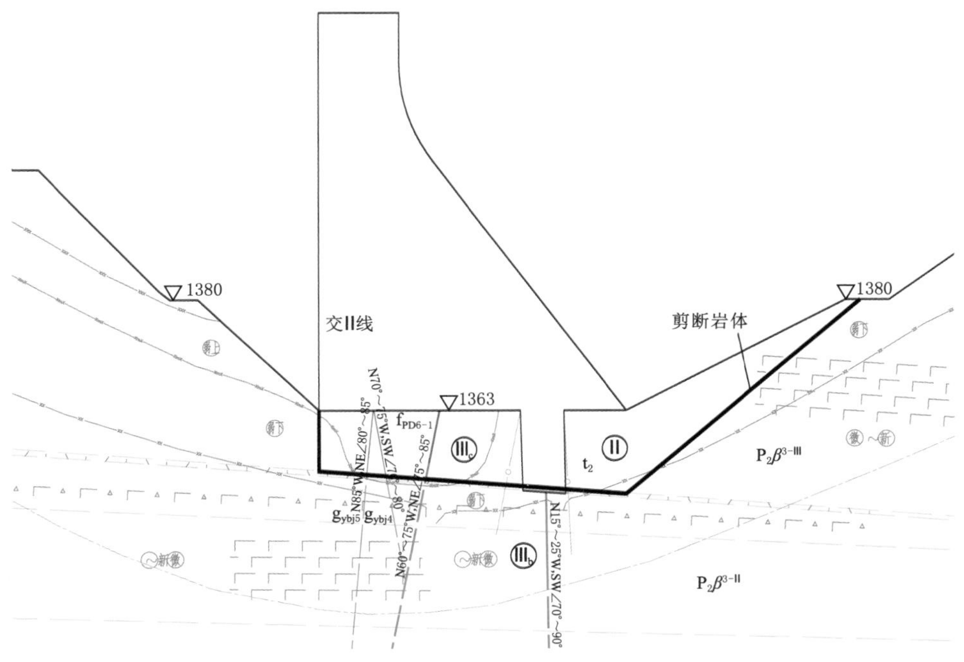

图 5.3-6　坝基 0+543 剖面滑移模式

足规范要求，见表 5.3-12，由于坝体后部抗力岩体较厚且为Ⅱ类岩体，因此坝体稳定的安全裕度较大。

表 5.3-12　坝基 0+543 剖面深层抗滑稳定校核成果表

坝段号	计算工况	抗滑稳定分析				抗滑稳定判断
		效应值/kN		结构系数 γ_d		
		作用效应	抗力效应	反算	允许	
0+543 剖面	正常蓄水位	16691.0	209694.0	12.56	1.2	√
	校核洪水位	15810.2	209632.1	13.26	1.2	√
	正常+地震	40696.3	206624.2	5.08	0.65	√

（6）坝基 0+355 剖面（12 号坝段）。右岸 12 号坝段坝基发育有 EP_{hbj1} 绿帘石石英错动面，对坝体的深层抗滑稳定不利，通过对该剖面地质情况的分析，12 号坝段可能的滑移模式为：以坝体下部基岩和 EP_{hbj1} 为底滑面，剪断下游Ⅲ$_b$ 类基岩后滑出，见图 5.3-7。EP_{hbj1} 绿帘石石英错动面抗剪指标采用值为：$f'=0.4$，$c'=0.025$MPa。

采用平面有限元法对该坝段的深层抗滑稳定进行了分析，分析结果见表 5.3-13。坝基的深层抗滑稳定在各工况下均满足规范要求。

表 5.3-13　坝基 12 号坝段深层抗滑稳定成果表

失稳模式	计算工况	反算结构系数 γ_d	抗滑稳定判断
滑移模式一	设计工况	1.88	√
	校核工况	1.99	√

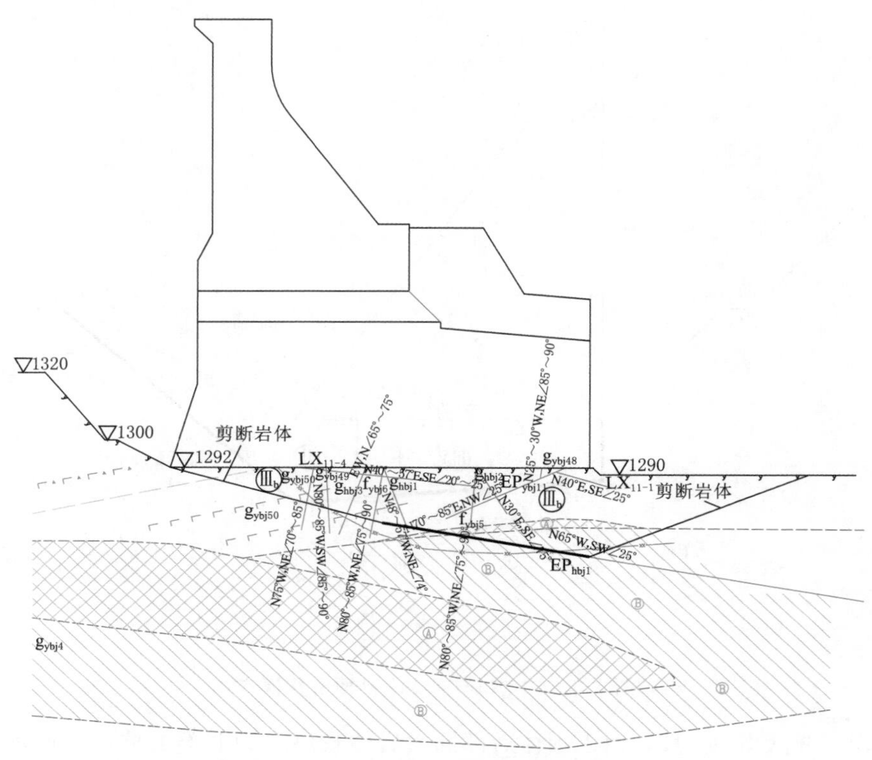

图 5.3－7 坝基 12 号坝段滑移模式

5.3.5 坝基浅层抗滑稳定的处理措施

由于受到 LX_1 水平卸荷裂隙的影响，6 号坝段的抗滑稳定在地震工况下未满足要求，同时完全挖除 LX_1 水平卸荷裂隙工程量较大，考虑在满足坝体抗滑稳定安全性的基础上将其部分挖除，加固处理后 6 号坝段的稳定计算见表 5.3－14。计算成果表明挖除 LX_1 大于 10m 以上时，6 号坝段各工况下的抗滑稳定满足现行规范要求。

表 5.3－14 部分挖除 LX_1 后 6 号坝段抗滑稳定计算成果

处理方案	综合参数	计算工况	抗滑稳定分析				抗滑稳定判断
			效应值/kN		结构系数 γ_d		
			作用效应	抗力效应	反算	允许	
挖除 10m	$f'=0.706$ $c'=0.421$MPa	正常蓄水位	98339.2	133157.9	1.35	1.2	√
		校核洪水位	82203.9	121835.2	1.48	1.2	√
		正常＋地震	165825.6	112881.5	0.68	0.65	√
挖除 20m	$f'=0.747$ $c'=0.468$MPa	正常蓄水位	98339.2	142000.3	1.44	1.2	√
		校核洪水位	82203.9	130020.1	1.58	1.2	√
		正常＋地震	165825.6	120546.4	0.73	0.65	√

13 号坝段由于受坝基岩体内的缓倾节理裂隙影响，坝基抗滑稳定不满足现行规范要求，14 号坝段安全裕度较小，考虑将坝基下部的连通率较高的岩体局部挖除，挖除后大

坝的抗滑稳定见表5.3-15和表5.3-16。计算成果表明13号坝段挖出15m以上的节理裂隙发育岩体后，坝体抗滑稳定可以满足规范要求。

表5.3-15 13号坝段挖除部分卸荷裂隙发育岩体稳定复核

处理方案	综合参数取值	计算工况	抗滑稳定分析				抗滑稳定判断
			效应值/kN		结构系数 γ_d		
			作用效应	抗力效应	反算	允许	
不处理	$f'=0.65$ $c'=0.28$MPa	正常蓄水位	84166.3	96197.2	1.14	1.2	×
		校核洪水位	72222.0	89888.5	1.24	1.2	√
		正常+地震	141584.2	80669.5	0.57	0.65	×
置换15m裂隙岩体	$f'=0.72$ $c'=0.38$MPa	正常蓄水位	84166.3	109282.0	1.30	1.2	√
		校核洪水位	72222.0	102274.3	1.42	1.2	√
		正常+地震	141584.2	92034.2	0.65	0.65	√

表5.3-16 14号坝段挖除部分卸荷裂隙发育岩体稳定复核

处理方案	综合参数取值	计算工况	抗滑稳定分析				抗滑稳定判断
			效应值/kN		结构系数 γ_d		
			作用效应	抗力效应	反算	允许	
不处理	$f'=0.79$ $c'=0.48$MPa	正常蓄水位	73939.0	110099.16	1.49	1.2	√
		校核洪水位	64692.6	103629.6	1.60	1.2	√
		正常+地震	130551.1	92118.195	0.71	0.65	√
置换中段裂隙岩体	$f'=0.91$ $c'=0.64$MPa	正常蓄水位	73939.0	130039.6	1.76	1.2	√
		校核洪水位	64692.6	122588.4	1.89	1.2	√
		正常+地震	130551.1	109327.3	0.84	0.65	√

5.4 金安桥水电站裂面绿泥石化岩体坝基工程处理

5.4.1 开挖及保护处理

坝基左岸下部及河床部位坝段（左岸5号、6号坝段，河床7～10号坝段）广泛分布有裂面绿泥石化岩体，厚达30～70m。由于裂面绿泥石化岩体具“硬、脆、碎”的特点，岩体中隐微节理、裂隙发育，*RQD*值低、呈似完整状的原位碎裂结构特征，具有块度小（钻孔*RQD*<20%）、纵波波速高（3800～5500m/s）、原位状态下完整性系数高（$K_v=0.70\sim0.75$）、渗透性微弱（一般$q<10$Lu，弱风化下部以下岩体透水率值多小于1Lu）的特性，岩块间镶嵌紧密呈似完整状，在原位状态下有较高的力学强度和较好的工程地质特性。但同时，此类岩体又具有开挖爆破极易受扰动、引起岩体松弛、抗剪强度及抗变形能力下降等特点。若开挖处理不当，将对重力坝坝基变形、抗滑稳定产生不利的影响。

根据坝基裂面绿泥石化岩体原位状态下具有较高的强度而又极易受开挖爆破扰动导致强度降低的工程特性，采取保护性开挖控制和开挖后的保护措施，预留保护层，开挖后立即用混凝土进行封闭等。尽可能降低开挖爆破对岩体的影响，并对松弛岩体进行加固处理以恢复其力学强度。具体措施如下：

(1) 裂面绿泥石化岩体保护性开挖缓冲层可采用预裂爆破施工，保护性开挖缓冲层厚度为2.5m，预裂爆破孔孔距不宜大于60cm，孔径需小于ϕ90mm，采用小药量爆破。应通过爆破试验，结合声波测试资料分析及爆破效果，合理确定爆破孔距、孔径及装药线密度等参数。预裂爆破应在设计建基面预留0.5～1.0m保护层，保护层的开挖应采用小型机械和人工撬挖到位，必要时可采用单响小药量爆破配合，严禁多响大药量爆破。

(2) 开挖中必须采取措施避免基础岩石面出现爆破裂隙，或使原有构造裂隙和岩体的自然状态恶化。爆前、爆后开挖保护层以下岩体的声波波速检测值的衰减率不得大于10%，否则判断为爆破破坏。

(3) 对坝（厂）基分布的裂面绿泥石化岩体部位，开挖后10天内应及时覆盖满足大坝要求的合格混凝土，若条件不具备，应及时喷厚10cm的素混凝土保护。在浇筑垫层混凝土前应把基岩面上所喷混凝土全部凿除并清理干净，并对松动岩块等撬挖处理，经检查验收合格后，方可浇筑混凝土。

(4) 必须做好基坑内的排水工作，以免坝（厂）地基开挖中及开挖完成后，揭露的裂面绿泥石化岩体被水浸泡，在浸水、失水的反复作用下，易产生松弛，将导致岩体的力学特性变差，恶化地基工程地质条件。

(5) 对坝基裂面绿泥石化岩体进行有针对性的固结灌浆试验，在选取合适的浆液配合比、灌浆压力、灌浆孔间排距等参数基础上进行固结灌浆处理，可考虑在灌浆孔内放插筋以提高强度。

由于裂面绿泥石化岩体开挖后极受易扰动、松弛的特点，施工期对裂面绿泥石化岩体的开挖提出了专门的要求：

(1) 严格控制梯段爆破保护性开挖缓冲层和预裂爆破保护层厚度，其中保护性开挖缓冲层应控制在4～5m。

(2) 水平预裂孔孔径为90mm，孔距60cm，爆破线装药量应在爆破试验成果基础上认真总结确定，但不应大于250g/m。

(3) 水平预裂孔高程至初拟建基面之间的岩体须采用人工撬挖及机械、风镐等作业，建基面以上的松动及软弱岩体也应予以撬除。

(4) 做好坝基岩体检测、基坑排水等工作，实施旁站监理，有效控制开挖对裂面绿泥石化岩体的不利影响。

5.4.2 固结灌浆处理

本工程基础固结灌浆按建筑物类型、灌浆部位、地质条件（岩体分类）等共分为6个灌浆区域，其中坝基固结灌浆区域再结合坝段进行灌浆分块，分块号按坝段独立进行编号。

A区：坝基上游帷幕及应力集中的坝踵区域，为固结灌浆的重点处理区。灌浆参数见表5.4-1。

表5.4-1　A区固结灌浆参数表

分区	A_1	A_2	A_3	A_4
岩体类别及坝高	坝高70m以下 Ⅱ～$Ⅲ_b$类岩体	坝高70m以上 Ⅱ～$Ⅲ_b$类岩体	坝高70m以上裂面或地质缺陷（$Ⅲ_c$类）	坝高70m以下地质缺陷区（$Ⅲ_c$类）

续表

分 区	A_1	A_2	A_3	A_4
间排距/m	3×3	3×3	2×2	2×2
孔深/m	8.0	12.0	12.0	8.0

B区：坝基中间部位，为坝基基础固结灌浆的主要处理部位。灌浆参数见表5.4-2。

表5.4-2　B区固结灌浆参数表

分 区	B_1	B_2	B_3	B_4
岩体类别及坝高	坝高70m以下Ⅱ～$Ⅲ_b$类岩体	坝高70m以上Ⅱ～$Ⅲ_b$类岩体	坝高70m以上裂面或地质缺陷（$Ⅲ_c$类）	坝高70m以下地质缺陷区（$Ⅲ_c$类）
间排距/m	3×3	3×3	2×2	2×2
孔深/m	6.0	6.0	6.0	8.0

C区：坝基压应力最大的坝趾区域，为固结灌浆的重点处理区。灌浆参数见表5.4-3。

表5.4-3　C区固结灌浆参数表

分 区	C_1	C_2	C_3	C_4
岩体类别及坝高	坝高70m以下Ⅱ～$Ⅲ_b$类岩体	坝高70m以上Ⅱ～$Ⅲ_b$类岩体	坝高70m以上裂面或地质缺陷（$Ⅲ_c$类）	坝高70m以下地质缺陷区（$Ⅲ_c$类）
间排距/m	3.0×3.0	3.0×3.0	2.0×2.0	2.0×2.0
孔深/m	8.0	12.0	12.0	8.0

坝高超过70m的高坝段灌浆孔孔深为12m。对碎裂裂面绿泥石化岩体（$Ⅲ_c$类岩体）及断层等处理范围，灌浆孔间排距为2m×2m；对块裂裂面绿泥石化（$Ⅲ_b$类岩体）和玄武岩、火山角砾熔岩（Ⅱ、$Ⅲ_a$类岩体）灌浆孔间排距为3m×3m。

坝高低于70m的低坝段灌浆孔孔深为8m。对碎裂裂面绿泥石化岩体（$Ⅲ_c$类岩体）及断层等处理范围，灌浆孔间排距为2m×2m；对块裂裂面绿泥石化岩体（$Ⅲ_b$类岩体）和玄武岩、火山角砾熔岩（Ⅱ、$Ⅲ_a$类岩体）灌浆孔间排距为3m×3m。

D区：厂房、安装间、左岸冲沙底孔泄槽及出口段基础区域。灌浆参数见表5.4-4。

表5.4-4　D、E区固结灌浆参数表

分 区	D	E_1	E_2
灌浆部位及岩体类别	厂房及左冲泄槽基础	溢洪道泄槽	消力池及右冲泄基础
孔排间距/m	3.0×3.0	3.0×3.0	3.0×3.0
孔深/m	8.0	5.0	8.0

灌浆孔间排距为3m×3m，孔深为8m，若灌浆工作面下部为钢筋混凝土结构体，则须视需要在混凝土中预埋灌浆管。

E区：溢洪道泄槽消力池、右岸泄洪冲沙底孔泄槽基础区域。

溢洪道泄槽段灌浆孔间排距为3m×3m，孔深为5m，其余部位灌浆孔间排距3m×3m，孔深为8m。

F区：A～E区中地质缺陷加强处理部位。

本部位的固结灌浆参数须视开挖揭露的实际地质情况确定。目前固结灌浆区域内开挖所揭露的地质缺陷主要有左岸出露的EP_9、EP_{11}、EP_{12}等绿帘石石英错动面，F_{64}、F_{65}等断层，右岸f_1、f_2、f_{13}等Ⅳ级结构面，t_{1c}、t_2、t_{1c}等凝灰岩夹层，F_{63}、F_{50}、F_{77}等Ⅲ级断层。

以上A～F区固结灌浆参数表中灌浆孔间排距、孔深、灌浆压力等参数仍需根据生产性灌浆试验成果进行优化调整。

固结灌浆应按排间分序、排内加密的原则施工，一序排排内分两序施工（即Ⅰ序孔、Ⅱ序孔），二序排排内亦分两序施工（即Ⅲ序、Ⅳ序孔），即共分四序施工。每一序施工均应按照低压、慢灌、逐渐升压的原则进行灌浆施工。

固结灌浆施工总程序为：灌浆区域范围内抬动观测孔钻孔→抬动设备安装→物探孔钻孔→单孔及跨孔声波测试、孔内数字成像→一序排Ⅰ序孔钻灌→封孔或锚筋桩施工→一序排Ⅱ序孔钻灌→封孔或锚筋桩施工→二序排Ⅲ序孔钻灌→封孔或锚筋桩施工→二序排Ⅳ序孔钻灌→封孔或锚筋桩施工→14天后检查孔分段压水试验→检查孔做单孔及跨孔声波测试→14天后物探孔扫孔→孔内数字成像→声波测试→28天后部分弹模测试→（若不合格补灌）全部合格→封孔或锚筋桩施工→灌浆结束。

鉴于本工程河床部位尤其是裂面绿泥石化岩体出露部位的坝基在开挖后表层岩体受爆破影响较大，EP、锈面等节理裂隙发育，故固结灌浆各序孔的灌浆方法规定如下：

（1）灌前物探孔：采用一钻到底，物探测试完成后按要求封孔，不进行灌浆。

（2）先灌排Ⅰ、Ⅱ序，采用自上而下分段孔内卡塞灌注。

（3）后灌排Ⅲ、Ⅳ序孔先单独灌注第一段后，再一钻到底自下而上分段灌注。

（4）检查孔：采用自上而下分段钻孔、分段压水法，钻到孔底后进行物探检测，物探检测完成后，再自下而上分段灌浆。

（5）灌后物探孔：一钻到底，物探检测完成后自下而上分段灌浆。

坝基岩石条件较差，钻孔时塌孔、掉块、裂隙发育、绕浆量大、卡塞困难影响灌浆效果时，应采用自上而下分段钻孔、分段灌浆方法施灌。

基础轮廓线范围内的有盖重固结灌浆压力见表5.4-5，表中固结灌浆压力为盖重混凝土厚3m时的压力，若盖重混凝土超过3m时，每增加1m厚混凝土盖重，灌浆压力可以提高0.05MPa。

表5.4-5　有盖重固结灌浆分段与灌浆压力

	段次	1	2	3	4及以下
Ⅰ序孔（先导孔）	钻孔深度/m	0～2	2～6	6～12	>12
	段长/m	2	4	6	6
	简易压水压力/MPa	0.5	0.6	1.0	1.0
	灌浆压力/MPa	0.5	0.8	1.2	1.5
Ⅱ序孔	段次	1	2	3	4及以下
	钻孔深度/m	0～2	2～6	6～12	>12
	段长/m	2	4	6	6

续表

	段次	1	2	3	4及以下
Ⅱ序孔	简易压水压力/MPa	0.6	1.0	1.0	1.0
	灌浆压力/MPa	0.8	1.2	1.5	1.5
Ⅲ序孔	段次	1	2	3	4及以下
	钻孔深度/m	0～2	2～6	6～12	>12
	段长/m	2	4	6	6
	简易压水压力/MPa	0.8	1.0	1.0	1.0
	灌浆压力/MPa	1.0	1.2	1.5	1.5
Ⅳ序孔	段次	1	2	3	4及以下
	钻孔深度/m	0～2	2～6	6～12	>12
	段长/m	2	4	6	6
	简易压水压力/MPa	1.0	1.0	1.0	1.0
	灌浆压力/MPa	1.2	1.5	1.5	1.5

固结灌浆质量的压水试验检查标准：根据设计图纸灌浆分区进行评定，A区透水率$q\leqslant 1$Lu，其余灌区透水率$q\leqslant 3$Lu。压水试验孔段合格率，在帷幕轴线上游的范围的合格率应在90%以上，其余范围为85%以上，不合格孔段的透水率值不超过设计规定值的50%，且不得集中，则灌浆质量可认为合格。若达不到上述合格标准的，应会同监理设计及业主等研究处理方案。

在固结灌浆施工过程中，根据灌浆试验及灌浆施工的实际情况，对固结灌浆分区、灌浆参数等进行了多次调整。

根据开挖揭露的坝基地质条件，坝基岩体分布有断层、挤压面及石英绿帘石错动面，裂隙发育。坝基左岸下部与河床分布有裂面绿泥石化岩体，岩体中隐微节理及短小裂隙发育，由于卸荷及开挖爆破影响，岩体出现松弛、开裂现象，对坝基抗滑、变形稳定不利。为了提高坝基抗滑稳定性，改善坝基岩体受力条件，在4～16号坝段坝基固结灌浆孔内插入锚筋，具体要求如下：

（1）插入锚筋的固结灌浆孔范围为拦河坝坝基，其中7～11号坝段在坝横0+135以前坝基插入锚筋，12～15号坝段在坝横0+104以前坝基插入锚筋。

（2）锚筋长9m，采用3根ϕ28钢筋焊接或绑扎成钢筋束。

（3）锚筋在固结灌浆结束封孔时插入，锚筋深入基岩6m，深入坝体混凝土3m。

（4）实施时，针对坝段特殊地质情况及声波测试成果，应对锚筋深度、根数进行调整。

5.4.3 防渗处理

基于坝基工程地质条件及渗流稳定分析成果，按重力坝设计规范设计布置防渗帷幕。防渗帷幕布置在坝体上游侧，以$q\leqslant 1$Lu为相对不透水界线，设1～2排帷幕灌浆。第一排帷幕深入相对不透水层不小于5m，由于坝基相对不透水层分布在部分地段很不均匀，变化较大，根据规范要求，按坝前水深的 0.3～0.7 倍控制帷幕深度。坝基第一排帷幕最低高程为 1207.75m；左岸灌浆洞长 143m，帷幕底界为 1Lu 线下 3m；右岸灌浆洞长 98m，帷幕底界为 1Lu 线下 3m。帷幕孔距 2m。第一排帷幕最大孔深 104m。第二排防渗帷幕设在坝高超过 60m 的范围，孔深为第一排主帷幕的 1/2，孔距 2m，排距 1.5m。第二排帷幕最大孔深 74m。

防渗帷幕的渗透性控制为 0.5Lu，严格控制使其小于 1Lu。下游设计洪水位以下设置下游副帷幕，帷幕底界在 3Lu 线以下 3m，孔深约 15m。

另外坝基开挖揭露的 t_{1c}、t_2 凝灰岩及断层 F_{63}、F_{64}、F_{65}、F_{50} 等，对坝（厂）地基的渗透稳定不利，施工过程中在其破碎带及影响带部位加大了帷幕灌浆深度，并将下游帷幕及侧向帷幕与上游帷幕连接，使坝基形成了一个封闭的防渗体系，为了防止水库蓄水后发生绕坝渗漏，在左、右岸灌浆洞内设置了绕坝防渗帷幕与地下水位相接，且高于正常蓄水位。

为监测绕坝渗流，在左岸及右岸共布置了 11 个水位监测孔。自 2010 年 11 月水库开始蓄水以来监测成果表明，水库蓄水后水位孔水位抬升不高，部分水位孔水位变化很小，甚至有所降低，监测孔水位与库水位相关性不明显，渗流场稳定。监测成果进一步说明金安桥水电站大坝及厂房的防渗布控按上游防渗帷幕深入 1Lu 透水率岩体，下游防渗帷幕深入 3Lu 透水率岩体的防渗设计是合适的。

5.4.4 其他地质缺陷的处理

坝基范围内除裂面绿泥石化岩体需要处理外，局部范围内存在的断层、缓倾卸荷节理裂隙、凝灰岩夹层、绿帘石石英错动面不利组合以及弱风化上带岩体、卸荷岩体等地质缺陷，仍需要予以处理：对于坝基分布的断层、凝灰岩夹层、溶渣状岩体等地质缺陷，采取表面封闭、槽挖置换、铺设钢筋、加强固结灌浆等工程措施进行处理；对可能受缓倾角凝灰岩夹层影响的坝段进行抗滑稳定验算，根据结果确定处理措施。具体处理措施如下。

（1）10 号坝段不利结构面处理。10 号坝段建基面高程 1280.00m 平台中部，由于受 EP_{hbj3}、f_{hbj6} 结构面及卸荷裂隙切割影响，存在对坝体抗滑稳定不利的块体，需要将该部分基岩挖除，开挖范围为坝横 0＋033.900～坝横 0＋053.008，坝纵 0＋292.000～坝纵 0＋313.100，挖到 1273.00m 高程，底平台周边以 1∶0.3 放坡接高程 1280.00m 平台，开挖后的区域采用大坝垫层混凝土回填。后来，在按此方案实施过程中，爆破对开挖范围以外的上、下游坝基岩体造成不同程度的损伤，尤其是下游部位小断层 f_{hbj1} 裂缝张开达 5cm，该结构面外侧岩体出现数条大致平行于坝轴线方向的裂隙，在外侧坡面出现剪切裂隙，该部位岩体已不能满足建基要求，故将 f_{hbj1} 结构面左侧、剪切裂隙以上、桩号大约坝横 0＋47.000～坝横 0＋88.500 范围的岩体挖除。

（2）左岸 4 号坝段 F_{64}、F_{65} 断层处理。坝横 0＋035.000 桩号下游侧靠近边坡部位：槽挖 F_{64} 断层破碎带，槽挖宽度为 1～2m，深度为 1 倍破碎带宽度，槽内清基后设置钢筋并回填混凝土，混凝土技术指标为：C_{28}20W8F100、三级配；清撬坡面上出露的 F_{64}～F_{65} 断层破碎带及之间的弱风化上带岩体，并理顺坡面，清基和验收合格后在混凝土垫层底部设钢筋网，钢筋保护层厚度为10cm。坝横0+035.000上游侧：清撬坡面上出露的F_{64}～F_{65}断层破碎带及两断层之间的弱风化上带岩体，并理顺坡面，清基和验收合格后在混凝土垫层底部设钢筋网，钢筋保护层厚度为10cm。

(3) 左岸6～7号坝段LX_{7-1}长大卸荷裂隙处理。挖除高程1292.00m平台坝横0+068.000下游的LX_{7-1}卸荷裂隙及其以上岩体，挖除后的区域采用大坝垫层混凝土回填；坝横0+068.000上游侧，LX_{-1}分布范围内，在固结灌浆时，要求对灌浆孔进行裂隙冲洗，调整部分灌浆孔以灌浆孔全部穿过该裂隙，确保固结灌浆效果，并特别布置灌后检查孔进行灌浆效果检查，灌浆孔在灌浆完成后设置3ϕ28，L=9.0m锚筋桩，锚筋桩以穿过裂隙3m为宜。

(4) 右岸11号坝段下游段地质缺陷处理。11号坝段下游侧高程1264.00m平台加宽至10m（加宽后平台从坝横0+126.000～0+136.000），从高程1292.00m平台下游边缘处（坝横0+104.000）向高程1264.00m平台上游起坡线（坝横0+126.000）放坡，坡比约为1∶0.786，开挖坡面应与两侧开挖面平顺衔接，开挖后采用大坝垫层混凝土回填。

(5) 右岸13～14号坝段高程1297.00m平台地质缺陷处理。坝横0+085.000～0+104.000按两期开挖。第一期开挖至高程1294.00m，开挖完成后由监理与设代人员根据开挖揭露的地质情况确定是否进行第二期开挖；第二期开挖高程暂定1292.00m。清除坝横0+056.000～0+068.000顺坡张开裂隙外侧岩体，清除宽度约为2m，深度约为2.5m（清到LX_{13-1}卸荷裂隙）。

(6) 右岸14号坝段标高1304.00m平台地质缺陷处理。坝横0+000.000～0+050.000，加深开挖2m至高程1302.00m；坝横0+072.000～0+104.000开挖处理：坝纵0+398.000～0+410.000开挖至高程1297.00m，坝纵0+410.000～0+420.300开挖至标高1301.00m。

(7) 右岸15～16号坝段高程1316.00m平台地质缺陷处理。一期挖除上游坝踵（坝横0−004.200）～坝横0+055.000间t_{1c}凝灰岩加夹层上部的弱风化上带岩体，开挖深度5m至高程1311.00m，在上述开挖范围内（上游坝踵至坝横0+055.000）的斜坡面上，在水平向开挖3.0m。对F_{63}外侧破碎松动岩体进行适当撬挖，沿F_{63}走向的破碎带布置ϕ25@200的钢筋网。

建基面范围内的地质缺陷，除按上述设计提出的方案进行处理外，Ⅳ级及以下结构面、EP石英错动面等则按如下原则进行处理：

(1) 对厚度较大且有软弱填充物的中陡倾角断层（$\alpha\geqslant45°$），应将其构成物质相应挖除，其开挖底部宽度应大于破碎带宽度，并不得小于50cm，两侧开挖坡比取1∶0.3，开挖深度应大于宽度的1.5倍。

(2) 对宽度较大且有软弱填充物的中缓倾角结构面（$\alpha<45°$），应自上盘向下开挖，将上盘破碎岩体及其影响带和填充物等挖除，至出露下盘的新鲜或较完整的基岩为止，保留的上盘完整岩体的最小厚度不得小于1.0m或按设计要求。

(3) 所有断层、挤压带等地质缺陷，如果超出大坝建基面的上、下游轮廓线时，应沿延伸方向跟踪扩挖，延伸扩挖长度不小于2倍的扩挖深度。

建基面地质缺陷在经过以上措施处理完成后应符合以下要求：

（1）无浮石，无松动岩块；锤击合格。

（2）经整修后的岩面和边坡不得有反坡，如有反坡应处理成顺坡；如有欠挖应处理到满足设计要求为止。

（3）对于陡坎、尖角岩体，应将其顶部处理成钝角或弧形状，开挖面应平顺。

（4）凡建基面表面为缓倾、平直、光滑的结构面或附有钙膜、水锈、黏土及其他软弱物时，均应清除及凿毛。

5.4.5 坝基处理技术专题咨询意见

受金安桥水电站有限公司委托，中国国际工程咨询公司组织专家于2006年10月对金沙江金安桥水电站重力坝坝基处理技术方案进行咨询。咨询重点为：①重力坝坝基裂面绿泥石化岩体类别及岩体物理力学参数取值的合理性分析；②裂面绿泥石化岩体作为重力坝坝基的适应性评价；③拟定的坝基裂面绿泥石化岩体处理技术方案评价，提出完善坝基处理技术方案的意见及建议。

咨询依据的资料有：金安桥水电站有限公司汇编的《金安桥水电站重力坝坝基处理技术方案咨询会——施工技术文件汇编》，昆明院编制的《金安桥水电站坝基裂面绿泥石化岩体专家咨询会汇报材料》《金安桥水电站坝基裂面绿泥石化岩体的适应性评价专题研究报告》以及成都理工大学和昆明院联合编制的《金安桥水电站可行性研究阶段——坝基裂面绿泥石化岩体的成因机制、工程性状、工程适应性及坝基可利用岩体工程地质研究报告》（以下简称《专题报告》）。

5.4.5.1 关于裂面绿泥石化岩体工程地质特征及力学参数取值评价

（1）裂面绿泥石化岩体工程地质特征。昆明院、成都理工大学等单位对金安桥水电站重力坝坝基裂面绿泥石化岩体已进行了比较深入的研究，咨询认为，《专题报告》对原位状态下的岩体工程地质特性分析是合适的。河床左岸下部及坝基部位广泛分布裂面绿泥石化玄武岩体，其主要工程地质特征是：

1）弱风化下部及以下微新岩体在有围压作用的原位状态下，虽岩块块度小，但岩块间镶嵌紧密（完整系数 K_v=0.70～0.75)、纵波速度高（3800～5500m/s)、岩体透水率微弱（一般 $q<1$Lu)，具有紧密镶嵌碎（块）裂结构特征。

2）岩块质地坚硬，岩体质量类别为Ⅲ类，裂面充填绿泥石膜，岩块无蚀变，原生及风化后均不夹泥，试验成果表明，在原位状态下，裂面绿泥石化岩体具有较高的力学强度。

3）在受外界扰动（例如爆破）、卸荷、风化后，岩体易沿绿泥石裂面松弛、开裂，从而纵波速度下降、透水率增大，岩体质量及相应的力学强度降低。因此，需合理评价裂面绿泥石化岩体“松弛”对大坝坝基抗滑稳定、抗变形能力的影响，并采取有效的工程处理措施。

（2）关于坝基岩体质量类别及适应性评价。

1）咨询认为，根据裂面绿泥石充填情况、岩体中节理及裂隙发育程度，设计将裂面绿泥石化岩体分为块裂（岩石块度一般小于30cm，但大于10cm)、碎裂（岩石块度一般小于 10cm）两种结构类型是合适的。

2）坝基下弱风化下带及微新岩体中的绿泥石化岩体，按照《水力发电工程地质勘察规范》（GB 50287—99），设计将块裂、碎裂裂面绿泥石化岩体类别分别划为$Ⅲ_b$类、$Ⅲ_c$类是基本合适的，作为高 160m 量级的混凝土重力坝坝基还需根据其工程地质特征，采取有效的工程处理措施。

3）从已开挖到坝基面的 6 号坝段现场初步观察，坝基岩体以块裂结构为主，局部碎裂结构，表面虽有一定松弛，镶嵌仍较紧密，岩石微风化、质地坚硬，整体完整性尚好。经妥善的工程措施处理后，裂面绿泥石化岩体可以满足建基要求。

6 号坝段声波测试结果表明，开挖后 10 天垂直坝基面（高程 1292.00m）以下以块裂结构为主的裂面绿泥石化岩体波速衰减率为 30%～40%，衰减率大于 10%，21 个测孔爆破、卸荷影响平均深度约 2.3m，其时效和分布规律尚待进一步监测、研究。当前，为减少坝基开挖爆破对浅表部岩体的扰动影响，建议将坝基裂面绿泥石化岩体开挖技术要求中确定的开挖方法进行适当调整，加大保护层厚度，严格控制各爆破分区的一次爆破总药量和最大单响药量，以进一步减少爆破对岩体的不利影响。

（3）关于岩体力学参数。

1）在地质勘察和室内外试验研究的基础上，《专题报告》提出的裂面绿泥石化岩体承载力、岩体变形模量、抗剪强度等力学指标，是基本合适的。咨询认为，这些指标主要适用于处于紧密镶嵌状态下的裂面绿泥石化岩体。

2）由碎（块）裂状绿泥石化岩体组成的坝基开挖后，建基面以下将形成一定厚度和不同松弛程度的“松弛带”。咨询认为，松弛带对重力坝沿建基面及建基面以下浅层抗滑稳定的边界条件和抗剪参数会产生以下一定影响：

a. 可能在松弛带内形成锯齿状或阶梯状由小裂隙、节理和岩体组合而成的非连续性的潜在滑移面。

b. 其抗剪强度可能会低于目前地质提出的建议值，即碎裂岩体：$f'=0.95$，$c'=0.70$MPa；块裂岩体：$f'=1.10$，$c'=0.90$MPa。咨询建议：根据建基面以下岩体松弛范围和松弛程度的调查结果，复核浅层滑动边界条件和岩体力学指标；参考常规三轴试验和 MTS 岩石强度伺服试验（绿泥石结构面抗剪参数低值为：$\phi=39.6°\sim40.4°$，$f'=0.84$，$c'=0.21\sim0.26$MPa），复核其抗剪参数。

c. 进行坝基面固结灌浆前后的原位抗剪试验，复核坝基抗滑稳定性。

5.4.5.2 关于坝基抗滑稳定及应力计算

对于裂面绿泥石化岩体典型坝段（5 号、6 号、8 号坝段），《专题报告》开展了大量的坝基抗滑稳定、应力分析计算工作。咨询基本赞同《专题报告》的结论：裂面绿泥石化岩体坝基的抗滑稳定、坝基承载能力等均满足规范的要求，坝体和坝基变形符合一般规律，坝基经适当工程处理后，可以满足高混凝土重力坝基础的要求。

（1）《专题报告》按承载能力极限状态进行坝体混凝土与基岩接触面的抗滑稳定分析，其计算方法、分项系数、结构系数的确定符合有关规范的规定。

（2）5 号坝段滑动模式一及 8 号坝段滑动模式一抗滑稳定安全余度不大。5 号坝段滑动模式一，受坝基下部发育并倾向下游的 EP_{11} 绿帘石石英错动带控制，该错动带夹泥，顺 EP_{11} 错动方向滑动，抗剪参数 $f'=0.35$，$c'=0.02\sim0.03$MPa；垂直向滑动，抗剪参数 $f'=0.70$，$c'=0.15$MPa。目前设计取较大值进行抗滑稳定计算，建议进一步确定滑动方向及抗剪参数，复核坝基抗滑稳定计算。8 号坝段滑动模式一，为绿泥石化岩体内滑动，主滑面倾角为 0°35′，建议在绿泥石化岩体内，适当增大主滑面的滑面倾角，复核坝基浅层的抗滑稳定，必要时采取工程处理措施。

（3）左岸 5 号、6 号坝段侧向开挖坡度 1∶1，坡高为 20m，设计进行了三维有限元法分析，稳定性最差的地震工况岸坡坝段侧向和顺河向抗滑稳定都能满足要求。咨询认为，鉴于 5 号、6 号坝段侧向开挖边坡暴露时间较长，仍有可能存在侧向稳定问题，建议复核。

（4）厂房坝段为厂坝整体结构，有限元法分析表明：在正常运行工况下，厂坝接缝处最大压应力为 8.4MPa，坝踵处出现 2.9MPa 的拉应力，建议进一步复核拉应力范围，在计入扬压力时，坝踵拉应力区应控制在 0.07 倍的坝底宽范围内，并加强厂坝连接处的结构设计。

5.4.5.3 关于坝基开挖控制及保护

（1）根据坝基裂面绿泥石化岩体的特性，《专题报告》提出了 3 条坝基开挖控制及保护措施如下：

1）开挖建基面时，应在达到基础面前，严格禁止大药量爆破引起的振动，造成岩体松弛。

2）应预留 1m 左右的保护层，在基坑形成后，用小药量、光面爆破予以挖除。

3）尽可能减少开挖后暴露时间，达到建基面高程后立即用混凝土进行封闭。

咨询认为，上述坝基岩体开挖保护措施基本可行。

（2）坝基裂面绿泥石化岩体开挖暴露后，受施工爆破、岩体卸荷等因素影响，易产生岩体松弛，导致岩体强度降低，影响混凝土重力坝的建基条件。咨询认为，鉴于坝基裂面绿泥石化岩体特性，除结构设计需要外，坝基基础开挖应尽量减少齿槽的设置；严格控制爆破开挖工艺，开挖面应平顺，减少二次开挖爆破对基础影响。

（3）《专题报告》提出的坝基岩体的利用原则，即Ⅱ类（致密玄武岩）以上岩体直接利用，Ⅲ类岩体经适当处理后充分利用是合适的。其中$Ⅲ_c$类岩体在采取各项有效工程措施后也是可以利用的。

（4）昆明院提出的《坝基建基面岩体利用标准及开挖验收标准》和《坝（厂）地基的裂面绿泥石化岩体开挖技术要求》在坝基开挖过程中未能受到实践检验，尚需根据施工开挖情况进一步修改完善。6 号坝段开挖至建基面高程，建基面主要为$Ⅲ_b$类岩体（块裂裂面绿泥石化岩体），水平及斜面预裂孔残孔率较高。声波测试结果显示，其 10 天后爆破及卸荷平均影响深度约 2.3m，但声波衰减率已大大超过 10%的要求，未达到设计验收标准。咨询认为，6 号坝段坝基开挖并未严格按上述技术要求执行，尚不能对该技术要求的合理性做出评价。

（5）由于裂面绿泥石化岩体涉及河床坝基、厂基、溢洪道泄槽消力池等多部位，其开挖技术要求，应依据岩体的特性差异有所区别。建议按$Ⅲ_b$、$Ⅲ_c$类两大类型岩体分别制定开挖技术要求。具体建议如下：

1）对于块裂裂面绿泥石化岩体（$Ⅲ_b$），建议在建基面以上0.5m处进行水平和斜面预裂，预裂面以下采用清撬手段开挖；预裂面以上预留3～5m的“缓冲保护层”，该缓冲保护层拟分两次用浅孔小炮的方法开挖。$Ⅲ_b$类岩体建基面不再进行喷混凝土封闭，对于边坡出露的地质缺陷部位岩体的封闭措施不在此限。

2）对于碎裂裂面绿泥石化岩体（$Ⅲ_c$），建议在建基面以上1.0m处进行预裂。预裂面以下采用清撬方法进行开挖。该清撬保护层应在坝基混凝土覆盖前10天内挖除，不再进行喷混凝土封闭。清撬层以上也应设置3～5m厚的“缓冲保护层”，设置缓冲保护层的目的是为减少上部梯段爆破的影响，邻近“缓冲保护层”的梯段爆破孔底应设置柔性垫层。“缓冲保护层”仍分两次采用浅孔小炮开挖。

3）根据爆破震动测试成果，分别提出缓冲保护层上一梯段、缓冲保护层、预裂爆破缝的最大单响药量控制要求。

4）设计推荐的预裂孔孔径90mm、孔距60cm基本合适；施工中应注意控制线装药密度，以不大于280g/m为宜。

5）当开挖揭露$Ⅲ_b$类岩体的水平建基面有松动的$Ⅲ_c$类岩体或其他地质缺陷时，应对其进行清撬；清撬时间与混凝土覆盖时间相衔接，不可提前。

6）河床7号、8号、9号坝段坝基开挖采用沿水流方向开挖先锋槽的方法，鉴于先锋槽底部无法进行预裂，先锋槽不宜太宽，以6～8m为宜。根据先锋槽立面所揭示的地质情况，分别进行$Ⅲ_b$、$Ⅲ_c$类岩体的水平预裂。

7）对各钻爆部位的爆破影响范围界定，应以声波检测为主要手段，建议有关单位精心、及时地组织声波检测。

5.4.5.4　关于坝基处理

咨询认为，《专题报告》提出的以控制开挖爆破、固结灌浆为主的坝基工程处理措施是合适的，关于大坝底面是否设置齿槽有待进一步研究。

（1）由于坝基下裂面绿泥石化岩体范围广，处理工程量大，固结灌浆设计及试验应采用重点与常规相结合的方式。固结灌浆的目的是提高低波速带岩体的变形模量，改善坝基岩体的均一性和整体性。因此，固结灌浆重点是坝基下浅表层松弛影响带，可采用加密布孔，适当加压的方式，进行加密的固结灌浆。应加强混凝土盖重抬动监测，在抬动允许情况下，逐级加大灌浆压力，以提高固结灌浆的效果；松弛影响带下部的岩体，可按《水工建筑物水泥灌浆施工技术规范》（DL/T 5148—2001）要求进行常规固结灌浆，这样可加快施工进度。

（2）鉴于原位状态下的裂面绿泥石化岩体具有似完整状、纵波波速高、渗透性小的特性，咨询认为不宜采用过高压力进行固结灌浆，以免破坏岩体的原状结构。建议选择合适地点尽快开展裂面绿泥石化岩体的生产性固结灌浆试验，以合理确定灌浆参数。

（3）对《有盖重基础固结灌浆施工技术要求》（A版）（以下简称《施工技术要求》）的基本评价。《施工技术要求》条理清楚，基本符合国家、行业有关规程规范的要求和本工程的具体情况。拟定的灌浆范围、灌浆分区、灌浆材料、灌浆方法和灌浆参数符合一般高坝基础固结灌浆的需要，其针对性还有待于通过灌浆试验进一步修改完善。为此提出以下建议：

1）在《施工技术要求》的总则中应补充特殊坝基条件下的灌浆范围和灌浆原则。其主要内容是除对普通水泥灌浆具有可灌性的部位外，其他部位可采用磨细水泥拌制浆液，对细微裂隙进行灌注；灌注采用渗入方式，不以更高的压力启缝或劈裂，保持受爆破影响的松弛带及原有的原位碎裂结构不被破坏；在灌注方法适当的前提下，各序、段的灌浆压力以不对盖重产生抬动破坏为限。

2）抬动变形允许值暂定为200μm，咨询建议抬动变形允许值由灌浆试验确定，以不大于100μm为宜。

3）《施工技术要求》中拟定的最小灌浆压力0.5～0.8MPa远大于3.0m混凝土盖重的压力，发生抬动和跑浆的可能性很大。建议对第Ⅰ序孔第1段采用低压慢灌、浓浆限量、逐步升压的固结灌浆工艺，以确保灌浆质量。

4）《施工技术要求》规定Ⅰ序孔第1段钻孔深度为2m，咨询建议根据爆破后测试的爆破影响平均深度，确定Ⅰ序孔第1段钻孔深度。

5）在灌浆实施细则中已提到在2试区Ⅲ序孔中使用超细水泥浆液。建议在《施工技术要求》中，明确补充说明该浆液的使用部位和水灰比。

6）对于起始灌注浆液的水灰比，应依据灌注部位的地质条件并结合灌注方法由灌浆试验确定。

7）群孔裂隙冲洗和串浆孔同时灌浆对防止混凝土盖重抬动不利，不宜采用。

8）《施工技术要求》中所列施工总程序时间超过3个月，时间过长，建议结合垫层混凝土防裂要求进行调整。

9）坝基固结灌浆质量检查方法以声波测试为主，钻孔取芯和灌后压水试验为辅。

（4）对《河床坝基固结灌浆试验实施细则》（以下简称《实施细则》）的意见。《实施细则》拟定的试验目的、布置和试验方法基本合适，建议补充试验内容（《实施细则》标题下全是检查内容，无试验内容），增加针对性的项目比选的条文，修订、完善《实施细则》。

1）建议试验场地选在6号坝段1292.00m高程建基面上（该平台宽12m、长150m以上），据此修改试验区布置与试验工艺。

2）灌浆区盖重混凝土以3m厚为宜，如果条件允许，可对比进行盖重4.5m厚的试验。

3）灌浆施工工艺宜采用《施工技术要求》中的灌浆方法，即“先灌排Ⅰ、Ⅱ序采用自上而下分段孔内卡塞灌注；后灌排Ⅲ、Ⅳ序孔先单独灌注第一段后，再一钻到底自下而上分段灌注”。《实施细则》提出采用同一种灌浆施工工艺（孔口封闭自上而下分段灌注法）不利于控制盖重抬动，也不利于提高各序孔第1段的灌注质量与灌浆压力。

4）固结灌浆试验主要的比选项目有孔排距、灌浆压力、灌浆材料、浆液配比等。在进行试验布置时，各比选项目均要有为此提供比选数据的灌浆孔和检查孔。

5）为防止跑浆应先灌外围Ⅰ序孔，由外向内推进，灌外围孔时，压力可稍低些。

6）建议《实施细则》的相关规定应与《施工技术要求》的相关内容相协调，两者可以相互补充和修正。

5.4.5.5 其他建议

（1）鉴于坝基裂面绿泥石化岩体的工程地质特性，建议在代表性坝段监测完整的松弛带深度、纵波波速随时间的关系曲线和松弛带深度、岩体变形模量随时间的关系曲线，并提出相应的监测报告，复核岩体力学参数，以便有针对性地修改完善坝基开挖及处理技术方案。

（2）固结灌浆效果的检查应以声波法成果为主；可采取地震法和声波法进行对比，以便对灌浆后的岩体质量进行评价。

（3）为改善坝基抗滑稳定条件，固结灌浆结束后，建议利用灌浆孔插筋与坝体连接。

根据建基技术处理专题咨询会议意见，结合现场爆破试验成果以及开挖揭露后岩体的实际情况，对坝基裂面绿泥石化岩体开挖施工技术要求进行了调整：梯段爆破缓冲层厚度由原来的2.5m增加为4～5m；原预留0.5～1m厚的清撬层统一定为1m厚；取消原来的喷混凝土保护层。

5.4.6 建基面优化设计

提高建基面开挖高程，可减少开挖及混凝土工程量。根据开挖揭露的坝基岩体情况，结合整个坝基岩体总体质量的进一步复核和研究，决定对大坝建基面进行设计优化。设计优化主要要求是：

（1）对坝基范围完成的钻孔及探洞资料进行复核，结合两岸坝基开挖揭露的最新地质情况，提出建基面优化方案。

（2）对坝基范围内的岩体、地质构造带、结构面及相应组合块体的物理力学参数进行复核论证，补充必要的变形及抗剪试验。

（3）采用材料力学法、有限元法对大坝进行抗滑稳定分析和应力应变研究复核。

（4）调整坝基开挖图、坝体相应结构图、基础处理图。

（5）进行必要的地质缺陷处理。

具体优化内容包括以下几个方面：

（1）通过深入分析钻孔资料及坝基勘探揭露的地质条件，河床坝段建基面适当抬高后块裂裂面绿泥石化岩体的比例反而增加，因此，将7～10号坝段的建基面由高程1264.00m抬高到1268.00m。

（2）施工过程中梯段爆破开挖到缓冲层后因爆破及卸荷影响，声波值降低较大。经过对声波测试成果深入研究，坝基高程1266.00m以下大部分声波测试孔的声波值可达到4000m/s，部分声波测试孔的声波值仍小于4000m/s，综合考虑将8～9号坝段的建基面设计高程1268.00m调整为1266.00m，7～8号坝段的下平台建基面设计高程1268.00m维持不变，开挖后根据爆后声波测试成果及揭露的岩体质量情况评价，岩体质量满足建基要求。

（3）根据金安桥坝基岩层分布特点，每层凝灰岩下盘都分布有一层火山角砾熔岩，火山角砾熔岩岩石坚硬完整、强度高，节理不发育，多呈块状结构，且弱风化下带或微新岩体，岩体性状较好，大部分属优良坝基。t_{2c} 下盘火山角砾熔岩涉及的17号、18号坝段建基面分别抬高6m和7m；t_{1c} 下盘火山角砾熔岩涉及的12～15号坝段抬高2～4m。

（4）左岸4号坝段在开挖过程中，揭露的岩体性状比预测的要好，因此，将4～6号坝段的建基面抬高4～5m。

（5）开挖过程中加强对岩体质量的适时监控和爆前爆后声波测试成果分析，以便及时调整。对建基面开挖揭露后的岩体性状分析，13～14号坝段坝基岩体2～5m深度范围内存在卸荷裂隙发育，局部范围存在属弱上风化岩体，需要加深开挖处理。

坝基建基面岩体总体较完整，岩体结构以次块状结构、镶嵌碎裂结构为主，少量块状结构及碎裂结构，其中河床坝段广泛分布裂面绿泥石化岩体，岩体结构主要为原位镶嵌碎裂结构及原位碎裂结构。在坝基的施工开挖过程中，根据开挖揭露的实际地质情况，经认真研究分析，对坝基开挖进行了优化。坝基部分坝段建基面一般抬高了2～4m，减少了开挖及混凝土工程量，同时简化了开挖体型。建基面优化后的大坝坝基经适当工程处理后，满足大坝建基要求。

在满足大坝稳定安全的前提下，建基面优化后各坝段建基面高程变化见表5.4－6。

表5.4－6　　基面优化后各坝段建基面高程变化

坝段号	原设计高程/m	优化高程/m	优化高度/m	备　注
3	1350.00	1355.00	5.0	
4	1330.00	1335.00	5.0	
5	1310.00	1312.00	2.0	廊道部位槽挖
6	1288.00	1392.00	4.0	廊道部位槽挖
7～10	1264.00	1268.00	4.0	实际优化2m
11	1277.00	1280.00	3.0	实际优化4.5m
12	1290.00	1292.00	2.0	实际局部槽挖
13	1290.00	1292.00	2.0	实际局部槽挖
14	1294.00	1297.00	3.0	实际局部槽挖
15	1299.00	1304.00	5.0	
16	1306.00	1316.00	10.0	
17	1321.00	1332.00	11.0	

根据工程最终实施情况来看，有效地减少了坝基开挖和坝体混凝土。

（1）河床坝段溢流坝段设计优化：节约坝基岩体开挖125170.1m^3，坝体混凝土108250.3m^3。在实施过程中，7～9号坝段建基面再次调整增加坝基岩体开挖坝体混凝土各19234.6m^3，10号坝段地质缺陷处理增加坝基岩体开挖及坝体混凝土各2860.5m^3，13～15号坝段地质缺陷处理增加坝基岩体开挖及坝体混凝土各17992.5m^3，最终优化节约工程量：坝基岩体开挖85082.5m^3，坝体混凝土68162.7m^3。

（2）左岸坝基设计优化：节约坝基岩体开挖24395.6m^3，坝体混凝土23028.0 m^3。

（3）右岸坝基设计优化：节约坝基岩体开挖79856.9m^3，坝体混凝土76879.6m^3。

5.4.7 监测成果分析

截至 2016 年 2 月 19 日，监测成果表明：

(1) 坝顶表面变形测点监测到顺河向最大水平位移在 7 号坝段为 36.8mm；坝体正垂线监测到最大顺河向位移为 24.99mm，出现在 8 号坝段高程 1424.00m，坝基倒垂线监测到最大顺河向位移为 8.24mm，出现在 11 号坝段高程 1292.50m；坝顶表面变形测点监测到横河向最大位移出现在 7 号坝段向右岸为 17.7mm，坝体正垂线监测到横河向最大位移在 8 号坝段向右岸为－9.26mm，坝基倒垂线监测到横河向最大位移在 6 号坝段向右岸为－3.98mm。大坝顺河向变形普遍坝顶大于坝基，河床坝段大于两岸坝段；横河向变形整体趋势为两岸向河床方向变形。

(2) 多点位移计的监测成果总体上呈波动状态，坝踵变形介于－4.8～2.5mm，坝趾变形介于－0.7～2.2mm；测斜孔孔口累计位移测值较小，坝基深层岩体无明显的滑移面；基岩变位计变形与水位抬升没有明显相关性，主要受温度变化的影响，基岩变位计监测变形介于－1.4～2.1mm。厂房基础下游侧多点位移计测值在蓄水期间变化较大，最大测值为 3.8mm 和 8.8mm，呈拉伸变形，达到正常蓄水位以后各测点位移趋于平稳。厂房基础测斜管监测到坝基无明显滑移面。

(3) 坝基扬压力测值大多数较小，基本呈无压状态。上游帷幕后坝基测压管扬压力与坝前水位相关性较好，测压管水位变化略滞后于坝前水位。根据水位孔水位与库水位的相关曲线定性来看，水位孔水位与库水位相关性不明显，两岸绕坝渗流现象不明显。大坝总渗流量为 8.12L/s（图 5.4－1），其中左岸渗流量为 3.0L/s，右岸渗流量为 3.58L/s，坝基渗流量为 1.54L/s，厂基总渗流量为 1.7L/s，坝基防渗和排水效果较好。

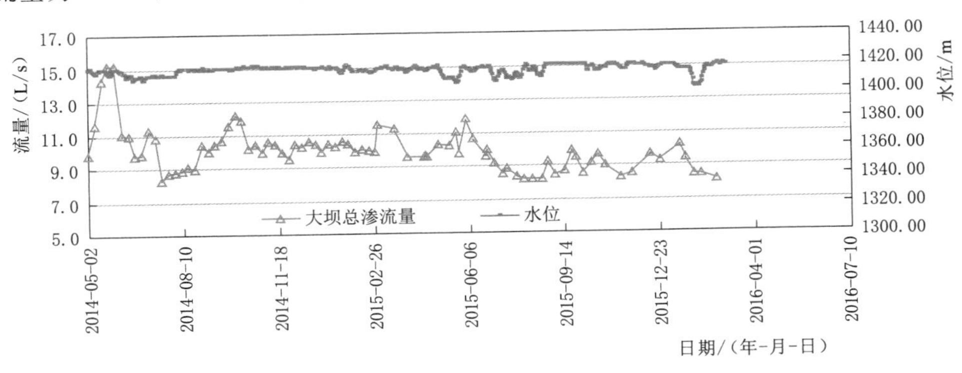

图 5.4－1 坝基渗流量-水位-时间关系曲线图

(4) 各坝段坝踵坝趾压应力总体较小，坝踵压应力在 0～－1.73MPa 之间，坝趾压应力在 0～－1.09MPa 之间。除 6 号、14 号坝段坝踵压应力小于坝趾外，其余各坝段表现为坝踵压应力大于坝趾，压应力与蓄水过程相关性不明显。坝体实测应变大多在－300～200$\mu\varepsilon$ 之间，部分受拉、部分受压，变化规律不明显，各应变计及无应力计测值变化较为平稳，部分坝段坝踵部位部分存在拉应力区，拉应力普遍小于混凝土极限抗拉强度。

5.5 金安桥水电站安全鉴定坝基评价意见

（1）大坝建基岩体主要为弱—微风化玄武岩、杏仁状玄武岩夹火山角砾熔岩及 t_{1c}、t_2 软弱凝灰岩夹层，岩体呈次块状、镶嵌碎裂结构，以Ⅲ类岩体为主。经对断层、挤压面及绿帘石石英错动面等地质缺陷采用槽挖置换处理，并进行坝基系统固结灌浆，建基岩体质量满足设计要求。对影响大坝抗滑稳定的缓倾结构面采用了挖除、锚筋桩及锚索等综合处理措施，各坝段满足坝基抗滑稳定要求。

（2）溢洪道泄槽及消力池地基为弱微风化玄武岩、火山角砾熔岩及 t_{1c} 凝灰岩，以Ⅲ～Ⅳ类岩体为主。对凝灰岩夹层、断层、挤压面等软弱结构面进行了槽挖置换等工程处理，建基岩体满足溢洪道泄槽和消力池底板抗冲刷及抗变形稳定要求。

（3）厂房建基岩体为微风化至新鲜裂面绿泥石化玄武岩，建基面上小断层、挤压面、绿帘石石英脉错动面等发育，岩体以Ⅲ类为主，其阻水性较好。经对主要地质缺陷进行工程处理，对厂基进行系统固结灌浆，处理后满足厂房建基要求。

（4）大坝坝基岩体主要为弱风化下带及微新岩体，岩体透水性总体较弱，坝基（肩）渗漏形式为裂隙性渗漏。大坝防渗体系以两岸及河床底线深入相对隔水层一定深度的防渗帷幕设计是合适的，符合坝址区水文地质条件特点，水库蓄水后不存在明显的坝基和绕坝渗漏，可满足大坝防渗要求。

5.6 小结

5.6.1 基本结论

金安桥水电站河床坝基及两岸低高程部位岩体裂面绿泥石化普遍，岩体完整性较差，均存在沿裂面绿泥石化岩体的变形及抗滑稳定问题，是坝基建基面确定的重要控制因素，工程特性能否满足高混凝土坝的建基要求，是金安桥水电站建设面临的主要工程地质问题。因此开展了裂面绿泥石化岩体的成因机制、分布特点、裂面性状、结构类型及岩体力学性质等工程地质特性的研究。

（1）坝基左岸下部及河床部位坝段广泛分布的裂面绿泥石化岩体，厚达 30～70m。由于裂面绿泥石化岩体具“硬、脆、碎”的特点，岩体中隐微节理、裂隙发育，*RQD* 值低、呈似完整状的原位碎裂结构特征，具有块度小（钻孔 *RQD*＜20%）、纵波速度高（3800～5500m/s）、原位状态下完整性系数高（K_v＝0.70～0.75）、渗透性微弱（一般 q＜10Lu，弱风化下部以下岩体透水率值多小于 1Lu）的特性，岩块间镶嵌紧密呈似完整状，在原位状态下有较高的力学强度和较好的工程地质特性。但同时，此类岩体又具有开挖爆破极易受扰动、引起岩体松弛，抗剪强度及抗变形能力下降等特点。

（2）通过现场的钻孔、平洞、物探等测试资料，对该类岩体的统计分析和试验研究证明，其裂面绿泥石是玄武岩后期热液作用的产物，岩体本身具有较高的强度、波速和微弱透水性，岩体在原位条件下具有较好的性状，并具有一定的抗剪及抗变形能力，总体为Ⅲ类岩体，但在开挖中该岩体极易受扰动、松弛。因此，提出了在施工中严格控制爆破质量，尽量减少开挖扰动的建议，通过固结灌浆后，该类岩体可以作为高混凝土重力坝基础加以利用。

（3）通过大量的现场调查、测试和室内各种试验，以丰富的第一性资料揭示了裂面绿泥石化岩体在原位状态下，裂面因嵌合紧密而有一定的黏结，类似“震裂的钢化玻璃”，或“开裂的玻璃杯”，具有似完整结构，定名为“原位碎裂结构岩体”。大量测试资料揭示此类岩体在未受大的挠动时，波速高、岩体变形模量可以达到$Ⅲ_1$级岩体的量值，已属于可以利用的岩体。经过充分的论证，利用了此类岩体，将其作为金安桥水电站高混凝土重力坝河床坝段的建基岩体。

（4）通过坝基开挖后的大量实测资料和室内的试验、分析、计算，以及众多的检测资料表明：将裂面绿泥石化原位碎裂岩体作为坝基是可行、合理、安全的，河床地段建基岩体有较高的、满足重力坝规范要求的力学参数，属于可利用的岩体。进一步证明了可研阶段将具有原位镶嵌、碎裂结构的岩体予以利用的结论也是可行的、合理的、科学的和具有重大进展和突破，揭示了当前坝基岩体质量分级中过多强调岩体的块度而忽视岩体碎裂的类型及后期赋存的地应力环境的问题，为突破Ⅲ级岩体利用时存在的瓶颈问题指出了新的方向。变形监测资料表明坝基岩体变形很小，反馈分析的变形参数量值高，达到$Ⅲ_1$级或以上岩体的变形模量，为今后处于埋藏条件下碎裂岩体力学参数的评价和利用提供了大型工程的实证资料和经验。

（5）坝基开挖后揭露的地质条件与前期对比总体吻合，岩体质量仍以Ⅲ类为主，部分Ⅱ类，少量Ⅳ、Ⅴ类。根据开挖揭露后的统计，坝基各类岩体所占比例为Ⅰ类1.05%；Ⅱ类11.07%；Ⅲ类81.03%（其中$Ⅲ_a$类21.99%，$Ⅲ_b$类41.10%，$Ⅲ_c$类17.94%）；Ⅳ类6.02%；Ⅴ类0.83%。坝基分布的裂面绿泥石化岩体占坝基投影响面积的百分比为48.36%，其中块裂岩体（$Ⅲ_b$）和碎裂岩体（$Ⅲ_c$）所占比例分别为65%和35%。

（6）运行期碾压混凝土重力坝变形、渗流、应力应变等监测成果表明，监测数据基本在正常范围内，变化规律基本合理。大坝工作性态正常，运行安全可靠。

5.6.2 技术成果

金安桥水电站复杂坝基在综合勘察、试验研究的基础上，开展了“坝基裂面绿泥石化岩体的成因机制、工程性状、工程适应性及坝基可利用岩体工程地质研究”，对坝基镶嵌、碎裂结构的裂面绿泥石化岩体工程特性、可利用性开展了系统分析评价，取得了以下技术成果。

（1）对坝基镶嵌、碎裂结构的裂面绿泥石化岩体工程特性、可利用性开展了系统研究，原创性地提出原位镶嵌结构和原位碎裂结构岩体来表征具有低*RQD*（小块度）、高纵波速度、高变形模量、低渗透性的工程岩体。

（2）利用岩体的力学和渗透性等指标确定了适合该类岩体的质量等级分级方案，并对金安桥水电站坝基岩体进行了岩体质量分级。原位镶嵌结构和原位碎裂结构岩体的质量等级指标达到了Ⅲ级甚至Ⅱ级岩体的指标，属于可利用岩体，完全可以作为重大工程和高混凝土重力坝的建筑地基岩体。

（3）根据坝基揭露的实际地质情况，并结合两岸坝肩开挖边坡及导流洞开挖揭露的岩体情况，建基面存在提高的可能性。经过对地质勘探资料、岩体变模及抗剪试验资料、物探测试等成果的分析，并进行了大量的现场测试，对坝基岩体总体质量进行了进一步的复核和研究，对建基面、坝体布置及结构等进行了优化调整，减少了坝基开挖和坝体混凝土工程量，节约了工程投资。建基面优化后的大坝坝基经适当工程处理后，满足大坝建基要求。

（4）研究成果较好地解决了金安桥水电站坝基岩体利用方面的重大工程问题，不仅科学论证了裂面绿泥石化岩体可以作为高混凝土重力坝坝基岩体，而且优化了建基面，为金安桥水电站缩短工期，提前发电奠定了基础，而且原位镶嵌结构和原位碎裂结构全新岩体亚类已经在西南其他具有类似岩体特性的水电工程中得到了应用，创造了较好的经济效益。

第 6 章

河床深槽坝基技术

6.1 概述

山区河流在通过区域断裂或大的断层，易冲、易溶及强风化破碎岩层，以及软、硬地层接触带等地段易形成局部深槽和深谷等，另外河流改道及瀑布的长期冲刷部位也易形成深槽或深潭，并堆积深厚覆盖层。由于河床深槽常呈不规则长条形或局部潭状分布，前期的勘察不易发现，不少工程在坝基施工开挖后被揭露出来。金沙江一级支流普渡河甲岩水电站右岸趾板线部位施工开挖后，揭露基岩面近直立，局部出现宽约 8m、深约 20m 的河床深槽，深槽主要由砂卵砾石、粉细砂混坡崩积物组成，结构松散，该部位无法按原来趾板体型布置，所以采用了高趾墙处理措施，高趾墙部位开挖至基岩面，C25 混凝土回填，形成重力式挡墙，见图 6.1-1。

(a)

(b)

图 6.1-1　甲岩水电站右岸趾板堆积体深槽高趾墙开挖处理

金沙江中游河谷由于地质环境条件复杂，水流湍急，河床部位常常发育深槽，并堆积深厚覆盖层，对大坝的抗滑稳定、坝基应力以及坝基防渗均产生不利影响。龙开口水电站坝基河床存在的深槽覆盖层厚度达 30～40m，明显超出设计预期，深槽顺河向穿过了整个坝基，宽度 6～22m，由于深槽规模大，且处于溢流坝段，工程又位于高烈度地震区，对大坝安全和工程进度影响大。对坝基河床深槽的处理主要采用明挖全置换和置换混凝土塞方法，采用明挖的方法将深槽覆盖层全部挖除并置换混凝土，可彻底解决大坝抗滑稳定、坝基应力以及坝基防渗的问题，但必须等深槽全部置换完毕后才进行上部坝体的施工，处理工期长；采用置换混凝土塞方法不挖除深槽覆盖层，仅对其部分置换混凝土塞并进行固结灌浆加固，但固结灌浆的加固效果难以保证，抗滑稳定、坝基应力以及坝基防渗都存在不确定因素，安全度小。为此，设计在综合考虑地质情况、结构安全、施工安全和方法、工期和工程投资等因素后，提出了一种全新的坝基深槽处理方法——钢筋混凝土承载板洞挖全置换方案，以求从根本上解决深厚覆盖层引起的大坝抗滑稳定、坝基应力以及坝基防渗问题，并尽可能缩短深槽处理所占用的直线工期。因此，选择以龙开口水电站河床深槽坝基关键技术问题为例进行分析和研究。

龙开口水电站拦河坝为混凝土重力坝，坝顶高程1303m，最大坝高116m，坝顶长768m。在勘测设计和工程建设过程中，先后出现了巨大规模的右岸变形体边坡、稳定性极差的尾水渠粉质黏土边坡和主河床大规模复杂深槽等重大地质缺陷，直接威胁到工程安全及工程建设顺利推进。经过大量科研及技术攻关，开展《龙开口水电站复杂地质缺陷处理研究与应用》研究，因地制宜采用合适的处理方案确保了工程安全，为工程如期发电创造了有利条件。前期中国水电顾问集团华东勘测设计研究院（以下简称“华东院”）联合成都理工大学开展了“龙开口水电站坝址区岩体结构特性及其对工程影响”的专题研究。施工期华东院又联合中国水利水电科学研究院、河海大学及南京水利科学研究院开展了“龙开口水电站河中深槽处理专项技术研究与应用”专题研究；同时由华能澜沧江水电有限公司牵头，联合华东院、中国水利水电第八工程局有限公司、中国水利水电建设工程咨询昆明公司及中南大学开展了“龙开口水电站坝基深槽处理技术研究与应用”关键技术研究。

6.2 龙开口水电站坝基工程地质条件

6.2.1 基本地质条件

6.2.1.1 地形地貌

金沙江自北向南流经坝址区，坝区内河道顺直，河谷较为开阔，河谷岸坡左陡右缓，为不对称的U形宽谷，河床地面高程1216.40～1204.60m，枯水期水面宽30～100m，主河道靠左岸。坝址区原始地貌见图6.2-1。

图6.2-1 坝址区原始地貌（面向下游）

坝址两岸山体雄厚，河谷地形较开阔，但主河道狭窄。左岸地形不规则，地面坡度一般为20°～40°，局部见陡坎（壁），有零星堆积阶地分布，高程1250.00～1260.00m分布有宽约150m的基岩台地，高程1300.00～1400.00m为陡崖，覆盖层在高高程局部分布；右岸高程1260.00m以下为缓坡地形，主要由第四系堆积物和局部基岩组成，并发育Ⅰ～Ⅳ级堆积阶地，Ⅰ级阶地前缘高程在1230.00m左右，依次分布至Ⅳ级阶地前缘高程在1290.00m左右。坝址所处河段河床高程1205.00～1209.00m，江边基岩裸露形成岛礁，坝轴线处河床水面宽约47～75m，正常蓄水位高程1298.00m处河宽721～746m。河床覆盖层厚10～43m。

6.2.1.2 地层岩性

坝址区基岩为二叠系上统玄武岩组（$P_2\beta$）玄武岩、燕山期煌斑岩脉及正长斑岩侵入体，高高程见黑泥哨组（P_2h）灰岩和砂岩，第四系松散堆积物主要分布在坝址区左岸边坡高高程、右岸台地和右边坡。

（1）二叠系上统玄武岩组（$P_2\beta$）。

1）中段$P_2\beta^2$层：分布于整个坝址区，可分为$P_2\beta^{2-1}$、$P_2\beta^{2-2}$和$P_2\beta^{2-3}$三个小层。坝基分布在$P_2\beta^{2-3}$岩层，呈暗灰、灰紫色致密块状玄武岩，局部含少量杏仁，致密块状构造。主要矿物成分为斜长石、角闪石，次要矿物为石英、赤铁矿、橄榄石、绿帘石等。杏仁粒径以2～5mm为主，成分以石英、赤铁矿为主。厚度大于800m，沿坝址高程1320.00m顺t_0凝灰岩层以下范围分布。

2）上段$P_2\beta^3$层：可细分为10层，其中$P_2\beta^{3-1}$～$P_2\beta^{3-6}$层在坝址两岸均有分布，$P_2\beta^{3-7}$～$P_2\beta^{3-10}$层分布于右岸高高程。岩性呈灰、灰紫色、暗灰色，含少量杏仁的致密块状玄武岩，杏仁状玄武岩夹角砾熔岩及凝灰岩夹层。

（2）凝灰岩夹层。

1）t_0凝灰岩层：紫红色，岩质软弱，易干裂，风化，厚度一般为1～3m，坝址右岸局部最厚达6.6m，分布于$P_2\beta^{2-3}$层顶部。与玄武岩接触面起伏差较大，在坝轴线左岸凝灰岩局部缺失，左岸坝址下游侧可见厚约1.0m，与下部角砾熔岩有层间错动带分布（J_{35}），局部厚约3.0m，上下面见错动带厚0.1m左右。

2）t_1～t_9凝灰岩层：紫红色凝灰岩，岩质软弱，易干裂、风化，厚0.2～3.5m。分布于各小层顶部，其中t_1、t_3和t_4层上界面存在层间错动带（J_{53}、J_{54}），宽10～40cm，带内主要为碎石土或含碎石泥。其他凝灰岩夹层与玄武岩接触面胶结较好，面起伏。t_1、t_2向上游延伸厚度渐薄，坝基上游厚度小于5cm，直至尖灭，其他凝灰岩贯穿坝址上、下游。坝址区主要岩性为：玄武岩组中段（$P_2\beta^{2-3}$）和上段（$P_2\beta^3$），并有正长斑岩（$\xi\pi$）沿构造带或顺层面侵入，与围岩（玄武岩）呈熔融接触。

6.2.1.3 地质构造

坝址区位于滴水向斜北西翼，区内构造以宽缓褶皱为主体，无区域性断裂及活动性断裂分布。总体上地层褶皱平缓，岩层产状N10°～60°E，SE∠8°～30°。主要断裂构造为小规模断层、各“岩流层”之间的层间错动带、挤压破碎带、各“岩流层”内部的层内错动带及构造节理等。坝址区岩体结构面主要分为Ⅱ级、Ⅲ级、Ⅳ级、Ⅴ级四个级别。Ⅱ级和Ⅲ级结构面主要为层间错动带、小断层及挤压带，坝基河床坝段建基面未出露Ⅱ级和Ⅲ级结构面；Ⅳ级结构面主要为卸荷裂隙及挤压破碎带，河床坝段发育9条；Ⅴ级结构面在岩体中大量发育、连续性差、随机展布延伸短，间距小。按走向及其发育程度可分为三组：第一组，主要走向为N50°～60°W；第二组，走向为近N30°E；第三组，走向为NWW—近EW。主要为陡倾裂隙，倾角大于60°的裂隙占70%以上；倾角小于30°的裂隙不甚发育，所占比例为10%～15%。坝址场地地震基本烈度为Ⅷ度。

6.2.1.4 风化卸荷特征

（1）风化特征。坝址区强风化岩体主要分布在右岸，其余地段基本上是弱风化和微风化，岩体风化特征如下：

1）强风化：呈碎裂—散体结构，长石类矿物已风化呈高岭土化，裂面铁锰质渲染严重，岩质疏松易碎，锤击声哑（v_P＜3000m/s），岸坡强风化水平深度左岸一般为0～11m，右岸一般为5～44m，坝基范围主要分布于右岸台地一带。

2）弱风化上段：岩体呈碎裂至镶嵌结构，完整性较差，裂隙大部分微张—张开，裂面普遍严重锈染，基性斜长石斑晶部分高岭石化，角砾熔岩表面局部呈黄褐色黏土化，对应的回弹值R_a＝40～45，v_P＝3800～4200m/s。弱风化上段水平深度一般为20～40m。

3）弱风化下段：岩体以次块状结构为主，少部分为紧密镶嵌结构，完整性较好，岩石表面仅部分有退色现象，裂隙闭合，长大裂隙面普遍见轻度锈染，隙壁风化较弱。长石斑晶轻度退光、退色，洞壁偶见滴水，对应的回弹值R_a＝45～50，v_P＝4200～5000m/s，弱风化下段水平深度一般为40～60m。

4）微风化至新鲜岩体：块状结构为主，部分为整体状结构，极少部分镶嵌结构，岩体完整性好，结合紧密。岩体除极个别裂面有轻微锈染外，基本保持新鲜光泽。对应回弹值R_a＝50～60，v_P＝5000～5500m/s。微新岩体水平深度一般大于70m。

5）正长斑岩地段钻孔揭露的岩体相对玄武岩风化较强烈，风化界线在正长斑岩处多呈现为凹槽形态。

（2）卸荷特征。岩体的卸荷主要表现为张开裂隙数量的增多，以及岩体结构的松弛等，按照各平洞揭露情况，龙开口水电站坝址区岩体卸荷特征如下：

1）坝区岩体卸荷总体上表现为随高程增加，卸荷深度加深，符合深切河谷的发育演化历史。

2）坝区左右岸坝顶以上边坡岩体卸荷程度不一致。左岸坝顶以下强卸荷带（v_P＜3000m/s）深度6.5～10m。坝顶以上深度一般为6.5～33m；右岸坝顶以下岩体卸荷较弱，无强卸荷带；右坝顶以上由于受变形体影响卸荷较深，强卸荷最深达122.8m。

3）弱卸荷发育深度大多局限于弱上风化带内，部分至弱下风化带。在河床深切沟底部及两侧陡壁开挖后局部可能会出现缓倾裂隙卸荷回弹现象。

6.2.1.5 水文地质条件

（1）第四系孔隙潜水：赋存于第四系坡积、洪积及冲积层中，以大气降水和远山基岩裂隙水补给为主，向金沙江和附近冲沟排泄。坝区出露的第四纪季节泉水，分布高程为1240.00～1250.00m。一般水量较小，大多在枯水期消失。

（2）基岩裂隙水：主要分布于强、弱风化岩体及构造破碎带、节理密集带中，以大气降水和上部第四系孔隙潜水补给为主，向金沙江和附近冲沟排泄。玄武岩中有多层凝灰岩相对隔水层分布，沿凝灰岩顶面有泉水出露。地下水埋深与地形坡度有关，一般陡立岸坡段埋深大于缓坡地段，其中上坝址右岸和中、下坝址左岸均比对岸埋深大。

（3）承压水：前期勘察发现，在部分地段见层间弱承压水，如坝址上坝线临河右岸ZK18、左岸ZK59等，刚打到时承压水流量为1.5～1.8L/min，1～5天后消失。施工开挖未揭露到承压水。

（4）岩体渗透性：岩体渗透性以$q \leqslant 1$Lu为相对隔水层。坝基岩体透水性总体较差，以微透水性（0.1Lu$\leqslant q<$1Lu）为主，弱透水性（1Lu$\leqslant q<$10Lu）次之。坝基岩体受地形、地质构造、岩性及岩体风化程度之影响，随着风化程度加剧，构造发育，透水性增强；透水性具明显的垂直分带性，表层岩体透水性大于深处岩层。

6.2.2 坝基建基面岩体质量

坝基岩体弱风化上部玄武岩纵波波速v_P＝2400～3500m/s；弱风化下部玄武岩v_P＝3500～4300m/s；微风化玄武岩v_P＝4300～4800m/s；新鲜玄武岩$v_P>$5000m/s。据岩石试验可知，弱风化致密块状玄武岩饱和抗压强度平均值为203.0MPa，微风化—新鲜岩石为262.1MPa，属坚硬岩；杏仁玄武岩弱风化饱和抗压强度平均值为152.5MPa，微风化—新鲜岩石为209.2MPa，属坚硬岩；凝灰岩饱和抗压强度平均值为27.8MPa，属软岩。

通对坝基各级岩体分布特征分析，除两岸坝头部分坝段可利用Ⅲ$_2$类或部分利用Ⅳ类岩体之外，其他坝段基本置于Ⅲ$_1$类岩体上，17～18号坝段Ⅲ$_1$类岩体埋深较大，下部微风化Ⅲ$_2$类岩体中缓倾角节理较发育，面附钙质、少量铁锰质，此坝段利用Ⅲ$_2$类岩体作为坝基，但需加强固结灌浆处理。大坝共分为33个坝段，其中1～8号坝段为左岸挡水坝段，9～13号坝段为溢流坝段，14～18号坝段为引水进水坝段，19号坝段为冲沙底孔坝段，20～33号坝段为右岸挡水坝段。坝基开挖深度及建基面岩体质量见表6.2-1。

表6.2-1　　坝基开挖深度及建基面岩体质量一览表

坝段编号	1～2	3～7	8～10	11～22	23～25	26～30	31～33
开挖深度/m	12～28	15～26	8～70	10～60	60～76	38～58	44～5
坝基岩体类别	Ⅲ$_2$，局部Ⅳ	Ⅲ$_1$	Ⅲ$_1$	Ⅲ$_1$，局部Ⅱ	Ⅲ$_2$	Ⅲ$_2$	Ⅲ$_2$
坝高/m	5～50	52～66	80～100	90～112	100～114	42～88	10～42
变形模量E_0建议值/GPa	4～6	10～11	11～12	(11)～(14)坝段：16～18 (15)～(16)坝段：11～12 (17)～(19)坝段：6～8 (20)～(22)坝段：10～12	5～6	6～8	5～6
混凝土/岩体抗剪断强度建议值	f'＝1.0，c'＝0.9MPa	f'＝1.15，c'＝1.1MPa	f'＝1.15，c'＝1.1MPa	(11)～(14)坝段：f'＝1.2，c'＝1.2MPa (15)～(16)坝段：f'＝1.15，c'＝1.1MPa (17)～(19)坝段：f'＝1.0，c'＝0.9MPa (20)～(22)坝段：f'＝1.15，c'＝1.1MPa	f'＝1.0，c'＝0.9MPa	f'＝1.0，c'＝0.9MPa	f'＝1.0，c'＝0.9MPa

续表

坝段编号	1~2	3~7	8~10	11~22	23~25	26~30	31~33
坝段主要工程地质条件	覆盖层5~14m，岩体弱风化，弱卸荷，并有凝灰岩夹层分布。开挖后坝基岩体为$Ⅲ_2$类，局部为Ⅳ类	除3号、4号坝段有少量崩坡积层分布，多基岩裸露，地形平缓，岩体完整性较好，开挖后坝基岩体为$Ⅲ_1$类	岩体为弱卸荷带，风化明显加深，并有顺层挤压带J_{34}通过。弱风化岩体较浅部位挖除，开挖后坝基岩体为$Ⅲ_1$类	为河床至右岸近江台地坝段，其中11~13号坝段无覆盖层分布，14~22号坝段覆盖层厚10~40m，坝段弱风化岩体及18坝段微风化岩体节理较发育，为$Ⅲ_2$类岩体，建议挖除，开挖后坝基岩体为$Ⅲ_1$类为主，12号坝段局部为Ⅱ类岩体	覆盖层24~40m，有正长斑岩侵入，并有挤压破碎带J_{47}通过，岩体破碎，*RQD*为2%，进行槽挖回填处理	覆盖层厚14~24m，弱风化*RQD*<40%，坝基以$Ⅲ_2$类岩体为主，其中27~29号坝段有破碎的正长斑岩侵入，进行槽挖处理	覆盖层厚20~28m，有凝灰岩夹层分布，强风化及弱风化上段多为Ⅳ类岩体，分布厚度较小，予以挖除，坝基开挖后为$Ⅲ_2$类岩体

6.2.3 可利用建基面选择标准

根据《混凝土重力坝设计规范》(DL 5108)要求，坝高超过100m时，坝基可建在新鲜、微风化或弱风化下部基岩上；坝高100~50m时，可建在微风化至弱风化中部基岩上；坝高小于50m时，可建在弱风化中部—上部基岩上。

坝基主要为$P_2\beta^{2-3}$玄武岩，岩石坚硬。$Ⅲ_2$类岩体主要受风化的影响，岩体结构不均一，但岩块嵌合较紧密，岩体纵波速度为3200~3500m/s，*RQD*为40%~50%，变形模量为6~8GPa。Ⅳ类岩体中的玄武岩受风化卸荷的影响，岩块嵌合松弛，裂隙面张开，岩体纵波速度为2400~3200m/s，*RQD*为25%~40%，变形模量为3~4GPa。据水利水电工程地质手册及有关固结灌浆试验，纵波速度在2500~3500m/s之间，变形模量大于5GPa的岩体固结灌浆效果好，而低于这两项指标的岩体固结灌浆效果差。因此初步分析认为$Ⅲ_2$玄武岩加固处理后岩体质量是可以得到改善，可根据其在坝基中的分布位置、岩体波速、*RQD*等确定其可用性。

坝基Ⅱ~$Ⅲ_2$类岩体呈层状分布于整个坝基，其中Ⅱ类岩体左岸埋深21~80m，河床段埋深约10m，右岸埋深12.4~100m；$Ⅲ_1$类左岸埋深12~64m，右岸埋深12.4~70m，23号、24号坝段挤压带J_{47}部位埋深达100m左右；$Ⅲ_2$类左岸埋深6~37m，右岸埋深7~52m；Ⅳ类岩体不连续地分布于两岸坝肩附近，厚度较薄；Ⅴ类岩体分布于右坝肩局部及左坝肩边坡陡崖上部。

坝基中Ⅱ类岩体为$P_2\beta^{2-3}$玄武岩，以微风化为主，无层间错动带或Ⅱ级结构面分布，变形模量13~18GPa，属刚固地基，能够满足不同坝高对地基的要求，但除河谷段埋深较小外，其他地段均埋深较大，利用其作为坝基开挖量大；$Ⅲ_1$类岩体亦为$P_2\beta^2$玄武岩，以弱风化下段岩体为主，变形模量8~12GPa，也属刚固地基，从坝址竖井揭示的情况看，岩体较为完整，Ⅲ类岩体层间错动带结构面不发育，局部发育的Ⅲ类岩体陡倾角断层等地质缺陷，宽度较小，对坝基稳定不会造成较大影响。建议大于100m坝高的坝段，利用$Ⅲ_1$类岩体下部或Ⅱ类岩体上部作为建基面，100~50m坝高的坝段利用$Ⅲ_1$类岩体上部作为建基面。

$Ⅲ_2$类岩体为$P_2\beta^{2-3}$玄武岩，以弱风化上段岩体为主，岩体完整性较差，节理较发育，变形模量 6～8GPa，属较刚固地基。竖井揭示有Ⅲ级层内错动带结构面分布，对局部坝段的抗滑稳定有一定影响，初步分析认为通过固结灌浆或高压固结灌浆其质量可以得到提高，因此小于 50m 坝高的坝段可置于$Ⅲ_2$类岩体之上。

Ⅳ类岩体为强卸荷强风化 $P_2\beta^{2-3}$ 玄武岩和 T_0 凝灰岩夹层岩体，变形模量 3～5GPa，属较软弱地基，岩体破碎，工程性能差，且凝灰岩夹层中还分布有层间错动带等Ⅱ类结构面，对坝基稳定影响较大，原则上不作为坝基利用岩体，两坝肩的Ⅳ类玄武岩体经过加固处理后，视处理效果部分可作为坝头岩体利用。Ⅴ类岩体为强风化强卸荷岩体，岩体松弛，变形模量小于 1GPa，属极软弱地基，不能作为坝基利用岩体。

6.2.4　坝基地质缺陷的处理

坝基的主要地质缺陷为凝灰岩夹层、断层破碎带、层间错动带、层内错动、节理密集带、挤压破碎带和正长斑岩破碎岩体以及局部结构面组合的不利坝基稳定的块体。

（1）坝基出露的断层破碎带、层间错动带、层内错动、挤压破碎带等均属Ⅲ、Ⅳ级结构面，宽度较小，因此对挤压破碎带 J_{34}、J_{47} 以及坝基开挖发现的存在低强度物质的破碎带进行槽挖，开深一定深度后用混凝土进行置换处理，并进行补强灌浆和加强防渗处理。

（2）坝基凝灰岩夹层 t_0 主要分布于左岸 1～3 号坝段和右岸 31～33 号坝段，凝灰岩夹层属Ⅳ类岩体，层间错动带等Ⅱ级结构面发育，由于其呈带状缓倾向岸坡内，因此对埋藏较浅的凝灰岩夹层及层间错动带应予挖除，对埋深较大的坝段可沿其条带做相应的混凝土塞。

（3）坝基正长斑岩主要分布于右岸 23～24 号和 27～28 号坝段，应根据正长斑岩风化及岩体完整程度分别对待，如风化强烈岩体破碎，块体咬合差的应进行适当加深开挖处理，对相对完整，块体较大的应加强灌浆处理。

（4）节理密集带主要分布于 J_{47} 两侧，主要坝段为 23～25 号坝段，在对 J_{47} 挤压破碎带槽挖的基础上，考虑适当扩大开挖范围，并加强灌浆处理。

6.3　龙开口水电站坝基深槽工程地质特性

6.3.1　坝基深槽补充地质勘察

在可研阶段坝址区进行了大量的现场勘测工作，河中部位沿金沙江主河床（10～12 号坝段范围）在坝轴线和下游坝趾方向布置有 4 个钻孔，钻孔间距按规范为 30～40m，呈梅花形布置。根据钻孔揭露河床覆盖层厚 1.50～2.10m，确定设计建基面高程 1184.00m。2010 年 10 月下旬，在 1200.00m 高程平台对河床覆盖层厚度开展确认工作中，钻探发现 11 号坝段存在深槽（图 6.3－1、图 6.3－2），覆盖层厚度超过 20m，深于原可研 1184.00m 的建基面高程，超出设计预期。

发现河中存在深槽后，华东院迅速启动针对深槽的勘测设计和研究工作，进行了详细的地质补充勘察工作，工作内容包括以下几方面：

图 6.3-1 11号坝段深槽（面向上游）

图 6.3-2 11号坝段深槽（面向下游）

（1）在坝轴线以上10m到坝下120m深槽范围内纵向布置勘探剖面一条，间距约15m布置一个钻孔，查明覆盖层厚度，组成物特征，其下基岩风化破碎特征、构造发育特征及声波值等。钻孔深入基岩15～25m。

（2）根据现场施工条件，在横河方向可研阶段已实施的一对斜孔（ZK137、ZK182）上下游各布置一对斜孔，控制沿河槽上下游断层构造发育情况，岩体风化破碎程度及声波值，并对孔壁进行孔内电视录像。

（3）沿横河向（上下游方向剖面间距15m）布置9对钻孔CT地震波测试剖面，查明河槽基岩面形态，覆盖层厚度及基岩波速特征。

（4）进行钻孔基岩透水率试验和超声波测试。

为尽可能查明11号坝基深槽覆盖层厚度及槽底部，尤其是两侧槽壁形态，根据坝基深槽出露特点，采取了潜孔钻探配合常规地质钻、物探地震波CT探测等综合勘探手段，开展深槽勘探工作。完成的外业勘探工作量包括21个地质钻孔深度814.96m（含7个CT孔）、CT地震波探测剖面9条孔深1084.28m，液压钻探测槽壁倒悬孔深438.00m，冲击钻预打卵砾石层孔深64.60m。

6.3.2 深槽基本工程地质条件

6.3.2.1 深槽形态

深槽总体上呈由北向南流向，主要位于11号坝段左半部，至坝下0+070左右渐转至12号坝段。原水下地形显示河槽位于11号坝段左侧（图6.3-3）。据已开挖揭露的原始槽壁岩面及钻探和物探成果，深槽总体上顺河向穿越泄洪坝段基础，上游窄、下游宽；深槽底部高程为1162.00～1174.00m，呈上游低、下游高和波浪起伏状，较原建基面低在20～30m之间。深槽及其两侧岩壁陡立，形态复杂，延展起伏，既有竖向侵蚀发育的槽穴，也有侧向侵蚀

图 6.3-3 11号坝基深槽形态

的倒悬状洞穴槽穴。槽穴大小不一、形态各异，其中槽壁以似桶状为主，倒悬扁形洞穴槽穴次之，以高程1197.00m平台边线为基线，上部已揭露可见深度一般为0.5～2m，勘探水平深度在5m以内发育，局部最大深度（水平侧蚀）达6.50m。

据钻探和物探成果分析，现深槽覆盖层以高程1197.00m平台起算，其厚度为22～36m，相应基岩面高程在1161.00～1175.00m之间。总体上看，从上游至下游基岩面埋深趋浅、覆盖层厚度趋薄变化（图6.3-4）。

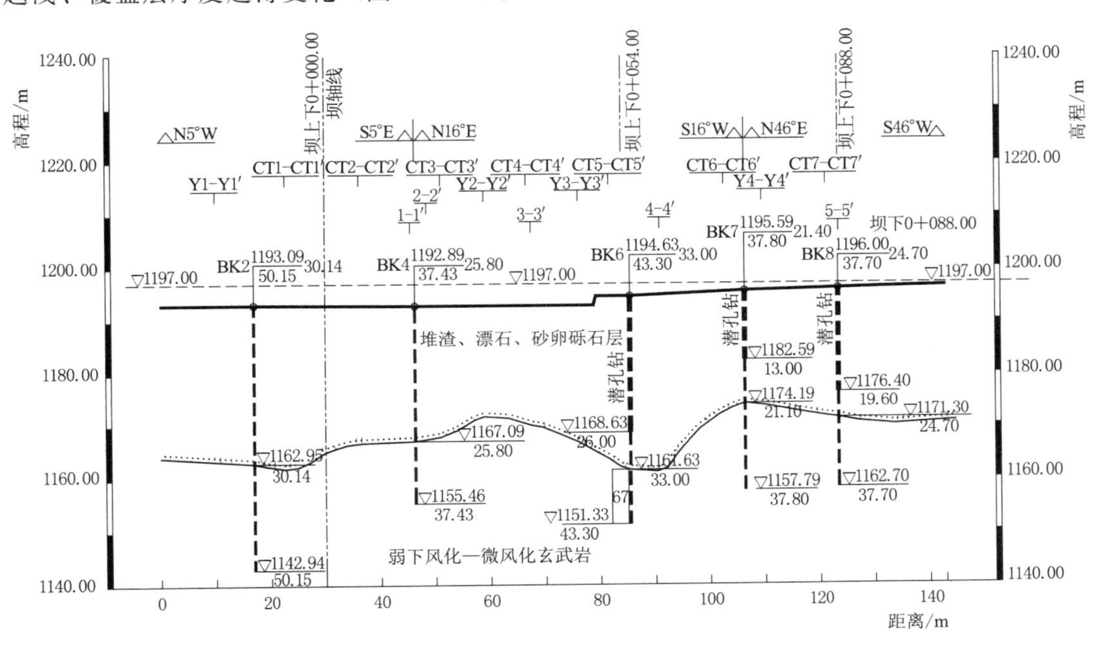

图6.3-4 坝基深槽从上游至下游覆盖层厚度变化情况

6.3.2.2 深槽岩性

据钻孔资料和现场观察，结合可研钻阶段钻探资料，深槽覆盖层由两部分组成，上部为上游围堰截流合龙的大块石和坝基开挖堆渣，块石及堆渣为弱风化—微风化状玄武岩，块径一般为0.10～0.50m，大块石径达1～2m，厚度5～10m，存在架空现象；下部为冲积的砂卵砾石夹漂石，厚度17～26m；卵砾石和漂石成分主要为块状玄武岩，卵砾石呈次磨圆状，砾径1～15cm，漂石直径一般在0.50～2.50m之间，最大如BK2孔揭露达7m（疑为两个漂石重叠），卵砾和漂石占85%左右，其余为砂，结构中密；强透水性。

综合钻孔和地震波CT探测剖面资料，深槽覆盖层以高程1197.00m平台起算，其厚度为22～36m，相应基岩面高程在1161.00～1175.00m之间。

两侧基岩为深灰、灰绿色块状玄武岩，局部含少量杏仁状玄武岩，岩块致密坚硬，为弱透水性和微透水性。

6.3.2.3 深槽地质构造

深槽两侧已开挖坝基地质素描资料，以及深槽两侧斜孔ZK137、ZK182、BK16～

BK19 和深槽垂直孔 BK2、BK4、BK6～BK8 等钻探资料表明，深槽地质构造发育特征与可研阶段地质构造评价相符，既无顺河向的较大断层发育，也未发现Ⅱ级及以上不利结构面。f_{12-1} 产状 N35°W ，SW∠85°，自 12 号坝段左侧经 11 号坝段斜穿到 10 号坝段右下角，由片状岩、碎裂岩、岩屑及少量钙质组成，宽 1～5cm，两侧影响带宽 10～15cm，节理发育一般，多为硬性结构面，部分节理见钙质充填或铁锰质渲染，产状以顺河向陡倾角为主（深槽两侧卸荷循此裂隙发育），横河向陡倾角节理次之；缓倾角节理沿深槽两侧壁有较多的呈卸荷性发育，但连续性差，一般在长 5～10m 以内，且产状起伏弯曲；中倾角结构面总体不发育，且随机分布，从现场看，在坝段中部深槽两侧见有内倾 35°～40°闭合状节理，下游段右侧见有外倾偏下游倾角 35°裂隙。

6.3.2.4 深槽岩体卸荷及风化特征

受河床快速下蚀深切的影响，深槽两侧存在沿近南北向节理卸荷现象，卸荷张开宽度 0.5～1cm，受爆破开挖影响，局部最大张开宽度达成 5～15cm。水平卸荷带宽度 5～12m。深槽两侧高程 1197.00m 平台受爆震影响，沿垂直卸荷裂隙和水平卸荷回弹裂隙向深槽位移的块体，其垂直张开影响深度估计一般在 10m 左右。槽壁上部存在不连续和弯曲的缓倾角卸荷回弹节理。深槽底部及侧壁岩体以微风化为主，浅表部分为弱下风化。

6.3.2.5 深槽坝段岩体类别及岩（土）体力学参数

深槽坝段岩体为弱下风化—微风化块状玄武岩夹杏仁状玄武岩，岩石致密坚硬，坝基岩体属Ⅲ$_1$～Ⅱ类。如采取先施工承载板后洞挖方案，承载板底基础高程 1187.00m 岩体以微风化为主，岩体类别属Ⅲ$_1$～Ⅱ类。根据可研资料和开挖后坝基地质素描、钻探及声波测试成果，综合分析及类比后，提出各岩、土层主要物理力学参数，见表 6.3-1。

表 6.3-1　　11 号坝段深槽坝段岩（土）体物理力学参数建议值

岩(土)体名称	天然密度 ρ /(g/cm^3)	饱和密度 ρ /(g/cm^3)	孔隙率 /%	承载力特征值 f_{ak} /kPa	混凝土/岩体抗剪断强度		岩体/岩体抗剪断强度		变形模量 /GPa	弹性模量 /GPa	泊桑比	渗透系数 K	备注
					f'	c'/MPa	f'	c'/MPa				10^{-2}cm/s	
人工堆渣	2.0～2.1	2.1～2.2	43	150～200	0.5～0.6	0			0.025～0.03			5～100	局部有架空
含漂石砂卵砾石层	2.1～2.3	2.2～2.4	41	350～450	0.5～0.6	0			0.035～0.04			5～100	局部有架空
弱下—微风化玄武岩	2.7～2.8	2.7～2.8		Ⅲ$_1$ 类 8000～1000 Ⅱ类 1000～15000	1.0～1.15	1.0～1.15	1.05～1.20	1.05～1.150	12.0～15.0	25.0～30.0	0.25～0.27	0.01～0.0005	微弱卸荷

6.3.2.6 深槽侧壁稳定性分析

（1）深槽右岸除上游侧 CT1-3、YK11、下游 CT7-3 在 4.50～6.50m 范围揭露发育槽壁倒悬外，其余地段在距槽壁边线5m以外无洞穴倒悬现象；深槽左岸从中至下游段斜孔BK16-1和斜孔BK18-1在距边壁1.80～4.30m范围揭露到槽壁倒悬洞穴，上游侧距槽壁边线5m以外无倒悬洞穴发育。须注意洞穴较深段倒悬岩体在上部加载情况下的稳定性。

（2）中倾角结构面总体不发育，且随机分布，但存在一定范围的卸荷裂隙，从现场看，在坝段中部深槽两侧见有内倾35°～40°闭合状节理，下游段右侧见有外倾偏下游倾角35°裂隙。自然状态下，深槽两侧壁总体稳定，开挖过程需注意局部外倾向性中倾角结构面的不利组合，在开挖震动和上部加载情况下，对槽壁稳定性的影响。

（3）采取先施工承载板后洞挖深槽覆盖层方案，经综合岩石强度、岩体完整性、结构面性状、岩体卸荷特征、地下水状态等因素分析，洞壁（即深槽两壁）围岩属Ⅲ类为主，由于存在陡倾角的卸荷裂隙，需采取分层开挖、分层系统锚固支护处理。

6.3.3 深槽成因分析

由前期勘探成果可知，坝址区右岸埋藏有古河河床，现今主河床分布于左岸一侧。从坝址区施工前地形地貌看，坝址处主河床附近有基岩出露，而且基岩顶面高程较上下游一般地形要高，在此处形成岛状，河流右岸两个山包高程1225.00m、1232.00m，左岸坡顶ZK77孔高程1259.54m。可推测，在河流改道之前，这一片基岩是连接在一起的。坝址区埋藏河道与现今河道三维图见图6.3-5。

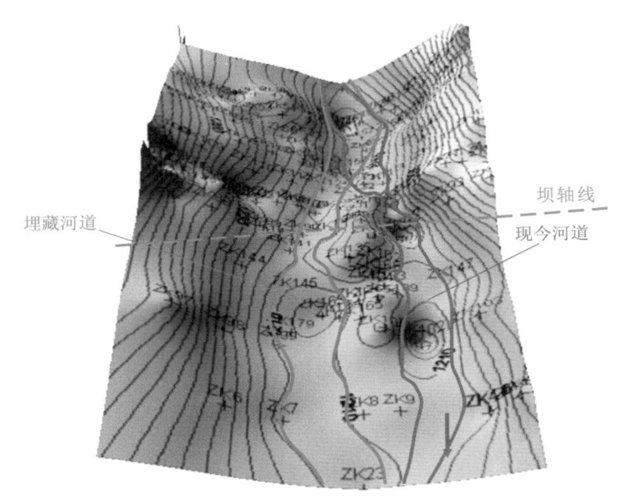

图6.3-5 坝址区埋藏河道与现今河道三维图

通过分析，坝址下游金沙江曾经发生堵江，在坝址区附近形成堰塞湖，破堰后原河床改道至左岸附近。由于该部位基岩突出，且下游为一斜坡，改道后的江水顺道斜坡急流而下，冲刷下游河床，随着下游河床的淘深，形成类似瀑布水流，从下游向上游溯源并形成深槽。现场开挖已揭露，深槽基岩面自坝上0+157.50处开始上斜，至坝下0+230.20处基本上与下游正常河床基岩面相接，因此从围堰脚起算，已经查明深槽长度240m左右，与左岸斜坡长度基本相近。深槽内的凿槽、半圆洞穴、桶形坑是由于槽内水流回旋淘刷形成。

综合分析认为，坝基深槽成因，为地壳垂直差异运动，先快速抬升，后受河水改道影响，河床束窄、河水沿顺河向陡倾节理和裂隙（或节理密集带等）下蚀作用剧烈，并于河道相对下降时期接受部分沉积的结果。

6.3.4 深槽坝段补充勘察工程地质评价

（1）深槽无顺河向Ⅱ级及以上断层等结构面发育。岩体呈弱下风化—微风化，未卸荷岩体总体属$Ⅲ_1$类以上，与可研成果的地质评价相同。

（2）根据地震波CT探测成果，11号坝段范围内，深槽最深处从上游的偏右岸转到偏左岸，然后从坝下0+036左右起基本上趋向沿深槽中部延伸。深槽形态呈不对称V形或U形，岩壁局部存在倒悬现象。在坝上0+010～坝下0+087范围内，深槽底部基岩面总体上呈上游低下游高，基岩面低点高程范围为1162.00～1172.00m，高差约10m；其中CT1（坝上0+007.50）剖面最低，基岩面低点高程为1162.00m；CT6（坝下0+072.00）剖面最高，基岩面低点高程为1172.00m。深槽底部基岩地震波速度大多在5500m/s左右，达到或接近新鲜完整岩体的波速，未发现深槽底部有较宽的低波速带或较大规模的断层破碎带。

（3）综合常规地质钻孔及其他勘探成果，坝基范围深槽宽度上游最窄6.50m，下游最宽约22m；覆盖层厚度从高程1197.00m起算厚22～36m，相应基岩面高程在1161.00～1175.00m；总体上看，从上游至下游基岩面埋深趋浅、覆盖层厚度呈趋薄变化。深槽侧壁基岩形态复杂，起伏较大，存在倒悬现象，上部已揭露可见深度一般在0.5～2m不等，勘探显示水平深度在5m以内发育，局部最大深度（水平侧蚀）达6.50m，垂直方向最大深度达25m。考虑洞挖时，洞壁（即深槽两壁）围岩属Ⅲ类为主，但由于存在陡倾的卸荷裂隙，需采取分层开挖、分层系统锚固支护处理。上游防渗体系需注意做好底部及两侧与基岩接头的处理。

（4）承载板开挖垂直深度从高程1197.00m平台起算，受爆破影响深度应按10m左右考虑；两侧开挖宽度需按清除强弱卸荷带为标准。承载板底基础高程为1187.00m时，未卸荷岩体以微风化为主，岩体类别属$Ⅲ_1$～Ⅱ类。

6.3.5 深槽处理实施阶段工程地质评价

深槽承载板高程1185.00m以下开挖，主要是对槽内覆盖层进行洞挖。开挖自上而下分层进行，开挖一层随即支护一层（支护到高程1172.00m），并实施开挖全过程安全监测。开挖过程中，对两侧壁局部卸荷及倒悬强烈的岩体、部分不利组合块体及凸向槽内影响施工的岩体进行了挖除，对部分存在不利组合的块体采取了加强支护处理。因上游防渗支挡体系不能按设计要求如期完工，为确保深槽处理进度满足2012年防洪度汛要求，对原上游防渗支挡结构进行了变更，在下游防渗墙完成后对覆盖层逐层进行开挖和逐层支撑，支撑结构从高程1184.00～1180.00m、高程1180.00～1176.00m、高程1176.00～1172.00m、高程1172.00～1168.00m分为四层。

6.3.5.1 深槽形态特征

深槽开挖后的形态与技施补充勘察预测的形态基本吻合，走向总体上由北向南，呈长条形，承载板下槽底从坝轴线附近—坝下0+050呈近南北走向，然后逐渐转为南偏西走向（见图6.3-6），局部地方如坝下0+015～0+060右壁的形态起伏较预计要强烈（见图6.3-7）。深槽主要位于11号坝段，坝下0+013～0+050部分位于10号坝段，坝下0+082～0+100部分位于12号坝段。

据开挖揭露的原始槽壁岩面可知，深槽形态复杂，立面形态总体呈U形和V形。槽壁高程1180.00m以上变缓，主要是承载板两端支承平台需要，挖除部分表层岩体的原因（见图6.3-8）。在深槽发育段内，形态延展起伏，既有竖向侵蚀发育的半桶状槽穴，

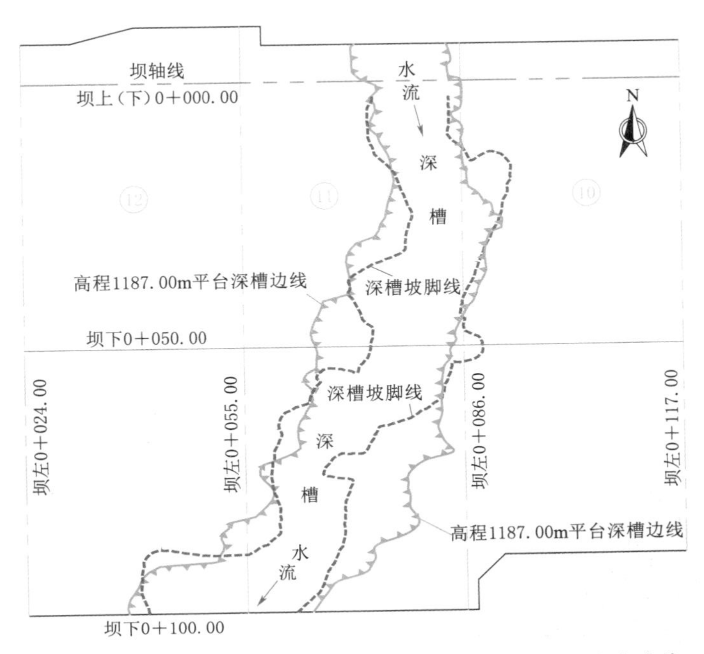

图 6.3-6 深槽高程 1187.00m 平台深槽边线及深槽底脚边线

也有侧向侵蚀的倒悬状槽穴，两侧壁形态不对称。槽穴大小不一、形态各异。高程 1185.00m 下部可见倒悬岩体，其侧向深度一般为 1.0～4.0m，最大达 7.2m；垂直倒悬高度一般为 6.0～12.0m，最大达 18.4m。深槽底部凹凸不平，发育大小不一的冲刷坑，基岩面由上游到下游呈波状抬升，起伏大，最低高程约 1162.00m，位于坝上 0+007 和坝下 0+058 处。深槽宽度以高程 1168m 处计，宽度一般为 10m 左右，局部受倒悬影响为 15m 左右，最宽在坝下 0+092 前后，宽度达 25m。根据现场开挖揭露的地形地质条件看，深槽岩体中无近顺河向断层、软弱层及节理密集带，与前期判断一致。

图 6.3-7 深槽坝轴线—坝下 0+065 形态（面向上游望）

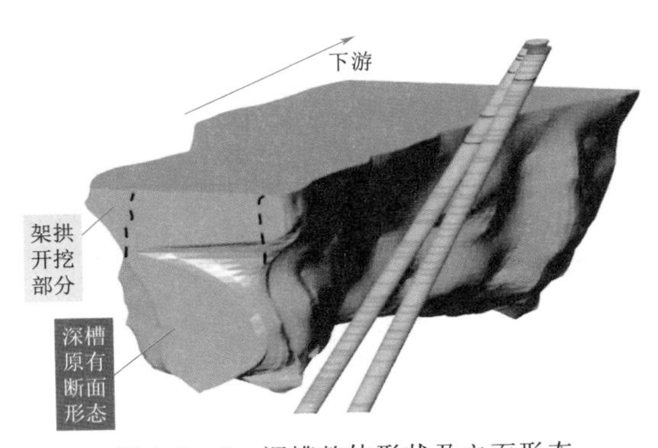

图 6.3-8 深槽整体形状及立面形态

6.3.5.2 深槽岩性

据钻孔资料和现场开挖揭露，深槽坝上 0＋007～坝下 0＋003、高程 1168.00m 以下覆盖层为冲积含漂石砂卵砾石层（图 6.3－9），漂石、卵砾石成分主要为弱风化玄武岩，漂石粒径 20～40cm 为主，含量约 20％，卵石粒径一般 5～15cm，卵砾石含量 50％～60％，漂卵砾石磨圆度好，结构密实，粗砂及少量泥质充填，无架空现象。深槽覆盖层以高程 1168.00m 起算，其厚度为 2.5～5.5m，相应基岩面高程在 1162.50～1165.50m 之间。深槽开挖后，揭露基岩岩性主要为灰、灰绿、暗紫红色块状玄武岩（图 6.3－10），局部杏仁状玄武岩，岩石致密坚硬，属弱透水性和微透水性。

图 6.3－9 深槽高程 1168.00m 以下含漂石砂卵砾石层

图 6.3－10 坝轴线—坝下 0＋090 形态（面向上游）

6.3.5.3 岩体结构特征

（1）结构面发育特征：现场对深槽结构面进行了测量和调查，结构面发育基本上为硬性结构面，弱面仅在深槽的中部偏下游位置仅发育一条陡倾角小断层（Ⅳ级结构面）f_{12-1}，产状 N35°W，SW∠85°，斜穿深槽两侧，由片状岩、碎裂岩、岩屑组成，宽 1～5cm，高程 1167.00m 以下渐变为长大节理。深槽结构面发育主要以中陡倾硬性结构面为主，迹长主要分布在 1～3m 范围内，深槽两侧壁倾向深槽内的倾角稍大的缓倾结构面较少，多为平缓状。

（2）岩体结构类型：对深槽开挖揭露的基岩现场观察及统计资料表明；深槽两壁的上部岩体结构类型以镶嵌结构为主，两壁的中下部及底部以次块状结构为主，局部镶嵌结构（图 6.3－11～图 6.3－13）。在深槽形成过程中，深槽两侧陡壁卸荷回弹，深槽两侧陡壁上部结构面发育，两侧中部及底部结构面发育相对较少，岩体完整程度较好。

6.3.5.4 水文地质条件

深槽承载板以下出露的岩体为弱下风化—微风化玄武岩，岩质坚硬，岩体以次块状和镶嵌结构为主，部分为块状结构。未见长大透水性结构面，节理主要发育两组，分别为 N60°～70°W，NE∠85°～90°（近顺河向）和 EW，N∠80°～85°，节理断续延伸较长，面多附钙质，局部受爆破影响微张。在深槽狭窄和倒悬剧烈的地方，岩体表部可见节理裂隙张开和卸荷现象，往深部在3m以下基本无卸荷影响，因此岩体总体透水性较弱。深槽开挖过程中，两侧壁少数中缓倾角裂隙或沿锚筋桩（锚索、锚杆）孔出现流水或渗水现象，其中左侧壁渗水部位多于右侧壁。

图 6.3-11 深槽右侧岩体结构类型

图 6.3-12 深槽左侧岩体结构类型

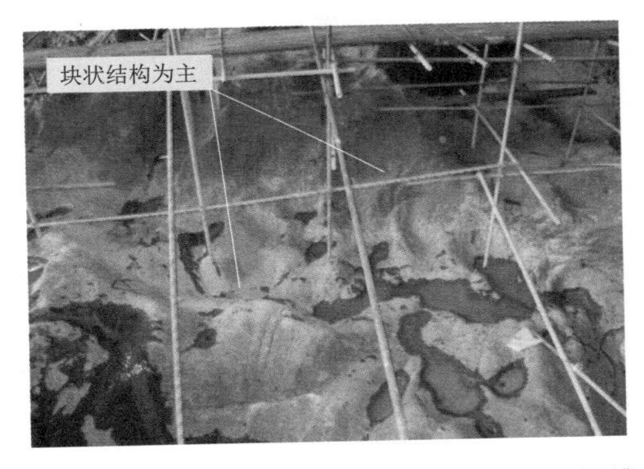

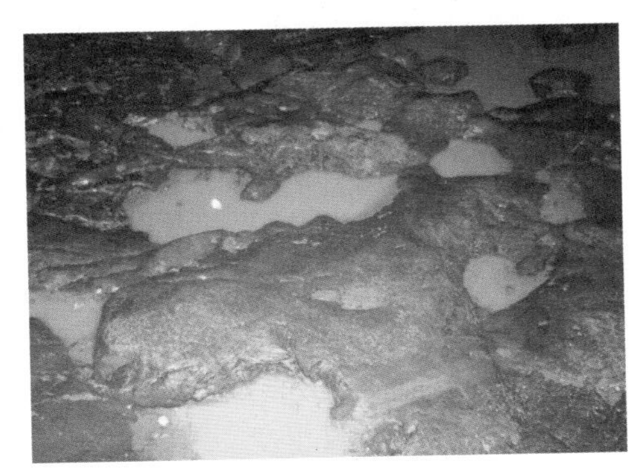

图 6.3-13 深槽底部岩体结构类型

深槽两侧壁高程1177.50～1185.00m，坝上0+007.00～坝下0+100.00段最大渗水点位于右岸坝上0+003.50，高程1181.50m，见图6.3-14和图6.3-15。该点距上游后防渗墙（防渗墙中线）3.40m，距深槽上游集水井最短直线距离为4.00m，上游集水井水

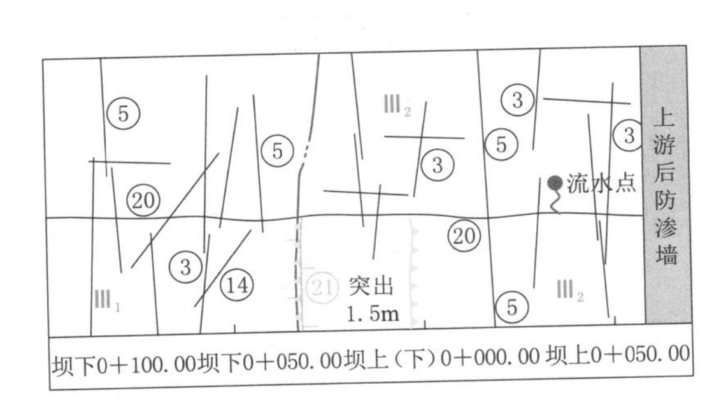

图 6.3-14 深槽右侧壁与防渗墙位置示意图

图 6.3-15 深槽右侧壁坝上0+003.50流水点

位高程约 1189.00m，流水点水头约 8.00m。该流水点部位在开挖过程中及开挖完成后未出现渗水现象，据施工单位反映，流水现象在锚筋桩孔造孔至 4.00m 左右出现，初见出水量 1L/s 左右，稳定后 0.31L/s 左右。深槽右侧壁坝上 0＋005.8、高程 1168.00～1172.00m 上游后防渗墙未镶入基岩，出现卵砾石层渗流现象，水量较大，估计达 3L/s 左右，见图 6.3－16。深槽近上游后防渗墙附近，渗水较多而集中，见图 6.3－17，分析与防渗墙前集水井水头较高（在高程 1190.00m 左右）、深槽狭窄岩壁卸荷，并且受防渗墙施工冲凿致岩壁破裂，从而形成渗水通道等影响有关。

图 6.3－16　上游防渗墙右侧壁流水点

图 6.3－17　深槽上游近后防渗墙左侧壁渗水

6.3.5.5　深槽岩体风化及卸荷特征

槽内两侧陡壁岩体色泽光鲜，结构面无锈染，风化程度以微风化为主，局部弱下风化。深槽狭窄和倒悬的侧壁浅部，多具卸荷现象，开挖暴露时可见节理面铁锰质渲染。

受河床快速下蚀深切影响，沿南北向节理卸荷张开明显，左岸卸荷明显强于右岸。1197.00m 高程卸荷裂隙宽度一般 0.5～3cm，左岸最宽可达 20cm，左岸连通率 75%，右岸为 38%。1187.00m 高程卸荷裂隙宽度一般 0.3～1.5cm，左岸连通率为 44%，右岸为 20%。最终开挖后左岸连通率为 13%，右岸为 5%。

在深槽狭窄和倒悬剧烈部位，岩体表部可见少量节理裂隙张开，水平深度在 3m 以外基本无卸荷影响。

6.3.5.6　深槽岩（土）体质量综合评价

根据深槽承载板下部地质素描资料、前期钻探及声波测试成果，综合评价如下：

（1）深槽坝上 0＋007～坝下 0＋003 段：深槽坝上 0＋007～坝下 0＋003 为支撑梁段（见图 6.3－18），设计开挖高程 1168.00～1185.00m，位于 11 号坝段左侧。高程 1168.00m 以下覆盖层为含漂石砂卵砾石层，根据深槽补充勘察资料，基岩面埋深高程 1162.50m。该段深槽宽度 10.0～14.0m，两侧壁略起伏，均有倒悬现象，槽壁倒悬水平

图 6.3－18　深槽内支撑梁段

深度1.0～3.0m。

高程1168.00m以下覆盖层为含漂石砂卵砾石层，结构密实，无架空现象。高程1168.00～1185.00m深槽岩性为玄武岩，岩石致密坚硬，以微风化为主，部分弱下风化，岩体完整性差—较完整。该段断层及挤压破碎带不发育，地质构造主要发育节理走向N60°～70°W、EW两组陡倾角（Ⅴ级结构面），SN向陡倾角次之，节理延伸长度一般为3～8m，间距15～60cm，局部较发育。长大缓倾角节理发育三条，位于两侧壁高程1174.00m附近，钙质充填及铁锰渲染，其余断续发育，延伸短。两侧壁高程1174.00m以上岩体镶嵌结构为主，以下至高程1168.00m以次块状结构为主，少量镶嵌结构。倒悬岩体未见张开卸荷裂隙，仅右侧壁发育一条SN向微张裂隙，延伸长3m。倒悬内侧坡未构成不利组合块体。

根据现场地质素描资料，对深槽岩体质量类别统计结果为：$Ⅲ_1$类岩体占53.1%，$Ⅲ_2$类岩体占46.9%。$Ⅲ_2$类岩体分布于两侧高程1174.00m以上，以下至1168.00m为$Ⅲ_1$类岩体，见图6.3-19。洞壁$Ⅲ_2$类岩体固结灌浆处理后，可满足设计要求。

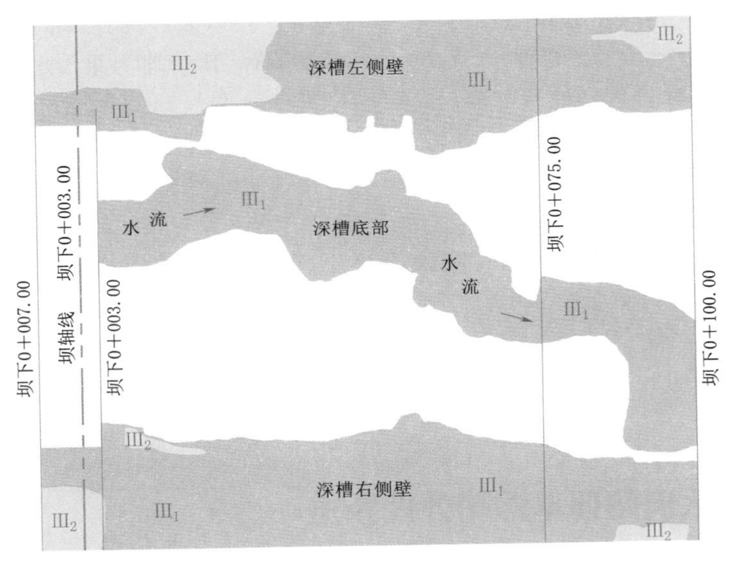

图6.3-19 深槽内岩体类别简图

(2) 深槽坝下0+003～0+075段：深槽坝下0+003～0+075主要位于11号坝段，部分位于10号坝段，深槽底部开挖高程1162.00～1168.00m。上游段深槽最窄，为约11m，最宽位于坝下0+025附近，达25m。深槽两侧及底部基岩面起伏大。

该段玄武岩岩体，岩石致密坚硬，微风化为主，局部弱下风化。该段地质构造主要断层仅发育一条f_{12-1}（Ⅳ级结构面）产状N35°W/SW∠85°，与深槽中角度斜交，高程1167.00m以下渐变为长大节理，断层f_{12-1}与节理未构成不利组合块体。左侧壁坝下0+010～0+030段上部倒悬岩体N30°E、SN向陡倾角节理发育，构成不利组合块体，45°～65°外倾节理在右侧壁坝下0+055～0+065发育，与横河向节理构成不利组合块体。该段岩体以次块状结构为主、少量镶嵌结构。

根据现场地质素描资料，对深槽岩体质量类别统计结果为：$Ⅲ_1$类岩体占89.1%，

III_2类岩体占10.9%。III_2类岩体分布于左侧坝下0+003～坝下0+033、高程1170.00～1185.00m，右侧为坝下0+007～0+020、高程1165.00～1169.00m，其余均为III_1类岩体（见图6.3-19）。洞壁III_2类岩体经固结灌浆处理后，可满足设计要求。

（3）深槽坝下0+075～0+100段：深槽坝下0+075～0+100主要位于11号坝段，部分位于12号坝段，槽壁及底部起伏较大。

该段玄武岩岩体，岩石致密坚硬，微风化为主，局部弱下风化。该段断层及挤压破碎带不发育，地质构造主要发育节理走向N60°～70°W、EW两组陡倾角（Ⅴ级结构面），N30°E陡倾角次之，节理延伸长度一般为3～10m，间距25～80cm，局部较发育。45°～65°外倾节理在左侧壁坝下0+090～0+100、高程1177.50m及右侧壁坝下0+070～0+080、高程1172.00m以上发育，与横河向节理构成不利组合块体。长大中缓倾角节理发育两条，位于右侧壁高程1177.00m以上，钙质充填及铁锰渲染，其余断续发育，延伸短。该段岩体以次块状结构为主、少量镶嵌结构。

根据现场地质素描资料，对深槽岩体质量类别统计结果为：III_1类岩占92.6%，III_2类岩占7.4%。III_2类岩体分布于左侧坝下0+085～0+100、高程1177.00～1185.00m，右侧坝下0+086～0+100、高程1182.00～1185.00m，其余均为III_1类岩体（见图6.3-19）。洞壁III_2类岩体经固结灌浆处理后，可满足设计要求。

深槽内坝上0+007～坝下0+003段高程1168.00m以下至1162.50m为含漂石砂卵砾石层，其他部位均为微风化玄武岩，局部弱下风化，岩石致密坚硬，主要为III_1类，局部III_2类。

（4）根据坝基岩体物理力学指标建议值和开挖后深槽地质素描，综合分析及类比后，提出岩（土）体物理力学参数如下：

含漂石砂卵砾石层：承载力特征值$f_{ak}=350\sim450$kPa，压缩模量$E_s=35\sim40$MPa；岩体变形模量$E_0=11.1\sim12.9$GPa；混凝土/岩体抗剪断强度：$f'=0.95\sim1.05$，$c'=0.90\sim1.00$MPa。

6.4 龙开口水电站坝基深槽处理技术

国内外已建或在建的大、中型水利水电工程中，在重力坝坝基存在覆盖层地基处理方面，取得了丰富的实践经验。根据这些经验，坝基覆盖层处理措施，归纳起来不外乎两种方式：①对坝基深槽内覆盖层挖除至基岩，使其满足坝基稳定、不均匀沉陷、应力及抗渗要求；②坝基覆盖层不挖除或部分挖除，通过对覆盖层固结灌浆等手段提高大坝整体性和抗滑稳定性。对坝基河床深槽的处理主要采用明挖全置换方法和置换混凝土塞方法，采用明挖的方法将深槽覆盖层全部挖除并置换混凝土，可彻底解决大坝抗滑稳定、坝基应力以及坝基防渗的问题，但必须等深槽全部置换完毕后才可以开始进行上部坝体的施工，处理工期长；采用置换混凝土塞方法不挖除深槽覆盖层，仅对其部分置换混凝土塞并进行固结灌浆加固，但固结灌浆的加固效果难以保证，抗滑稳定、坝基应力以及坝基防渗都存在不确定因素，安全度小。

龙开口水电站坝基深槽规模大、槽内形态复杂，为国内外水电工程之少见，工程处理无经验可循。处理方案直接影响到工程的安全和发电工期。因此，提出了两条深槽处理原则：①工程地处高烈度地震区，挡水建筑物地震设防烈度达Ⅸ度，溢流坝属枢纽主要建筑物，涉及枢纽工程安全，深槽的处理方案首先要确保工程安全，不留隐患；②溢流坝工程施工是关键线路项目，深槽处理工期应尽可能少占用溢流坝施工的直线工期，尽早实现首台机组投产发电目标。

6.4.1 深槽处理方案比选

根据深槽地形地质条件和现场实际施工情况，拟订了三个处理方案：①钢筋混凝土承载板洞挖全置换混凝土方案（方案一）；②钢筋混凝土板高压固结灌浆方案（方案二）；③深槽明挖方案（方案三）。从工程安全、技术难度、施工条件、对发电工期影响、工程投资等方面对上述3个方案进行综合比较。其中方案二由于砂卵砾石固结灌浆处理后承载力及抗剪断强度难以量化，抗滑稳定存在不确定性；地震工况下坝基承载力难以满足要求，且工程可比投资最大。方案一和方案三在技术和安全上均能满足要求，但方案三施工期导流明渠导墙稳定及围堰堰脚处理难度大，深槽处理占用直线工期长，方案一设计与施工技术难度大，施工期安全风险较大，但对直线工期影响最小，首台机组投产最早，较方案三至少可提前10个月。最后经技术经济综合比较，采用方案一。在深槽上部设置拱形钢筋混凝土承载板，承载板上游设置防渗支挡结构，承载板板下部进行开挖、支护、回填混凝土及灌浆，上部同步进行坝体混凝土浇筑。深槽处理典型布置见图6.4-1及图6.4-2。

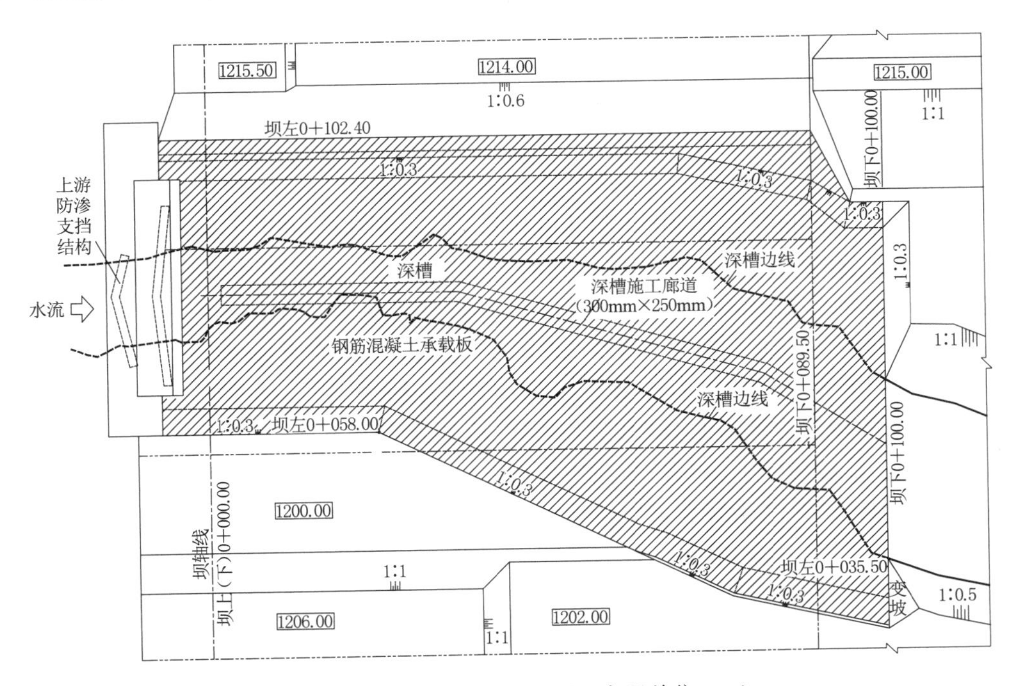

图6.4-1 深槽处理平面图（高程单位：m）

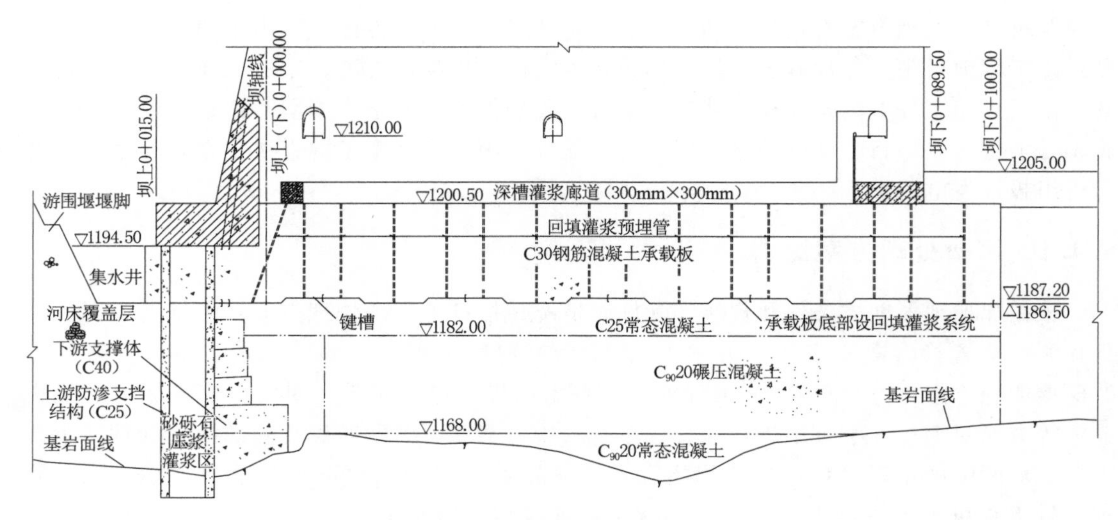

图 6.4-2 深槽处理纵剖面图

6.4.2 深槽处理方案设计

在深槽上部设置 13.5m 厚的跨槽钢筋混凝土承载板，宽度 20.0～43.0m，下游伸出坝基 10.5m，板长 107.0m。承载板顶高程 1200.50m，板底平台高程 1187.00m，底部为拱形结构，拱高 1.5m。承载板底面沿上下游方向设置横河向连通长梯形键槽，键槽宽 8.0～10.0m，键槽高 0.7m。为利于混凝土浇筑和灌浆质量，在板内预埋混凝土进料、回填灌浆和接缝灌浆管路，并通至坝基临时施工灌浆廊道。钢筋混凝土承载板施工完成后，即可开始上部碾压混凝土坝体的浇筑，深槽处理对关键线路上的泄洪坝段施工影响最小。

由于上游围堰防渗墙实际处于悬挂状态，且围堰堰脚与承载板之间距离近，空间狭小。为保证承载板下砂卵砾石层开挖和混凝土浇筑在干地进行，需在板前设置防渗支挡结构，拦挡水压力和土压力。防渗支挡结构采用两道水下钢筋混凝土连续墙，折线布置，凸向上游，最大宽约 20m，墙厚 1.2m，墙体两侧及底部嵌入岩体深度不小于 2.0m，两道墙间距离 5.5～7.3m。墙之间覆盖层进行固结灌浆，以形成完整的防渗支挡体系。考虑到防渗墙槽段间连接难以保证、防渗支挡结构与周边岩体的接触受倒悬的影响有较大的不确定性，在下游深槽覆盖层开挖后对墙体分层加固，加固结构由 3m 厚钢筋混凝土墙和两侧 3m 长的扩大支座组成，两侧采用锚筋桩和预应力锚索与槽壁锚固，开挖一层施工一层。

钢筋混凝土承载板和上游防渗支挡结构完成后，开始进行板下砂卵砾石层开挖，对强卸荷裂隙发育的岩体及不平顺突出岩体采用液压破碎锤进行挖除，同时逐层进行预应力锚索、预应力锚杆、锚筋桩和喷锚支护。

槽挖完成后进行置换混凝土施工，采用 C20 外掺 MgO 的微膨胀混凝土，MgO 总含量不超过水泥总量的 5%，视施工条件优先采用碾压混凝土。同时考虑到混凝土温控需要，采用预冷混凝土，并埋设冷却水管通水冷却以利前期削峰和后期降温。槽壁两侧和底部基岩在混凝土浇筑至一定高程后进行固结灌浆。

置换混凝土完成后，对上部坝体和槽内置换混凝土进行通水冷却至稳定温度，再对顶部和两侧接触面进行接触灌浆。

根据工程实际情况和确定的深槽处理方案，深槽处理设计包括了深槽上游防渗支挡结构、承载板、深槽洞挖置换、灌浆及监测。

（1）深槽上游支挡防渗结构最初的设计为结构总厚 10.4m 框格式防渗墙结构，上下游墙桩号分别为坝上 0＋018.00 和坝上 0＋007.60，上下游防渗墙间顺河向设置 2 道 1.2m 厚 8m 高钢筋混凝土支撑墩，框格中间采用压浆法固结灌浆，将防渗墙框格和中间覆盖层固结成整体。

防渗支挡结构实施时，由于防渗墙施工进展缓慢，工期严重滞后，若待防渗支挡结构施工完毕后再进行后续深槽处理施工，深槽处理难以按期完成，工程难以满足 2012 年防洪度汛面貌要求。设计经过大量计算分析，并结合现场实际监测成果，对防渗墙结构及深槽开挖施工工序进行了调整：防渗支挡结构后防渗墙施工完毕并达到设计强度后，在上游墙未施工情况下，利用已完工的下游墙，采用分层开挖分层设置支撑梁的方式，进行防渗墙下游深槽覆盖层开挖和槽壁支护。深槽覆盖层分层开挖，第一层开挖至高程 1180.00m，第二层开挖至高程 1176.00m，第三层开挖至高程 1172.00m，第四层开挖至高程 1168.00m，第五层为高程 1168.00m 以下至基岩面。要求每开挖一层，防渗墙下游浇筑一层由支撑梁及支座组成的支撑体系，支撑梁及支座混凝土等级 C40，上下游厚度均不小于 3m，采用整体浇筑。由于防渗墙两侧及底部漏水量大，为确保施工安全和深槽处理后续工作的顺利进行，坝下 0＋003.0 上游至防渗墙范围残留覆盖层通过高压固结灌浆提高其强度。

（2）钢筋混凝土承载板设计。钢筋混凝土承载板顶高程 1200.50m，底板平台高程 1187.00m，宽 44～70m，长 107m，下游伸出坝面 10.5m，承载板两端基岩承台宽度不小于 3m，对基岩较差的部位采取了 12m 长的锁口锚筋桩加固。为保证承载板与下部回填混凝土结合良好，增加抗滑稳定效果，承载板底面沿上下游方向设置了宽 10m、高 0.7m 的横河 向梯形键槽。为使承载板受力良好，底部采用拱形结构，拱高 1.5m，板端基岩以 1∶0.3 坡比开挖，并设置锚筋桩，形成楔形体结构，承载板混凝土采用 C30 微膨胀混凝土。

（3）深槽洞挖置换设计。待上游防渗支挡结构及承载板施工完成并达到设计强度后，开始进行承载板下的深槽砂砾石开挖及混凝土回填。由于深槽两侧岩体顺河向陡倾角卸荷裂隙发育，深槽开挖卸荷及在承载板和上部混凝土的作用下，极易形成不稳定岩体，给施工带来安全隐患，深槽两侧岩体采取了锚索、锚筋桩、预应力锚杆、砂浆锚杆的组合支护方案；并采取了分层开挖分层支护的措施，除第一层开挖高度控制 5m 外，其余各层高度控制 3m。综合考虑工程安全、施工条件和经济性，高程 1168.00m 以下深槽置换混凝土采用了 $C_{90}20$ 常规泵送混凝土，以达到深槽底部找平的效果；高程 1168.00～1182.00m 采用了 $C_{90}20$ 碾压混凝土，不仅经济性好，而且施工速度快；高程 1182.00m 以上至承载板采用了 C25 常态混凝土回填。

（4）灌浆设计。为提高防渗效果，在深槽回填混凝土底部和侧壁布置了深入基岩 9～12m 孔深的固结灌浆；在深槽上游布置 3 排帷幕，下游布置 1 排帷幕。为达到承载板与置换混凝土连接紧密的效果，在回填混凝土至承载板间分 6 个灌区布置了回填灌浆和接缝灌浆系统，并在承载板顶部预留的纵向灌浆廊道内采用钻孔方式设置重复接触灌浆系统。在承载板与回填混凝土间的回填灌浆、接缝灌浆和第1次重复接触灌浆工作完成后，根据承载板与回填混凝土温度变化，通过钻孔取芯、压水检查和孔内电视的方法检查承载板与回填混凝土的结合状况，视情况决定是否再实施重复接触灌浆。

(5) 监测设计。针对深槽处理方案，监测设施布置主要有施工期深槽结构安全监测和永久建筑物安全监测。施工期监测内容主要对承载板结构、防渗支挡结构、置换回填混凝土及深槽洞壁进行监测，永久监测内容，除了将部分施工期监测仪器电缆引至坝基廊道作为永久监测外，还布置了坝体变形、坝基变形、坝基温度、坝基扬压力监测等。

为全面监测深槽处理施工过程中的异常情况、确保施工安全，了解深槽处理效果，设置了系统的监测设施。在下游排防渗墙布置了3个测斜孔，监测防渗墙变形及深槽开挖对防渗墙结构的影响；在承载板与基岩接触面布置了多点变位计、测缝计和压应力计，监测基础变形及应力情况；在承载板与回填混凝土间布置了测缝计，监测承载板与回填混凝土的接缝情况；在承载板和回填混凝土内布置了钢筋计和温度计，监测承载板与回填混凝土的受力情况和温度变化情况；在深槽洞壁支护的锚杆和锚索上布置了锚杆应力计和锚索测力计，监测深槽开挖对深槽洞壁的影响。

6.4.3 施工措施

(1) 防渗墙施工。防渗墙施工区深槽形态呈不对称U形，岩壁局部存在倒悬现象。基岩为二叠系上统玄武岩组（$P_2\beta$），呈暗灰、灰紫色致密块状玄武岩，局部含少量杏仁状玄武岩，致密块状构造，微风化，无断层等结构面发育，回弹值$R_a=50\sim60$，$v_P=5000\sim5000$m/s。根据地质剖面揭示：深槽内覆盖层中砾石层占20%、卵石层占60%、漂石层占20%。在防渗墙施工前对深槽形态进行了详细的地质复勘。

防渗墙施工首先进行施工平台的建造，并沿防渗墙轴线修建混凝土导向墙。防渗墙正式开工前，先沿轴线布设先导孔，用地质钻机进行先导孔的钻探施工。防渗墙成槽施工采用“钻劈法”施工工艺，即用冲击（反循环）钻机钻设主孔，钻孔过程中采用泥浆固壁，随后将钢筋笼吊放入槽，扶稳下沉，混凝土入槽采用直升导管法浇筑。防渗墙单个槽段长6m，最大孔深达35m，钢筋笼如何制作和吊装成了非常关键的问题。经过仔细研究和分析计算，钢筋笼采取了分3段制作，每段长约12m，每段重约18t，先用型钢制作骨架，避免在吊装过程中变形，然后在型钢骨架上制作钢筋笼。3段钢筋笼制作好后，用缆机在已成槽的槽段内逐段下放拼装，3段拼装成整体后，用2台30t缆机抬吊下放到位。

(2) 承载板施工。根据承载板结构及现场施工条件，承载板混凝土顺水流方向分作4段，每段长22～35m，段与段之间设置键槽，并让钢筋过缝。承载板底部采用铺设地模的方式形成设计需要的拱形及大键槽，地模采用掺1%水泥的级配碎石进行回填并碾压密实，然后在地模上抹一层砂浆并铺设彩条布，确保地模能满足承载力的要求又便于拆除。承载板厚13.5m，每段分4层浇筑，除基础层需满足结构的需要采用4.5m外，其余层厚控制3m。根据分析计算，承载板混凝土最大浇筑强度需达到173m^3/h，每仓浇筑 配置了2台30t缆机和2台混凝土泵。承载板底部布置有8层钢筋，另设置了一层型钢，钢筋间距10cm，为保证混凝土能浇筑密实，第1浇筑层采用了一级配大坍落度混凝土，其余溜槽和泵送入仓采用了二级配混凝土，缆机入仓采用了三级配混凝土。

(3) 深槽洞挖置换施工。深槽洞挖采用反铲直接挖装自卸汽车出渣，除第1层开挖高度控制为5m外，其余按3m控制，逐层开挖逐层进行支护。第一层开挖完成后，采用冲击锤凿除粘挂在承载板上的地模砂浆，以及承载板岩台外侧已爆破的石渣。

边壁的锚筋桩孔、锚索孔一般采用CM351高压风钻和YQ100B潜孔钻机钻孔，深槽内的大孤石采用YT28手风钻造孔解爆。深槽回填的基础找平层常态混凝土采用混凝土泵浇筑，分段1次浇至高程1168.00m；碾压混凝土采用自卸汽车直接运输入仓，分2层连续浇筑，每层厚6～8m，靠近两侧边壁岩体浇筑1m厚的变态混凝土；顶部回填高流态自密实混凝土，为满足浇筑强度需要，并确保回填密实，分3段浇筑，每段分3仓，先浇两侧拱脚，最后浇筑中间顶拱。

6.4.4 监测成果分析

坝基深槽地质缺陷于2012年4月处理完成，监测成果表明：

(1) 大坝基岩变形呈下沉状态，总体下沉量小于4mm。大坝基础接缝多呈压缩状态，大坝基础最大压应力1.6MPa。坝体接缝最大张开度4.5mm。厂坝间接缝最大张开度2.7mm。厂坝间压应力变化较小，基本不受压。

(2) 从接缝及左右岸基础岩体深部变形监测来看，部分监测断面承载板存在向右侧的倾斜变形，承载板与左侧的接缝张开，但量值较小，且渐趋于稳定；钢筋应力大多处于正常水平，而各监测断面的跨中或右侧1/4跨钢筋应力相对较大，分析主要应受混凝土浇筑高度、温度变化及基础不均匀沉降影响；两岸岩体深部未见明显异常变形；承载板沉降量处于设计控制范围之内。

(3) 从深槽槽壁多点位移计、锚索测力计、锚杆应力计以及锚筋桩应力计监测成果来看，深槽下部砂卵砾石层在开挖过程中，两侧岩壁深部及浅层均未见异常变形发生，锚索、锚杆受力正常，深槽左侧基岩内的变形大多表现为缓慢向外变化趋势，累计最大向外变形量约3mm，右侧表现为缓慢向内变化趋势，累计向内最大变形量约4.7mm；深槽岩壁岩体内部最大变形量2.2mm。承载板底部钢筋应力计，大多数表现为拉应力，且大部分测值小于80MPa，深槽回填混凝土浇筑完成后，各测点应力明显下降。

(4) 从防渗墙下游支撑梁多点位移计、测缝计以及钢筋应力计实测成果来看，支撑梁在限制上游防渗墙变形的同时，自身结构整体稳定，支座岩体未见异常变形发生。承载板底部各测点接缝开度变化较小，最大开合度为2.8mm。

(5) 从防渗墙变形显示，防渗墙下游开挖后有向下游的变形，最大达到6mm左右，随着下游支护混凝土的浇筑，防渗墙略有向上游变形；从整个过程来看，防渗墙的变形在设计控制范围之内。分层开挖、分层支护的施工模式较好地抑制了防渗墙的变形发生，保证了施工期防渗墙的安全。

6.5 小结

6.5.1 基本结论

(1) 龙开口水电站在坝基开挖施工过程中，原主河床发现大规模复杂深槽，深槽总体上顺河向穿越泄洪坝段基础，上游窄、下游宽；深槽底部高程为1162.00～1174.00m，呈上游低、下游高和波浪起伏状，较原建基面低20～30m。深槽两侧基岩形态复杂，呈不对称V形和U形，既有竖向侵蚀发育的槽穴，也有侧向侵蚀的倒悬状洞穴槽穴，侧壁存在倒悬现象。两侧基岩为深灰、灰绿色致密块状玄武岩，局部含少量杏仁状玄武岩，以微风化为主，两壁上部局部分布少量弱下风化。岩体以次块状和镶嵌结构为主，部分为块状结构，岩体透水性微、弱。槽内覆盖层以砂卵砾石夹漂石为主。深槽底部及两侧基岩无Ⅲ级及以上结构面分布，缓倾角节理不甚发育。深槽基岩岩体质量以$Ⅲ_1$类为主，两壁中上部少量$Ⅲ_2$类岩体，岩体质量较好。受河床快速下蚀深切的影响，两侧岩壁存在延续性好的近南北向卸荷裂隙，卸荷张开宽度0.5～1cm。不存在地基抗滑及变形稳定问题。两壁岩体稳定性好。经处理后的地基岩体质量满足设计要求。

（2）经综合分析认为，龙开口水电站坝基深槽成因是地壳垂直差异运动，先快速抬升，后受河水改道影响，河床束窄、河水沿顺河向陡倾节理和裂隙下切，河道下降后接受沉积物的结果。

（3）河床深槽处理难度极大，其处理方案和效果直接影响大坝安全和工程进度。为此进行了大量的科研及专题研究工作，为深槽处理提供了有力的技术支撑。研究内容包括：

1）对深槽采用了多种型式、多期次的钻探（包括两岸对穿斜孔）、液压钻、地震波CT物探、声波测试等综合勘探方法，并通过随施工揭露动态的追踪勘察评价技术，快速查明了深槽的空间形态分布、岩体质量、岩体可利用性等，为深槽工程处理提供了重要的支撑。

2）根据深槽的地质条件，提出了三个深槽处理方案：①钢筋混凝土板洞挖全置换方案；②钢筋混凝土板高压固结灌浆方案；③深槽明挖方案。对三个方案进行了综合技术经济比较，确定钢筋混凝土板洞挖全置换方案为推荐方案。

3）研究了钢筋混凝土板洞挖全置换方案的具体实施方法，提出了该方案的详细技术施工设计成果。

4）开展了钢筋混凝土承载板结构分析研究、深槽溢流坝段静动力结构计算分析研究、上游支挡防渗结构计算分析研究、泄水建筑物泄洪消能复核及运行调度优化试验研究和深槽在线监测技术研究等科研工作，提出了推荐方案的结构分析成果和水力学试验分析成果，验证了推荐方案的结构安全和泄洪消能安全。

（4）坝基深槽的处理方案综合深槽地质条件、已有工程经验和龙开口水电站工程特性等因素，并经综合技术经济比较，提出了一种全新的坝基深槽处理方法——钢筋混凝土承载板洞挖全置换方案，深槽处理与坝体混凝土同步施工，在确保大坝安全的前提下大大减少了深槽处理对直线工期的影响。

（5）推荐的钢筋混凝土板洞挖全置换方案具体实施方法为：设置跨深槽的13.5m厚钢筋混凝土承载板，承载板上游设置防渗支挡结构进行临时防渗，承载板底部砂卵砾石层挖除并进行洞壁支护，再回填混凝土，混凝土回填采用碾压混凝土，大大加快回填施工进度，减少了混凝土水化热温升，保证了施工质量。最后进行回填灌浆和接触灌浆，并通过结构和构造措施使承载板和回填混凝土连接成整体，形成整体受力状态。

（6）钢筋混凝土板洞挖全置换方案中，重要结构有大坝、钢筋混凝土承载板以及上游防渗支挡结构，其结构型式复杂，且受力特性与施工过程密切相关，综合采用材料力学法和有限元法等分析方法，对结构进行全面、细致的计算分析，根据计算结果确定其结构尺寸、配筋等设计参数，并验证其结构安全。由于深槽向下游延伸至消能区，因此补充进行了水力学模型试验分析，了解其水力学特性，并验证泄洪消能的安全性。

（7）多种计算方法分析表明：坝基深槽处理后，各种工况下的溢流坝坝基和坝体抗滑稳定、坝体强度满足规范要求，溢流坝的结构安全是有保证的；承载板能满足施工期浇筑混凝土的承载要求；上游防渗支挡结构能满足施工期挡水、挡土、防渗的综合要求。

（8）水工模型试验研究表明：泄洪水流不会对溢流坝趾岩体造成冲刷，冲坑在坝趾下游100m以外，不会影响大坝安全；各种泄洪工况均不影响中导墙等周边建筑物安全。

（9）采用的可视化深槽监测系统的成功运用，可及时反馈监测成果，指导设计变更和现场施工，使整个深槽处理施工过程处于有效的实时监控状态，确保了施工安全。

6.5.2 技术成果

龙开口水电站复杂坝基在前期勘察、试验研究的基础上，对河床深槽进行了补充勘察，并开展了“龙开口水电站复杂地质缺陷处理研究与应用”科技项目攻关与“坝基深槽处理专项技术研究与应用”专题研究，取得以下技术成果：

（1）龙开口水电站坝基深槽规模大、槽内形态复杂，为国内外水电工程之罕见，其处理方案需在确保工程质量和安全的前提下，充分研究如何加快施工工期、实现按期发电的目标。经综合比选，深槽处理创造性地采用钢筋混凝土承载板洞挖全置换方案，在深槽上口处设置钢筋混凝土承载板，坝踵上游设置支挡防渗结构，较好地解决了工程安全与工程建设进度问题，坝前支挡防渗结构安全性及导流明渠右侧挡水结构度汛安全得到保证，在承载板施工完成后，大坝上部混凝土施工和下部洞挖可同步施工，最大限度减少了深槽处理对工程建设的影响，避免了因深槽处理延误发电目标，按计划如期实现下闸蓄水目标。

（2）针对提出的钢筋混凝土板洞挖全置换方案，提出了系统的地质勘探和分析方法、深槽处理设计及施工方法、复杂结构计算分析方法以及水力学特性研究方法，具有一定的创新性，可为同类工程的设计和施工提供很好的借鉴作用。深槽处理方案实施难度大，其承载板跨度达43m，板厚13.5m，混凝土量73245m^3，钢筋5655t，规模巨大。承载板采用拱板形式，为满足施工期与运行期安全需要，设计荷载巨大，且位于高烈度地震区，设计采用多种结构分析软件进行分析，优化结构体型，为加强承载板与下部回填混凝土结合，创造性地设置了水平大键槽和重复灌浆系统，很好地解决了施工期与运行期安全问题。

（3）深槽上游防渗与支挡结构设计和施工难度国内罕见，具有独创性。空间狭窄，设计采用厚度1.2m水下钢筋混凝土连续墙作为防渗支挡结构，该墙体需承受40m水头水压力和土压力，为改善墙体受力条件，墙体采用折线拱布置，周边嵌入岩体深度不少于2m。水下钢筋混凝土连续墙施工难度大，槽孔施工精度、水下混凝土质量及槽段接头处理要求高，通过严格的工艺控制，墙体形成后取芯检查，混凝土强度、密实度及槽段接头质量良好。为保证洞挖施工安全，对墙后洞挖分层进行了全面分析计算，确定了合理的分层高度（第一层开挖层高7m，下部5～4m），每层开挖完成后利用深槽两侧岩壁对连续墙采用钢筋混凝土进行加固处理。同时，严格控制墙体上游水位，并对墙体变形及钢筋应力进行实时监测，这些措施保证了连续墙安全运行。

（4）深槽处理与坝体混凝土同步施工，实现了原定工程建设目标，较常规处理方案首台机组发电时间提前约9个月，经济效益显著。此处理方法对较大规模软弱夹层、断层破碎带处理也有很好的借鉴作用，具有较大的社会经济效益。

第7章

溶蚀砂化岩体坝基技术

7.1 概述

岩体溶蚀砂化现象在可溶岩地层（特别是白云岩地层）中较为常见。自然界中，可溶性岩石喀斯特发育需具备两个基本条件：①在可溶性岩石中具备一定的孔隙或裂隙系统，为水的循环提供通道；②有适宜的地貌条件和地质结构条件，为水向可溶性岩中渗入提供补给途径，并为水排出可溶性岩石之外提供通道。在纯的碳酸盐岩中，随着其中白云石成分的增多其溶解性将降低，然而，自然界中的结晶（包括粉晶、细晶、泥晶等）白云岩常含有方解石等其他易溶性矿物，由于方解石等其他易溶性矿物在白云岩中呈分散分布，地下水首先将这些易溶性物质溶解，地质学上称这一过程为白云岩化。随着白云岩化的进行，岩石中生成许多孔隙，水不断渗入孔隙并不断循环，结果使岩石孔隙不断增大，体积不断减小，岩石强度不断降低，最终可生成散粒状的白云石粉，形似粉细砂，白云岩的这一特殊溶蚀现象称为“砂化”。一般情况下，白云岩的“砂化”首先沿着易于地下水渗入和流通的岩体中的各种结构面（尤其是地质运动过程中受到扰动的结构面）进行，形成规模不等的“砂化”条带网络，随着地下水的溶蚀、淋滤作用的不断进行，喀斯特的不断向前发展，“砂化”条带逐渐向结构面两侧扩张，最终使白云岩出现整体溶蚀，围绕滞后溶蚀的白云岩块体构成“砂土包块石核”状，可简称“砂包石”状。影响溶蚀（砂化）发育的主要因素是受地层岩性、地质构造、地下水活动性及pH值的控制：岩石成分、成层条件和岩层的组织结构等与“砂化”的发育程度和速度有关；结构面的发育和延伸方向，可决定“砂化”的发育程度和发展方向。岩体中的各种结构面是水流的良好通道，沿断层、层间挤压（错动）带和节理裂隙“砂化”现象较为明显；地下水补给充分、循环流通较快的地段，“砂化”强烈；天然水中的pH的变化主要来源于大气中CO_2的溶解和植物中有机酸的溶解。CO_2的溶解会对水的pH产生影响，从而对碳酸钙的溶解平衡产生影响，pH降低，促进碳酸钙的溶解；pH升高，碳酸钙从水中析出。

不少白云岩分布地区的水利水电工程，坝基及地下洞室岩体均存在砂化问题，对岩体质量产生不利影响。如怒江六库水电站坝址区受构造影响，粉晶白云岩存在砂化问题，影响坝基岩体质量；美姑河坪头水电站深部发育白云岩喀斯特砂化现象，使地下洞室围岩岩体质量降低；普渡河甲岩水电站白云岩料场也存在砂化问题，影响料源质量；云南昆明掌鸠河引水工程上公山隧洞遇严重砂化的白云岩，加之地下水位较高，造成掘进机受阻，被迫改为钻爆法施工；云南滇中引水工程输水总干渠玉溪段隧洞白云岩砂化问题较为突出，白云岩砂化强烈，砂化深达数十米至上百米。砂化洞段累计长约14km，Ⅳ类、Ⅴ类围岩在白云岩砂化洞段合计占比达98%，隧洞围岩稳定问题突出，等等。而在非喀斯特地区产生溶蚀现象则一定有其特殊原因，须对此现象做出客观、科学的评价，为坝基岩体的利用、确定合理的开挖深度、设计采用安全经济的地质参数及上部结构措施和工程处理方法等提供科学、可靠的地质依据。

金沙江观音岩水电站坝址区下部钙质砾岩、钙质含砾砂岩、钙质砂岩中，由于地下水淋漓作用，沿层理方向或陡倾角裂隙产生溶蚀现象，岩体钙质物质被地下水带走，局部形成一定规模的溶洞，勘探揭露最大直径约7.91m，强溶蚀发育最大深度约150m。原岩中钙质流失后，砾岩中的砾石与紫红色黏土堆积于空洞内。右岸干坪子台地含钙质岩体沿缓倾角回弹裂隙或层面产生钙质流失，在裂隙或层面两侧形成半胶结状砂土，在缓倾角回弹裂隙中还存在软塑状白色高岭土。钙质砂岩钙质流失现象在坝址的勘探点大部分都有揭露，一般发育厚度小于50cm。砂岩中的钙质沿层面或陡倾角节理面流失，形成砂土状的透镜体或岩石强度明显降低，对混凝土坝基变形、渗透及抗滑稳定均存在不利影响。因此，选择以观音岩水电站溶蚀砂化岩体坝基关键技术问题为例进行分析和研究。

观音岩水电站为金沙江中游河段规划开发的最后一个梯级，为碾压混凝土重力坝和黏土心墙堆石坝组成的混合坝，坝顶总长1158m，碾压混凝土重力坝最大坝高为159m，心墙堆石坝最大坝高71m。为研究坝基溶蚀砂化岩体发育分布规律、溶蚀机理、物理力学性质及岩体质量等特性，中国电建集团昆明院与成都理工大学联合开展了层状复杂地基工程地质特性及可利用基岩原则研究及钙质砂岩溶蚀机理、溶蚀规律及对工程的影响研究。同时，为分析其对坝基的可能影响，并采取妥善的基础处理措施，与河海大学联合开展了水文地质条件及渗流特征研究、碾压混凝土坝体型优化、应力及坝基深浅层抗滑稳定分析及坝体、坝基三维渗流分析及控制研究，与天津大学联合开展了混合坝整体三维非线性有限元静动力分析与重力坝深浅层抗滑稳定及加固方案研究。施工期与成都理工大学联合开展了观音岩水电站重大科研专题——坝基软弱及溶蚀岩体利用动态研究。

7.2 观音岩水电站坝基溶蚀砂化岩体工程地质特征

7.2.1 基本地质条件

7.2.1.1 地形地貌

观音岩水电站坝址位于金沙江左岸支流塘坝河河口约4km的干流河段上，河道向西凸出，河流流向由北西向转为北东向。坝址处河谷为斜向谷，两岸山体雄厚，地形不对称，左岸受大平坝背斜和岩性控制，高程1120.00m以下为宽250～300m的缓坡，为斜向顺向坡；高程1120.00～1280.00m地形较陡，为斜逆向坡；高程1280.00m以上地势渐缓。右岸为逆向坡，Ⅲ级阶地保留完整，形成干坪子台地。枯期河水面高程约1017.00m，水面宽70～160m，水深8～10m。正常蓄水位处谷宽1080m。两岸冲沟较发育，较大的冲沟有左岸的龙井沟、腊乌渡沟和右岸的破沟，另发育有一些小冲沟。坝址原始地貌见图7.2-1。

图7.2-1　坝址原始地貌

7.2.1.2　地层岩性

枢纽区出露的主要地层主要为侏罗系中统蛇店组（J_2s），各层岩石组成统计见表7.2-1。

表7.2-1　各层岩石组成统计

地层		厚度/m	各类岩性所占比例/%		
			细砂岩类（其中夹砾岩）	粉砂岩	泥质岩类
J_2s^3	J_2s^{3-6}	>50	16.9	31.1	52.0
	J_2s^{3-5}	80～110	68.7	16.6	14.7
	J_2s^{3-4}	90～100	40.7	33	26.3
	J_2s^{3-3}	110～130	71.5	17.3	11.2
	J_2s^{3-2}	10～20	12.7	69.7	17.6
	J_2s^{3-1}	100～130	74.2	14.8	11.0
J_2s^2	J_2s^{2-2}	90～100	70.2（8.7）	25.3	4.5
	J_2s^{2-1}	150～170	73.7（29.2）	17.2	9.1
J_2s^1	J_2s^{1-3b}	12～20	18.4	37.6	44.1

据现场地质测绘，枢纽区蛇店组中砾岩层厚一般为0.3～5.3m，局部夹有薄层透镜体，砾岩层占坝址区坝基段地层的8.2%左右；砂岩（包括粉砂岩）厚度一般为0.4m，最厚可达20.93m，占坝址区坝基段地层的75.2%，泥质岩层一般为0.1～5.8m，占坝址区坝基段地层的16.6%。由于砾岩强度较高，故坝址区坝基段相对较差的岩层占总体不到17%。

河床冲积层厚为16.0～21.0m，干坪子台地覆盖层平均厚10m，最厚达21.69m。

7.2.1.3　地质构造

坝段内构造简单，枢纽区位于大平坝背斜和干坪子向斜褶皱构造部位，干坪子向斜在右岸展布，大平坝背斜在左岸展布。根据工程区地质测绘及施工开挖揭露，坝段内无Ⅰ、Ⅱ级结构面，Ⅲ级结构面较少，属Ⅳ级结构面的层间错动面（g）、和属Ⅴ级结构面的节理裂隙较发育。

Ⅳ级结构面主要以层间挤压错动形式出现，层间挤压错动面一般发育在薄层状泥质岩中或软硬岩接触面的软岩侧。层间错动面破碎带宽度0.02～0.50m，一般起伏粗糙，有明显陡倾擦痕，局部泥化明显。在近地表部位层间挤压错动面常卸荷张开、充填次生泥。类型可分为：①B_1类型，岩块岩屑型层间挤压错动；②B_2类型，岩屑夹泥型层间挤压错动，大部分层间错动面为该类型；③B_3类型，泥夹岩屑型层间挤压错动；④C类型，泥化层间挤压错动。

Ⅴ级结构面主要为节理，各部位一般均发育三组节理：①层节理，受褶皱控制，产状在不同部位随岩层变化，在干坪子向斜和大平坝背斜的公共翼部位产状主要为N20°～40°E，SE∠45°～70°；②反倾节理主要在硬岩中局部发育，延伸1～2m，间距一般50～100cm，多为方解石脉充填，连通率10%～15%；③横节理倾角陡，延伸较长，间距大于2m，面起伏粗糙，有少量钙膜，局部发育。

7.2.1.4 岩体风化卸荷特征

坝段内岩体风化带厚度不大，全风化岩体主要分布于右岸干坪子，厚5～15m，最厚达26m；强风化岩体一般厚5～15m，最厚达30余m；弱风化岩体左岸埋深35～40m，河床部位埋深15～20m，右岸埋深42～58m。

卸荷裂隙大部分分布在强风化带和弱风化带的中、上部，在弱风化带下部分布稀少。根据已有洞探资料，一般发育深度25～40m。

坝址右岸干坪子台地和左岸岸边地形宽阔，下伏坚硬岩体由于其上覆岩体剥蚀后，上覆荷载减轻而产生缓倾角的卸荷回弹裂隙，而软岩则通过自身变形适应应力的调整。因此在干坪子台地下粉砂岩、泥质粉砂岩和粉砂质泥岩岩体中无缓倾角的卸荷回弹裂隙发育。通过孔内电视解析和三个竖井资料，缓倾角卸荷回弹裂隙发育深度江边在江水位变动带内发育；随着向干坪子台地中部和内侧部位的升高和岩体中软岩比例增大，卸荷回弹裂隙发育深度减小。左岸低高程缓坡地带的砂岩岩体中也有出露。砂岩岩体中卸荷回弹裂隙发育间距一般为2～3m，延伸长3～10m，面起伏粗糙，充填1～3mm的软塑状白色（少量为深褐色）高岭土，两侧砂岩一般有10～20cm的岩体钙质流失而呈半胶结砂土状。卸荷回弹裂隙均在坝基开挖范围。

7.2.1.5 水文地质条件

坝址区地下水主要为第四系孔隙潜水、基岩裂隙潜水、裂隙承压水等类型。大气降水是本区地下水的补给来源，坝址区两岸地下水位平缓，左岸地下水平均水力坡度小于2°；右岸干坪子台地较宽，地下水位与附近河水位持平，右岸台地后山坡地下水水力坡度为8°～9°。

根据钻孔压水试验成果，坝址区强风化岩体具较强渗透性，弱风化岩体一般具中等渗透性，微风化岩体一般具微—弱渗透性；中等渗透性岩体主要出现在钙质岩体分布地段，如J_2s^2、J_2s^{3-1}和J_2s^{3-3}下部。钻孔未揭露微透水岩体（$q\leqslant1Lu$），坝基建基面以下$q\leqslant3Lu$

埋深：左岸为140～150m，河床为120～130m，右岸31号坝段以左为150～190m，以右为60～125m。

据水质分析成果，江水和地下水属重碳酸钙水或重碳酸钙钠水以及重碳酸硫酸钙钠水，对混凝土均无腐蚀性。

坝址区J_2s^2和J_2s^3上部钙质砾岩、钙质含砾砂岩、钙质砂岩中，由于地下水的作用，沿层理方向或陡倾角裂隙产生溶蚀现象，局部形成小型溶洞，勘探揭露最大直径约7.91m，强溶蚀发育最大深度约150m。

根据勘探资料统计：钙质砾岩溶蚀现象主要发生在钙质较高的J_2s^2、J_2s^{3-1}和J_2s^{3-3}下部，且由于干坪子向斜和大平坝背斜向西南方向倾伏，靠南西部位受构造影响挤压较强烈。从层位方面J_2s^{2-1}最发育，J_2s^{2-2}和J_2s^{3-1}次之，J_2s^{3-3}下部发育较少。

由于地下水淋滴作用，砂岩中的钙质沿层面或陡倾角节理面流失，形成砂土状的透镜体或岩石强度明显降低，其对混凝土坝基稳定产生不利影响，钙质砂岩钙质流失现象在坝址的勘探点大部分都有揭露，一般发育厚度小于50cm。

7.2.2 钙质砂（砾）岩溶蚀发育特征

在坝址区广泛分布的侏罗系中统蛇店组（J_2s）河湖相沉积的厚层砂（砾）岩，按工程地质特性分为三段。其中J_2s^2及J_2s^3下部铁质钙质的砾岩、含砾砂岩在地下水作用下，沿层理方向或陡倾角裂隙产生溶蚀现象，局部形成一定规模的溶洞，溶蚀最大发育深度约150m；而在含钙质细砂岩中存在沿缓倾角卸荷裂隙或层面产生钙质流失，在裂隙或层面两侧形成半胶结状砂土，在缓倾角卸荷裂隙中还存在软塑状白色高岭土。

含钙或钙质砂岩、砾岩，其胶结物大多为钙质，在地下水作用下，钙质胶结物较易溶于水中，遗留下砂岩骨架，进一步溶蚀、潜蚀造成骨架解体，形成空洞，且其中难溶、难搬运的非可溶砂、砾石成为空洞的充填物。这种现象与传统意义上的碳酸盐岩溶蚀而形成的喀斯特是有所差异的，因而在此可称其为碎屑岩钙质流失的溶蚀现象，砂岩钙质流失现象称为砂化，砾岩钙质流失现象为溶蚀。

由于溶蚀砂化问题对坝基变形稳定和防渗工程不利，因此对观音岩水电站坝址钙质砂（砾）岩的岩溶发育规律、溶蚀发育的主要因素、溶蚀程度划分及开挖坝基溶蚀岩体特征等进行了深入研究，对此现象做出客观、科学的评价，为坝基钙质砂（砾）岩岩体的利用，确定合理的开挖深度，设计采用安全、经济的地质参数及上部结构措施，工程处理方法等提供科学、可靠的地质依据。

7.2.2.1 钙质砂（砾）岩溶蚀发育规律

（1）溶蚀发育空间展布规律。根据勘察及施工开挖揭露地质资料，J_2s^2和J_2s^3下部岩层中分布有钙质砾岩、钙质含砾砂岩，在陡倾角裂隙发育并张开部位，岩体钙质物质被地下水带走，而形成空洞或架空状，最大可达3m。空洞中原岩中钙质流失后，砾岩中砾石与紫红色黏土堆积于空洞内。

由于地下水淋漓作用，砂岩中的钙质沿层面或陡倾角节理面流失，形成砂土状的透镜体，对混凝土坝基稳定产生不利影响。

图 7.2-2 为坝址区钻孔出现溶孔频率随高程变化柱状图。

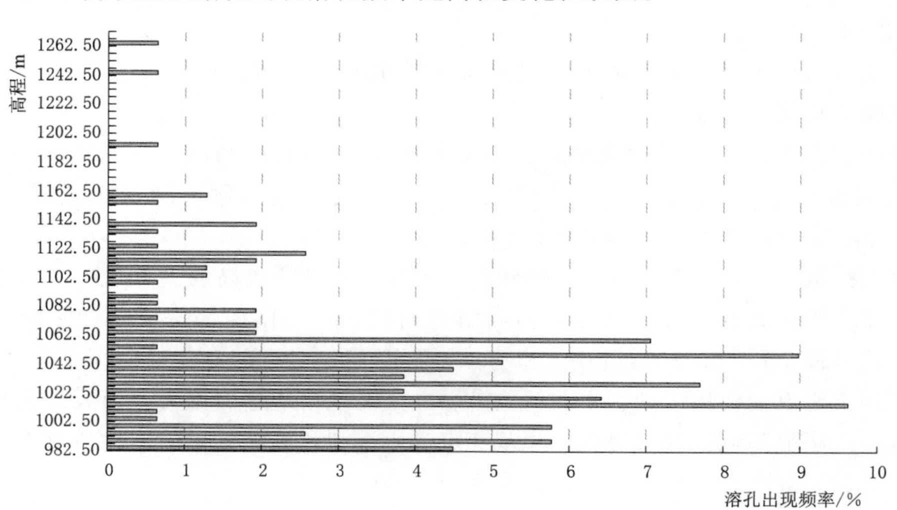

图 7.2-2 坝址区钻孔出现溶孔频率随高程变化柱状图

从图 7.2-2 中可以看出，高程 1200.00m 以下在两岸岸坡均有溶蚀作用发育，河床中有深部溶蚀作用发育，最深可达到高程 900.00m 以下，溶蚀发育分布范围与地下水活动范围基本一致。

观音岩水电站水库区地形一般切割深度 1000～2000m，属高中山深切割侵蚀剥蚀峡谷地貌。从两岸溶蚀发育分布高程看，两岸砂岩、砾岩溶蚀作用多发育于水平渗流带，其次是饱气带；河谷深部溶蚀作用主要位于浅虹吸渗流带。从溶蚀发育分布的地层看，主要发育于 J_2s^2 和 J_2s^{3-1}、J_2s^{3-3}、J_2s^{3-4} 地层中。

尽管各个溶蚀发育点（钻孔或平洞）大都呈条带状、囊状，水平上分布较为零星、彼此独立、相互间连通较差，然而他们均有一个共同特征，即不论在钙质砾岩、钙质砂岩中、砾岩与砂岩交接面附近或砂岩与泥岩或泥质粉砂岩的交接面附近，溶蚀发育均沿着岩层层面（NE 向延伸）进行，并且受陡倾角横张节理或纵张节理影响控制。

坝址区Ⅲ级阶地分布高程 1075.00～1092.00m。根据勘探资料统计，Ⅲ级阶地以上出现溶蚀孔（洞）的频率总数为 17.95％，82.05％的溶蚀孔（洞）发育于Ⅰ、Ⅱ级阶地范围之内。

（2）钙质砂（砾）岩的溶蚀类型。坝址区钙质砂砾岩的溶蚀主要可分为砾岩溶蚀和砂岩钙质流失两种类型。其中砾岩溶蚀表现尤为突出，形成规模较大的囊状空腔或孔洞；而砂岩则表现为钙质流失、岩石质量变轻，溶蚀呈砂土状或砂糖状。

（3）溶蚀发育特征。

1）坝基岩体溶蚀集中在两种岩性：

a. 砾岩溶蚀，开挖坝基所有砾岩带均发生溶蚀。

b. 砂岩溶蚀，主要发生在巨厚层砂岩中为钙质胶结物溶蚀，岩石砂化。薄层、互层、中层状砂岩很少发生。

2）坝基开挖揭露及可研阶段研究成果，坝基主要溶蚀岩带：

a. 左岸及近左岸坝段（1～12 号坝段）有 5 条砾岩溶蚀岩带（见图 7.2-3）。

b. 河床 13～23 号坝段有 2 条溶蚀砾岩带及 8 条溶蚀砂岩带（见图 7.2-4）。

c. 右岸 24～35 号坝段上没有整条都溶蚀的砾岩，但有砂岩中局部斑状或面状的溶蚀（见图 7.2-5）。

3）溶蚀发育特征。

a. 溶蚀多沿岩体中的裂隙发生，且主要沿与岩层走向近于正交的陡倾结构面发生。图 7.2-6 为 3 条主要溶蚀砾岩中溶蚀条带（裂隙）的倾向等密图，从图中可以看出，几乎所有溶蚀条带的走向与砾岩层的走向近于正交，即沿横向裂隙溶蚀。

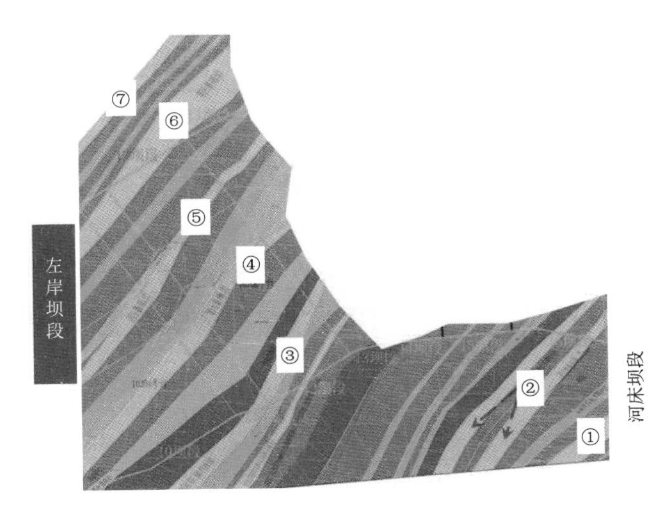

图 7.2-3 左岸 5 条砾岩均有溶蚀

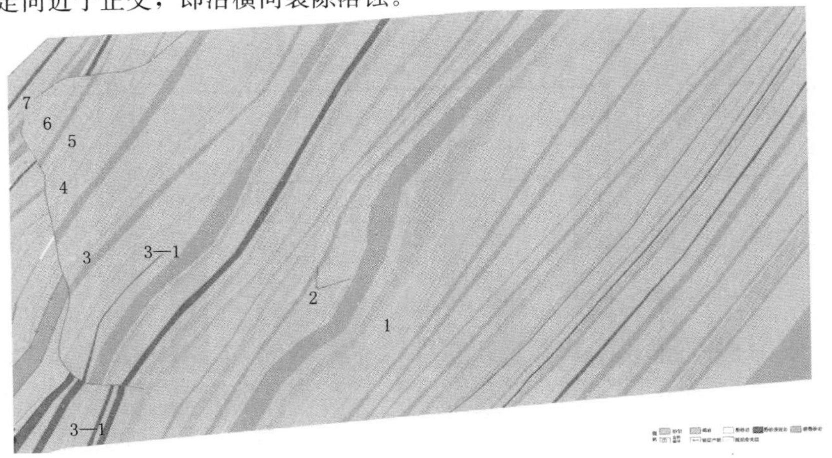

图 7.2-4 河床坝段溶蚀带

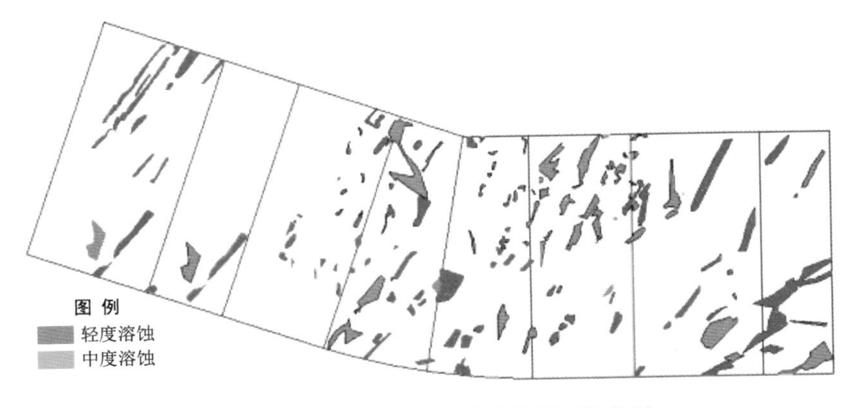

图 7.2-5 右岸坝段砂岩溶蚀平面展布图

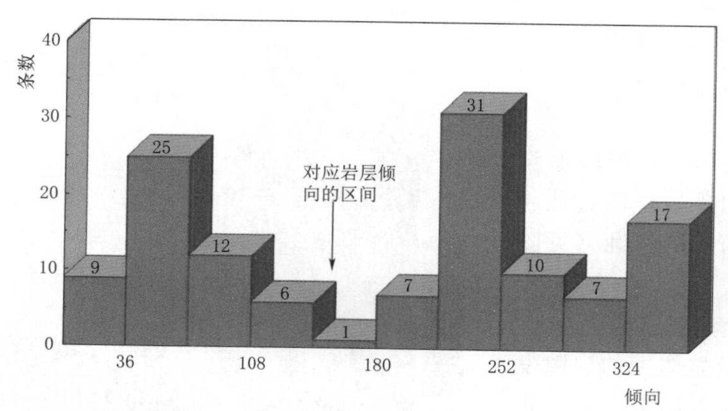

图 7.2-6 3条主要溶蚀砾岩中溶蚀条带倾向等密图

b. 溶蚀条带或溶蚀的裂隙大多为高角度裂隙。图 7.2-7 为主要的砾岩溶蚀带中，被溶蚀的砾岩裂隙的倾角直方图，从图中可以看出，绝大部分溶蚀裂隙为陡倾角，统计表明：溶蚀裂隙倾角小于 30°的占 4.7%；溶蚀裂隙倾角 30°～50°的占 26.7%；溶蚀裂隙倾角大于 60°的占 69.6%

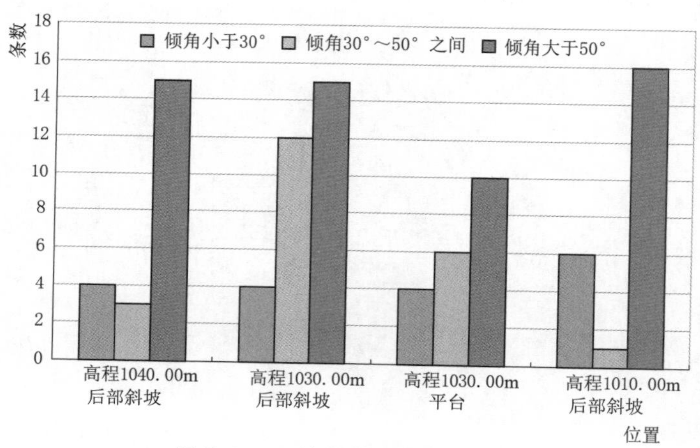

图 7.2-7 溶蚀裂隙倾角直方图

c. 溶蚀程度与岩体风化程度有关。在强风化带砾岩大多呈带状或囊状溶蚀成砂状（图 7.2-8），而进入微新岩带后，大多为沿裂隙面溶蚀的面状溶蚀，图 7.2-9 为靠厂房部位砾岩溶蚀在岩体风化带剖面上的溶蚀状况：由强—弱上风化带溶蚀成砂状，到微风化岩带仅沿裂面溶蚀。

强风化带或弱上风化带岩体溶蚀后岩体完整性指标降低，波速很低，图 7.2-10 为左岸沿砾岩溶蚀带声波孔的波速，绝大部分孔段波速在 1500～2200m/s 之间，仅有个别的孔段波速接近 5000m/s，未溶蚀砾岩的波速为 5500m/s。

位于微风化带的砾岩溶蚀带，岩体波速呈现部分变差，部分仍为未溶蚀砾岩波速的特征，反映了砾岩溶蚀程度有所减弱的特征，图 7.2-11 为 12 号坝段微风带砾岩带波速，32 个测段中：$v_P<2000$m/s 的测段 6 段，占 18.7%；$v_P=2000\sim3000$m/s 的测段 6 段，占 18.7%；$v_P=3000\sim5000$m/s 的测段 10 段，占 31.3%；$v_P>5000$m/s 的测段 10 段，占

31.3%。这显示了溶蚀减弱、岩体完整性部分变差的特征。

图 7.2-8 强风化带砾岩溶蚀呈砂状

图 7.2-9 砾岩溶蚀沿风化带剖面上溶蚀情况

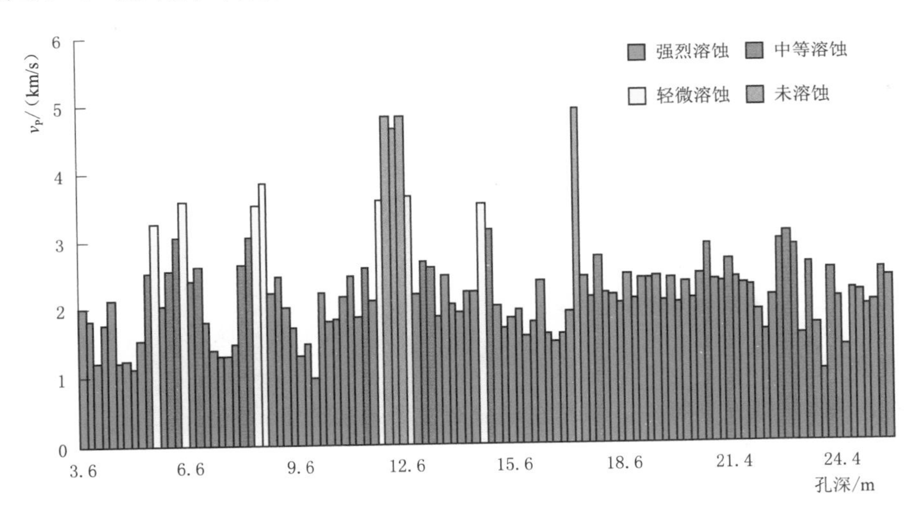

图 7.2-10 左岸强风化带砾岩溶蚀带波速

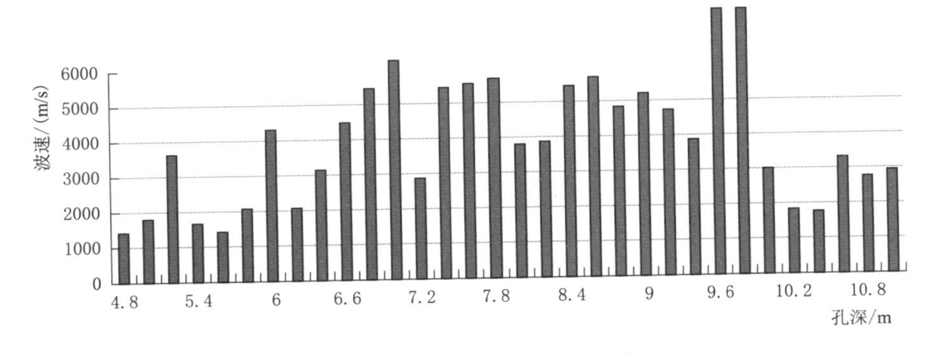

图 7.2-11 12 号坝段微风化砾岩带波速

4）平缓断层上、下岩体溶蚀增强，沿 F_1 断层带砾岩溶蚀增强。坝基12号坝段附近平缓断层 F_1 的两侧岩体，裂隙发育，加上断层带渗流条件相对较好，岩体溶蚀明显较远离断层带的岩体强烈，靠近 F_1 断层砾岩溶蚀成砂状（见图7.2-12），12号坝段上游靠近 F_1 断层上盘砂岩溶蚀成“石牙”状（见图7.2-13），图7.2-14为12号坝段 F_1 断层上盘岩体密集的裂隙溶蚀状况。这些资料表明 F_1 断层附近砾岩的溶蚀程度较强。

图7.2-12　靠近 F_1 断层砾岩溶蚀成砂状

图7.2-13　12号坝段 F_1 断层上盘砂岩溶蚀成“石牙”状

图7.2-14　12号坝段 F_1 断层上盘岩体密集的裂隙溶蚀状况

坝址区岩体溶蚀发育分布特点主要受地层岩性、地质构造和地下水活动控制，此外还受地形地貌、风化卸荷、气候等因素的影响。下面结合工程部位，以及不同部位的岩性、构造和地下水活动条件，对坝址区钙质砂岩、砾岩的溶蚀发育特性进行整体评价。

1）左岸岩体溶蚀发育特性。坝基左岸分布主要地层为 J_2s^2 及 J_2s^{3-1}。J_2s^2 以砾岩、铁质钙质含砾细粒岩屑石英砂岩为主，夹铁质钙质粉砂岩和泥质粉砂岩；J_2s^{3-1} 主要为砂岩夹粉砂岩、泥质粉砂岩。J_2s^2 中的砾岩、含砾砂岩和 J_2s^{3-1} 中的钙质砂岩具有可溶蚀性。其中 J_2s^2 砂、砾岩，碎屑物中砾岩碎屑物大部分为可溶的 $CaCO_3$，可溶性较好。胶结物主要为钙质、铁质胶结，也属于可溶岩类，加之胶结类型多为孔隙式，因此胶结物流失后很容易使碎屑物质呈松散状堆积于溶蚀空洞中。

左岸地下水运动主要受大平坝背斜及构造结构面控制，因此岩体溶蚀发育特征也主要受这些因素的影响。大平坝背斜为倾伏褶皱，坝址区相对隔水层 J_2z 由西南向东北方向逐渐抬高，因此其上的 J_2s^2、J_2s^3 岩层的溶蚀作用也由西南向东北方向逐渐减弱。

在大平坝背斜南东翼部位发育层节理（N65°～70°E，SE∠25°～34°）和反倾节理（N70°～90°E，NW∠50°～70°），平面上主渗透方向为NE；坝基部位发育层节理（N40°E，SE∠45°～55°）和反倾节理（N5°～25°W，SW∠70°～85°），平面上主渗透方向为NNE。地下水总体上的流动方向是由山体内部流向金沙江，地下水的流向与岩体的主渗透方向近斜交，因此在垂直河流方向不能形成贯穿性的溶蚀通道，但沿砾岩可形成斜向贯穿性溶蚀通道。

2）河床岩体溶蚀发育特性。坝址左岸边层节理：N20°E，SE∠75°；右岸边层节理：N34°E，SE∠71°～75°；反倾节理：N40°E，NW∠30°。由于风化卸荷作用，河谷两侧卸荷裂隙较发育，构造条件决定了在河床部位岩体透水性较强的特点，而且主渗透方向与河流流向接近平行。

金沙江是该区域地表、地下水流的排泄基准面，区域地下水流和局部地下水流均排向金沙江，由于河谷虹吸作用，地下水从深部向河床排泄，在河谷处有水流循环，水交替条件较两岸边均有减弱，在此范围内的钙质砂岩、砾岩会形成深部溶孔、溶隙，但其规模都不大。因此，河床部位岩体沿层节理也有发育溶蚀作用，这种溶蚀作用顺层发育，较之岸边溶蚀发育强度弱，也存在贯穿坝基上下游溶蚀孔、洞；特别在 J_2s^2 上部砾岩层中，由于砾岩中可溶成分含量较大，在顺河向节理发育且连通性好的部位存在这种贯穿坝基上下游的溶蚀孔、洞的概率更大。

3）右岸岩体溶蚀发育特性。坝基右岸出露地层为 J_2s^{3-1} ～ J_2s^{3-6}。主要为砂岩夹粉砂岩、泥质粉砂岩，根据三类岩性所占比例的不同分为六层，其中 1、3、5 三层细砂岩占比较高，一般为 70%左右。细粒砂岩由石英、硅质岩屑和灰岩岩屑组成，铁、钙质呈孔隙状胶结。砂岩中的灰岩岩屑以及铁、钙质胶结物是地下水溶蚀的主要对象。

右岸岩体地下水运动主要受干坪子向斜及构造结构面控制。干坪子向斜呈北北东向斜贯全区，两翼基本对称。干坪子台地部位发育层节理（N35°E，SE∠65°）、缓倾角节理（N30°～40°E，NW∠13°～17°）、反倾节理（N40°E，NW∠35°）和横节理（近 N55°W，SW∠55°～80°）；干坪子向斜北西翼部位发育层节理（N40°～45°E，SE∠35°）；右岸坝肩部位发育层节理（N45°～60°E，NW∠35°）、反倾节理（N65°E，SE∠55°）和横节理（近 N30°～40°W，SW∠78°～85°）。根据上述节理发育状况定性分析可知，在干坪子台地部位岩体平面上的渗透性主方向呈北北东向。结合干坪子台地局部地下水流系统分析结果，局部地下水流向也为北北东向，地下水顺层节理、缓倾节理和反倾节理走向流动。由于地下水的物理化学作用，砂岩中的钙质胶结物沿层面、缓倾节理或反倾节理面流失，这与现场平洞、钻孔勘探结果分析是一致的。

由于右岸为凸岸，上游江水可顺层补给地下水，再向下游补给江水，因此局部地下水流循环快，流速较大，且顺层节理、缓倾节理及反倾节理的走向渗透，因此在干坪子台地部位砂岩岩体中可能会有贯穿坝基上下游溶蚀孔洞存在。贯穿性溶蚀孔洞在右岸高程 985.00m 灌浆洞中和 23～26 号坝段开挖面均有存在，主要受节理的贯穿、连通性控制。例如，缓倾节理，延伸较长为 5～10m，宽 0.1～1cm，两侧有 10～20cm 钙质流失的半胶结状砂岩。

右岸溶蚀类型主要为钙质砂岩钙质流失的砂化现象。

7.2.2.2 影响溶蚀发育的主要因素

影响溶蚀发育的主要因素主要受地层岩性、地质构造、地下水循环、pH 值的控制，此外还受地形地貌、风化卸荷、气候等因素的影响。

（1）地层岩性。岩石的矿物成分和化学成分对岩石的溶蚀性能起着决定性的影响。不同的造岩矿物抗地下水侵蚀的能力是不同的。对于相同矿物组成的岩石，其结构、构造对岩石的抗侵蚀能力也有影响。

坝基岩体以砂岩为主，在 J_2s^2 钙质、铁质胶结的砾岩相对较多，碎屑物中砂质碎屑主要为石英，可溶性很差；而砾岩碎屑物大部分为可溶的 $CaCO_3$，可溶性较好。胶结物主要为钙质、铁质胶结，也属于可溶岩类，加之胶结类型多为孔隙式胶结，因此胶结物流失后很容易使碎屑物质呈松散状堆积于溶蚀空洞中。从岩性来讲，砾岩的溶蚀强度大于砂岩；从层位方面来讲，J_2s^2 最发育，J_2s^3 下部发育次之。

（2）地质构造。地质构造与岩体的溶蚀作用有着密切的关系。结构面是地下水深入岩体内部的主要通道，促使溶蚀作用向岩体内部发展。具侵蚀能力的地下水，首先沿裂隙进入岩体内部，在不断进行溶蚀循环的条件下，裂隙逐步扩大。岩体中裂隙越发育，连通性越好，水循环条件越好，溶蚀条件也越好。

坝址区构造主要受左岸大平坝背斜和右岸干坪子向斜控制，且由于干坪子向斜和大平坝背斜向西南方向倾伏，靠南西部位受构造影响挤压较强烈。坝址岩体中发育多组裂隙。根据勘察资料，J_2s^2 和 J_2s^3 下部砂、砾岩层中在陡倾角裂隙发育并张开部位，岩体钙质物质被地下水带走，而形成空洞或架空状。由于地下水淋漓作用，砂岩中的钙质沿层面或陡倾角节理面流失，形成砂土状的透镜体。这些现象表明，溶蚀作用主要受构造控制，根据钻孔岩芯统计，对于岩性相同的岩体，在裂隙发育的部位溶蚀作用就发育，在裂隙不发育的地段，溶蚀作用也不发育。

（3）地下水循环条件。在可溶性岩体中，只有当地下水的补给和排泄条件畅通，能不断地将溶解物质带走，同时又有具侵蚀性的水的不断补充时，才能使溶蚀作用发生。相反，如果地下水流动缓慢或处于静止状态，则溶蚀作用发育迟缓或处于停滞发育阶段。

地下水的流动性主要取决于岩体的透水程度和地下的排泄条件。由于金沙江是该区域内地表水和地下水的排泄基准面，因此地下水统一排向金沙江，由于河谷虹吸作用，地下水从深部向河床排泄，在此范围内的钙质砂岩、砾岩会形成深部溶孔、溶隙，但其规模都不大。

在区域地下水循环系统控制下，且受近浅表水循环系统和地表水流的作用、影响，钙质砂砾岩溶蚀现象的发生：垂向上大多集中在地表以下 100m 深度以内，径向上左岸由地表向山体内侧 120m 范围内。

（4）地下水 pH 值的影响。理论研究表明，当 $pH<6.36$ 时，水具有强烈的侵蚀性；当 pH 从 6.36 上升至 8.33 时，水的侵蚀性由强变弱；当 pH 接近或超过 10 时，水中 H^+ 离子含量已极少，水溶液也逐渐失去对碳酸盐侵蚀的能力。

从坝址区水质分析成果来看，地表水水样 pH 均在 8.0 以上，呈碱性；对泉水、沟水、江水和平洞地下水的 pH 进行了现场测试。从测试结果看，腊乌渡沟泉水 pH 为 6.5，龙井沟泉水 pH 为 7.5，而平洞中渗出的地下水 pH 一般为 5.5～7.0。由此可以看出，观音岩坝址区地下水处于酸性环境下，对钙质砂（砾）岩体具有侵蚀性。

7.2.2.3 溶蚀程度划分的表观特征

根据对溶蚀岩体表观特征的描述和定量判别的分析，将坝基溶蚀砂岩依照溶蚀程度划分为三类：

(1) 轻度溶蚀：面状溶蚀，岩体溶蚀主要顺结构面发育，长度及宽度均有限，岩体表面分布部分溶蚀孔洞或溶蚀缝隙，岩体基本保持原岩完整状态，钻进可得柱状岩芯。

图7.2-15为左岸高程1030.00m平台砾岩仅沿横节理的面状溶蚀，对岩体力学性质的降低影响小一些。

图7.2-15 沿裂面轻度溶蚀的砾岩

(2) 中度溶蚀：溶蚀呈带状，具备一定宽度或厚度，钙质物质未完全流失，岩体仍保持较高的胶结，手工撬挖困难；裂隙溶蚀的宽度大、发展呈囊状或带状，溶蚀带的宽度或厚度大多在10cm以上。高程1059.00m试验平台揭示的囊状或呈带状砂体和保留砾岩原貌的斑状砾岩，构成散体与块体相间的溶蚀结构（见图7.2-16），岩体的力学性质在很大程度上受散体砂的控制。图7.2-17为左岸14坝段开挖至高程1005.00m揭示的砂岩沿裂隙溶蚀成带的图片。

图7.2-16 中度溶蚀砾岩呈现带状砂体与斑状岩石相间分布的特征

图7.2-17 中度溶蚀砂岩沿裂隙出现厚的砂化带

(3) 强烈溶蚀。砾岩或钙质砂岩中钙质基本流失，裂隙间溶蚀贯通，呈砂土状或砂糖状，局部形成空洞或架空状，砂状物质略有胶结，人工可撬挖或是呈散沙状砂岩，手捏即散。图7.2-18、图7.2-19为强烈溶蚀的呈砂状的砾岩、砂岩，早期的完整岩体已变为

图7.2-18 强烈溶蚀呈砂状的砾岩

图7.2-19 强烈溶蚀呈砂状的砂岩

散体状的结构，力学性质向砂过渡。

7.2.2.4 溶蚀岩体溶蚀程度的量化分析

从前面的分析可以看出：既要反映地表溶蚀程度，又要了解建基面以下岩体溶蚀程度时，指标可以选择岩体波速以及对应的岩体变形模量，前者是测试指标，可以作为评价岩体溶蚀后力学参数降低的指标。资料表明：溶蚀岩体波速在1500～2000m/s时，岩体已溶蚀呈砂状。强烈溶蚀带展现出连续达数米的低波速带（见图7.2-20），中度溶蚀则以多段连续低波速并间隔有较多高波速为特征（见图7.2-21），轻度溶蚀的波速多小于3000m/s（见图7.2-22），由于溶蚀多沿倾角大于60°的裂隙溶蚀，溶蚀带的真宽度多小于10cm。

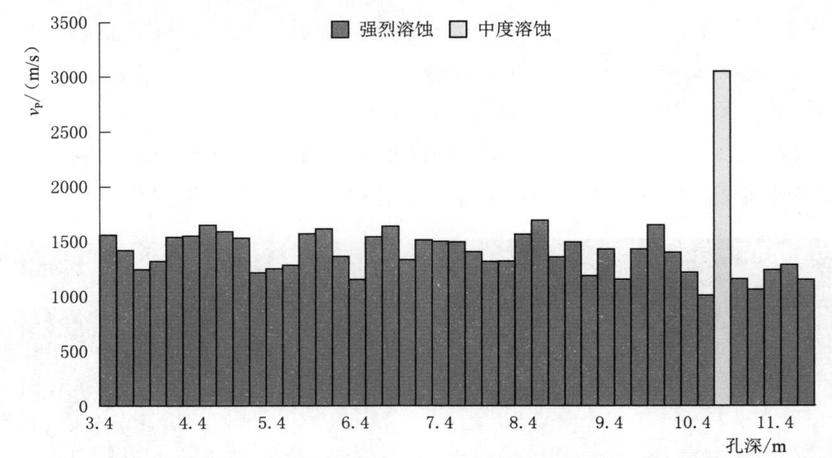

图7.2-20 坝轴线附近砾岩22号顺层孔波速（强烈溶蚀）

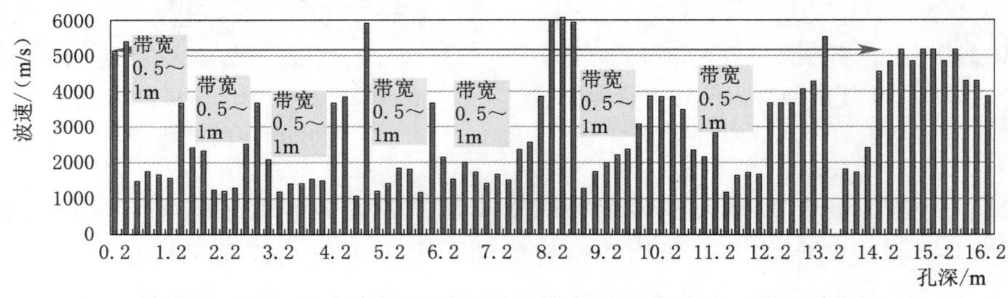

图7.2-21 左岸高程1065.00m砾岩顺层孔波速（中度溶蚀）

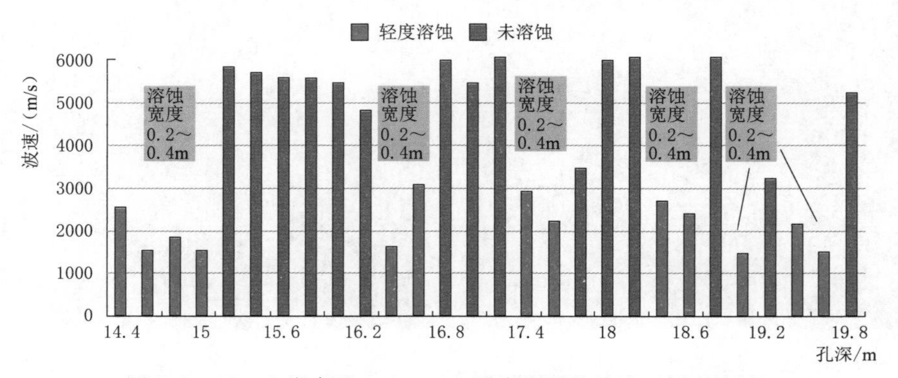

图7.2-22 左岸高程1020.00m砾岩顺层孔波速（轻度溶蚀）

图 7.2-20 中强烈溶蚀带平均波速为 1830m/s，属于可研报告中的Ⅴ级岩体，若全是砂状，属散体结构，也应归属Ⅴ级，中度溶蚀—轻度溶蚀岩体的波速在 1500～5500m/s 之间变化，统计的平均波速值为 2150～3500m/s，对应可研报告的Ⅳ级岩体。

由上面的资料可以用以下波速界线定量划分溶蚀程度如下：

(1) 强烈溶蚀带：波速 1500～2000m/s，且连续厚度达数米，平均波速小于 2000m/s。

(2) 中度溶蚀带：波速在 1500～5500m/s 间大幅波动，平均波速为 3000m/s (表 7.2-2)。

(3) 轻度溶蚀带：波速在 1500～5500m/s 间波动，但低于 2500m/s 波段相对较少，平均波速大于 3500m/s。

表 7.2-2　　中度溶蚀砾岩平均波速

孔　号	岩　性	平均波速/(m/s)		砾岩带位置
		0～2m	＞2m	
ZSC1080-1	砾岩	3620	3390	第五条砾岩
ZSC1065-1	砾岩	2660	2470	第五条与第六条间短砾岩
ZSC1060-2	砾岩	3390	3410	第五条砾岩
ZSC1059-1	砾岩			第五条与第六条间短砾岩
ZSC1050-1	砾岩	2460	2910	第五条与第六条间短砾岩
ZSC1030-1	砾岩	2770	3230	第四条砾岩
ZSC1030-4	砾岩	2870	3170	第六条砾岩
ZSC1020-2	砾岩	2150	3390	第四条砾岩
ZSC1020-3	砾岩	2270	3570	第六条砾岩
ZSC1010-1	砾岩	3270	3320	第三条砾岩

由坝基变形试验资料建立的波速-变形模量关系，可以得到不同溶蚀程度的变形模量区间值：①强烈溶蚀带变形模量 0.3～1.0GPa；②中度溶蚀带变形模量 1～3.0GPa；③轻度溶蚀带变形模量 3～6GPa。

7.2.2.5　钙质砂（砾）岩溶蚀形成机理分析

相关研究发现，含钙或钙质砂岩、砾岩胶结物大多为方解石，其溶蚀机制一般认定为：该喀斯特现象是由于胶结物的溶蚀潜蚀，造成岩石解体，砾石成为溶洞的充填物。这种现象也被称作“假喀斯特”——化学溶解和潜蚀同样重要的一种喀斯特。以往喀斯特研究表明：当岩石中方解石和白云石含量超过 10%时，喀斯特开始明显发育；10%～35%时喀斯特发育较好；35%～60%时喀斯特发育好；超过 60%时，喀斯特发育很好。岩石薄片鉴定表明，观音岩电站坝址区钙质砂砾岩中胶结物占 18%～35%，其中大部分成分为方解石。恰好处于“喀斯特开始明显发育一喀斯特发育较好”这一区间内。

喀斯特是否发育主要受到岩石的成分影响，而水则是使岩体产生各种地表、地下喀斯特现象变化的条件之一。喀斯特现象发生的影响因素包括的物理化学因素通过水的变化可以显示出来的有：pH、Eh、CO_2 的含量、溶液化学组分、水流的速度。当然，被溶解质点的大小、体系的温度和压力也会影响溶蚀的快慢。

在钙质砂岩中，通过溶蚀被带走的矿物成分主要是碳酸钙（方解石）。碳酸钙在水中的溶解或析出与CO_2的进入或是逸出，可建立下述的化学平衡：大气圈中的CO_2向水中扩散时溶解的CO_2：大气$CO_2 \longleftrightarrow$溶解CO_2；溶解的CO_2与水作用形成碳酸：$CO_2+H_2O \longleftrightarrow H_2CO_3$；碳酸的第一级解离：$H_2CO_3 \longleftrightarrow H^+ + HCO_3^-$；碳酸的第二级解离：$HCO_3^- \longleftrightarrow H^+ + CO_3^{2-}$；水的离解：$H_2O \longleftrightarrow H^+ + OH^-$；碳酸钙的溶解：$CaCO_3 \longleftrightarrow Ca^{2+} + CO_3^{2-}$。因此，碳酸钙在含碳酸的水中的溶解反应式为：$CaCO_3+CO_2+H_2O \longleftrightarrow Ca^{2+}+2HCO_3^-$。

7.2.2.6 开挖坝基溶蚀岩体特征研究

坝基未溶蚀的砾岩、巨厚层砂岩呈整体块状、高波速（5000m/s以上）、高变形模量（大于15GPa）状态。

图7.2-23 砾岩溶蚀成为新的软弱带

坝基分布的砾岩及部分砂岩溶蚀、砂化严重，成为坝基质量最差、力学性能明显降低的岩体，直接影响到高混凝土重力坝地基岩体的利用和建基面的确定，是观音岩坝基重大的工程问题，坝基开挖后，较多的溶蚀岩体揭露出来，有的严重解体、砂化（强烈溶蚀的条带），有的成片带状溶蚀成为新的软弱带（见图7.2-23）。

（1）左岸及河中（1～22号坝段）坝基溶蚀岩体基本特征。左岸各坝段不同岩性比例统计结果见表7.2-3，砾岩所占比例平均约15%，其中1～5号坝段砾岩所占比例相对较少。

从表7.2-3可以看出：1～2号坝段以厚层砂岩为主夹有泥质岩；3～7号坝段泥质岩有较多分布，砂岩、砾岩、泥质岩交互分布段；7～13号坝段溶蚀砾岩分布较多，是以砂岩、砾岩为主的坝段。

左岸及河床岩体溶蚀特征从建基面地质资料看：

1）左岸高程1080.00m以上1～3号坝段溶蚀现象较少，与溶蚀主要在Ⅲ级阶地以下发育相吻合。

表7.2-3 左岸各坝段不同岩性比例统计表

坝段编号	所占比例/%				地层代号
	砂岩	砾岩	粉砂岩	粉砂质泥岩	
1	88.31	4.91	6.18	0.60	J_2s^{2-2}
2	64.45	11.80	21.90	1.86	J_2s^{2-2}
3	42.04	4.56	41.67	11.73	J_2s^{2-1}
4	47.42	6.23	29.23	17.12	J_2s^{2-1}

续表

坝段编号	所占比例/%				地层代号
	砂岩	砾岩	粉砂岩	粉砂质泥岩	
5	65.85	10.39	14.25	9.51	J_2s^{2-1}
6	57.91	21.34	13.20	7.56	J_2s^{2-1}
7	72.35	17.37	6.54	3.74	J_2s^{2-1}
8	74.76	13.13	8.78	3.33	J_2s^{2-1}
9	62.24	16.95	17.08	3.73	J_2s^{2-1}
10	55.28	17.71	22.55	4.46	J_2s^{2-1}
11	54.06	23.80	19.65	2.49	J_2s^{2-1}
12	63.24	17.86	17.79	1.11	J_2s^{2-1}
13	71.96	14.51	13.05	0.48	J_2s^{2-1}
平均值	60.60	14.90	18.50	5.90	

2）左岸高程 1060.00～1080.00m4～5 号坝段砾岩分布较少，多沿横节理面溶蚀，图 7.2-24 为高程 1060.00～1065.00m 坝坡沿陡倾角横节理溶蚀。

3）高程 1060.00～990.00m 5～10 号坝段以囊状溶蚀、沿横节理面溶蚀为主（图 7.2-25）。

图 7.2-24 坝坡沿陡倾角横节理溶蚀

图 7.2-25 高程 1060.00m 平台砾岩囊状溶蚀

10～15 号坝段以沿横节理面溶蚀为主，部分囊状溶蚀，但同一条在微新岩带以裂面溶蚀为主（图 7.2-26）。

4）16～20 号坝段（高程 980.00m）溶蚀发育程度较两岸边轻微，局部砾岩条带存在沿横节理面溶蚀现象，河床坝段有数条溶蚀砂岩带。

5）21～22 号坝段（高程 980.00～1005.00m）以沿横节理面溶蚀为主，坝段岩体以钙质细砂岩、钙质砾岩为主，坝基面上钙质流失和溶蚀较发育。

图 7.2-26 13 号坝段 6 号溶蚀条带

该部位发育较大溶蚀砾岩带 7 条，溶蚀岩带宽度一般在 1.0～4.0m，其中以第 3、4、5 条规模最大，宽度为 3.0～4.0m，溶蚀岩带间距一般在 10m 以上，其中与大坝直接相关的为第 3～6 条砾岩带，间距在 17.0～21.0m 之间，见图 7.2-27。

坝基 12 号坝段附近平缓断层 F_1 的两侧岩体，裂隙发育，加上断层带渗流条件相对较好，岩体溶蚀明显较远离断层带的岩体强烈。

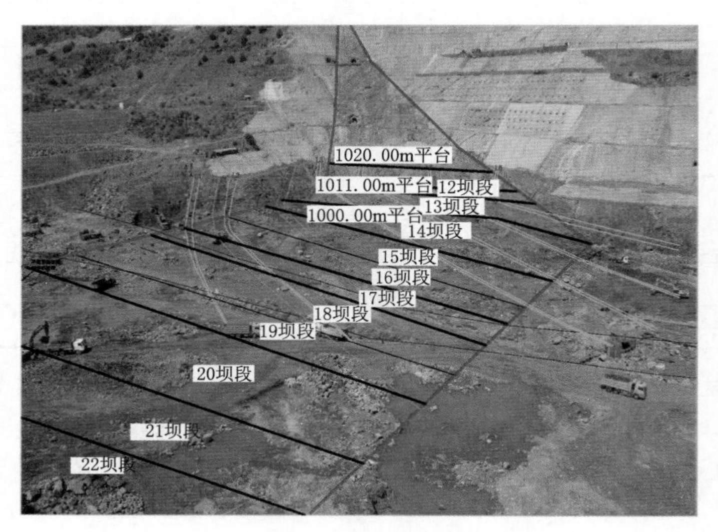

图 7.2-27 坝基溶蚀条带分布图

(2) 右岸（28～35 号坝段）坝基溶蚀岩体基本特征。右岸 28～35 号坝段主要为侏罗系蛇店组上段（J_2s^3）地层，其中以 J_2s^{3-3} 和 J_2s^{3-4} 为主，主要为紫红色厚层—巨厚层细粒砂岩、棕红色中—厚层状铁质钙质粉砂岩夹泥质粉砂岩，局部为砾岩或含砾砂岩，岩层受构造影响，产状变化较大，岩层产状范围为 N15°～50°E/SE∠55°～85°，往右岸向斜核部方向岩层有所转缓。右岸砾岩所占比例不大，且仅在个别坝段出现，溶蚀程度不高，溶蚀岩体主要为钙质砂岩，主要表现为在地下水的淋滤下砂岩钙质流失；溶蚀岩体主要以轻度溶蚀和中度溶蚀为主，仅个别地段发育强烈溶蚀岩体。岩体溶蚀特征主要为以下三种情况：

1）溶蚀岩体呈点状零星分布或是顺横节理发育，范围和延伸长度均不大，无明显的分布规律。

2）顺坝基岩体中缓倾角结构面溶蚀，结构面两侧岩体分布溶蚀孔洞或是局部呈砂土状，顺结构面走向方向延伸，溶蚀范围和深度不一［图 7.2-28 (a)］。

3）顺岩层走向钙质砂岩呈条带状溶蚀，见图 7.2-28 (b)，相对溶蚀岩体延伸范围和深度较大。

总体来看，开挖面上岩体溶蚀呈点、线、面状分布，无明显的规律，见图 7.2-29。

通过开挖面上溶蚀岩体的现场地质测绘，依照实测的溶蚀岩体坐标、延伸方向、范围，绘制右岸坝基 28～35 号坝段溶蚀岩体平面展布图（图 7.2-5），从图中可看出，溶蚀岩体主要以轻度溶蚀和中度溶蚀为主，溶蚀岩体呈点、线、面状分布。

(a) 顺缓倾角结构面呈面状溶蚀　　(b) 顺岩层走向条带状溶蚀

图 7.2-28　右岸坝基岩体溶蚀发育特征

对开挖面上轻度溶蚀和中度溶蚀所占面积进行统计，并与各个坝段坝基岩体总面积相比较，获得轻度溶蚀和中度溶蚀面积百分比，并计算溶蚀面积所占总比例，见表 7.2-4，轻度溶蚀和中度溶蚀面积所占比例均小于 10%，溶蚀总面积所占比例大多在 10%以内。总体来看，右岸 28～35 号坝段坝基岩体溶蚀发育程度相对左岸坝基较低，且在清基过程中针对开挖面溶蚀岩体进行了细致的清基，并开展了专门的工程处理，进一步减弱了开挖面溶蚀岩体对坝基稳定的影响。

图 7.2-29　右岸坝基岩体开挖面溶蚀发育特征

表 7.2-4　　右岸 28～35 号坝段开挖面溶蚀岩体面积比例统计

坝段编号	轻度溶蚀面积所占比例/%	中度溶蚀面积所占比例/%	溶蚀面积总比例/%	坝段编号	轻度溶蚀面积所占比例/%	中度溶蚀面积所占比例/%	溶蚀面积总比例/%
28～29	6.65	3.87	10.52	33	2.08	0.48	2.56
30	1.43	7.03	8.46	34	2.32	1.84	4.16
31	5.10	1.82	6.91	35	4.87	1.17	6.05
32	4.64	6.85	11.49				

(3) 右岸坝基深部岩体溶蚀发育特征。位于开挖面以下坝基深部岩体的溶蚀发育特征，主要通过孔内电视和对应的声波波速进行判断，通过对不同溶蚀程度岩体的钻孔电视与波速对比，钻孔内揭示的溶蚀岩体特征如下。

1) 轻度溶蚀岩体。钻孔电视内主要表现为沿节理面发育的溶蚀岩体，节理面略有张开，发育溶蚀孔洞，总体统计成果显示轻度溶蚀岩体对应声波波速为 2000m/s 以上，但波速值多小于 3000m/s，图 7.2-30 (a) 为典型的轻度溶蚀岩体的钻孔电视成果及对应的波速特征值。

2) 中度溶蚀岩体。岩体钙质基本流失，形成架空状，或是在钻孔清洗过程中表部砂土状物质清除后形成空洞，波速值多在2000m/s以下，图7.2-30（b）为中度溶蚀岩体对应的钻孔电视及波速测试成果。

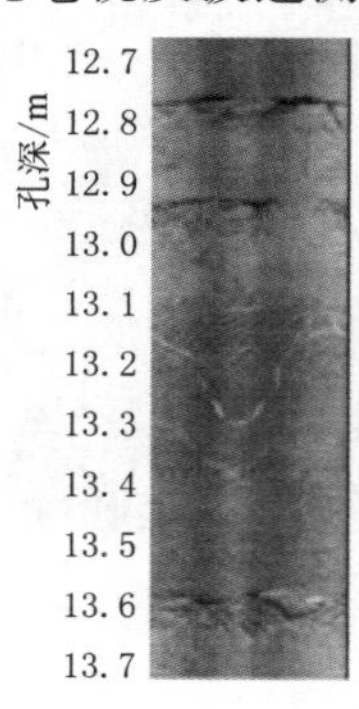

孔深/m	波速/(km/s)
12.8	2.91
13.0	2.17
13.2	2.40
13.4	3.57
13.6	2.58

（a）轻度溶蚀

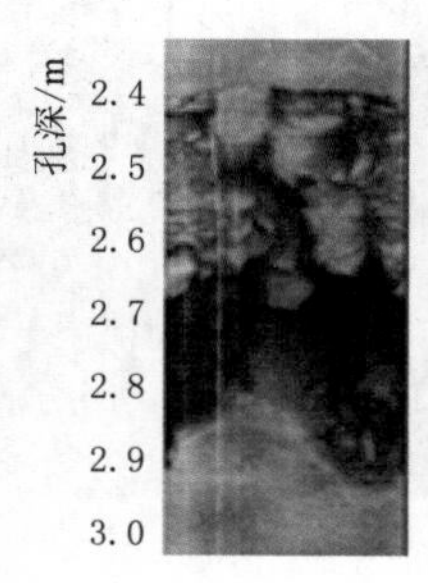

孔深/m	波速/(km/s)
2.4	1.64
2.6	1.55
2.8	1.59
3.0	1.77

（b）中度溶蚀

图7.2-30 右岸坝基深部溶蚀岩体钻孔电视及对应波速

由各个坝段的钻孔电视以及声波波速测试成果可知，钻孔电视中未见大规模的连续性溶蚀空洞，孔内连续性的低波速段在3m范围以内。根据不同溶蚀程度对应的波速范围值，以波速2200～3000m/s和小于2200m/s分别对轻度溶蚀和中度溶蚀岩体比例进行统计，统计数据采用在物探孔内所测得的岩体声波波速，统计过程中将爆破松弛带内的低波速段剔除，获得坝基深部不同溶蚀程度岩体所占比例，见表7.2-5。

表7.2-5 右岸坝基物探孔内溶蚀岩体比例统计

坝段编号	轻度溶蚀	中度溶蚀	总比例/%
	2200～3000m/s波速所占比例/%	<2200m/s波速所占比例/%	
29	8.55	3.16	11.71
30	3.36	0.67	4.03
31	11.64	10.18	21.82
32	12.98	12.98	25.96
33	12.72	7.54	20.26
34	19.22	7.96	27.18

1）各个坝段坝基轻度溶蚀岩体比例均大于中度溶蚀岩体，轻度溶蚀岩体所占比例在3.36%～19.22%之间，中度溶蚀岩体所占比例大多在10%以内，总体溶蚀岩体所占比例为4.03%～27.18%。

2）各个坝段坝基溶蚀比例差异相对较大，30号坝段溶蚀岩体所占比例仅为4.03%，31～34号坝段溶蚀岩体所占比例均在20%以上。

3）由于比例统计成果主要依照低波速段的分布比例来进行判断，溶蚀比例应当为可能溶蚀岩体的最大值。岩体松弛或物探孔冲洗、冲刷等因素的影响同样可导致波速值降低，因此，实际溶蚀岩体比例应当较现有统计值低。

7.2.3 溶蚀岩体力学试验及成果分析

（1）溶蚀岩体现场大型承压板变形试验及成果分析。试验点位于左岸6号坝段高程

1059.00m平台靠下游侧，承载板范围内为沿陡倾角结构面溶蚀的砾岩，溶蚀程度分别为未溶蚀的新鲜完整砾岩和中度溶蚀呈砂状的岩体，溶蚀岩体分布特征见图7.2-31。

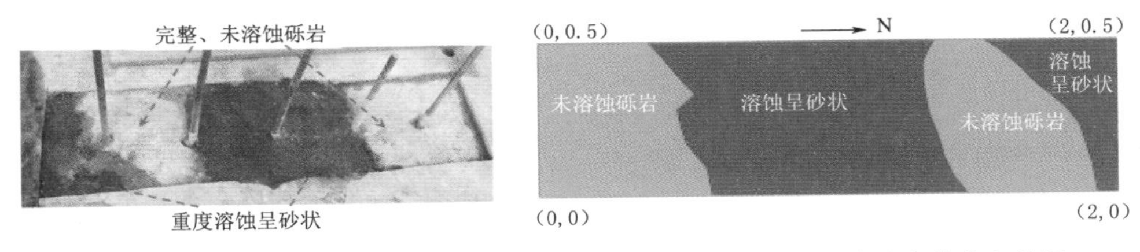

图7.2-31 左岸高程1059.00m平台综合变形试验承载板范围溶蚀岩体分布特征

溶蚀岩体所占比例统计结果见表7.2-6，根据统计结果，溶蚀呈砂状的岩体占53.18%，未溶蚀的砾岩占46.82%。

表7.2-6 左岸1059.00m平台综合试验点溶蚀砾岩所占比例

岩　　性	所占面积/m^2	比例/%
未溶蚀砾岩	0.4682	46.82
中度溶蚀砾岩	0.5318	53.18

试验获得的应力-变形曲线，见图7.2-32，试验结果见表7.2-7。根据试验结果，板上应力小于2.0MPa，变形模量小于2GPa，板上应力2.85MPa对应的变形模量值为4.10GPa，较低应力条件下溶蚀砾岩的变形模量与用波速、溶蚀带模量分析理论公式计算的值1～3GPa基本一致。

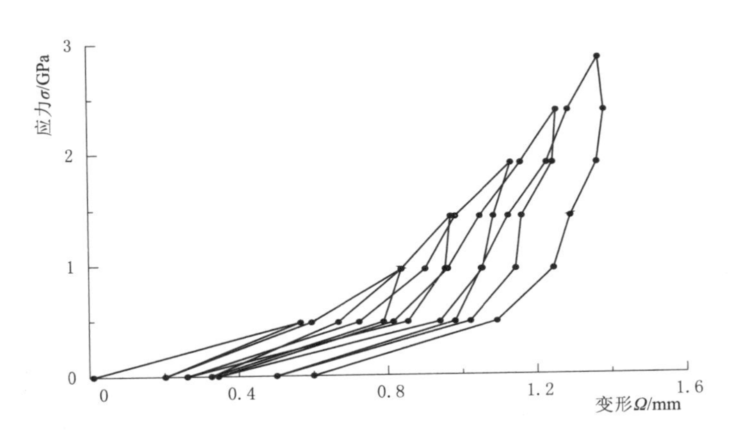

图7.2-32 左岸高程1059.00m平台综合变形试验应力—变形曲线

表7.2-7 左岸高程1059.00m平台溶蚀砾岩承压大板综合试验各级应力下模量

试验位置	溶蚀岩体比例		板上应力/MPa	变形模量/GPa
	溶蚀程度	所占比例/%		
左岸6号坝段 1059.00m高程	未溶蚀	46.82	0.48	0.70
			0.95	1.23
			1.43	1.67

续表

试验位置	溶蚀岩体比例		板上应力/MPa	变形模量/GPa
	溶蚀程度	所占比例/%		
左岸6号坝段 1059.00m高程	溶蚀呈砂状	53.18	1.90	1.86
			2.38	2.26
			2.85	4.10

(2) 溶蚀对岩体力学性质的损伤。针对右岸35号坝段靠下游侧的中度溶蚀砂岩开展现场变形试验，试验点岩体特征见图7.2-33。

图7.2-33 35号坝段下游侧溶蚀砂岩特征及分布

取原状样测试了溶蚀砂岩的密度，试验结果在2.16～2.49g/cm^{3}之间，平均值为2.30g/cm^3，砂岩在溶蚀作用下钙质胶结物流失，密度明显减小。岩体的平均波速为2484m/s，溶蚀岩体的变形模量为1.55GPa。

35号坝段主要分布编号为49～53号的5层砂岩（图7.2-34），分析该坝段全部的波速测试成果可知，右岸35号坝段建基面2m以下未溶蚀的砂岩波速均在4220m/s以上，对应变形模量值也在9GPa以上（表7.2-8），而统计单层岩体的波速和模量，单层岩体的波速值在3331～3933m/s之间，对应的变形模量在4.36～7.38GPa之间，波速和模量减小幅度较大，溶蚀对岩体力学性质的损伤明显。

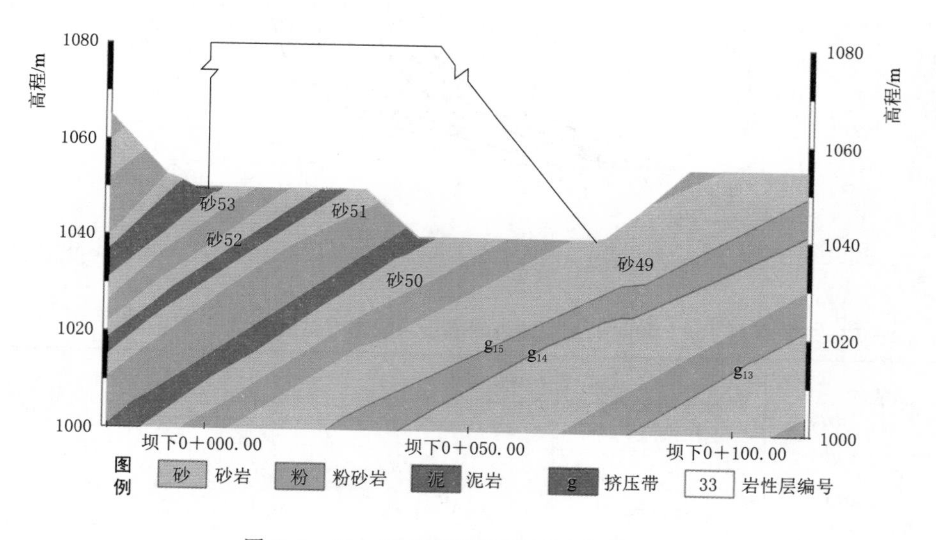

图7.2-34 35号坝段中线剖面砂岩分布

表 7.2-8　　35号坝段单层砂岩溶蚀及未溶蚀岩体波速及模量对比表

砂岩层编号	未溶蚀砂岩		溶蚀岩体	
	未溶蚀岩体平均波速/(m/s)	对应变形模量/GPa	溶蚀岩体平均波速/(m/s)	对应变形模量/GPa
砂 49	4448	10.90	3727	6.22
砂 50	4228	9.28	3331	4.36
砂 51	4259	9.50	3933	7.38

7.2.4 溶蚀岩体渗透特性分析

为量化表征钙质溶蚀对岩体的渗透能力的影响，研究选取不同溶蚀程度的岩样进行渗透试验，获得其渗透性能与溶蚀程度间的内在关系。试验结果见表 7.2-9。

从表 7.2-9 中可看出，无溶蚀的砂岩孔隙度在 1%～2%范围，临界水力坡降、容许水力坡降分别大于 3.0、1.5；轻微溶蚀砂岩的孔隙度增大到 7%～18%、容许水力坡降大于 1.0；而严重的岩石溶蚀变轻者孔隙度可达 24%～37%、容许水力坡降低至 0.69。

表 7.2-9　　坝址区钙质砂岩渗透试验成果表

序号	样品号	岩性及溶蚀程度	岩石密度/(g/cm³)	孔隙度 n/%	渗透系数 K/(m/d)	临界水力坡降 J_{cr}	容许水力坡降 $J_{容许}$
1	1-2	无溶蚀砂岩	2.64	1.82	1.79×10^{-5}	3.54	1.77
2	ZK-1	无溶蚀砂岩	2.63	2.08	2.50×10^{-5}	3.52	1.76
3	PD114-9	轻微溶蚀砂岩	2.49	7.29	3.08×10^{-4}	3.03	1.52
4	3-4	轻微溶蚀砂岩	2.19	17.99	1.41×10^{-2}	2.14	1.07
5	PD6-1	砂岩溶蚀变轻严重	2.0	24.01	2.12×10^{-1}	1.67	0.84
6	S-H-1	砂岩溶蚀变轻严重	2.0	37.21	1.28	1.38	0.69

7.2.5 坝基岩体质量分类

(1) 岩体结构类型。岩体结构是坝基岩体工程地质评价的基础，根据《水力发电工程地质勘察规范》(GB 50287) 中层状岩体结构划分，对坝址不同岩性、不同岩组的岩体结构进行了划分统计，见表 7.2-10 。

表 7.2-10　　坝址区地层岩体结构比例表

地层	比例/%				
	薄层状结构	互层状结构	中厚层状结构	厚层状结构	巨厚层状结构
J_2s^{1-3}	15.37	7.26	3.80	12.59	60.98
J_2s^{2-1}	6.43	10.53	4.38	24.40	54.26
J_2s^{2-2}	5.06	7.30	6.76	12.49	68.38
J_2s^{3-1}	1.76	8.14	17.23	33.62	39.24

续表

地层	比例/%				
	薄层状结构	互层状结构	中厚层状结构	厚层状结构	巨厚层状结构
J_2s^{3-2}，J_2s^{3-3}	14.23	10.17	28.56	20.25	26.79
J_2s^{3-4}	21.41	11.31	19.93	12.85	34.50
J_2s^{3-5}	11.56	10.96	4.10	11.47	61.91

对比左右岸不同岩性的岩体结构类型的比例，可以看出泥质岩主要以薄层—互层状结构为主，粉砂岩以互层—中厚层状为主，砂岩及砾岩则绝大部分为厚层状和巨厚层状。J_2s^{2-1}、J_2s^{2-2} 以砂岩及砾岩为主，因此左岸厚层状—巨厚层状岩体结构相对比右岸要多。

在上述岩体结构统计基础上，结合坝址地质条件和工程的需要，提出观音岩水电站坝址的岩体结构分类，见表7.2-11。

表7.2-11　岩体结构分类表

类型	亚类	岩体结构特征
层状结构	巨厚层状结构	岩体完整，呈巨厚层状，结构面以层面为主，间距大于100cm
	厚层状结构	岩体较完整，呈厚层状，结构面以层面为主，间距一般为100～50cm
	中厚层状结构	岩体较完整，呈中厚层状，结构面以层面为主，间距一般为50～30cm
	互层状结构	岩体较完整或完整性差，层面呈互层状，较发育或发育，岩性以粉砂岩、泥质粉砂岩类为主，间距一般为30～10cm
	薄层状结构	岩体完整性差，层面呈薄层状，结构面发育，岩性以泥质粉砂岩类为主，间距一般小于10cm
碎裂结构	镶嵌碎裂结构	岩体完整性差，弱微风化岩体中的节理密集带，Ⅲ类以上结构面的影响带，Ⅳ、Ⅴ类结构面较发育—很发育，岩块镶嵌紧密，间距一般为30～10cm
	碎裂结构	多为强卸荷岩体，岩体较破碎，层面不明显，结构面很发育，间距一般小于10cm，岩块间咬合力差
散体结构	碎块状结构	部分强风化岩体或挤压带中结构松散碎块岩
	碎屑状结构	全风化及部分强风化岩体，断层破碎岩体，强溶蚀砂化岩体

对比左右岸不同岩性的岩体结构类型的比例：泥质岩主要以薄层—互层状结构为主，粉砂岩以互层—中厚层状为主，砂岩及砾岩则绝大部分为厚层状和巨厚层状。J_2s^{2-1}、J_2s^{2-2} 以砂岩及砾岩为主，因此左岸厚层状—巨厚层状岩体结构相对比右岸多。

（2）岩体质量分类。岩体质量分类以《水力发电工程地质勘察规范》（GB 50287）为标准，结合观音岩水电站坝基岩体自身特殊的性质，确定坝基岩体以Ⅲ$_a$、Ⅲ$_b$ 类岩体为主，微风化的 J_2s^{1-3b}、J_2s^{3-6} 和弱风化的 J_2s^{-2} 为Ⅳ$_a$ 类岩体，弱风化的 J_2s^{1-3b}、J_2s^{3-6} 为Ⅳ$_b$ 类岩体，强溶蚀岩体为Ⅴ类岩体。由于岩石胶结物的溶蚀，使得其岩体质量有较明显的减弱，总体上可减小一个量级。弱风化溶蚀岩体以Ⅴ、Ⅳ类岩体为主，少量Ⅲ类岩体，微新风化中等至轻微溶蚀岩体中以Ⅳ、Ⅲ类岩体为主；强溶蚀岩体为Ⅴ类岩体。分类结果见表7.2-12。

表 7.2-12　观音岩水电站坝基岩体质量分类

岩体质量分类	定性指标	岩体质量分类量化指标：岩体结构：层状结构：类型	岩层厚度	对应块状结构类型	岩石饱和抗压强度 R_b/MPa	完整性系数 K_v	纵波速度 v_P/(m/s)	钻孔 RQD	坝基代表性层位	建议岩体力学指标：变形模量/GPa	混凝土/岩抗剪断强度 f'	混凝土/岩抗剪断强度 c'/MPa	岩/岩抗剪断强度 f'	岩/岩抗剪断强度 c'/MPa	承载力/MPa
Ⅱ	微风化—新鲜砂岩、砾岩为主岩体，厚层、巨厚层状结构，含有少量薄层状、互层状结构岩体，裂隙轻度发育，闭合状，延伸短	巨厚、厚层状含少量薄层、互层状	除少量薄层外，层厚一般>50cm	块状	>60	0.65～0.75	4500～5200	85～90	J_2s^{1-2}、J_2s^{2-2}、J_2s^{3-1}、J_2s^{3-3}、J_2s^{3-5} 中厚层—巨厚层状的微风化岩体	10～15	1.15～1.25	1.15～1.25	1.25～1.35	1.65～1.75	8～10
Ⅲ（Ⅲ$_a$）	①厚层—巨厚层状结构的砂岩、砾岩为主，含有薄层、互层状结构粉砂岩、泥质岩的微风化、弱风化下带岩体。不受溶蚀直接影响岩体	①厚层、巨厚层状为主，含有薄层、互层	①除薄层外，层厚一般>50cm	块状、次块状	>60	0.55～0.65	4000～4500	75～85	①J_2s^{1-2}、J_2s^{2-2}、J_2s^{3-1}、J_2s^{3-3}、J_2s^{3-5} 中微风化、弱风化下带岩体	6～10	1.05～1.15	1.05～1.15	1.15～1.25	1.15～1.25	6～8
Ⅲ（Ⅲ$_a$）	②中厚层、薄层状为主夹有厚层的微风化岩体	②互层状	②30～50cm为主		30<R_b<60				②J_2s^{2-1} 微风化的岩体						
Ⅲ（Ⅲ$_b$）	①弱风化上带厚层状结构，含有少量薄层状岩体。弱微风化带溶蚀条带之间或受溶蚀裂隙局部影响的岩体	①厚层—巨厚含有薄层状为主	①除薄层、互层外，层厚>50cm	次块状、镶嵌碎裂	>60	0.45～0.55	3500～4000	60～75	①J_2s^{1-2}、J_2s^{2-2}、J_2s^{3-1}、J_2s^{3-3}、J_2s^{3-5} 弱风化上带岩体	3～6	0.9～1.0	0.8～0.9	0.9～1.0	0.8～0.9	4～6
Ⅲ（Ⅲ$_b$）	②中厚层、薄层为主，夹有厚层的弱风化岩体	②薄层—中厚层状为主	②层厚以10～30cm为主，少部分30～50cm		30<R_b<60				②J_2s^{2-1} 弱风化下带岩体，微风化 J_2s^{3-2}、J_2s^{3-4} 岩体						
Ⅳ（Ⅳ$_a$）	互层、薄层状砂岩、粉砂岩、泥质岩的弱风化岩体及微风化带泥质岩类岩体及轻微钙质流失细砂岩	薄层—互层状	层厚10～100cm不等	镶嵌碎裂	10<R_b<60	0.35～0.45	2500～3500	40～60	J_2s^{3-2} 互层、薄层为主的弱风化岩体；J_2s^{1-3a}、J_2s^{3-6} 微风化带泥质岩类岩体	2～3	0.75～0.85	0.45～0.55	0.75～0.85	0.45～0.55	2～4
Ⅳ	强风化层状岩体	层状结构							强风化岩体						
Ⅳ（Ⅳ$_b$）	弱下风化下带泥质岩类岩体、弱风化带下段和微风化带中的破碎岩体及中等钙质流失细砂岩	层状结构	层厚10～100cm不等	镶嵌或碎裂	10<R_b<60	0.25～0.35	1500～2500	<40	J_2s^{1-3}、J_2s^{3-6} 弱风化带中的泥质岩及破碎岩体	0.3～2	0.5～0.6	0.15～0.35	0.5～0.6	0.15～0.35	0.5～1.5
Ⅴ（Ⅴ）	厚度较大含有连续泥质条带的软弱夹层，强溶蚀呈砂状的岩体	散体结构	<10cm	散体		≤0.15	<1500	0		<0.3	0.4	0.04	0.4	0.04	<0.5

7.2.6 岩体力学参数建议

在对坝址工程岩体进行部分野外原位测试工作基础上，根据现场各类工程岩体的性状，结合工程类比并参考规范综合提出各类岩体力学参数建议值。

结构面、软弱夹层抗剪强度建议值见表 7.2-13。

表 7.2-13 结构面、软弱夹层抗剪强度建议值

类别	亚类代号	风化卸荷	性状	代表性结构面	试验值（小值平均）		建议值	
					f'	c'/MPa	f'	c'/MPa
刚性结构面	A_1	弱微	胶结	方解石脉胶结的层面、节理等结构面			0.60～0.65	0.10～0.15
	A_2	弱微	闭合	闭合的层面、反倾节理、部分横节理			0.55	0.10～0.15
	A_3	弱微	微张开	部分横节理、褶皱轴部的纵张节理			0.55	0.05
软弱结构面	B_1		岩块岩屑型	层面、卸荷裂隙、破碎方解石脉	0.716	0.073	0.55	0.10
	B_2		岩屑夹泥型	层面挤压错动带、卸荷裂隙、断层破碎带	0.471	0.047	0.45	0.05
	B_3		泥夹岩屑	层面挤压错动带、卸荷裂隙、断层破碎带			0.28	0.02～0.03
极软结构面	C		泥化层	层面挤压错动带、卸荷裂隙			0.18～0.20	0.01～0.02

各岩层不同风化带岩体力学参数建议值见表 7.2-14。

表 7.2-14 岩体力学参数建议值

地层	各类岩石所占比例/%			风化带	混凝土/岩体抗剪断强度		岩体抗剪断强度		变形模量	允许承载力
	细砂岩	粉砂岩	泥质砂岩		f'	c'/MPa	f'	c'/MPa	E_0/GPa	[R]/MPa
J_2s^{2-1}	65.8	30.1	4.1	微	1.05	1.05	1.15	1.15	9	6
				弱	1.00	0.90	1.00	0.90	6	5
				强	0.70	0.30	0.55	0.30	2	1
J_2s^{2-2}	69.5	21.2	9.3	微	1.10	1.10	1.20	1.20	10	7
				弱	1.00	0.90	1.00	0.90	6	5
				强	0.70	0.30	0.55	0.30	2	1
J_2s^{3-1}	60～70	15～30	10～15	微	1.05	1.05	1.15	1.15	9	6
				弱	1.00	0.90	1.00	0.90	6	5
				强	0.70	0.30	0.55	0.30	2	1

续表

地层	各类岩石所占比例/%			风化带	混凝土/岩体抗剪断强度		岩体抗剪断强度		变形模量	允许承载力
	细砂岩	粉砂岩	泥质砂岩		f'	c'/MPa	f'	c'/MPa	E_0/GPa	[R]/MPa
J_2s^{3-2}	0～10	70～99	1～20	微	0.95	0.80	0.95	0.80	5	4
				弱	0.90	0.65	0.90	0.65	3	3
				强	0.70	0.30	0.55	0.30	2	1
J_2s^{3-3}	70～75	15	10～15	微	1.05	1.05	1.15	1.15	9	6
				弱	1.00	0.90	1.00	0.90	6	5
				强	0.70	0.30	0.55	0.30	2	1
J_2s^{3-4}	50	15～30	25～35	微	1.00	0.90	1.00	0.90	6	5
				弱	0.95	0.70	0.95	0.70	4	4
				强	0.70	0.30	0.55	0.30	2	1
J_2s^{3-5}	65～75	10～15	10～15	微	1.05	1.05	1.15	1.15	9	6
				弱	1.00	0.90	1.00	0.90	6	5
				强	0.70	0.30	0.55	0.30	2	1
J_2s^{3-6}	10～20	20～30	50～60	微	0.95	0.80	0.95	0.80	5	4
				弱	0.90	0.65	0.90	0.65	3	3
				强	0.70	0.30	0.55	0.30	2	1

7.2.7 开挖坝基地质条件与前期勘察结论对比分析

坝基于2009年3月开始爆破开挖，2012年12月开挖基本完成。开挖揭示的建基面地质条件与前期地质勘察结论基本一致，主要变化有岩性比例变化、缓倾角断层及基坑涌水量大等问题。

（1）岩性比例变化。左岸地基开挖揭露的地层层位及对应的岩性比例与招标阶段的岩性比例进行对比得出：

J_2s^{2-1}层：砂岩比例多17%；砾岩比例少15%；泥质岩、粉砂岩所占比例接近。

J_2s^{2-2}层：砂岩比例多17%左右；砾岩比例接近；粉砂岩少11%；泥质岩少3%左右。

左岸坝基泥质岩所占比例平均值为5%，砾岩所占比例平均值为15%。

右岸开挖揭露的地层层位及对应的岩性比例与招标阶段的岩性比例进行对比得出：

1）J_2s^{3-3}层：砂岩比例少18.5%；粉砂岩比例多15.55%；泥质岩比例接近；

2）J_2s^{3-4}层：砂岩比例多7.39%；粉砂岩比例少4.29%；泥质岩比例少3.09%；

3）J_2s^{3-5}层：砂岩比例少11.72%；粉砂岩比例多12.02%；泥质岩比例一致。

总体上招标阶段统计岩性比例与开挖后揭露的岩性比例相比，砂岩比例略有上升，砾岩比例减少，泥质岩比例略有减少。原因主要是受勘探工作量和岩性统计部位差异造成。

（2）缓倾角断层。在可行性研究和招标设计阶段，坝址区未发现缓倾角断层，开挖后在12号和16号坝段揭露F_1、F_2断层，致使12号坝段部分建基面从高程1020.00m调整至高程1010.00m，14～16号坝段部分建基面从高程1000.00m调整至高程990.00m，增加了开挖量。原因分析：①勘探条件限制。由于该部位处于原金沙江水位变幅带和水下部位，且岸边分布有大量的坡崩积物，金沙江水流十分湍急，使得无法在该位置布置勘探平洞，布置的勘探竖井因岩体透水较大，无法深入到地下水位以下，因此，仅以钻孔作为勘探手段，难以完全查明其复杂的地质条件。②地质条件复杂。观音岩水电站坝址区由砂砾岩夹泥质岩组成，岩性较复杂、层间错动带发育，且砂砾岩的溶蚀现象在该部位较发育，加上岩体的风化卸荷作用强烈。而两条断层的破碎带两侧带有明显的砂化现象，客观上对查明该部位的断层等构造条件、建基面选取带来较大的难度。③对复杂地质条件的认识不足。由于上述部位天然地质条件复杂，加之无直观、信息量更丰富的平洞揭示，仅利用钻孔揭示的资料进行分析，对该部位的坝基构造条件做出全面、准确的评价带来一定的困难，从而造成1020.00m高程以下部位两条缓倾角断层未被发现，建基岩体条件的认识与实际情况发生一定变化，导致建基面的二次调整开挖。

（3）基坑涌水量大问题。基坑开挖施工过程中涌水量较大，最大涌水量超过6000m^3/h。坝址区勘探成果显示：两岸地下水位低平，基本与江水位持平；岩体透水性中—强透水；溶蚀裂隙较发育。这些均显示着基坑涌水量较大。

基坑开挖揭示地下水情况与前期结论不同的有：①基坑涌水除沿岩体裂隙渗透外，大部分是沿溶蚀裂隙呈集中孔洞状涌（渗）出，涌水量较大；②招标阶段地质测绘预测有5条大的溶蚀条带，实际开挖揭露7条，且其溶蚀连通率较预测偏大，也是基坑涌水量大的一个重要因素；③由于随基坑开挖面下降，造成基坑内外水位差较大，加剧了基坑地下水渗流；④建基面附近因爆破影响以及声波测试钻孔等连通下部的渗流通道，也加大了基坑涌水量。

总体上，混凝土坝段坝基建基面揭露的地质条件除12～16号坝段出露两条缓倾角断层外，其他部位与可研、招标阶段地质结论基本一致。

7.3 观音岩水电站坝基溶蚀砂化岩体建坝适宜性分析

坝基揭露的地层主要为侏罗系中统蛇店组（J_2s）。坝基范围内J_2s^2和J_2s^3中第1、3、5层岩层砂岩类岩体占70%左右，砂岩类岩体强度较高，岩体完整性较好，对混凝土坝坝基的适应性较好。而右岸干坪子向斜部位J_2s^{3-6}中弱、微风化岩体中砂岩、粉砂岩、泥质粉砂岩平均比例分别为17%、31%、52%，泥质粉砂岩和粉砂岩占多数，因此岩体的强度较低，均一性差。此外，由于向斜微向南西倾伏，层间挤压面发育，纵向上形成缓倾结构面，易产生顺层滑动。因此，该坝段相对而言对当地材料坝适应性较好。

为了充分利用J_2s^2和J_2s^3第1～第3层岩层良好地质条件，在Ⅰ、Ⅱ勘探线之间选择混合坝线。混合坝方案由混凝土重力坝和右岸心墙堆石坝组合而成。左岸非溢流坝段坝基下分布有J_2s^{1-3b}的中—薄层状泥质岩（包括泥质粉砂岩、粉砂质泥岩、泥岩，下同）、粉砂岩为主夹少量细砂岩，厚12～20m，泥质岩类含量较高、强度较低，为了尽可能多地避开J_2s^{1-3b}地层，并多利用J_2s^2的坚硬岩地层，将左岸非溢流坝段坝轴线向上游偏转30°，形成左右岸均向上游偏转的双折混合坝线方案。

观音岩坝基分布的砾岩及部分砂岩溶蚀、砂化严重，成为观音岩电站坝基质量最差，力学性能明显降低的岩体，直接影响到高混凝土重力坝地基岩体的利用和建基面的确定，是观音岩坝基重大的工程问题，可研阶段对溶蚀岩体做了较多的研究，但因条件限制，多以定性分析为主，坝基开挖后，较多的溶蚀岩体揭露出来，有的严重解体、砂化（图 7.3-1），有的成片带状溶蚀成为新的弱带，由于岩体溶蚀为化学作用的产物，在坝基溶蚀岩体埋深达到150m（高程 860.00m）（图 7.3-2），不可能一次性予以挖除。

图 7.3-1 浅表部弱—强风化带砾岩强烈溶蚀呈砂状

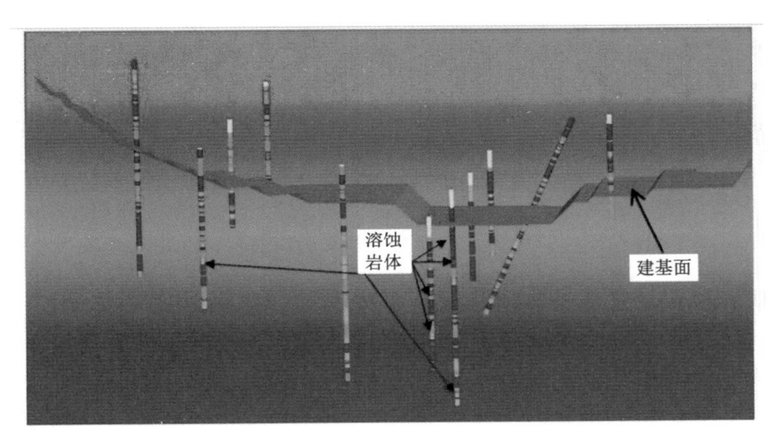

图 7.3-2 钻孔揭示坝基溶蚀岩体深度较大

坝基未溶蚀的砾岩、巨厚层砂岩呈整体块状、高波速（5000m/s 以上），高变形模量（大于 15GPa），是河（湖相）沉积旋回中：砾岩→砂岩→粉砂岩→泥质岩几大岩类中粒度粗、层厚大、物理力学性质最好的层位，在发生溶蚀结构解体（或变化）后，成为力学性能最差的岩体，若在建基面表浅部楔状挖除部分溶蚀岩体，回填混凝土塞将力传至两侧粉砂岩、泥质岩，或部分未溶蚀的砂岩，因这些岩体力学指标不高，并不是接受传力的良好岩体，在高的应力下，其安全性需要慎重考虑。若铅直清除表部溶蚀严重的岩体，铺设钢筋混凝土，以复合地基的形式将溶蚀岩体作为地基的一部分，需要以可信、可靠的定量指标阐明空间分布、溶蚀程度、力学性质，以综合岩级、综合力学参数指标来评价地基岩体，并认真研究、做好溶蚀岩体的处理方案、处理方式及补强效果的研究。

7.3.1 建基面选择问题分析

（1）建基岩体选择。观音岩水电站坝基河湖相地层以厚层、中厚层、互层、薄层的多岩性、多种层状结构交替出现为其特征，在岩石工程类型上以坚硬岩、中硬岩、软岩交互出现为特点（图 7.3-3），按照标准规定，薄—互层状软岩属于Ⅳ级岩体，不宜直接作为高混凝土坝地基，这种硬软相间岩体中的软岩顺层延伸长度大、范围广、层位多，不可能进行挖除或做小的混凝土塞将应力分散至两侧稍好的岩体，加上顺层延伸的砾岩溶蚀深度在100m以上，岩级已降至Ⅳ级，也不可能全部挖除。因而两类质量较差的岩体是不得不予以利用，而又需要进行强化处理的岩体。

图7.3-3 观音岩水电站坝基复杂岩性层交互出现

在选择建基面和评价建基岩体质量时，首先必须仔细做好每一单元层（厚层、互层、薄层、溶蚀层）的厚度、准确的名称、单元层的物理力学性质，而后从试验、理论方面获得与未来大坝荷载方向相一致的综合岩级、综合力学参数，以其未处理前的单元层岩级，综合层位的综合岩级来确定建基面，评价建基岩体。因而评价的方法、技术路线与现今通常的建基面选择、建基岩体评价不同。解决这一问题的方案是：①从工程地质上获得各单元层较准确的定性、定量化参数；②以各单元层的定量指标，层状岩层与荷载作用方向的交角、不同单元岩性层的泊松比、剪切模量、所占厚度比，用理论公式评价坝基各层位组合下的综合模量及强度参数；③以获得的坝基下综合层位的综合力学参数，按照表7.3-1中的界线、标准确定综合岩级；④按照各坝段重力坝的坝高、风化程度、综合岩级、力学参数对可研拟定的建基面、建基岩体做出评价；⑤分析、研究观音岩软、硬岩、溶蚀岩体组合的不均坝基的应力、变形的差异性，提出改善措施。

表7.3-1 观音岩水电站岩级划分主要量化指标

岩级	岩体结构	岩石饱和抗压强度 R_b /MPa	纵波速度 v_P /(m/s)	变形模量 /GPa	混凝土/岩体抗剪断强度		岩体抗剪断强度	
					f'	c'/MPa	f'	c'/MPa
Ⅱ	巨厚、厚层状含少量薄层、互层状	>60	4500～5200	10～15	1.15～1.25	1.15～1.25	1.25～1.35	1.60～1.75
$Ⅲ_a$	厚层、巨厚层状为主，含有薄层、互层	>60	4000～4500	6～10	1.05～1.15	1.05～1.15	1.15～1.25	1.15～1.25
	互层状	$30<R_b<60$						

续表

岩级	岩体结构	岩石饱和抗压强度 R_b /MPa	纵波速度 v_P /(m/s)	变形模量 /GPa	混凝土/岩体抗剪断强度		岩体抗剪断强度	
					f'	c'/MPa	f'	c'/MPa
$Ⅲ_b$	厚—巨厚含有薄层状为主	＞60	3500～4000	3～6	0.9～1	0.8～0.9	0.9～1	0.8～0.9
	薄—中厚层状为主	30＜R_b＜60						
$Ⅳ_a$	薄—互层状		2500～3500	2～3	0.75～0.85	0.45～0.55	0.75～0.85	0.45～0.55
$Ⅳ_b$	层状结构		1500～2500	0.3～2	0.5～0.6	0.15～0.35	0.5～0.6	0.15～0.35
Ⅴ	散体结构		＜1500	＜0.3	0.4	0.04	0.4	0.04

（2）坝基岩体岩级评价方式。观音岩坝基岩体为典型的良好岩级、质差岩级相互出现的不均匀岩体，每一个重力坝坝段坝基既有质量达到$Ⅲ_a$～Ⅱ级的厚层砂岩岩体，又有质量达到$Ⅲ_a$级的中层状粉砂岩岩体，还有质量为Ⅳ级或Ⅴ级的软岩、溶蚀岩体。单就每一单元层（岩性层）岩体的岩级去认定重力坝每一个坝段坝基的岩级是困难的。评价中按以下方式步骤进行：①做好每一单元层（厚层、中层、互层、薄层、溶蚀层）准确的定名、空间尺度、力学参数、单元岩性层岩级，并用有关规范、标准对照确定；②每一单元层在拟评价坝基所占的比例；③从理论上推导出以单元层参数为基础并考虑未来大坝荷载的求解坝基多个单元岩性层组合下的综合指标、综合力学参数的理论公式；④按照获得的综合指标、综合力学参数，依据有关规范、标准，去评价指定坝基的综合岩级；对需要补强处理的质差岩体，在各坝段图件及报告中标出位置、单独列出指标。

上述方式显然与以岩体结构认定岩级、以试验成果结合规范获得参数，按照岩级确定建基面的技术路线或方法不同，而是要先研究单元层的各种指标、初定单元岩性层的岩级、确定参数，再以综合指标确定多种单元岩性岩体组合的坝基岩体的综合岩级，评价其可利用性、评价建基面。

（3）坝基综合岩级评价及可靠性分析。在进行开挖坝基综合岩体岩级评价、利用之前，从获取资料的方法、控制点密度、资料的丰富程度、深度和实际的检验效果论证评价的准确性、可靠性，是确保评价成果合理、正确的前提。观音岩坝基建基岩体选择研究已开展完成的大量实际工作、理论和检验性试验的工作，可以确保评价的效果和可靠性。

1）用多种精度较高的方法，首先精细准确地测制了各坝段精细的岩性层单元，获得了精准的平面地质图（图7.3-4），以空间坐标开发的三维建模程序，建立起各岩性单元层的空间模型（图7.3-5），进而为精确获得各坝基不同部位岩性单元层分布奠定了基础（图7.3-6），这些工作为评价提供了精准的基础资料。

2）开展了新的岩石强度试验，提出单一岩性定性、定量判定的辅助性指标，为建基面以下软岩、溶蚀岩体的识别提供了指标。

3）测试并获得每一坝基各单元层的尺度，所占比例。

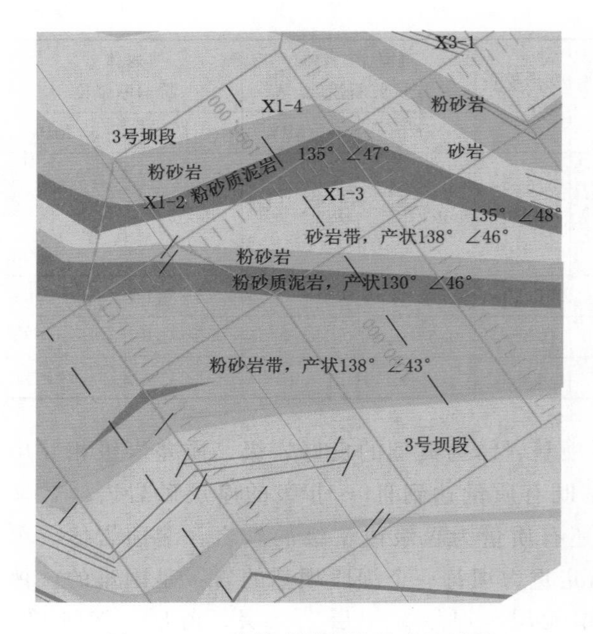

图 7.3-4 高精度测制的精准地质图

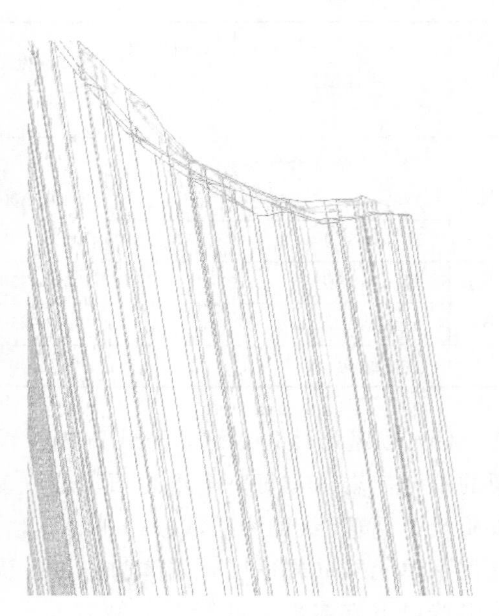

图 7.3-5 岩性单元层空间模型

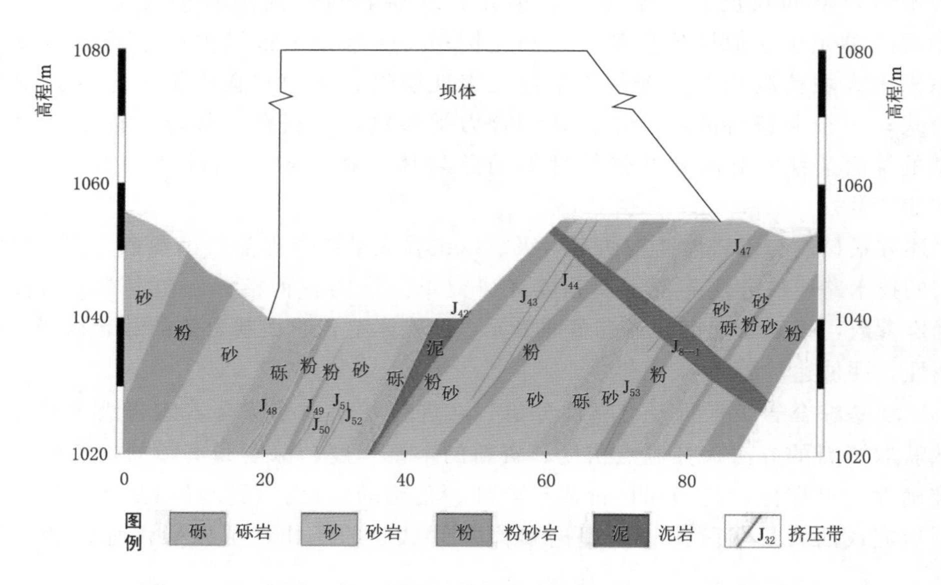

图 7.3-6 用建立的三维地质结构模型剖切的坝基岩性层剖面

4）测试的大量钻爆孔声波和监测单位测试的声波，高精度地控制了坝基岩性层的波速特征，与可研的少量钻孔比，精度大幅提高。

5）钻凿了较多的顺各岩性层的声波孔，获得不同岩性单元层、不同深度的波速特征值（表 7.3-2），这些孔涉及不同岩性层，可以分别控制各坝段，从而可以提供每一岩性单元的波速值。结合三维结构模型中各单元层的岩体结构，可以判断单元岩性层的岩级。

表 7.3-2　　左岸顺层孔不同深度岩性及波速

声波孔编号	岩　性	建基面下不同深度波速/(m/s)		
		0～2m	2～10m	>10m
ZSC1135-1	砂岩	4980	4927	5060
ZSC1135-2	粉砂质泥岩	3003	4560	4246
ZSC1120-1	砂岩	5094	4851	4871
ZSC1120-2	粉砂岩	3805	3972	4168
ZSC1105-1	砂岩	1602	4132	4947
ZSC1105-2	粉砂岩	4410	4286	4528
ZSC1090-1	粉砂岩	3342	3497	3904
ZSC1090-2	泥质岩	3182	3318	
ZSC1080-1	砾岩	3620	3385	4025
ZSC1075-1	砂岩	4831	4536	
ZSC1075-2	粉砂质泥岩	2343	3306	3184
ZSC1065-1	砾岩	2665	2468	3523
ZSC1060-1	砂岩	2554	2682	4509
ZSC1060-2	砾岩	3393	3406	3814
ZSC1054-1	粉砂质泥岩	2770	3232	
ZSC1054-2	粉砂岩	3449	3958	4004
ZSC1054-3	砂岩	3516	4109	5288
ZSC1050-1	砾岩	4263	2904	
ZSC1040-1	粉砂岩	2710	4093	4046
ZSC1040-2	砂岩	1446	4219	4413
ZSC1030-1	砾岩		3231	
ZSC1030-2	砂岩	3531	4502	5049
ZSC1030-3	砂岩	2823	4211	5113
ZSC1030-4	砾岩	2865	4371	4332
ZSC1020-1	粉砂质泥岩		3802	
ZSC1020-2	砾岩			3852
ZSC1020-3	砾岩	2266	4410	5023
ZSC1010-1	砾岩	3660	4399	4418
ZSC1010-2	粉砂岩	3768	3963	3603

6）开展了较大量的变形试验，采用同向技术，建立了精度高的波速-模量关系式，可以用来获得单元层的变形模量。

$$\ln E = 3.17 \times \ln v_P - 24.24 \tag{7.3-1}$$

$$R=0.92$$

7）利用三维地质结构的单元岩性层与各声波孔的交集关系，经过较多的分离处理，可以获得各部位每一单元岩性层的波速，进而用于单元岩性层模量、岩级的分析。

8）利用推导的理论公式，用编制的程序表，输入各参数后经程序计算，可以得到坝基岩体的综合变形模量，综合模量的计算考虑了各单元岩性层的厚度、荷载的方位、单元层变形模量、泊松比、剪切模量等；计算的综合变形模量，与平均变形模量有较大的不同，如6号坝段小于2m，平均模量为2.64GPa，计算综合模量$E=2.96$GPa；6号坝段大于2m，平均模量为4.84GPa，计算综合模量$E=6.75$GPa。

9）现场开展了岩体综合模量的大型变形试验，以实际资料验证了理论公式计算的可靠性和用波速、综合计算、现场试验检验的相近性，从而确保了坝基建基岩体综合模量评价成果具有高的准确性和可靠性。

10）评价的综合岩级与现场判断、规范、招标文件中的岩级是一致的或相近的，因而是可信的、可靠的。

11）以可研报告中强度参数的界限值和现场大剪试验值为基础，在全面分析具有相近分布特征后用精细插值计算，得到坝基岩体的强度参数，如6号坝段成果见表7.3-3，其量值与现场试验值相近，也与可研阶段各岩级的量值基本一致。

表7.3-3　根据单元层资料、模量确定强度参数

6号坝段建基面以下深度	岩性	层状岩体编号	岩层厚度比	单层岩体变形模量/GPa	岩体泊松比/μ	平均模量/GPa	岩体综合模量/GPa	确定综合岩级	混凝土/岩体抗剪断强度		岩体抗剪断强度	
									f'	c'/MPa	f'	c'/MPa
<2m	砾岩	1	0.15	1.74	0.20	2.64	2.96	Ⅳa	0.911	0.805	0.909	0.586
	砂岩	2	0.59	2.40	0.20							
	粉砂岩	3	0.25	5.47	0.24							
	泥质岩	4	0.01	0.93	0.26							
≥2m	砾岩	1	0.15	1.74	0.20	4.84	6.75	Ⅲa	1.060	1.021	1.082	1.079
	砂岩	2	0.59	9.83	0.20							
	粉砂岩	3	0.25	5.10	0.24							
	泥质岩	4	0.01	2.71	0.26							

12）以各坝段的波速资料建立的岩体波速与变形模量的关系式、多岩性层综合模量评价公式和精细插值获得强度参数的方法，获得的综合岩级参数与GB 50287规范、观音岩可研报告提出的岩级参数基本一致（表7.3-4），既为建基岩体评价提供了方法，又为坝基岩体的动态利用提出了方法。评价结果也展示出高度的相近性。而评价成果将有好的准确性和可靠性。

（4）建基面选择。选用坝基$Ⅲ_a$与$Ⅲ_b$岩体界线作为基准面，采用程序来展现河床地段不同深度岩体质量变化，通过对岩体各种岩级下的比例进行研究来选取最佳建基面，并用河谷平切图和剖面图的形式展现岩体不同岩级分布情况，能够从多角度、全方位地反映建基面岩体优劣情况。从分析成果看出，低于Ⅲ₁（对应Ⅲₐ）界线30m和40m为Ⅰ～Ⅲₐ级比例最大的地段，Ⅲₐ界线次之，但是Ⅲₐ界线在坝段范围内没有Ⅳ_b和Ⅴ级，相对来讲总体岩级较好，且开挖工作量比前两者要少很多，通过比较分析选取最终建基面位置为Ⅲ₁（对应Ⅲₐ）岩级顶界面，其中Ⅰ～Ⅲₐ类岩体约占73.22%、Ⅲ_b类岩体占18.97%、Ⅳₐ类岩体占7.82%，溶蚀及软弱带按Ⅳ_b类和Ⅴ类考虑。

坝基中Ⅱ类岩体是优良的高混凝土重力坝坝基，可直接利用；Ⅲ类岩体，经适当工程处理后，应充分利用；对坝基中分布的泥质岩体（Ⅳ类）及已产生强溶蚀的砾岩、钙质砂岩岩体（Ⅴ类），全部挖出困难，且极不经济，因此对河床分布的Ⅳ类岩体，进行专门研究、调整上部结构，经工程处理后，予以利用。

表7.3-4　运用综合岩级评价与规范、可研报告确定值比较

坝段编号	岩级评价方式	综合变形模量/GPa	混凝土/岩体抗剪断强度		岩体/岩体抗剪断强度		综合岩级
			f'	c'/MPa	f'	c'/MPa	
2	多层状岩体综合模量理论公式	9.03	1.09	1.07	1.12	1.23	Ⅲₐ
	国标GB 50287规范	7.5～10	1.0～1.1	0.9～1.1	1～1.2	1.1～1.5	对应Ⅲₐ（Ⅲ₁）
	观音岩水电站可研报告	6～10	1.05～1.15	1.05～1.15	1.15～1.25	1.15～1.25	Ⅲₐ
9	多层状岩体综合模量理论公式	7.65	1.06	1.02	1.08	1.09	Ⅲₐ
	国标GB 50287规范	7.5～10	1.0～1.1	0.9～1.1	1～1.2	1.1～1.5	对应Ⅲₐ（Ⅲ₁）
	观音岩水电站可研报告	6～～10	1.05～1.15	1.05～1.15	1.15～1.25	1.15～1.25	Ⅲₐ

7.3.2 坝基抗滑稳定分析

混凝土坝段除左岸1号、2号坝段位于大平坝背斜轴部南东翼，岩层中缓倾向上游，对坝基深层抗滑稳定有一定不利影响，但坝段为高高程坝段，坝体嵌于山体内，抗滑稳定性较好。从建基面揭露的地质条件看，坝基缓倾裂隙连通率一般为4%～7%，仅在硬质岩中发育，发育极不完善，不构成特定的影响抗滑稳定的结构面。12～16号坝段揭示的F_1、F_2断层缓倾左岸偏下游，贯穿坝基上下游，作为特定的结构面进行了稳定性计算，对埋藏较浅、影响坝基抗滑稳定的断层及上部岩体进行了加深开挖清除后，稳定性计算成果满足规范要求。

建基面开挖揭露后，根据现场揭露的地质情况，局部调整与优化了坝基高程，按《混凝土重力坝设计规范》（DL 5108）和《水工建筑物抗震设计规范》（DL 5073），对各坝段进行了大坝建基面应力及坝基抗滑稳定复核，地震工况采用抗震规范规定的动力法（反应谱法）进行分析。

7.3.2.1 各坝段沿建基面抗剪断参数采用值

为安全起见，各坝段沿建基面抗剪断参数取用坝基开挖后地质提出的各坝段建基面力学指标建议值中的中低限值，作为沿建基面复核的力学参数采用值。1～35号坝段建基面抗剪断参数和承载力采用值与地质建议值比较见表7.3-5。

表 7.3-5　1～35 号坝段建基面抗剪断参数和承载力采用值与地质建议值

坝段编号	混凝土和基岩抗剪断参数采用值（混凝土和基岩抗剪断参数地质建议值）		允许承载力 [R] /MPa
	f'	c'/MPa	
1	1.00 (1.00～1.05)	0.90 (0.90～0.95)	6.30
2	1.00 (1.00～1.05)	0.90 (0.90～0.95)	6.40
3	0.98 (0.98～1.04)	0.90 (0.90～0.95)	6.00
4	0.95 (0.95～1.00)	0.85 (0.85～0.90)	5.50
5	0.93 (0.93～0.98)	0.80 (0.80～0.85)	5.20
6	0.98 (0.98～1.03)	0.90 (0.90～0.95)	6.00
7	0.95 (0.95～1.00)	0.85 (0.83～0.88)	5.50
8	1.00 (1.00～1.05)	0.90 (0.90～0.95)	6.30
9	1.00 (1.00～1.05)	0.90 (0.90～0.95)	6.25
10	1.00 (1.00～1.05)	0.90 (0.90～0.95)	6.25
11	1.00 (1.00～1.03)	0.90 (0.90～0.94)	6.20
12	1.00 (1.00～1.03)	0.90 (0.90～0.93)	6.10
13	1.00 (1.00～1.04)	0.95 (0.95～0.98)	6.50
14	1.00 (1.00～1.03)	0.90 (0.94～0.96)	6.00
15	1.00 (1.00～1.05)	0.95 (0.94～0.98)	6.30
16	1.00 (1.00～1.05)	0.90 (0.90～0.95)	6.10
17	1.00 (1.00～1.05)	0.90 (0.90～0.94)	6.00
18	1.00 (1.05～1.10)	0.90 (0.95～1.0)	6.50
19	1.00 (1.05～1.10)	0.90 (1.00～1.05)	7.10
20	1.00 (1.05～1.10)	0.90 (1.00～1.05)	7.00
21	1.05 (1.05～1.10)	1.00 (1.00～1.05)	7.50
22	1.05 (1.05～1.10)	1.00 (1.00～1.05)	7.50
23	0.95 (0.90～1.00)	0.85 (0.85～0.90)	6.0
24	0.96 (0.95～0.98)	0.85 (0.85～0.95)	6.0
25	0.96 (0.95～0.97)	0.85 (0.85～0.95)	5.5
26	0.95 (0.90～1.00)	0.85 (0.85～0.90)	5.5
27	0.975 (0.95～1.0)	0.90 (0.90～0.95)	6.0
28	0.98 (0.98～1.03)	0.95 (0.95～1.00)	6.0
29	0.98 (0.98～1.03)	0.95 (0.95～1.00)	6.0
30	0.98 (1.00～1.05)	0.95 (0.95～1.00)	6.0
31	0.93 (0.93～0.98)	0.88 (0.88～0.93)	6.0
32	0.93 (0.95～1.00)	0.88 (0.95～1.00)	6.0
33	0.93 (0.95～1.00)	0.88 (0.95～1.00)	5.0
34	0.93 (0.95～1.00)	0.88 (0.95～1.00)	6.0
35	0.95 (0.95～1.00)	0.85 (0.85～0.90)	6.0

7.3.2.2　坝体沿建基面抗滑稳定和建基面应力复核

施工详图阶段，采用刚体极限平衡法对 1～35 号坝段进行了沿建基面的抗滑稳定复核，参数为抗剪断参数采用值。计算中选取各坝段平台分缝的位置作为计算剖面。地震工况下的地震效应按震型分解反应谱法计算，地震动水压力按坝面附加质量计算，厂房坝段按厂坝联合受力计算。根据1～35号坝段沿建基面的抗滑稳定、建基面应力计算及排水失效工况稳定计算成果可以看出：

(1) 各坝段在正常蓄水位工况、校核工况、排水失效工况及设计地震工况下，计算出的抗滑稳定总抗力效应均大于总作用效应，且有一定的富裕度。各坝段沿建基面的抗滑稳定满足《混凝土重力坝设计规范》(DL 5108) 的要求。

(2) 在承载能力极限状态下，各坝段坝趾的最大压应力均小于各自基岩承载能力和混凝土抗力限值；对于基本组合（正常蓄水位工况），坝趾处的最大压应力为4.55MPa（出现在12～14号坝段），小于混凝土抗压强度4.88MPa，也小于该坝段处的岩体承载能力6.0MPa。对于偶然组合（正常+地震工况），坝趾处的最大压应力为5.91MPa（出现在12～14号坝段），小于混凝土的动态抗力限值8.80MPa，也小于坝基的岩体承载能力6.0MPa。

(3) 各坝段在正常蓄水位和校核洪水工况均未在坝踵出现拉应力；在地震工况下，在坝踵出现的拉应力均小于坝体混凝土的抗拉限值。

7.3.2.3 各坝段深层抗滑稳定分析

(1) 左岸1～10号坝段沿缓倾上游结构面的单滑深层抗滑稳定满足规范要求；而这些坝段在考虑坝后山体的作用后，沿缓倾下游结构面滑动，顺层面剪出的双滑模式深层抗滑稳定也能满足新老规范要求，说明这些坝段深层抗滑稳定安全。

(2) 对F_1加深加挖的11～12号坝段沿缓倾断层F_1滑动，顺层面剪出的双滑模式深层抗滑稳定能满足规范要求。

(3) 考虑坝后安装间底部岩体的抗力作用后，13～14号坝段沿缓倾断层F_2滑动，无论沿坝后安装间底部岩体剪出，还是沿层面剪出的双滑模式深层抗滑稳定安全系数均能满足规范要求。

(4) 15号坝段沿倾下游组结构面滑动，沿顺层结构面剪出的双滑模式抗滑稳定安全系数满足规范要求。由于沿缓倾下游结构面倾向与坝体分缝线夹角大于45°，故不存在沿倾下游结构面深层滑动可能性。

(5) 16～20号河中厂房坝段沿缓倾上游结构面的单滑深层抗滑稳定满足规范要求；由于沿缓倾下游结构面倾向与坝体分缝线夹角大于45°，故不存在沿倾下游结构面深层滑动可能性。

(6) 21号坝段沿缓倾上游结构面的单滑深层抗滑稳定安全系数在侧向岩体提供1%阻滑力的情况下满足规范要求。考虑坝段范围内坝基深层侧向切割面发育较弱，且考虑的侧向阻滑力不大，故可认为21号坝段的深层抗滑稳定满足要求。

(7) 22～23号导流底孔坝段沿缓倾上游结构面的单滑深层抗滑稳定满足规范要求；由于沿缓倾下游结构面倾向与坝体分缝线夹角大于45°，故不存在沿倾下游结构面深层滑动可能性。

(8) 24号、25号坝段存在沿缓倾下游结构面滑动，顺层面剪出的深层双滑模式，在考虑2%的侧向阻滑力情况下能满足规范要求。考虑坝段范围内坝基深层侧向切割面发育较弱，且考虑的侧向阻滑力不大，故可认为 24 号，25 号坝段的深层抗滑稳定满足要求。

（9）右岸 26～35 号坝段由于坝基开挖较深，坝后抗力岩体较雄厚，且坝后存在石渣回填和堆石坝坝壳料反压坡作用，且考虑各缓倾结构面的连通率较低，故深层滑动剪出的可能性较小。

7.3.3 坝基渗流稳定分析

为研究坝体坝基总体渗流场及渗透稳定性，确定经济合理的渗控设计方案，昆明院与南京水利科学研究院、天津大学进行了三维整体渗流场分析研究。

7.3.3.1 南京水利科学研究院计算分析及成果

（1）计算模型及条件参数。计算模型模拟了坝基各介质的渗透特性，并详细模拟了溶蚀条带、断层等，计算模型有限元网格见图 7.3－7。三维渗流场计算模型切取范围 2480m×1203m，坝轴线方向 2480m，上下游方向 1203m。其中考虑了两岸灌浆帷幕端点至模型边界不少于 450m，模型底部边界距主防渗帷幕底部边缘不少于 200m。在高程方向上，模型底部边界取到 640.00m 高程，至主帷幕底部超过 200m。坝基各介质渗透系数见表 7.3－6。

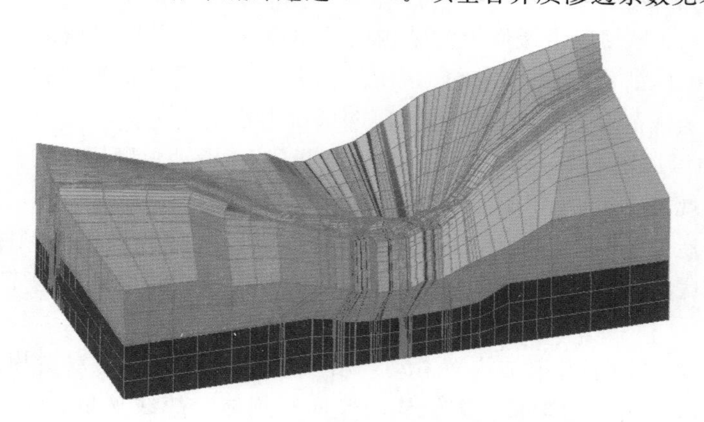

图 7.3－7 坝基三维渗流场模型有限元网格

表 7.3－6 坝基各介质渗透系数

编号	材料分区	渗透系数 /(cm/s)	编号	材料分区	渗透系数 /(cm/s)
1	3Lu 线下基岩	3.03×10^{-5}	4	砂岩钙质流失（溶砂）条带	5.00×10^{-3}
2	3Lu 线上地下水位线下基岩	5.05×10^{-5}	5	砾岩溶蚀条带	1.28×10^{-2}
3	3Lu 线上地下水位线上基岩	1.01×10^{-4}	6	灌浆帷幕	1.01×10^{-5}

（2）主要计算成果。

1）渗透坡降分析。坝基主要部位平均渗透坡降见表 7.3－7，主副帷幕的平均渗透坡降小于 15，总体上渗透稳定安全，但溶蚀条带处的平均渗透坡降较大，须采用反滤保护措施。

表 7.3－7　　坝基主要部位平均渗透坡降

位　　置	渗 透 坡 降	位　　置	渗 透 坡 降
主帷幕	12.13	主帷幕后基岩	4.83
副帷幕	7.53	过溶蚀条带主帷幕	10.47
厂房帷幕	9.42	过溶蚀条带副帷幕	6.50
溶蚀条带	0.91	过溶蚀条带厂房帷幕	6.88
溶砂带	4.13		

2）坝、厂基渗流量。坝、厂基渗流量见表 7.3－8。由表可见，坝、厂基渗流量相比其他工程而言偏大，但距河流多年平均流量的 0.001 倍（1.85m^3/s）相差较大，因此总体上渗流量安全可控。

表 7.3－8　　坝、厂基渗流量计算成果

位　　置	渗流量/(m^3/d)	位　　置	渗流量/(m^3/d)
断面（总渗流量）	14646.19	厂房	3148.879
坝基	6235.57		

3）坝基面扬压力分布。重力坝坝基面扬压力水头分布及扬压力折减系数（相对上游水头）见图 7.3－8 和图 7.3－9。各坝段在主排水孔、副排水孔处的扬压力水头见图 7.3－10～图 7.3－12。由图可见，坝基面扬压力水头大部分处于 15m 以下，少部分为 35～15m；扬压力折减系数基本处于 0.15 以下，满足规范要求。

图 7.3－8　坝基扬压力水头分布等值线图

图 7.3－9　坝基扬压力折减系数分布等值线图

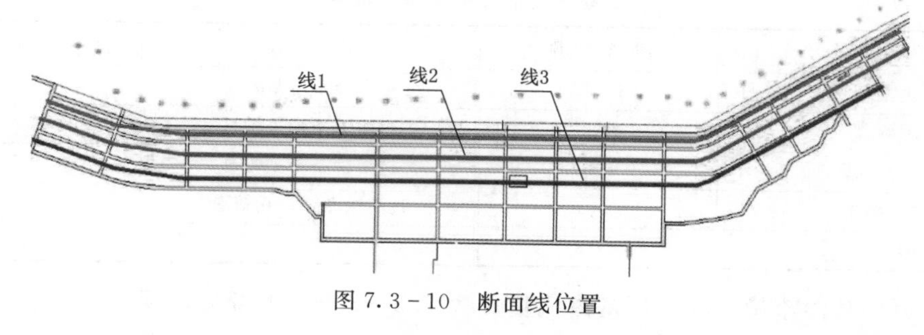

图 7.3-10 断面线位置

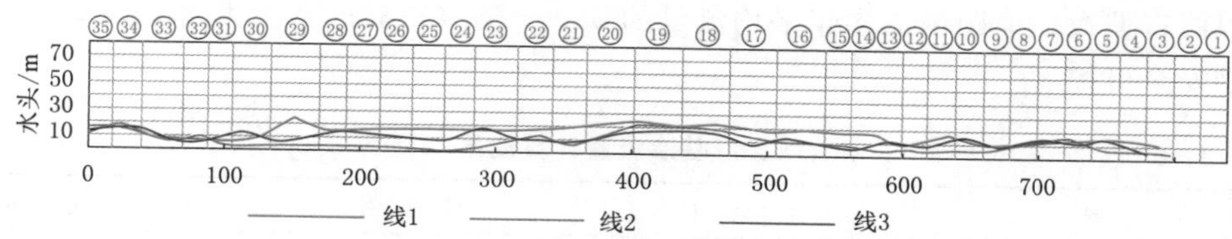

图 7.3-11 坝基扬压力水头沿剖面的分布曲线（单位：m）

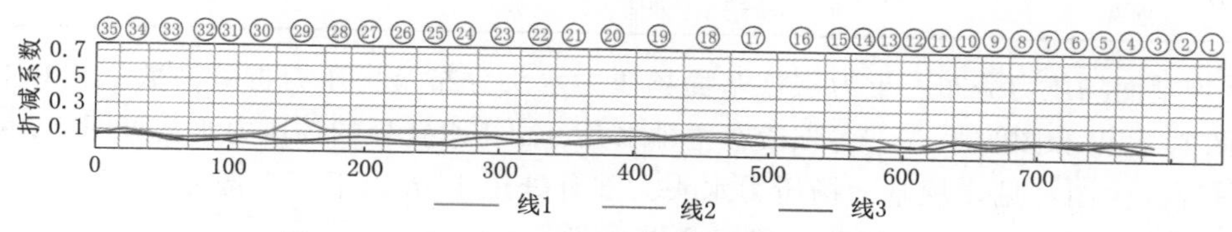

图 7.3-12 坝基扬压力折减系数沿剖面分布曲线

4）典型坝段渗流场分布。厂房坝段、导流明渠溢流坝段和岸边溢流坝段坝基渗流场水头等值线见图 7.3-13～图 7.3-15。各坝段坝基渗流场总水头等值线符合一般规律。

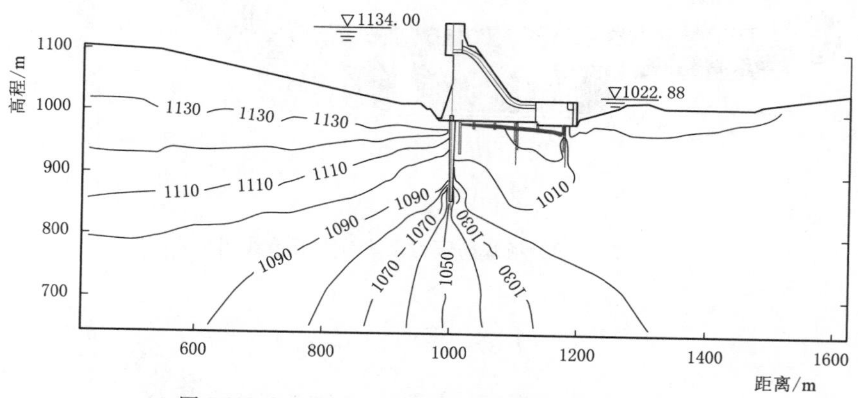

图 7.3-13 厂房坝段坝基渗流场水头等值线图

7.3.3.2 天津大学计算分析及成果

（1）计算模型及条件参数。根据实际的地质勘测资料，在坝体附近建立了详细反映岩性分布的地质模型，并根据地质模型，建立了三维渗流计算网格模型，网格模型选择多面体网格，它既适应观音岩工程结构及坝基复杂的地质结构，又能生成高质量网格，提高计算效率。网格总数为 41501150 个，其中精细地质区网格数为 37748547 个，外围地质区网

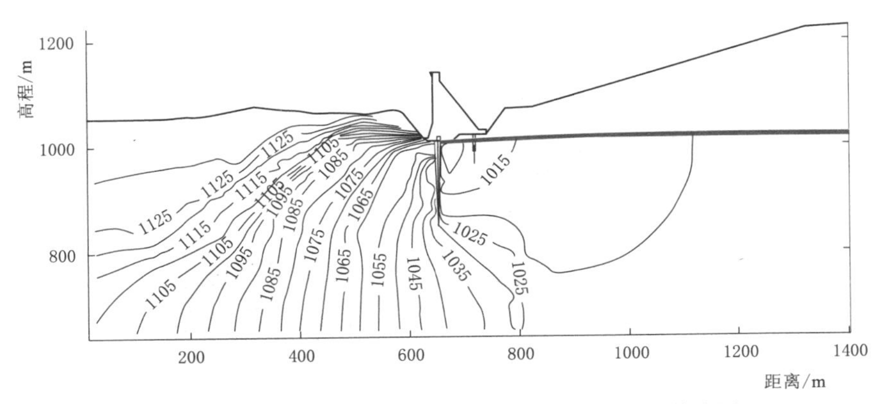

图 7.3-14 导流明渠溢流坝段坝基渗流场水头等值线图

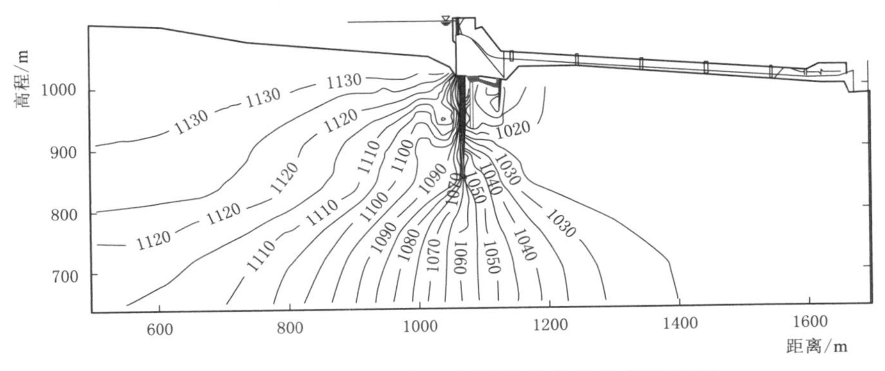

图 7.3-15 岸边溢流坝段坝基渗流场水头等值线图

格数为 457906 个，坝体网格数为 479490 个，帷幕网格数为 990061 个，固结灌浆区网格数为 319013 个，溶蚀网格数为 1506133 个。计算域整体模型及精细地质模型展示图见图 7.3-16、图 7.3-17。

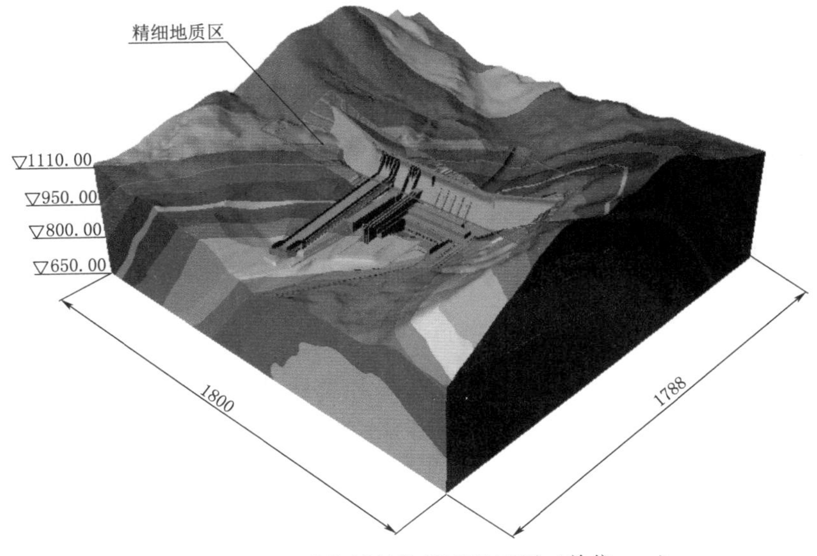

图 7.3-16 计算域整体模型展示图（单位：m）

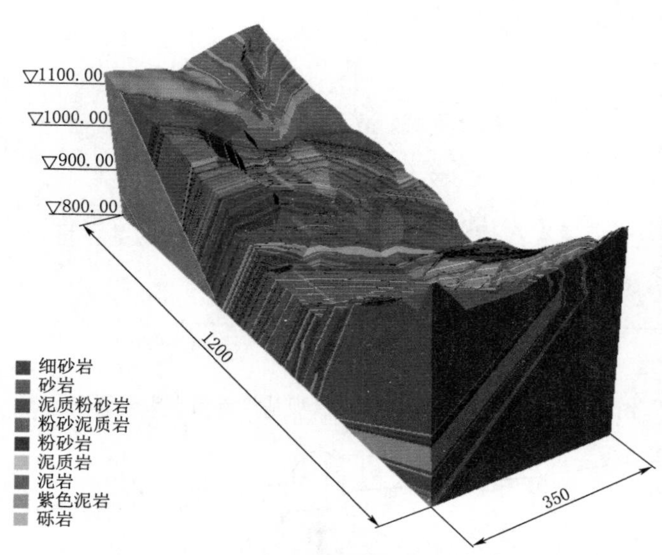

图 7.3-17 精细地质模型展示图（单位：m）

（2）主要计算成果。

1）水头分析。图 7.3-18 为正常蓄水位下计算稳态后的整体渗流场分布，上游库区水头在高程 1134.00m 左右，下游库区水头在高程 1022.88m 左右；从上游库区到下游库区水头呈递减趋势。

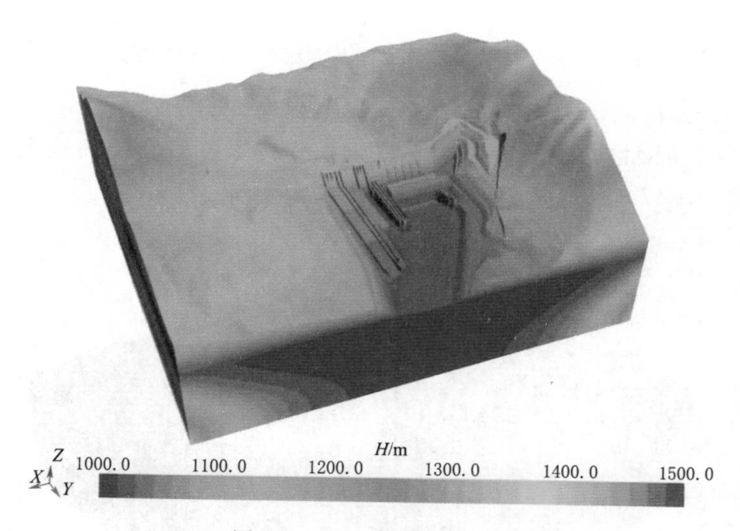

图 7.3-18 渗流场分布图

由于三维渗流场较复杂，为了便于分析结果和说明情况，选取六个典型顺河向纵断面：7 号坝段断面 A—A′（坝纵 0+130.00）、14 号坝段断面 B—B′（坝纵 0+265.00）、17 号坝段断面 C—C′（坝纵 0+348.00）、19 号坝段断面 D—D′（坝纵 0+419.00）、24 号坝段断面 E—E′（坝纵 0+566.00）、29 号坝段断面 F—F′（坝纵 0+683.00），各断面的位置图 7.3-19 所示。其中断面 C—C 及断面 D—D′的水头等值线图分别如图 7.3-20 和

图 7.3-21 所示，从图中可看出，在坝体上游，水头等值线接近水平，水头没有明显的变化，在坝体附近由于帷幕的阻挡作用，在帷幕前水头开始下降，但幅度较小，在帷幕后水头骤降，水头下降约 25m，帷幕后排水孔部位水头在 1000.00m 高程左右，说明帷幕起到很好的阻水作用，排水孔也可以有效降低水头。

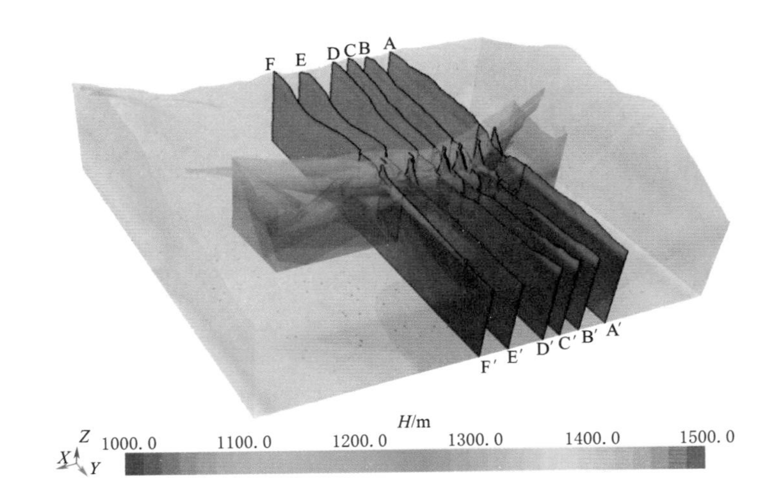

图 7.3-19　纵断面位置示意图

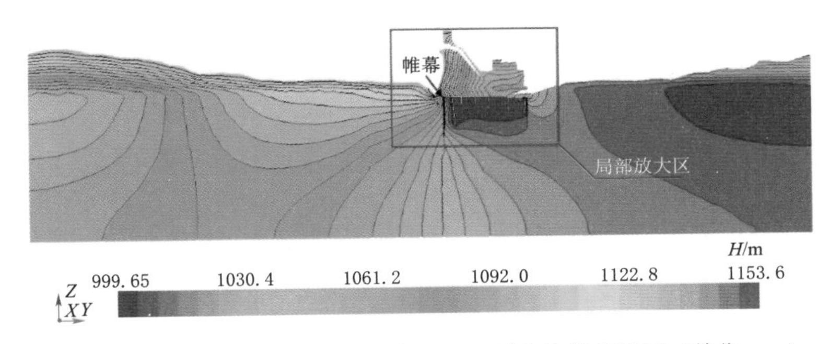

图 7.3-20　坝纵 0+348.00 处断面 C—C′水头等值线图（单位：m）

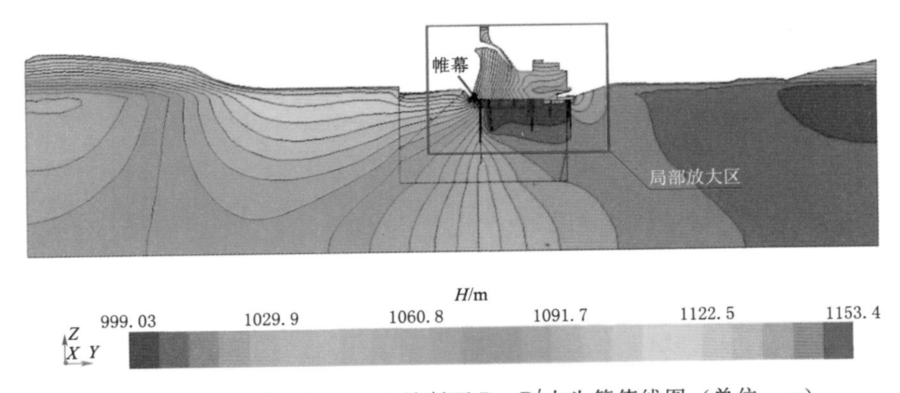

图 7.3-21　坝纵 0+419.00 处断面 D—D′水头等值线图（单位：m）

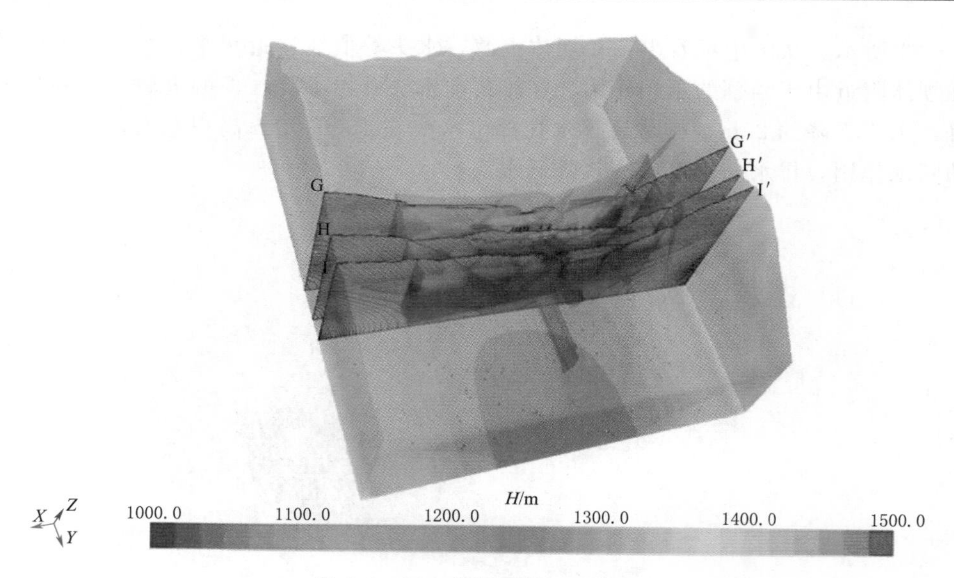

图 7.3-22 横断面位置示意图

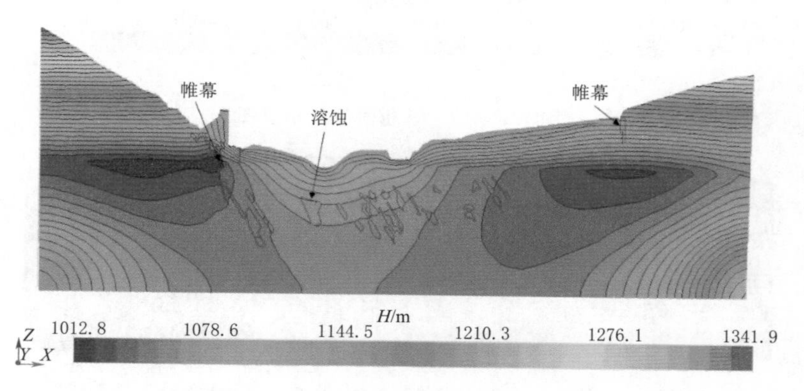

图 7.3-23 坝横 0-076.00 断面 G—G′水头等值线图（单位：m）

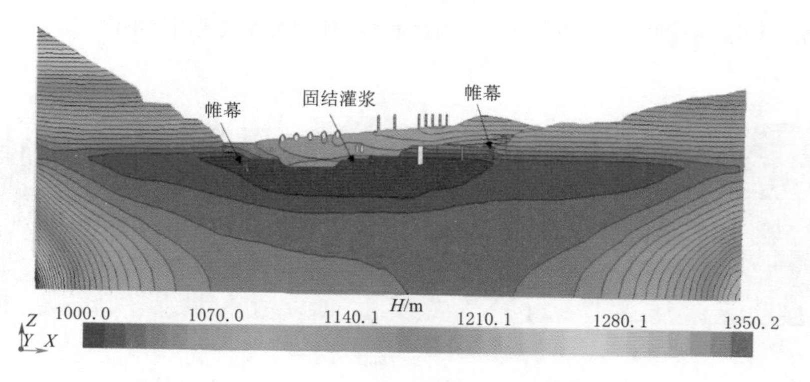

图 7.3-24 坝横 0+064.00 断面 H—H′水头等值线图（单位：m）

为了分析两侧帷幕的作用以及了解平行坝轴线断面渗流分布，沿横河向在坝前、坝中、厂基截取三个断面：河床段断面 G—G′（坝横 0-076.00m）、坝中断面 H—H′（坝横

0+064.00)、下游厂房断面 I—I′（坝横 0+160.00），截面具体位置及水头等值线见图 7.3-22～图 7.3-25。由图可看出，左右两岸的帷幕有一定阻水作用，两岸帷幕前后水头下降约 10m，横向帷幕的阻水效果不如上下游帷幕明显。

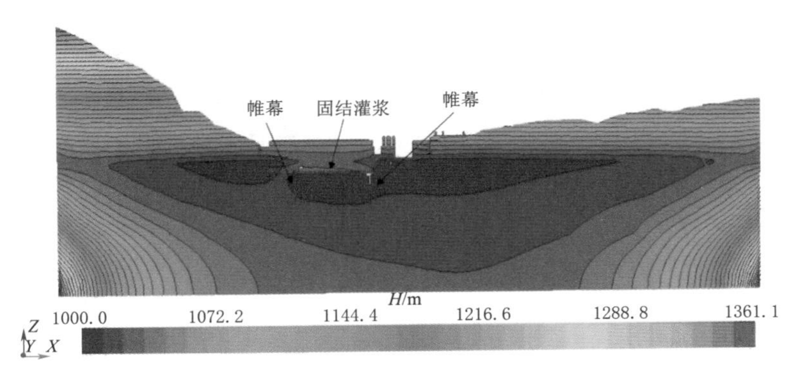

图 7.3-25 坝横 0+160.00 断面 I—I′水头等值线图（单位：m）

2）排水量。坝、厂基排水量计算成果见表 7.3-9。

表 7.3-9 坝、厂基排水量

部位	上游主排	下游主排	辅助排水	坝基总计	厂基排水	坝、厂基总计
排水量/(m^3/d)	2994.93	1934.16	1032.81	5961.9	1593.42	7555.32

从表 7.3-9 中可以看出：上游主排水孔排水量大，占总排水的 39.64%，可见上游主排起着最重要的排水作用；下游主排主要用来排出由下游渗入坝基的水，其排水量其次，占总排水的 25.60%；厂房排水占总排水的 21.09%；辅助排水主要排出上下游主排未能排出的渗水，占总排水的 13.67%。

3）水力梯度分析。7 号坝段断面 A—A′的水力梯度在上游帷幕处出现峰值，最大值可达 9.05，出现在上游帷幕搭接处；下游帷幕最大为 3.35，出现在帷幕上端；固结灌浆区的水力梯度值较大，最大值为 3.67。其他部位的水力梯度基本都小于 2.00。19 号坝段断面 D—D′的水力梯度在厂房帷幕处出现峰值，最大值可达 15.34，出现在厂房帷幕的上端；上游帷幕最大为 11.75，出现在帷幕与固结灌浆区接触的下端；固结灌浆区的水力梯度值较大，最大值为 6.07。其他部位的水力梯度基本都小于 2.00。24 号坝段断面 E—E′的水力梯度在上游帷幕处出现峰值，最大值可达 16.11，出现在上端帷幕与下端帷幕的搭接处；下游帷幕最大为 1.28，出现在帷幕的上端；固结灌浆区的水力梯度值较大，最大值为 4.43。其他部位的水力梯度基本都小于 2.00。

从以上典型断面的水力梯度分析可以看出，帷幕起到很好的阻水作用，尤其上游帷幕对降低坝基岩体中的水力梯度作用明显，但同时由于帷幕前后的水头相差较大，水力梯度大。

4）坝基扬压力分析。坝基扬压力分布见图 7.3-26。由图看出，坝基处的扬压力从上游到下游呈递减趋势，上游帷幕前扬压力最大，介于 100～161m 之间，由于帷幕阻挡和排水的作用，在上游主排后扬压力骤降，帷幕后的扬压力基本在 40m 以下。

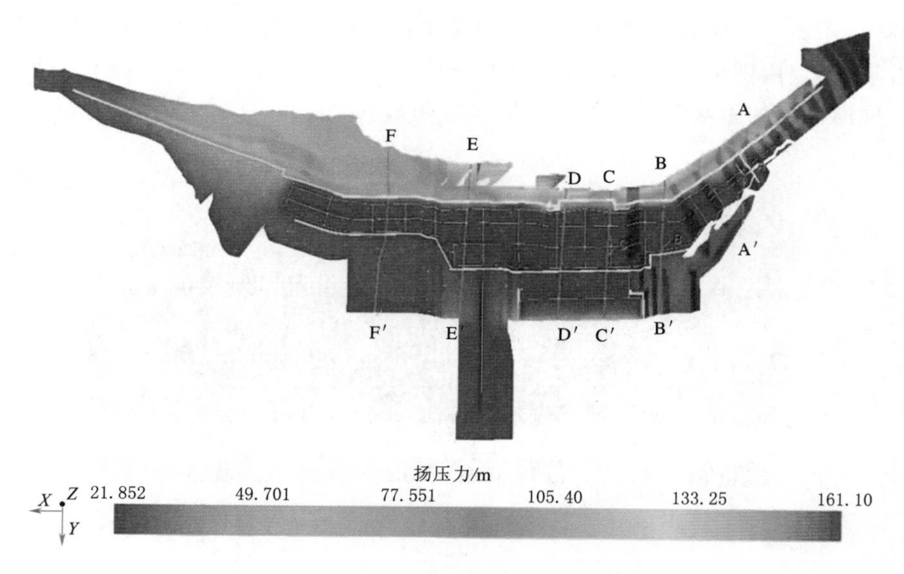

图 7.3-26 坝基扬压力分布图

为了更直观地了解坝基扬压力随 Y 轴（顺河流方向）的变化情况，分别取 A—A′、B—B′、C—C′、D—D′、E—E′、F—F′6 个断面与坝基面的切割线。其中代表性 C—C′、D—D′剖面坝基扬压力沿顺河向的分布见图 7.3-27 和图 7.3-28。由图看出，扬压力随着 Y 轴逐渐减小，由于帷幕的阻挡作用和排水孔的排水作用，在帷幕和主排孔前，扬压力下降较快，之后扬压力逐渐趋于平稳，符合一般规律；扬压力均在规范规定的范围内。

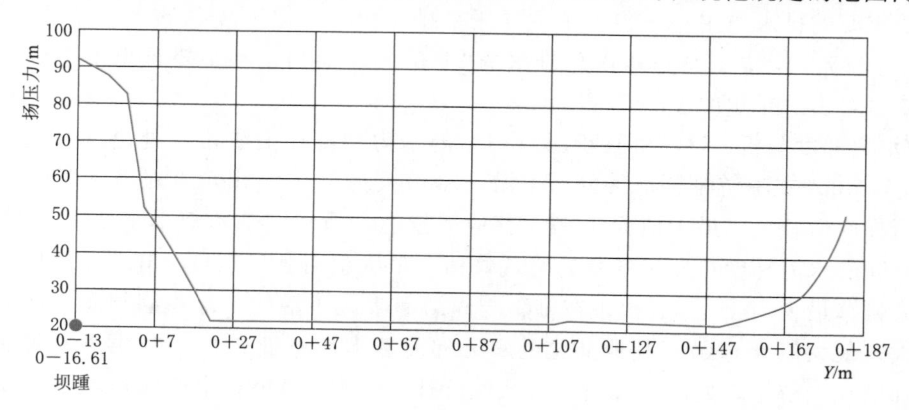

图 7.3-27 坝纵 0+348.00 处断面 C—C′坝基扬压力随 Y 轴变化图

7.3.3.3 河床部位基坑及厂基涌水分析

河床部位砾岩和钙质砂岩较多，易产生溶蚀，由于河床部位是两岸地下水向金沙江排泄的区域，加上江水的虹吸现象，河床部位溶蚀现象较两岸强烈，该部位岩体渗透性较大，因此河床部位基坑及厂基涌水量较大。基坑开挖揭示涌水较大原因分析如下：

（1）招标阶段地质测绘预测左岸有 5 条较大的溶蚀条带，实际开挖揭露 7 条，且其溶蚀连通率在靠近河床部位较大，左岸山体地下水遇到这些溶蚀通道后会沿此通道向下游排

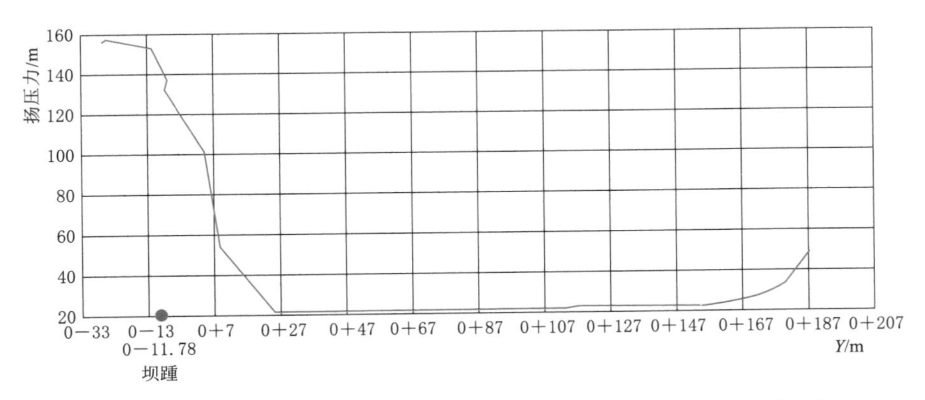

图 7.3-28 坝纵 0+419.00 处断面 D—D′坝基扬压力随 Y 轴变化图

入厂基，是基坑涌水量大的一个重要因素。

(2) 基坑涌水除沿岩体裂隙渗透外，大部分是沿溶蚀裂隙呈集中孔洞状涌（渗）出，涌水量较大（图 7.3-29）。

图 7.3-29 裂隙涌水情况

(3) 金沙江在坝址区转了近 90°的弯，右岸凸出形成干坪子台地，干坪子向斜呈北北东向斜贯右岸，受干坪子向斜构造和岩体溶蚀作用控制，干坪子台地部位岩体呈现北东—南西方向透水性较强，即平行于金沙江流向岩体的透水性较强，正是因为这种特定的地形、地貌和地质构造条件，决定了这部分地下水流补给主要来自上游金沙江水，取直裁弯径直流向下游金沙江。坝基开挖后，右岸部分地下水向基坑或右岸施工支洞排泄。

(4) 右岸导流明渠坝段开挖最低建基面高程 1005.00m，低于江水位（枯期高程约为 1017.00m），江水通过右岸纵向围堰的岩体裂隙、溶蚀裂隙等通道向右岸导流坝段基坑渗水，由于江水温度较地下水温度低，基坑靠近江边涌水的温度与江水一样，说明江水向基坑渗漏。

(5) 随基坑开挖面下降，造成基坑内外水位差较大，加剧了基坑地下水渗流。

(6) 建基面附近因爆破影响以及声波测试钻孔、固结灌浆等连通下部的渗流通道，也加大了基坑涌水量。

7.3.3.4 左岸施工支洞涌水分析

左岸砾岩和钙质砂岩所占比例较高，左岸溶蚀现象主要在砾岩中，部分在砂岩中，高程 1080.00m 以下（5～14 号坝段）揭露砾岩溶蚀带 5 条，溶蚀带厚度向深部溶蚀宽度变窄趋势明显，数量减少，岩体完整性趋好，左岸高程 985.00m 灌浆洞仅在 3～6 单元穿过了 3 号和 4 号溶蚀条带，7 单元以里溶蚀现象明显减少。左岸高程 985.00m 灌浆洞及施工支洞涌渗水点主要是从砾岩和细砂岩中的溶蚀裂隙呈点状和管状涌渗水。

左岸施工支洞开挖后，低于江水位部位为局部地下水最低排泄基准面，当下游围堰防渗帷幕形成后，有效地截断了下游江水对左岸地下水的补给，施工支洞渗水主要来自山体地下水，在工程施工过程中，施工支洞最高渗水点一直变化不大，总渗水量稳定在 400～500m^3/h。下游围堰被拆除尾水渠充水后，江水从厂房至下游围堰间岸边沿岩层及溶蚀通道补给左岸地下水，施工支洞渗水点迅速上升 10 余米，由高程 1000.00m 左右上升至高程 1010.00m 左右，出水点和出水量都大量增加，渗水量约 1100m^3/h。出水点主要是在溶蚀条带通过部位。

从支洞渗水点分布看，在上下游帷幕线之间的施工支洞段渗水点和渗水量较少，说明帷幕灌浆有一定的效果。

由于厂房帷幕没有完全截断较大溶蚀条带，尾水渠段江水倒灌，左岸地下水位和水量均有提高，为了保证工程渗控安全和减少排水工程量，在厂房帷幕部位向左岸岸坡方向和顺进厂道路设计截水帷幕，在下游水位上涨的情况下，支洞内洞顶渗水点大量减少，总渗水量减少至 600～700m^3/h。2014 年 8 月 12—18 日，随着上游来水增大，下游水位达到高程 1027.00m，以及左岸排水孔采取临时封堵后，8 月 17 日洞内渗水量增加至 900m^3/h，洞内坝基范围增加了渗水点。

左岸施工支洞在坝基下位于 8 号坝段，在截水帷幕基本形成后，洞内最高出水点高程为 1010.25m，在支洞左侧 2 号横向廊道（8 号坝段）新增的 2 个水位监测孔资料显示水位与支洞水位持平，且与上游水位关联不大，说明上游帷幕灌浆效果较好。

7.3.3.5 右岸施工支洞涌水分析

右岸砾岩所占比例不大，且仅在靠江边部位出现，溶蚀程度不高，溶蚀岩体主要为钙质砂岩，主要表现为在地下水的淋滤下砂岩钙质流失；溶蚀岩体主要以轻度溶蚀和中度溶蚀为主，溶蚀岩体呈点状零星分布或是沿节理裂隙发育，总体上顺岩层走向沿钙质砂岩呈条带状溶蚀裂隙。

右岸是凸出岸，岩层连通上下游，左岸台地上游部位江水补给右岸地下水，地下水在台地下游侧补给江水，因此右岸地下水来源丰富、地下水交替较快，地下洞室施工中涌水量较大。

右岸施工支洞低于江水位部位为局部地下水最低排泄基准面，上游帷幕灌浆基本形成后，洞室涌水除从右岸山体和上游绕渗来源外，主要是从下游江水倒灌补给。在拆除下游围堰后，右岸施工支洞渗水无大的变化。右岸上游帷幕上层廊道二期灌浆完成后，支洞洞顶渗水点和量均明显减少。

施工支洞渗水情况：高程 980.00m 灌浆洞施工支洞 2010 年 7 月 6 日开挖至支 0＋578，渗水量达到 400m^3/h 以上。2010 年 10 月日平均抽排水量为 816.30m^3/h，导流明渠高程 1015.00m 过流时间为 2011 年 1 月 6 日，2011 年 1 月日抽排水量为 818.23m^3/h，无明显变化。帷幕灌浆第一阶段于 2012 年 8 月 27 日开始施工，2013 年 4 月 11 日完成。2012 年 7 月 25 日—9 月 1 日期间支洞洞内平均日抽排水量为 1280m^3/h，2013 年 4 月 23 日—5 月 23 日支洞洞内平均日抽排水量为 536.75m^3/h，出水量减小。帷幕灌浆第二阶段开始施工时间为 2013 年 12 月 31 日，完成时间为 2014 年 3 月 31 日，2014 年 4 月 2—11

日期间支洞洞内平均日抽排水量为 347.0m^3/h，洞内抽排水量明显减少，说明上游帷幕灌浆效果较好。

右岸施工支洞于 2014 年 7 月 1 日封堵后，坝前水位高程 1048.00～1082.00m，下游水位高程 1020.00～1027.00m，洞内水位上升至高程 1030.00m 左右，洞内水位变幅在高程 1028.00～1037.00m。支洞封堵后，洞内水位上升，该部位最低排泄基准面由施工支洞变为下游江水面，洞内渗水来源变为主要由上游坝基绕渗、帷幕体少量渗漏和右岸山体地下水，见图 7.3－30，支洞内水位升降与上游水位相关。从右岸 W_2 标排水孔涌水资料分析，排水孔最大涌水水头在高程 1022.00～1024.00m 之间，与下游江水位基本持平，分析认为右岸施工支洞在封堵后作为一个地下水渗流的一个缓冲空间，部分上游渗水通过各种通道汇集到支洞中，洞内及周边水位局部抬高，然后再向下游排泄。

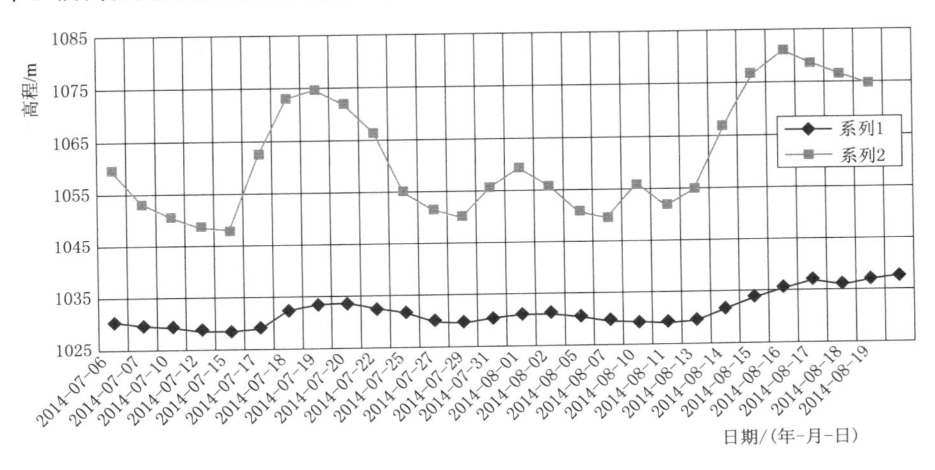

图 7.3－30 右岸高程 985.00m 施工支洞封堵后水位测量资料曲线

（系列 1 为施工支洞水位高程，系列 2 为上游水位高程）

右岸溶蚀岩体其容许水力坡降大于 1.0，帷幕体以下岩体溶蚀程度较轻，绕渗不会产生渗透破坏。

7.3.4 重力坝建坝适应性分析

（1）枢纽布置。针对坝基 J_2s^{2-1}～J_2s^{3-5} 岩层岩性坚硬，而 J_2s^{3-6} 层较软的特点，在枢纽布置上采用了有针对性的布置形式：在坚硬的 J_2s^{2-1}～J_2s^{3-5} 岩层上布置碾压混凝土坝，而在较软的 J_2s^{3-6} 岩层上布置心墙堆石坝，形成了由混凝土坝和当地材料坝组成的混合坝。从布置上充分利用了坝址坝线的地质条件。

（2）坝体稳定、应力及变形计算分析对坝基地质条件建坝适应性的验证。针对复杂的坝基条件，在地质科研试验成果的基础上，对混凝土重力坝沿建基面和深层抗滑稳定、应力和变形进行大量分析计算。

1）在考虑坝基岩体存在溶蚀发育的条件下，对 11 个不同地质条件下的典型坝段沿建基面的抗滑稳定进行了分析计算，静动力计算成果均满足规范要求。整个混凝土重力坝在有溶蚀条件下沿建基面的抗滑稳定满足规范要求，坝基沿建基面的抗滑稳定是安全的。

2）由于坝体均处于卸载带以下，因此坝基不存在浅层滑动组合面，但存在深层组合面，尤以左岸非溢流坝段最为典型。

深层抗滑稳定计算成果表明，左岸的稳定安全度较低，而右岸较高，但各典型坝段在优势产状下的稳定均满足规范要求。在坝基岩体一定的产状变化范围内，有部分非溢流坝段的稳定不能满足规范要求，但考虑侧向切割面提供少量的黏聚力后均能满足规范要求。

3）材料力学法应力成果表明，各典型坝段在正常使用极限状态下坝踵均未出现拉应力；在正常承载能力极限状态下，坝趾处的最大压应力为3.68MPa，小于混凝土抗压强度和坝基容许承载力；在地震工况下，坝趾处的最大压应力为5.28MPa，也小于混凝土的动态抗压强度和坝基岩体的动态抗压强度；短暂工况下坝趾处的拉应力均满足小于0.1MPa的要求。

4）有限元计算成果表明，混凝土坝体在各工况下的变位应力符合一般规律。顺河向的变位处于同一坝高级别工程的水平，而垂向变位略大；顺河向和垂向的相对变位均较小，在工程常规设计范围内。部分坝段的坝踵出现了垂直向的拉应力，但拉应力区较小，均小于0.07倍的坝底宽，且均未超过帷幕线。坝基岩体变位总体上均匀，除局部区域外，坝基软弱层均未出现塑性破坏区。局部软弱岩带（J_2s^{1-3b}）影响了荷载的传递，引起部分硬岩和J_2s^{1-3b}软弱岩带产生塑性破坏，通过敏感性分析可知，J_2s^{1-3b}软弱岩带置换深度达到12m后，塑性区消除，上部荷载较好地向下游向深部岩体传递。各坝段均在坝踵坝趾出现了应力集中现象。

综上所述，尽管坝基岩体软硬相间，且有溶蚀现象，但坝体的稳定应力满足规范要求，坝体的变位值和变位差均在常规允许范围内，坝基软弱层绝大部分均未出现塑性破坏区，局部软弱岩带影响坝基荷载的传递，但通过混凝土置换后得以改善。因此，稳定、应力和变形的计算成果说明：在观音岩坝址上修建160m级的碾压混凝土重力坝是可行性，坝基岩体适应性总体较好。

7.4 观音岩水电站坝基溶蚀砂化岩体处理

7.4.1 建基面岩体质量要求

7.4.1.1 建基面开挖设计考虑的主要因素

（1）岩体风化程度。①全强风化带：岩体风化剧烈，强度低，应全部挖出。②弱风化上带：声波纵波波速变化剧烈，岩体强度不均匀，卸荷松弛现象明显，节理常张开，部分充填次生泥，原则上明渠坝段应予以挖除。左岸坝基坝高小于30m的低坝段的弱风化上带岩体，经适当工程处理后予以利用。③弱风化下带及微风化岩体：节理微张至闭合，充填物多为钙膜、铁膜，岩块咬合紧密，一般整体强度较高，可充分利用此带岩体，经必要的工程处理后作为建基面。

（2）卸荷带。卸荷裂隙对建基面强度、变形和渗透稳定影响较大。卸荷带内缓倾结构面发育，不利于建基面抗滑稳定，因此卸荷带对建基面抗滑及变形稳定不利，原则上应全部挖除。

卸荷带以下的弱风化带下部及微风化岩体的卸荷裂隙，发育数量、延伸长度有限，可通过灌浆措施处理，提高其强度并降低岩体渗透性，必要时再采取一定锚固措施加固后，可保留在建基面内。其中揭露、探测到的溶蚀岩体需采取清挖、灌浆等处理措施。

（3）钙质溶蚀及流失岩体。建基面岩层以侏罗系中统蛇店组（J_2s）钙质砂岩、砾岩为主，岩层中钙质溶蚀或流失现象发育，发育程度随风化降低，但在建基面以下微风化中仍有发育，对建基面抗滑及变形稳定不利。因此，原则上建基面开挖揭露的溶蚀岩体必须采取清挖处理、对探测到的溶蚀岩体需采取清挖、灌浆等综合加固处理措施。

（4）建基面荷载大小。对于左岸河床坝段属高坝段，其荷载及壅水高度大，对地基要求高，建基面应置于弱风化下带及微风化岩体上。

7.4.1.2 坝基岩体利用标准

按上述开挖利用原则，左岸坝基坝段岩体力学指标进行稳定反算分析，建基面利用标准定量参考指标见表 7.4－1。表中要求地质力学参数为该坝段的最低要求，当建基面达不到上述要求时，对该坝段建基面需采取加深开挖、调整上部结构或其他工程处理措施。

表 7.4－1　　建基面利用标准定量参考指标表

坝段编号	地　层	风化程度	变形模量/GPa	平均纵波速度 v_P/(m/s)	坝高/m	混凝土/岩体抗剪断强度（下限值）		允许承载力/MPa	岩体质量类别
						f'	c'/MPa		
1	J_2s^{2-2}	弱风化中下部	＞5	＞3000	19	0.90	0.80	5	$Ⅲ_b$
2	J_2s^{2-2}	弱风化中下部	＞5	＞3000	34	0.90	0.80	5	$Ⅲ_b$
3	J_2s^{2-1}、J_2s^{2-2}	弱风化中下部	＞5	＞3250	49	0.90	0.80	5	$Ⅲ_a$、$Ⅲ_b$
4	J_2s^{2-1}、J_2s^{2-2}	弱风化中下部	＞5	＞3250	64	0.90	0.80	5	$Ⅲ_a$、$Ⅲ_b$
5	J_2s^{2-1}、J_2s^{2-2}	弱风化底部	＞5	＞3250	79	0.90	0.80	5	$Ⅲ_a$、$Ⅲ_b$
6	J_2s^{2-1}	弱风化底部	＞5	＞3250	85	0.90	0.80	5	$Ⅲ_a$、$Ⅲ_b$
7	J_2s^{2-1}	弱风化底部	＞5	＞3250	99	0.95	0.90	5	$Ⅲ_a$、$Ⅲ_b$
8	J_2s^{2-1}	弱风化底部	＞5	＞3250	109	0.95	0.90	5	$Ⅲ_a$、$Ⅲ_b$
9	J_2s^{2-1}	弱风化底部	＞5	＞3250	119	0.95	0.90	5	$Ⅲ_a$、$Ⅲ_b$
10	J_2s^{2-1}	弱风化底部	＞5	＞3250	119	0.95	0.90	5	$Ⅲ_a$、$Ⅲ_b$
11	J_2s^{2-1}	弱风化底部	＞5	＞3250	129	1.00	0.90	5	$Ⅲ_a$、$Ⅲ_b$
12	J_2s^{2-1}	弱风化底部	＞5	＞3250	129	1.00	0.90	5	$Ⅲ_a$、$Ⅲ_b$
13	J_2s^{2-1}	弱风化底部	＞5	＞3500	139	1.00	0.95	5	Ⅱ、$Ⅲ_a$、$Ⅲ_b$
14	J_2s^{2-1}、J_2s^{2-2}	微风化顶部	＞5	＞3500	139	1.00	0.95	5	Ⅱ、$Ⅲ_a$、$Ⅲ_b$
15	J_2s^{2-1}、J_2s^{2-2}	微风化顶部	＞5	＞3500	139	1.00	0.95	5	Ⅱ、$Ⅲ_a$、$Ⅲ_b$
16	J_2s^{2-1}、J_2s^{2-2}	微风化顶部	＞5	＞3500	159	1.00	0.95	5	Ⅱ、$Ⅲ_a$、$Ⅲ_b$
17	J_2s^{2-2}、J_{2S}^{3-1}	微风化上部	＞5	＞3500	159	1.00	0.95	5	Ⅱ、$Ⅲ_a$、$Ⅲ_b$
18	J_2s^{2-2}、J_{2S}^{3-1}	微风化上部	＞5	＞3500	159	1.00	0.95	5	Ⅱ、$Ⅲ_a$、$Ⅲ_b$

续表

坝段编号	地 层	风化程度	变形模量/GPa	平均纵波速度v_P/(m/s)	坝高/m	混凝土/岩体抗剪断强度（下限值）			岩体质量类别
						f'	c'/MPa	允许承载力/MPa	
19	J_2s^{2-2}、J_2s^{3-1}	微风化上部	>5	>3500	159	1.00	0.95	5	Ⅱ、Ⅲ$_a$、Ⅲ$_b$
20	J_2s^{3-1}	微风化顶部	>5	>3500	159	1.00	0.95	5	Ⅱ、Ⅲ$_a$、Ⅲ$_b$
21	J_2s^{3-1}	微风化顶部	>5	>3500	139	1.00	0.95	5	Ⅱ、Ⅲ$_a$、Ⅲ$_b$
22	J_2s^{3-1}、J_2s^{3-2}	微风化顶部	>5	>3500	134	1.00	0.95	5	Ⅱ、Ⅲ$_a$、Ⅲ$_b$
23	J_2s^{3-3}、J_2s^{3-2}、J_2s^{3-1}	微风化上部	>6	>3500	134	0.9	0.8	5	Ⅱ、Ⅲ$_a$、Ⅲ$_b$
24	J_2s^{3-3}、J_2s^{3-2}	微风化上部	>6	>3500	127	0.9	0.8	5	Ⅱ、Ⅲ$_a$、Ⅲ$_b$
25	J_2s^{3-3}、J_2s^{3-2}	微风化上部	>6	>3500	127	0.9	0.8	5	Ⅱ、Ⅲ$_a$、Ⅲ$_b$
26	J_2s^{3-3}、J_2s^{3-2}	微风化上部	>6	>3500	127	0.9	0.8	5	Ⅱ、Ⅲ$_a$、Ⅲ$_b$
27	J_2s^{3-3}	微风化上部	>5	>3250	109	0.9	0.75	4	Ⅲ$_a$、Ⅲ$_b$
28	J_2s^{3-3}	微风化上部	>5	>3250	96	0.9	0.8	5	Ⅲ$_a$、Ⅲ$_b$
29	J_2s^{3-3}、J_2s^{3-4}	微风化上部	>5	>3250	96	0.9	0.8	5	Ⅲ$_a$、Ⅲ$_b$
30	J_2s^{3-4}	微风化上部	>5	>3250	96	0.9	0.8	5	Ⅲ$_a$、Ⅲ$_b$
31	J_2s^{3-4}	微风化上部	>5	>3250	96	0.9	0.8	5	Ⅲ$_a$、Ⅲ$_b$
32	J_2s^{3-4}	微风化上部	>5	>3250	96	0.9	0.8	5	Ⅲ$_a$、Ⅲ$_b$
33	J_2s^{3-5}、J_2s^{3-4}	微风化上部	>5	>3250	96	0.9	0.8	5	Ⅲ$_a$、Ⅲ$_b$
34	J_2s^{3-5}	微风化上部	>5	>3250	96	0.9	0.8	5	Ⅲ$_a$、Ⅲ$_b$
35	J_2s^{3-5}	微风化上部	>5	>3250	96	0.9	0.8	5	Ⅲ$_a$、Ⅲ$_b$

对局部及表层声波低波速部位包括砂砾岩的溶蚀条带、泥质岩挤压软岩条带，根据低波速区分布的连续性与地质构造、表层开挖岩体松弛情况，分析其成因。结合该坝基拟采取的工程处理措施及宏观岩体类别进行综合分析判断，确定坝基岩体利用标准。

7.4.1.3 坝基建基面岩体利用原则

根据规范要求，结合本工程的工程地质条件，提出坝基开挖和岩体利用原则。

坝基岩体利用的基本原则是：坝基中Ⅱ类岩体是优良的高混凝土重力坝坝基，可直接利用；Ⅲ类岩体，经适当工程处理后，应充分利用；对坝基中分布的泥质岩体（Ⅳ$_a$类）及已产生强溶蚀的砾岩、钙质砂岩岩体（Ⅳ$_a$类），全部挖除困难，且极不经济。因此，对坝基局部存在的Ⅳ类及Ⅴ类岩体，经工程处理后，予以利用。

（1）1～4号坝段坝基坝高低于70m，坝基对少量溶蚀条带进行清挖，实际坝基以Ⅲ$_a$类为主。

（2）5～12号坝段坝基局部溶蚀条带相对发育，对溶蚀条带采取加深开挖、做相应的混凝土塞，并适当加强灌浆处理，坝基以Ⅲ$_a$、Ⅲ$_b$类为主。

（3）13～22号坝段坝基溶蚀相对发育，主要7个溶蚀条带从这一区域斜穿过，对溶蚀条带采取加深开挖、做相应的混凝土塞，并加强灌浆处理，坝基以Ⅲ$_a$、Ⅲ$_b$类为主。

（4）23～26号坝段坝基对局部溶蚀条带采取加深开挖、做相应的混凝土塞，并加强灌浆处理，坝基由Ⅱ、Ⅲ$_a$、Ⅲ$_b$类组成。

(5) 23～26号坝段坝基坝高小于100m，以砂岩、粉砂岩、泥质粉砂岩为主，岩体完整性较好，溶蚀相对不发育，对少量溶蚀条带、挤压带清挖，坝基由Ⅲ$_a$、Ⅲ$_b$类组成。

7.4.1.4 建基面岩体质量验收要求

(1) 开挖至建基面后，应进行纵横断面测量，并加密建基面水准测点，标明建基面超、欠挖部位。超、欠挖标准见表7.4-2。

表7.4-2　　基础开挖工程超、欠挖指标

分　类	建　筑　物	允许偏差/cm		
		欠挖	超挖	平整度
一	重力坝建基面标高	10	20	15
二	岸边溢洪道	0	20	15

注 1. 超、欠挖系指开挖轮廓与设计轮廓线之间的差值。
2. 不平整度系指相邻两炮孔间岩面的最高点与最低点间的法向差值。
3. 本表所列的超、欠挖及平整度的质量标准系指不良地质缺陷以外的部位。
4. 表中所列允许偏差值系指个别欠挖的突出部位（面积不大于0.5m^2）的平均值和局部超挖的凹陷部位（面积不大于0.5m^2）的平均值。

(2) 建基面不允许有任何爆破超深孔。

(3) 建基面要求无浮石、无松动岩体，无明显的爆破影响裂隙，锤击合格；经整修后的岩面和边坡不得有反坡，如有欠挖应处理到满足设计要求为止；对于陡坎、尖峰棱角岩体，应将其顶部处理成钝角或弧形，开挖面应平顺；凡建基面表面为缓倾、平直、光滑的结构面或附有钙膜、铁锈、水锈、黏土及其他碍于与混凝土结合者均应清除及凿毛；对开挖出的泥质岩层，若没有或不能及时覆盖建筑物时，应按设计要求进行及时防护处理。

(4) 基础面预裂爆破效果应符合下列要求：在开挖轮廓面上残留炮孔半圆痕迹，应均匀分布；残留炮孔痕迹保存率，对微风化岩体应达到85%以上、对弱风化中下部岩体应达到85%～50%、对弱风化中上部应达到50%～20%；相邻两残留炮孔间岩面的不平整度应小于15cm，残留炮孔壁面不应有明显的爆破裂隙。

(5) 各建基面部位垂直建基面以下1m深度处的岩体爆前、爆后第一次测试的声波波速的衰减率不得大于10%，否则判断为爆破破坏。

(6) 地质缺陷处理要求。

1) Ⅲ级以下结构面按设计要求的槽塞置换进行处理。

2) 泥质岩软弱夹层应按设计要求及时处理。

3) 钙质溶蚀及钙质流失岩体，应按设计要求处理。

4) 相对集中和单层厚度较大的泥质岩体，经工程处理后可利用。考虑到失水崩解特性，建基面开挖时应留保护层，尽量减少开挖扰动，开挖至建基面后应立即覆盖保护。

5) 对坝基内遗留的地质探洞及钻孔按设计要求进行回填或封堵处理。

7.4.2 建基面地质缺陷处理

混凝土重力坝坝基主要岩性是坚硬的砂岩和砾岩，较软的泥质岩夹层成分较少，且坝基的岩层绝大部分为中陡倾角，软弱夹层只对坝基岩体起弱化作用。坝基岩体的物理力学试验成果及稳定、应力、变形计算成果表明，坝基岩体能满足修建160m坝高级混凝土重力坝的要求，但坝体坝趾部分的应力较高，且坝基中的软弱岩带和溶蚀砂化岩带弱化了局部坝基，影响了局部坝基岩体的质量，需对这些地质缺陷进行处理。

7.4.2.1 左岸坝基

左岸坝基地质缺陷主要包括砾岩的溶蚀条带、F_1 断层、Gb_1 挤压带以及泥质岩等。

图 7.4-1 左岸坝基砾岩溶蚀条带

(1) 溶蚀条带：左岸发育5条延伸长、宽带较大的溶蚀条带，对较强的溶蚀条带必须进行槽挖处理，对溶蚀中等至轻微的溶蚀条带在清除溶蚀宽缝中的残留物后加以利用，并采取针对性加强固结灌浆措施（图7.4-1）。其余局部发育的钙质流失砂化条带及溶蚀条带宽度小于50cm主要表现为沿陡倾的横节理产生，再沿反倾的缓倾裂隙延伸。该类型溶蚀发育在层内，其岩体内部未溶蚀岩体强度仍然较高，具有一定的支撑作用，直接清除软弱部位的岩土；而延伸较长的宽度大于50cm的该类型溶蚀条带进行了槽挖处理，鉴于该类溶蚀裂隙连通性较好，经过固结灌浆处理提高岩体的完整性。

12号、14号坝段坝基开挖揭露 R_3、R_4、R_5 三条溶蚀带（图7.4-2～图7.4-4），按地质缺陷处理设计要求采取槽挖、混凝土塞回填处理措施。

图 7.4-2 12号、13号坝段溶蚀带 R_3、R_4 槽挖

图 7.4-3 12号、13号坝段溶蚀带 R_3 槽挖

(2) F_1 断层：12号坝基揭露 F_1 断层破碎带宽度30～60cm，产状近SN，W$\angle 22°$～

29°，倾左岸偏下游，出露及分布情况见图 7.4-5 及图 7.4-6。F_1 由断层泥、细角砾岩组成，性状较差，其力学参数类比坝址区结构面试验成果，$f'=0.35\sim0.40$，$c'=0.03\sim0.05$MPa，从图 7.4-7 看，在 10 号、11 号坝段以前，F_1 断层在坝底埋深较深，难以成为滑动边界；在 13 号、14 号坝段以后，F_1 断层在大坝下游，不构成滑动边界；在 12 号坝段高程 1010.00m 平台埋深较浅，可以构成滑动边界，对该坝段抗滑稳定不利，对该段坝基采取加深开挖至高程 1000.00m，切断了 F_1 断层在该段坝基下延伸。

图 7.4-4 13 号、14 号坝段溶蚀带 R_5 槽挖

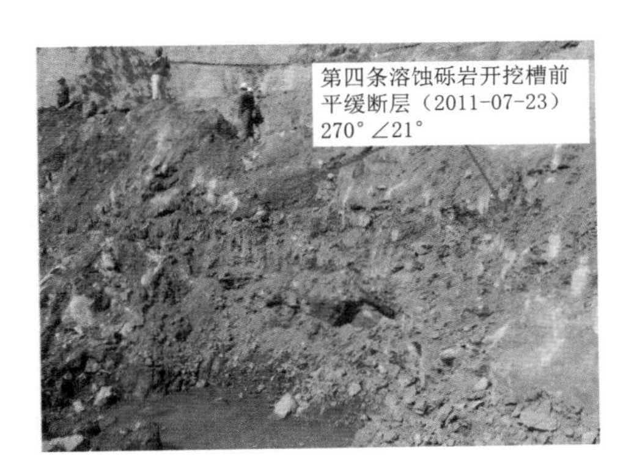

图 7.4-5 F_1 断层出露情况

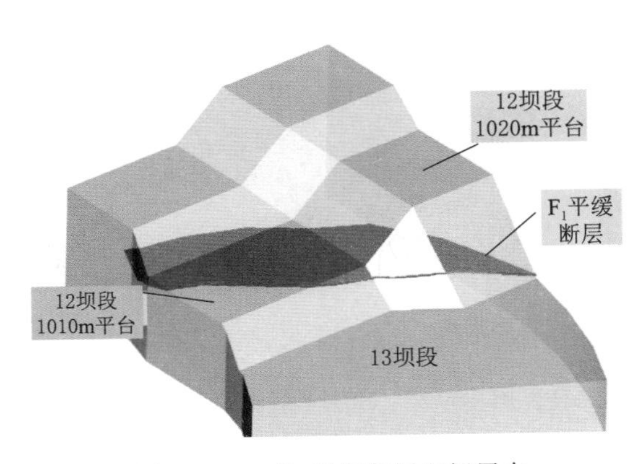

图 7.4-6 F_1 平缓断层空间展布

（3）Gb_1 挤压带：Gb_1 产状 N5°～10°E，NW∠41°～45°，在 6 号坝段高程 1054.00m 平台上以小断层形式出露，宽度 2～5cm，破碎带由碎裂岩组成（图 7.4-8）。由于开挖暴露时间长，其上盘岩体松弛，清基时采用了槽挖并配筋处理。其延伸至 8 号坝段后以挤压带或节理密集带形式出现，由于位于坝趾部位，且与 6 号溶蚀条带组合，对坝基稳定不利，清基时结合溶蚀条带按地质缺陷加深 5m 开挖处理。

Gb_1 在 6 号、7 号坝段为小断层，由岩屑夹断层泥组成，性状一般，其力学参数类比坝址区结构面试验成果，$f'=0.40\sim0.45$，$c'=0.05$MPa；在 8 号坝段以挤压带形式出现（见图 7.4-9），$f'=0.45\sim0.55$，$c'=0.10$MPa。

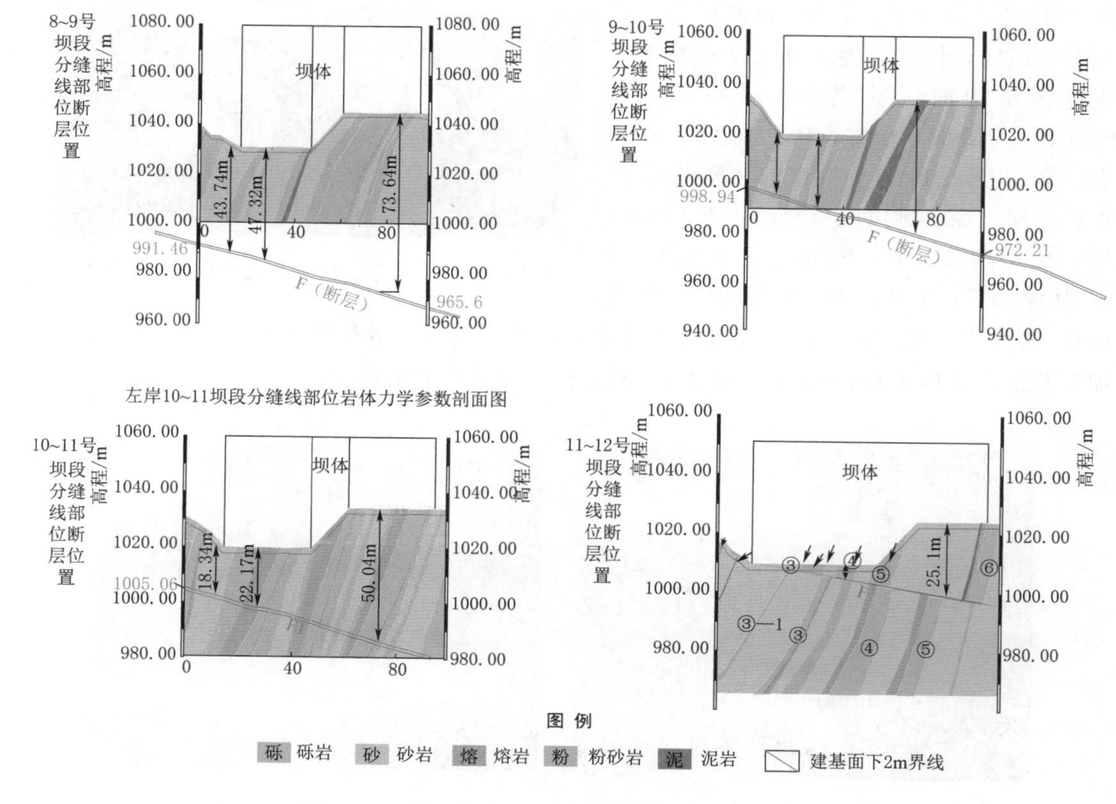

图 7.4-7 F_1 断层在 8 号到 12 号坝段延伸展示图

图 7.4-8 左岸 6 号坝段 Gb_1 槽挖并配筋处理

图 7.4-9 左岸 8 号坝段高程 1040.00～1050.00m 斜坡挤压带 Gb_1

（4）泥质岩的处理。坝基的泥质岩相对完整，一般未进行加深开挖处理。但开挖揭露后易产生崩解，其崩解的速度和深度与泥质含量相关，一般崩解深度在 20cm 范围内，在清基时进行撬挖清除。对宽度大于 0.5m 的存在挤压现象的泥质岩，开挖暴露时间较长后，岩体崩解、松弛较严重，按地质缺陷进行槽挖处理。

7.4.2.2 河床坝基

河床坝基地质缺陷主要包括砾岩的溶蚀条带、F_2 断层以及泥质岩等。

（1）河床坝段发育 2 条砾岩溶蚀条带和 8 条砂岩溶蚀条带，对延伸长、宽度大、溶蚀较强的条带必须进行槽挖处理，对溶蚀中等至轻微的溶蚀条带清除溶蚀宽缝中的残留物后加以利用，并采针对性加强固结灌浆措施。其余局部发育的钙质流失砂化条带及溶蚀条带宽度小于 50cm 主要表现为沿陡倾的横节理产生，再沿反倾的缓倾裂隙延伸。该类型溶蚀发育在层内，其岩体内部未溶蚀岩体强度仍然较高，具有一定的支撑作用，采取直接清除软弱部岩土；而延伸较长的宽度大于 50cm 的该类型溶蚀进行了槽挖处理，槽挖处理后其溶蚀仍有残余，鉴于该类溶蚀裂隙连通性较好，经过固结灌浆处理可提高岩体的完整性。

（2）F_2 断层。河床 16 号坝段边坡开挖中，在边坡中部揭露缓倾断层 F_2（见图 7.4－10），该断层倾角缓，贯穿 16 号坝段绝大部分坝基，近断层的两盘岩体完整性变差，严重影响该坝段坝基岩体的抗滑稳定性。

图 7.4－10　16 号坝段高程 1000.00～980.00m 边坡揭露的 F_2 缓倾断层

F_2 缓倾断层破碎带宽 2～17cm，破碎带物质为断层泥、碎屑岩、碎块岩（图 7.4－11）。

图 7.4－11　16 号坝段边坡 F_2 缓倾断层破碎带物质

对建立的 F_2 断层三维模型进行剖切，获得15号、16号坝段分缝线剖面上的分布位置，见图7.4-12。

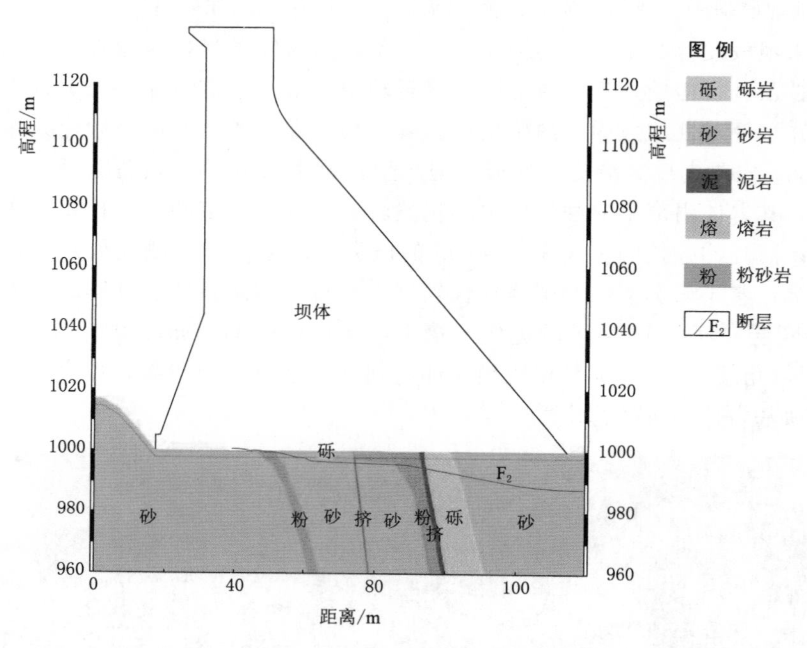

图7.4-12 F_2 断层在15号、16号坝段分缝线剖面位置

断层为逆断层，现场对断层破碎带宽度及物质组成进行了较精细的统计，得出破碎带宽度2～15cm，以5～10cm的较多；破碎带物质主要为碎屑岩、断层泥，经现场逐点撬挖观察，断层泥分布的地段比较多，占统计段的78%。

现场对 F_2 断层破碎带的物质进行了初步取样，测定物理指标（表7.4-3），从表中数据可以看出表浅部含水量高，干密度低，饱和含水率在20%以上，其性状应为可塑状态。

表7.4-3 F_2 断层的物理指标

取样深度/cm	平均密度/(g/cm³)	含水量/%	干密度/(g/cm³)	孔隙比	饱和含水量/%
5～15	2.03	15.1	1.76	0.54	20.00
15～25	1.93	20.7	1.60	0.70	25.75
40	2.16	10.6	1.95	0.39	14.50

较深部（取样深度40cm）含水量为10.6%，饱和含水量为14.5%，若取塑限含水量为16%，断层泥为固态，因此结构面抗剪参数：$f'=0.35\sim0.37$，$c'=0.05$MPa。

现场对16号坝段开挖后的边坡进行了调查，F_2 断层在16号坝段上游段两侧岩体完整性差，平缓裂隙发育，此段位置在坝横0+006.00至坝横0+062.00，长度约60m，大致以第3条溶蚀砾岩为界，砾岩带下游岩体变好。见图7.4-13。

15号坝段上游区布有较多声波孔，将声波测值做成三维柱体，可以清楚地看出断层

图 7.4-13 16 号坝段二次开挖后边坡

两侧的岩体波速低（见图 7.4-14），这与现场从剖面上观察 F_2 上游段岩体较差是对应的。

各孔在断层 F_2 上下波速多在 2000～3500m/s 之间，低值降到 1500～2000m/s，这表明岩体不仅破碎，而且有溶蚀现象；取各孔波速的平均值，$v_P=2477$m/s，此值处于Ⅳ级岩体波速区段。

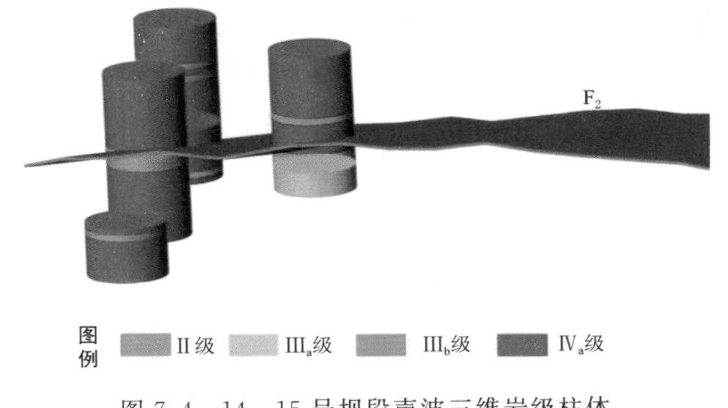

图 7.4-14 15 号坝段声波三维岩级柱体

根据 F_2 断层上游段两侧岩体结构面发育和声波测值，可以将厚度 8m 左右的岩体定为Ⅳ级岩体，根据建立的波速-变形模量关系式和 c、φ 值插值公式，得到此段岩体：变模 $E=2.54$GPa；混凝土/岩体抗剪断强度 $f'=0.86$，$c'=0.37$MPa；岩体/岩体抗剪断强度 $f'=0.85$，$c'=0.48$MPa。

F_2 断层下游段两侧岩体裂隙相对上游区较少，岩体完整性稍好，此段无声波孔控制，现场观察岩体可以划分Ⅲ$_b$ 上限岩体，建议力学参数：变模 $E=6$GPa；混凝土/岩体抗剪断强度 $f'=1.01$，$c'=0.96$MPa；岩体/岩体抗剪断强度 $f'=1.03$，$c'=0.91$MPa。

F_2 起伏延伸，经分析计算 F_2 对 14～16 号坝段抗滑稳定不利，已采取开挖处理措施，将 14 号坝段中心线到 16 号坝段建基面从高程 1000.00m 整体降至高程 990.00m，F_2 在 13 号、14 号分缝线部位埋深超过 15m，经计算满足抗滑设计要求。

(3) 泥质岩的处理。同左岸坝基。

7.4.2.3 右岸坝基

右岸坝基地质缺陷主要包括 F_3 断层、细砂岩的砂化溶蚀条带、层间抗压面（带）及泥质岩等倾角裂隙等。

(1) 30～35 号坝段高程 1050.00m 平台开挖调整。坝基 30～35 号坝段基岩主要为 J_2s^{3-4}、J_2s^{3-5} 岩层，岩体中泥质岩较多，层间挤压面较发育，上部岩体位于卸荷带内，爆前物探声波孔的测值表明，坝基上游高程 1050.00m 平台原建基面以下 5m 范围内单孔波速 2000～3000m/s 的测点较多，且存在低波速集中现象，为确保坝基岩体质量，决定对该部位的开挖进行调整，将坝基上游高程 1050.00m 平台调整至高程 1045.00m。

(2) F_3 断层。35 号坝段高程 1040.00m 平台揭露缓倾角断层一条（F_3），该断层产状 N25°～40°W，NE∠17°～25°，倾右岸偏下游（见图 7.4-15）。

图 7.4-15 35号坝段缓倾断层及两侧挤压带

利用全站仪实测的断层坐标，建立该断层的三维模型，通过剖切获得35号坝段剖面上平缓断层位置，见图7.4-16。

从图7.4-16可以看出：尽管平缓断层在35号坝段下部通过，但根据现场调查、测绘成果，右岸28～35号坝段坝体嵌深较大，下游有厚度较大的抗力岩体存在，揭露的断面也未见倾向上游的缓倾弱面和较长大的硬性结构面（见图7.4-17）。因此，35号坝段出露的缓倾角断层剪出条件不完善，作为底滑边界的可能性小。但是，F_3断层破碎带宽度15～20cm，胶结较差，且其上盘侧钙质细砂岩砂化，对坝基变形稳定不利，因此，将断层上盘厚度小于3m的岩体进行了剥离，并对坝基残留的断层上盘岩体进行了锚筋桩系统加固，确保坝基稳定。

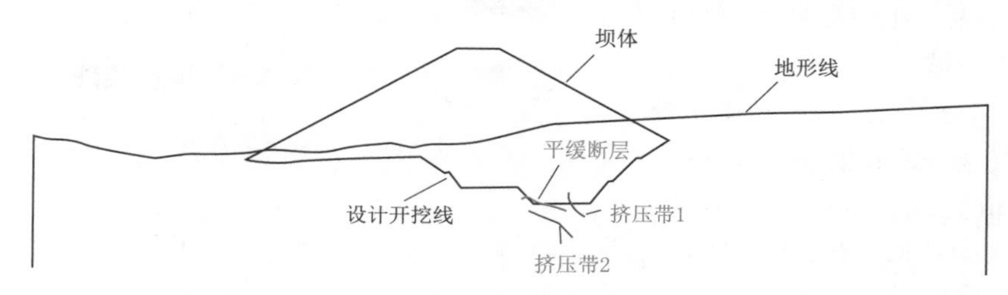

图 7.4-16 35号坝段中线剖面平缓断层位置示意图

（3）溶蚀条带。右岸20～35号坝段无砾岩分布，粉砂岩及泥岩未见溶蚀现象，溶蚀主要为砂岩的钙质流失。钙质细砂岩的溶蚀特征有：砂岩条带整体溶蚀、沿横节理呈面状溶蚀、沿缓倾结构面溶蚀，根据不同溶蚀特征采用不同的处理方式。

1）砂岩条带整体溶蚀的处理。砂岩条带受钙质含量、结构面发育程度等因素影响，呈现整体溶蚀的特征（见图7.4-18）。这种溶蚀类型在右岸发育很少，仅在33号坝段上游侧和35号坝段下游侧出现。对该类溶蚀采用槽挖钢筋混凝土塞处理。

图 7.4-17 35号坝段下游斜坡岩体未见长大缓倾结构面发育

2）横节理呈面状溶蚀的处理。右岸横节理较为发育，部分地段砂岩沿横节理隙壁溶蚀，呈面状溶蚀特征（见图7.4-19），溶蚀厚度较小，一般多在1cm以下。横节理走向与岩层近于正交，倾角大，这一类型的溶蚀对砂岩力学参数的损伤相对较小，一般未做处理，局部加强固结灌浆提高岩体完整性。

图 7.4-18 33号坝段上游砂岩条带整体溶蚀现象

图 7.4-19 右岸砂岩沿陡倾横节理面状溶蚀

3）沿缓倾结构面溶蚀的处理。沿缓倾结构面的面状溶蚀是右岸砂岩最主要的溶蚀类型。受卸荷作用影响较大，右岸缓倾结构面相对发育，具备一定开度的缓倾结构面构成了地下水渗流的通道，使两侧裂隙壁砂岩岩体中的钙质流失，形成沿缓倾裂隙面状溶蚀（图 7.4-20）。根据现场调查，溶蚀厚度一般在1cm以下，受结构面倾角控制，该种类型溶蚀在建基面上出露相对较多，开挖面上岩体溶蚀呈点、线、面状分布，无明显的分布规律。

沿缓倾结构面的溶蚀对岩体力学性状的损伤和衰减较为明显，对埋藏较浅的该类溶蚀一般均沿缓倾结构面清除上覆岩体，并对缓倾结构面的溶蚀砂化岩体进行凿除，改善坝基受力状态。

（4）层间挤压面（带）的处理。右岸坝基层间挤压带发育相对较少，破碎带厚度多在15cm以下，与反倾节理组合在基面上构成三角体，开挖暴露后易松弛卸荷，对该类缺陷沿挤压面加深开挖，并回填混凝土处理，见图 7.4-21。

（5）泥质岩的处理。同左岸坝基。

图 7.4-20 右岸砂岩主要沿缓倾裂隙面状溶蚀

图 7.4-21 挤压面处理情况

7.4.3 固结灌浆

为提高坝基岩体完整性和均一性，对整个坝基面均进行固结灌浆处理。每个坝段根据坝基地质条件、坝高、坝基受力特点、防渗要求等，结合应力变形计算成果，进行有针对性的灌浆。

7.4.3.1 灌浆参数

采用有盖重固结灌浆，设计灌浆孔排距 2.5m×2.5m，上下游加密，梅花形布置，入岩孔深 8～30m，孔向铅直向下。针对左岸 J_2s^{2-1} 岩层岩溶最为发育和岩层陡倾及靠近大平坝背斜，岩体破碎的特点，对各坝段进行如下固结灌浆处理。

（1）对坝高小于 40m 的 1 号、2 号坝段的坝基岩体进行深 15m 的固结灌浆处理。

（2）对左岸坝高介于 40～70m 的 3～5 号坝段的坝基，按 40%的底面积（按 ZK160 的总线溶蚀率 19.4%扩大一倍）进行深 30m、60%的底面积进行深 15m 的固结灌浆处理。

（3）对左岸 6～15 号坝段的坝基，按 40%的底面积（按 ZK160 的总线溶蚀率 19.4%扩大一倍）进行深 60m、60%的底面积进行深 15m 的固结灌浆处理。

（4）针对河中 J_2s^{2-2}、J_2s^{3-1} 岩层溶蚀较发育的特点，对厂房坝段、导流底孔坝段、双泄中孔坝段按 20%（按 ZK132 的总线溶蚀率 8.58%扩大一倍 ）的底面积进行深 60m、80%的底面积进行深 15m 的固结灌浆处理。

（5）针对右岸 J_2s^{3-2}～J_2s^{3-5} 岩层上喀斯特发育较轻，针对砂岩钙质流失的特点，对处于这些岩层上的坝段按 10%（按总线溶蚀率 5%扩大一倍）的底面积进行深 30m、90%的底面积进行深 15m 的固结灌浆处理。

根据《金沙江观音岩水电站大坝有盖重固结灌浆施工技术要求》，灌浆压力见表 7.4-4，水灰比采用 2∶1、1∶1、0.8∶1 和 0.6∶1（质量比）四个比级。对于不起压不回水、透水率大于 100Lu 的孔段，采用 0.6∶1 单一水灰比灌注。

坝段固结灌浆的单位注灰量、平均透水率统计显示，固结灌浆单位注灰量、平均透水率随分序递减规律明显。

表 7.4-4 有盖重固结灌浆分段与灌浆压力

灌浆段序	1	2	3	4 及以下
灌浆段长/m	2	6	6	6
Ⅰ、Ⅱ序孔灌浆压力/MPa	0.4～0.5	0.6～0.7	0.8～0.9	1.0～1.2
后灌Ⅲ、Ⅳ序孔、检查孔灌浆压力/MPa	0.6～0.7	0.8～0.9	1.0～1.2	1.2～1.5

注 1. 表中数据根据灌浆试验成果进行优化调整，报监理批准。
2. 抬动观测值超过 100μm 时，表中压力应降低。

7.4.3.2 灌浆验收标准

（1）固结灌浆质量检查原则。固结灌浆质量检查，主要采用压水试验、测量岩体波速、孔内数字成像和静弹性模量测试，并结合对灌浆孔钻孔、检查孔取芯（即检查孔岩芯的采取率、裂隙情况，浆液结石密实度、强度）和灌浆资料进行对比分析等进行综合评定，并根据试验及分析成果对灌浆质量进行判断，决定是否增加灌浆孔或采取其他措施。

（2）检查孔布置要求。

1）灌浆检查孔的钻孔位置应根据现场情况，由监理会同设计指定，选在以下部位：建基面各个岩级应分别布置一定数量的检查孔；层间错动带、裂隙发育、岩石破碎等地质条件复杂的部位；注入量大的孔段附近；钻孔偏斜过大的部位、灌浆过程不正常等经资料分析认为对灌浆质量有影响的部位。

2）物探孔分灌前检测孔和灌后检查孔两类，孔深与该区灌浆孔深度一致。物探孔数量占灌浆孔总数的比例为：声波孔10%（灌浆前后各占5%）、钻孔全景图像10%（灌浆前后各占5%）；单孔声波、孔间对穿声波测点点距为20cm，对穿声波一组2～3孔，孔距3.0～4.5m。

3）灌后声波测试应在该部位灌浆结束14天后进行；灌后钻孔变模测试应在该部位灌浆结束28d后进行。

（3）声波检查验收标准。

1）对于导流明渠工程。

灌后岩体检查孔的单孔声波波速平均值应大于4000m/s，检查孔单孔声波波速值大于3500m/s的测点比例应大于85%，检查孔单孔声波波速值小于2000m/s的测点比例应小于5%，且测点不集中。

2）对于右岸C2标工程。

a. 灌浆D_4区：灌后灌区检查孔岩体接触段5m范围和全孔段的单孔声波波速平均值均应大于4000m/s，跨孔声波波速平均值均应大于3750m/s；灌区检查孔接触段5m范围和全孔段的灌区单孔和跨孔声波波速值大于3250m/s的测点比例均应大于85%，灌区检查孔接触段5m范围和全孔段的单孔声波波速值小于2000m/s的测点比例均应小于5%，且测点不集中。

b. 灌浆B_2区和D_1区：灌后灌区检查孔岩体接触段5m范围和全孔段的单孔声波波速平均值均应大于3750m/s，跨孔声波波速平均值均应大于3500m/s；灌区检查孔接触段5m范围和全孔段的灌区单孔和跨孔声波波速值大于3250m/s的测点比例均应大于80%，灌区检查孔接触段5m范围和全孔段的单孔声波波速值小于2000m/s的测点比例均应小于5%，且测点不集中。

3）对于左岸C4标工程。

灌后灌区检查孔岩体接触段5m范围和全孔段的单孔声波波速平均值均应大于4000m/s，跨孔声波波速平均值均应大于3750m/s；灌区检查孔接触段5m范围和全孔段的灌区单孔和跨孔声波波速值大于3500m/s的测点比例均应大于85%，灌区检查孔接触段5m范围和全孔段的单孔声波波速值小于2000m/s的测点比例应小于5%，且测点不集中。

4）对于左岸C5标工程。

a. 主机间灌浆区：灌后岩体检查孔的灌区单孔声波波速平均值应大于4000m/s，跨孔声波波速平均值应大于3750m/s，检查孔灌区单孔和跨孔声波波速值大于3500m/s的测点比例应大于80%，检查孔单孔声波波速值小于2000m/s的测点比例应小于5%，且测点不集中。

b. 安装间灌浆区：灌后岩体检查孔的灌区单孔声波波速平均值应大于3750m/s，跨孔声波波速平均值应大于3500m/s，检查孔灌区单孔声波波速值大于3250m/s的测点比例应大于80%，跨孔声波波速值大于3250m/s的测点比例应大于70%，检查孔单孔声波波速值小于2000m/s的测点比例应小于5%，且测点不集中。

5）若灌后岩体波速达不到上述标准，应结合检测成果分析原因，并采取其他相应措施加强处理。对规模较大溶蚀带若达不到上述标准，对于C4标：灌后岩体单孔和跨孔声波波速提高率应不小于15%，灌后单孔和跨孔声波波速值大于3500m/s的测点比例应大于75%，检查孔单孔声波波速值小于2000m/s的测点比例应小于5%，且测点不集中；对于C5标：灌后岩体单孔和跨孔声波波速提高率应不小于10%，单孔和跨孔声波波速值大于3250m/s的测点比例应大于65%，检查孔单孔声波波速值小于2000m/s的测点比例应小于8%，且测点不集中。

（4）岩体透水性检查标准。

1）灌后压水试验时间：压水试验在灌浆结束4d后进行。

2）检查孔的数量为灌浆孔总数的5%，压水试验试用“单点法”，按《水工建筑物水泥灌浆施工技术规范》（DL/T 5148）附录A执行。

3）固结灌浆质量的压水试验检查标准：根据设计图纸灌浆分区进行评定，坝踵、坝趾灌浆区透水率$q \leqslant 3$Lu，其他灌浆区透水率$q \leqslant 5$Lu。压水试验孔段合格率为85%以上，不合格孔段的透水率值不超过设计规定值的50%，且不得集中，则可认为灌浆质量合格。若达不到上述合格标准的，应按监理批准的措施进行处理。

检查孔检查结束后应进行灌浆和封孔，其单位注入量的大小也作为检查固结灌浆效果的一个指标。

7.4.3.3 灌后质量评价

建基面固结灌浆，灌后检查孔压水试验、声波检测大部分能满足设计要求，局部未达到要求的地段，通过补强灌浆后满足设计要求。

右岸坝基岩体质量检测成果统计见表7.4-5，小于2.0km/s的波速测点多呈单点分布，最大连续长度1.2m。固结灌浆后混凝土坝基固结灌浆基本满足设计验收要求。

表7.4-5 右岸坝基岩体质量检测成果统计表

坝段	跨孔声波检测			单孔声波检测			跨孔声波统计/%		单孔声波统计/%		孔内灌后变形模量	
	灌前/(km/s)	灌后/(km/s)	提高率/%	灌前/(km/s)	灌后/(km/s)	提高率/%	>3.25 km/s	<2 km/s	>3.25 km/s	<2 km/s	灌后/GPa	提高率/%
28号D_4区		3.97			4.11		88.6	0.2	85.9	1.7	5.12	
28号B_2区	3.56	3.76	5.50	3.75	4.05	7.76	88.1		82.7	1.4	6.14	9.5
29号D_4区		4.14			4.22		97.4		90.7	0.2	3.67	
29号B_2区		4.03			4.03		93.9		84.5	0.1	3.67	
30号D_4区	3.70	3.93	6.1	3.75	4.34	15.8	97.4		86.4	1.1	6.63	9.5
30号B_2区	4.02	4.29	6.6	3.81	4.18	9.8	100.0		88.1	0.6	6.38	4.8
31号D_4区	3.83	3.99	4.1	3.85	4.45	15.5	91.6		89.4	0.5	5.26	
31号D_1区	3.97	4.10	3.3	4.07	4.36	6.9	96.1		86.0	1.0	5.71	
31号B_2区		4.22			4.23		100.0		93.5			
32号D_4区	3.67	4.07	11.1	3.74	4.21	12.4	92.1		85.8	0.9	4.24	5.8
32号D_1区	3.61	3.81	5.7	3.41	3.82	11.9	88.2		85.7	0.2	5.94	

续表

坝段	跨孔声波检测			单孔声波检测			跨孔声波统计/%		单孔声波统计/%		孔内灌后变形模量	
	灌前/(km/s)	灌后/(km/s)	提高率/%	灌前/(km/s)	灌后/(km/s)	提高率/%	>3.25 km/s	<2 km/s	>3.25 km/s	<2 km/s	灌后/GPa	提高率/%
32号B_2区		3.66			3.89		94.1		85.1			
33号D_4区	3.91	4.17	6.6	3.96	4.19	5.9	96.5		92.5		7.36	3.2
33号B_2区	3.48	3.82	9.9	3.65	3.91	7.1	82.4		85.2	0.2	6.32	
34号D_4区		4.20			4.42		98.51		89.0	0.8	5.72	
34号B_2区	3.84	4.33	12.7	3.83	4.31	12.7	96.5		89.0	2.2	7.20	9.1
35号D_4区	3.81	4.10	7.8	3.85	4.40	14.3	97.4		88.8	1.8	7.16	2.9
35号B_2区	3.79	4.06	7.0	3.90	4.24	8.9	95.2		87.0	2.6	5.16	9.8

7.4.4 帷幕灌浆

7.4.4.1 灌浆试验

先后进行了三个部位的帷幕灌浆试验。

（1）左岸帷幕灌浆试验区。位于二期围堰左端点上游侧，试验平台高程1050.80m。分三排帷幕和两排帷幕两个试验区。根据试验区开挖揭露，地层岩性为侏罗系中统蛇店组上段第一层（J_2s^{3-1}）中厚层状细砂岩夹粉砂岩、泥质粉砂岩、粉砂质泥岩，岩层产状N35°E，SE∠68°。试验区浅部弱风化细砂岩层钙质流失程度严重，除表层砂土状岩芯外，其余岩芯多保持原有岩体结构，但孔隙发育，岩块密度变小，强度明显降低，段长1～5m不等，影响深度最深可达18m。深部微风化段细砂岩层钙质流失发育轻微，多为沿裂隙面发育，影响带宽度多为2～5cm，局部层段宽度可达25～30cm。

层内挤压破碎带较为发育，系由岩层在区域褶皱过程中产生挤压错动而形成，破碎带宽度一般为0.5～1.5m，由原岩碎屑、碎块组成，仅在中间或两侧有5～8cm不等厚度夹泥，部分岩块有泥化现象，区段内层间错动面约发育有10组，形成影响破碎带约有10段，其透水性较强。另外属Ⅴ级结构面的节理裂隙亦较为发育：缓倾角裂隙平均每米分布3～4条，裂隙面多闭合无充填；中倾角和陡倾角裂隙发育不均匀，无明显规律，平均约每3～6m各分布1条，裂隙多张开，宽约1cm且充填岩屑。

1）三排帷幕。三排帷幕孔距2.0m，排距2.0m，孔深83m，Ⅰ序孔最大灌浆压力3.5MPa，Ⅱ序孔最大灌浆压力4.0MPa，Ⅲ序孔最大灌浆压力4.0～5.0MPa。

中间排Ⅲ序孔高程1015.80m以下孔段（即微风化岩体）使用湿磨细水泥灌浆，湿磨细水泥细度指标为：$D_{97}\leqslant 40\mu m$、$D_{50}=10\sim 12\mu m$。

成果统计按岩体风化程度分三层进行，各层分界线分别是23m、33m（含混凝土盖板厚3m）。

a. 弱风化卸荷线以上：Ⅰ、Ⅱ、Ⅲ序排单位注入量分别为256.6kg/m、215.1kg/m、160.2kg/m，总平均单位注入量212.8kg/m。灌后检查孔中，压水试段共10段，透水率小于1Lu的试段有3段，占30%；1～3Lu的试段有5段，占50%；大于3Lu的试段有

2段，占20%。

b. 弱风化卸荷线以下：Ⅰ、Ⅱ、Ⅲ序排单位注入量分别分313.8kg/m、284.4kg/m、210.6kg/m，总平均单位注入量为272.1kg/m。灌后检查孔中，压水试段共4段，透水率小于1Lu的试段有4段，占100%。

c. 微风化：Ⅰ、Ⅱ、Ⅲ序排单位注入量分别为349.7kg/m、383.4kg/m、230.3kg/m，总平均单位注入量325.1kg/m。灌后检查孔中，压水试段共20段，透水率小于1Lu的试段有20段，占100%。

2）二排帷幕区。二排帷幕孔距2.0m，排距1.5m，孔深63m，Ⅰ序孔最大灌浆压力3.5MPa，Ⅱ序孔最大灌浆压力4.0MPa，Ⅲ序孔最大灌浆压力4.0～5.0MPa。

成果统计按岩体风化程度和卸荷情况分三层进行，各层分界线分别是23m、33m（含混凝土盖板厚3m）。

a. 弱风化卸荷线以上：Ⅰ、Ⅱ序排单位注入量分别为213.6kg/m、225.5kg/m，总平均单位注入量为220.0kg/m。灌后检查孔中，压水试段共10段，透水率小于1Lu的试段有0段；1～3Lu的试段有3段，占30%；大于3Lu的试段有7段，占70%。

b. 弱风化卸荷线以下：Ⅰ、Ⅱ序排单位注入量分别分184.4kg/m、291.6kg/m，总平均单位注入量241.6kg/m。灌后检查孔中，压水试段共4段，透水率小于1Lu的试段有0段；1～3Lu的试段有1段，占25%；大于3Lu的试段有3段，占75%。

c. 微风化：Ⅰ、Ⅱ序排单位注入量分别为413.6kg/m、348.5kg/m，总平均单位注入量378.8kg/m。灌后检查孔中，压水试段共12段，透水率小于1Lu的试段有7段，占58.3%；1～3Lu的试段有1段，占8.3%；大于3Lu的试段有4段，占33.3%。

（2）左岸有盖重固结和帷幕灌浆试验区。位于14号坝段上游灌浆廊道上游侧，试验平台高程1029.70m。开挖揭露下伏基岩为侏罗系中统蛇店组中段第二层（J_2s^{2-2}）钙质细砂岩、砾岩、粉砂岩夹泥质粉砂岩，岩层产状N25°E，SE∠68°～70°。钻孔揭露，岩层中厚至巨厚层状，以砂岩为主，夹少量粉砂岩、泥质粉砂岩，为微风化岩体。岩芯呈柱状、长柱状，少部分短柱状和碎裂状，局部形成溶蚀孔洞达1.97m砂土状岩芯，砂岩中钙质流失现象普遍，沿裂隙溶蚀向两侧扩散、渐减弱、消失。

灌浆孔深56.5m，其中上部26.5m为固结灌浆试验，帷幕灌浆试验段为各孔下部30m。排距1.5m，孔距3.0m，Ⅰ序孔最大灌浆压力4MPa，Ⅱ序孔最大灌浆压力4.5MPa，Ⅲ序孔最大灌浆压力4.5MPa。

中间排Ⅲ序部分孔中使用湿磨细水泥灌浆，湿磨细水泥细度指标为：$D_{97}\leqslant 40\mu m$、$D_{50}=10\sim 12\mu m$。Ⅰ、Ⅱ、Ⅲ序排平均单位注入量分别为319.0kg/m、269.9kg/m、316.0kg/m，总平均单位注入量为300.5kg/m。灌后检查孔中，共18个试段，透水率小于1Lu的试段有0段；1～3Lu的试段有15段，占83.3%；大于3Lu的试段有3段，占16.7%。各检查孔压水试段透水率区间分布相同：1～3Lu各有5段，3～5Lu各有1段。

（3）溶蚀岩体灌浆专项试验区。位于厂房安装间位置，试验平台高程1020.00m。下伏基岩为侏罗系中统蛇店组J_2s^{2-1}地层，岩性以钙质砂岩、砾岩为主，夹粉砂岩及少量泥质粉砂岩，中厚—厚层状，试验区内岩层产状N25°～30°E，SE∠70°。岩层中砂岩占68.08%、砾岩占29.98%、粉砂岩占0.80%、泥质粉砂岩占1.52%，是具有代表性J_2s^{2-1}

溶蚀岩层。溶蚀在全孔深30m内均有发育。

帷幕灌浆孔深31.5m，排距0.75m，孔距1m。Ⅰ序排Ⅰ序孔最大灌浆压力2.5MPa，Ⅰ序排Ⅱ序孔最大灌浆压力3.5MPa，Ⅱ序排Ⅰ序孔最大灌浆压力3.5MPa，Ⅱ序排Ⅱ序孔及加密孔最大灌浆压力4.0MPa。各排孔单位注入量，Ⅰ序排为676.4kg/m，Ⅱ序排为432.5kg/m，第一次检查孔兼灌浆孔为126.3kg/m。总平均单位注入量为461.2kg/m。最终检查压水试验，无大于5Lu的孔段，最大透水率为3.44Lu，压水透水率平均值1.64Lu，小于1Lu和1～3Lu的区间段数分别占42.9%和47.6%。

7.4.4.2 防渗处理范围及帷幕灌浆合格标准

针对坝址区岩体渗透性较大的问题，在勘探线上的钻孔做了加深勘探，最大孔深250m，勘探钻孔均未揭穿$q<1$Lu线，$q<3$Lu线左岸埋深180～200m之间，河床及干坪子台地部位埋深在160～240m之间，干坪子向斜核部及右岸坝肩部位埋深90～130m之间。两岸地下水位平缓，根据两岸钻孔的地下水位变化趋势，推测两岸接水库正常蓄水位的地下水位线距两岸坝头约750m。为此，设计根据有关渗流分析情况，考虑3Lu线深度，设置悬挂式帷幕。

坝基岩体属弱透水—中等透水岩体，坝址为斜向谷，坝基岩体中除层面构造外，还存在多条连通上下游的溶蚀和砂化条带，对坝基防渗及渗透稳定较为不利，因此坝基岩体存在坝基渗漏和绕坝渗漏的条件，也存在产生渗透破坏的可能，对其应加强工程处理。

大坝防渗帷幕沿坝轴线布置，技施阶段左岸共布置了4层灌浆廊道，高程分别为1139.00m、1093.00m、1043.00m、985.00m。右岸共布置了3层灌浆廊道，高程分别为1141.00m、1055.00m、985.00m。在大坝防渗帷幕下游侧建基面上布置4层排水廊道。

大坝防渗处理范围根据勘察成果采用悬挂式帷幕，防渗帷幕基本上包住了大于3Lu透水性岩体，帷幕最大深度达146m，最低高程为839.00m。防渗处理范围能够满足岩体透水率不大于1Lu的要求。

帷幕灌浆合格标准：按《观音岩水电站大坝坝基防渗帷幕灌浆施工技术要求》规定："帷幕灌浆压水试验透水率小于1.0Lu为合格，坝体混凝土与基岩接触段及其下一段的透水率的合格率为100%，其余各段的合格率应为90%以上，不合格段的透水率值不超过设计规定值150%，且分布不集中，则可认为灌浆质量合格。

7.4.4.3 帷幕灌浆检查孔压水试验成果分析

帷幕灌浆分为三个标段，左岸1～13号坝段以左为W_1标，河床14～23号坝段（包括厂房）为W_3标，24号坝段以右为W_2标。

（1）左岸大坝帷幕灌浆检查孔压水成果分析。按设计布孔（第一期）完成后，左岸大坝帷幕灌浆第一期检查孔压水成果见表7.4-6。从各部位的压水成果结合灌浆成果资料分析：高程1139.00m灌浆洞1～4单元、高程1093.00m灌浆洞1～3单元、高程985.00m灌浆洞1～5单元、高程985.00m灌浆洞衔接帷幕1～6单元及下游帷幕廊道11～13号坝段部分孔段未达到合格标准外，其余部位均满足了设计防渗标准。

表 7.4-6　　左岸大坝帷幕灌浆第一期检查孔压水成果统计表

部　位	单元	检查孔数	压水段数	压水透水率区间段数（频率/%）				
				<1Lu	1～3Lu	3～5Lu	5～10Lu	>10Lu
高程 1139.00m 灌浆洞帷幕	1～4 单元	16	208	125（60.1）	74（35.6）	9（4.3）	0	
	5～9 单元	11	149	143（96.0）	6（4.0）	0	0	
高程 1093.00m 灌浆洞帷幕	1～3 单元	12	169	136（80.5）	30（17）	2（1.2）	0	1（0.6）
	4～10 单元	22	316	316（100）	0	0	0	
高程 1093.00m 灌浆洞衔接帷幕	1～10 单元	32	128	128（100）	0	0	0	
高程 1043.00m 灌浆洞帷幕	1～8 单元	42	549	549（100）	0	0	0	
高程 1043.00m 灌浆洞衔接帷幕	1～8 单元	42	168	168（100）	0	0	0	
左岸高程 985.00m 灌浆洞帷幕	1～5 单元	53	840	774（92.1）	62（7.4）	3（0.4）	0	1（0.2）
左岸高程 985.00m 灌浆洞衔接帷幕	1～6 单元	51	204	192（94.1）	11（5.4）	0	0	1（0.5）
上游帷幕廊道	1～13 号坝段	42	407	391（96.1）	14（3.4）	2（0.5）	0	
下游帷幕廊道	8～10 号坝段	7	50	49（98）	1（2）	0	0	
	11～13 号坝段	10	106	71（67.0）	34（32.0）	1（0.9）	0	

帷幕灌浆检查孔压水未达到设计防渗标准原因分析如下：

1）高程 1139.00m 灌浆洞 1～4 单元，高程 1093.00m 灌浆洞 1～3 单元，邻近左岸大平坝背斜核部，纵张裂隙发育并张开，沿裂隙面多有溶蚀现象，部分孔段出现失水现象。

2）由于左岸高程 985.00m 灌浆洞帷幕灌浆施工面移交时间较晚，存在灌浆施工工期紧，上游帷幕大部分孔段均不同程度地存在溶蚀裂隙和涌水现象，为赶工期进度，在灌浆孔段屏浆时间短，又没待凝的情况下，灌注到溶蚀岩体裂隙的浆液被地下承压水稀释或流失；灌浆洞和施工支洞地下水较多，加上大坝排水设施不完善，灌浆施工面水深一般超过 20cm，灌浆施工难度很大。

3）上游左岸高程 985.00m 灌浆洞 1～5 单元，下游帷幕廊道 11～13 号坝段地质条件复杂，溶蚀及砂化现象发育，存在多条溶蚀和砂化条带，溶蚀裂隙发育，灌浆过程中水泥浆液沿溶蚀通道流失。部分孔段钻孔时严重失水，灌浆出现无压力无回浆情况。部分孔段灌浆时出现回浆变浓现象。

4）左岸大坝帷幕在高程 1139.00m 灌浆洞 1～4 单元，高程 1093.00m 灌浆洞 1～3 单元，高程 985.00m 灌浆洞 1～5 单元，高程 985.00m 灌浆洞衔接帷幕 1～6 单元，下游帷幕廊道 11～13 号坝段进行了加密补强灌浆。其中高程 985.00m 灌浆洞 1～5 单元部分孔采用了超细水泥灌浆。补强灌浆检查孔压水成果见表 7.4-7。

表 7.4-7　　左岸大坝帷幕补强灌浆（第二期）检查孔压水成果统计表

部　位	单元	检查孔数	压水段数	压水透水率区间段数（频率/%）				
				<1Lu	1～3Lu	3～5Lu	5～10Lu	>10Lu
高程 1139.00m 灌浆洞帷幕补强	1～4 单元	8	104	104（100）	0	0	0	0
高程 1093.00m 灌浆洞帷幕补强	1～3 单元	8	109	107（98.2）	2（1.8）	0	0	0
左岸高程 985.00m 灌浆洞帷幕补强	1～5 单元	12	312	293（93.9）	18（5.8）	0	0	0

续表

部　　位	单元	检查孔数	压水段数	压水透水率区间段数（频率/%）				
				<1Lu	1～3Lu	3～5Lu	5～10Lu	>10Lu
左岸高程 985.00m 灌浆洞衔接补强	1～6 单元	15	60	53（88.3）	7（11.7）		0	0
下游帷幕廊道补强	11～13 号坝段	7	74	74（100）	0	0	0	0

根据灌浆成果资料综合分析和现场实际情况，左岸大坝帷幕经补强灌浆后，除部分单元需化学灌浆外，帷幕灌浆合格。

经补强灌浆后，高程 985.00m 灌浆洞 1～3 单元不合格段透水率均小于 3Lu，且不集中，不合格段多为有溶蚀或砂化现象，水泥灌浆无法达到设计要求，采用化学灌浆处理。

（2）右岸大坝帷幕灌浆检查孔压水成果分析。按设计基本孔（第一期）完成后，右岸大坝帷幕灌浆检查孔压水成果见表 7.4-8。通过灌浆处理后，该部位的岩体透水性有明显降低。先导孔灌前平均透水率 21.5Lu，小于 1Lu 的孔段为 15.98%；灌后检查孔平均透水率 1.29Lu，小于 1Lu 的孔段为 69%。12～16 单元（31～35 坝段）灌后检查结果能够满足 90%以上的孔段不大于 1Lu 的设计防渗要求；5～11 单元（24～30 号坝段）的灌后检查结果不能达到设计防渗要求，5～11 单元的检查孔压水不大于 1Lu 的孔段占 62.4%。

表 7.4-8　　右岸高程 985.00m 灌浆洞灌浆检查孔压水试验成果表

工程部位	单元	检查孔数	压水试验段次	透水率频率分布段数（频率/%）				
				<1Lu	1～3Lu	3～5Lu	5～10Lu	>10Lu
24 号坝段	5	4	100	66（66.0）	28（28.0）	6（6.0）	0	0
25 号坝段	6	3	81	53（65.4）	19（23.5）	8（9.9）	1（1.2）	0
26 号坝段	7	4	98	49（50.0）	41（41.8）	7（7.1）	1（1.0）	0
27 号坝段	8	4	89	70（78.7）	15（16.9）	3（3.4）	0	1（1.1）
28 号坝段	9	3	68	54（79.4）	12（17.6）	1（1.5）	1（1.5）	0
29 号坝段	10-1	3	69	30（43.5）	32（46.4）	6（8.7）	1（1.4）	0
	10-2	3	69	27（39.1）	27（39.1）	13（18.8）	1（1.4）	1（1.4）
30 号坝段	11	4	99	74（74.7）	18（18.2）	6（6.1	1（1.0）	0
31 号坝段	12	3	68	64（94.1）	4（5.9）	0	0	0
32 号坝段	13	2	24	23（95.8）	1（4.2）	0	0	0
33 号坝段	14	3	37	36（97.3）	1（2.7）	0	0	0
34 号坝段	15	2	18	17（94.4）	1（5.6）	0	0	0
35 号坝段	16	2	24	22（91.7）	2（8.3）	0	0	0
合　计		40	844	585（69.3）	201（23.8）	50（5.9）	6（0.7）	2（0.2）

5～11 单元帷幕灌浆检查孔压水未达到设计防渗标准原因分析如下：

1）由于右岸高程 985.00m 灌浆洞地下渗水较多，加上大坝排水设施不完善，灌浆施工面水深一般超过 30cm，灌浆施工难度很大。

2）上游右岸高程 985.00m 灌浆洞 5～11 单元，地质条件复杂，溶蚀以砂化现象发育为主，溶蚀裂隙发育，存在砂化条带，灌浆过程中水泥浆液沿溶蚀裂隙通道流失。部分孔段钻孔时涌水严重。部分孔段灌浆时出现回浆变浓现象。

经灌浆专题会明确，右岸大坝帷幕在高程985.00m灌浆洞5～11单元进行了加密补强灌浆。其中部分孔采用了超细水泥灌浆。补强灌浆检查孔压水成果见表7.4-9。

表7.4-9　右岸高程985.00m灌浆洞补强灌浆（第二期）检查孔压水试验成果表

工程部位	单元	检查孔数	压水试验段次	不同透水率段数（频率/%）				
				<1Lu	1～3Lu	3～5Lu	5～10Lu	>10Lu
24号坝段	5	4	102	99（97.1）	3（2.9）	0	0	0
25号坝段	6	3	81	73（90.1）	7（8.6）	1（1.2）	0	0
26号坝段	7	4	102	100（98.0）	2（2.0）	0	0	0
27号坝段	8	2	51	47（92.2）	4（7.8）	0	0	0
28号坝段	9	2	51	47（92.2）	4（7.8）	0	0	0
29号坝段	10	3	81	80（98.8）	1（1.2）	0	0	0
30号坝段	11	2	51	51（100.0）	0	0	0	0
合　计		20	519	497（95.8）	21（4.0）	1（0.2）	0	0

补强灌浆检查孔的取芯率达到了90%以上，通过普通水泥结合超细水泥补强灌浆处理后，该部位的岩体透水性有明显降低。灌后检查孔小于1Lu的孔段为95.8%，检查孔1～3Lu的为4.2%且不连续，均达到设计要求。高程985.00m灌浆洞在本次检查中最大透水率只有一段为3.15Lu，在第6单元YD6J2-1孔43～48m处，本段岩层破碎且有砂属于溶蚀条带发育岩层，在本检查孔全部施工完毕后针对43～48m进行灌浆处理。

经补强灌浆后，右岸高程985.00m灌浆洞帷幕灌浆基本合格，补强灌浆取得了明显的效果，充分说明溶蚀通道和裂隙进行了有效充填和封堵，达到帷幕体连续整体性和防渗能力。

经补强灌浆后，上游高程985.00m灌浆洞不合格段透水率均不大于5Lu，且不集中，不合格段多为溶蚀或砂化现象。

（3）河床大坝帷幕灌浆检查孔压水成果分析。按设计基本孔（第一期）完成后，河床大坝帷幕灌浆检查孔压水成果见表7.4-10。从各部位的压水成果结合灌浆成果资料总体分析：透水率小于1Lu的合格率仅为42.8%，其中上游高程985.00m合格率低，仅为20.3%。

帷幕灌浆检查孔压水未达到设计防渗标准原因分析如下：

1）根据规范及设计施工技术要求，除接触段外，各灌浆段灌浆结束后一般可不待凝，但在灌前涌水，灌后返浆或遇其他地质条件复杂情况，则宜待凝。为赶工期进度，施工中部分涌水孔段没严格进行待凝和闭浆。孔段屏浆时间短，又没待凝的情况下，灌注到溶蚀岩体裂隙的浆液被地下承压水稀释或流失。

2）设计施工技术要求规定：当某一比级浆液注入量已达30L以上或灌注已达30min而灌浆压力和注入率均无显著变化时，应换浓一级的水灰比浆液灌注。在实际施工中，当改变水灰比后注入量显著减少或停止吸浆，影响灌浆效果。

3）由于两岸高程985.00m灌浆洞地下渗水较多，河中坝段施工位置距离坝前水最近，渗径短，涌水压力大，部分灌浆孔的孔口涌水直接喷到廊道顶。加上大坝排水设施不完善，灌浆施工面水深一般超过30cm，灌浆施工难度很大。

表 7.4-10　河床大坝和厂房帷幕灌浆检查孔压水成果统计

部位	单元	检查孔数	总段数	压水透水率/Lu			不同压水透水率区间段数（频率/%）				
				最大	最小	平均	<1Lu	1～2Lu	2～3Lu	3～5Lu	>5Lu
上游高程 985.00m 帷幕廊道	17～19 号坝段，右岸标高 985 灌浆洞 1～4 单元	78	1355	9.14	0	2.38	275（20.3）	281（20.7）	334（24.6）	425（31.4）	40（3.0）
上游高程 985.00m 以上帷幕廊道	14～16 号坝段，20～23 号坝段	33	218	5.14	0	1.13	157（72.0）	21（9.6）	20（9.2）	19（8.7）	1（0.5）
下游帷幕廊道	14～23 号坝段	43	557	16.7	0	0.76	480（86.2）	35（6.3）	12（2.2）	18（3.2）	12（2.2）
厂房帷幕	1 号机	13	227	12.62	0	0.57	212（93.4）	5（2.2）	2（0.9）	7（3.1）	1（0.4）
	2 号机	4	52	5.64	0	0.64	48（92.3）	0	1（1.9）	1（1.9）	2（3.8）
	3 号机	4	52	3.52	0	0.45	48（92.3）	1（1.9）	0	3（5.8）	0
	4 号机	4	52	58.78	0	1.78	49（94.2）	1（1.9）	0	0	2（3.8）
	5 号机	12	156	2.90	0	0.49	144（92.3）	10（6.4）	2（1.3）	0	0

表 7.4-11　河床大坝和厂房帷幕补强灌浆（第二期）检查孔成果统计表

部位	单元	检查孔数	总段数	压水透水率/Lu			不同压水透水率区间段数（频率/%）				
				最大	最小	平均	<1Lu	1～2Lu	2～3Lu	3～5Lu	>5Lu
上游 985.00m 高程帷幕补强	17～19 号坝段，连接帷幕 17 号、19 号、20 号坝段，右岸高程 985.00m 灌浆洞 1～4 单元	27	704	3.89	0	0.57	672（95.5）	24（3.4）	3（0.4）	5（0.7）	0
上游 985.00m 高程以上帷幕补强	14～16 号坝段，连接帷幕 16 号坝段，连接帷幕 20 号坝段，23 号坝段	9	107	1.14	0	0.37	106（99.1）	1（0.9）	0	0	0
下游帷幕补强	14 号、16 号、17 号、20 号、21 号、23 号坝段	16	196	4.14	0	0.69	184（93.9）	5（2.6）	0	7（3.6）	0

4）河床坝段地质条件复杂，溶蚀及砂化现象突出，存在多条溶蚀和砂化条带，溶蚀裂隙发育，灌浆过程中水泥浆液沿溶蚀通道流失。部分孔段钻孔时严重失水，灌浆出现无压力无回浆情况。部分孔段灌浆时出现回浆变浓现象（吃水不吃浆）。

W_3 标补强灌浆检查孔压水成果见表7.4-11。经补强灌浆后，W_3 标帷幕灌浆基本合格，补强灌浆取得了明显的效果，充分说明溶蚀通道和裂隙进行了有效充填和封堵，达到帷幕体连续整体性和防渗能力。上游高程985.00m灌浆洞不合格段透水率均不大于5Lu，且不集中，不合格段多为溶蚀或砂化岩体，水泥灌浆无法达到设计要求，采用化学灌浆处理。

（4）厂房帷幕灌浆检查孔压水成果分析。厂房帷幕灌浆成果资料整体分析，注入量较大，平均单位注入量达到284.5kg/m，单位注入量由Ⅰ序孔的447kg/m递减到Ⅱ、Ⅲ序孔的399.8kg/m和144.7kg/m，递减规律明显。共布置检查孔37个，厂房帷幕灌浆检查孔压水成果统计见表7.4-12，每个单元检查孔压水透水率总体达到90%以上，灌浆取得了较好效果。

表7.4-12　厂房帷幕灌浆检查孔压水成果汇总表

工程部位	孔数	总段数	不同压水透水率段数（频率/%）				
			<1Lu	1～3Lu	3～5Lu	5～10Lu	>10Lu
1单元	3	39	38（97.4）	1（2.6）	0	0	0
2单元	3	82	78（95.1）	3（3.7）	1（1.2）	0	0
3单元	3	54	49（90.7）	3（5.6）	1（1.90）	0	1（1.9）
4单元	4	52	47（90.4）	0	5（9.6）	0	0
5单元	4	52	48（92.3）	1（1.9）	1（1.9）	2（3.8）	0
6单元	4	52	48（92.3）	1（1.9）	3（5.8）	0	0
7单元	4	52	49（94.2）	1（1.9）	0	0	2（3.8）
8单元	4	52	47（90.4）	5（9.6）	0	0	0
9单元	4	52	49（94.2）	3（5.8）	0	0	0
10单元	4	52	48（92.3）	4（7.7）	0	0	0
合计	37	539	501（92.9）	22（4.1）	11（2.0）	2（0.4）	3（0.6）

其中3、4单元左侧邻近5号、6号溶蚀条带，岩体强透水性，检查孔压水成果显示超1.5Lu段较多，最大达12.62Lu，已进行加密补强灌浆。

第7单元（4号机）CWM4-J-3检查孔最后2段透水率为58.78Lu、12.73Lu，已在该孔周边布置加密补强孔，并补检合格。

7.4.4.4 帷幕灌浆效果评价

（1）前期勘探资料表明弱微风化岩体具弱—强透水性，钻孔尚未揭露微透水岩体（$q\leqslant$1Lu），坝址勘探线 $q\leqslant$3Lu埋深在90～230m。考虑3Lu线深度，设置悬挂式帷幕。

（2）技施阶段实施的大坝系统防渗帷幕范围均达到地质建议防渗深度，从实施过程中揭示的水文地质条件来看，前期勘察结论是合适的，终孔深度绝大部分能达到小于3Lu的要求。

（3）经补强灌浆后，大部分坝段或单元帷幕灌浆检查孔透水率小于1Lu合格率大于或接近90%，不合格段透水率不大于5Lu，且不集中分布，补强灌浆取得了明显的效果，充分说明溶蚀通道和裂隙进行了有效的充填和封堵，帷幕体具连续整体性和防渗能力。

（4）经补强灌浆后，不合格段多为溶蚀或砂化岩体，经多次水泥灌浆已无法达到设计要求，针对高程910.00～920.00m以上检查不合格孔段采用化学灌浆处理。

（5）从监测资料可以看出，坝基扬压力分布规律为：顺河向分布为上游侧高、中间低、下游侧略高，上游幕前高、幕后低。从过程线来看，坝基扬压力与江水位变化有一定的正相关性。

（6）左岸施工支洞渗水主要来自下游江水及左岸地下水；右岸施工支洞渗水主要来自上游绕渗、山体地下水和少量幕体渗水。

（7）下游帷幕高程920.00m以下溶蚀条带仍有发育，针对溶蚀部位进行了探测和堵截灌浆，底高程至900.00m。

（8）坝基排水孔总渗水量约为48L/s，厂基排水孔总渗水量约为16L/s，均在设计的抽排能力范围内。

7.4.5 排水处理

7.4.5.1 排水设计

建基面处于下游最高洪水位以下的坝段坝基采用抽排减压设计，除了在上游灌浆廊道下游布置主排水廊道外（1号纵向排水廊道），还在坝基范围内布置纵横向辅助排水廊道，间距40～60m，下游灌浆廊道内布置下游主排水孔。两岸较高坝段除在灌浆廊道内布置主排水孔外，还布置1～2条纵向辅助排水廊道。灌浆廊道内的主排水幕排水孔布置在防渗帷幕后，以不削弱帷幕厚度为原则，排水孔与帷幕孔在坝基面上的距离不小于2m，其钻孔方向要求向下游偏斜5°以避免钻孔进入帷幕体。

上、下游主排水孔孔径150mm，间距2.50m，上游主排水孔孔深约为上游防渗帷幕深度的0.47倍，且入岩不小于20.00m；下游帷幕体后的主排水孔孔深约为下游防渗帷幕深度的0.47倍，且入岩不小于15.00m。坝基内辅助排水孔孔径110mm，间距2.50m，孔深10.00m。全部排水孔在孔内采用带土滤膜的塑料盲沟做反滤保护。

根据渗流计算结果，坝体坝基总渗流量为6236m^3/d。为安全计算，按12000m^3/d进行坝基抽排设计。大坝渗漏集水设置在河中19号厂房坝段（中心位于坝纵0+418.651，坝横0+050.500）处，井底高程为968.00m，尺寸为20m×6m×14m（长×宽×高），集水井容积1680m^3。布置6台潜水深井泵，其规格为额定流量$Q=360m^3/h$，扬程$H=82m$，其抽水能力满足要求。

7.4.5.2 排水实施情况

排水工程分三个标段，左岸大坝帷幕灌浆及排水孔工程为W_1标，右岸大坝帷幕灌浆及排水孔工程为W_2标、河中大坝和厂房帷幕灌浆及排水孔工程为W_3标。

（1）W_1标排水孔。本标段排水孔2～13号坝段主副帷幕灌浆排水孔和排水孔内塑料盲沟管工程，共10489.44m。排水孔孔口涌水仅在1号纵向廊道12～13号坝段的排水孔，其余孔未发现有孔口涌水，从监测数据看，出水量和压力变化不大，水位与下游江水位基本持平或略低，渗水孔主要是通过3号溶蚀条带与下游江水连通，形成最低排泄基准面，左岸山体地下水也向该部位排泄。排水孔总涌水量为380L/min。

(2) W_2标排水孔。本标段排水孔工程共35818m，排水孔施工时出现渗水现象，渗水主要出现在第三排水廊道及下游排水廊道，一般渗水量较小、孔口压力较小。从排水孔涌水资料分析，排水孔最大涌水水头在高程1022.00～1024.00m之间，与下游江水位基本持平。W_2标排水孔总渗水量约660L/min。

(3) W_3标排水孔。大坝部位排水孔，渗水量较大的孔位于1号纵向排水廊道14号、15号坝段和3号纵向排水廊道21号与22号坝段交界位置。厂房排水孔渗水量较大的位于3、4单元（1号机组）。大坝部位排水孔总渗水量约$110m^3/h$（1860L/min），厂房排水孔总渗水量约$60m^3/h$（970L/min）。

7.4.6 渗流控制综合评价

(1) 根据坝址地质条件，前期勘探250m深孔未揭示相对不透水层$q<1Lu$界线，两岸山体内正常蓄水位与地下水位线的交点与坝头相距遥远，因此上、下游帷幕均按悬挂式设计，上游主帷幕按伸入相对不透水层（透水率$q<3Lu$）3～5m和帷幕深度不小于0.3～0.7倍水头的大值进行控制；下游主帷幕深度按不小于下游最大水头的0.7倍控制；设计要求帷幕灌浆压水试验透水率小于1.0Lu为合格，坝体混凝土与基岩接触段及其下一段的透水率的合格率为100%，其余各段的合格率应为90%以上，不合格段的透水率值不超过设计规定值150%，且分布不集中。

(2) 从帷幕灌浆实施过程中揭示的水文地质条件来看，上游主帷幕最大深度146m、幕底高程839.00m，帷幕深度基本达到小于$q\leqslant3Lu$的要求，溶蚀部位根据先导孔压水试验成果进行加深；下游主帷幕最大深度61m、幕底高程920.00m，下游帷幕已基本穿过强透水带。设计帷幕深度合适。

(3) 坝基各坝段的主排水扬压力折减系数满足设计要求；2016年4月坝基渗流量88.06L/s，小于设计抽排能力138.89L/s。

(4) 帷幕灌浆施工质量检查成果表明：坝基及厂房帷幕非溶蚀区检查孔成果满足设计要求，小于1Lu合格率大于90%，不合格段透水率不大于1.5Lu，且不集中分布；溶蚀、砂化区经水泥加密灌浆和局部化灌补强后溶蚀通道和裂隙得到了有效充填和封堵，基本达到帷幕体连续整体性和防渗能力。

(5) 上游帷幕灌浆受施工条件、环境、工期及地质条件等影响，按设计三排帷幕实施后灌浆效果较差，尤其是溶蚀区的灌浆效果不满足设计要求，经综合分析研究，并通过2014年渗控专题会专家咨询，在上下游帷幕溶蚀区和灌浆效果较差的部位进行排间或孔间加密是必要的。

(6) 坝基扬压力局部偏大的区域主要在左岸9～15号坝段范围内（含左岸985.00m灌浆洞对应区域）3号及4号溶蚀条带影响区、18～19号坝段范围内1号及2号溶蚀条带影响区、22～26号坝段范围（含右岸985.00m灌浆洞对应区域）右岸窄小溶蚀条带影响区、右岸32～35号坝段及堆石坝左端点状砂化零星分布和干坪子向斜轴部影响区。这些区域内存在库水沿局部溶蚀通道或绕过帷幕底部向下游产生渗漏的可能。

(7) 左岸灌浆洞支洞在上游库水位高程1075.96m以下，洞内渗水与下游水位关系密切，当上游水位高程到1075.96m以上，洞内坝基范围增加了渗水点，且左岸高程1043.00m灌浆洞的测压管测值水位从洞内向洞外呈下降趋势，与库水的同步性逐步趋弱，说明左岸灌浆洞支洞的渗涌水在水库蓄水前主要来自山体地下水和下游尾水经6号、7号溶蚀条带的渗流水；在库水位抬高后，支洞出现了绕流渗水。

(8) 右岸灌浆洞支洞左右两侧的水位明显存在右侧高、左侧低，且右侧渗流从山体向外的水力坡降较大，而左侧的水力坡降微小，说明右岸灌浆洞支洞的出水主要来自右侧绕渗及帷幕底部渗水。

(9) 坝基渗压和渗流状态监测成果表明坝基渗控系统处于可控状态，渗压偏大的坝段经稳定复核，坝体沿建基面抗滑满足规范要求，说明渗控系统总体安全。

7.4.7 监测成果分析

7.4.7.1 坝基变形监测成果

截至2018年10月，监测成果表明如下：

(1) 基岩变形。

1) 多点位移计：为监测坝基岩体沿钻孔轴线方向的变形情况，在9号、14号、18号、23号、25号、30号、35号坝段坝基共埋设19套多点位移计（五点式），基岩多点位移计变形测值在−6.17～3.07mm之间，月变化量在−2.57～1.38mm之间，最大压缩和最大张开变形均发生在导流明渠坝段，其余坝段月变化量在−0.10～0.15mm之间，变形较小。

2) 基岩变位计：为监测坝基岩体位移变形情况，在18号坝段高程980.00m典型部位安装埋设2支基岩变位计。监测成果表明，截至2018年10月，坝踵部位基岩变形随施工期坝体混凝土浇筑，基岩变位计监测基岩压缩变形逐渐增加，之后随着下闸蓄水变形略有增大，测值为−1.00mm。坝趾一直呈缓慢增加趋势，近期测值稳定，当前值为−2.19m。从基岩变位计位移过程线来看，坝基基岩呈压缩状态，坝踵和坝趾部位基岩变位计月变化均较小。

(2) 坝基水平位移。为了监测坝基水平位移，在左右岸高程985.00m灌浆廊道内各布置了1条引张线，左岸高程985.00m灌浆廊道内引张线有3个测点，右岸高程985.00m灌浆廊道内引张线有6个测点。在1号、9号、14号、18号、25号、30号、31号坝段布置了8套倒垂装置。监测成果表明：截至2018年10月，倒垂顺河向位移测值在−1.48～2.66mm之间，月变化量在−0.13～0.27mm之间；横河向位移在−1.97～3.11mm之间，月变化量在−0.41～0.24mm之间。引张线测值在−3.51～6.99mm之间，月变化量在−1.16～−0.29mm之间。坝基变形较小，总体稳定。

(3) 坝基垂直位移。为了监测坝基垂直位移，在坝基不同廊道部位埋设了62个水准点，在大坝基础灌浆廊道内布置了6套静力水准装置，共计34个测点。监测成果表明：基础灌浆廊道内静力水准累计测值在−13.0～3.5mm之间，月变化量在−2.0～0.5mm

之间，静力水准为相对位移，坝基累计沉降在17.25～24.90mm之间，月变化量在－0.70～1.1mm之间。

7.4.7.2 坝基渗流监测成果

（1）坝基扬压力监测。为监测坝基扬压力，在9号、14号、18号和25号坝段坝基埋设渗压计20支，除A18－P－01、02、03外均埋设在设计建基面高程；在1～35号坝段坝基埋设了62支测压管，大坝左右岸不同高程灌浆廊道内布置41支测压管。

1）帷幕前后坝基扬压力：各坝段坝基上游帷幕前渗压计埋设于坝踵与帷幕灌浆廊道之间的建基面处，监测成果表明：坝基上游帷幕前渗压水头在82.57～119.22m之间，月变化量在0.24～4.31m之间。帷幕前渗压水头与库水位相关性较好。上游帷幕后坝基第一支渗压计埋设位置位于排水孔上游侧，所测压力高于排水廊道位置测压管，监测水头在13.71～64.81m之间，月变化量在－0.14～2.55m之间。帷幕后渗压水头比帷幕前渗压水头折减明显。

2）各典型坝段坝基渗压计横向监测成果：渗压水头在2.49～119.22m之间，变化量在－0.13～4.31m之间，变化与坝基测压管水头变化一致；典型断面基础接触面渗压水头变化主要受库水位波动以及渗径影响，渗压水头变化总体平稳。

3）各坝段坝基扬压力沿坝轴线分布。坝基主排水廊道测压管折减系数与设计值对比可知：大坝蓄水后，各坝段主排水廊道内测压管水头均有所增加，坝基测压管水头在0.85～57.80m之间，月变化量在－4.05～2.33m之间，水头变化受库水位以及渗径影响。

4）左右岸灌浆洞：左岸灌浆洞测压管测水头在0.21～72.40m之间，月变化量在－0.79～3.82m之间，水头变化受库水位影响，变化总体稳定。右岸灌浆洞测压管测值在0.00～94.92m之间，月变化量在－0.59～1.19m之间，水头变化受库水以及渗径影响。

（2）坝体渗透压力监测。为监测坝体渗透压力，在9号、14号、18号、23号和30号坝段不同高程埋设了渗压计54支。监测成果表明：9号坝段坝体渗压计基本无渗透压力，渗压值换算水头在0.00～5.79m之间，水头变化稳定；14号坝段高程1011.00m坝体灌浆廊道前位于坝体排水孔下游处渗压水头25.69m；其余部位坝体渗压水头总体较小。18号坝段坝体渗压计渗压值换算水头在0.00～50.66m之间，水头分布在上游短缝排水管下游；23号坝段坝体渗压计大部分测点基本处于无水压状态，实测渗压水头在0.00～36.41m之间，渗压水头出现在上游面；30号坝段渗压计水头在0.00～5.12m之间，渗压水头较小。坝体渗压水头与库水位相关。

（3）渗流量监测。为监测坝体廊道内渗漏及水变位化，在坝体坝基廊道排水沟布置量水堰共35座，2018年10月20日左岸坝基渗流量为23.21L/s，右岸坝基渗流量为17.18L/s，河中坝基渗流量为34.10L/s，坝基总渗流量为74.50/s。坝基渗流量与上游水位时间关系见图7.4－22。

（4）绕坝渗流。为监测绕坝渗流情况，在大坝右岸不同高程布置9个水位孔，大坝左岸不同高程布置11个水位孔，左右岸新增8个水位孔，根据水位孔监测资料，左岸山体水位孔水位在高程1023.15～1120.46m之间，月变化量在－2.34～4.76m之间。库水位存在明显的坡降，变化受降雨、库水位、渗径等因素影响。左岸灌浆洞内水位在高程

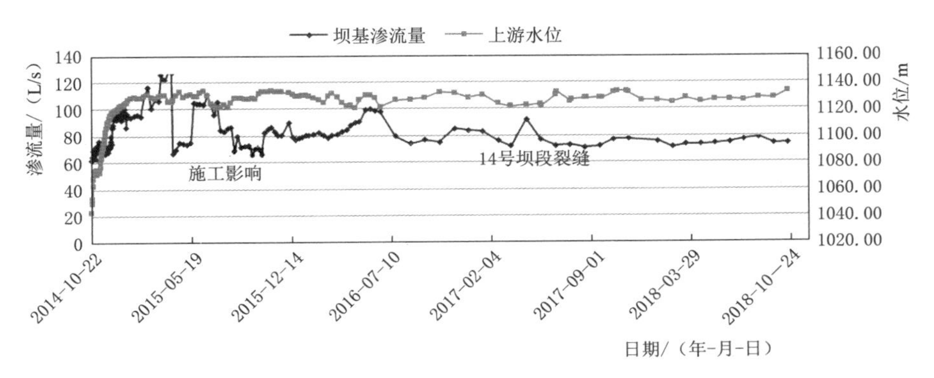

图 7.4-22　坝基渗流量与上游水位时间关系曲线图

1007.83～1113.75m 之间，月变化量在−0.51～4.31m 之间，水头变化受库水位以及降雨等因素影响，总体稳定。右岸水位孔水位在高程 1040.51～1130.61m 之间，月变化量在−0.75～2.00m 之间。水位变化主要受库水位影响。

7.5　观音岩水电站安全鉴定坝基评价意见

（1）坝基开挖揭示的建基面地质条件与前期勘察基本一致，经施工开挖和试验复核，前期提出的坝基岩体质量分类和参数建议值基本合适。

（2）根据前期勘察成果和施工开挖揭示，混凝土重力坝左岸和河床坝段溶蚀现象发育，共发育 7 条大的溶蚀条带、数条溶蚀砂岩条带；右岸坝段岩体溶蚀呈点状零星分布或是顺横节理发育，范围和延伸长度均不大，溶蚀岩体主要以轻度溶蚀和中度溶蚀为主，仅个别地段发育强烈溶蚀岩体。上述坝基溶蚀现象对坝基变形稳定和防渗工程不利，是本工程的主要工程地质问题。

（3）混凝土重力坝坝基垂直开挖深度 28～70m，坝基岩体以微风化砂岩、砾岩、粉砂岩为主，岩石坚硬较完整，其中左岸 1～14 号坝段建基面Ⅱ类岩体占 4.88%，$Ⅲ_a$ 类岩体占 61.30%，$Ⅲ_b$ 类岩体占 27.66%，$Ⅳ_a$ 类岩体占 6.16%；河床 15～22 号坝段建基面 $Ⅲ_a$ 类岩体占 78.98%，$Ⅲ_b$ 类岩体占 15.95%，$Ⅳ_a$ 类岩体占 5.07%；明渠坝段（23～27 号）建基面 $Ⅲ_a$ 类岩体占 48.59%，$Ⅲ_b$ 类岩体占 39.26%，$Ⅳ_a$ 类岩体占 12.15%；右岸 28～35 号坝段建基面 $Ⅲ_a$ 类岩体占 84.78%，$Ⅲ_b$ 类岩体占 10.96%，$Ⅳ_a$ 类岩体占 4.26%。整个坝基各类岩体占比分别为：Ⅱ类占 1.0%，$Ⅲ_a$ 类占 71.6%，$Ⅲ_b$ 类占 21.1%，Ⅳ类占 6.3%，以 $Ⅲ_a$ 类为主，次为 $Ⅲ_b$ 类岩体，少量Ⅳ类、Ⅱ类岩体，坝基岩体质量总体较好。

（4）混凝土重力坝坝基的主要地质缺陷为 F_1、F_2、F_3、Gb_1（f_1）断层、层间挤压错动带、溶蚀条带、砂化条带、不满足要求的泥质岩类以及局部结构面组合的不利坝基稳定的块体等。6～8 号坝段出露的 Gb_1（f_1）挤压带，12～16 号坝段出露的 F_1 和 F_2 断层，35 号坝段出露的 F_3 断层，已采取深挖、混凝土回填处理。左岸及河床坝段揭示 7 条较大的砾岩溶蚀条带和 8 条砂岩砂化条带，采取槽挖及系统固结灌浆处理，对坝基中分布较宽且具挤压现象的泥质岩采取槽挖处理，并对坝基采取了全面系统的固结灌浆处理。经处理后坝基岩体的整体性、均匀性得到改善，满足坝基应力、变形和稳定要求。

（5）坝基岩体以Ⅲ类为主，岩石坚硬较完整，岩层结构以厚层结构为主，且岩层倾角较陡，走向与河流斜交，有利于坝基的抗滑稳定，坝基无规模较大断层通过，抗滑稳定条件总体较好。对影响坝基局部稳定的 Gb_1（f_1）挤压带、F_1、F_2 等断层已采取了槽挖置换混凝土处理，经处理后，坝基抗滑稳定条件满足要求。

（6）混凝土重力坝右岸 30～35 号坝段泥质岩类较多且层间错动带发育，岩体质量较差，不能满足设计要求，坝踵部位建基面开挖高程从 1050.00m 加深开挖至高程 1045.00m；16～20 号坝段河床坝段建基面由高程 980.00m 调整到高程 981.00m。调整开挖后的岩体满足建基岩体质量要求。

（7）右岸土质心墙堆石坝心墙坝基开挖深度 25～30m，坝基岩体弱风化，以 Ⅳ_a 类和 Ⅲ_b 类岩体为主，溶蚀不发育，地质条件较好，满足坝体承载和变形要求。坝壳地基大部分置于全强风化岩体上，部分置于冲积混坡积层上，经修整压实后，满足坝体承载和变形要求。

7.6 小结

7.6.1 基本结论

（1）观音岩水电站坝基铁质钙质的砾岩、含砾砂岩在地下水作用下，沿层理方向或陡倾角裂隙产生溶蚀现象，局部形成一定规模的溶洞，勘探揭露最大直径约 7.91m，最大深度约 150m；而在含钙质细砂岩中存在沿缓倾角卸荷裂隙或层面产生钙质流失，在裂隙或层面两侧形成半胶结状砂土，在缓倾角卸荷裂隙中还存在软塑状白色高岭土。由于坝基分布的砾岩及部分砂岩溶蚀、砂化严重，成为坝基质量最差、力学性能明显降低的岩体，直接影响到高混凝土重力坝地基岩体的利用和建基面的确定，是观音岩水电站坝基的重大工程地质问题。对坝基分布的钙质砂（砾）岩溶蚀砂化问题、坝基渗控等问题联合高等院校和科研单位进行专门性研究，为坝基溶蚀岩体的利用、开挖深度确定、设计采用合理的地质参数、上部结构措施及工程处理方法等提供了可靠的地质依据。

（2）坝址区钙质砂砾岩的溶蚀主要可分为：砾岩溶蚀和砂岩钙质流失两种类型。其中砾岩钙质溶蚀表现尤为突出，形成规模较大的囊状空腔或孔洞；而砂岩钙质流失则表现为岩石质量变轻，溶蚀呈砂土状或砂糖状。溶蚀主要发育在粗碎屑岩，即细砂岩和砾岩中，而粉砂岩和泥岩的溶蚀作用基本不发育。坝段的砂岩和砾岩的最大特点是含有大量的钙质，在成岩阶段首先被铁质和硅质所胶结，而后经历了强烈的钙质胶结和交代作用形成大量粒度较大的粒状方解石。由于有大量的方解石存在，因此砂岩和砾岩具有可溶蚀性，在地下水的作用下形成了一些类似喀斯特的现象。从钻孔、平洞揭示资料分析：尽管各个溶蚀发育点大都呈条带状、囊状，水平上分布较为零星、彼此独立、相互间连通较差，然而它们均有一个共同特征，即不论在钙质砾岩、钙质砂岩中、砾岩与砂岩交接面附近或砂岩与泥岩或泥质粉砂岩的交接面附近，溶蚀发育均沿着岩层层面进行，并且受陡倾角横张节理或纵张节理影响控制。溶蚀主要发育在岩层 J_2s^{2-1} 中，其次为 J_2s^{2-2}、J_2s^{2-1}。在区域地下水循环系统控制下，钙质砂砾岩溶蚀现象的发生在垂向上大多集中在地表以下 100m 深度以内，个别在150m左右，高程范围集中在900.00～1050.00m之间。

(3) 坝基岩体质量分级综合利用了坝基岩性、风化、溶蚀和岩石（体）物理力学特性等因素。坝基岩层为J_2s^{1-1}～J_2s^{3-6}，由组合比例不等的砂岩、砾岩、粉砂岩、泥质粉砂岩组成，J_2s^{1-2}、J_2s^2、J_2s^{3-1}、J_2s^{3-3}、J_2s^{3-5}砂岩比例在70%左右，J_2s^{1-3b}、J_2s^{3-2}、J_2s^{3-6}砂岩比例相对较低。混凝土坝基置于岩层微风化上部和弱风化下部，左岸坝基、河床（厂房）坝基岩体质量为$Ⅲ_a$、$Ⅲ_b$类，右岸坝基及溢流坝段除J_2s^{3-2}为$Ⅲ_b$类外其余为$Ⅲ_a$类，基本满足混凝土坝基的要求。黏土心墙堆石坝基础置于弱风化上部，岩体质量分类J_2s^{3-5}为$Ⅲ_b$类，J_2s^{3-6}为$Ⅳ_b$类，可满足要求。

(4) 对建基面上的钙质砂（砾）岩溶蚀现象，钙质流失岩石质量变轻部位一般稍加处理即可满足建基要求；对砂土状或砂糖状、溶蚀孔洞的砂（砾）岩溶蚀现象按其宽度加深开挖，做相应的混凝土塞，并加强灌浆处理；对出露于坝基的溶蚀砂化条带、断层破碎带、层间挤压错动带及不满足要求的泥质岩类等地质缺陷采取了预留保护层、清基后及时进行混凝土浇筑、槽挖置换、混凝土塞、有针对性地分区固结灌浆等相应的工程措施进行处理。考虑到坝基岩体软硬相间，为进一步保证坝基岩体的整体性，使坚硬的砂砾岩承担较多的上部荷载，针对软硬相间岩层和层间挤压面的不同规模采取不同的处理方式：对于影响范围较小的泥质岩软弱夹层和层间挤压破碎带，采用适当加大开挖深度、铺设垫层钢筋的措施，对于较大的软弱夹层采用表面刻槽填筑梯形混凝土塞，刻槽深度取其宽度的1.5倍，当软弱夹层延伸至坝基以外时，混凝土塞相应延伸至坝基外2倍断层宽，并铺设垫层钢筋，以提高基岩强度。特别是J_2s^{1-3b}岩层较厚，对左岸坝基的应力变形影响较大，通过有限元分析，确定对11～13号坝段的J_2s^{1-3b}岩层进行深12m的混凝土槽塞置换处理。坝基岩体经工程处理后提高了质量和整体性，满足大坝的承载、变形和抗滑稳定要求。

(5) 对混凝土重力坝坝基采取了系统固结灌浆，固结灌浆前进行了灌浆试验和钻孔取芯，对灌浆效果进行评价，选取合适的灌浆方式、浆液配合比、灌浆压力、灌浆孔间排距等参数。针对坝基岩体透性强，相对不透水线较深的问题，对河床和两岸的防渗帷幕均采用“悬挂式”布置形式，通过延长渗径来减少扬压力水头和降低渗量。上游主帷幕的深度按0.7倍坝高和3Lu线的包络线控制，辅助帷幕深度为主帷幕深度的0.5倍；上游左岸坝顶灌浆洞长350m，右岸坝顶灌浆洞长300m，灌浆洞的防渗帷幕向两岸均伸入3Lu线以内；下游帷幕布置两排，最深排的深度按0.7倍下游最大水头确定。

(6) 为在有溶蚀砂化的情况下保证帷幕的质量，对坝基处于下游最高洪水位以下的坝段采用封闭式抽排系统：上游在高坝部位布置三排防渗帷幕（中间一排为主幕，上、下游两排为辅幕），在中低坝部位布置二排防渗帷幕，下游也布置两排防渗帷幕，在上、下游帷幕之间，沿坝基布置纵向排水廊道，廊道内分别钻设排水幕。对坝基处于下游最高洪水位以上的坝段在坝踵布置两排帷幕，而在其下游布置排水的渗控方案。主排水幕面布置在主排水廊道内，孔深为防渗主帷幕的0.5倍，坝基（厂房基础）的排水廊道间距约为30m。为了避免坝基下的砂粒发生渗透破坏，在满足坝基扬压力折减要求以确保大坝抗滑稳定安全的前提下，尽可能加大帷幕和排水孔之间的距离，以减小渗流梯度。

(7) 针对枢纽区渗控系统布置方案开展了三维渗流场分析，计算成果表明：在各种荷载工况组合作用下，坝基扬压力均得到了有效控制，且小于现行混凝土重力坝设计规范中的相应要求；坝基的渗流量也控制在合理的范围内；坝基帷幕的渗透梯度均小于15，各介质的渗透梯度也较小，帷幕和坝基岩体不会发生渗透破坏，所确定的渗控布置方案合理可行。渗流监测成果表明，坝基渗控系统处于可控状态。

(8) 监测成果表明：坝基变形总体较小。坝基总渗流量较为稳定。绕坝渗流水位孔水头变化主要受库水位升高以及渗径影响。大坝工作性态正常，运行安全可靠。

7.6.2 技术成果

观音岩水电站复杂坝基在综合勘察、试验研究的基础上，开展了“层状复杂地基工程地质特性及可利用基岩原则研究”“钙质砂岩溶蚀机理、溶蚀规律及对工程的影响研究”及“溶蚀碎屑岩坝基高混合坝筑坝关键技术与应用”等研究，取得以下技术成果：

(1) 对坝基溶蚀砂化岩体发育分布规律、溶蚀机理、渗透特性、物理力学性质及岩体质量进行了系统研究，为坝基溶蚀砂化岩体的利用、确定合理的开挖深度、符合客观实际的地质参数及设计采用上部结构措施和针对性工程处理方法等提供了可靠的地质依据，并据此确定了建基面利用标准、大坝防渗帷幕范围及防渗标准，选取合适的帷幕型式及帷幕深度。

(2) 对溶蚀砂化岩体混凝土重力坝坝基采取了系统固结灌浆处理。固结灌浆前进行了灌浆试验和钻孔取芯，对灌浆效果进行评价，选取合适的灌浆方式、浆液配合比、灌浆压力、灌浆孔间排距等参数，并进行科学的渗流监测设计与分析，监测成果表明坝基渗控系统处于可控状态。

(3) 提出了溶蚀碎屑岩建坝基础处理成套技术。通过对碎屑岩溶蚀成因机制和发育规律及分布特征研究，结合应力、变形及渗透稳定分析成果，采用溶蚀带混凝土置换、分区深孔固结灌浆、高压帷幕灌浆、超细水泥和化学灌浆等针对性的综合基础处理措施。

(4) 提出了高碾压混凝土重力坝和心墙堆石坝混合坝型新型连接结构。碾压混凝土重力坝与心墙堆石坝之间采用高 75m 的插入式连接结构，向上游偏转 5°增强了抗震能力和渗透稳定；上游心墙和反滤料间设置复合土工膜包裹加强防渗，下游心墙土料和反滤料间设置复合土工布加强反滤；加厚心墙厚度、心墙及反滤料均从上下游包裹混凝土坝、接触面上设置高塑性黏土以协调变形。

(5) 研究成果成功应用于观音岩水电站建设，并在尼日利亚宗格鲁水电站得到应用。经济社会效益明显，推广应用前景广阔。

第8章

结论

金沙江中游河段地质环境条件复杂，水电开发建设面临的工程地质问题突出，各梯级电站主要工程地质问题既有相似性，又具差异性，尤其是坝基工程地质问题各不相同。复杂坝基工程地质问题分析、建坝适宜性评价及工程处理措施等是金沙江中游河段水电开发建设中面临的关键技术问题。复杂坝基地质勘察与处理设计是水电工程（特别是高坝工程）重要的基础性工作，是认识自然、利用自然、适应自然的过程。只有充分认识自然，才能更好地利用自然，实现大坝基础与地基的协调、工程建设与自然环境的和谐。

（1）金沙江中游梯级电站坝基地质条件复杂，存在包括深厚覆盖层、坝基（肩）岸坡大型堆积体、软硬相间层状岩体、裂面绿泥石化岩体、河床深槽及溶蚀砂化岩体等坝基工程地质问题。针对复杂坝基关键技术问题，勘测设计单位依据规程、规范要求，开展了大量的勘察、设计、科研与试验研究工作，并与国内知名的高等院校和科研院所联合进行了一系列技术攻关和专题研究，取得了多项对勘察设计和工程建设具有指导性和实用性的研究成果，为坝型及枢纽布置格局的优化选择、复杂坝基岩（土）体的充分利用、建基面的合理确定、岩（土）体力学参数的客观采用、建坝适宜性评价与坝基稳定性分析、坝基处理的动态设计与信息化施工等提供了科学的依据，也为金沙江中游河段水电开发建设的顺利推进及工程的安全运行打下了坚实的基础。

（2）经过工程实践，金沙江中游河段大型水电工程复杂坝基地质勘察基本形成“以地质测绘为基础、钻孔及平洞勘探为主（必要时井探）、物探为辅、结合现场原位测试及室内试验、针对性开展专题研究”的模式。鉴于复杂坝基（特别是河床坝基）地质条件隐蔽性强，应采取综合勘察手段与方法进行查明，做到地质测绘与精细化剖面测量相结合、平洞与支洞相结合、竖井及井底平洞相结合、斜井与竖井相结合、钻孔与斜孔相结合、钻探与物探相结合、现场试验与室内试验相结合等，同时，在传统的标准化、规范化、程序化勘察的基础上，勘察与设计及科研相结合，向精细化、数字化、信息化方面进一步深入发展，包括坝基岩性特征精细化描述与数字化摄影、岩体结构特征与岩体质量精细化分类、大尺寸坝基岩（土）体力学性质的现场试验与模型试验研究、复杂坝基岩体三维地质建模与数值模拟分析、全生命周期坝基地质环境监测与反馈分析等。

（3）对于高原山区深切河谷水电工程而言，由于河谷演化历史漫长，岸坡动力地质作用活跃，地表及地下水活动强烈，不同河段坝基工程地质条件（包括河谷形态、河床覆盖层厚度、地层岩性、地质构造、岩体结构、地应力状态、地下水径流条件及风化卸荷特征等）复杂多变，前期勘察工作主要是控制，而不可能完全查明地质条件，在施工中出现一些新的情况（如坝基深槽、缓倾结构面、卸荷回弹裂隙等）在所难免。但需要在前期综合勘察、试验及科研工作的基础上，加强施工地质与现场设计工作，对复杂坝基实施可变更、动态化、信息化设计，结合施工开挖实际情况，开展必要的专题深化、跟踪监测及试验研究。参建各方密切配合、实事求是，选择安全可靠、经济合理、技术可行的处理方案，并结合实际开挖揭露地质情况及时进行坝基岩体质量及力学参数复核和设计优化调整，因地制宜地进行坝基处理。运行期主要加强坝基变形及渗流监测与反馈分析，以确保大坝的稳定和安全运行。

（4）在金沙江中游梯级电站勘察设计及科研过程中，取得了一系列具有自主知识产权的专利技术及创新科技成果。主要技术成果包括：①通过对100m级深厚覆盖层工程地质特性及建设300m级心墙堆石坝的技术可行性进行较深入的研究，为推动深厚覆盖层建超高心墙堆石坝的设计提供借鉴；②基于对工程区特大型堆积体的综合分析研究，选择了较优的坝型、坝线及枢纽布置方案，成功解决了冰水堆积体高边坡稳定及库岸稳定问题，并利用冰水堆积体作为筑坝材料及堆石坝基础；③全面、精细地开展坝基岩体质量评价，制定新的岩级划分方案，基本形成一套复杂层状岩体工程地质性质研究的技术评价体系，在理论上和工程应用上均取得大的进展和突破；④通过对坝基裂面绿泥石化岩体工程特性、可利用性的系统研究，原创性地提出以原位镶嵌结构和原位碎裂结构岩体来表征具有低*RQD*、高纵波速度、高变形模量、低渗透性的工程岩体；⑤坝基河床深槽处理创造性地采用钢筋混凝土承载板洞挖全置换方案，在深槽上口处设置钢筋混凝土承载板，坝踵上游设置支挡防渗结构，较好地解决了工程安全与工程建设进度问题；⑥通过对碎屑岩溶蚀成因机制和发育分布规律的系统研究，结合应力、变形及渗透稳定分析，采用溶蚀带混凝土置换、分区深孔固结灌浆、高压帷幕灌浆、超细水泥和化学灌浆等针对性的综合基础处理措施。这些技术成果成功应用于工程建设实践，体现了“保证工程安全、准确认识自然、节约自然资源、推进技术创新、降低工程造价、提高综合效益”的设计理念，获得了多项国家及省部级奖励，取得了良好的社会经济效益。

（5）金沙江中游梯级水电站工程建设实践证明，前期工程地质勘察成果与施工揭露地质条件具有较好的一致性，为工程设计奠定了良好的基础。经过实践检验，复杂坝基勘察设计成果是可靠的，结论是可信的，很好地指导了工程建设。根据坝基开挖揭露的实际情况进行了有针对性的优化设计和工程处理，技术方案是合理的，工程措施是有效的。经过多年的运行考验，工程是安全的，为西南深山峡谷区修建大型水电工程积累了宝贵的工程勘察设计经验，对其他地区水电工程坝基勘察设计和工程处理具有参考和借鉴价值。

参 考 文 献

[1] 化建新，郑建国，王笃礼，等．工程地质手册［M］．北京：中国建筑工业出版社，2018.

[2] 王旭，杨伟利，蔡衡．金沙江中游梯级水电站集控中心规划研究综述［J］．水力发电，2015，41（5）：40-43.

[3] 王自高，胡瑞林，张瑞，等．大型堆积体岩土力学特性研究［J］．岩石力学与工程学报，2013，32（s2）：3836-3843.

[4] 黄润秋，王士天，胡卸文，等．高拱坝坝基工程地质问题研究［M］．成都：西南交通大学出版社，1996.

[5] 王自高，何伟，李文纲，等．天生桥一级水电站枢纽工程勘察实践与经验［M］．北京：中国电力出版社，2008.

[6] 王自高，何伟，许强，等．西南水利水电工程地质灾害问题与预防措施研究［M］．北京：中国水利水电出版社，2013.

[7] 王自高，黄润秋．西南地区深切河谷大型堆积体工程地质研究与实践［M］．北京：中国水利水电出版社，2017.

[8] 王自高，马显光，高健，等．高土石坝深厚覆盖层地基勘察与处理实践［M］．土石坝技术（2014年论文集），北京：中国电力出版社，2014.

[9] 张帅．水电地质灾害风险评价技术研究——以梨园水电工程为例［D］．成都：成都理工大国家重点实验室，2010.

[10] 索丽生，刘宁，高安泽，等．水工设计手册［M］．2版．北京：中国水利水电出版社，2015.

[11] 王自高，高健，王昆，其宗水电站深厚覆盖层工程地质特性及建坝适宜性［J］．云南水电技术，2009，168（3）：61-66.

[12] 王运生，邓茜，罗永红，等．金沙江其宗河段河床深厚覆盖层特征及其工程效应研究［J］．水文地质与工程地质，2011，38（1）：41-45.

[13] 罗永红，王运生，王自高，等．金沙江其宗河段河谷演化及其工程效应研究［J］．山地学报，2010，28（2）：177-182.

[14] 王启国．金沙江中游上江坝址河床深厚覆盖层建高坝可行性探讨［J］．工程地质学报，2009，17（6）：745-751.

[15] 李建勇，顾少娟，韩旭．金沙江塔城水电站河床深厚覆盖层的形成机制及空间分布特征的研究［J］．资源环境与工程，2009，23（5）：683-686.

[16] 明庆忠，纵向岭谷三江并流区河谷地貌特征分析［J］．云南师范大学学报（自然科版），2007（27）：65-69.

[17] 明庆忠．三江并流区地貌与环境效应［M］．昆明：云南师范大学出版社，2007.

[18] 王思敬，李国和．金沙江流域区域地壳稳定性分区与定量评价［J］．工程地质学报，1998，6（4）：289-299.

[19] 郜先高，宗宪金．龙开口水电站坝基深槽地质缺陷处理技术［J］．云南水力发电，2014，30（4）：52-54.

[20] 刘衡秋，胡瑞林，谭儒蛟，等．金沙江虎跳峡河段岸坡变形破坏的相关动力因子研究［J］．工程地质学报，2006，14（4）：48-495.

[21] 夏金梧，周乐群，胡宗云．金沙江虎跳峡河段水电开发中存在的主要地质问题 [J]．人民长江，1997，12 (28)：29－31．

[22] 蒙玉霖，冰川-冰水泥石流堆积深厚覆盖层建坝工程地质条件初步研究 [J]．成都理工学院学报，2001，28 (增刊)：240－244．

[23] 李立年，张杰，张瑞，等．阿海水电站复杂层状岩体坝基适应性研究 [C] //大坝技术及长效性能研究进展，2011，145－151．

[24] 中国电建集团昆明勘测设计研究院有限公司．金沙江虎跳峡河段其宗水电站预可行性研究报告 [R]，2017．

[25] 成都理工大学，中国水电顾问集团昆明勘测设计研究院．其宗水电站预可行性研究阶段河床深厚覆盖层的工程地质特性及建坝适宜性研究 [R]，2008．

[26] 中国科学院地质与地球物理研究所，中国水电顾问集团昆明勘测设计研究院．金沙江中游河段梨园水电站坝址区大型堆积体稳定性研究 [R]，2008．

[27] 中国水电顾问集团昆明勘测设计研究院．梨园水电站可行性研究阶段下咱日堆积体及工程区高边坡稳定性研究专题报告 [R]，2008．

[28] 中国科学院地质与地球物理研究所，中国水电顾问集团昆明勘测设计研究院．梨园水电站枢纽工程区下咱日堆积体稳定性研究 [R]，2008．

[29] 中国水电顾问集团昆明勘测设计研究院．梨园水电站施工详图阶段面板堆石坝设计及堆积体作为坝基、坝料专题研究报告 [R]，2011．

[30] 中国水电顾问集团昆明勘测设计研究院．梨园水电站施工详图设计阶段面板堆石坝基础处理及坝料选择专题研究报告 [R]，2011．

[31] 中国水电顾问集团昆明勘测设计研究院．梨园水电站施工详图设计阶段混凝土面板堆石坝趾板基础及坝基开挖工程验收设计工作报告 [R]，2011．

[32] 成都理工大学，中国水电顾问集团昆明勘测设计研究院．阿海水电站复杂岩体工程地质特性及修建高混凝土重力坝的适宜性 [R]，2008．

[33] 成都理工大学，中国水电顾问集团昆明勘测设计研究院．金安桥水电站坝基开挖后裂面绿泥石化岩体作为高混凝土重力坝建基岩体工程地质研究报告 [R]，2010．

[34] 成都理工大学，中国水电顾问集团昆明勘测设计研究院，金安桥水电站坝基开挖后裂面绿泥石化岩体作为高混凝土重力坝建基岩体工程地质研究报告 [R]，2006．

[35] 中国水电顾问集团昆明勘测设计研究院．金安桥水电站大坝坝基工程地质评价报告 [R]，2006．

[36] 中国水电顾问集团昆明勘测设计研究院．金安桥水电站坝基开挖验收设计工作报告 [R]，2006．

[37] 中国电建集团昆明勘测设计研究院有限公司．金安桥水电站枢纽工程竣工安全鉴定设计自检报告 [R]，2014．

[38] 中国水电工程顾问集团有限公司．云南金沙江金安桥水电站枢纽工程竣工安全鉴定报告 [R]，2014．

[39] 成都理工大学，中国水电顾问集团华东勘测设计研究院．金沙江龙开口水电站岩体结构特性及其对工程影响研究 [R]，2005．

[40] 中国水电顾问集团华东勘测设计研究院．金沙江龙开口水电站河中深槽处理设计变更专题报告 [R]，2012．

[41] 中国水电顾问集团华东勘测设计研究院．金沙江龙开口水电站坝基深槽处理专项技术研究与应用科研报告 [R]，2012．

[42] 成都理工大学，中国水电顾问集团昆明勘测设计研究院．观音岩水电站钙质砂岩溶蚀机理、溶蚀规律及对工程的影响研究 [R]，2005．

[43] 河海大学，中国水电顾问集团昆明勘测设计研究院．观音岩水电站水文地质条件及渗流特征研究 [R]，

2005.
[44] 河海大学，中国水电顾问集团昆明勘测设计研究院．观音岩水电站碾压混凝土坝体型优化、应力及坝基深浅层抗滑稳定分析［R］，2008.
[45] 河海大学，中国水电顾问集团昆明勘测设计研究院．观音岩水电站坝体、坝基三维渗流分析及控制研究［R］，2008.
[46] 南京水利科学研究院，天津大学，中国水电顾问集团昆明勘测设计研究院．观音岩水电站混合坝整体三维非线性有限元静动力分析与重力坝深浅层抗滑稳定及加固方案研究［R］，2008.
[47] 中国水电顾问集团昆明勘测设计研究院．观音岩水电站复杂层状及溶蚀岩体坝基条件建坝适应性评价专题报告［R］，2009.
[48] 成都理工大学，中国电建集团昆明勘测设计研究院有限公司．观音岩水电站坝基软弱及溶蚀岩体利用动态研究成果报告［R］，2014.
[49] 中国电建集团昆明勘测设计研究院有限公司．观音岩水电站工程设计自检报告［R］，2014.
[50] 成都理工大学，中国电建集团昆明勘测设计研究院有限公司．观音岩水电站层状复杂地基工程地质特性及可利用基岩原则研究［R］，2014.
[51] 中国电建集团昆明勘测设计研究院有限公司．观音岩水电站坝基渗控专题分析报告［R］，2016.
[52] 吴俊峰．金沙江其宗水电站下坝址坝基深厚覆盖层工程地质研究［D］．成都：成都理工大学，2009.
[53] 郑达．金沙江其宗水电站高堆石坝建设适宜性的工程地质研究［D］．成都：成都理工大学，2010.
[54] 刘衡秋，胡瑞林，曾如意．云南虎跳峡两家人松散堆积体的基本特征及成因探讨［J］．第四纪研究，2005（1）：100-106.
[55] 徐文杰，胡瑞林，岳中琦，等．基于数字图像分析及大型直剪试验的土石混合体块石含量与抗剪强度关系研究［J］．岩石力学与工程学报，2010，27（5）：997.
[56] 徐文杰，胡瑞林，谭儒蛟，等．虎跳峡龙蟠右岸土石混合体野外试验研究［J］．岩石力学与工程学报，2006，25（6）：1270-1277.
[57] 彭土标，袁建新，王惠明，等．水力发电工程地质手册［M］．北京：中国水利水电出版社，2011.
[58] 王时平，等．采用 EH4 进行深厚堆积体厚度探测应用研究［C］//云南地球物理文集，2001.
[59] 杨传俊，郭家忠，王国良．梨园水电站下咱日堆积体成因机制分析［J］．云南水力发电，2013（12）130-135.
[60] 刘绍川，魏亮亮，杨再宏，等．金沙江梨园水电站坝址复杂堆积体作为坝基的适宜性研究［C］//土石坝技术 2015 年论文集，2015：175-180.
[61] 魏亮亮，刘绍川，杨再宏．金沙江梨园水电站面板堆石坝坝料分区设计［C］//土石坝技术 2015 年论文集，2015：146-151.
[62] 项捷，黎满山．梨园水电站面板堆石坝基础处理设计［J］．人民长江，2016，47（11）90-93.
[63] 刘新平．梨园水电站冰水堆积体开挖料用作坝料碾压试验［J］．云南水力发电，2013，29（6）16-18.
[64] 杨传俊，郭家忠，王国良．梨园水电站下咱日堆积体成因机制分析［J］．云南水力发电，2013，29（6）：130-135.
[65] 王富国．金沙江中游梨园水电站地质分析［J］．中国高新技术企业，2010，169（34）：126-127.
[66] 王亚辉，李茜．梨园水电站左岸趾板冰水堆积体开挖施工技术研究［C］//贵州省岩石力学与工程学会学术交流论文集，2014，230-234.
[67] 宁宇，杨再宏，石崇．梨园水电站下咱日堆积体稳定性分析［J］．地下空间与工程学报，2017，13（6）：1695-1701.
[68] 王海建．梨园水电站面板堆石坝安全监测数据分析［J］．云南水力发电，2015，31（4）：23-26.

[69] 张瑞．阿海水电站复杂层状岩体工程地质特性及坝基适应性研究［J］．中国水力发电年鉴，2008：391-393.

[70] 何兆升，李立年，毕静．阿海水电站碾压混凝土大坝设计［J］．中国水力发电年鉴，2008：166-168.

[71] 邹小红，何兆升，王小锋，等．阿海水电站碾压混凝土重力坝抗震性能研究［J］．中国水力发电年鉴，2008：168-169.

[72] 张瑞．阿海水电站工程地质勘察与评价［J］．中国水力发电年鉴，2009：167-169.

[73] 张瑞，李天鹏，张进．阿海水电站层状岩体工程地质特性及建坝适宜性分析［J］．水力发电，2012，38（11）：42-45.

[74] 李立年．阿海水电站枢纽布置设计综述［J］．云南水力发电，2012，28（3）：54-58.

[75] 何兆升，张杰，毕静．阿海水电站复杂层状岩体坝基研究及基础处理措施［J］．云南水力发电，2012，28（3）：72-77.

[76] 刘彬．软硬相间层状岩体工程地质特性及作为高混凝土重力坝坝基岩体的适宜性研究［D］．成都：成都理工大学，2010.

[77] 张瑞．阿海水电站枢纽区主要工程地质问题勘察与研究［J］．云南水力发电，2012，28（3）：69-71.

[78] 何兆升，李立年，张杰，等．碾压混凝土大坝优化设计——以阿海水电站为例［J］//水电与新能源，2014，126（12）：1-5.

[79] 余良学，詹建平，杨朝辉，阿海水电站层状岩体波速各向异性研究［C］//水利水电地基与基础工程第13次全国学术研讨会论文集，2015：78-82.

[80] 高健．金安桥水电站工程地质勘察与评价［J］．中国水力发电年鉴，2007，165-166.

[81] 洪永文，金安桥水电站枢纽布置［J］．中国水力发电年鉴，2007，227-229.

[82] 王文远，高健，王昆，等．金安桥水电站坝基裂面绿泥石化岩体利用研究［J］．水力发电，2006，32（11）：28-30.

[83] 高健，孙朝碧．金安桥水电站枢纽区工程地质条件评价［J］．水力发电，2011，37（1）：23-25.

[84] 崔小东．金安桥水电站绿帘石石英错动面对坝基的影响［J］．云南水力发电，2011，27（4）：37-39.

[85] 王有德，洪永文．金安桥水电站坝基裂面绿泥石化岩体施工工艺及实施效果［J］．红水河，2013，32（3）：24-26.

[86] 程庭凤．金安桥水电站建基面优化选择及主要地质缺陷处理［J］．云南水力发电，2015，3（11）：67-70.

[87] 程庭凤．金安桥水电站坝区凝灰岩夹层的工程处理措施［J］．云南水力发电，2015，3(11)：43-46.

[88] 王昆，高健．金安桥水电站枢纽区主要工程地质问题的勘察研究［C］//中国水力发电工程学会地勘专委员会学术交流会论文集，2010（10）：129-133.

[89] 常士骠，张苏明，项勃，等．工程地质手册［M］．3版．北京：中国建筑工业出版社，1992.

[90] 叶建群，熊立刚，陈国良，等．龙开口水电站坝基深槽处理设计［J］．水力发电，2013，39（2）：28-32.

[91] 胡斌，徐燕燕，黄晓勇，金沙江龙开口水电站深槽上游防渗墙嵌岩成槽方法［J］．水利工程与建设，2013（4）：32-35.

[92] 郜先高，宗宪金．龙开口水电站坝基深槽地质缺陷处理技术［J］．云南水力发电，2014，30（4）：52-55.

[93] 汪志琳．龙开口水电站坝基深槽承载板（拱桥）混凝土施工技术研究［J］．湖南水利水电，2014（6）：1-4.

[94] 陈利刚，付彬，王姗姗. 龙开口水电站碾压混凝土坝防渗措施 [J]. 云南水力发电，2015，31(5)：55-58.

[95] 曾淋，龙开口水电站坝基深槽处理方案综述 [J]. 中国高新技术企业，2016，374 (23)：125-127.

[96] 李君军，郑晓红，王玉洁. 龙开口水电站枢纽工程安全监测设计 [J]. 水力发电，2013，39(2)：90-92.

[97] 王忠，高强，周新国. 观音岩水电站坝基工程地质勘察 [J]. 中国水力发电年鉴，2016：158-160.

[98] 高强，李开德. 金沙江中游观音岩水电站钙质砂砾岩溶蚀发育规律及机理 [C] //中国水力发电工程学会地勘探专委员会第二次学术交流会论文集，2010：92-95.

[99] 陆超. 观音岩水电站坝基浅部溶蚀岩体检测技术方法 [J]. 大坝与安全，2016 (3)：29-31.

[100] 王锦国，周志芳，陈松峰. 观音岩水电站坝址区右岸岩体溶蚀发育机理研究 [J]. 工程地质学报，2011，19 (3)：409-416.

[101] 邹刚. 观音岩水电站大坝地基涌水分析及处理方法 [J]. 四川水利，2015 (5)：27-29.

[102] 熊波，朱旭. 观音岩水电站钙质砂砾岩溶蚀地层下高强度固结灌浆施工 [J]. 水电工程混凝土施工新技术，2015：38-42.

[103] 高强，赵云. 观音岩水电站钙质砂砾岩溶蚀发育规律及机理研究 [J]. 水电工程混凝土施工新技术，2015：43-46.

[104] 明亮，彭继川. 观音岩水电站工程强溶蚀区坝基置换与处理的探讨 [J]. 水电工程混凝土施工新技术，2015：51-56.

[105] 安娜，杨家卫，杨华，等. 观音岩水电站碾压混凝土重力坝三维设计研究 [J]. 水力发电，2017，43 (1)：43-47.

[106] 朱雷. 金沙江观音岩水电站坝基软弱结构面工程地质特性及抗滑稳定性研究 [D]. 成都：成都理工大学，2013.

[107] 百录. 金沙江观音岩水电站左岸高坝坝段抗滑稳定性研究 [D]. 成都：成都理工大学，2013.

[108] 程正飞，王晓玲，杨家卫，等. 观音岩水电站坝基三维渗流场数值模拟 [J]. 水力发电，2017，43 (1)：25-29.

[109] 王锦国，周志芳，陈松峰. 观音岩水电站坝址区右岸岩体溶蚀发育机理研究 [J]. 工程地质学报，2011，19 (3)：409-416.

[110] 王昆，王忠，高强. 滇中红层坝基溶蚀岩体及物理力学特性研究 [J]. 长江科学院院报，2014，31 (11)：1-6.

[111] 蔺强，康进辉. 观音岩水电站坝基保护层开挖预裂爆破试验 [J]. 水利水电技术，2013，44(5)：81-83.

[112] 胡晓林，艾洲洋，原保才. 观音岩水电站溶蚀地层化学灌浆施工 [J]. 水力发电，2017，43(1)：68-70.

[113] 王忠，高强，周新国. 观音岩水电站枢纽区复杂层状坝基工程地质勘察与研究 [J]. 水电工程混凝土施工新技术，2015：14-19.

[114] 吴建兵，王世东. 观音岩水电站右岸大坝溶蚀砂化地层帷幕灌浆技术 [J]. 水力发电，2017，43(1)：63-66.

[115] 姚杰. 无盖重式固结灌浆在观音岩水电站坝基施工中的应用 [J]. 四川水利，2016 (3)：1-4.

[116] 中国电建集团昆明勘测设计研究院有限公司. 梨园水电站枢纽区安全监测月报 [R]，2021.

[117] 中国电建集团华东勘测设计研究院有限公司. 阿海水电站大坝监测资料综合分析评价报告 [R]，2020.

［118］ 中国电建集团昆明勘测设计研究院有限公司．金安桥水电站枢纽工程专项验收安全监测工程施工自检报告［R］，2016.
［119］ 观音岩水电站工程监测检测中心．观音岩水电站安全监测工程监测月报［R］，2018.